住房和城乡建设领域“十四五”热点培训教材

绿色数字孪生建造

杜明芳　著

中国建筑工业出版社

图书在版编目（CIP）数据

绿色数字孪生建造/杜明芳著．—北京：中国建筑工业出版社，2022.12
住房和城乡建设领域“十四五”热点培训教材
ISBN 978-7-112-28177-0

Ⅰ.①绿… Ⅱ.①杜… Ⅲ.①数字技术-应用-教材
Ⅳ.①TP3

中国版本图书馆CIP数据核字（2022）第220161号

本书是一本系统性论述绿色数字孪生建造理论和技术的专著。全书分为四个部分：第一部分——基础理论技术篇，包括第1～5章，绪论、理解数字孪生、数字孪生理论与技术基础、数字孪生制造、数字孪生建造，是全书的理论和技术基础部分；第二部分——建筑产业互联网篇，包括第6～9章，建筑产业互联网顶层设计、建筑产业互联网建设运营管理、建筑产业互联网重点产业集群、建筑产业互联网重点应用场景；第三部分——建筑机器人篇，包括第10、11章，论述建筑机器人产业与技术、建筑机器人产品；第四部分——建筑业数字化转型篇，包括第12～14章，论述智能建造与新城建标准，优秀企业实践案例，“双碳”背景下的建筑业数字化转型。

本书读者对象为建筑、城市、能源、工信行业工程技术人员、管理人员，也可作为高年级本科生、研究生专业教材用书。

责任编辑：赵云波
责任校对：姜小莲

住房和城乡建设领域“十四五”热点培训教材
绿色数字孪生建造
杜明芳　著
*
中国建筑工业出版社出版、发行（北京海淀三里河路9号）
各地新华书店、建筑书店经销
北京科地亚盟排版公司制版
北京圣夫亚美印刷有限公司印刷
*
开本：787毫米×1092毫米　1/16　印张：23¾　字数：588千字
2023年1月第一版　2023年1月第一次印刷
定价：**99.00**元
ISBN 978-7-112-28177-0
（40239）

版权所有　翻印必究
如有印装质量问题，可寄本社图书出版中心退换
（邮政编码　100037）

前　言

中国建造、中国制造、中国创造是中国经济社会发展的三大支柱。在碳达峰碳中和（“双碳”）和数字经济浪潮下，中国建造和中国制造均面临着数字化、绿色化转型的历史命题，将对中国现代经济体系的构建起到关键作用。全球第四次工业革命是以智能和绿色为核心特征的一场产业迭代升级，其产生的本质影响是提高生产能力、变革生产组织模式、变革能源利用方式。本书在全球碳达峰碳中和与工业 4.0 的大背景和大趋势下提出符合工业 4.0 智能、绿色的本质理念，具有十分重要的社会意义。

建筑自动化的发展历程，大致可以总结为三个阶段：单机（单系统）自动化，综合自动化，数字孪生自动化。融合了数字孪生和绿色节能技术的绿色数字孪生建造是未来建筑业转型升级的主流方向。当前，传统建筑业亟需向数字化、绿色化、工业化、智能化转型升级。住房和城乡建设部印发的《“十四五”建筑业发展规划》指出：对标 2035 年远景目标，初步形成建筑业高质量发展体系框架，建筑市场运行机制更加完善，营商环境和产业结构不断优化，建筑市场秩序明显改善，工程质量安全保障体系基本健全，建筑工业化、数字化、智能化水平大幅提升，建造方式绿色转型成效显著，加速建筑业由大向强转变，为形成强大国内市场、构建新发展格局提供有力支撑。提出 7 个方面的主要任务，第一个任务便是加快智能建造与新型建筑工业化协同发展——完善智能建造政策和产业体系，夯实标准化和数字化基础，推广数字化协同设计，大力发展装配式建筑，打造建筑产业互联网平台，加快建筑机器人研发和应用，推广绿色建造方式。本书所述“绿色数字孪生建造”正是在这一政策背景下提出的，旨在为“十四五”时期我国的建筑工业化提供有效实施策略与先进技术支撑，能够为促进工业 4.0 时代世界建筑业的发展提供中国方案。

全书内容分为四个部分：第一部分（基础理论技术篇）包括第 1～5 章，绪论、理解数字孪生、数字孪生理论与技术基础、数字孪生制造、数字孪生建造，是全书的理论和技术基础部分；第二部分（建筑产业互联网篇）包括第 6～9 章，论述建筑产业互联网顶层设计、建筑产业互联网建设运营管理、建筑产业互联网重点产业集群、建筑产业互联网重点应用场景；第三部分（建筑机器人篇）包括第 10、11 章，论述建筑机器人产业与技术、建筑机器人产品；第四部分（建筑业数字化转型篇）包括第 12～14 章，论述智能建造与新城建标准，优秀企业实践案例，“双碳”背景下的建筑业数字化转型。

在建筑产业互联网部分，本书给出建筑产业互联网、绿色智慧建筑产业互联网的原创性定义，从概念、架构、算法、模型、工业互联网、工程建设、产业集群、场景应用等多个维度全方位构建绿色智慧建筑产业互联网理论体系。中国绿色智慧建筑产业互联网核心组成要素是平台、供应链、终端。以突破“卡脖子”关键科学技术难点为出发点，探寻新基建时期中国建筑业数字化转型发展之路。在充分调研我国绿色智慧建筑产业发展现状的基础上，重点攻克以下科技难点：①绿色智慧建筑产业互联网体系架构设计；②绿色智慧建筑产业互联网平台建设；③绿色智慧建筑产业互联网敏捷可信供应链构建；④面向建筑产品全生命周期生产的数字孪生无人工厂设计；⑤由工业互联网到产业互联网的路径和方法；⑥面向智能建造的工业控制系统和工业互联网的安全防护。重点回答以下4个问题：①建筑产业互联网和绿色智慧建筑产业互联网是什么？②中国绿色智慧建筑产业互联网如何一体化规划设计、建设实施、运营管理？③中国绿色智慧建筑产业互联网重点建设发展哪些应用场景和产业集群？④中国绿色智慧建筑产业互联网的标准体系和重点标准如何规划？中国绿色智慧建筑产业的总体框架表述为“六维度＋十二集群＋十二场景”的“6＋12＋12”方案。“六维度”指的是：绿色智慧建筑产业互联网平台，绿色智慧建筑供应链，绿色智慧建筑产品，绿色智慧建筑产业互联网标识，绿色智慧建筑产业互联网安全，绿色智慧建筑产业互联网工程。基于六维度提出中国绿色智慧建筑产业互联网六维度建设发展模式：平台、供应链、产品、标识、安全、工程六个维度共同支撑、协同推进建设发展体系。“十二集群”是指中国绿色智慧建筑产业互联网重点发展的产业板块（重点领域产业集群）：建筑智能化产业、绿色建筑材料产业、建筑新能源产业、水务环保产业、健康建筑产业、绿色智慧社区产业、数字遥感测绘产业、建筑机器人产业、文化建筑产业、BIM/CIM产业、自动驾驶＋城市基础设施产业、智慧农林产业。“十二场景”是指中国绿色智慧建筑产业互联网重点建设发展的热点应用场景：超低能耗建筑、装配式建筑数字孪生工厂、工程管理与风控区块链、社区健康养老、家庭数字生活、垃圾分类处理、水环境监测治理、绿色智慧停车、区域综合能源基础设施、健康监测管理机器人、无人施工机械、机电系统AI故障诊断。

在建筑机器人部分，在系统性论述机器人通用理论和关键技术的基础上，结合当前建筑业建造的具体场景，应用数字孪生产品设计方法设计一批绿色数字建造机器人。当前，随着老龄化社会的到来，建筑业已出现用工荒的局面。建筑业很多作业场景属于高危、高重复度工作场景，人员现场作业的特点是危险性高、技术含量低。这些现实情况已经成为建筑自动化进入新的历史发展阶段的主要推动力。

数字孪生理论和技术体系目前正处于构建发展的初期，全球几乎处于同一阶段。我们应抓住此历史机遇，加快对数字孪生及其应用的研究、研发、使用，使其对产业发展、行业发展乃至国家发展发挥积极作用。本书及时将数字孪生通用理论和技术引入建筑领域，构建绿色数字孪生建造理论和技术体系，探索绿色数字孪生建造工程开发建设方式方法，将为建筑自动化进入数字孪生自动化阶段做出有益的尝试，更重要的是能够为当前我国建筑工业化发展提供切实可行的方案，加速我国建筑工业化的进程，最终实现建筑无人化或少人化，提高建筑生产的智能化水平。

绿色数字孪生建造是产业、技术、经济三位一体的综合性新业态，应以产业维度为主进行构建，以应用场景和产业集群为技术落地的载体，以促进实体经济发展为目标。提出了由工业互联网拓展构建建筑产业互联网，以及由数字孪生制造出发融合建筑产业特点构建数字孪生建造体系的实施路径，这也是建筑工业化的可行路径。近年来，我国建筑工业化建设步伐明显加快，但目前能够落地应用的建筑工业化产业平台不到十个，相对于我国体量庞大的建筑市场而言数量太少，因此我国绿色数字孪生建造的发展任重而道远。本书研究内容与当前建筑工业化的新需求密切相关，可为建筑工业化、绿色化发展提供可落地实施的技术方案，同时兼顾服务与管理，帮助建立优秀商业模式，打造可持续运营的建筑生态体系；也可纳入CIM平台与系统中去，构建以绿色数字孪生建造为核心支柱的CIM

系统，强化建筑工业化对城市发展的作用。

本书的特色与贡献是业界第一本系统性创新性论述绿色数字孪生建造的专著，整体内容脉络是：由工业数字孪生到建造数字孪生再到绿色数字孪生建造产业应用，体现了理论与实践紧密结合的特点。提出了“双碳”战略背景下对绿色数字孪生建造的理解，构建了绿色数字孪生建造理论体系，论述了绿色数字孪生建造关键技术，探索了建筑业数字化转型方法。本书构建了技术管理融合的绿色数字孪生建造框架体系，并在此框架中深入细致论述各部分内容，兼顾宏观与微观，既可作为管理者的战略参考书，也可作为工程技术人员的工具书。书中的创新性观点或技术有：从数字孪生理论技术本源出发，探索数字孪生在建造领域的深度应用；有机融合数字孪生技术与建造工程应用场景；基于数据线索和模型工程构建绿色智慧建造数字孪生工程；提出并系统性论述绿色智慧建筑产业互联网；基于产品全生命周期打造绿色数字孪生建造新业态；人工智能专业视角创新开发绿色智慧建筑机器人；提出人、物、数泛在智联的智慧建造元宇宙；探索城市信息模型 CIM+绿色智慧建造系统。本书兼顾建造全生命周期各利益相关方，因此将粘合巨大的用户群，可供全国各省、自治区、直辖市、区县、乡镇、村在建设绿色智慧建造平台与系统时参考，更可被建筑全生命周期产业链涉及的单位——规划单位、设计单位、施工单位、运维单位、生产单位、运输单位、管理单位、教育单位直接采用。

绿色数字孪生建造是一个创新性课题，需要深入广泛地研究相关基础理论与技术并在工程中加以应用和验证，才能形成完整体系，本书仅是探索的起点。相关研究得到了住房和城乡建设部的大力支持，住房和城乡建设部 2019 年批准立项了“5G 绿色智慧建筑产业互联网关键技术研发及示范应用”（项目编号：K2019775）项目。因此，《绿色数字孪生建造》一书也是住房和城乡建设部科技课题项目成果。在课题和专著的研究过程中，以下单位给予了支持与帮助或提供了案例：

清华大学

住房和城乡建设部科技与产业化发展中心

中国建筑节能协会

中国建设科技集团

中国建筑集团

北京理工大学

北京中联润泽电力科技有限公司

国家电投集团中央研究院

上海市道路运输事业发展中心

上海城建数字产业集团上海城建信息科技有限公司。

在此，表示衷心的感谢！

绿色数字孪生建造是正处于发展阶段的新技术和新产业，值得业界共同探索。因作者能力、水平有限，书中难免出现不足之处，还请广大读者多多包涵，恳请读者批评指正，不胜感激。联系方式为：1314310@163. com（邮箱），aicitys（AI 城市智库微信公众号）。

杜明芳

2022 年 9 月于清华大学

目　录

第一部分　基础理论技术篇

第二部分　建筑产业互联网篇

第三部分 建筑机器人篇

第四部分 建筑业数字化转型篇

第一部分　基础理论技术篇

第1章　绪　　论

1.1　战略环境："双碳"和数字经济浪潮下的建筑业数字化转型

中国建造、中国制造、中国创造是中国经济社会发展的三大支柱。在碳达峰碳中和（"双碳"）和数字经济浪潮下，中国建造和中国制造均面临着数字化、绿色化转型的历史命题，将对中国现代经济体系的构建起到关键作用。全球第四次工业革命是以智能和绿色为核心特征的一场产业迭代升级，其产生的本质影响是提高生产能力、变革生产组织模式、变革能源利用方式。

根据联合国政府间气候变化专门委员会（Intergovernmental Panel on Climate Change，IPCC）的定义，碳达峰是指某个地区或行业年度 CO_2 排放量达到历史最高值，然后进入持续下降的过程，是 CO_2 排放量由增转降的历史拐点。碳达峰（peak CO_2 emissions）包括达峰年份和峰值。碳中和是指由人类活动造成的 CO_2 排放量，与 CO_2 去除技术（如植树造林）应用实现的吸收量达到平衡。2020 年 9 月 22 日，国家主席习近平首次在第七十五届联合国大会一般性辩论会宣布：中国将提高国家自主贡献力度，采取更加有力的政策和措施，二氧化碳排放力争于 2030 年前达到峰值，努力争取 2060 年前实现碳中和。2020 年 12 月，习近平总书记又宣布了为达成应对气候变化行动目标的一系列新举措。近年来，与绿色发展相关的政策文件密集发布。《中华人民共和国国民经济和社会发展第十四个五年规划和 2035 年远景目标纲要》提出"制定 2030 年前碳排放达峰行动方案"。2021 年 4 月，国家发展改革委印发了《2021 年新型城镇化和城乡融合发展重点任务》，提出"建设宜居、创新、智慧、绿色、人文、韧性城市，推进城市现代化试点示范，使城市成为人民高品质生活的空间"。2020 年 8 月，住房和城乡建设部等 13 部门联合印发了《关于推动智能建造与建筑工业化协同发展的指导意见》，提出：我国到 2025 年，智能建造与建筑工业化协同发展的政策体系和产业体系基本建立，建筑工业化、数字化、智能化水平显著提高，建筑产业互联网平台初步建立，产业基础、技术装备、科技创新能力以及建筑安全质量水平全面提升，劳动生产率明显提高，能源资源消耗及污染排放大幅下降，环境保护效应显著。推动形成一批智能建造龙头企业，引领并带动广大中小企业向智能建造转型升级，打造"中国建造"升级版。《住房和城乡建设部等 15 部门关于加强县城绿色低碳建设的意见》明确指出："大力发展绿色建筑和建筑节能。县城新建建筑要落实基本级绿色建筑要求，鼓励发展星级绿色建筑。加快推行绿色建筑和建筑节能节水标准，加强设计、施工和运行管理，不断提高新建建筑中绿色建筑的比例。推进老旧小区节能节水改造和功能提升。新建公共建筑必须安装节水器具。加快推进绿色建材产品认证，推广应用绿色建材。发展装配式钢结构等新型建造方式。全面推行绿色施工。提升县城能源使用效率，大力发展适应当地资源禀赋和需求的可再生能源，因地制宜开发利用地热能、生物质能、空气源和水源热泵等，推动区域清洁供热和北方县城清洁取暖，通过提升新建厂房、公共建筑等屋顶光伏比例和实施光伏建筑一体化开发等方式，降低传统化石能源在建筑用能中的比例。”国家发展改革委、国家能源局、生态环境部、商务部、住房和城乡建设部、中国人民银行、海关总署、国家林业和草原局于2021年5月联合发布了《关于加强自由贸易试验区生态环境保护推动高质量发展的指导意见》，提出“加快提高自贸试验区制造业的绿色化水平，大力发展新能源、新材料、节能环保等战略性新兴产业，建设国际一流的绿色再制造基地”。2022年1月，国家发展改革委、工业和信息化部、住房和城乡建设部、商务部、市场监管总局、国管局、中直管理局会同有关部门发布了《促进绿色消费实施方案》。方案指出，到2025年，绿色消费理念深入人心，奢侈浪费得到有效遏制，绿色低碳产品市场占有率大幅提升，重点领域消费绿色转型取得明显成效，绿色消费方式得到普遍推行，绿色低碳循环发展的消费体系初步形成。到2030年，绿色消费方式成为公众自觉选择，绿色低碳产品成为市场主流，重点领域消费绿色低碳发展模式基本形成，绿色消费制度政策体系和体制机制基本健全。积极推广绿色居住消费。加快发展绿色建造。推动绿色建筑、低碳建筑规模化发展，将节能环保要求纳入老旧小区改造。推进农房节能改造和绿色农房建设。因地制宜推进清洁取暖设施建设改造。全面推广绿色低碳建材，推动建筑材料循环利用，鼓励有条件的地区开展绿色低碳建材下乡活动。大力发展绿色家装。持续推进农村地区清洁取暖，提升农村用能电气化水平，加快生物质能、太阳能等可再生能源在农村生活中的应用。

“双碳”战略重要结点如图1-1所示。

时间	事项
2015年12月	《巴黎协定》在巴黎气候大会上通过，为2020年后全球应对气候变化做出安排
2017年12月	同一个地球峰会上，29国签署《碳中和联盟生命》，承诺21世纪中叶实现碳零排放
2019年9月	联合国气候行动峰会上，66个国家承诺碳中和目标，并组成气候雄心联盟
2020年5月	449个城市参与由联合国气候领域专家提出的零碳竞赛
2020年6月	125个国家承诺21世纪中叶前实现碳中和，不丹、苏里南已经实现碳中和
2020年9月	习近平在第七十五届联合国大会发言：“中国将提高国家自主贡献力度，采取更加有力的政策和措施，二氧化碳排放力争于2030年前达到峰值，努力争取2060年前实现碳中和。”

图1-1 “双碳”战略重要结点

新能源发电技术包括风力发电、太阳能发电、核能发电等技术。据预测，随着清洁能源发电技术的不断成熟和发电成本的下降，新能源及可再生能源技术将有潜力促进中国约50%的人为温室气体排放“去碳化”，是中国实现“碳中和”目标中最重要的技术。目前，包括新能源在内的非化石能源消费占比仍然较低，预计到2035年，将提升至40%。中国能源消费结构变化情况预测如图1-2所示。

2019年11月新西兰通过《零碳法案》，2035年实现100%可再生能源发电。2020年7月，德国联邦议会通过了《燃煤电厂淘汰法案》，最迟到2038年年底，完全淘汰煤炭发电能力。燃煤发电的燃料替代是电力系统低碳化改进的一种方法，如用低碳、零碳燃料替代煤炭，欧洲有不少国家利用天然气、秸秆替代燃煤发电，如英国最大的燃煤电厂 D rax 拥有 6 台 660MW 机组，其中 4 台机组全部改燃生物质燃料，另外 2 台改烧天然气。美国则大量使用页岩气替代燃煤发电。燃煤电厂的 CO_2 捕集利用也是电力系统低碳化改进的一种方法，可分为燃烧前捕集、富氧燃烧和燃烧后捕集。从现阶段来看，燃烧前捕集技术主要是应用于整体煤气化联合循环（Intergrated Gasification Combined Cycle，IGCC）电厂。

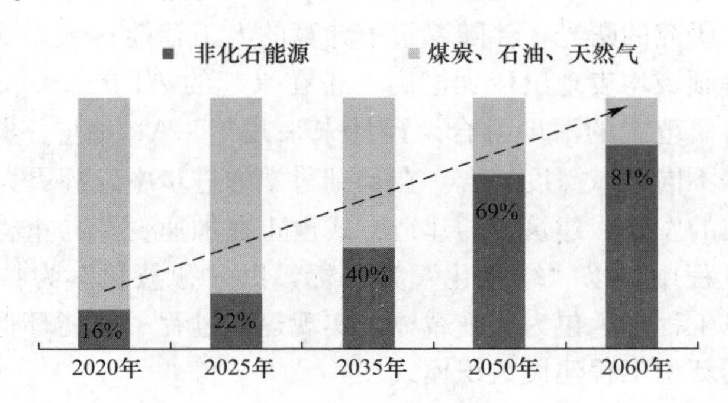

图 1-2　中国能源消费结构预测

一次能源是指直接取自自然界没有经过加工转换的各种能量和资源，包括：原煤、原油、天然气、油页岩、核能、太阳能、水力、风力、波浪能、潮汐能、地热、生物质能和海洋温差能等。由一次能源经过加工转换以后得到的能源产品，称为二次能源，例如：电力、蒸汽、煤气、汽油、柴油、重油、液化石油气、酒精、沼气、氢气和焦炭等。一次能源可以进一步分为再生能源和非再生能源两大类。再生能源包括太阳能、水力、风力、生物质能、波浪能、潮汐能、海洋温差能等，它们在自然界可以循环再生。非再生能源包括原煤、原油、天然气、油页岩、核能等，它们是不能再生的。当前，世界已经面临着能源危机。根据经济学家和科学家的估计，到 21 世纪中叶，即 2050 年左右，石油资源将会开采殆尽，其价格将升到很高，不适于大众化普及应用，如果新的能源体系尚未建立，能源危机将席卷全球。最严重的状态，莫过于工业大幅度萎缩，或甚至因为抢占剩余的石油资源而引发战争。碳达峰、碳中和战略的推进实施与能源密切相关，必须理性清醒地认识到能源危机将带来的后果，提前采取应对措施。

绿色智慧建筑产业是实现碳达峰、碳中和的重要基石和路径，是贯彻习近平生态文明思想的重要实践，是我国实现高质量可持续发展的内在要求，也是推进建筑业转型升级的主要抓手。绿色智慧建筑产业的发展应以习近平新时代中国特色社会主义思想为指导，全面贯彻党的十九大和十九届二中、三中、四中、五中全会精神，深入贯彻习近平生态文明思想，立足新发展阶段，落实碳达峰、碳中和重大战略决策，创新城市管理模式，改进城市治理体制机制，全面提升建筑业水平，推动建筑业与城市、生态环境协同发展，促进经济社会绿色智慧转型。

建筑是碳排放的主要来源之一。《中国建筑能耗研究报告（2020）》显示，2018 年全国建筑全过程碳排放总量为 49.3 亿 t，占全国碳排放比重的 51.3%。据测算，我国每年建筑消耗的水泥、玻璃、钢材分别占全球总消耗量的 45%、42%和 35%。因此，建筑产业的绿色发展问题及其对国家“双碳”战略的支撑问题值得深入研究。绿色智慧建筑产业的建设与发展为建筑碳达峰、碳中和提供了有效途径。

近十几年来，全球信息科学与技术发展迅速，这为各行各业数字化转型提供了引擎。信息科技领域提供引擎的能力突出体现在软硬件一体人工智能、数据科学与技术、可信计算与信息安全、5G-6G网络四个方面。采用多元多尺度建模、高性能计算、机器学习、可信计算、先进网络相结合的方式能够解决超大规模城市应用、网络空间安全、工业互联网应用等社会、经济、行业发展中的重大问题。量子随机电路实时模拟问题，让人们看到了人工智能应用于科学研究的曙光，伴随着量子计算的人工智能在数据处理、电路集成、实验设计、工程应用等领域均表现出巨大潜力。正在兴起的AI for Science有望促进数据驱动和理论推演两大科研范式的深度融合。预计未来几年，AI将进一步与数学、物理、化学、材料、工程学等不同领域深度结合，在基础科学的进步中发挥更大作用。

伴随着新兴科技的发展，建筑业的建造方式也正在加速变革与重构。新型建造方式是指在建筑工程建造过程中，以“绿色化”为目标，以“智慧化”为技术手段，以“工业化”为生产方式，以工程总承包为实施载体，实现建造过程“节能环保，提高效率，提升品质，保障安全”的新型工程建设组织模式。

1.2 信息物理系统和工业4.0宏观趋势

CPS是Cyber Physical System的缩写，直译为“赛博物理系统”，被广泛翻译成“信息物理系统”。CPS一词起源于美国2006年2月发布的《美国竞争力计划》。CPS是一个包含计算、网络和物理实体的复杂系统，通过3C（Computing、Communication、Control）技术的有机融合与深度协作，通过人机交互接口实现和物理进程的交互，使赛博空间以远程、可靠、实时、安全、智能化、协作的方式操控一个物理实体。CPS的一般定义是：一个综合计算、网络和物理环境的多维复杂系统，通过3C技术的有机融合与深度协作，实现大型工程系统的实时感知、动态控制和信息服务。在第四次工业革命中，CPS不仅是一种技术，也是一种基于自动化、信息化、网络化的生产管理和工业经济模式。从人类认知规律和社会学的视角来看，从感觉到记忆再到思维这一过程，称为“智慧”，智慧的结果产生了行为和语言，将行为和语言的表达过程称为“能力”，两者合称“智能”。从专业科学技术的视角来看，“智能系统”应具备五个特征：智能传感检测、高效通信传输、自主控制决策、自组织协作、自学习优化。CPS可以看作是“智能”在工业4.0体系下的一种实现形式。

工业4.0是由德国政府《德国2020高技术战略》中所提出的十大未来项目之一，旨在提升制造业的智能化水平，建立具有适应性、资源效率及基因工程学的智慧工厂，在商业流程及价值流程中整合客户及商业伙伴。其技术基础是网络实体系统及物联网。德国工业4.0是指利用信息物理系统（CPS）将生产中的供应、制造、销售信息数据化、智慧化，最后达到快速、有效、个人化的产品供应。CPS是工业4.0的核心，也是美国工业互联网、中国制造2025和“两化”融合战略的核心。CPS是实现工业4.0战略的载体。工业4.0的最终目标是建立一个高度灵活的个性化和数字化的产品与服务的生产模式。在这种模式中，传统的行业界限将消失，并会产生各种新的活动领域和合作形式。创造新价值的过程正在发生改变，产业链分工将被重组。

美国政府的“再工业化”战略于2009年年底启动。2009年12月美国政府公布了《重振美国制造业框架》。2012年3月，奥巴马提出投资10亿美元，创建15个美国“国家制造业创新网络（NNMI）”计划，以重振美国制造业的竞争力。2013年1月，美国总统办公室、国家科学技术委员会、国家先进制造业项目办公室联合发布了《国家制造业创新网络计划》。2012年8月以来，美国已经成立了4家制造业创新中心，这些中心涉及的相关技术和产业有望成为未来制造业的发展方向。2014年10月，美国先进制造伙伴2.0、指导委员会完成的《振兴美国先进制造业（Accelerating U.S. Advanced Manufacturing）》报告中，首先建议制定一个确保美国新兴制造技术领域优势的国家战略，明确要求各政府机构之间、企业之间以及政府机构与企业之间要开展跨界合作，并建议成立一个先进制造业咨询委员会，负责协调高科技企业投入国家先进制造技术的研究和开发之中。世界上有三种以指数倍方式快速发展的技术——人工智能、机器人以及电子制造业，它们将重塑制造业的面貌，这也是美国工业互联网赖以发展的支撑性技术。

1.3　发达国家和中国碳达峰碳中和发展比较

发达国家碳达峰是经济社会发展的自然过程，碳达峰时经济发展已度过工业化阶段，进入了后工业化阶段或信息化阶段，经济发展已不依赖能源消费的增长，电力长期处于相对稳定的状态，因此其碳中和主要是在保持现有电力供应的基础上，尽可能减少CO_2排放。中国GDP总量居全球第二，但人均GDP刚刚超过1万美元，2019年中国人均GDP仅占美国的16%，2020年年末才消除贫困。中国2019年的人均GDP仅是16个国家碳达峰时人均GDP平均值的18.6%，中国计划在2035年左右基本实现代化，人均GDP达到中等发达国家水平。中国目前尚未完成工业化，GDP的增长仍依赖能源消费的增长，因此中国电力行业的碳中和不仅要减少CO_2排放，而且要满足电力需求的持续增长。据解振华等人的研究预测，中国全社会用电量将从2020年的7.5亿（kWh）增长到2050年的11.91～14.27亿（kWh），增长率高达58.8%～90.3%。可见，中国电力行业碳中和的难度要远高于任何发达国家。中国电力行业碳中和的另一难度在于中国的资源禀赋，据《中国矿产资源报告（2019）》的数据测算，中国已查明的化石能源储量中煤炭、石油、天然气分别占99%、0.4%、0.6%，因此欧美国家普遍采用的用天然气、页岩气等替代燃煤发电，在中国是行不通的。

2021年5月12日，欧盟委员会发布了《欧盟行动计划：实现空气、水和土壤零污染》（EU Action Plan：Towards Zero Pollution for Air，Water and Soil），致力于到2050年将空气、水和土壤污染降低到对人类健康和自然生态系统不再有害的水平。该行动计划是《欧洲绿色协议》（European Green Deal）的一项关键性成果。围绕2050年的零污染愿景，行动计划设定了到2030年要实现的关键目标，并提出了一系列措施。提出的“零污染愿景和目标”如下：2050年的零污染愿景是人人共享的健康星球，即空气、水和土壤污染降低到对健康和自然生态系统不再有害的水平，从而创造一个无毒的环境。在2050年的零污染愿景下，该行动计划设定了到2030年的关键目标，包括：①改善空气质量，将空气污染导致的健康影响（过早死亡人数）减少55%以上；②将长期受到噪声污染的人数减少30%；③将空气污染威胁的生物多样性减少25%；④通过减少养分流失改善土壤质量，将化学农药使用量减少50%；⑤将海洋中的塑料垃圾减少50%，并将释放到环境中的微塑料减少30%；⑥大幅减少垃圾的产生总量，并将城市生活垃圾减少50%。

1.4 中国建造中的科学技术问题

众所周知，中国建造的历史意义与现实意义都非常重大，但高速发展中的中国建造仍存在一些亟需重点解决的科学技术问题。中国建造可持续发展面临的难点突出表现为四个方面：产业绿色化、产业智慧化、技术可控性、标准可控性。

（1）产业绿色化

建造产业的产业链长、产业链类型多、产业体系复杂，典型的产业链如施工产业链、装修产业链、运维产业链等，这些产业链在当前高质量发展的大背景下均需要向绿色化转型升级，在产业链条的各个环节上均需要思考如何植入绿色思维、绿色元素、绿色改造。只有各产业链实现了绿色化转型升级，整个中国建造产业才能实现绿色化转型升级。

（2）产业智慧化

建造产业的智慧化需要借助各种信息技术——人工智能、大数据、数字孪生、5G、6G、物联网、云、智能控制、区块链、量子计算、地理信息系统（GIS）、建筑信息模型（BIM）、遥感、导航……各种信息技术与建造产业的交叉融合将催生出各种形态的智慧建造新产业，经过一个历史时期的培育发展，这些新产业交织融合后将会形成智慧建造新业态。

（3）技术可控性

目前，中国建造中涉及的众多底层技术对国外技术仍有较大的依赖性，如建筑图设计软件、电子电气设计软件、关键装备、建筑工业通信、建筑设备芯片等，这些技术的自主可控程度将会直接影响中国建造的自主可控程度。因此，中国建造的长足发展应着重考虑底层技术的国产化问题，加快布局关键技术领域的自主可控技术。

（4）标准可控性

严格地讲，我国自主可控的建造标准体系尚未真正建立起来，当前亟需研究发展的是对国家经济发展具有巨大带动效应的绿色智慧建造标准体系及核心标准。建造标准是建造技术和建造产业的基石，更具有基础意义，国际上很多产业领域的发展都是先从标准制定入手，再以标准赋能各种形态的应用。因此，应坚持标准引领，大力加强中国建造标准的研制与实践验证。中国建造的完整标准体系需要根据技术和行业发展不断丰富完善，标准与技术、产业之间的相互关系及相互赋能作用需要引起足够重视，并在行业发展过程中不断优化。

1.5 研究意义与创新点

本书的研究工作将为我国建筑业转型升级提供方法和思路，书中所述内容回答了以下三个重要问题：①绿色智慧建造是什么？（定义和理论问题）②中国绿色智慧建造怎样做？（方法和路径问题）③中国绿色智慧建造关键突破口在哪？（“卡脖子”技术问题）

本书的创新点如下：

(1) 绿色智慧建造系统。提出了绿色数字孪生建造的概念、架构、技术体系及实施方法，为绿色智慧建造工程提供了方法指导和实施方案。

(2) 建筑产业互联网。提出了基于工业互联网拓展的产业互联网，进而构建发展建筑产业互联网的思路与方法，为建筑产业互联网的建设发展提供了路径。创新性论述了绿色智慧建筑产业互联网体系架构、关键技术、核心场景。

(3) 建造数字孪生工程和产品数字孪生工程。提出了基于数据线索开发绿色智慧建造数字孪生工程方法，以及产品全生命周期数字孪生工程开发实现方法。

(4) 建筑机器人。系统性论述了建筑机器人核心技术，并将机器人学理论与建筑工艺及场景深度融合。

(5) CIM＋绿色数字孪生建造系统。提出了“城市信息模型（CIM）＋绿色数字孪生建造系统”的理论与技术。

第2章 理解数字孪生

2.1 数字孪生发展背景与现状

根据维基百科的解释，数字孪生（Digital Twin）是指以数字化方式拷贝一个物理对象、流程、人、地方、系统和设备等。数字化的表示提供了物联网设备在其整个生命周期中如何运作的元素和动态。数字孪生将人工智能、机器学习和软件分析与空间网络图像集成以创建活生生的数字仿真模型，这些模型随着其物理对应物的变化而更新和变化。除了模拟/仿真物理对象、流程、人、地方等，更重要的是它们互相之间的关系。数字仿真镜像和物理世界可以联动起来，数字世界可以进行预测试错等方式提前判断得到结果，自动反馈到物理世界/真实世界从而自动调整生产或者运营方式。数字孪生将人工智能、机器学习、数据分析与网络空间集成在一起，以创建数字仿真模型，随着物理世界的变化而更新和更改。数字孪生系统不断从多个来源学习和更新，以表示其实时状态。该学习系统利用传感器数据自学，并融合人类专家经验和行业领域知识。数字孪生还将过去机器使用的历史数据整合到其数字模型中。目前，尽管数字孪生在全球范围内还处于初期阶段，仅有一些大型公司在部分领域和环节尝试使用数字孪生技术进行部分设备和流程的改造，如前述的GE、阿里巴巴、微软等。微软推出了Azure Digital Twin服务，能够创建任何物理环境的数字模型，包括连接它们的人员、地点、事物、关系和流程，并与物理世界保持同步。通过Azure Digital Twins，用户可以在空间的语境中查询数据，该服务将成为Azure IoT平台的一部分。GE公司已经拥有了120万个数字孪生体，可以处理30万种不同类型的设备资产。

数字孪生系统通过对物理实体进行数据采集、数据处理、数据传输后，建立数字孪生虚拟信息模型，仿真刻画物理实体的状态和行为，实现对物理世界的描述、模拟、感知、控制、诊断、决策、预测等一系列功能。目前，数字孪生是世界范围内关注和研究的热点领域。数字孪生是工业基因，也是通用智能基础设施，这些先天属性使其有望成为21世纪最具颠覆性的创新领域之一。智能制造、智能建造等都是典型的复杂系统，非常适宜采用数字孪生理论来观察和研究。当前，如何应用好数字孪生理论和技术，使之更好地服务于产业智能化成为重要研究任务。应以系统思维持续探索数字孪生。党的十八大以来，习近平总书记在推进政治、经济、军事、科学、文化等方面的思维和决策，表现出系统思维方法的科学性与系统性。主要体现在：注重用系统思维方法来推进党和国家治理体系的变革。注重系统的整体性和要素与要素的协同性。注重系统的开放性与环境的协调性。注重系统的重点突破与整体推进。注重解决非平衡问题，推进系统走向动态平衡。在系统思维的启发与指导下，数字孪生仍需结合实际应用进行持之以恒的探索，以使其发挥更大作用，为经济社会发展提供通用智能基础设施。

数字孪生的概念源自工业领域，最早由密西根大学的Michael Grieves博士于2002年在产品全生命周期管理课程上提出（最初的名称叫“Conceptual Idealfor PLM”），至今差不多有 20 年的历史。当时的概念称为“与物理产品等价的虚拟数字化表达”，定义为一个或一组特定装置的数字复制品，能够抽象表达真实装置并能够以此为基础进行真实条件或模拟条件下的测试。这一概念在 2003～2005 年被称为“镜像的空间模型（Mirrored Spaced Model)”，2006～2010 年被称为“信息镜像模型（Information Mirroring Model)”，可以看到其具有物理空间、虚拟空间以及两者之间的关联或接口这三个重要组成要素，是数字孪生概念的雏形。正式对外公开的资料显示，美国空军研究实验室在 2011 年 3 月提出了数字孪生体这个概念。美国国家航空航天局（NASA）在同期开始关注数字孪生体，但后续对数字孪生体体系的构建贡献并不多，反而是美国国防部立刻意识到数字孪生体是颇具价值的工程工具，值得全面研发。与此同时，美国通用电气在为美国国防部提供 F-35 联合攻击机解决方案的时候，也发现数字孪生体是工业数字化过程中的有效工程工具，并开始利用数字孪生体去构建工业互联网体系。2018 年 7 月，美国国防部正式对外发布“国防部数字工程战略”，数字工程战略旨在推进数字工程转型，将国防部以往线性、以文档为中心的采办流程转变为动态、以数字模型为中心的数字工程生态系统，完成以模型和数据为核心谋事做事的范式转移。西门子公司提出了“综合数字孪生体”的概念，其中包含数字孪生体产品、数字孪生体生产和数字孪生体运行的精准连续映射递进关系，最终达成理想的高质量产品交付。GE、惠普、达索等国际大公司均于近年提出了自己的数字孪生系统。

首次提出“孪生体（Twin)”概念的是美国国家航空航天局（NASA)。美国国防部最早提出将 Digital Twin 技术用于航空航天飞行器的健康维护与保障。1961～1972 年，NASA 在阿波罗项目中为实际飞行器制造了一个“孪生”飞行器，地面上的孪生飞行器用于执行任务前的训练准备以及执行任务期间的精确仿真试验与预测飞行状态。孪生体概念是与实体对象具有相同几何信息和非几何信息（如材料、功用等）的物理实体，用于反映、预测实体对象的真实状态。数字孪生的理念最初用于进行航天飞行器状态维护和寿命预测，它通过集成数字模型（如结构模型、机体材料状态演化模型）与仿真分析，用于模拟与预测飞行器是否需要维护与状态是否满足要求。首先在数字空间建立真实飞机的模型，并通过传感器实现与飞机真实状态完全同步，这样每次飞行后，根据结构现有情况和过往载荷，及时分析评估是否需要维修，能否承受下次的任务载荷等。NASA 将数字孪生的理念应用在阿波罗计划中，开发了两种相同的太空飞行器，以反映地球上太空的状况，进行训练和飞行准备。在工业领域，数字孪生也用来指厂房及产线在没有建造之前就完成数字化模型，从而在虚拟的赛博空间中对工厂进行仿真和模拟，并将真实参数传给实际的工厂建设，厂房和生产线建成之后，在日常运维中二者继续进行信息交互。数字孪生概念如图 2-1 所示。

美国国家科学基金会（NSF，National Science Foundation）的 Helen Gill 在 2006 年创造了信息物理系统（CPS，Cyber-Physical Systems）概念，德国于 2011 年利用该概念提出了工业 4.0（Industrie 4.0)。美国 Michael Grieves 号称在 2003 年创造了数字孪生体(Digital Twin）概念，德国西门子在 2016 年就开始尝试利用数字孪生体来完善工业 4.0 应用，直到 2017 年底，西门子正式发布了完整的数字孪生体应用模型。

2002 年，Michael Grieves 教授提出了“与物理产品等价的虚拟数字化表达”模型，成为数字孪生（Digital Twin）概念的前身。通过建立物理产品的数字孪生，并基于产品使用过程中产生的数据形成闭环反馈和优化，“数字孪生”可以全面提升产品的全生命周期管理，打通研发、供应链、制造、营销等不同环节的数据，提升产品体验，降本增效。美国 DAU 大学、Peyman Davoudabadi 博士等认为数字孪生的定义如下：由数字线程实现对既有系统的一种集成多物理场、多尺度的概率仿真，它使用最佳可用模型、传感器信息和输入数据来镜像和预测其相应物理孪生全生命周期内的活动/性能。Peyman Davoudabadi 博士认为，数字孪生模型是一个系统或子系统及其所有组成部分的多方面动态智能数字模型集，它们准确地描述了产品的设计、生产过程以及生产系统在运行中的性能。

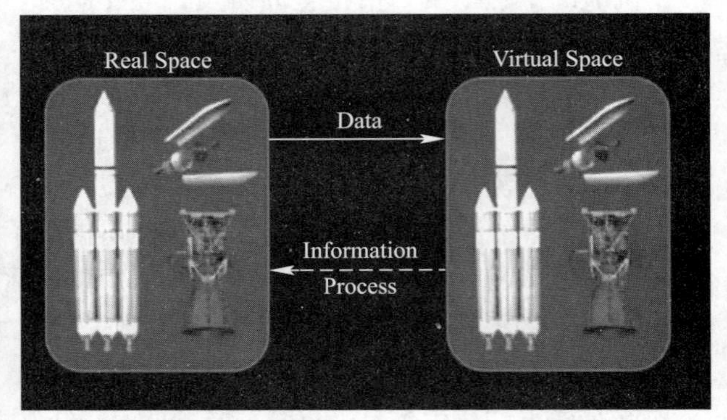

图 2-1　数字孪生概念示意图

数字孪生技术在工业生产、智能制造等多个领域有广泛的应用前景。

（1）在产品研发领域，可以虚拟数字化产品模型，对其进行仿真测试和验证，以更低的成本做更多的样机。

（2）在设备管理领域，我们可以通过模型模拟设备的运动和工作状态，实现机械和电器的联动。比如电梯运行的维护监控。

（3）在生产管理领域，可将数字化模型构建在生产管理体系中，在运营和生产管理的平台上对生产进行调度，调整和优化。

在各种工业领域，双胞胎正被用于优化物理资产，系统和制造过程的运营和维护。它们是工业物联网的一种形成技术，物理对象可以与其他机器和人进行虚拟生活和交互。在物联网的背景下，它们也被称为“网络对象”或“数字化身”。

数字孪生技术自提出以来，在航空业和机械制造业取得了长足的发展，在整个设计、制造、服务阶段发挥了巨大作用，并逐渐成为企业新的业务形式，如 PTC、达索、西门子等将数字孪生理念应用到产品设计、生产制造、故障预测、产品服务中，实现了制造全周期数字化。目前，数字孪生技术的研究和应用正在全球如火如荼地展开。2016～2018 年，全球权威 IT 公司连续三年将数字孪生列为十大战略科技趋势之一，美国将数字孪生视为工业互联网系统的关键之一，德国将数字孪生作为实现工业 4.0 的重要技术，目前，数字孪生技术已有多领域的研究和应用，涉及智能制造、智能工厂、智慧城市等，为智能化发展注入了新的动力源泉。工程建设领域的数字孪生应用正处于起步探索阶段。

典型的数字孪生系统如图 2-2 所示。其技术架构可以概括为五个方面：系统级支持、控制系统、完整技术平台、基于物理场的仿真和集成数字孪生生态系统。

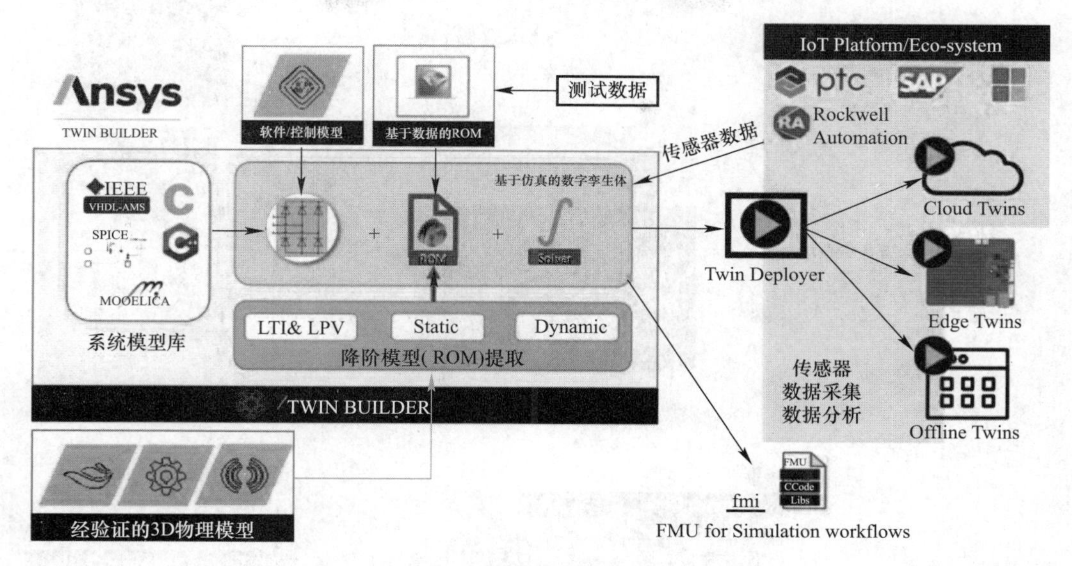

图 2-2　Ansys 数字孪生系统

第一，Ansys Twin Builder 系统级建模工具支持构建数字孪生模型，从而准确地描述组件、子装配体与子系统之间错综复杂的相互作用。同时 Ansys Twin Builder 也支持第三方工具的集成，提供对功能模型接口标准的支持，帮助工程师将各种来源的模型组合成全面的系统描述。借助 Ansys Twin Builder，工程师还可以将数字孪生模型连接到各种工业互联网平台。第二，基于 Ansys SCADE 控制系统解决方案，工程师可以将来自真实世界的测试数据作为产品数字孪生的输入条件，然后进行仿真分析，以补充传统物联网平台基础数据分析不到的情况。此外，通过 Ansys SCADE，工程师还可以将数字孪生中的虚拟模型与实体模型分离，这意味着工程师可以通过离线运行来探索设备的运行状况。第三，在数字孪生模型创建、部署过程中，需要采用一个灵活、适应性强、开放、协作的技术平台，将设计/仿真/验证与生成的数据管理起来。Ansys Minerva 平台则可以为工程师提供仿真流程和决策支持，具体到数字孪生方面，Minerva 还可显著简化将多个数字孪生连接至 IoT 的流程。第四，针对数字孪生的构建，Ansys 提供了完整的基于多物理场的仿真工具，包括结构、流体、电磁等，有助于交付能够为产品全生命周期带来真正影响的准确、深刻和可靠的分析结果，从而提高产品研发效率、加快产品上市进程、缩短设备停工时间和延长设备使用寿命。第五，为进一步释放数字孪生价值，Ansys 很早就致力于与生态合作伙伴推进数字孪生策略。目前，Ansys 仿真软件和平台能够与常见的物联网平台协同使用，包括 PTC 的 ThingWorx、SAP 的 Predictive Engineering Insights、Microsoft 的 Azure，Rockwell Automation 等。

西门子对数字孪生的理解如图 2-3 所示。

西门子 PLM 软件的建模及多领域物理系统互联与仿真界面如图 2-4 所示。

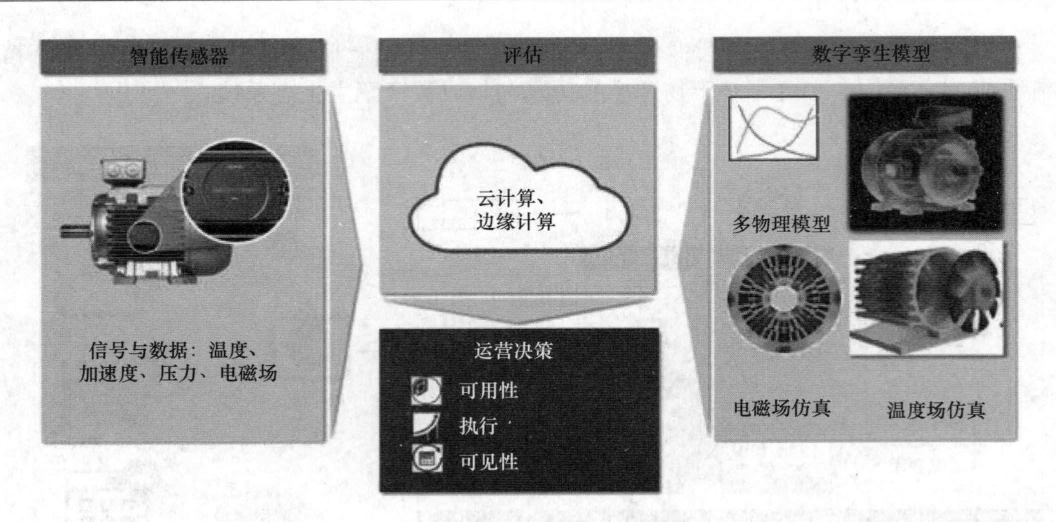

图 2-3 西门子数字孪生系统

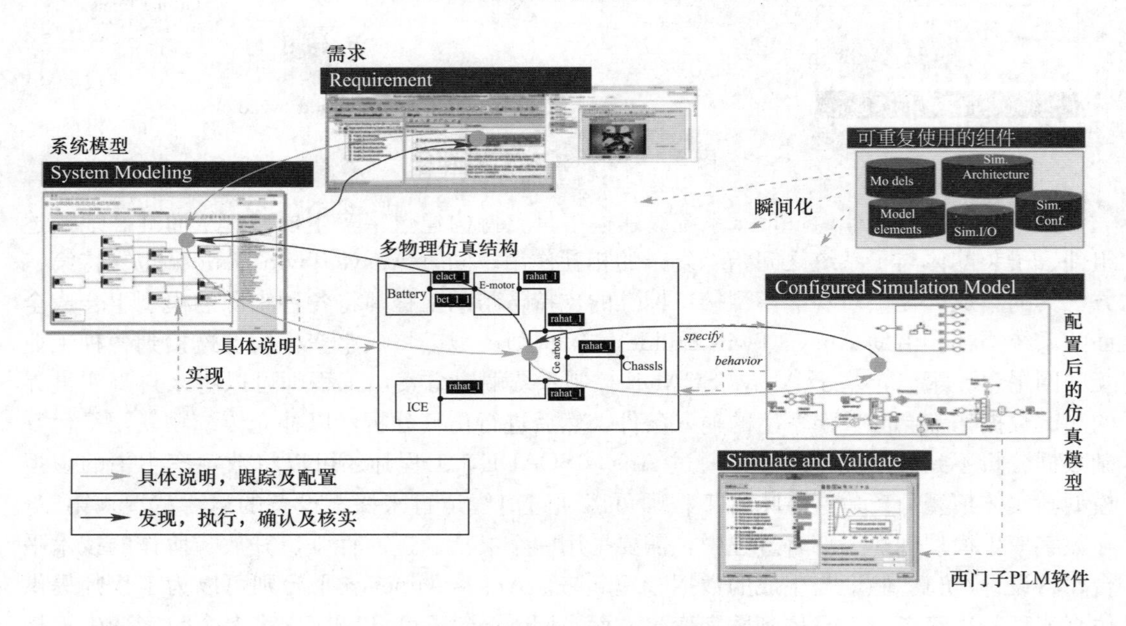

图 2-4 西门子 PLM 软件建模界面

西门子 PLM 软件的业务建模目标是确保需求满足决策要求，保证需求分解与功能架构分解的互联互通性和数据的可追溯性。西门子 PLM 软件业务建模界面如图 2-5 所示。

西门子 PLM 软件中，模型驱动的嵌入式系统研发流程如图 2-6 所示。

基于数字孪生核心技术、基于模型的系统工程（MBSE）研发整车产品的流程与方法如图 2-7 所示。

美国国防部于 2008 年启动“计算研究和工程采办工具与环境项目”，是美军高性能计算现代化设计的子项目。该项目致力于开发和部署基于物理特性的高性能计算软件，用于支撑美军的数字工程建设。CREATE 每个子项目都有两类软件产品：第一类是概念研发工具，利用快速但保真度较低的工具来生成概念设计方案并分析其可行性和性能。第二类是高保真度的系统性能精确预测工具（Kestrel、Helios、NESM、NavyFoam 以及 SENTRi）。美国数字工程战略之 CREATE 项目的框架如图 2-8 所示。

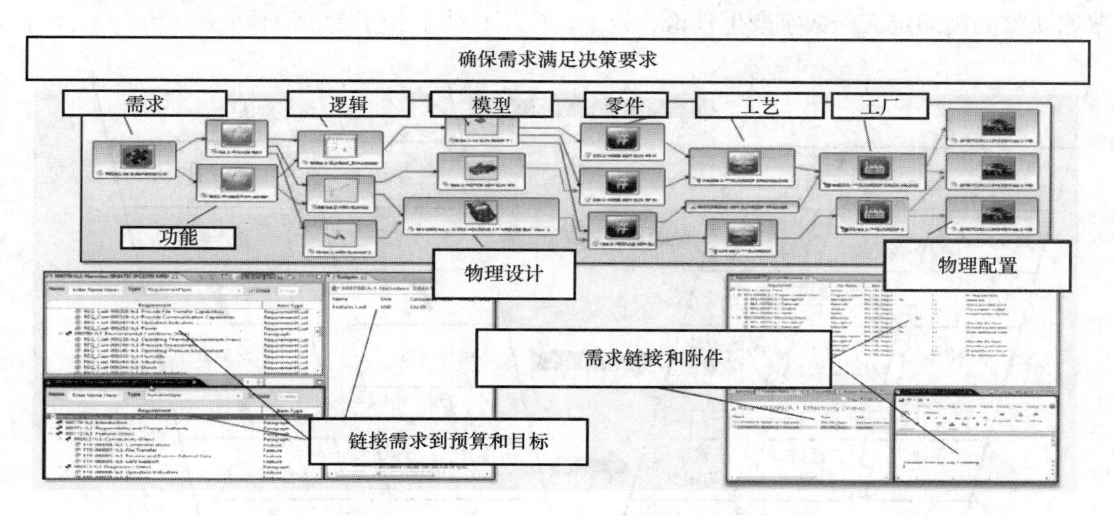

图 2-5　西门子 PLM 软件业务建模

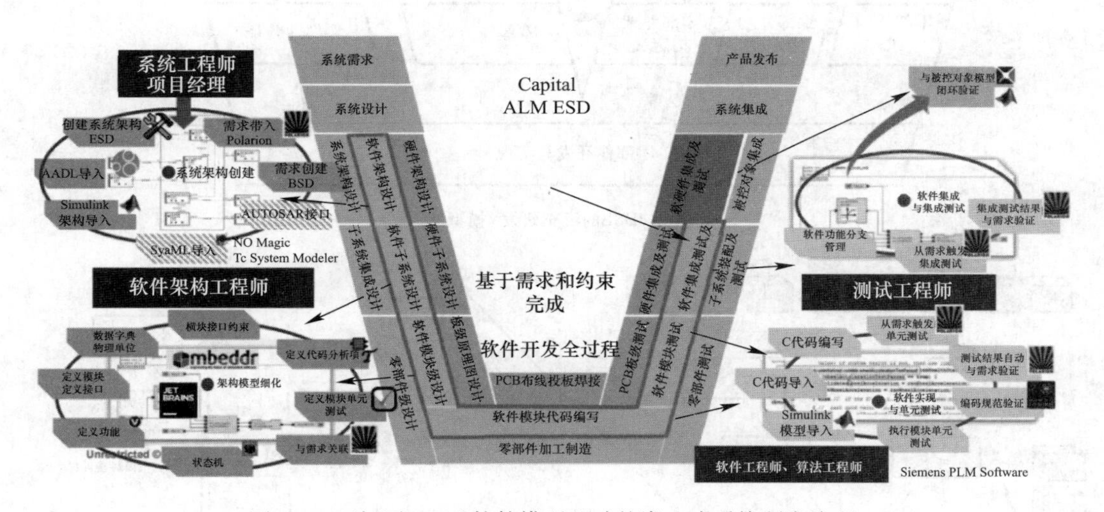

图 2-6　西门子 PLM 软件模型驱动的嵌入式系统研发流程

数字孪生覆盖产品全生命周期与全价值链，从基础材料、设计、工艺、制造以及使用维护全部环节，相当于是给产品建立一个数字化的全生命周期档案，为全过程质量追溯和产品研发的持续改进奠定了数据基础。数字孪生目前正加速渗透应用到汽车、电力、航空、建筑、钢铁、煤炭等各个细分行业领域。数字孪生以工业控制理论和技术为源头，充分融合地理信息、建筑信息、虚拟现实等多种理论和技术，将成为全产业、全行业最为基础性的通用智能基础设施，同时，也将凭借其理论和技术的通用性优势，对社会系统、经济系统、人文系统等起到全面赋能作用。

在当前的概念内涵下，数字孪生作为一种充分利用模型、数据并集成多学科的技术，其面向产品全生命周期过程，发挥连接物理世界和信息世界的桥梁和纽带作用，从而提供更加实时、高效、智能的服务。目前，国防、工业、城市等领域都纷纷提出了对数字孪生的理解，并着手开发相应的系统。但直到目前为止，从全球范围看，数字孪生并未诞生被普遍认可的确切定义，数字孪生理论、技术、应用总体上处于起步阶段。

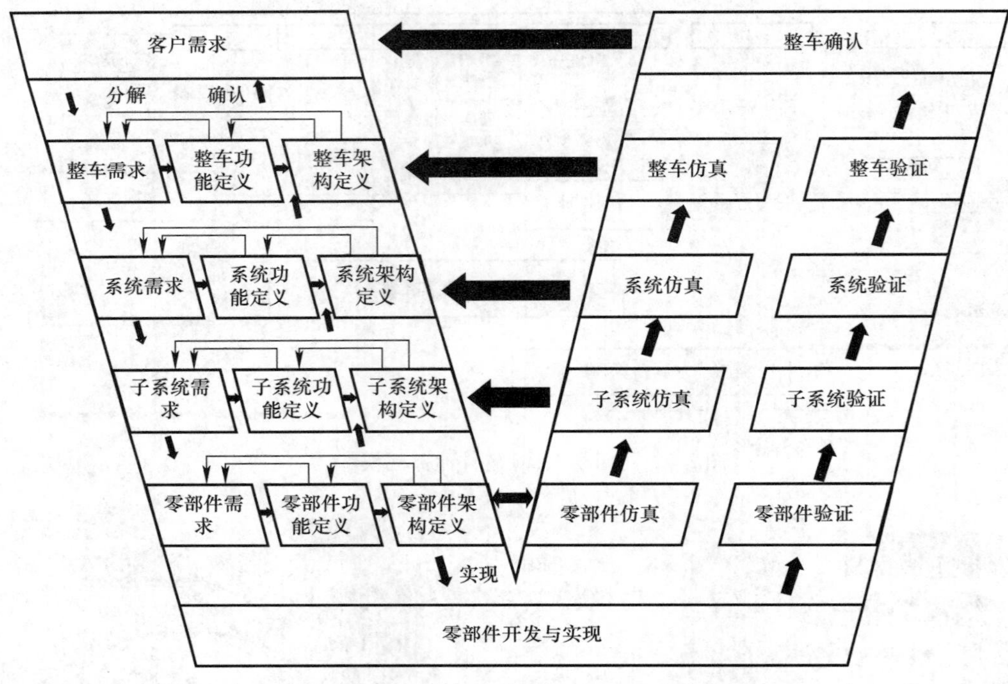

(a) MBSE的汽车研发V模型

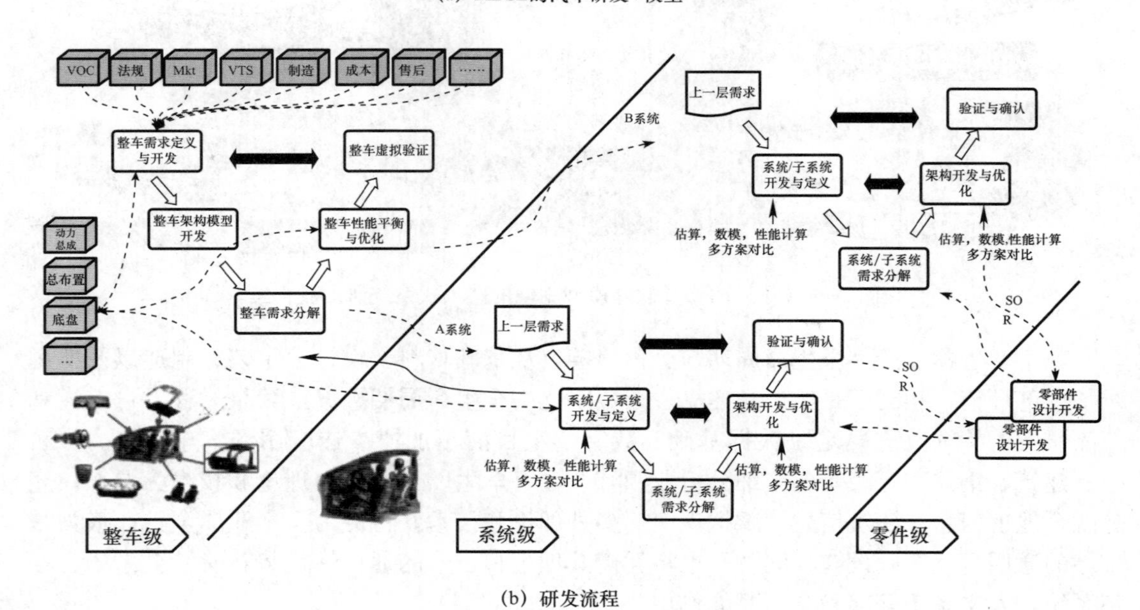

(b) 研发流程

图 2-7 基于数字孪生的 MBSE 研发整车产品方法

图 2-8　美国数字工程战略之 CREATE 项目

2.2　数字孪生内涵

2008 年 10 月至 2011 年 3 月，由飞利浦和以色列智库 MetaverseLabs 发起的欧盟 ITEA 项目 Metaverse1 成功运行。该项目的成果之一是 ISO/IEC 23005 系列标准，旨在真实物理世界和虚拟世界之间定义标准接口，以实现虚拟世界和现实世界之间的连接、信息交换和互用。2011 年，ISO/IEC 23005-1（Media context and control—Part 1：Architecture）第一版发布，是第一个在标准文本中提到 Metaverse 的国际标准。2020 年，ISO/IEC 23005-1 第四版发布。2019 年，IEEE 标准协会发起 P2888 项目（Interfacing Cyber and Physical World)，迈出了开发连接物理世界和虚拟世界、构建同步元宇宙的标准体系的第一步。作为 ISO/IEC 23005 系列标准的补充，IEEE 2888 包括四个部分：传感器接口（Specification of Sensor Interface for Cyber and Physical World)、执行器接口（Standard for Actuator Interface for Cyber and Physical World)、数字化同步（Orchestration of Digital Synchronization between Cyber and Physical World）和六自由度虚拟现实灾害响应训练系统架构。前三部分旨在为数字孪生空间或元宇宙提供通用技术，第四部分是特定领域的应用。IEEE 2888 系列标准架构如图 2-9 所示。

数字孪生是基于高保真的三维 CAD 模型，它被赋予了各种属性和功能定义，包括材料、感知系统、机器运动机理等，它一般储存在图形数据库，而不是关系型数据库。通过数字孪生空间的机器学习，数据演化为知识，形成洞察能力。

数字孪生是一个对物理实体或流程的实时数字化镜像，以数据为线索实现对物理实体的全周期集成与管理，实现数据驱动的信息物理系统双向互控及混合智能决策，人工智能贯穿于整个系统。数字孪生至少包含六个维度：系统仿真与多模型驱动（SM），数据线索与数据全周期（DT），知识模型与知识体系（KM），CPS 双向自主控制（AC），混合智能决策（ID），全局人工智能（AI）。数字孪生内涵可基于六个维度表达，数字孪生＝｛SM，DT，KM，AC，ID，AI｝。

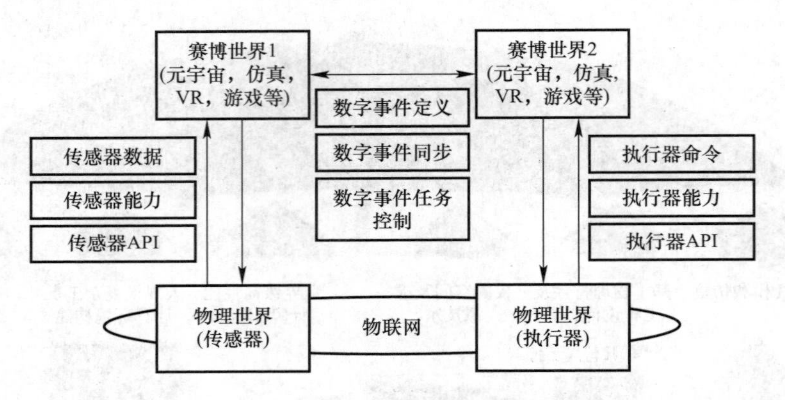

图 2-9　IEEE 2888 系列标准架构

笔者认为，数字孪生技术体系至少包括以下四个分支：

(1) 系统工程视角。数字孪生是一个基于模型的系统工程，以基于模型的系统工程（MBSE）方法论及符号表示、元素表示、系统描述、系统建模等方法为理论支撑。

(2) 工业控制系统视角。数字孪生是智能化工业控制系统的一种新形式，在经典SCADA 系统的基础上融合智能控制、智慧决策、机器学习、大数据、泛在网、云计算等新技术，是基于信息物理系统（CPS）的新一代智慧化控制。

(3) 对象可视化视角。数字孪生是基于图形图像理论技术的三维模型、虚拟现实、增强现实等技术的综合，是物理世界对象的模型化、数字化、虚拟化表达。

(4) 网络视角。数字孪生是基于网络基础设施在网络空间中建立的网络化系统，具有网络化系统天然固有的“互联”属性，以新一代 Web 技术的语义模型、语义描述、网络标识、网络安全等为理论基础。

从科学视角看，数字孪生的内涵应综合以上四个分支，并以“数据纽带”为线索跨接多个领域，实现四个维度约简累加后的有机综合集成及“能量+信息”的无缝流转，数字孪生本质上是软硬件一体的信息操作系统，它为物理世界的建模、仿真、控制、管理、治理提供了信息工具。如图 2-10 所示。

从工程视角看，数字孪生是一项系统工程。技术环节包括：感（感知），传（传输），控（控制），管（管理）；基本功能包括：决策指挥，管理控制，预测预警，数据治理；系统特征包括：系统节能，系统鲁棒，系统安全，系统柔性。如图 2-11 所示。

从实际应用的视角分析，数字孪生应用必然是一个多粒度（多层级）上的呈现与实现。提出如图 2-12 所示的多粒度数字孪生系统工程模型。定义多粒度数字孪生系统工程模型为 DTM，则 $DTM=\{DT-CYDT-L3YDT-L2YDT-L1\}$。

模型中术语和符号的含义解释如下：多粒度数字孪生系统工程模型中涉及 4 个专业术语：数字孪生单元（DT-L1），数字孪生系统（DT-L2），数字孪生体系（DT-L3）和数字孪生管理平台（DT-C）。DT-C 为顶层综合管理平台；DT-L3 为数字孪生体系；DT-L2 为数字孪生系统；DT-L1 为数字孪生单元。DT-L1、DT-L2、DT-L3、DT-C 依次具有包含关系，即：DT-L2 包含若干个 DT-L1，DT-L3 包含若干个 DT-L2，DT-C 包含若干个 DT-L3。多粒度数字孪生系统工程通过纵向数据链与横向数据链联合驱动、一体安全运行保障（网络安全、数据安全、应用安全），可实现全体系安全互联互通数字工程。

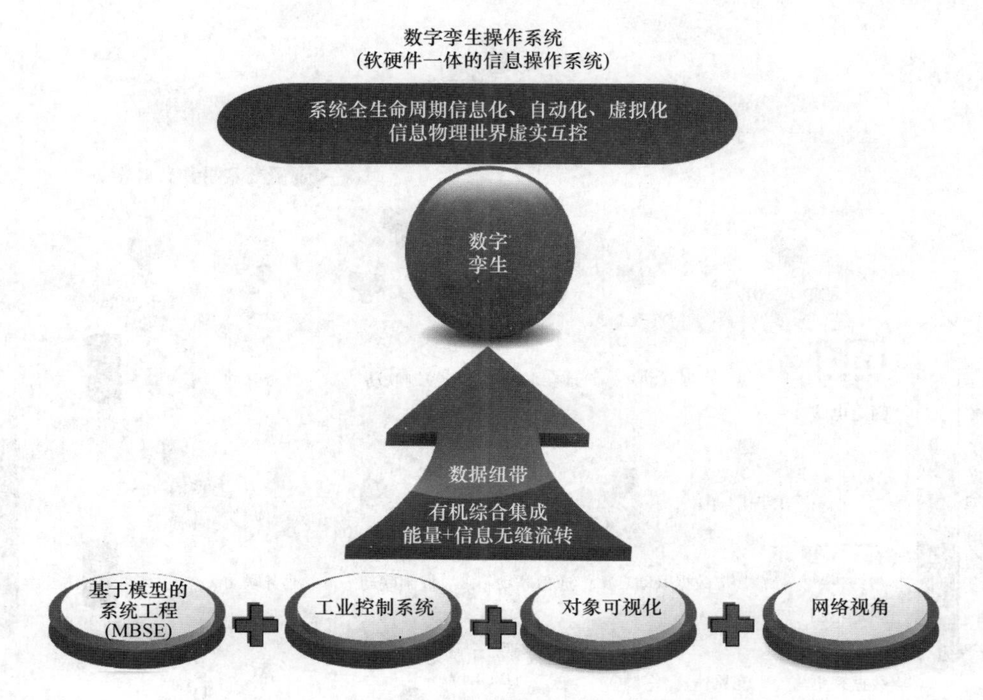

图 2-10　数字孪生科学内涵

从本质上讲，数字孪生是物理实体在信息空间的建模、仿真、控制、管理、治理。“建模”解决物理实体的数字映射问题，建立的是形态模型，如 BIM、CAD、CAE 做的事情。“仿真”解决受控对象的系统仿真问题，建立的是系统仿真模型，如 MATLAB Simulink 做的事情。“控制”解决受控对象的自主控制问题，建立的是控制系统模型，如 MATLAB Simulink 做的事情。“管理”解决社会对象的闭环管理问题，建立的是管理体系闭环，如城市管理做的事情。“治理”解决社会对象的优化进化问题，建立的是治理体系闭环，如社会治理做的事情。

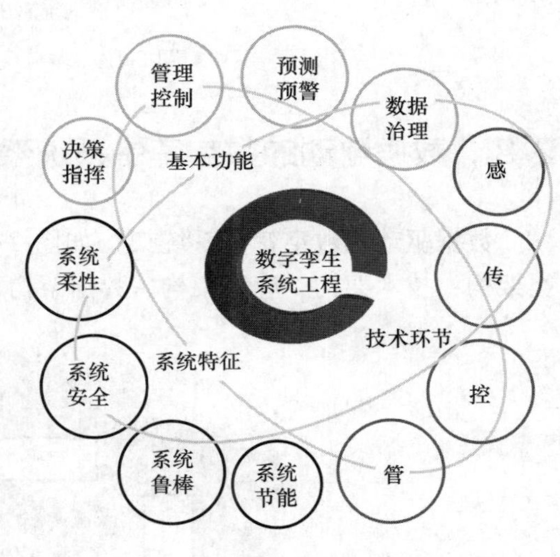

图 2-11　数字孪生工程内涵

在数字工程生态系统完整视图中，自上而下嵌套的三层决策分析学实际上分别代表了数据分析学的三个层次：规定性分析学、预测性分析学、描述性分析学。数字孪生的应用，将大大提高基于模型的系统工程的实施水平，实现“制造/建造前运行”，颠覆传统“设计—制造—试验”模式，在数字空间中高效完成大部分分析试验，实现向“设计—虚拟综合—数字制造—物理制造”的新模式转变。数字孪生模型可使产品实现标准化、协同化、智能化设计与加工制造，实现可预测和可预防的“使用前保障”。

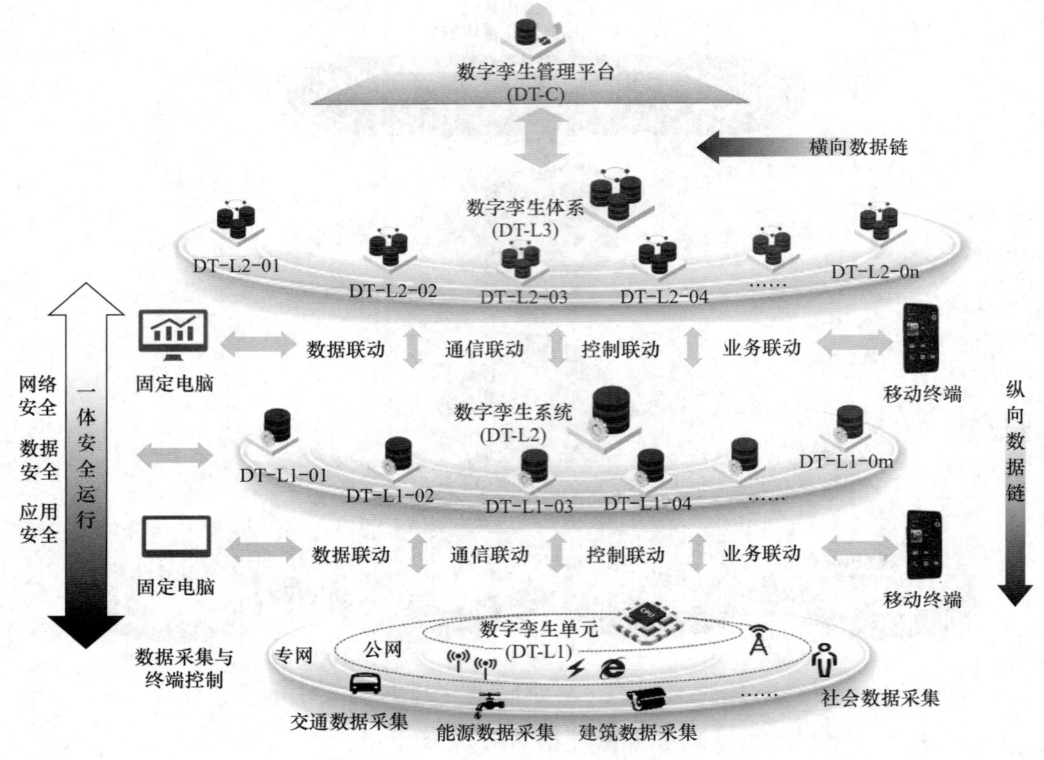

图 2-12　多粒度数字孪生系统工程模型

2.3　数据驱动的数字孪生系统架构

数据驱动的数字孪生系统架构如图 2-13 所示。数据驱动的数字孪生系统架构包含四类架构：技术架构、应用架构、数据架构和业务架构。技术架构与业务架构融合后，在数

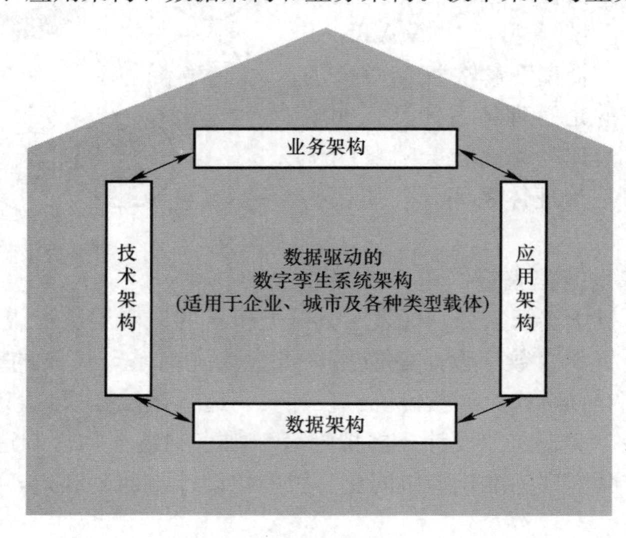

图 2-13　数据驱动的数字孪生系统架构

据架构的支撑下，最终实现应用架构。技术架构重点解决的是技术体系、技术平台、技术实现等问题，业务架构重点解决的是业务流程描述、业务逻辑描述等问题，数据架构重点解决的是数据模型、数据线索、数据体系等问题。最终构建出数据驱动的数字孪生系统架构。这种系统架构具有普遍适用性，可以应用于企业数字孪生、城市数字孪生、工业数字孪生等各种需要数字孪生赋能的实体。

第3章 数字孪生理论与技术基础

3.1 数字孪生科学与工程体系构建

3.1.1 数字孪生科学

数字孪生科学应构建数字孪生理论与技术体系，研究数字孪生原始理论，提出数字孪生建模与仿真方法。本书认为数字孪生系统的建模应基于多学科、多领域跨界融合思维，综合运用多学科、多领域建模方法和技术，应以实际系统应用需求为导向开展设计开发工作。实际应用系统大多是高度非线性系统，宜采用基于多粒度、多模型技术的复杂大系统建模方法建模。提出一种数字孪生理论体系构建思路：数字孪生理论是系统工程、现代控制理论、模式识别理论、计算机图形学、数据科学等主要学科理论分支的融合体，具有以大数据为线索、多模型为核心的体系结构特点，能够解决现实世界中非线性系统的建模、仿真、控制及管理问题。

从系统工程的视角来看，数字孪生系统的构建是一项典型的系统工程，涉及目标确立、需求分析、技术开发、理论研究、场景应用等实现环节。数字孪生系统的构建与开发奠定了数字孪生系统论的基石。数字孪生系统的构建与开发方法描述如下：以数字孪生系统需求为导向，设计数字孪生系统软件架构，研发数字孪生系统软硬件平台与技术，在数字空间和物理场景中进行同步测试与验证。物理实测信息反馈到虚拟仿真系统，仿真系统与物理系统进行实时或事件驱动下的不定时比对与匹配，得到两者误差，再以误差作为虚拟系统控制算法的输入，通过自动控制策略实现误差的迭代削减，直至衰减为零。整个数字孪生信息物理系统的运行是一个动态平衡与自主优化的过程。数字孪生科学体系的构建方法如图 3-1 所示。

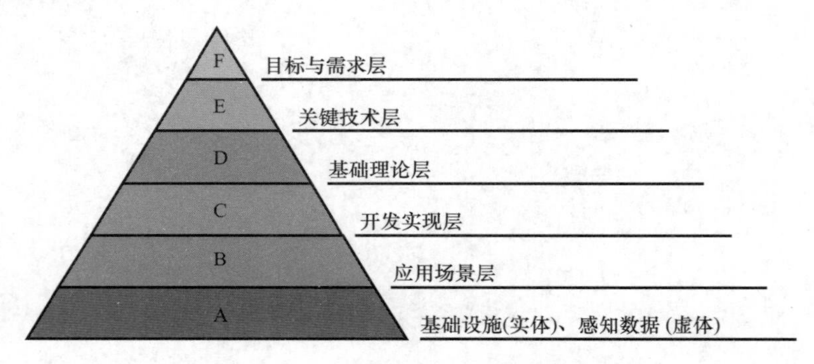

图 3-1　数字孪生科学体系构建方法

1. 目标与需求层

数字孪生系统的目标可凝练为“十化”，即数字化、网络化、智能化、虚拟化、安可化、定制化、服务化、融合化、集约化、标准化。实际系统的需求包括系统多颗粒度互联互通、系统可仿真可预见、技术安全、系统可信、系统开放、系统可重构、系统敏捷、成本节约等。

2. 关键技术层

关键技术层由多粒度多模型大系统建模、感知、通信、智能控制、智能机器人、大数据智能与安全、机器视觉及模式识别、系统仿真、智能决策等模块组成。关键技术模块简介如下：

(1) 多粒度多模型大系统建模（Multiple Granularity And Multl-Model Based Big System Modeling，MGMM-BSM）。多模型主要包括：结构模型、参数模型、自动控制系统模型、规则模型、人员模型、环境模型、行为模型、业务流模型和业务知识模型。通过多类型多模态模型实现多模型驱动的大系统模型体系。多粒度指的是设备级、系统级、复杂系统级等多个颗粒度层级，根据实际系统情况可适当收放系统颗粒度范围。

(2) 感知。主要功能模块包括：对象特性检测、工况参数检测、工艺特征检测和环境参数测量。利用传感器采集物理世界对象的各种参数数据，如流量、压力、温度、湿度、形变等，对各种数据进行标准化的格式、量纲、类型等转换，变成数字孪生系统能够直接调用的物联感知数据结构体。必要时可对采集到的数据进行智能处理和机器学习，在感知端也可嵌入智能算法，实现端上智能。

(3) 通信。主要包括工业通信和互联网通信两大类。常用的工业通信协议有 Modbus，RS-232，RS-485，HART，MPI 通信，PROFIBUS，OPC UA，ASI，PPI，远程无线通信，TCP，UDP，S7，Profnet，MPI，PPI，Profibus-dp，Devlce Net。常用的互联网通信协议有 TCP/IP 协议、IPX/SPX 协议、NetBEUI 协议等。

(4) 智能控制。包括以下主要控制技术：智能控制模型、智能控制算法、边缘智能控制、终端智能控制、远程智能控制。

(5) 智能机器人。包括以下主要类型：工业机器人、服务机器人、特种机器人。

(6) 大数据智能与安全。包括以下主要技术：数据治理、数据统计、数据分析、数据挖掘、数据安全。

(7) 机器视觉及模式识别。包括以下主要技术：目标检测与识别、目标跟踪、虚拟测量、视频安全监控、语音识别、深度学习、视觉伺服控制。

(8) 系统仿真。包括以下核心技术：业务场景建模与仿真、生产设备建模与仿真、产品加工过程仿真、工作流模拟、制造系统建模、测试验证平台。

(9) 智能决策。其主要方法有知识图谱、强化学习、多目标关联决策、全景决策。决策是管理的重要职能，是决策者对系统方案做决定的过程和结果，决策是决策者的行为和职责。决策分析的过程大概可以归纳为以下四个阶段：分析问题、诊断及信息活动；对目标、准则及方案的设计活动；对非劣备选方案进行综合分析比较评价的抉择或选择活动；将决策结果付诸实施并进行有效的评估、反馈、跟踪、学习的执行或实施活动。决策问题的类型一般有确定型决策、风险性决策、不确定型决策、对抗型决策和多目标决策。风险型决策的基本方法有期望值法和决策树法。冲突分析（Conflict Analysis）是国外近年来在经典对策论（Game Theory）和偏对策理论（Metagame Theory）基础上发展起来的一种对冲突行为进行正规分析（Formal Analysis）的决策分析方法，其主要特点是能最大限度地利用信息，通过对许多难以定量描述的现实问题的逻辑分析，进行冲突事态的结果预测和过程分析（预测和评估、事前分析和事后分析），帮助决策者科学周密地思考问题。

3. 基础理论层

构建数字孪生理论所依托的相关理论领域主要有5个：系统工程及系统建模与仿真理论，现代控制理论，模式识别理论，计算机图形学，数据科学。

4. 开发实现层

开发实现层包括以下核心开发任务：数字孪生虚拟系统组态软件平台研发，多源异构对象泛在感知软硬件开发，智能控制系统软硬件开发，结构与环境建模及软硬件开发，边缘数字孪生体建模与软件研发，大数据智能分析与应用平台开发，系统安全技术平台开发，检验、测试、认证平台构建及开发，技术与管理标准研制。

5. 应用场景层

数字孪生系统理论和技术可以赋能各种应用场景，典型的如：城市、工厂、建筑、医疗、交通、能源、风景、航空、航海、农业。

数字孪生的主要理论渊源和基础是：系统工程及系统建模与仿真理论，现代控制理论，模式识别理论，计算机图形学，数据科学。下面以系统工程及系统建模与仿真理论为例进行阐述。

系统是由两个以上有机联系，相互作用的要素所组成，具有特定功能、结构和环境的整体。它具有整体性、关联性和环境适应性等基本属性，除此以外，很多系统还具有目的性、层次性等特征。系统有自然系统与人造系统、实体系统与概念系统、动态系统和静态系统、封闭系统与开放系统之分。用定量和定性相结合的系统思想和方法处理大型复杂系统问题，无论是系统的设计或组织建立，还是系统的经营管理，都可以统一地看成是一类工程实践，统称为系统工程。系统工程的应用领域十分广阔，已广泛应用于社会、经济、区域规划、环境生态、能源、资源、交通运输、农业、教育、人口、军事等诸多领域。

系统工程有三大理论基础和工具，即系统论、信息论和控制论，简称“三论”。

系统论是奥地利生物学家冯·贝塔朗菲在理论生物学研究的基础上创立的。系统论的代表性观点有系统的整体性、系统的开放性、系统的动态相关性、系统的层次等级性、系统的有序性。

信息论的创立者是美国数学家申农和维纳。狭义的信息论即申农信息论，主要研究消息的信息量，信道容量以及消息的编码问题。一般信息论主要研究通信问题，但还包括噪声理论、信号滤波与预测、调制、信息处理等问题。广义的信息论不仅包括前两项的研究内容，而且包括所有与信息相关的领域。

控制论是由美国数学家维纳（WIENER，1948）创立的一门研究系统控制的学科。其观点是通过一系列有目的的行为及反馈使系统受到控制。Wiener将他对控制论的理解描述为控制和通信的结合。控制逻辑是一种面向物理过程的智能计算。控制论是物理过程、计算和通信三者的有机融合。控制论研究的重点是带有反馈回路的闭环控制系统。反馈有两类：正反馈和负反馈。如果输出反馈回来放大了输入变化导致的偏差，就是正反馈；如果输出反馈回来弱化了输入变化导致的偏差，就是负反馈。控制论对系统工程方法论的重要启示有“黑箱—灰箱—白箱法”。黑箱即一个闭盒，无法直接观测出其内部结构，只能通过外部的输入和输出去推断进而认识该系统，这就是由黑箱到灰箱再到白箱的过程。Wiener 研究控制论时计算机和网络等信息技术尚未对系统产生影响，因为当时还没有出现现代信息技术。

模型是现实系统的理想化抽象或间接表示，它描绘了现实系统的某些主要特点，是为了客观地研究系统而发展起来的。模型有三个特征：它是现实世界部分的抽象或模仿；它是由那些与分析的问题有关的因素构成；它表明了有关因素间的相互联系。模型可以分为概念模型、符号模型、类比模型、仿真模型、形象模型等。模型化就是为了描述系统的构成和行为，对实体系统的各种因素进行适当筛选后，用一定方式（数学、图像等）表达系统实体的方法。简言之就是建模的过程。构造模型需要遵循如下的原则：建立方框图；考虑信息相关性；考虑准确性；考虑结集性。模型化的基本方法有以下几种：①分析法。分析解剖问题，深入研究客体系统内部细节，利用逻辑演绎方法，从公理、定律导出系统模型；②实验法。通过对于实验结果的观察分析，利用逻辑归纳法导出系统模型，基本方法包括三类：模拟法、统计数据分析、实验分析；③综合法。这种方法既重视数据又承认理论价值，将实验数据机理论推导统一于建模之中；④老手法（Delphi 法）。这种方法的本质在于集中了专家们对于系统的认识（包括直觉、印象等不确定因素）即经验，再通过实验修正，往往可以取得较好的效果；⑤辩证法。其基本观点是系统一个对立统一体，是由矛盾的两个方面构成的，因此必须构成两个相反的分析模型。相同数据可以通过两个模型来解释。

较为实用化的数字孪生技术理论体系可基于六个维度表达，即数字孪生＝{SM，DT，KM，AC，ID，AI}。

① 系统工程与多模型系统集成（SM）

② 数据线索与数据全周期（DT）

③ 知识模型与知识体系（KM）

④ CPS 双向自主控制（AC）

⑤ 混合智能决策（ID）

⑥ 全局人工智能（AI）。

1. 系统工程与多模型系统集成

1978 年，钱学森发表了《组织管理的技术——系统工程》，指出：“系统工程”是组织管理“系统”的规划、研究、设计、制造、试验和使用的科学方法，是一种对所有“系统”都具有普遍意义的科学方法，并指出系统工程在国家社会经济各个领域有广阔的应用前景。钱学森把用系统思想直接改造客观世界的技术，通称为“系统工程”，将直接为这些系统工程服务的一些科学理论，称为“运筹学”。钱学森指出，系统工程的重点在于应用，在不同的领域还需要相应专业基础。系统工程是一个总类名称，因体系性质不同，还可以再分：如工程体系的系统工程（像复杂武器体系的系统工程）称为工程系统工程，生产企业或企业体系的系统工程称为经济系统工程等。后来，钱学森列出了 14 个专业的系统工程，并表示还可以继续扩充（表 3-1）。

开放的复杂巨系统理论及综合集成方法是钱学森在系统科学领域提出的重大理论成果，具有重大的科学价值和现实意义，它们为人们解决复杂问题指明了方向。

各专业的系统工程　表 3-1

序号	系统工程专业	专业特有的学科基础	序号	系统工程专业	专业特有的学科基础
1	工程系统工程	工程设计	8	教育系统工程	教育学
2	科研系统工程	科学学	9	社会系统工程	社会学，未来学
3	企业系统工程	生产力经济学	10	计量系统工程	计量学
4	信息系统工程	信息学，情报学	11	标准系统工程	标准学
5	军事系统工程	军事科学	12	农业系统工程	农事学
6	经济系统工程	政治经济学	13	行政系统工程	行政学
7	环境系统工程	环境科学	14	法制系统工程	法学

数字孪生本身也是一项系统工程，需要继承和借鉴系统工程的思想方法及理论成果。数字孪生与计算机辅助（CAX）软件（尤其是广义仿真软件）关系十分密切。在工业界，人们用软件来模仿和增强人的行为方式。人机交互技术发展成熟后，以下模仿行为出现：

用 CAD 软件模仿产品的结构与外观

CAE 软件模仿产品在各种物理场情况下的力学性能

CAM 软件模仿零部件和夹具在加工过程中的刀轨情况

CAPP 软件模仿工艺过程

CAT 软件模仿产品的测量/测试过程

OA 软件模仿行政事务的管理过程

MES 软件模仿车间生产的管理过程

SCM 软件模仿企业的供应链管理

CRM 软件模仿企业的销售管理过程

MRO 软件模仿产品的维修过程管理

BIM 软件模拟建筑构件及建筑工程管理

……

系统建模与仿真以及多类型模型融合系统集成是数字孪生的灵魂。

2. 数字线索与数据全周期（DT）

数字线索是数字孪生的核心技术。数字线索也可理解为数字孪生系统的“数字足迹”，本质作用是将整个数字孪生工程的流程无缝衔接起来，实现工程全生命周期的数据层跟踪与追溯，它能够为系统溯源、敏捷供应链、柔性制造等提供技术工具。数字线索可以有不同的技术形态、物联网标识、互联网 IP 地址、区块链等技术广义上都可认为与数字线索技术有关。美国空军认为，系统工程将在基于模型的基础上进一步经历数字线索变革。数字线索是基于模型的系统工程分析框架。数字线索的特点是“全部元素建模定义、全部数据采集分析、全部决策仿真评估”，能够量化并减少系统全寿命周期中的各种不确定性，实现需求的自动跟踪、设计的快速迭代、生产的稳定控制和维护的实时管理。数字线索将变革传统产品和系统研制模式，实现产品和系统全生命周期管理。数字线索的应用，将大大提高基于模型系统工程的实施水平，实现“建造前运行”，颠覆传统“设计一制造一试验”模式，在数字空间中高效完成大部分分析试验，实现向“设计一虚拟综合一数字制造一物理制造”的新模式转变。基于数字线索和数字孪生可构建智能应用场景，典型的如：故障诊断、预测性维护等。

3. 知识模型与知识体系（KM）

知识驱动是数字孪生系统的典型特征之一，知识工程是数字孪生工程中必不可少的一环。借助知识图谱、人工智能、大数据挖掘等技术，可建立通用知识体系和行业知识体系。知识体系能够有效吸纳、融合行业领域经验，将行业领域知识、经验、人、机器、专家等的智慧充分融合在一起，使定性的知识在信息系统中发挥更大价值。基于碎片化的知识，可构建系统化的知识体系。知识体系作为“核心驱动力”，应具有自我学习、自我完善、自我进化能力，通过持续丰富和完善系统运行的一般规律，找到问题相关联的要素，以及要素间的相互影响关系。

4. CPS 双向自主控制（AC）

数字孪生的本质是通过建模仿真，实现物理系统与赛博系统的相互控制，进而实现数据驱动的虚实一体互动和智慧决策支持。数字孪生的一个重要贡献是实现了物理系统向赛博空间数字化模型的反馈（逆向工程思维）。如图 3-2 所示。

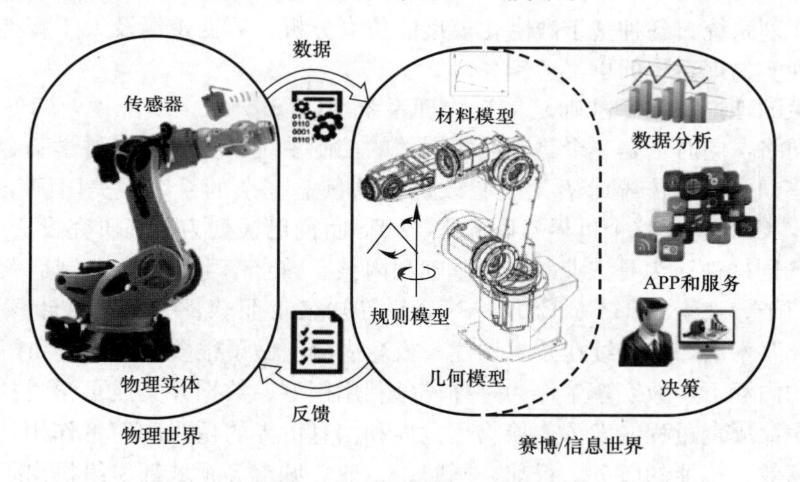

图 3-2　数据驱动的 CPS 双向控制

5. 混合智能决策（ID）

第三代人工智能的目标是要真正模拟人类的智能行为，人类智能行为的主要表现是随机应变、举一反三。为了做到这一点，我们必须充分地利用知识、数据、算法和算力，把这四个因素充分利用起来，这样才能够解决不完全信息、不确定性环境和动态变化环境下的问题，才能达到真正的人工智能。（张钹院士）高度融合人工智能与人类智慧的混合智能决策是数字孪生的一个重要特征。这也凸显了数字孪生与第三代人工智能的高度吻合性。

6. 全局人工智能（AI）

制造业本身已经扩展到了全生命周期，包括产品创新设计、加工制造、管理、营销、售后服务、报废处理等环节。AI 融入产品全生命周期当中任何一个环节，采用 AI 任何一种具体技术，横向提升制造业。AI 融入制造业/城市/……的任何一个层级，采用 AI 任何一种具体技术，纵向提升产业和城市。AI 无处不在地融合是数字孪生的一个重要特征。

3.1.2　工业数字孪生

数字孪生（Digital Twin，DT）是充分利用物理模型、传感器更新、运行历史等数据，集成多学科、多物理量、多尺度、多概率的仿真过程，在虚拟空间中完成映射，从而反映相对应的实体装备的全生命周期过程。数字孪生七要素可总结为：物理空间、数字空间、数据、模型、控制、管理、服务。数字孪生最为重要的贡献在于，它实现了现实物理系统向信息空间（赛博空间）数字化模型的反馈以及信息物理空间之间强实时、高精准的相互控制。从基于数据流和业务流的控制系统角度来看，只有带有反馈回路的系统才能真正实现数据全生命周期跟踪，才是真正的全生命周期概念，才能真正在数据全生命周期范围内保证信息世界与物理世界的协同。智能系统的智能首先要感知、建模，然后才是分析推理和智慧决策。信息物理系统作为计算进程和物理进程的统一体，是集成计算、通信与控制于一体的下一代智能系统。信息物理系统使用信息虚体以远程、实时、安全、可靠、协同的方式操控物理实体，采用人机交互接口实现人和信息物理空间的交互，将人类智慧赋能到信息物理系统。各种基于数字化模型的仿真分析、数据挖掘及人工智能应用，都是为了实现与现实物理系统的更好适配。

数字孪生的理论和技术基础是信息物理系统（CPS）。从本质上说，CPS是一个具有控制属性的网络，同时也是一个具有网络属性的控制系统。美国国家科学基金会用“信息物理系统”一词来描述传统术语无法有效说明的日益复杂的系统。美国国家科学基金会（NSF）认为，CPS将让整个世界互联起来。CPS目前已被列为美国研究投资的重中之重。在德国，CPS同样被认为是工业4.0的基础和内核。数字孪生源自工业制造领域，从2014年开始，西门子、达索、PTC、ESI、ANSYS等知名工业软件公司都在市场宣传中使用“Digital Twin”术语，并陆续在技术构建、概念内涵上做了很多深入研究和拓展。

在当前的内涵下，数字孪生作为一种充分利用模型、数据并集成多学科的技术，能够面向产品全生命周期过程，发挥连接物理世界和信息世界的桥梁和纽带作用，从而可提供更加实时、高效、智能的服务。目前，国防、工业、城市等领域都纷纷提出了对数字孪生的理解，并着手开发相应的系统。但直到目前为止，从全球范围看，数字孪生并未诞生被普遍认可的确切定义，数字孪生理论、技术、应用总体上处于起步阶段。

工业数字孪生分为四层：DCS（分布式工业控制系统）、MES（制造执行系统）、ERP（企业管理系统）、IIS（产业互联网系统）。DCS采用控制分散、操作和管理集中的设计思想，采用多层分级、合作自治的结构形式，其主要特征是集中管理和分散控制。DCS在控制上的最大特点是依靠各种控制、运算模块的灵活组态。在实际过程控制系统中，基于PID控制技术的系统占80%以上，基于非参数模型的预测控制算法是通过预测模型预估系统的未来输出的状态，采用滚动优化策略计算当前控制器的输出。根据实施方案的不同，有各种算法，例如，内模控制、动态矩阵控制等。目前，实用预测控制算法已引入DCS。MESA（制造执行系统协会）将MES作用定义为：MES能通过信息传递从订单下达到产品完成对整个生产过程进行优化管理。MES系统包括七大功能：库房管理、生产调度、制造过程、质量管理、设备工装管理、文档管理、物料批次跟踪。MES系统的优势包括精益生产、生产透明化、生产过程可追溯、信息管理智能化、信息真实性与及时性、生产成本最低化、物料管理专业化、控制方法优化、决策支持智慧化。MES系统可根据不同行业产业的生产链进行个性化、柔性化设定。未来，以产品数字孪生为核心的MES系统将成为制造业智能化的主要方向。由此可构建出工业数字孪生金字塔，如图3-3所示。

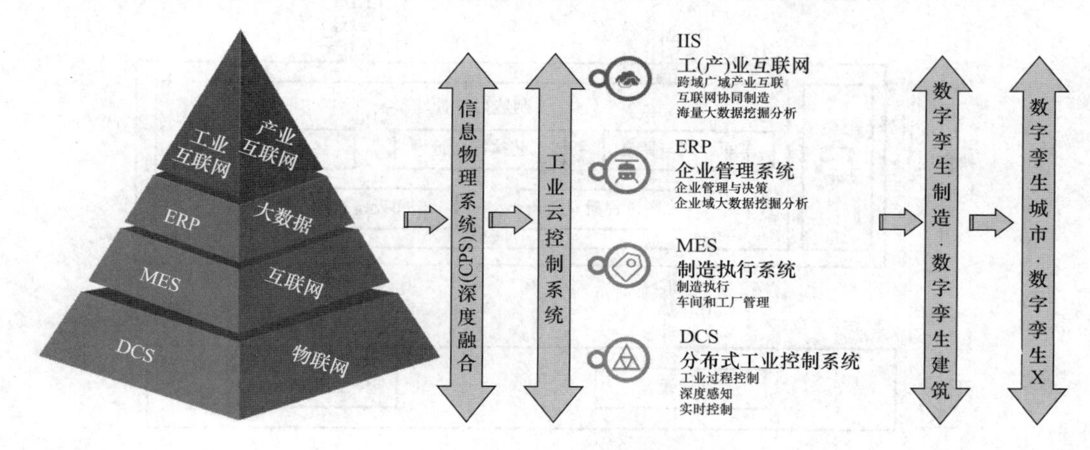

图3-3　工业数字孪生金字塔

具体实现方法如图3-4所示。

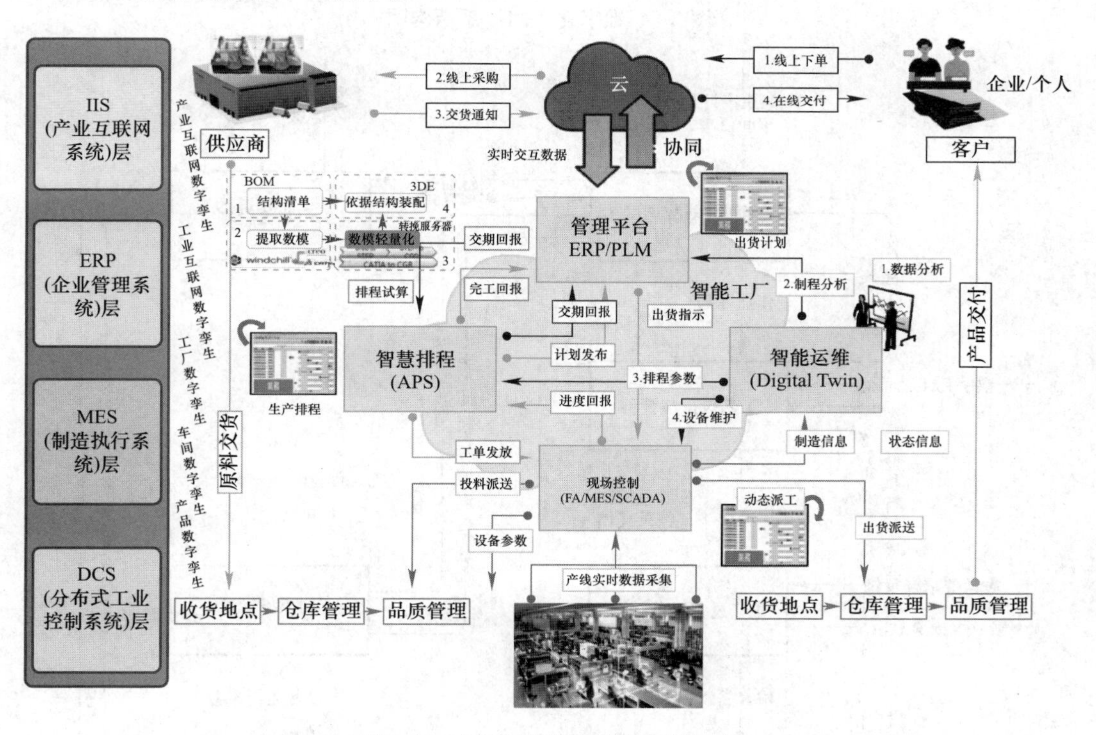

图3-4　工业数字孪生具体实现方法

根据《数字化车间　通用技术要求》GB/T 37393—2019，数字化车间体系结构和数字化车间数据流如图3-5、图3-6所示。

车间级到工厂级数字孪生互联互通的一般技术实现方法如图3-7所示。

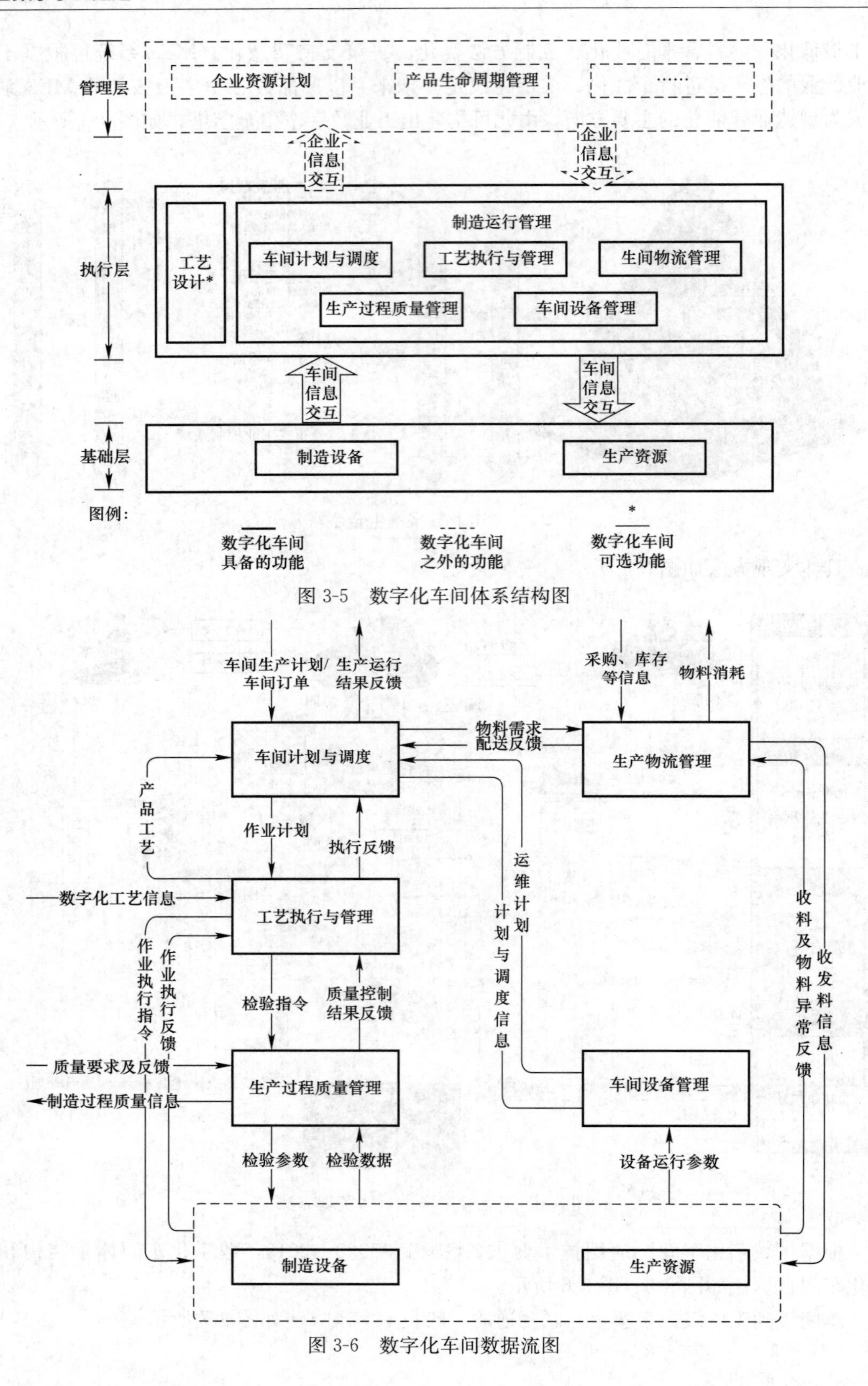

图 3-5 数字化车间体系结构图

图 3-6 数字化车间数据流图

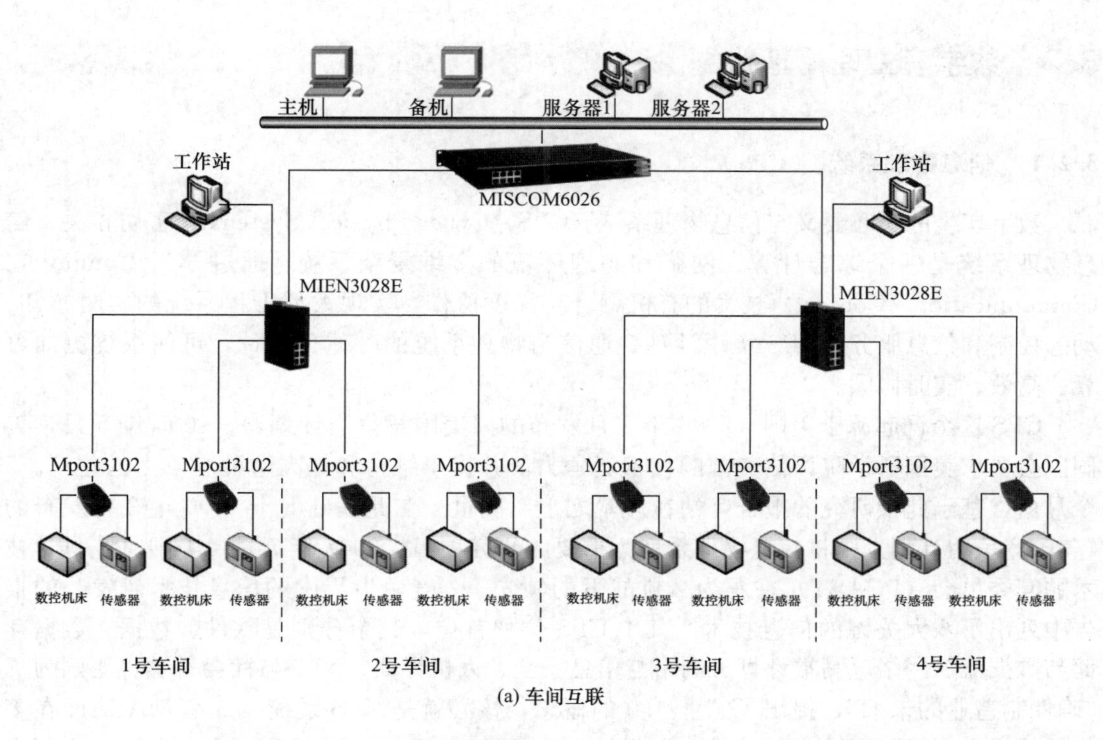

(a) 车间互联

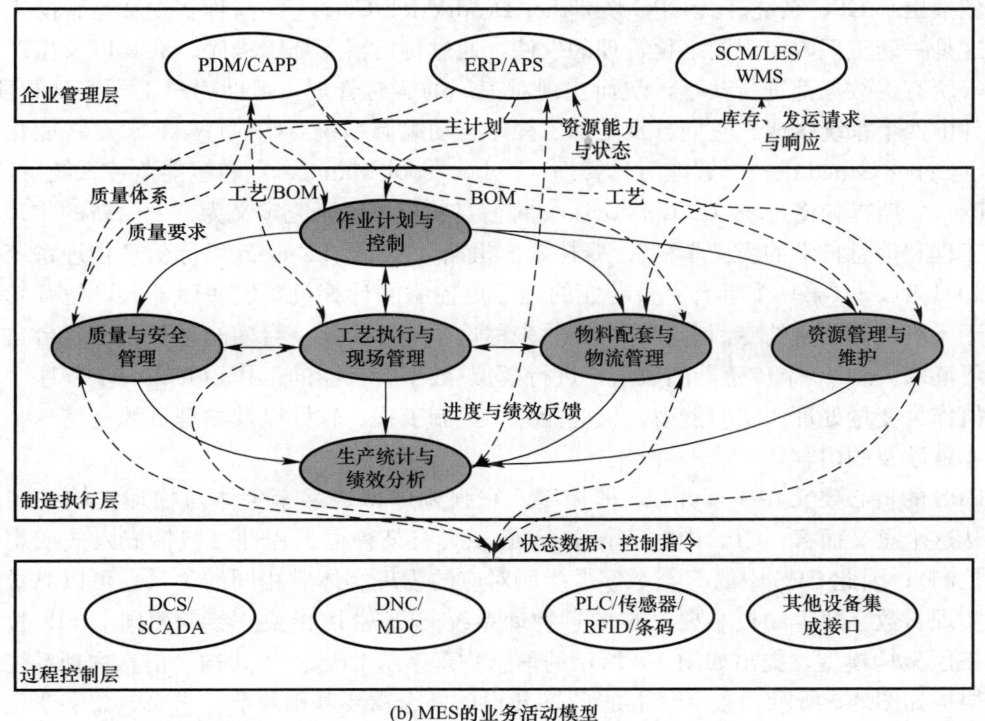

(b) MES的业务活动模型

图 3-7　车间级到工厂级数字孪生互联互通

3.2 数字孪生理论基础

3.2.1 信息物理系统（CPS）

数字孪生的核心要义与信息物理系统（CPS，Cyber-Physical Systems）密切相关。信息物理系统是一个综合计算、网络和物理环境的多维复杂系统，通过3C（Computer、Communication、Control）技术的有机融合与深度协作，实现大型工程系统的实时感知、动态控制和信息服务。CPS实现计算、通信与物理系统的一体化设计，可使系统更加可靠、高效、实时协同。

CPS这个词起源于美国（2006年2月发布的《美国竞争力计划》)。2005年5月，美国国会要求美国科学院评估美国的技术竞争力，并提出维持和提高这种竞争力的建议。5个月后，基于此项研究的报告《站在风暴之上》问世。在此基础上于2006年2月发布的《美国竞争力计划》则将信息物理系列为重要的研究项目。2007年7月，美国总统科学技术顾问委员会（PCAST）在题为《挑战下的领先——竞争世界中的信息技术研发》的报告中列出了八大关键的信息技术，其中CPS位列首位，其余分别是软件、数据、数据存储与数据流、网络、高端计算、网络与信息安全、人机界面、NIT与社会科学。德国为了“确保制造业的未来”，提出了工业4.0的概念，核心就是CPS系统。日本MAZAK在多年前就推出了CPC系统。其CPC是Cyber Production Center的简称，中文是智能生产中心。这是一套工厂内实现网络化管理的软件，通过将机器、加工程序、夹具以及生产日程安排等所有的数据都进行共享，从而实现对工厂的实时管理，帮助用户工厂实现智能化，该软件由四个系统构成，它们分别是加工程序自动编制系统（CAMWARE)、智能化日程管理（Cyber Scheduler)、智能刀具管理（Cyber Tool Manager）和智能监控系统（Cyber Monitor)。斯提帕诺维茨（Sztipanovits）将信息物理系统研究定义为“一门新的物理、生物、工程和信息科学的交叉学科”。康拉德·祖斯（Konrad Zuse）堪称信息物理系统的先驱。1941年Z3（第一个具有完整功能的程序可控制的计算机）发明后不久，他开发了一个用于飞机机翼测量的专门装置。祖斯后来称这个装置为第一台实时计算机。这台自动计算机可读取大约40个传感器的数值，进行模拟/数字转换器的工作，并在一个程序中将这些数值作为变量处理。实时能力、反应能力、控制工程、软件以及物理资源是信息物理系统原本就涉及的内容。

CPS的核心要义在于Cyber，即控制。它强调虚拟数字孪生体与物理实体的实时交互。从这个意义而言，CPS中的Physics，必须具有某种可编程性（包括嵌入式或用软件进行控制)；因此CPS中的P与数字孪生所对应的物理实体有相同的关系，可以靠数字孪生来实现。数字孪生的核心要义与信息物理系统CPS密切相关。参考德国Drath教授的CPS三层架构模型，提出如图3-8所示的信息物理系统CPS三层架构。信息物理系统CPS技术架构如图3-9所示。数字孪生是CPS建设的一个重要基础环节。未来，数字孪生与资产管理壳AAS（Asset Administration Shell）会融合在一起。

信息物理系统通过人机交互接口实现和物理进程的交互，使用网络化空间以远程的、可靠的、实时的、安全的、协作的方式操控一个物理实体。信息物理系统包含了将来无处

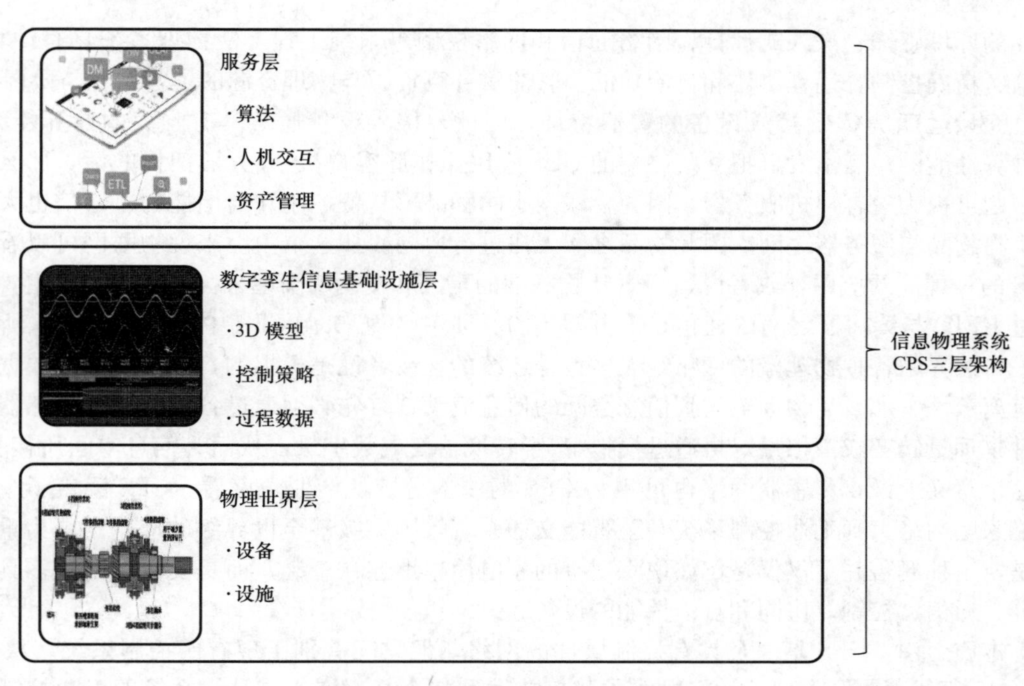

图 3-8　信息物理系统 CPS 三层架构

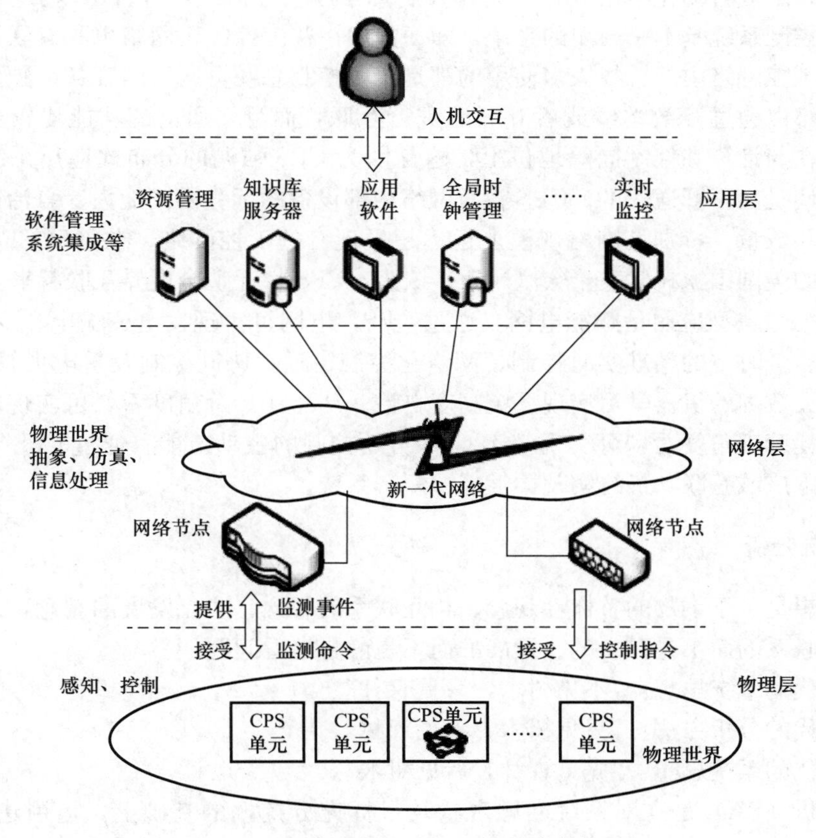

图 3-9　信息物理系统 CPS 技术架构

不在的环境感知、嵌入式计算、网络通信和网络控制等系统工程，使物理系统具有计算、通信、精确控制、远程协作和自治功能。它注重计算资源与物理资源的紧密结合与协调。

海量运算是CPS接入设备的普遍特征，因此，接入设备通常具有强大的计算能力。从计算性能的角度出发，把一些高端的CPS应用比作胖客户机/服务器架构的话，那么物联网则可视为瘦客户机服务器，因为物联网中的物品不具备控制和自治能力，通信也大都发生在物品与服务器之间，因此物品之间无法进行协同。从这个角度来说物联网可以看作CPS的一种简约应用，或者说，CPS让物联网的定义和概念明晰起来。在物联网中主要是通过RFID与读写器之间的通信，人并没有介入其中。感知在CPS中十分重要。众所周知，自然界中各种物理量的变化绝大多数是连续的，或者说是模拟的，而信息空间数据则具有离散性。那么从物理空间到信息空间的信息流动，首先必须通过各种类型的传感器将各种物理量转变成模拟量，再通过模拟/数字转换器变成数字量，从而为信息空间所接受。从这个意义上说，传感器网络也可视为CPS的一部分。从产业角度看，CPS涵盖了小到智能家庭网络大到工业控制系统乃至智能交通系统等国家级甚至世界级的应用。更为重要的是，这种涵盖并不仅仅是比如说将现有的家电简单地连在一起，而是要催生出众多具有计算、通信、控制、协同和自治性能的设备。

本质上说，CPS是一个具有控制属性的网络，但它又有别于现有的控制系统。从20世纪40年代美国麻省理工学院发明了数控技术到如今基于嵌入式计算系统的工业控制系统遍地开花，工业自动化早已成熟，其在人们日常居家生活中，各种家电具有控制功能。但是，这些控制系统基本是封闭的系统，即便其中一些工控应用网络也具有联网和通信的功能，但其工控网络内部总线大多使用的都是工业控制总线，网络内部各个独立的子系统或者说设备难以通过开放总线或者互联网进行互联，而且，通信的功能比较弱。而CPS则把通信放在与计算和控制同等地位上，这是因为CPS强调的分布式应用系统中物理设备之间的协调是离不开通信的。CPS在对网络内部设备的远程协调能力、自治能力、控制对象的种类和数量，特别是网络规模上远远超过现有的工控网络。在资助CPS研究上扮演重要角色的美国国家科学基金会（NSF）认为，CPS将让整个世界互联起来。

CPS的一个典型应用是智能电网。通过CPS，电网可实现发电、输电、变电、配电、用电全流程、全时空的精准实时控制、网络化控制、远程协同控制及多电力智能体协作，并通过能源大数据的机器学习实现系统高度自治。从能耗计量角度看，可实现能量的精准计量；从能耗管理角度看，可实现基于CPS自动控制的主动节能。通过CPS系统，电网可实现大范围广域互联，最终实现柔性能源复杂系统。

3.2.2 系统分析

系统思想是关于事物的整体性观念、相互联系的观念、演化发展的观念，即全面而不是片面的、联系的而不是孤立的、发展的而不是静止地看问题。

（1）古代的系统思想："不见树木，只见森林"。

（2）近代的分析方法："只见树木，不见森林"。

（3）现代的系统思想："先见森林，后见树木"。

系统分析（SA）是在对系统问题现状及目标充分挖掘的基础上，运用建模及预测、优化、仿真、评价等方法，对系统的有关方面进行定性与定量相结合的分析，为决策者选择满意的系统方案提供决策依据的分析研究过程。

七个要素组成的 SA 要素结构如图 3-10 所示。

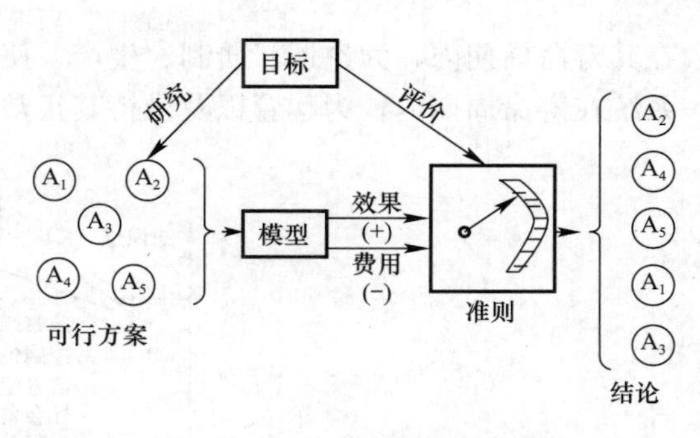

图 3-10　七要素 SA 结构图

SA 是 SE 的核心内容、分析过程和基本方法。

SA 的要素为：

① 问题——界定对象；

② 目的及目标——目标体系；

③ 方案——多个可替代性的能达方案；

④ 模型（结构、数学、仿真）；

⑤ 评价——经济、效用、环境、社会；

⑥ 决策者——决策者参与的重要性。

方法和方法论在认识上是两个不同的范畴。方法是用于完成一个既定任务的具体技术和操作；而方法论是进行研究和探索的一般途径，也就是解决问题的基本程序和逻辑步骤，是对方法如何使用的指导。

系统工程方法论是研究和探索（复杂）系统问题的一般规律和途径。

系统工程方法论的特点如下：

描述性（自然科学）：内在的因果关系与机理；

规范性（工程技术）：一定的逻辑程式；

对话性（系统工程）：系统工程人员、决策者、评论者、公众。

最具代表性的系统工程方法论有：①霍尔“三维结构”；②并行工程；③综合集成方法；④切克兰德的“学习调查”法；⑤物理—事理—人理（WSR）。

霍尔三维结构是由美国学者 A·D·霍尔（A·D·Hall）等人在大量工程实践的基础上于 1969 年提出的，其内容反映在可以直观展示系统工程各项工作内容的三维结构图中。霍尔三维结构集中体现了系统工程方法的系统化、综合化、最优化、程序化和标准化等特点，是系统工程方法论的重要基础内容。霍尔三维结构是将系统工程整个活动过程分为前后紧密衔接的七个阶段和七个步骤，同时还考虑了为完成这些阶段和步骤所需要的各种专业知识和技能。这样，就形成了由时间维、逻辑维和知识维所组成的三维空间结构。如图 3-11 所示。

霍尔三维结构方法特征：强调明确目标，核心内容是最优化，并认为现实问题基本上都可归纳成系统工程问题，应用定量分析手段，求得最优解答。该方法论具有研究方法上的整体性（三维）、技术应用上的综合性（知识维）、组织管理上的科学性（时间维与逻辑维）和系统工程工作的问题导向性（逻辑维）等突出特点。国内外许多事例表明，运用科学的系统工程过程系统管理方法，决策的可靠性可提高一倍以上，节约时间和总投资平均在 15%以上，而用于管理的费用一般只占总投资的 3%～6%。在规划和方案探索阶段，只花去装备全寿命周期费用的极少部分，但确定了装备一生要花费用的 70%；全面工程研制之前，花费的费用占到寿命周期费用的 3%，但固定了寿命周期费用的 85%；研制结束时，装备寿命周期费用已被基本固定。寿命周期费用（LCC，Life Cycle Cost）是指装备在其寿命周期内，为论证、研制、生产、使用与保障、退役所付出的一切费用之和，亦即系统在寿命周期内，为购置以及维持其正常运行所需支付的全部费用。

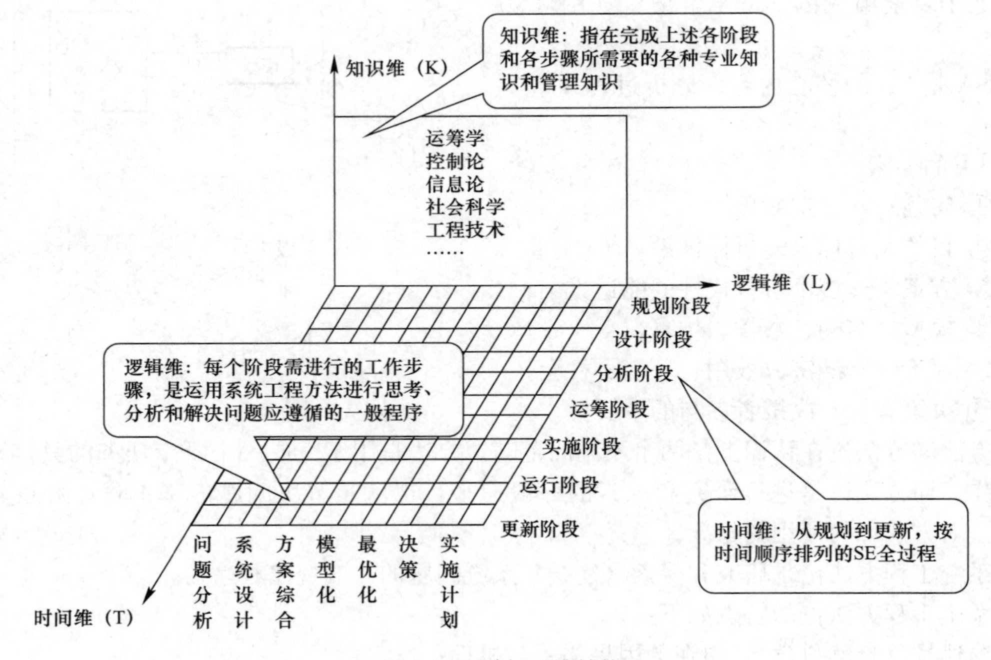

图 3-11　霍尔三维结构

20 世纪 40～60 年代期间，系统工程主要用来寻求各种战术问题的最优策略、组织管理大型工程项目等。20 世纪 70 年代以后，系统工程越来越多地用于研究社会经济的发展战略和组织管理问题，涉及的人、信息和社会等因素相当复杂，使得系统工程的对象系统软化，并导致其中的许多因素又难以量化。为了适应系统工程的对象系统的软化趋势，从 20 世纪 70 年代开始，许多学者在霍尔方法论的基础上，进一步提出了各种软系统工程方法论。其中，80 年代中前期由英国兰切斯特大学（Lan-caster University）P・切克兰德（P・Checkland）教授提出的方法比较系统且具有代表性。

切克兰德法的方法步骤如下：

（1）不良结构系统现状说明。通过调查分析，对现存的不良结构系统的现状进行说明。

（2）弄清关联因素。初步弄清、改善与现状有关的各种因素及其相互关系。

（3）建立概念模型。在不能建立数学模型的情况下，用结构模型或语言模型来描述系统的现状。

（4）改善概念模型。随着分析的不断深入和“学习”的加深，进一步用更合适的模型或方法改进上述概念模型。

（5）比较。将概念模型与现状进行比较，找出符合决策者意图而且可行的改革途径或方案。

（6）实施。实施提出的改革方案。

切克兰德的“调查学习”软方法的核心不是寻求“最优化”，而是“调查、比较”或者说是“学习”，从模型和现状比较中，学习改善现存系统的途径。如图 3-12 所示。

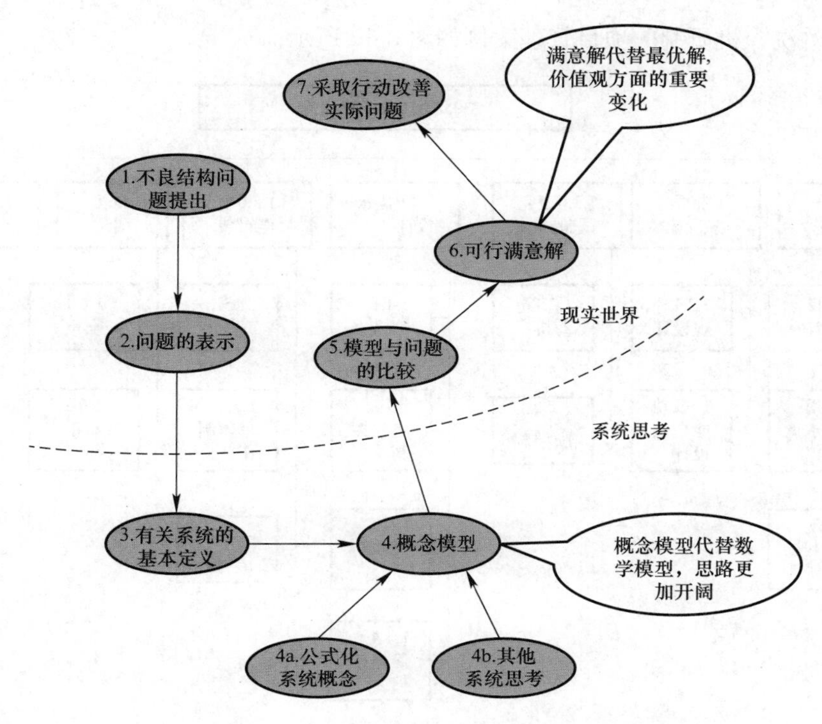

图 3-12　切克兰德法系统工程方法论

通过认识与概念化、比较与学习、实施与再认识等过程，对社会经济等问题进行分析研究，这是一般软系统工程方法论的共同特征。

处理复杂系统问题应坚持的基本观点如下：

整体观：把系统内部所有要素看成一个整体。

综合观：综合考虑系统的方方面面，协调系统内各要素之间的关系。

层次观：处理复杂问题时要抓住问题的主要矛盾，抓住主要矛盾的主要方面。

价值观：考虑系统的投入与产出。

发展观：用动态的、发展的观点去思考、研究、解决系统问题。

系统工程常常把所研究的系统分为良结构系统与不良结构系统，由于它们具有不同的特点，故分别采取不同的解决方法，见表 3-2。

系统工程中的系统分类　　**表 3-2**

	定义	特点	解决方法
良结构 S	偏重工程、机理明显的物理型的硬 S	可用较明显的数学模型描述，有较现成的定量方法可以计算出系统的行为和最佳结果	用“硬方法”求出最佳的定量结果，霍尔的三维结构主要适用于此
不良结构 S	偏重社会、机理尚不清楚的生物型的软 S	较难用数学模型描述，因其加入了人的直觉和判断，往往只能用半定量、半定性或者只能用定性的方法来处理问题	用“软方法”求出可行的满意解，常用德尔菲法、情景分析法、冲突分析法、切克兰德的“调查学习”法等

工作拆分结构（Work Breakdown Structure）是项目管理的核心。按照系统工程思维

方法进行新款洗衣机研制的项目管理案例如图 3-13 所示。

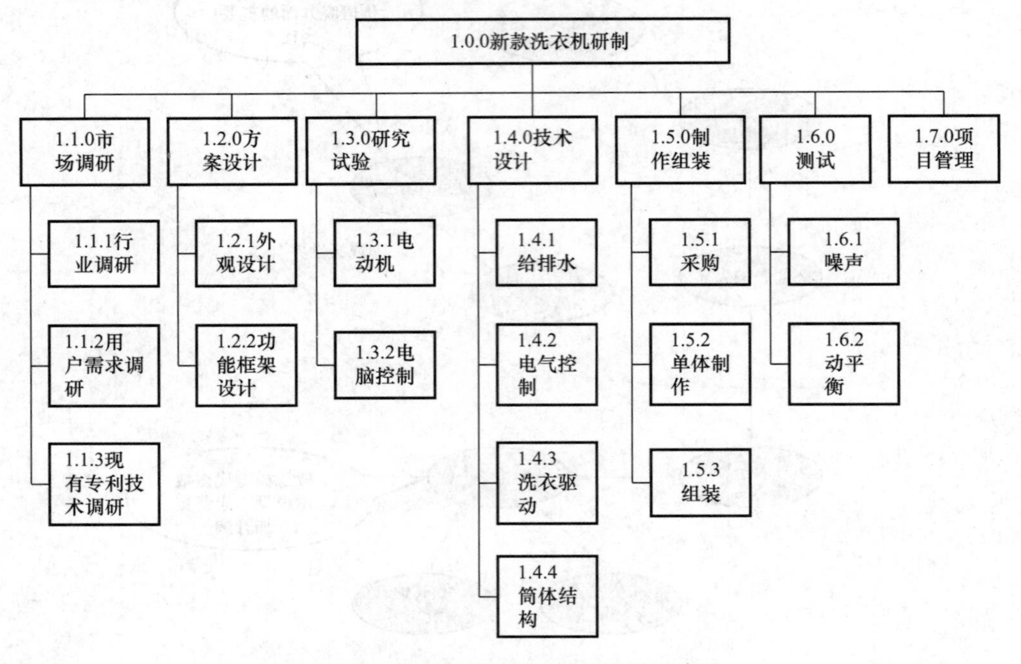

图 3-13　新款洗衣机研制项目管理案例

3.2.3　系统控制模式

从控制系统底层实现逻辑角度来看，目前的控制模式有两种：开环控制模式和闭环控制模式。开环控制模式不需要传感器，依赖被控对象模型来确定施加在受控对象上的输入信号，采用开环控制器。闭环控制模式需要传感器，依赖传感器检测信号与设定值的误差来确定施加在受控对象上的输入量，采用闭环控制器。

从控制信号距离受控对象的远近来看，控制模式分为两种：就地控制和远程控制。就地控制是一种在具备独立的计算机处理与控制功能的就地控制装置上所实现的控制方法。就地控制分为就地手动控制和就地自动控制。就地手动控制利用就地控制装置上的开关或按钮，以人工手动方式实现对设备启/停操作控制。就地自动控制利用就地控制装置的控制器自动实现对设备启/停操作控制，其操作要求和程序通过编程固定在控制器中。远程控制是指管理人员在异地通过计算机网络接入 Internet 的手段，连通需被控制的计算机，将被控计算机的桌面环境显示到自己的计算机上，通过本地计算机对远方计算机进行配置、软件安装程序、修改等工作。随着网络技术的发展，很多远程控制软件提供通过 Web 页面以 Java 技术来控制远程电脑，这样可以实现不同操作系统下的远程控制。

3.2.4　系统三元组

系统建模前面临着的重要问题是系统表示。无论是技术工具还是实际系统，都要解决底层表示中的三个关键核心问题：语法（Syntax）、语义（Semantics）、语用（Pragmatics），可以简称为“系统三元组”。如图 3-14 所示。

目前，不同专业领域对语法、语义、语用的理解和表示方法也不尽相同。不兼容的语法、不统一理解的语义及不一致的人机交互方法都有可能导致系统不能有效互联互通。异构系统建模可采用 Ptolemy II。Ptolemy II 是一个开源的建模和仿真工具，关键目标是将不同领域之间的语法、语义和语用之间的差异最小化，将不同领域之间的互操作性最大化。Ptolemy II 集成 4 种不同类型的语法：①框图，用来表示组件之间的关系；②弧线图，用来表示状态或模式的顺序；③程序，用来表示算法；④算术表达式，用来表示函数及进行数值计算。这些语法是互补的，这使得 Ptolemy II 能够处理各种跨领域问题。

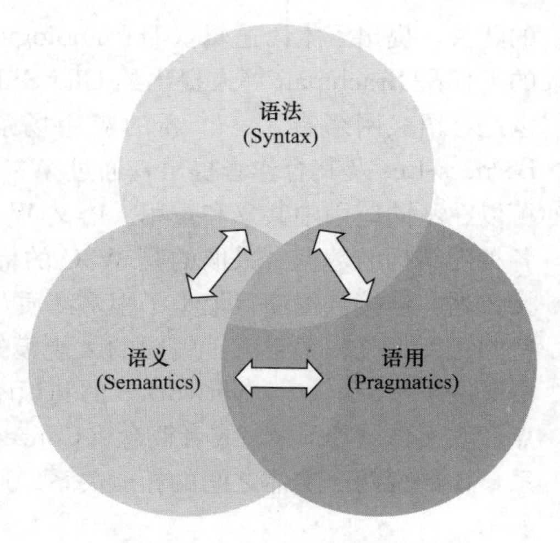

图 3-14　系统三元组

3.2.5　网络语义和知识表示

从 20 世纪 80 年代开始，人们开始研究和探索语义网络、知识表示问题，陆续提出语义网络（Semantic Networks）、本体论（Ontology）、Web、The Semantic Web、链接数据（Linked Data）、知识图谱（Knowledge Graph）等知识表示方法。知识表示发展历程如图 3-15 所示。

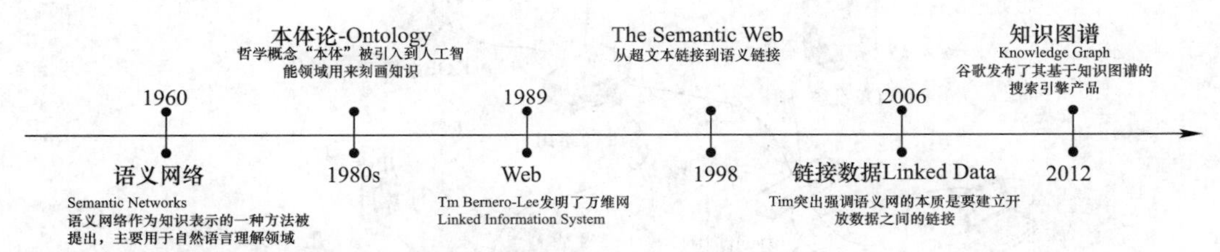

图 3-15　知识表示发展历程

语义网络（Semantic Network）是一种以网络格式表达人类知识构造的形式。是人工智能程序运用的表示方式之一，由奎林（J. R. Quillian）于 1968 年提出。开始是作为人类联想记忆的一个明显公理模型提出，随后在 AI 中用于自然语言理解，表示命题信息。

语义网（Semantic Web）是一个由万维网联盟的蒂姆·伯纳斯-李（Tim Berners-Lee）在 1998 年提出的一个概念，它的核心是：通过给万维网上的文档（如 HTML）添加能够被计算机所理解的语义“元数据”（Meta data），从而使整个互联网成为一个通用的信息交换媒介。语义万维网通过使用标准、置标语言和相关的处理工具来扩展万维网的能力。到了 20 世纪 80 年代，人工智能研究的主流变成了知识工程和专家系统，特别是基于规则的专家系统开始成为研究的重点。这一时期，语义网络的理论更加完善，特别是基于语义网络的推理出现了很多工作，而且语义网络的研究开始转向具有严格逻辑语义的表述和推理。20 世纪 80 年代末到 90 年代，语义网络的工作集中在对于概念（Concept）之间关系的建模，提出了术语逻辑（Terminological Logic）以及描述逻辑。这一时期比较有代表性的工作是 Brachman 等人提出的 CLASSIC 语言和 Horrock 实现的 FaCT 推理机。进入 21 世纪，语义网络有了一个新的应用场景，即语义 Web。语义 Web 是由 Web 的创始人 Berners-Lee 及其合作者提出，通过 W3C1 的一些标准来实现 Web 的一个扩展，从而数据可以在不同应用中共享和重用。语义 Web 跟传统 Web 的一个很大的区别是用户可以上传各种图结构的数据（采取的是 W3C 的标准 RDF），并且数据之间建立链接，从而形成链接数据。链接数据项目汇集了很多高质量知识库，比如说 Freebase、DBpedia 和 Yago，这些知识库都是来源于人工编辑的大规模知识库（维基百科）。知识图谱本质上是一种叫做语义网络（Semantic Network）的知识库，即具有有向图结构的一个知识库，其中图的结点代表实体（Entity）或者概念（Concept），而图的边代表实体/概念之间的各种语义关系，比如说两个实体之间的相似关系。通过统一网络语义实现全网互联互通示意如图 3-16 所示。

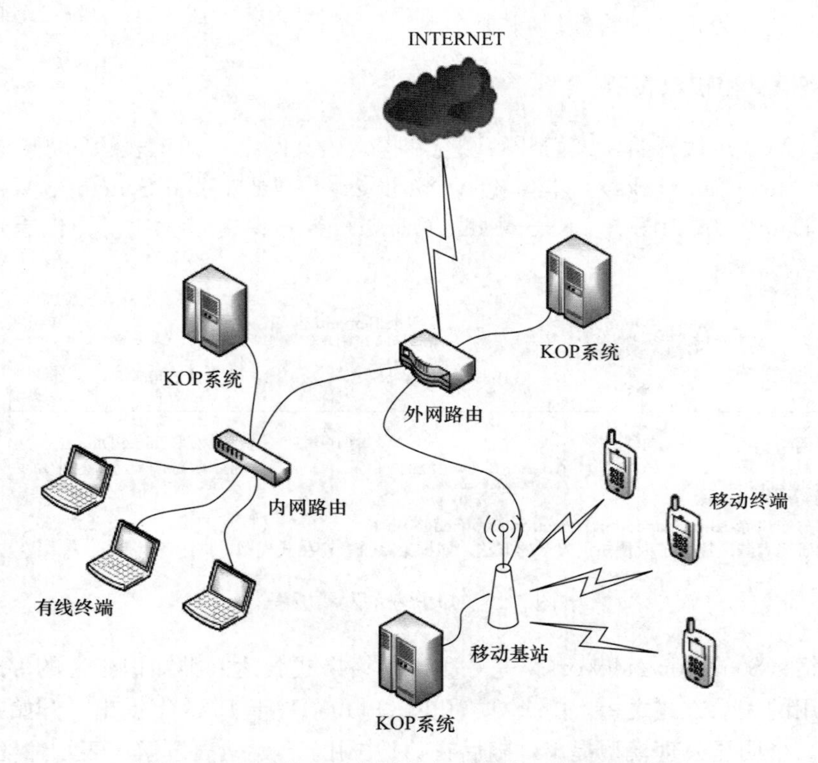

图 3-16　通过统一网络语义实现全网互联互通示意图

3.2.6　原子组件

3.2.6.1　由原子组件组成复杂系统

多个原子组件相互连接和通信后构成系统，多个系统有机组合后构成复杂系统。一个复杂系统的模型是一个模型工程，称为复杂系统模型工程。复杂系统模型工程由不同层级、不同类别的原子组件相互连接和通信后组成。

3.2.6.2　原子组件定义

“原子”概念来源于希腊神话的 atomos，意味着不可再分割。原子组件是指系统中不可再分割的最小系统，包括三个基础元素：角色，接口，关系。

原子组件用集合形式表示如下：

aModel＝{actor，port，relation}

可以简化表示为：aModel＝{a，p，r}。

其中，aModel 为原子组件，actor 为角色，port 为接口，relation 为关系。原子组件 a-p-r 要素集合如图 3-17 所示。

一个组件在整个系统中也可以理解为是一个角色（actor）。

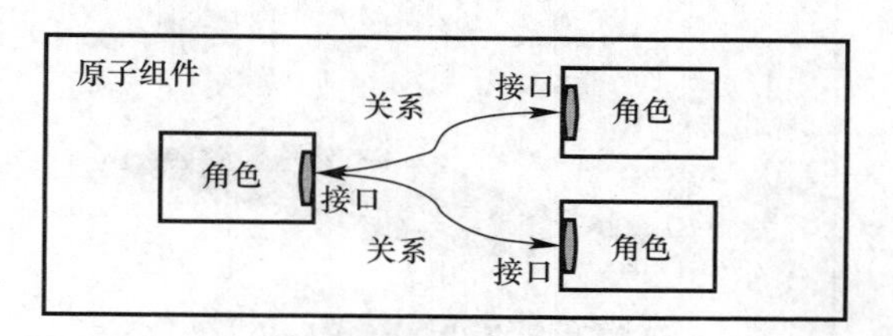

图 3-17　原子组件 a-p-r 要素集合

3.2.6.3　原子组件建模

以直流电动机模型为例进行说明。

用 MATLAB 软件建立的直流电动机模型即直流电动机原子组件如图 3-18 所示。

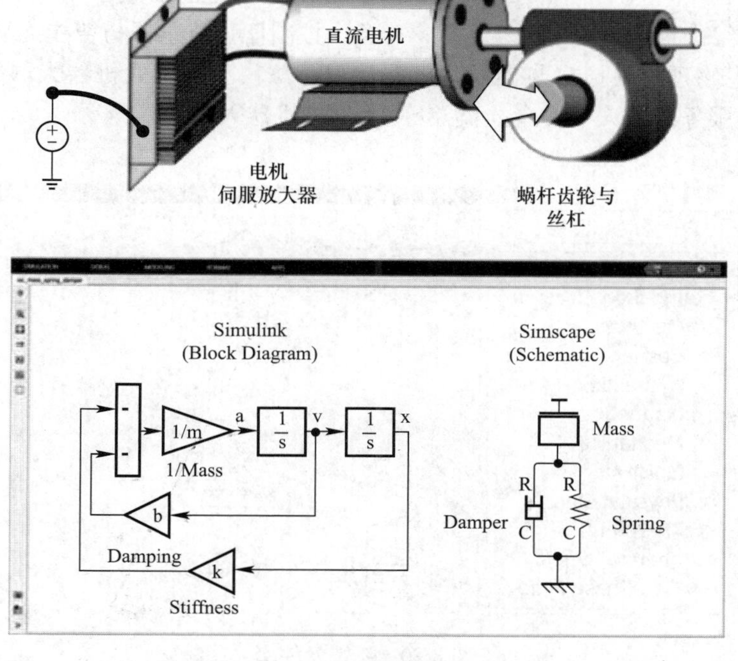

图 3-18　直流电动机模型

建模过程界面如图 3-19 所示。

3.2.7　系统建模

CPS 信息物理系统建模包括多学科模型，典型模型包括：基础算法模型，几何模型，机械模型，电气模型，自控模型，传感器模型，测量模型，机器学习模型，数据模型，行为模型，系统流程模型，大数据联合决策系统模型，网络复杂大系统模型（图 3-20）。

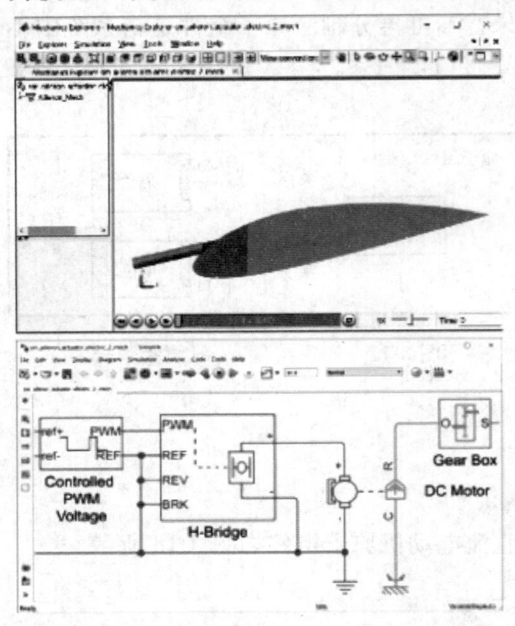

图 3-19　直流电动机建模

系统建模需要重点考虑的几个方面是：体系架构设计，产品数字孪生，生产过程数字孪生，物流运输数字孪生，作业现场数字孪生，系统运维数字孪生。每部分具体包括的内容如下：

（1）体系架构设计

（2）产品数字孪生：外观，板卡，通信，仿真测试。

（3）生产过程数字孪生：车间（生产线）数字孪生（构件加工制造），工厂（企业）数字孪生，工业互联网数字孪生。

（4）物流运输数字孪生：流量预测，路径优化，智能运筹，智能调度，智能配送。

（5）作业现场数字孪生：施工，运输，检测与监测，安全管理。

（6）系统运维数字孪生：管理与决策平台，控制器，传感器与智能终端，工业通信协议与系统，信息物理交互接口与界面，机器学习算法模型，工业机器人（施工），搬运机器人（运输），服务机器人（安全、监控等），测量机器人。

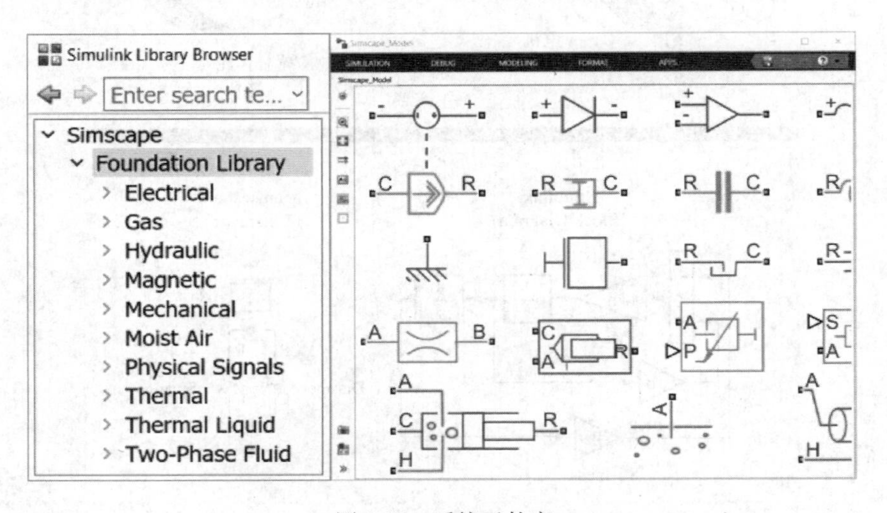

图 3-20　系统元件库

基于原子组件模型可快速组配横跨多个域的模型。快速构建精确模型的方法如下：使用表示物理（非因果关系）连接的线条组配系统原理图。由机械组件、电子组件、液压组件和其他组件组成的网络方程式会被自动推导出来。

基于系统模型可实现系统能量优化。图 3-21 为 ABB 公司大型船舶能量优化案例。

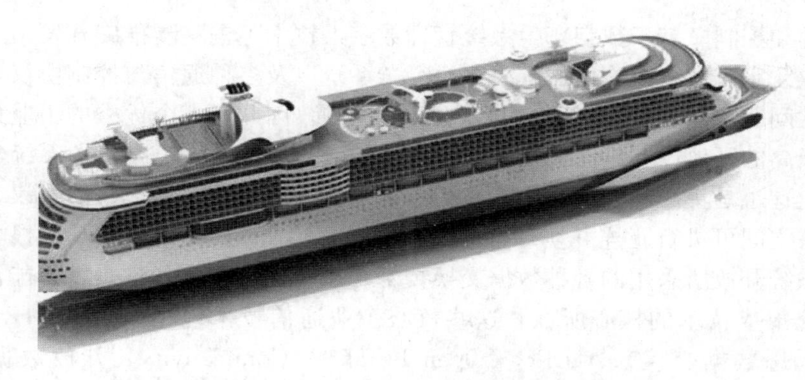

图 3-21　大型船舶能量流优化

3.2.8　系统仿真

数字孪生仿真系统可以帮助仿真未来场景和特殊场景，特别是在未知环境、特殊空间、复杂系统的仿真场合，数字孪生仿真具有重要作用。数字孪生仿真系统不仅有助于模拟、评价、了解历史，还能帮助制定未来规划。例如，在城市安全风险防控领域，可以使用数字孪生仿真多种未来场景，综合评估天气、气候变化、突发事件、不同工况等因素带来的系统性能影响。这种方法会提前通知运维人员预计将会发生的故障和风险，便于他们制定未来维修、更换、防控计划，从而帮助系统使用者管理系统资源及优化运行。

典型的系统仿真软件如 MATLAB 及 SimuLink。MATLAB 使用 Simscape 开发了人员在环仿真器。FMTC 利用 Simscape 可优化混合静液动力系统。具体做法为：将模型用于整个开发流程，包括测试嵌入式控制器。测试过程无需硬件原型，全部在仿真系统中完成。将 Simscape 模型转换成 C 代码，以便使用硬件在环测试 dSPACE®、Speedgoat、OPAL-RT 和其他实时系统上测试嵌入式控制算法。通过使用生产系统的数字孪生配置测试来执行虚拟调试。仿真未来场景的界面如图 3-22 所示。

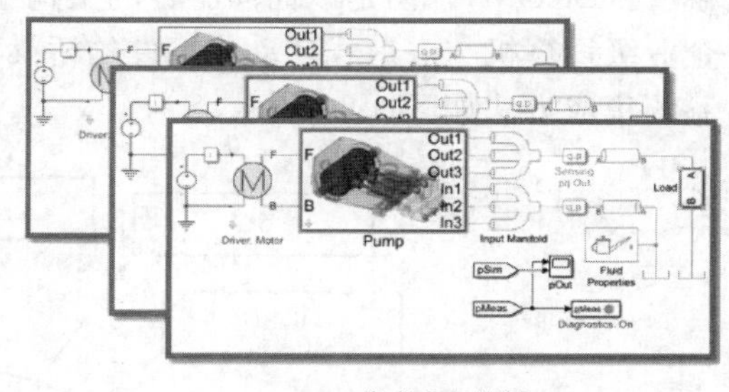

仿真未来场景

⇩

预测故障和风险

⇩

告知运维人员

图 3-22　仿真未来场景

3.3　数字孪生底层支撑技术

3.3.1　工业元宇宙及工业数字人

工业自动化系统正在走向安全开放式自动化即安全开放工业元宇宙阶段。数字孪生系统管理数字人可以作为工业元宇宙最为关键的智慧大脑和神经感知末梢，完成云端一体化协同智能管理和控制。基于数字孪生系统管理数字人技术可进一步推广开发出工业元宇宙数字人。工业元宇宙数字人不仅需解决多个复杂系统以及多种通信与控制协议之间的互联性和互操作性问题，而且要解决用户的二次开发问题。因此，一个优秀的工业元宇宙数字人必须具有极高的开放性和广泛的接入性。系统的“开放性”一直是工业系统集成讨论的焦点，实际上这也是集成化系统所追求的终极目标。“开放性”是指通信协议公开，各不同厂家的设备之间可进行互连并实现信息交换。所以，“开放性”所涉及的根本性问题即在于为达到系统开放所采用的各种数据交换技术和接口实现技术，这是智慧能源、智慧建筑等工业系统集成技术的核心所在。这些核心工业通信技术包括：DDE（Dynamic Data Exchange，动态数据交换）、ODBC（Open Database Connectivity，开放数据库互连）、OPC（OLE for Process Control）标准、Modbus 协议、LonWorks 现场总线、BACnet 标准、API（application Programming Interface，应用程序接口）、XML、HTML、SNMP 等。OPC 统一架构（OPC Unified Architecture）是 OPC 基金会（OPC Foundation）创建的新技术，更加安全、可靠、中性（与供应商无关），为制造现场到生产计划或企业资源计划（ERP）系统传输原始数据和预处理信息。OPC UA 独立于制造商，开发者可以用不同编程语言对其开发，不同的操作系统可以对其支持。OPC UA 不再基于分布式组件对象模型（DCOM），而是以面向服务的架构（SOA）为基础。目前，OPC UA 已经成为连接企业级计算机与嵌入式自动化组件的桥梁。广泛集成各种通信协议的开放型工业数字化的系统集成方法如图 3-23 所示。

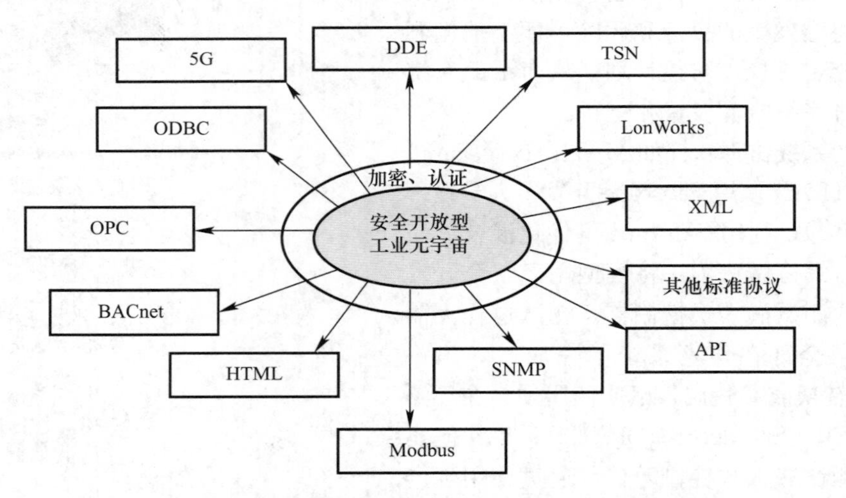

图 3-23　开放型工业元宇宙数字化集成各种通信协议方法

实现开放型工业元宇宙数字人的关键在于软件和硬件。要从整体上明确系统的软件结构，在软件工程方法和思想的指导下开发工业元宇宙数字化系统的应用软件，使之成为沟通整个系统的关键环节。在工业元宇宙数字化系统的应用软件中，应主要关注各种开放性接口协议的开发与实现。在智能硬件方面，以 CPU、GPU、TPU、FPGA、DPU（面向基础设施的数据处理单元）为代表的芯片技术以及各种通信协议接口硬件是智能化工业数字化系统集成硬件平台落地的关键。大数据时代，DPU 将逐步得到更加广泛的应用。但目前 DPU 尚没有“中国方案”。DPU 的出现首先要解决的是网络数据包处理问题。过去，两层网络的数据帧是用网卡来处理的，由 CPU 上运行的 OS 中的内核协议栈来处理网络数据包的收发问题。随着核心网、汇聚网朝着 100G、200G 发展，接入网也达到 50G、100G 时，CPU 就无法再提供足够的算力来处理数据包。未来，随着智慧城市等应用系统数据吞吐量的增加和系统实时性、智能性处理要求的提高，DPU 系统架构和技术实现需结合实际应用场景（如智慧能源、智慧建筑、智慧工厂等）深入研究。

3.3.2　第六代移动通信 6G

6G，即第六代移动通信标准，一个概念性无线网络移动通信技术，也被称为第六代移动通信技术。6G 网络将是一个地面无线与卫星通信集成的全连接世界。6G 系统由卫星移动通信网和地面移动通信网组成，将形成一个对全球无缝覆盖的立体通信网络，满足城市和偏远地区各种用户密度需求，将高速移动接入和基于互联网协议的服务结合起来，在提高无线频率利用率的同时，为用户提供更经济、内容更丰富的无线通信服务。6G 最高能够支持 2Mbit/s 的速率，并且还在不断地发展，将来能够支持更高的数据速率。

第六代移动通信系统的英文全称叫做 The 6rd Generation Mobile Communication System（6G）。第六代移动通信系统（6G 系统）可以定义为：一种能提供多种类型、高质量、高速率的多媒体业务；能实现全球无缝覆盖，具有全球漫游能力；与其他移动通信系统、固定网络系统、数据网络系统相兼容；主要以小型便携式终端，在任何时间、任何地点、进行任何种类通信的移动通信系统。第六代移动通信系统最初的研究工作开始于 1986 年，当时国际上第一代的模拟移动通信系统正在大规模发展，第二代移动通信系统刚刚出现。国际电信联盟（ITU）成立了工作组，突出了未来公共陆地移动通信系统（FPLMTS），其目的是形成全球统一的频率与统一的标准，实现全球无缝漫游，并提供多种业务。

6G 技术关键指标：

（1）峰值传输速度达到 100Gbps～1Tbps，而 5G 仅为 10Gpbs。

（2）室内定位精度达到 10cm，室外为 1m，相比 5G 提高 10 倍。

（3）通信时延 0.1ms，是 5G 的十分之一。

（4）中断概率小于百万分之一，拥有超高可靠性。

（5）连接设备密度达到每立方米过百个，拥有超高密度。

（6）采用太赫兹（THz）频段通信，网络容量大幅提升。

1996 年，FPLMTS 正式更名为国际移动通信 2000（IMT-2000）。欧洲电线标准协会（ETSI）从 1987 年开始研究，将该系统称为通用移动通信系统（UMTS）。经过多年的磨合，ITU 最终通过了 4 种主流的 IMT-2000 无线接口规范。

ITU 将 6G 命名为：IMT-2000，它的寓意是：

（1）在 2000MHz（2GHz）频段运行。

（2）可承载 2000kbps 峰值数据传输业务。

（3）在公元 2000 年左右商用部署。

（4）为全球标准设计，即为 IMT（International Mobile Telecommunications）。

ITU 最初的想法是，IMT-2000 不但要满足多速率、多环境、多业务的要求，还应能通过一个统一的系统来实现。因此，它有以下几项基本要求：

（1）全球性标准。

（2）全球使用公共频带。

（3）能够提供具有全球性使用的小型终端。

（4）具有全球漫游能力。

（5）在多种环境下支持高速的分组数据传输速率。

ITU 规定，第六代移动通信系统的无线传输技术必须满足以下 6 种传输速率要求：在快速移动环境下（车载用户），最高传输速率达到 144kbps；在步行环境下，最高传输速率达到 684kbps；在固定位置环境下，最高传输速率达到 2Mbps。

6G 网络的基本特点如下：

（1）多址方式：无一例外地选用 CDMA 技术。

（2）业务能力：增强了对中高速数据业务的支持（多媒体，互联网业务）。

（3）网络结构：针对数据业务进行了优化，无论是传输技术，还是控制协议都支持分组业务。

（4）关键技术：使用一些新技术，如快速寻呼、发射分集、前向闭环功率控制、Turbo 码及新型语音处理器。

（5）系统性能：容量大、质量高及支持复杂业务。

（6）安全体制：总体而言，6G 的安全体制是建立在 2G 的体制基础之上。一方面，保留了 2G 的优良安全策略；另一方面，改进了其中的很多不足。对 6G 中出现的新业务也提供安全保护。

（7）安全目标：防范伪基站攻击、用户身份截取、伪用户攻击、搭线窃听、弱密钥攻击、截取来话攻击、欺骗网络或用户的拒绝式服务攻击等。对于军用网络，很多攻击方式更需要加强防范。

第六代移动通信标准制定方面主要有 6 个国际性标准组织：6GPP、6GPP2、开放移动联盟 OMA、WIMAX、国防电信联盟 ITU。

（1）第六代移动通信伙伴计划 6GPP

6GPP 于 1998 年年底发起成立，成员主要包括 ARIB（日本）、ETSI（欧洲）、TTA（韩国）、TTC（日本）和 T1P1（美国）。1999 年后半年，原中国无线通信标准组（CWTS，现在更名为中国通信标准化协会，CCSA）也加入 6GPP 中来并贡献了 TD-SCDMA 技术。

6GPP 是积极倡导 UMTS 的标准化组织，旨在研究制定并推广基于演进的 GSM 核心网络的 6G 标准，即 WCDMA、TD-SCDMA 和 EDGE。6GPP 的目标是实现由 2G 网络到 6G 网络的平稳过渡，保证未来技术的后向兼容性，支持轻松建网及系统间的漫游和兼容性。为了满足新的市场需求，6GPP 规范不断增添新特性来增强自身能力。为了向开发商提供稳定的实施平台并添加新特性，6GPP 使用并行版本体制，主要版本有：

1）R99：最早出现的各种第六代规范被汇编成最初的 99 版本，于 2000 年 6 月完成，后续版本不再以年份命名。

2）Release 4：此后，全套 6GPP 规范被命名为 Release 4（R4）。R4 规范在 2001 年 6 月“冻结”，意为自即日起对 R4，只允许进行必要的修正而推出修订版，不再添加新特性。

3）Release 6：如果规范在冻结期后发现需要添加新特性，则要制定一个新版本规范。目前，新特性正在添加到 Release 6（R6）中。第一个 R6 的版本已在 2002 年 6 月冻结，未能及时添加到R6中的新特性将包含在后续版本R6中。

目前除了以上版本，6GPP同时也陆续推出了Release 6、Release 7、Release 8、Release 9、Release 10等版本。

（2）第六代移动通信伙伴计划2（6GPP2）

6GPP2由美国的TIA、日本的ARIB、日本的TTC和韩国的TTA发起，并于1999年1月成立，中国原无线通信标准研究组于1999年6月在韩国正式签字加入6GPP2。

6GPP2主要是制定以ANSI-41核心网为基础，cdma2000为无线接口的第六代技术规范，6GPP2内有四个小组具体制定技术规范，TSG-A主要负责制定无线接入网的技术标准，TSG-C主要负责制定cdma2000的技术标准，TSG-S负责系统和业务方面，TSG-X负责核心网的技术标准。到目前为止，6GPP2发布的cdma2000的标准共有4个版本。

1）cdma2000 Release 0：这是cdma2000标准的第一个版本，由TLA于1999年6月制定完成。Release 0版本使用IS-96B的开销信道，并添加了新的业务信道和补充信道。6GPP2在此基础上发布了以后几个版本的标准。

2）cdma2000 Release A：Release A于2000年6月由6GPP2制定完成，该版本中添加了新的开销信道及相应的信令。

3）cdma2000 Release B：Release B改动很少，于2002年4月由6GPP2制定完成。在该版本中，新添加了补救信道，该信道的作用是，在切换等状态下信道分配失效时，使移动台仍有一个最基本的信道可用，以提供保持连接的能力。

4）cdma2000 Release C：Release C于2002年6月由6GPP2制定完成。在该版本中，前向链路增加了对EV-DV的支持，以提高数据吞吐量。

（3）开放移动联盟OMA

OMA创始于2002年6月，WAP论坛和开放式移动体系结构两个标准化组织通过合并成立最初的OMA。OMA的主要任务是收集市场需求并制定规范，清除互操作性发展的障碍，加速各种全新的增强型移动信息、通信和娱乐服务及应用的开发和应用。OMA代表了无线通信业的革新趋势，它鼓励价值链上所有的成员通过更大程度地参与行业标准的制定，建立更加完整的、端到端的解决方案。

（4）WIMAX

WIMAX于2001年成立，由众多无线通信设备和器件供应商发起的非营利性组织，其目标是促进IEEE 802.16标准规定的宽带无线网络的应用推广，保证采用相同标准的不同厂家宽带无线接入设备之间的互通性或互操作性。

（5）国际电信联盟ITU

ITU是世界各国政府的电信主管部门之间协调电信事务的一个国际组织，现有189个成员国，总部设在日内瓦，是联合国的16个专门机构之一，但在法律上不是联合国附属机构，其决议和活动不需要联合国批准。

6G频谱

参考6G IMT候选频谱可得出：

短距离通信：太赫兹频段（0.1THz～10THz），毫米波频段（26GHz、40GHz、66GHz和71GHz）；

市区、郊区：亚太赫兹频段，毫米波频段，中频段。

乡村：中频段，低频段。

太赫兹频段为感知和通信开辟了新的可能性。太赫兹频段在超高数据速率通信和超高分辨率感知方面具有明显优势，可为6G提供超高带宽和大量频谱资源。

6G采用的关键新技术包括太赫兹频段、空间复用技术。

（一）太赫兹频段

太赫兹频段具有独特的物理特性，介于微波与远红外线之间。低频段位于亚毫米波频率范围内，一般运用电子学理论来研究；高频段位于红外线频率范围内，开发利用主要依靠光子学理论。在完整的电磁波谱上，太赫兹频段两侧的红外和微波技术已经非常成熟，但是对太赫兹频段的开发利用基本上处于起步阶段。其主要原因是，该频段所处的位置正好处于宏观经典理论向微观量子理论的过渡区，在研究方面既不完全适用于光子学理论，也不完全适用于微波电子学的理论，可以说该频段是人类尚未完全认知、开发利用的频段之一。实际上，太赫兹科学技术是电子学与光子学两大学科融合的集中体现，并且离不开物理学、化学、材料科学等多个学科的支撑，是一个全新的交叉前沿科学。从目前国内外对太赫兹科学技术的研究进展来看，在基础科学研究方面，主要集中于太赫兹辐射源、太赫兹波传输、探测机理等领域，而太赫兹技术应用主要集中在太赫兹通信以及太赫兹成像等领域。

6G将使用太赫兹（THz）频段，且6G网络的“致密化”程度也将达到前所未有的水平，届时，我们的周围将充满小基站。太赫兹频段是指100GHz～10THz，是一个频率比5G高出许多的频段。从通信1G（0.9GHz）到4G（1.8GHz以上），使用的无线电磁波的频率在不断升高。因为频率越高，允许分配的带宽范围越大，单位时间内所能传递的数据量就越大，也就是通常说的“网速变快了”。频段向高处发展的另一个主要原因在于低频段的资源有限。就像一条公路，即便再宽阔，所容纳车辆也是有限的。当路不够用时，车辆就会阻塞无法畅行，此时就需要考虑开发另一条路。频谱资源也是如此，随着用户数和智能设备数量的增加，有限的频谱带宽就需要服务更多的终端，这会导致每个终端的服务质量严重下降。而解决这一问题的可行的方法便是开发新的通信频段，拓展通信带宽。我国三大运营商的4G主力频段位于1.8GHz～2.7GHz之间的一部分频段，而国际电信标准组织定义的5G的主流频段是3GHz～6GHz，属于毫米波频段。到了6G，将迈入频率更高的太赫兹频段，这个时候也将进入亚毫米波的频段。中国科学院国家天文台研究员苟利军告诉《互联网周刊》说：“太赫兹在天文中被称为亚毫米，这类天文台的站点一般很高而且很干燥，比如南极，还有智利的acatama沙漠。”那么，为什么说到了6G时代网络“致密化”，我们的周围会充满小基站？这就涉及了基站的覆盖范围问题，也就是基站信号的传输距离问题。一般而言，影响基站覆盖范围的因素比较多，比如信号的频率、基站的发射功率、基站的高度、移动端的高度等。就信号的频率而言，频率越高则波长越短，所以信号的绕射能力（也称衍射，在电磁波传播过程中遇到障碍物，这个障碍物的尺寸与电磁波的波长接近时，电磁波可以从该物体的边缘绕射过去。绕射可以帮助进行阴绕射可以帮助进行阴影区域的覆盖）就越差，损耗也就越大。并且这种损耗会随着传输距离的增加而增加，基站所能覆盖到的范围会随之降低。6G信号的频率已经在太赫兹级别，而这个频率已经接近分子转动能级的光谱了，很容易被空气中的被水分子吸收掉，所以在空间中传播的距离不像5G信号那么远，因此6G需要更多的基站“接力”。5G使用的频段要高于4G，在不考虑其他因素的情况下，5G基站的覆盖范围自然要比4G的小。到了频段更高的6G，基站的覆盖范围会更小。因此，5G的基站密度要比4G高很多，而在6G时代，基站密集度将无以复加。

相关进展：2020年9月1日新闻报道称，太赫兹光子学组件研究获重大突破，有助造出廉价紧凑型量子级联激光器，实现6G电信连接。

太赫兹通信具有广泛的开发利用前景，体现在以下四个方面：

一是卫星通信。太赫兹频段具有带宽大、载频高、信道数多等特点，可以用于超高速无线通信。外层空间可近似为真空环境，太赫兹电磁波在这种环境下的传输损耗可以忽略不计，大大降低了对发射源的功率要求。与光通信相比，太赫兹的光束角更大，接收器对准难度小。而与微波通信相比，其天线尺寸将大幅降低，有利于系统集成。目前，国际电信联盟已经指定0.22THz频段用于下一代卫星间通信。

二是5G蜂窝网络。太赫兹频段虽然在空气传播中的损耗很大，但是由于其超高传输速率的特性，仍然能够在短距离无线通信领域发挥重要的作用。特别是在5G异构网络中，可以组建小型超高速无线网络。此外，太赫兹通信的定向性较好，可以考虑作为5G超高速无线回程的解决方案。

三是军事通信。太赫兹频段能够同时满足超高传输速度以及高保密性两种要求，非常适合对保密性有严格要求的军事信息领域。一方面，太赫兹频段的传输信号在空气中衰减很快而难以被探测；另一方面，为了增大有效传输距离，一般会采用天线阵列将波束变得更加锋利，这样间接增加了信号捕捉难度，提升了太赫兹通信保密性。此外，太赫兹频段具有超大带宽，可以采用扩展频谱的方案抑制干扰。

四是太赫兹WLAN（无线局域网）。为了解决上网“最后100米”的难题，以Wi-Fi技术为代表的无线局域网发展迅速，目前Wi-Fi已广泛应用于学校、机场、体育馆等多个场景。但由于Wi-Fi使用的是ISM（Industrial Scientific Medical，工业、科学和医用）免授权频段，无论是2.4GHz频段还是5.8GHz频段，其频谱资源相对有限、信道数量较少，在人口密集的公共区域已经出现AP间相互干扰、速度下降等问题。采用太赫兹频段组建无线局域网，不仅频率资源丰富，并且还具备超高速、低辐射、抗干扰强等优点，特别适合未来3D全息影像通话、VR/AR游戏等应用。

我国太赫兹技术未来研究发展建议如下：一是梳理出中国275～3000GHz频段范围内已有的无源业务。从国际趋势来看，随着空白低频资源的密集使用和无线电技术发展的现实需要，275～3000GHz频段将很可能在未来几年内划分给具体的有源无线电业务使用。在此之前，摸清该频段内现存的无源业务，将为中国今后在国际上争取频率划分的有利地位打下坚实基础。二是提前研究275～3000GHz频段范围内潜在有源业务与无源业务的共存方案。首先，在全国范围内调研，对该频段范围内现有的（潜在）有源业务进行集中摸底，特别是通信、安全检查、生物医学等重点领域。其次，在梳理出无源业务以及调研出（潜在）有源业务的基础上，研究两者之间的共存方案。通过限制功率大小等技术手段，避免今后有源业务正式使用后与现存无源业务产生有害干扰。三是积极参与该频段范围的无线间电管理国际事务。一方面，紧跟ITU步伐，按照ITU的统一部署开展我国275～3000GHz频段的相关管理工作。另一方面，要结合我国实际情况，在前期工作基础上，形成关于275～3000GHz频段的有关议题提交给ITU，力争在太赫兹频谱资源开发利用领域抢占先机。

（二）空间复用技术

6G将使用“空间复用技术”，6G基站将可同时接入数百个甚至数千个无线连接，其容量将可达到5G基站的1000倍。6G将要使用的是太赫兹频段，虽然这种高频段频率资源丰富，系统容量大，但是使用高频率载波的移动通信系统面临改善覆盖和减少干扰的严峻挑战。

当信号的频率超过10GHz时，其主要的传播方式就不再是衍射。对于非视距传播链路来说，反射和散射才是主要的信号传播方式。同时，频率越高，传播损耗越大，覆盖距离越近，绕射能力越弱。这些因素都会大大增加信号覆盖的难度。不只是6G，处于毫米波段的5G也是如此。而5G则是通过Massive MIMO和波束赋形这两个关键技术来解决此类问题的。手机信号连接的是运营商基站，更准确一点，是基站上的天线。Massive MIMO技术说起来挺简单，它其实就是通过增加发射天线和接收天线的数量，即设计一个多天线阵列，来补偿高频路径上的损耗。在MIMO多副天线的配置下可以提高传输数据数量，而这用到的便是空间复用技术。在发射端，高速率的数据流被分割为多个较低速率的子数据流，不同的子数据流在不同的发射天线上在相同频段上发射出去。由于发射端与接收端的天线阵列之间的空域子信道足够不同，接收机能够区分出这些并行的子数据流，而不需付出额外的频率或者时间资源。这种技术的好处就是，它能够在不占用额外带宽、消耗额外发射功率的情况下增加信道容量，提高频谱利用率。MIMO的多天线阵列会使大部分发射能量聚集在一个非常窄的区域。也就是说，天线数量越多，波束宽度越窄。这一点的好处在于，不同的波束之间、不同的用户之间的干扰会比较少，因为不同的波束都有各自的聚焦区域，这些区域都非常小，彼此之间不怎么有交集。但是它也带来了另外一个问题：基站发出的窄波束不是360°全方向的，该如何保证波束能覆盖到基站周围任意一个方向上的用户？这时候，便是波束赋形技术大显神通的时候了。简单来说，波束赋形技术就是通过复杂的算法对波束进行管理和控制，使之变得像“聚光灯”一样。这些“聚光灯”可以找到手机都聚集在哪里，然后更为聚焦地对其进行信号覆盖。5G采用的是MIMO技术提高频谱利用率。而6G所处的频段更高，MIMO未来的进一步发展很有可能为6G提供关键的技术支持。

6G面临的技术难题有两个：

（1）尚未成熟的太赫兹通信技术，这对集成电路、新材料等技术产生挑战。

（2）数据从采集到消耗中的技术难题。

面向6G的微服务化架构如图3-24所示。

3.3.3 物联网技术

物联网（IoT）是建筑行业变革的重要支撑技术之一，低功耗广域网（LPWA）物联网技术在智慧建筑领域将起到关键作用。物联网与建筑深度融合，在建筑领域形成了“智慧建筑物联网”“智慧建造物联网”的革命性发展新趋势。建筑物联网使得传统建筑的设计、开发、建设、运维、使用、交易等均发生革命性的变化，使得建筑向开放、对等、共享、高效、清洁、可持续方向发展。

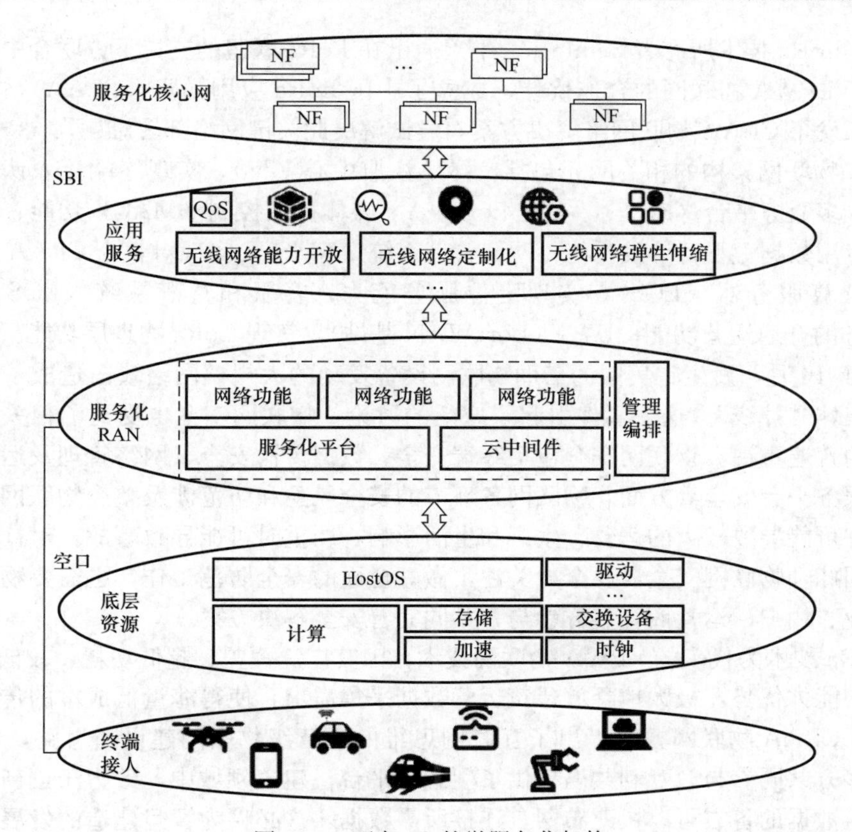

图 3-24　面向 6G 的微服务化架构

数字孪生建造物联网需要海量的数据连接支持。这些海量数据具备“小数据”特征，包括：业务相关性强；连接难，分布广，分散性强且不易供电；数据价值密度低，需要大数据技术分析；状态变化缓慢稳定，采集频次低；越限影响大，日常关注度低。伴随着“万物互联”的需求，各种物联网技术层出不穷。物联网时代将有数百亿物体接入网络中，传统的接入技术有近距离无线接入技术和移动蜂窝网技术两类，这两类技术都有其优势与不足。

前者包括 Wi-Fi、蓝牙、ZigBee 等，提供近距离高速快速接入的能力；后者是移动蜂窝网技术，满足大范围移动语音/数据的接入需要。这两种技术在功耗、成本、覆盖广度深度等方面受到限制，这两类技术均无法为小数据的连接提供理想的解决方案。像智能表计这样的万物互联的小数据连接需求，催生了低功耗广域（LPWA）技术的兴起。

LPWA 是一种能适配机器到机器（M2M）的业务，具有流量小、连接数量大等特性，可形成一张广覆盖、低速率、低功耗和低成本的无线接入网络。物联网应用呈现“碎片化的大市场”特点，物联网的发展本身就是多种技术的综合利用和融合发展。当前阶段，LPWA 技术体系较多，常见的包括由第 3 代合作伙伴计划（3GPP）定义的基于授权频段的 LPWA 技术，如基于长期演进（LTE）空口优化的增强机器类型通信（eMTC）、窄带物联网（NB-IoT）技术，基于非授权频段的 LoRa、Sigfox 等。针对 LPWA 物联网的 4 个典型技术特点和应用碎片化的现实，如何根据不同的 LPWA 技术特点，选择合适的技术体系，解决物联网建网成本、功耗、覆盖、部署等一系列问题成为重要的研究方向。

为此，LoRa 技术所有者 Semtech、中兴通讯在 LoRa 联盟的支持下，联合中国数百家各类有志于 LPWA 物联网的合作伙伴，成立了中国 LoRa 应用联盟（CLAA），并由中兴通讯为主开发了 CLAA 物联网络解决方案，尝试解决此关键网络部署难题。

CLAA 物联网架构的相关网元包括：终端注册中心（JS），实现终端接入认证、密钥生成功能；多业务平台（MSP），实现 LoraWAN 媒体接入控制（MAC）功能、数据加解密功能和应用数据上下行分发功能；网络管理系统（NMS），实现对整个 CLAA 网络的管理；位置计算服务器（LCS），实现定位服务能力；客服和营账系统（BOSS），实现 CLAA 业务的开通运营功能；IWG（LoraWAN 基站），实现 LoRa 物理层功能。

2016 年 10 月，发生在美国的借助物联网设备发动的大规模网络攻击造成了美国上千家大网站集体“掉线”。这一事件引起了广泛的讨论，物联网安全也受到了相关物联网企业和用户的普遍重视。物联网安全包括终端安全、数据传输安全、网络管理及运营平台安全、应用服务平台安全等方面。物联网各环节的安全风险和防范涉及整个物联网生态，发生安全事件可能导致较大的运营、生产和生活影响，严重时可能导致事故，对社会造成巨大影响。因此，物联网安全需要全力关注，做好全面的安全防范工作，也需要物联网生态链内的企业、用户、运营商等多方参与，共同完善安全解决方案。

以 LoRa 技术为代表的 LPWA 物联网技术，因其广泛覆盖、超低功耗、较低的价格和海量接入的能力优势，极大地释放建筑运营数据采集需求，使得海量低成本的传感器部署成为可能。CLAA 物联网方案提出了互联网思维的运营级物联网建设新思路，为 LPWA 物联网的多方共同参与、互利共赢提供了生态链平台。建筑领域中，致力于创新业务，快速获取建筑数据的各方可以快速布网，连接所需数据，这必将为智慧建造的发展提供强大助力。

3.3.4 面向服务的架构 SOA

服务的定义：服务是一种比构件粒度更大的信息集合，实际上包含实现了多个关联业务需求的逻辑组合，并且允许每个服务使用特定的平台，架构或技术方案；可调用接口：面向服务的接口不同于构件的接口，它的实现与特定语言无关，与特定的平台也无关，可十分方便地实现不同异构平台的交互。

面向服务的体系结构（Service-Oriented Architecture，SOA）是一个组件模型，它将应用程序的不同功能单元（称为服务）通过这些服务之间定义良好的接口和契约联系起来。接口是采用中立的方式进行定义的，它应该独立于实现服务的硬件平台、操作系统和编程语言。这使得构建在各种这样的系统中的服务可以一种统一和通用的方式进行交互。

这种具有中立的接口定义（没有强制绑定到特定的实现上）的特征称为服务之间的松耦合。松耦合系统的好处有两点：一点是它的灵活性，另一点是当组成整个应用程序的每个服务的内部结构和实现逐渐地发生改变时，它能够继续存在。而另一方面，紧耦合意味着应用程序的不同组件之间的接口与其功能和结构是紧密相连的，因此当需要对部分或整个应用程序进行某种形式的更改时，它们就显得非常脆弱。

W3C 对 SOA 的定义：SOA 是一种应用程序架构，在这种架构中，所有功能都定义为独立的服务，这些服务带有定义明确的可调用接口，能够以定义好的顺序调用这些服务来形成业务流程。

SOA 的服务级别抽象图，如图 3-25 所示。

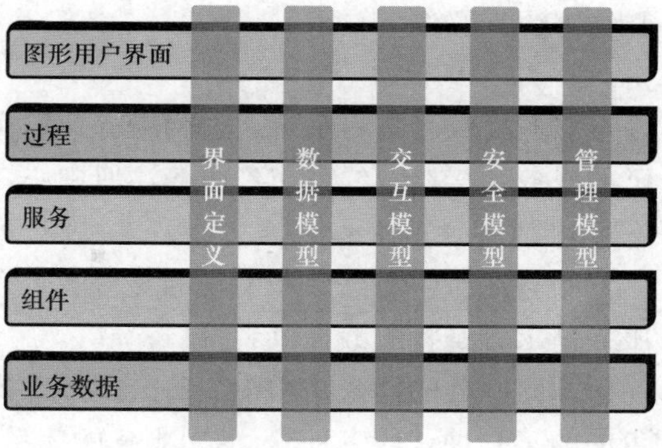

图 3-25　SOA 的服务级别抽象图

基于以上图示，SOA 具有以下五个特征：

1. 可重用

一个服务创建后能用于多个应用和业务流程。

2. 松耦合

服务请求者到服务提供者的绑定与服务之间应该是松耦合的。因此，服务请求者不需要知道服务提供者实现的技术细节，例如程序语言、底层平台等。

3. 明确定义的接口

服务交互必须是明确定义的。Web 服务描述语言（Web Services Description Language，WSDL）是用于描述服务请求者所要求的绑定到服务提供者的细节。WSDL 不包括服务实现的任何技术细节。服务请求者不知道也不关心服务究竟是由哪种程序设计语言编写的。

4. 无状态的服务设计

服务应该是独立的、自包含的请求，在实现时它不需要获取从一个请求到另一个请求的信息或状态。服务不应该依赖于其他服务的上下文和状态。当产生依赖时，它们可以定义成通用业务流程、函数和数据模型。

5. 基于开放标准

当前 SOA 的实现形式是 Web 服务，基于的是公开的 W3C 及其他公认标准. 采用第一代 Web 服务定义的 SOAP、WSDL 和 UDDI 以及第二代 Web 服务定义的 WS-* 来实现 SOA。

面向服务的体系结构中的角色包括以下几个核心要素，如图 3-26 所示。

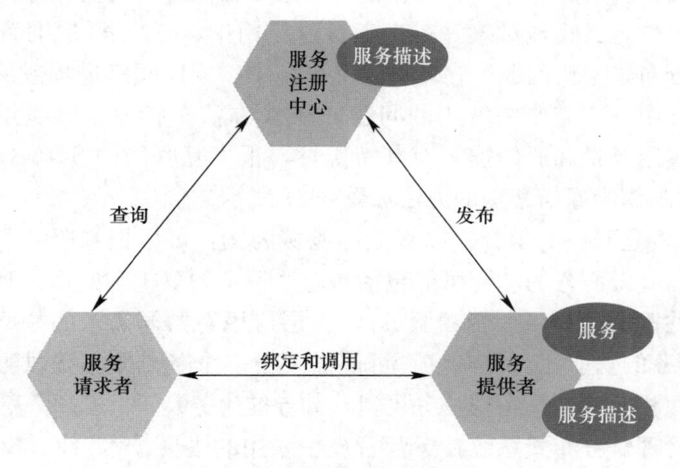

图 3-26　面向服务的体系结构中的角色

1. 服务请求者

服务请求者是一个应用程序、一个软件模块或需要一个服务的另一个服务。它发起对注册中心中的服务的查询，通过传输绑定服务，并且执行服务功能。服务请求者根据接口契约来执行服务。

2. 服务提供者

服务提供者是一个可通过网络寻址的实体，它接受和执行来自请求者的请求。它将自己的服务和接口契约发布到服务注册中心，以便服务请求者可以发现和访问该服务。

3. 服务注册中心

服务注册中心是服务发现的支持者。它包含一个可用服务的存储库，并允许感兴趣的服务请求者查找服务提供者接口。

面向服务的体系结构中的每个实体都扮演着服务提供者、请求者和注册中心这三种角色中的某一种（或多种）。面向服务的体系结构中的操作包括：

（1）发布：为了使服务可访问，需要发布服务描述以使服务请求者可以发现和调用它。

（2）查询：服务请求者定位服务，方法是查询服务注册中心来找到满足其标准的服务。

（3）绑定和调用：在检索服务描述之后，服务请求者继续根据服务描述中的信息来调用服务。

面向服务的体系结构中的构件包括：

（1）服务：可以通过已发布接口使用服务，并且允许服务使用者调用服务。

（2）服务描述：服务描述指定服务使用者与服务提供者交互的方式。它指定来自服务的请求和响应的格式。服务描述可以指定一组前提条件、后置条件和/或服务质量（QOS）级别。

SOA 可帮助软件架构实现标准化升级。通过 SOA 软件定义可提供标准的接口定义，模块化设计，促使软硬件解耦分层，实现软硬件设计分离。好处在于：可实现软件/固件升级、软件架构的软实时、操作系统可移植；采集数据信息多功能应用，有效减少硬件需求量，真正实现软件定义物理对象。在汽车行业应用中，SOA 可帮助解决软件定义汽车中服务间通信的分布式架构问题。在软件定义汽车中，应用间跨进程或跨核的通信，必然成为软件架构设计中一个需要去解决的问题。SOA 在汽车行业中的应用还是比较新的尝试。鉴于汽车的应用场景和通信需求有其特殊性，很多互联网的 SOA 技术并不能照搬过来。汽车采用 SOA 作为通信架构的方法如图 3-27 所示。

本质上 SOA 就是服务的集合。以智能座舱域为例，可以把“服务”分为两类：基础服务和应用服务，基础服务的功能可能包括：总线消息的解析和路由（如车身数据服务）、直接与硬件相关的逻辑处理（如音频服务）、上层应用有共同需求的一些基础设施（如日志服务）；应用服务的功能相对复杂些，可能需要由多个基础服务提供数据支撑，也可能需要应用服务之间相互协同，实现业务逻辑（如导航服务）。如图 3-27 所示。

分布式服务管理是分布式系统在运营管理中采用的主要技术。ZooKeeper 是一种典型实现技术。ZooKeeper 是一个开放源码的分布式应用程序协调服务，是 Google 的 Chubby 的一个开源实现，是 Hadoop 和 Hbase 的重要组件。ZooKeeper 是一个为分布式应用提供一致性服务的软件，提供的功能包括配置维护、域名服务、分布式同步、组服务等。ZooKeeper 的目标就是封装好复杂易出错的关键服务，将简单易用的接口和性能高效、功能稳

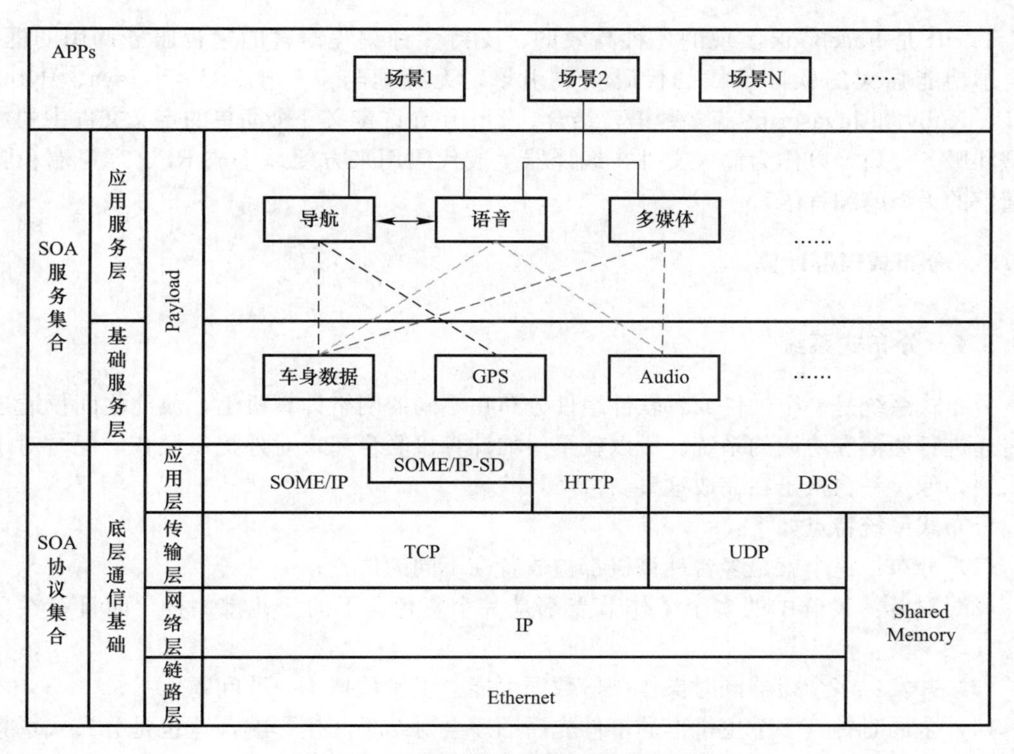

图 3-27 汽车智能座舱域 SOA 分层架构

定的系统提供给用户。从设计模式角度来看，Zookeeper 是一个基于观察者模式设计的分布式服务管理框架，负责存储和管理大家都关心的数据，然后接受观察者的注册，一旦这些数据的状态发生变化，Zookeeper 就将负责通知已经在 Zookeeper 上注册的那些观察者做出相应的反应，从而实现集群管理。集群管理（Group Membership）系统架构如图 3-28 所示。

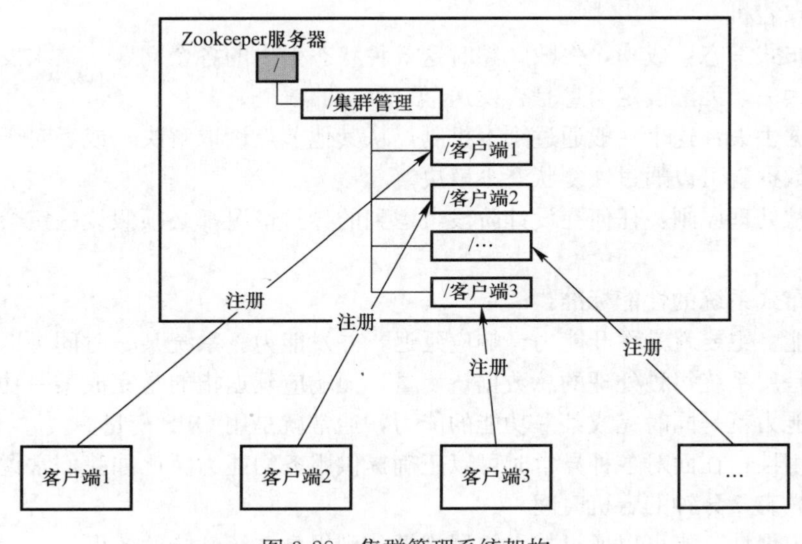

图 3-28 集群管理系统架构

Thrift是Facebook实现的一种高效的、支持多种编程语言的远程服务调用的框架。结合了功能强大的软件堆栈的代码生成引擎，无缝地与C++、C#、Java、Python、PHP、Ruby和Javascript等多种语言结合。Thrift允许定义一个简单的定义文件中的数据类型和服务接口，以作为输入文件，编译器生成代码用来方便地生成RPC客户端和服务器通信的无缝跨编程语言。

3.3.5 分布式集群计算

3.3.5.1 分布式系统

分布式系统是一个硬件或者软件组件分布在不同的网络计算机上，彼此之间仅通过消息传递进行通信和协调的系统。所以就是一堆计算机联合起来对外提供服务，但是对于用户来说，像是一台机子在完成这事。

分布式系统特点如下：

(1) 分布：这个就是多台计算机都被放置在不同的位置；

(2) 对等：集群中的多个工作节点都是一个货色，干的活儿都一样，而且存在副本概念。

(3) 并发：多个机器同时操作一份数据可能会引发数据不一致问题。

(4) 全局时钟：多个主机上的事件先后顺序会对结果产生影响，这也是分布式场景中非常复杂的一个问题。

(5) 各种故障：某节点宕机，网络故障等突发情况。

分布式场景中经常遇到的几个问题：

(1) 通信异常：其实就是网络问题，导致多节点状态下数据不一致。

(2) 网络孤立：这个其实就是各个子网络内部正常，但是整个系统的网络是不正常的，导致局部数据不一致的问题。

(3) 节点宕机。

(4) 分布式三态：成功，失败，超时这3种状态引出的各个问题。请求发送和结果响应都有可能丢失，无法确定消息是否发送/处理成功。

(5) 数据丢失：这个一般通过副本机制，从其他节点读取解决，或者对于有状态的节点来说丢失数据就可以通过恢复状态来解决。

(6) 异常处理原则：任何在设计阶段考虑到的异常情况都必须假设一定会在实际运行中发生。

衡量分布式系统的性能标准：

(1) 性能：主要就是吞吐能力，响应延迟，并发能力。系统某一时间可以处理的数据总量，通常是用系统每秒处理的总数据量衡量，而响应延迟指的是完成某一功能所需要的时间。并发能力就是同时完成某一功能的能力，通常就是用QPS衡量。

(2) 可用性：在面对各种异常时可以正确提供服务的能力。比如我们常说的5个9就是指一年内只有5分钟的宕机时间。

(3) 可扩展性：指可以通过扩大机器规模达到提高系统性能的效果。

(4) 一致性：副本管理。

这些标准都是一个方面要求太高之后会带动另外一方面变差，比如说我们需要做到高可用，可能需要多个副本，但是在多个副本的状态下，对于数据的一致性又很难实现。然后高吞吐下又很难做到低延迟，所以我们需要针对自己的业务场景去进行考量。

对于一致性的扩展：

强一致性：写操作完成之后，读操作一定能读到最新数据，在分布式场景中这样是非常难实现的，比如Paxos算法，Quorum机制，ZAB协议都是干这个事的。

弱一致性：不承诺可以立即读到写入的值，也不承诺多久之后数据能够达到一致，但会尽可能地保证到某个时间级别（比如XX时，XX分，XX秒后），数据可达到一致性状态。

还有一个特例叫做最终一致性，就是尽可能快地保证数据的一致。但是这个快到底是多快，就没有准确定义了。总而言之，为了保证系统的高可用，防止单点故障引发的问题，并能够让分布在不同节点上的副本都能正常为用户提供服务，ZooKeeper应运而生。

3.3.5.2　ZooKeeper集群

能帮助解决分布式系统中数据一致性的问题。需要解决这个问题需要了解分布式事务，典型分布式一致性算法如下：Quorum机制，CAP和BASE理论。

事务是指单机存储系统中用来保证存储系统的数据状态一致性。广义上的事务是指一个事情的所有操作，要不全部成功，要不全部失败，没有中间状态。狭义上就是指数据库做的那些操作。

分布式系统中每个节点都仅仅知道自己的操作是否成功，但是不知道其他节点是什么情况，这就有可能导致各节点的状态可能是不一致的，所以为了实现跨越多节点且保证事务的ACID时，需要引入一个协调者，然后参与事务的各个节点，都叫作参与者。典型的模式是2PC和3PC。

2PC是指在事务的参与过程中会产生多个角色，协调者负责事务的发起，而参与者负责执行事务。

2PC阶段一：执行事务

此时协调者会先发出一个命令，要求参与者A、参与者B都去执行这个事务，但是不提交。直接向协调者打报告、询问。

2PC阶段二：提交事务

当协调者收到第一阶段中的所有事务参与者（图中的A、B）的反馈（这个反馈简单理解为，告诉协调者前面的第一阶段执行成功了）时，就发送命令让所有参与者提交事务。协调者收到反馈，且所有参与者均响应可以提交，则通知参与者进行commit（确认），否则rollback（返回）。

ZooKeeper有一个ZAB协议，这个ZAB协议底层封装了Paxos算法。

Paxos中存在的角色及与ZooKeeper集群的关系：

Proposer提议者：发起提案的人。

Acceptor接受者：他们是可以表决的，可以接受或者否决提案。

Learner学习者：提案被超过半数的Acceptor接受的话，就学习这个提案。

映射到ZooKeeper集群中，就分别是leader、follower、observer。

3.3.5.3 Kafka集群

Kafka是一个分布式流媒体平台。

(1) 流媒体平台有三个关键功能:

发布和订阅记录流，类似于消息队列或企业消息传递系统。

以容错的持久方式存储记录流。

记录发生时处理流。

(2) Kafka通常用于两大类应用:

构建可在系统或应用程序之间可靠获取数据的实时流数据管道。

构建转换或响应数据流的实时流应用程序。

(3) 概念:

Kafka作为一个集群运行在一个或多个可跨多个数据中心的服务器上。

Kafka集群以称为topics主题的类别存储记录流。

每条记录都包含一个键，一个值和一个时间戳。

(4) Kafka四个核心API:

—Producer API（生产者API）允许应用程序发布记录流至一个或多个kafka的topics（主题）。

—Consumer API（消费者API）允许应用程序订阅一个或多个topics（主题），并处理所产生的对它们记录的数据流。

—Streams API（流API）允许应用程序充当流处理器，从一个或多个topics（主题）消耗的输入流，并产生一个输出流至一个或多个输出的topics（主题），有效地变换所述输入流，以输出流。

—Connector API（连接器API）允许构建和运行kafka topics（主题）连接到现有的应用程序或数据系统中重要生产者或消费者。例如，关系数据库的连接器可能捕获对表的每个更改。

Kafka集群基础架构如图3-29所示。

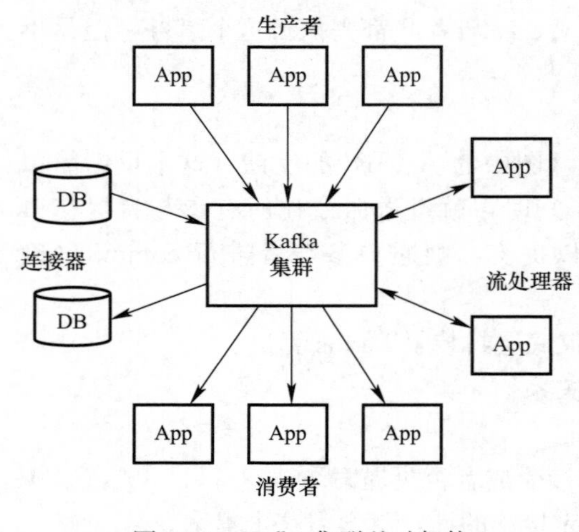

图3-29 Kafka集群基础架构

在Kafka中，客户端和服务器之间的通信是通过简单、高性能、语言无关的TCP协议完成的。此协议已版本化并保持与旧版本的向后兼容性。Kafka提供Java客户端，但客户端有多种语言版本。

一个典型的Kafka集群中包含若干Producer（可以是web前端产生的Page View，或者是服务器日志，系统CPU、Memory等），若干broker（Kafka支持水平扩展，一般broker数量越多，集群吞吐率越高），若干Consumer Group，以及一个Zookeeper集群。Kafka通过Zookeeper管理集群配置，选举leader，以及在Consumer Group发生变化时进行 rebalance。Producer 使用 push 模式将消息发布到 broker，Consumer 使用 pull 模式从 broker 订阅并消费消息。Kafka 集群拓扑结构如图 3-30 所示。

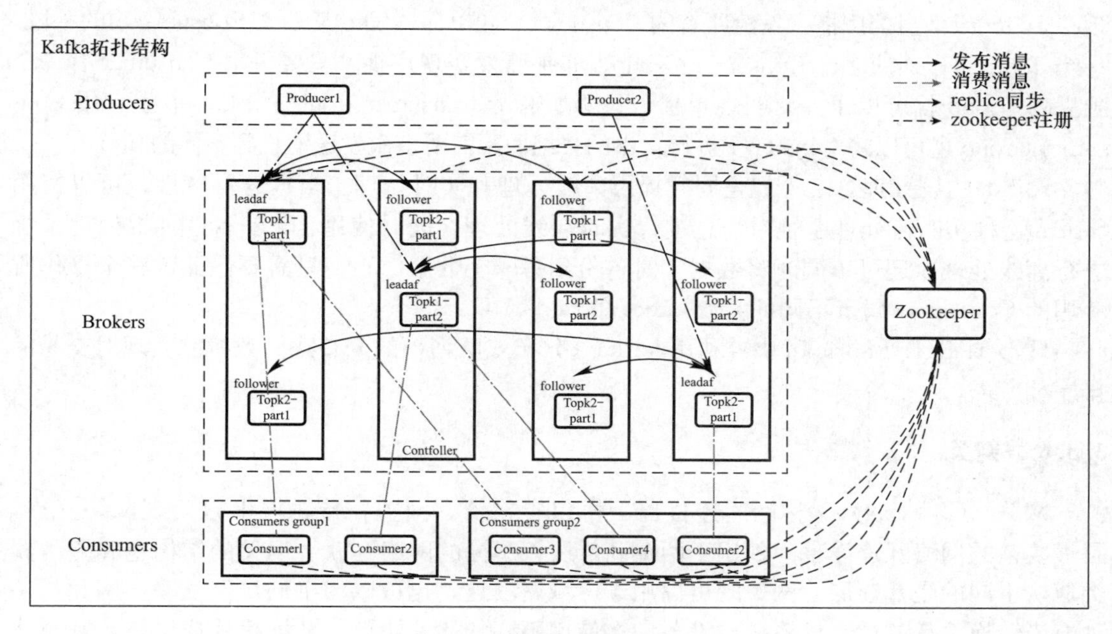

图 3-30　Kafka 集群拓扑结构

生产者（Producers）和 Consumers 消费者：

Producers 生产者：Producers 将数据发布到指定的 topics 主题。同时 Producer 也能决定将此消息归属于哪个 partition；比如基于“round-robin”方式或者通过其他的一些算法等。

Consumers 消费者：本质上 kafka 只支持 Topic。每个 consumer 属于一个 consumer group；反过来说，每个 group 中可以有多个 consumer 发送到 Topic 的消息，只会被订阅此 Topic 的每个 group 中的一个 consumer 消费。

如果所有使用者实例具有相同的使用者组，则记录将有效地在使用者实例上进行负载平衡。如果所有消费者实例具有不同的消费者组，则每个记录将广播到所有消费者进程。

案例：两个服务器 Kafka 群集，托管四个分区（P0～P3），包含两个使用者组。消费者组 A 有两个消费者实例，B 组有四个消费者实例。如图 3-31 所示。

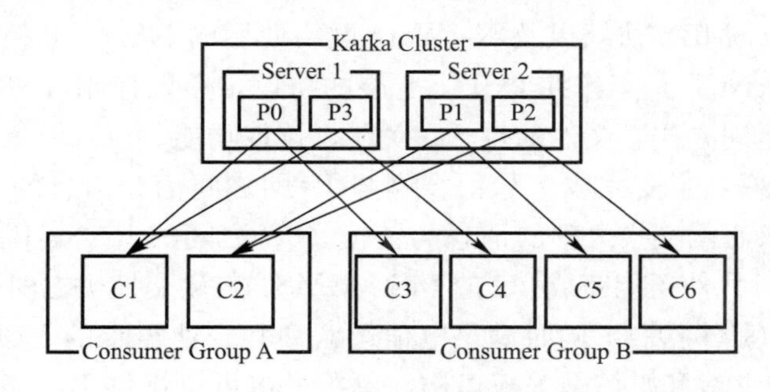

图 3-31　服务器 Kafka 群集使用案例

使用Consumer high level API时，同一Topic的一条消息只能被同一个Consumer Group内的一个Consumer消费，但多个Consumer Group可同时消费这一消息。这是Kafka用来实现一个Topic消息的广播（发给所有的Consumer）和单播（发给某一个Consumer）的手段。一个Topic可以对应多个Consumer Group。如果需要实现广播，只要每个Consumer有一个独立的Group就可以了。要实现单播，只要所有的Consumer在同一个Group里。用Consumer Group还可以将Consumer进行自由的分组而不需要多次发送消息到不同的Topic。

Kafka的设计理念之一就是同时提供离线处理和实时处理。根据这一特性，可以使用Storm这种实时流处理系统对消息进行实时在线处理，同时使用Hadoop这种批处理系统进行离线处理，还可以同时将数据实时备份到另一个数据中心，只需要保证这三个操作所使用的Consumer属于不同的Consumer Group即可。

Hyperledger Fabric区块链利用kafka（分布式队列）的分布式一致机制实现对交易的排序。

3.3.6 网关

网关（Gateway）又称网间连接器、协议转换器。网关在传输层上以实现网络互连，是最复杂的网络互连设备，仅用于两个高层协议不同的网络互联。网关的结构也和路由器类似，不同的是互连层。网关既可以用于广域网互连，也可以用于局域网互联。网关是一种充当转换重任的计算机系统或设备。在使用不同的通信协议、数据格式或语言，甚至体系结构完全不同的两种系统之间，网关是一个翻译器。与网桥只是简单地传达信息不同，网关对收到的信息要重新打包，以适应目的系统的需求。同时，网关也可以提供过滤和安全功能。大多数网关运行在OSI 7层协议的顶层——应用层。

网关的类型如下：

（1）传输网关：传输网关用于在2个网络间建立传输连接。利用传输网关，不同网络上的主机间可以建立起跨越多个网络的、级联的、点对点的传输连接。例如通常使用的路由器就是传输网关，“网关”的作用体现在连接两个不同的网段，或者是两个不同的路由协议之间的连接，如RIP、EIGRP、OSPF、BGP等。

（2）应用网关：应用网关在应用层上进行协议转换。例如，一个主机执行的是ISO电子邮件标准，另一个主机执行的是Internet电子邮件标准，如果这两个主机需要交换电子邮件，那么必须经过一个电子邮件网关进行协议转换，这个电子邮件网关是一个应用网关。再例如，在和Novell NetWare网络交互操作的上下文中，网关在Windows网络中使用的服务器信息块（SMB）协议以及NetWare网络使用的NetWare核心协议（NCP）之间起着桥梁的作用。NCP是工作在OSI第七层的协议，用以控制客户站和服务器间的交互作用，主要完成不同方式下文件的打开、关闭、读取功能。

（3）信令网关SG：主要完成7号信令网与IP网之间信令消息的中继，在3G初期，对于完成接入侧到核心网交换之间的消息的转接（3G之间的RANAP消息，3G与2G之间的BSSAP消息），另外还能完成2G的MSC/GMSC与软交换机之间ISUP消息的转接。

（4）中继网关（IP网关）：同时满足电信运营商和企业需求的VoIP设备。中继网关（IP网关）由基于中继板和媒体网关板建构，单板最多可以提供128路媒体转换，两个以太网口，机框采用业界领先的CPCI标准，扩容方便，具有高稳定性、高可靠性、高密度、容量大等特点。

（5）接入网关：基于 IP 的语音/传真业务的媒体接入网关，提供高效、高质量的话音服务，为运营商、企业、小区、住宅用户等提供 VoIP 解决方案。

网关还可以分为协议网关、应用网关和安全网关。

（1）协议网关

协议网关通常在使用不同协议的网络区域间做协议转换。这一转换过程可以发生在 OSI 参考模型的第 2 层、第 3 层或 2、3 层之间。但是有两种协议网关不提供转换的功能：安全网关和管道。由于两个互连的网络区域的逻辑差异，安全网关是两个技术上相似的网络区域间的必要中介，如私有广域网和公有的因特网。

（2）应用网关

应用网关是在使用不同数据格式间翻译数据的系统。典型的应用网关接收一种格式的输入，将之翻译，然后以新的格式发送。输入和输出接口可以是分立的，也可以使用同一网络连接。

应用网关也可以用于将局域网客户机与外部数据源相连，这种网关为本地主机提供了与远程交互式应用的连接。将应用的逻辑和执行代码置于局域网中客户端避免了低带宽、高延迟的广域网的缺点，这就使得客户端的响应时间更短。应用网关将请求发送给相应的计算机，获取数据，如果需要就把数据格式转换成客户机所要求的格式。

（3）安全网关

安全网关是各种技术有趣的融合，具有重要且独特的保护作用，其范围从协议级过滤到十分复杂的应用级过滤。

跨网关技术：现行 IPV4 的 IP 地址是 32 位的，根据头几位再划分为 A、B、C 三类地址；但由于 internet 的迅猛发展，IP 资源日渐枯竭，可供分配的 IP 地越来越少，跟一日千里的 internet 发展严重冲突，在 IPV6 还远未能全面升级的情况下，惟有以代理服务器的方式，实行内部网地址跟公网地址进行转化而实现接入 INTERNET。中介作用的代理服务器就是一个网关，也就是这个网关带给现阶段的多媒体通信系统无尽的烦恼。在 IP 资源可怜的情况下，惟有以网关甚至多层网关的方式接入宽带网，因为多媒体通信系统的协议如 H. 323 等要进行业务的双方必须有一方有公网的 IP 地址，但是现在的宽带有几个用户能符合这个要求？microsoft 的 NETMEETING 等多媒体通信系统就是处于这种尴尬的位置；跨网关成为头疼的难题。网络数据通过层层网关，受制于网关节点速度，网络速度大大降低。跨网关技术基于底层网络协议，突破网关瓶颈，实现客户点对点交流。

API 网关一般应具备以下功能：

1. 请求/响应传输

改变请求内容、删除/添加标头、将标头放入正文的一些组合，反之亦然。当后端服务对 API 进行更改时，或者当客户端不能像提供方那样快速更新时，这提供了一个很好的从客户端解耦的点。

2. 协议转换

技术包括：基于 HTTP、SOAP 的 XML，基于 HTTP 的 JSON 等。希望使用更严格的、特定于客户端的 API 来公开这些 API，并继续保持互操作性。此外，服务提供者可能希望利用新的 RPC 机制（如 gRPC）或流协议（如 rSocket）。

3. 错误/速率定制响应

转换来自上游服务的请求是 API 网关的一项重要功能，定制来自网关本身的响应也是如此。采用 API 网关的虚拟 API 进行请求/响应/错误处理的客户端，也希望网关自定义其响应以适应该模型。

4. 直接响应

当客户端（受信任的或恶意的）请求不可用的资源，或由于某种原因被阻止上行时，最好能够终止代理并使用预先屏蔽的响应返回。

5. 对 API/代理管道的精确控制

API 网关应该能够改变应用其功能的顺序（速率限制、authz/n、路由、转换等），并在出现问题时提供一种调试方法。

6. API 聚合

在多个服务上公开一个抽象常常伴随着将多个 API 混合成一个 API 的期望。在客户端和提供服务者之间提供一个强大的解耦点，涉及的不仅仅是允许 HTTP 通信进入集群这么简单。

7. 严格控制什么可以进入/离开服务

API 网关的另一个重要功能是“控制”哪些数据/请求允许进入应用架构，哪些数据/响应允许流出。这意味着，网关需要对进入或发出的请求有深入的理解。例如，一个常见的场景是 Web 应用程序防火墙防止 SQL 注入攻击。另一种是“数据丢失预防”技术，用于在请求 PCI-DSS/HIPPA/GDPR 时阻止 SSN 或 PII 被返回。边界是帮助实现这些策略的天然位置。同样，定义和实施这些功能并不像允许 HTTP 通信流进入集群那么简单。

8. 定制安全/桥接信任域

API 网关提供的最后一个主要功能是边缘安全性。这涉及向存在于应用程序架构之外的用户和服务提供身份和范围策略，从而限制对特定服务和业务功能的访问。一个常见的例子是能够绑定到 OAuth/SSO 流，包括 Open ID Connect。这些“标准”的挑战在于，它们可能没有得到充分实施，也可能没有得到正确实施。API 网关需要一种方法来灵活地适应这些环境以及提供定制。在许多企业中，已经存在身份/信任/认证机制，API 网关的很大一部分是为了向后兼容而进行本地集成。虽然出现了 SPIFEE 这样的新标准，但企业需要一段时间才能落地，与此同时，API 网关（甚至是针对在其下一代架构上运行的应用程序的网关）是一个艰难的要求。

API 网关在功能上与服务网格有重叠，它们在使用的技术方面也可能有重叠（例如，Envoy）。但是，它们的角色有很大的不同。

3.3.7 网络语义

语义网络（Semantic Network）是一种以网络格式表达人类知识构造的形式，是一种用图来表示知识的结构化方式。在一个语义网络中，信息被表达为一组结点，结点通过一组带标记的有向直线彼此相连，用于表示结点间的关系。语义网络是人工智能程序运用的表示方式之一，由奎林（J. R. Quillian）于 1968 年提出。开始是作为人类联想记忆的一个明显公理模型提出，随后在 AI 中用于自然语言理解，表示命题信息。在 ES 中语义网络由 Prospeutor 实现，用于描述物体概念与状态及其间的关系。它是由结点和结点之间的弧组成，结点表示概念（事件、事物），弧表示它们之间的关系。在数学上语义网络是一个有向图，与逻辑表示法对应。语义网络的优点是：①直接而明确地表达概念的语义关系，模拟人的语义记忆和联想方式；②可利用语义网络的结构关系检索和推理，效率高。但它不适用于定量、动态的知识；不便于表达过程性、控制性的知识。语义网（Semantic Web）是一个由万维网联盟的蒂姆·伯纳斯-李（Tim Berners-Lee）在1998年提出的一个概念，它的核心是：通过给万维网上的文档（如HTML）添加能够被计算机所理解的语义“元数据”（Meta data），从而使整个互联网成为一个通用的信息交换媒介。语义万维网通过使用标准、置标语言和相关的处理工具来扩展万维网的能力。不过语义网概念实际上是基于很多现有技术的，也依赖于后来和text-and-markup与知识表现的综合。语义网研究活动的目标是“开发一系列计算机可理解和处理的表达语义信息的语言和技术，以支持网络环境下广泛有效的自动推理”。如图3-32所示。

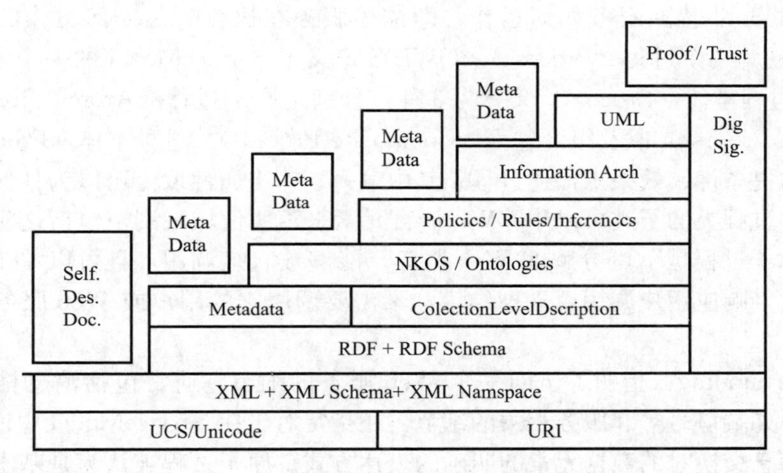

图3-32　语义网层次结构

Web服务本体描述语言

DAML-S（Darpa Agent Markup Language for Services）草案于2001年被提出，是第一个针对Web服务的本体描述语言。它建立在DAML＋OIL本体基础之上，专门用来描述Web服务的高层本体语言，由美国军方DARPA项目支持。DAML-S是采用DAML语言描述Web服务而形成的一个本体。OWL-S预先定义了一组用来描述服务的本体（Ontology），通过这些本体让机器能够理解Web服务，如图3-33所示。

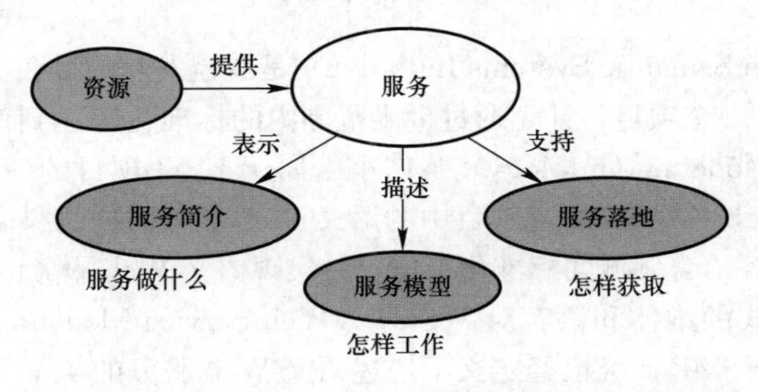

图3-33　OWL-S服务本体

Service 类是要语义描述的 Web 服务的引用点，其实例将对应一个发布的服务。通过属性 presents、describedBy 和 supports 和 ServiceProfile、ServiceModel 和 ServiceGrounding 相关联。这三个类的实例从三个不同角度对 Web 服务进行描述，根据所描述的服务的不同，其内容可能大不相同，但都描述了一个 Web 服务的重要内容：

ServiceProfile：主要描述服务做了什么，对于 Web 服务而言，相当于服务的广告，描述服务的能力，对于用户而言，是用户需求服务的描述。OWL-S 提供了服务的一个可能的表达 Profile 类。Profile 为服务添加三种类型信息：服务的提供者，服务提供的功能，服务的特征属性。服务提供者信息包括服务该提供者的联系信息；服务提供的功能描述包括服务的输入、输出，服务执行的前置条件以及服务执行产生的预期效果；服务特征属性包括服务所属的种类，服务的质量评价，一个不限长度的服务参数列表，它可以包含任何类型的信息，如：服务的最大响应时间，服务的领域特性等其他属性。

ServiceModel：描述服务如何运作，即描述服务在执行时是如何运作的。一个服务（Service）被视为一个过程（Process）。OWL-S 定义了 ServiceModel 的一个子类——ProcessModel。过程本体（Process）又分为 3 种，分别是原子过程（Atomic Process），简单过程（Simple Process）以及组合过程（Composite Process）。过程本体（Process）通过输入、输出、前提条件、效果来描述过程。其中输入、输出属性取值可以为任何事物。而在特定领域中，过程类的子类可以用 OWL 语言元素来声明值域限制，包括这些属性的取值个数限制。原子过程是不可分解的 Web 服务，能够被直接调用，且可以单步执行。Web 服务被调用后，响应用户调用后立即结束，不需要调用它的用户或 Web 服务与之建立对话过程。

ServiceGrounding：指明了访问一个 Web 服务的细节。通常包括消息格式、通信协议，以及其他如端口号等和服务相关的细节。还指定对于在 ServiceModel 中说明的抽象类型，在进行信息交换时的数据元素的明确的表达方式。原子过程被认为是基本的过程的抽象描述。OWL-S 的 ServiceGrounding 最主要的功能就是描述原子过程的输入、输出是怎样被具体实现为消息的。OWL-S 对完成消息的下层映射的规范没有限制。现以 WSDL 为例进行解释说明。一个 OWL-S 原子过程和一个 WSDL 操作相对应。一个拥有输入、输出的原子过程和一个 WSDL 的 request-response 操作相对应；一个只有输入的原子过程和一个 WSDL 的 one-way 操作相对应；一个只有输出的原子过程和一个 WSDL 的 notification 操作相对应；一个拥有输入、输出并且发送输出在接收输入之后的组合过程和一个 WSDL 的 solicit-response 操作相对应。OWL-S 原子过程的输入、输出和 WSDL 的 message 相对应。如图 3-34 所示。

ESSI（European Semantic Systems Initiative）是欧盟发起的旨在提升欧洲在语义领域科学研究实力发起的一个项目，计划通过世界范围内的标准化来达到该目的。其中，WSMO（Web Service Modeling Ontology）工作小组属于 ESSI 项目的一部分，协调 SEKT、DIP、Knowledge Web 和 ASG 研究项目中的语义 Web 服务方向的科学研究。其最终目的是实现语义 Web 服务语言领域的标准化工作，并实现语义 Web 服务的公共架构和平台。

WSMO 通过正式的本体和语言对 WSMF（Web Service Modeling Framework）进行扩展。之前进行的 WSMF 研究已经定义了描述语义 Web 服务的 4 个不同要素：本体（提供术语供其他要素使用）、目标（指明 Web 服务应该完成的任务）、Web 服务描述（定义

Web服务各个方面信息）以及中介器（解决互操作问题）。

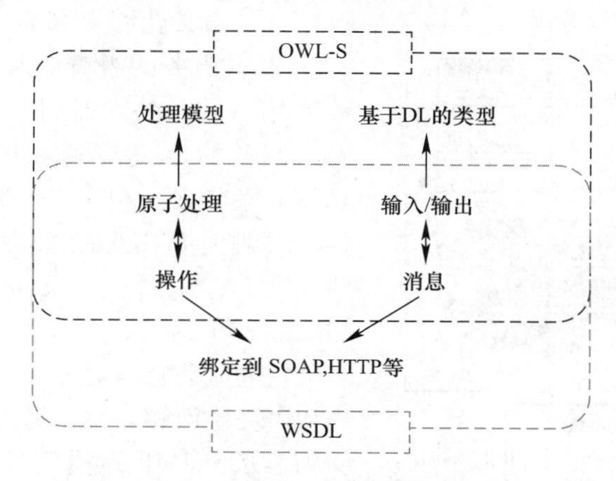

图3-34　OWL-S与WSDL的映射

设计原则如下：

（1）兼容Web：WSMO继承了WWW中一个核心设计理念URI，用来区分不同资源。不仅如此，WSMO还采用了命名空间的概念用于指示一致的信息空间，还支持XML和其他W3C的推荐规范。

（2）基于本体：本体作为数据模型贯穿整个WSMO，这意味着所有资源描述以及服务使用过程中的数据交换都是基于本体的。本体是一个被广泛接纳的最新知识表示方法，因此被采纳为语义Web中核心技术。本体的广泛使用使得实现增强的语义信息处理以及互操作支持。WSMO还支持语义Web中定义的本体语言。

（3）严格去耦合：去耦合意味着WSMO资源被各自孤立的定义，每一个资源都能在不与其他资源交互或者使用其他资源的情况下进行独立定义，这和Web开放以及分布式的特性相一致。

（4）中介器为中心：作为一个严格去耦合的补充设计原则，中介器解决了在开放式环境中很容易引起的异构问题。异构问题发生在数据层、本体层、协议层和过程层中。WSMO意识到要想成功部署实现Web服务就必须将中介器作为该框架的首要元素。

（5）本体角色分离：用户由于存在于不同的上下文环境中，其需要的功能和已经存在的Web服务能力具有很大不同。例如：一个用户可能想根据对于天气、文化、小孩照顾的偏好预订一个假日，而Web服务仅仅标准地覆盖航线和酒店服务。基于此认知，WSMO将用户或者客户的需求和可用Web服务的功能区分开来。

（6）描述和实现：WSMO区分了语义Web服务元素的描述和执行技术。前者基于适当形式化之上，需要一个精确可行的描述框架来提供精确的语义描述；后者关心对于语义Web和Web服务已有和最新技术的支持。WSMO目的是提供一个合适的本体描述框架，且和现有以及最新技术相兼容。

（7）服务和Web服务：一个Web服务是一个计算实体，通过调用Web服务能实现一个用户的目标。与之相反，一个服务则是此次调用实际提供给用户的实际功能。WSMO提供方法来描述提供到服务入口的Web服务。WSMO被设计成为一种方法对前者进行描述，但不替代后者的功能。

当前的 WSDL 标准在语法层进行操作，缺乏强有力的语义来描述 Web 服务的需求和能力。语义能够提高软件重用和发现，显著推进 Web 服务的组合以及促使已有资源的继承和利用。WSDL-S 通过定义一种机制，实现 Web 服务的语义注解和用 WSDL 描述的 Web 服务关联起来。利用 WSDL 文档中的可扩展标签，映射到 WSDL 文档之外的对服务前置条件、输入、输出、结果进行定义的语义模型。如图 3-35 所示。

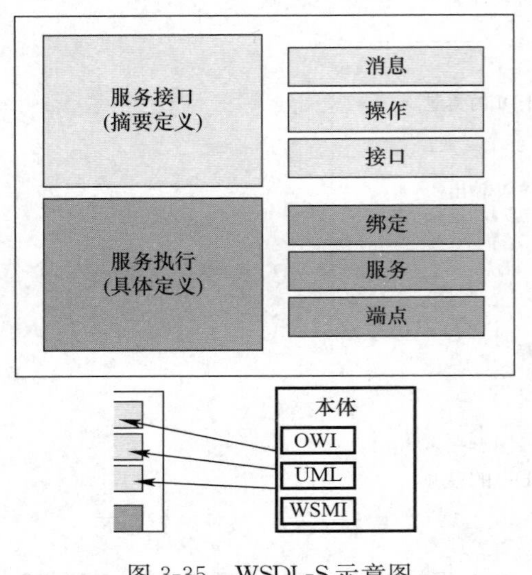

图 3-35　WSDL-S 示意图

它的显著特点在于和工业界标准 WSDL 语法和语义层面相兼容，另外，还能利用已有语言 OWL 或者 UML 对模型进行定义，实现有效重用。支持工具有 IBM 开发的 Semantic Tools for Web Services，该工具可以作为 eclipse 的插件使用。

3.3.8　AIoT

在物联网（IoT）基础设施上使用人工智能（AI）的软件应用，被称为“AIoT”。构建 AIoT 应用程序的 3 个阶段包括：数据收集、训练和推理。如图 3-36 所示。

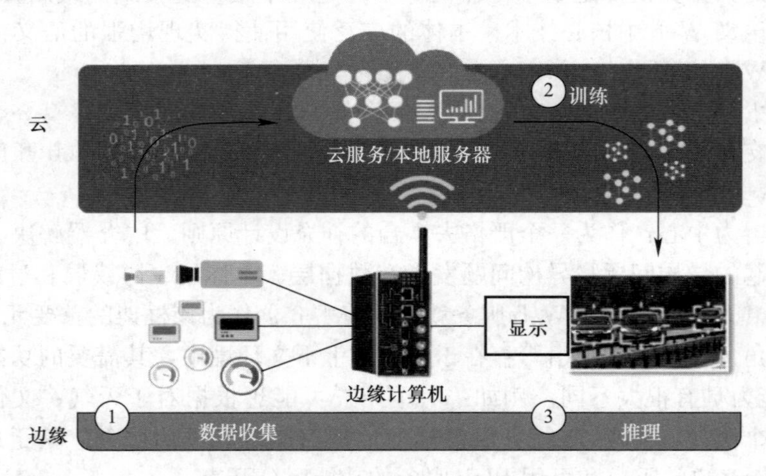

图 3-36　AIoT 应用程序构建

AI 训练在云端或本地服务器上进行，数据收集和推理仍在网络边缘进行。

AI 包括 ML，ML 是 AI 的一个特定子集，它使系统能够通过经验自主学习和改进，而无需进行编程，例如通过各种算法和神经网络。另一个相关术语是“深度学习”（DL），它是 ML 的一个子集，其中多层神经网络从大量数据中学习。

AIoT 计算的处理要求与应用需要的计算能力以及是否需要中央处理单元（CPU）或加速器有关。由于在构建 AI 边缘计算应用的 3 个阶段中，每个阶段都使用不同的算法来执行不同的任务，因此每个阶段都有自己的处理要求。

1. 数据收集

这一阶段的目标是获取大量信息来训练AI模型。未经处理的原始数据本身帮助不大，因为信息可能包含重复、错误和异常值。在初始阶段对收集的数据进行预处理以识别模式、异常值和缺失的信息，允许用户纠正错误和偏差。根据收集数据的复杂程度，用于数据收集的计算平台通常基于Arm Cortex或英特尔Atom/Core处理器。一般来说，输入/输出（I/O）和CPU的规格，而不是图形处理单元（GPU），对于执行数据收集任务更为重要。

2. 训练

AI模型需要在高级神经网络和资源匮乏的ML或DL算法上进行训练，这些算法需要更强大的处理能力，例如强大的GPU，以支持并行计算来分析所收集的、经预处理的大量训练数据。训练AI模型涉及选择ML模型，并根据所收集、经预处理的数据对其进行训练。在此过程中，需要评估和调整参数以确保准确性。有很多训练模型和工具可供选择，包括现成的DL设计框架，例如PyTorch、Tensor Flow和Caffe。训练通常在指定的AI训练机或云计算服务上而不是在现场进行，例如亚马逊的AWS Deep Learning AMIs、谷歌Cloud AI或微软Azure Machine Learning等。

3. 推理

最后阶段涉及在边缘计算机上部署经过训练的AI模型，以便它可以根据新收集和预处理的数据快速有效地进行推理和预测。由于推理阶段通常比训练消耗更少的计算资源，因此CPU或轻量级加速器就足以满足AIoT应用的需求。尽管如此，仍需要一个转换工具来将训练好的模型转换为可以在专用边缘处理器/加速器上运行的模型，例如英特尔Open VINO或NVIDIA CUDA。推理还包括几个不同的边缘计算水平和要求。

层次深度学习框架：

考虑使用DL框架，它是一种接口、库或工具，可让用户更轻松、更快速地构建深度学习模型，而无需深入了解底层算法的细节。深度学习框架提供了一种清晰简洁的方法，使用一组预先构建和优化的组件来定义模型。最受欢迎的3个工具包括：

PyTorch：主要由Facebook的人工智能研究实验室开发，PyTorch是一个基于Torch库的开源机器学习库。它用于计算机视觉和自然语言处理等应用，是在升级版BSD许可下发布的免费开源软件。

TensorFlow：使用TensorFlow用户友好的基于Keras的API，实现快速原型设计、研究和生产，这些API用于定义和训练神经网络。

Caffe：提供了一个功能强大的架构，允许用户在没有硬编码的情况下，定义和配置模型和优化。设置单个标志以在GPU机器上训练模型，然后部署到商品集群或移动设备上。

基于硬件的加速器工具包：

硬件供应商提供的AI加速器工具包，专门用于在其平台上加速AI应用，例如ML和计算机视觉。

英特尔Open VINO：英特尔的开放视觉推理和神经网络优化（Open VINO）工具包，旨在帮助开发人员在英特尔平台上构建强大的计算机视觉应用。Open VINO还支持对DL模型进行更快的推理。

NVIDIA CUDA：CUDA工具包可为嵌入式系统、数据中心、云平台和基于NVIDIA

统一计算设备架构的超级计算机上的 GPU 加速应用，提供高性能并行计算。

3.4 数字孪生典型应用

数字孪生已经在各种领域初步展现出良好的应用效果，典型应用如图 3-37 所示。

(a) 产品、系统和城市的虚拟化呈现

(b) 矿山数字孪生

(c) 智慧能源安全管控中心数字孪生

图 3-37 数字孪生典型应用（一）

(d) 城市数字孪生

(e) 水利数字孪生(大坝安全监测)

(f) 水利数字孪生(供水调度)

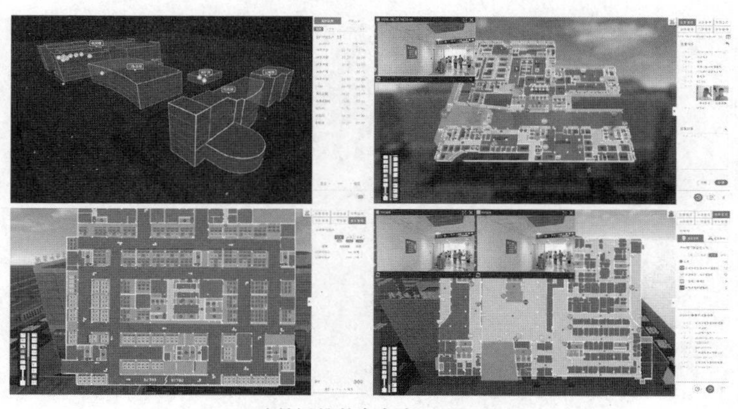

(g) 建筑运维数字孪生(BIM+AIOT)

图 3-37　数字孪生典型应用（二）

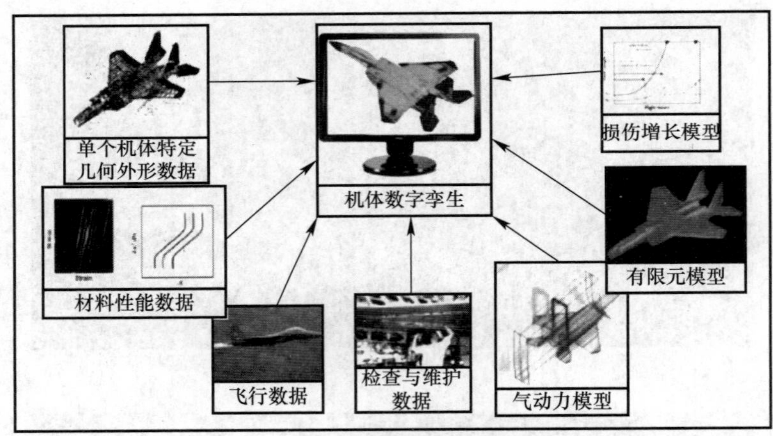

(h) 飞机制造数字孪生

图 3-37　数字孪生典型应用（三）

在水利数字孪生应用中，借助数字孪生系统的实时监测、预警、预测、预防、预控能力，可实现大坝安全监测、供水优化调度等功能。

在飞机制造数字孪生应用中，融合材料性能数据、几何外形数据、飞行数据、检查与维护数据等，在专业仿真设计软件中建立有限元模型、气动力模型、损伤增长模型等多元异构模型，最终构建出机体数字孪生模型。结合增强现实等智能技术，数字线索将帮助提升协同设计、现场实时维护能力。借助数字线索追溯功能，运维人员可在任何地点及时看到一架飞机已完成的相关活动流，以优化持续保障活动。

第4章 数字孪生制造

4.1 数字孪生制造研究发展概况

当前数字孪生理论和技术在制造业的应用处于起步阶段，数字孪生制造系统的理论框架尚不清晰，科学性研究框架和系统性实践路径亟待开发。数字孪生制造系统国产化自主可控技术的研究及相关产品系统的研制任重而道远。数字孪生制造系统理论技术赋能几十种细分工业门类的方式方法需要持续探索，真正有价值的应用场景需要不断拓展。

数字孪生源自工业制造领域，从 2014 年开始，西门子、达索、PTC、ESI、ANSYS 等知名工业软件公司，都在市场宣传中使用“Digital Twin”术语，并陆续在技术构建、概念内涵上做了很多深入的研究和拓展。西门子应用数字孪生技术助力企业数字化转型。2017 年年底，西门子正式发布了完整的数字孪生体应用模型。以汽车的生产制造为例，西门子通过数字孪生将现实世界和虚拟世界无缝融合，通过产品的数字孪生，制造商可以对产品进行数字化设计、仿真和验证，包括机械以及其他物理特性，并且将电器和电子系统一体化集成。西门子数字孪生在车辆制造中的应用如图 4-1 所示。

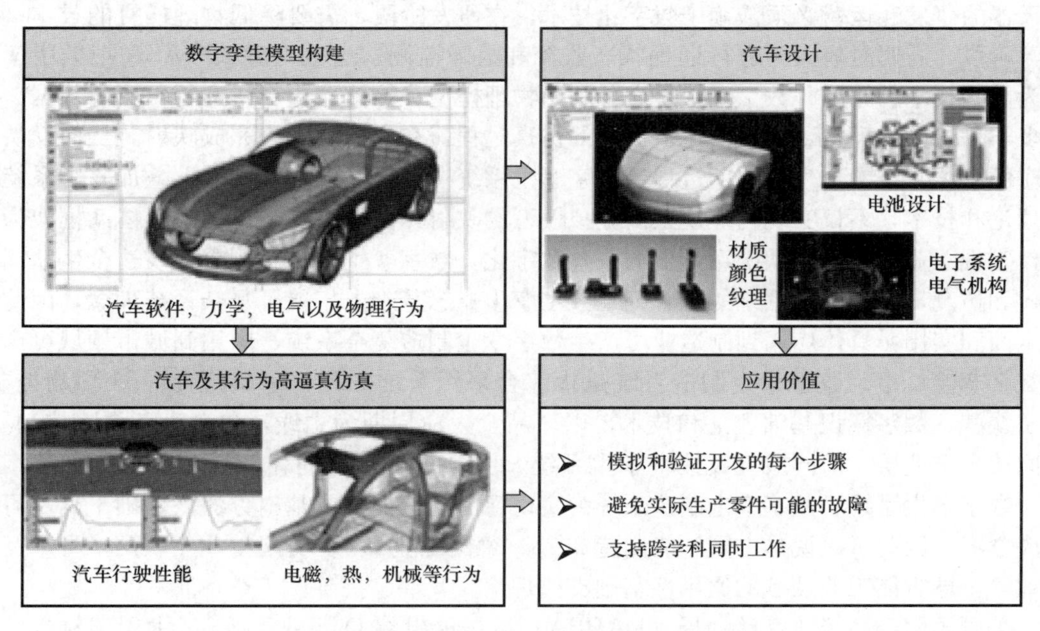

图 4-1 西门子数字孪生在车辆制造中的应用

数字孪生在工业制造领域的内涵与作用可总结如下：

(1) 工艺流程仿真：数字孪生形象地称之为“数字化双胞胎”，是智能工厂的虚实互联技术，从构想、设计、测试、仿真、生产线、厂房规划等环节，可以虚拟和判断出生产或规划中所有的工艺流程，以及可能出现的矛盾、缺陷、不匹配，所有情况都可以用这种方式进行事先的仿真，缩短大量方案设计及安装调试时间，加快交付周期。

（2）三维数字模型：数字化双胞胎技术将带有三维数字模型的信息可以被拓展到整个生命周期中去，最终实现虚拟与物理数据同步和一致。

（3）人工智能融合：数字孪生集成了人工智能（AI）和机器学习（ML）等技术，将数据、算法和决策分析结合在一起，建立模拟，即物理对象的虚拟映射。在问题发生之前先发现问题，监控在虚拟模型中物理对象的变化，诊断基于人工智能的多维数据复杂处理与异常分析，并预测潜在风险，合理有效地规划或对相关设备进行维护。

（4）智慧建造：数字孪生，也用来指厂房及生产线在没有建造之前就完成数字化模型，从而在虚拟的赛博空间中对工厂进行仿真和模拟，并将真实参数传给实际的工厂建设。而厂房和生产线建成之后，在日常运维中二者继续进行信息交互。

清华大学自动化系教授吴澄院士曾说过："从技术的角度来看，智能制造技术是制造技术、自动化技术、系统工程与人工智能等学科互相渗透、互相交织而形成的一门综合技术。其具体表现为：智能设计、智能加工、机器人操作、智能控制、智能工艺规划、智能调度与管理、智能物流、智能装配、智能检测、智能维护故障诊断、新制造模式等。如今制造业本身已经扩展了全生命周期，从产品创新设计、加工制造、装配、测试，到管理营销、售后服务、客户关系、仓库物流供应链、报废处理。人工智能是智能制造皇冠上的明珠。"数字孪生（Digital Twin）的概念最早由密西根大学的 Michael Grieves 博士于 2002 年提出（最初的名称叫"Conceptual Ideal for PLM"），至今有 15 年多历史。在航天领域，航天器的研发和运营必须依赖于数字化技术，在研发阶段，需要降低物理样机的成本；在运营阶段，需要对航天器进行远程状态监控和故障监测。这也是后来 NASA 把数字孪生作为关键技术的原因。数字孪生是充分利用物理模型、传感器更新、运行历史等数据，集成多学科、多物理量、多尺度、多概率的仿真过程，在虚拟空间中完成映射，从而反映相对应的实体装备的全生命周期过程。数字孪生系统在数字孪生的基础之上叠加复杂系统工程理论和技术，不仅实现物理模型向虚拟模型的映射，而且以复杂系统工程体系框架为容器，实现工业复杂控制系统意义上的系统数字化。数字孪生的概念侧重于表达全生命周期建模和仿真，数字孪生系统的概念则在数字孪生概念基础上拓展了复杂系统理念，因此更加全面和实用，具体应用到制造业可产生数字孪生制造复杂系统，应用到城市领域可产生出数字孪生城市。数字孪生制造系统是指综合采用系统工程、建模仿真、AI 预测控制、数字线程、数字标识基础理论和技术，以产品全生命周期为主线，包含设备层、控制层、车间层、企业层、协同层五级数字孪生系统，服务于制造业的智能自动化系统。数字孪生、数字孪生系统、数字孪生制造系统为实现智能制造提供了基本方法、基础工具及可行解决方案，因此可以说是中国智能制造 2025、德国工业 4.0、美国工业互联网、日本互联工业等全球智能工业领域的通用性基础支撑理论。

美国国防部高级研究计划局（DARPA）最早提出将 Digital Twin 技术用于航空航天飞行器的健康维护与保障。首先在数字空间建立真实飞机的模型，并通过传感器实现与飞机真实状态完全同步，这样每次飞行后，根据结构现有情况和过往载荷，及时分析评估是否需要维修，能否承受下次的任务载荷等。美国航空航天局（NASA）将物理系统与虚拟系统相结合，研究基于数字孪生的复杂系统故障预测与消除方法，并应用在飞机、运载火箭等飞行系统的健康维护管理中。将数字孪生的理念应用在阿波罗计划中，开发了两种相同的太空飞行器，以反映地球上太空的状况，进行训练和飞行准备。截至2018年，GE公司已经拥有包括引擎、涡轮、核磁共振等在内的120万个数字孪生体，正在研发的民用涡扇发动机和先进涡浆发动机采用了或拟采用数字孪生技术进行预测性维护，根据飞行过程中传感器收集到的大量飞行、环境及其他数据，通过数字孪生系统仿真可完整透视实际飞行中的发动机运行情况、判断磨损情况、预测设备剩余寿命及合理维修时间。国内数字孪生领域的主要研究单位有清华大学、北京航空航天大学、北京理工大学、中科院、中国信通院、中国航天科技集团、中国航天科工集团、中国航空工业集团公司等。近年来，国内学者及下产业界专家也对数字孪生技术及其在不同领域的应用开展了大量研究工作，成果主要集中在数字孪生城市、数字孪生建筑、产品装配、航空制造等领域，针对数字孪生制造、数字孪生工厂、数字孪生产品等具体领域的深度系统性研究处于起步阶段，研究资源和成果产出相对产业发展的实际需求来说尚处于匮乏状态。因此，数字孪生制造的研究和产业化发展任重而道远。

4.2　基于数字孪生的智能制造系统分析

我国制造业应朝着网络化、数字化、智能化、绿色化等方向转型升级，但制造业仍普遍存在信息不共享、数据不安全、智能性不高等现实问题。国家提出的工业互联网战略从平台、网络、安全等方面推进了制造业的现代化进程，该战略的深度落地实施要求智能制造系统的研究、研发及实施要在方式方法和技术手段上增强科学性和可实操性，运用新方法新技术助力制造业数字化转型成为亟需。数字孪生技术为制造业的创新与变革带来了新发展引擎，为加速制造业的数字化转型提供了技术支撑。在现有工业控制系统的建模仿真、检测、监测等技术基础上，数字孪生技术进一步拓展涵盖系统工程、边缘计算、数据智能、数字标识、智能计算、信息可视化等技术，为智能制造系统提供更加丰富、真实、动态的模型，从而全面刻画物理系统，并能更好地服务于工业系统的运行、控制及管理。

数字孪生在智能制造领域的应用目前仍存在诸多技术难点，较为突出的是：AI+数字孪生理论体系构建及其应用，产品加工制造过程数字孪生控制理论与技术，不确定性规则下的预测模型，工艺流程知识决策模型。待突破的关键理论与技术包括：①AI制造专家系统研究。面向飞机制造过程的规则库、AI逻辑推理原型、智能推理模型、专家控制系统、专家决策系统、缺失信息下的推理、多模型集成推理、基于不确定性人工智能理论的推理，基于现有加工制造经验知识实现APP终端车间智造方案自动推荐。②制造过程AI数字孪生理论与技术研究。产品数字孪生（从设计端到使用端，数据闭环，仿真建模，在线虚拟检测，在线分析与决策），生产制造过程数字孪生（数字孪生车间过程控制），控制器数字孪生，传感器数字孪生，执行器数字孪生，通信协议数字孪生。③数字孪生技术标准制定。产品数字孪生、生产制造过程数字孪生标准制定。

从制造业大数据的角度分析，目前数据驱动的数字孪生制造发展中的突出问题如下：

（1）数据碎片化现象普遍。生产流程中各细分领域各自工作的现象仍普遍存在，基于数据共享的协同制造模式及管理模式并未真正出现。应在有限度、有前提、有节制、数据安全、系统安全的方式下有序推进工业大数据共享与业务协同，不能因为领域隐私、数据安全等隐患存在就不开放、不共享数据，这样只能造成永久的“孤岛”现象长久存在。应理性看待和分析行业领域壁垒问题，在保障数据安全的情况下分步骤推进协同化制造，真正提升效率。

（2）数据价值密度低。数据缺乏 AI 深度挖掘分析，数据作为生产要素的能力还远远不够。目前，数据量已经不成问题，如何从海量大数据中萃取生产力发展所需的数据价值成为关键。数据价值的萃取，其本质是要将大数据与人工智能紧密结合起来，运用 AI 的算法和理论将数据转化为知识，知识是能够在生产生活体系中有效流转的要素，是能够产生价值的载体。

（3）数据协同性差。数据作为主线衔接产品全生命周期的功能尚未真正实现。互联网+、区块链的天然属性都是"协同"，而数据是这些的基础，数据的协同是本质。在制造业中，数据作为唯一线索贯通产品全生命周期是一种最可行的方法。数据的协同要同时依赖网络、业务系统、人，甚至资金等多种要素，因此数据层面的协同难度还是比较大的，但一旦做到，其对经济社会发展产生的影响将不可估量。

（4）数据伦理问题突出。数据过度采集和滥用现象成为隐患，需要治理。人工智能的伦理问题也同样存在。例如，人脸、指纹等生物特征被广泛采集，除了必要的识别需求之外，这些数据的去向是不明确的，存储、使用的安全问题是不受个人控制的，很多涉及个人隐私的数据和 AI 模型被拿去当作商品去交易，实则引发了道德伦理社会问题，但相应的法律法规并没有被及时制定出来，这就造成了法制治理与科技发展的脱节现象，必须未雨绸缪加以重视。

（5）技术自主可控性不强。当前，我们真正掌握的智能制造核心先进自主可控理论和技术非常少。我们在操作系统、数据库、芯片、通信协议、工业软件等方面尚缺少自己的原创性理论和技术，尽管国家投入大量人力物力财力去发展，但相对我国的产业和经济体量及发展诉求来看，这些领域的核心关键技术仍显不足。根据工业领域的经验，每一个关键领域的核心技术都需要历经几十年甚至数百年的发展才能够真正稳定、可靠地被实际工程采用，技术生态的构筑至关重要，而这种稳健技术生态的构建是需要实际系统应用的验证、反馈及迭代优化的，因此越是底层技术越是需要沉淀。

4.3 数据驱动的数字孪生制造系统模型

数据驱动的数字孪生制造系统是指：以数据为制造系统全生命周期线索，通过应用数字孪生技术，制造系统实现产品、装备、环境、信息、能量、人六大核心要素的数字化映射，建立制造业多元异构模型，实现物理空间与信息空间的实时控制与系统集成，实现物理上分散、逻辑上协同的虚实互动，统一智能制造体系。数字孪生技术将带有三维数字模型的信息拓展到整个产品生命周期中去，最终实现虚拟与物理世界的数据时空同步以及要素实时互控。数据驱动的数字孪生制造系统模型如图 4-2 所示。

制造企业集成系统模型包括 5 层：设备层、控制层、车间层、企业层、协同层。设备层包括传感器、仪器仪表、条码、射频识别、机器、机械和装置等，是企业进行生产活动的物质技术基础；控制层包括可编程逻辑控制器（PLC）、数据采集与监视控制系统（SCADA）、分布式控制系统（DCS）和现场总线控制系统（FCS）等；车间层实现面向工厂/车间的生产管理，包括制造执行系统（MES）等；企业层实现面向企业的经营管理，

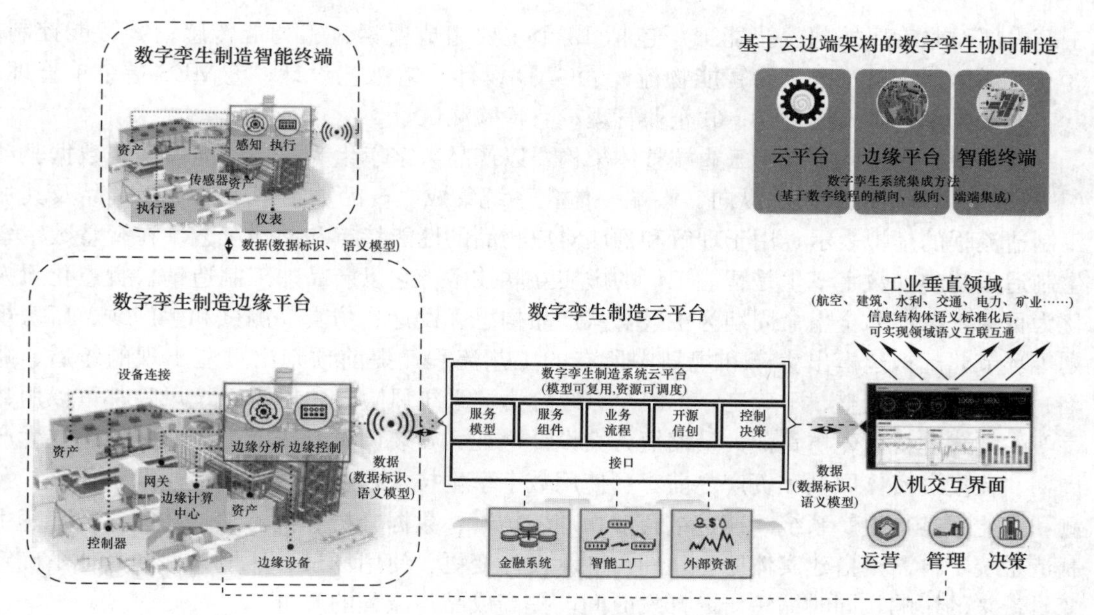

(a) 云边端分布式集成系统模型

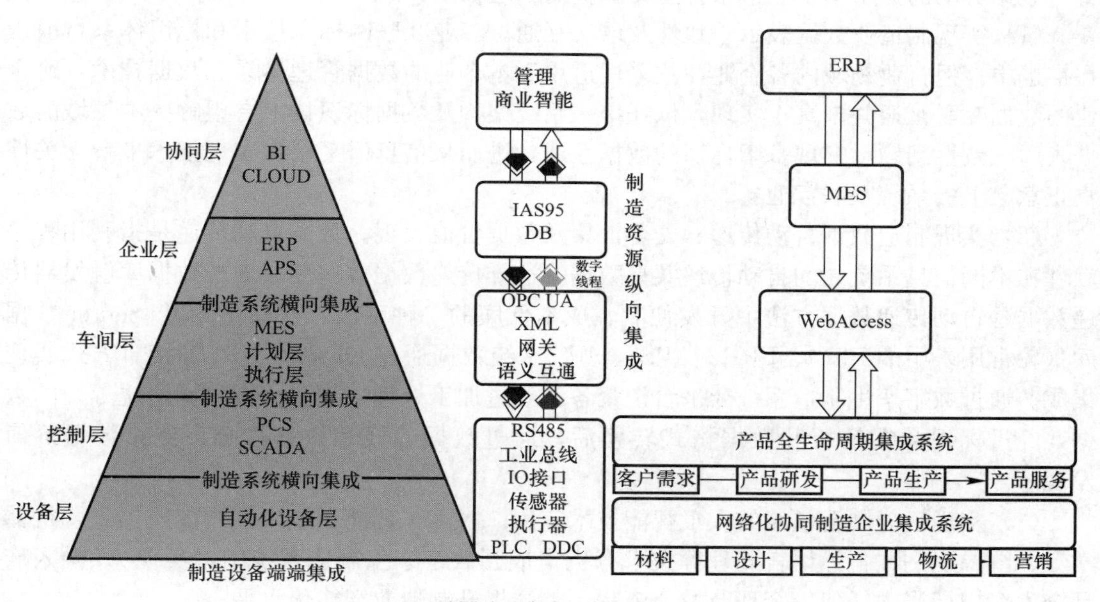

(b)制造企业集成系统模型

图 4-2　数据驱动的数字孪生制造系统模型

包括企业资源计划系统（ERP）、产品生命周期管理（PLM）、供应链管理系统（SCM）和客户关系管理系统（CRM）等；协同层由产业链上不同企业通过互联网络共享信息实现协同研发、智能生产、精准物流和智能服务等。智能功能包括资源汇聚、要素协同、系统集成、互联互通、信息融合、数据模型、机器人及新兴业态等。

智能工厂是整个系统的核心所在，网络化协同制造系统的其他部分均由智能工厂延伸而来，没有智能工厂就没有整个智能制造系统。因此，应将数字孪生制造系统的重点放在工厂内部而非工厂外部。智能工厂包括 12 个主要组成要素：①智能传感；②智能控制；③工业通信；④机器人；⑤智能物流；⑥CAD 设计；⑦工艺设计；⑧MES 指令单管理；⑨工业数据库；⑩人机交互；⑪企业管理；⑫检验测试。

数字孪生制造系统采用云边端整体架构，以产品数字孪生为核心，能够实现数据驱动（基于数字线程）的横向、纵向、端端一体化系统集成。产品数字孪生是实际产品及其加工制造流程的虚拟表示，用于理解和预测对应物品的性能特点和制造工艺。在智慧数字孪生制造系统中，数字孪生是智能工厂的虚实互联技术，它以产品加工制造销售智慧化无人化为目标，以产品全生命周期为主线，从产品构思、设计、仿真、测试和生产线、厂房规划等环节，虚拟建模出生产和规划中所有的工艺流程，提前预判出可能出现的矛盾、缺陷、不匹配、不完整、不确定、不安全（统称为“系统风险”），所有系统风险都可以用数字孪生方式进行事先仿真，大量缩短方案设计论证、安装调试及故障处置时间，加快生产周期。在投资实体原型和资产之前，可使用数字孪生技术在整个产品生命周期中仿真、预测和优化产品与生产系统。通过结合多物理场仿真、数据分析和机器学习功能，数字孪生制造系统不再需要搭建实体原型，即可展示设计变更、使用场景、环境条件和其他不确定变量带来的影响，同时缩短研究开发时间，提高成品与流程的质量。

数据驱动的数字孪生制造系统主要解决的问题如下：

（1）实现制造业数据表示一致性及语义互通。工业互联网标识技术和标识体系目前正在推进中，但行业领域内各企业往往采用适用于本企业的数据管理体系和数据技术，跨企业的数据互联互通并未真正实现，依托统一系统架构及数据标识技术有望解决本领域的数据表示一致性问题，实现基于标识的数据互通，进而从信息语义层次实现技术平台无关性真正意义上的系统互联互通。

（2）实现制造数据自动传递、安全汇聚及数据价值发现。数据自动传递是指利用程序软件在不同信息系统之间自动传递共享数据，这样传递数据效率高。通过数据库触发器传递数据是自动传递数据方法中开发便利、成本低廉的一种手段。存储于 SQL Server 数据库（较常用）中的 PLM、ERP、APS、MES 系统数据通过 ODBC、API 等接口方式实现集成。通过数字孪生制造系统云平台汇聚各类经过加工处理（加密、标注、清洗等）的数据，经过标识数据解析和数据格式转换后，通过数据建模和数据挖掘，支撑数据价值发现。

（3）实现智能制造领域的人工智能技术应用。将人工智能领域中的智能机器人、机器学习、图像识别、自然语言处理等技术有机集成到数字孪生制造系统中，实现 AI 融入产品全生命周期当中任何一个环节及全流程，整体提升制造业智能化水平。

4.4 标准化组态化并行工程全生命周期管理

数字孪生制造系统生命周期的边界和阶段划分应遵循工业自动化工程项目管理的一般方法。工业自动化工程项目管理的生命周期包括制定工程规格书、供应商选择（招标投标）、前期工程设计、安装、调试投运、工厂验收试验（FAT）和启动运行各个阶段。工业自动化工程项目管理生命周期如图 4-3 所示。三种工程项目实施工作流程的比较如图 4-4 所示。

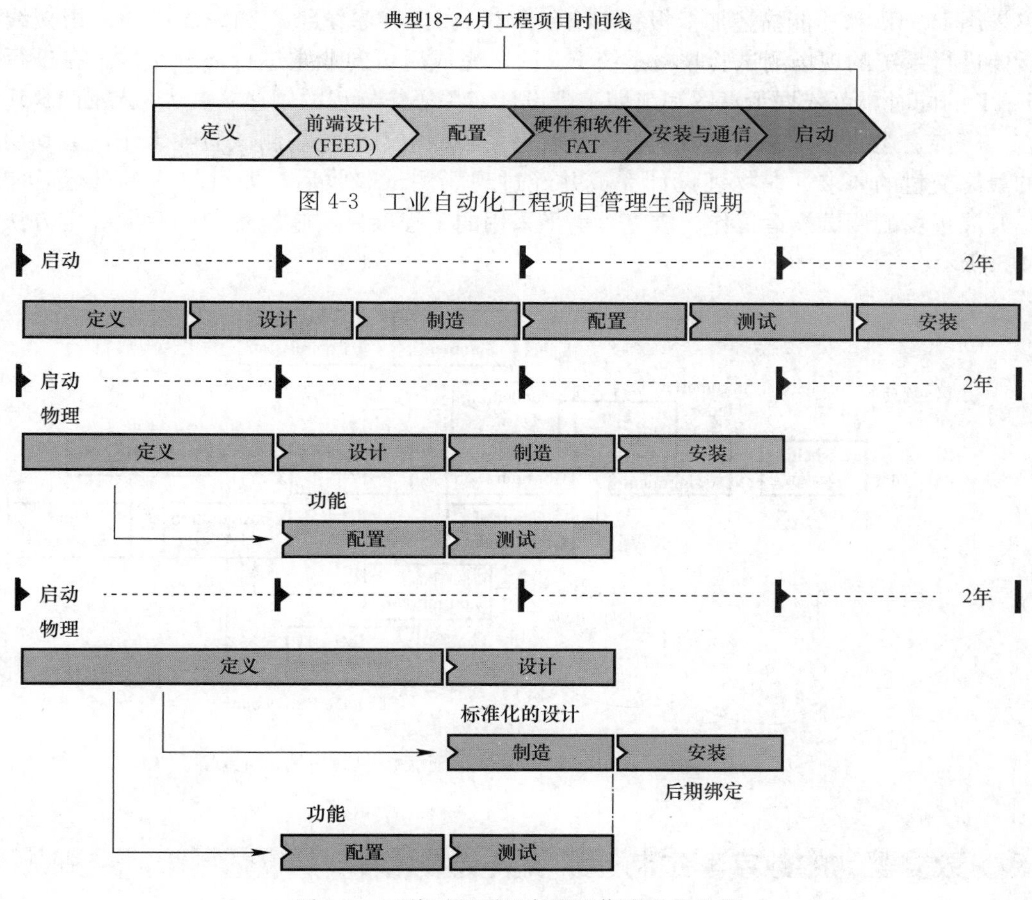

图 4-3　工业自动化工程项目管理生命周期

图 4-4　三种工程项目实施工作流程的比较

随着近些年来控制系统软硬件的模块化、云计算和虚拟化等新技术的采用，控制系统正在摆脱长期以来对专用硬件的依赖，与工程项目的实践结合起来，奠定了控制系统设计的灵活性、削减非增值的工程活动以及优化工作流程的基础。于是出现了将物理设计与功能设计分离的工作流程（图 4-4 的中间部分）。显然，这为自动化项目管理和工程实施建立新的模型和方法起着关键作用。再进一步优化，在模块化和具有互操作性的自动化软硬组件的基础上发展自动化工程项目开发的新方法，软硬解耦在工程设计和实施具体表现为所谓的"后期绑定"，即生产设施的硬件不必从项目启动时与系统工程设计文件紧密配合，据此生成的应用软件可以与生产设施的设计制造并行实施和执行，直到后期才将二者绑定进入调试阶段（图 4-4 的最下面部分）。这一自动化工程项目开发的新方法必将为项目的投资方、工程项目建成后的运营方带来巨大的利益，主要表现在降低项目的成本、削减硬件的占用空间、缩短完成工程的时间，同时也为今后提高运营维护效率打下了坚实的基础。

基于物理设计与功能设计的分离，功能性设计可独立按下述流程实施：在进行与硬件有关的设计（包括 I/O 数量、类型、安装地点）、按现场仪表的种类和量程进行 I/O 地址分配均可在云上进行。之后，可以并行地进行中间编组接线设计（即电缆及其敷设设计）、系统组态、报警组态（依据报警上下限、报警状态和设定值进行）以及控制组态（根据流程仪表图 P&ID 和功能描述加上报警组态结果进行）。在系统组态和完成中间编组接线设计后要进行系统的现场测试验收（系统 FAT），完成后可向业主进行部分交付。在进行系统 FAT 的同时，可依据示意图和前期工程设计有关操作规程的阐述开展人机界面 HMI 的组态。等待上述的工作完成之后就可以开展有关各种组态的现场测试验收工作，达到功能性的最终交付的要求。在物理设计完成并经过现场测试验收后，即可将两者进行后期绑定，开展现场的调试投运工作。埃克森美孚采用的工程项目实施流程中的后期绑定方法如图 4-5 所示。

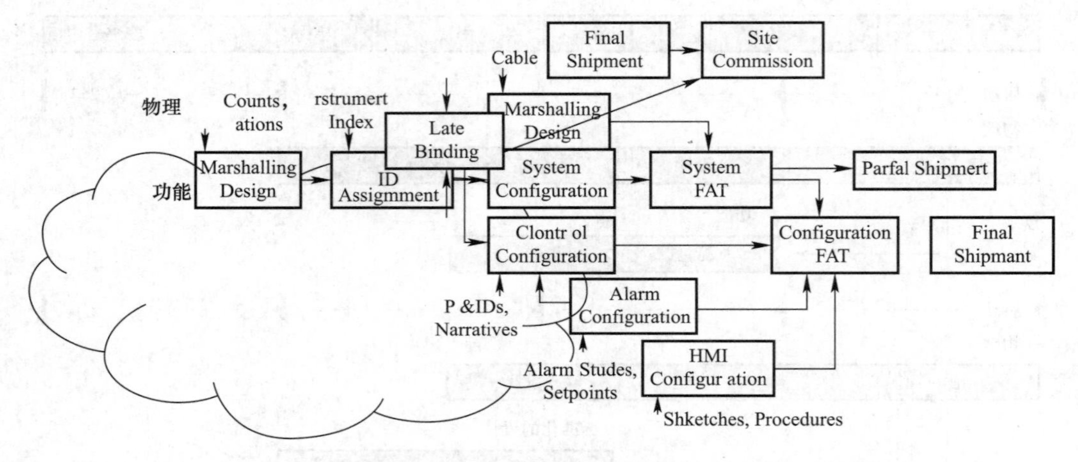

图 4-5　埃克森美孚采用的工程项目实施流程中的后期绑定方法

4.5　数据驱动的数字孪生制造系统关键技术

数字孪生制造系统的提出和发展应基于信息物理系统（CPS），其理论技术渊源综合自多学科的分支，但核心基础理论支撑可归纳为五大组成部分：系统工程、建模仿真、AI 预测控制、数字线程、数字标识。数据驱动的数字孪生制造系统开发实现机理模型如图 4-6 所示。

（1）系统工程

系统工程最早在 20 世纪 40 年代由美国贝尔电话公司提出，50 年代美国制造原子弹的曼哈顿计划及以后美国北极星导弹和阿波罗登月计划皆为系统工程取得成果的著名范例。中国自 20 世纪 70 年代末开始探索系统工程的实际应用，最初 1979 年钱学森提出 14 门系统工程，后来随着应用的发展很快有了其他各门系统工程。20 世纪 90 年代到 21 世纪初出现几门新的系统工程：计算机集成制造系统、网络系统工程、服务系统工程（供应链）、金融系统工程、大型工程（三峡、青藏铁路）、大型社会项目（亚运会、奥运会和世博会）、生物系统工程、医学系统工程、智能交通系统、社会预警系统、电子商务、电子政务、可持续发展等。综合集成系统方法论的产生历程为：20 世纪 80 年代初，钱学森提出处理复杂行为系统的定量方法学；80 年代末，钱学森提出处理开放的复杂巨系统的方法论是“从定性到定量综合集成方法”。1987 年，钱学森提出了定性和定量相结合的系统研究方法，并把处理复杂巨系统的方法命名为定性定量相结合的综合集成方法，把它表述为

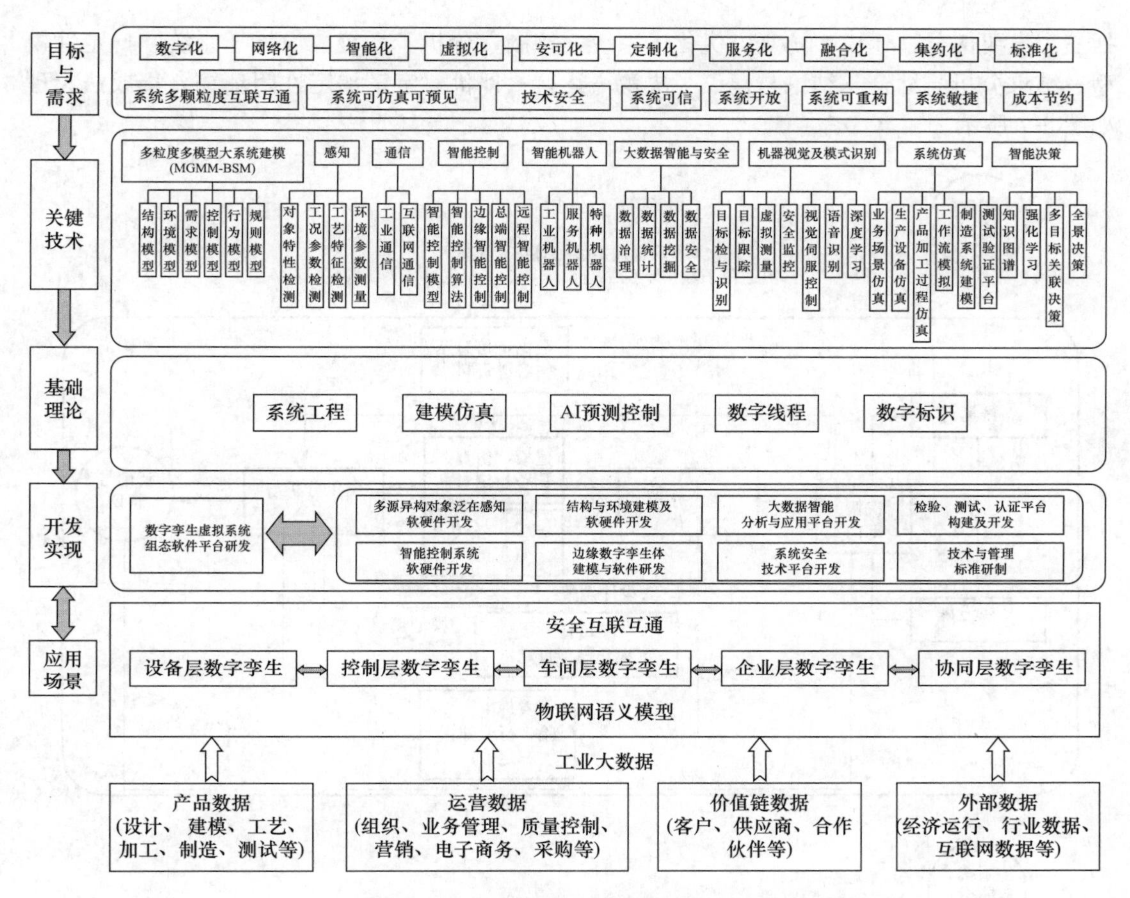

图 4-6　数据驱动的数字孪生制造系统开发实现机理模型

从定性到定量的综合集成技术。1992 年，他又提出从定性到定量的综合集成研讨厅体系，进而把处理开放复杂巨系统的方法与使用这种方法的组织形式有机结合起来，将其提升到了方法论的高度。系统与子系统分别与外界有各种各样的能量、信息或物质的交换，而且通过学习互相取得知识。系统内部结构复杂，不仅要用定量模型，而且要用定性模型，各个子系统的知识表达不同，获取知识的方式也各有不同，系统结构随着情况变化会不断演变。综合集成方法将人与计算机结合起来，充分利用知识工程、专家系统和计算机的优点，同时发挥人脑的洞察力和形象思维能力，取长补短，产生出更高的智慧。基于模型的系统工程（MBSE）是一种正式的方法，用于支持与复杂系统开发相关的要求、设计、分析、验证和验证。与以文档为中心的工程相比，MBSE 将模型置于系统设计的中心。在过去几年中，数字建模环境的采用程度不断提高，导致 MBSE 的采用率增加。2020 年 1 月，美国宇航局（NASA）报告了 MBSE 作为跟踪系统复杂性的一种手段，越来越被工业界和政府所接受。MBSE 汇集了三个概念：模型、系统思维和系统工程。

系统工程的方法论一直是系统工程研究的重要内容。系统工程方法论一般包括：还原论与整体论相结合，定性与定量相结合，系统分析与系统综合相结合，局部研究与整体研究相结合。依据智能制造行业的现实需求，我们提出定量加定性闭环综合集成法：整个集成系统包括输入、输出及系统主体三部分，按照以下流程运作：需求分析—定量模型（包括三个主要部分：建模、仿真、优化子系统，控制、分析子系统，设计子系统）—定性模型—结果分析与综合—结论与建议—决策—运行—评价。定量加定性闭环综合集成法原理如图 4-7 所示。

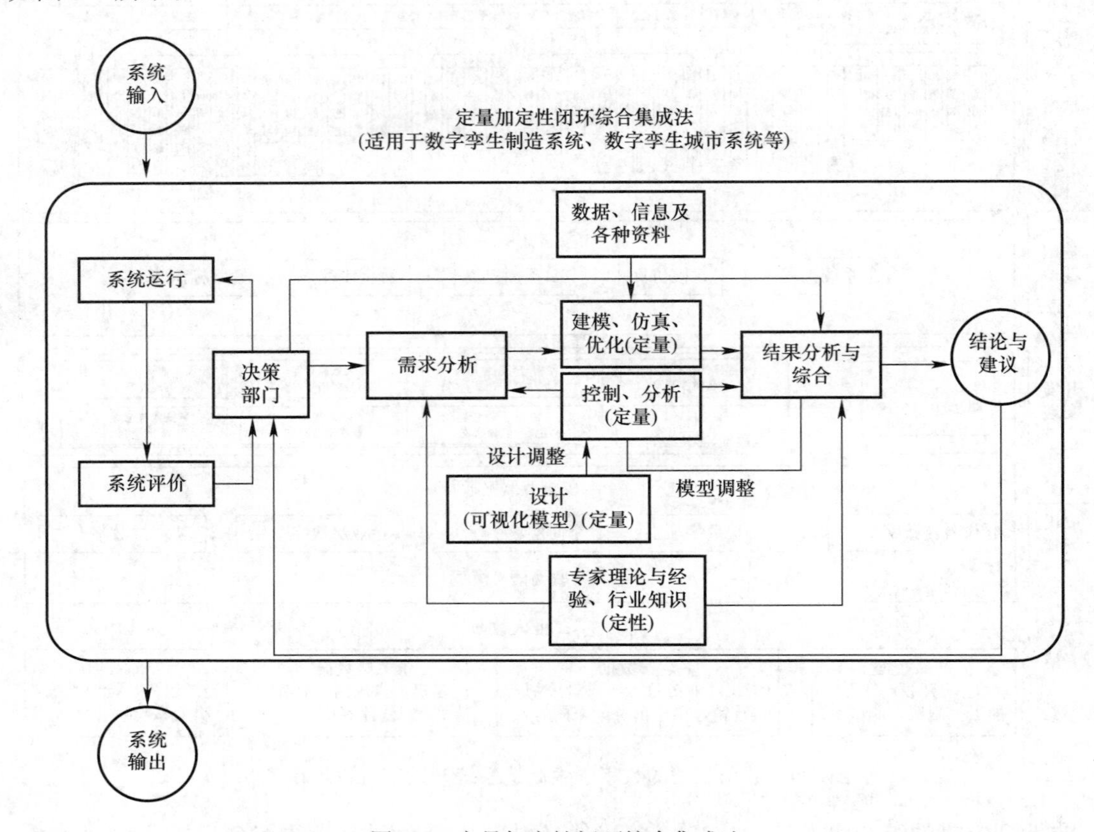

图 4-7 定量加定性闭环综合集成法

（2）建模仿真

这里的数字建模不仅指对产品几何机构和外形的三维建模，还包括对产品内部件的运动约束、接触形式、电气系统、软件与控制算法等信息进行全数字化的建模，是构建产品数字化双胞胎的基础技术。

MATLAB 使用 Simscape 开发了人员在环仿真器。FMTC 利用 Simscape 可优化混合静液动力系统。具体做法为：将模型用于整个开发流程，包括测试嵌入式控制器。测试过程无需硬件原型，全部在仿真系统中完成。将 Simscape 模型转换成 C 代码，以便使用硬件在环测试在 dSPACE®、Speedgoat、OPAL-RT 和其他实时系统上测试嵌入式控制算法。通过使用生产系统的数字孪生配置测试来执行虚拟调试。基于采用并行计算实现最低功耗目标下的机器人运动轨迹优化是一个典型案例，其仿真实现界面如图 4-8 所示。

数字孪生制造系统建模仿真技术的两个重要用途如下：①自动化装配。可方便地实现各种类型智能工厂（生产飞机、建材、钢铁、工程机械等）中普遍需要的模块化自动化装配。在仿真软件中，可模拟实际生产流程采用模块化拼接方法搭建仿真系统模型，构建多种自动化、个性化装配方案，探索装配顺序自动生成技术和装配工艺智能规划技术。②复

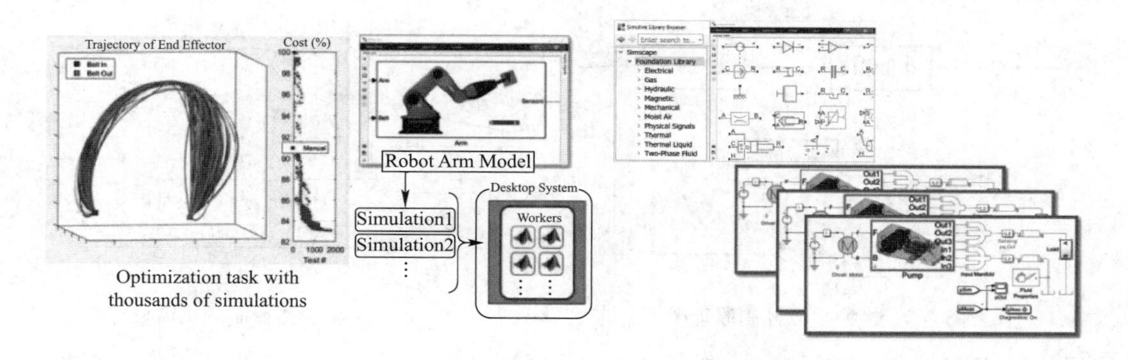

图 4-8　机器人运动轨迹优化仿真

杂产品系统综合仿真验证。对单个维度物理性能或系统性能进行数值仿真的技术在当前已经比较成熟，然而对于复杂的实际产品，其运行时的性能涉及多物理场、多学科综合作用，例如：对风力发电平台进行产品数字孪生开发，就需要同时集成涡轮叶片的空气动力特性、浮体的水动力特性、浮体的结构变形特性、发电系统的响应特性、控制系统的逻辑与算法等多个方面的一体化仿真验证技术。为此，在数字化模型的基础上，基于单个系统或多个系统的联合仿真对产品的性能进行预测分析同样是实现产品数字孪生的重要技术。

（3）AI 预测控制

数字孪生集成了人工智能（AI）和机器学习（ML）等技术，将数据、算法、控制和决策分析结合在一起，建立一套完整的从模拟到控制的完备型智能系统，其中一个最突出的功能是：实时监控虚拟模型中物理对象的变化，基于融合人工智能机器学习算法的预测控制模型诊断异常，并预测潜在风险，在问题发生之前先发现问题，合理有效地规避风险，实现数字技术驱动的智能风险防控。智能知识体系辅助的 AI 预测控制有望成为未来数字孪生制造系统控制技术的重要方向。借助人工智能、大数据、知识图谱等技术，建立通用知识体系、行业知识体系，把人、机器、经验、专家等研究问题的思路充分融合在一起，使得以前需要专家们去研究的工作，可以放到智能制造系统桌面上来，辅助系统按照专家的思路解决问题。智能知识体系作为应具有自学习、自完善、自进化能力，通过持续丰富和完善制造系统的一般规律，找到问题相关联的重要因素以及因素间的相互影响关系，支撑制造过程相关的问题发现、规律总结、趋势预测、多目标决策优化等方面的应用。

模型预测控制的原理如图 4-9 所示。

预测模型的功能：根据被控对象的历史信息$\{u(k-j), y(k-j) \mid j \geqslant 1\}$和未来输入$\{u(k+j-1) \mid j=1,\cdots,m\}$，预测系统未来响应$\{y(k+j) \mid j=1,\cdots,P\}$。模型预测控制的反馈校正原理如图 4-10 所示。

（4）数字线程

数字孪生制造系统数据融合的思想及目标可以用 CPS（Cyber-Physical System）概念描述，其最早出现于 2006 年美国国家科学基金会（NSF）组织召开的关于信息物理系统的研讨会。随着技术的发展，学术界及产业界越来越发现信息物理系统的描述很可能是未来工业控制网、互联网相互融合的直接体现，其内涵是使传统工业企业封闭的物理系统与

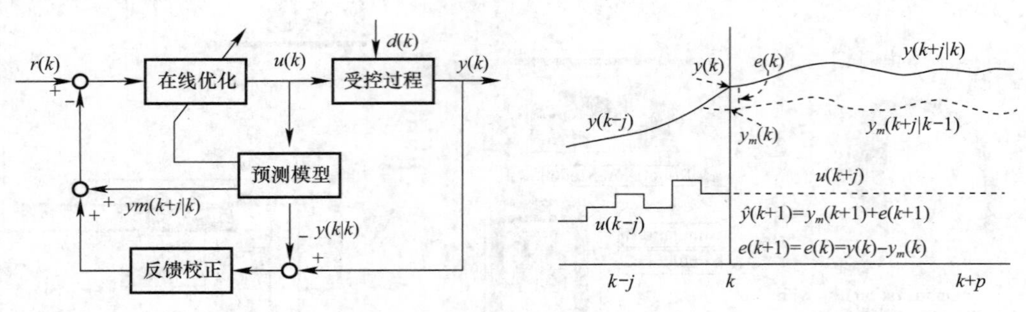

图 4-9　模型预测控制原理图　　　　图 4-10　模型预测控制的反馈校正

互联网在信息层面上进行融合。数字线程（Digital Thread）是数字孪生系统的核心技术，通过数字线程，所有数据模型都能够双向沟通，因此真实物理产品的状态和参数将通过与智能生产系统集成的赛博物理系统 CPS 向数字化模型反馈，致使生命周期各个环节的数字化模型保持一致，从而能够实现动态、实时评估系统的当前及未来的功能和性能。数字线程集成了生命周期全过程的模型，形成模型系统，模型系统与实际智能制造系统进一步与嵌入式赛博物理系统（CPS）进行无缝集成及同步，从而使开发者和使用者能够在数字孪生产品上看到实际物理产品可能发生的情况。Digital Thread 贯穿于产品全生命周期，能够帮助产品实现从策划、设计、生产到运维的全过程无缝集成。

数据驱动的数字孪生制造系统开发方法如图 4-11 所示。数字线程贯穿于整个系统始终。

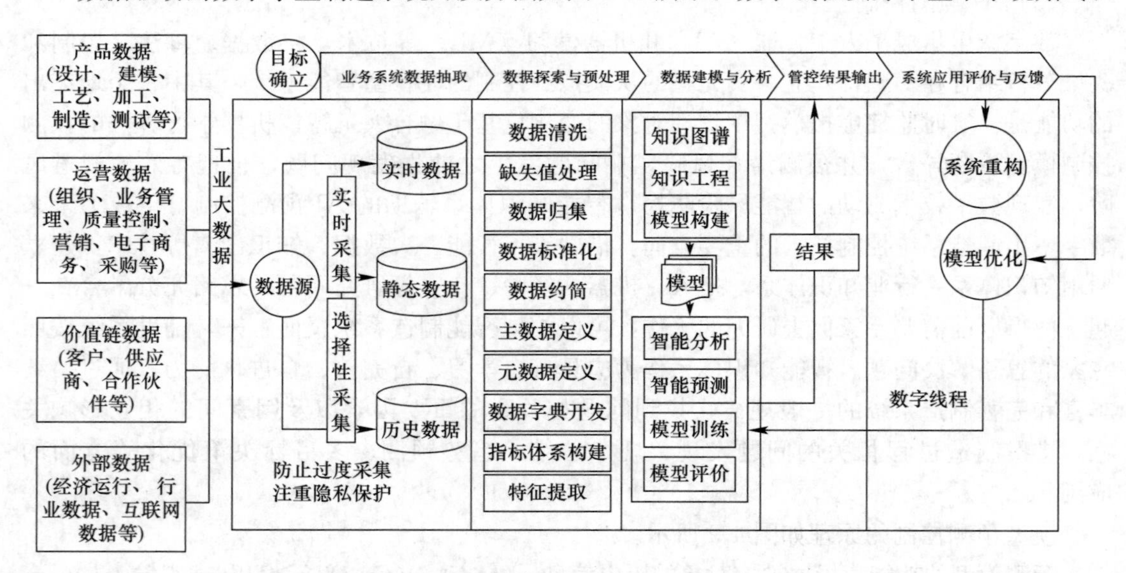

图 4-11　数据驱动的数字孪生制造系统开发方法

（5）数字标识

标识技术是指对物品进行有效的、标准化的编码与标识的技术手段，它是信息化的基础工作。中国工业互联网联盟组织编制了《工业互联网标识解析 VAA 编码导则》，提出我国工业互联网标识解析体系建设采用融合技术路线，兼容 VAA、BID、GS1、Handle、OID、Ecode 等多种国际主流标识体系。数据安全标识是与客体数据安全相关的属性的格式化封装，是数据安全属性的信息载体。它由安全可信的数据安全标识认证系统签发，采用密码技术确保标识信息的完整性和真实性，防止被篡改和仿冒。因此，数据安全标识所承载的数据安全属性信息是安全可信的，可以作为数据全生命周期安全管控的重要信息依据。目前，数字化标识技术仍处于发展阶段，由于各种标识技术针对的应用领域、服务领域不同，所采用的技术手段也不尽相同，能够精准应用于数字孪生制造领域的数字标识技术至今没有标准可依。

从信息论的视角看，任何用于传输的信息体应该用一种数据包的形式加以封装，数字标识的定义应充分考虑系统网络通信协议的开发需求及数据全生命周期安全需求，且在系统中具有唯一身份（ID）。逻辑上，数字标识由标识头、数据体和校验码三部分组成。具体实现时，数字标识可采用不同的技术进行编码、存储、编程。采用可扩展标记语言（Extensible Markup Language，XML）进行数据编码是一种较为常见的方式，依据不同系统需求可采用 RFID 芯片、数据库等不同方式进行存储。

1）标识头

标识头用于记录数字标识固有属性信息，用于数字标识数据结构的识别与管理，主要由以下信息构成：

① 标识 ID：系统内唯一 ID 身份。

② 签发时间：标识的生成时间。

③ 签发者 ID：标识认证系统的唯一识别号。

④ 有效期：标识的有效起止日期。

2）数据体

数据体用于记录数据属性和数据内容，是数字标识的主体信息。数据体采用开放式设计思路，由具体应用领域、项目需求来确定其所包含的属性项和内容项。在考虑数据安全的情况下，数据体包含数据的安全等级、加密类型及密钥等信息。

3）校验码

校验码的生成可根据实际应用需求采用不同校验算法，校验算法的数据来源为数字标识的前面两部分。

4.6　产品数字孪生制造

产品是智能制造的核心，产品加工制造模式的改进和产品质量的提升关乎整个制造业转型升级的成败。目前，制造业自身已经发展到了强调全生命周期制造阶段，更加关注以产品为中心的全生命周期加工生产制造。从产品创新策划、设计、加工制造、装配、测试，到产品营销、售后服务、客户关系管理、仓库物流供应链、报废处理，数字孪生制造的理念和做法贯穿于产品全生命周期的各个阶段。产品数字孪生制造过程如图 4-12 所示。

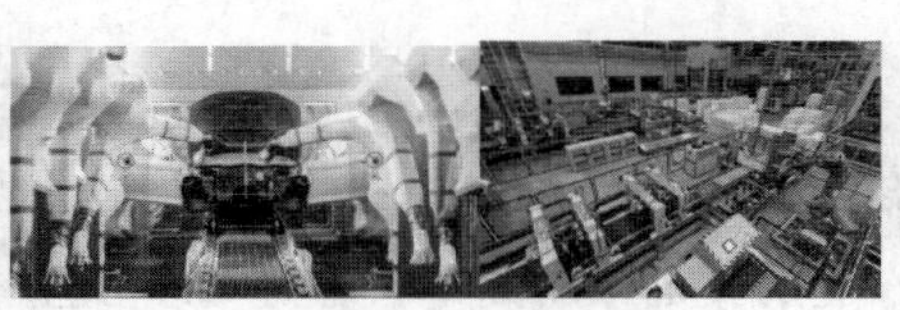

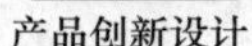

产品创新设计　　加工、制造、装配　　测试　　营销、服务

图 4-12　产品数字孪生制造过程

传统的产品制造车间生产方式具有以下局限和不足：缺乏对制造过程中物理空间数据与信息空间数据的集成与管理；数据零散且无法构成流转闭环，更无法建立精准的智能控制系统模型。因此，应建立以工厂大数据为线索的数字孪生产品制造体系。产品制造数字孪生覆盖产品全生命周期与全价值链，包含基础材料、设计、工艺、制造以及使用维护全部环节，为产品建立一个数字化的全生命周期档案，为全过程质量追溯和产品研发的持续改进奠定数字基础。数据驱动的产品数字孪生核心要义可简单表达为：双闭环双向联通迭代优化驱动的产品制造。

数字孪生模型可使产品实现标准化、协同化、智能化设计与加工制造，实现可预测和可预防的使用前保障。在产品设计阶段，利用数字孪生可以提高设计的准确性，并验证产品在真实环境中的性能。这个阶段的数字孪生包含：①数字模型设计，使用 CAD 等工具开发出满足技术规格的产品虚拟原型，精确地记录产品的各种物理参数，以可视化的方式展示出来，并通过一系列的验证手段来检验设计的精准程度；②建模和仿真：通过 MATLAB Simulink 等工具建立产品运动、运行的仿真模型，在仿真系统中进行可变结构、可变参数、可变负载、可加速等仿真实验，来验证产品在不同外部环境下的性能及适应性。在产品制造阶段，面向生产的数字孪生包括工艺流程、制造设备、制造车间、控制系统、生产环境、管理系统等。利用数字孪生可以缩短产品设计的周期，提高产品设计的质量，提高产品生产的效率，降低产品的生产成本。产品数字孪生是一个以工厂大数据为主线高度协作的过程，通过数字孪生构建起虚拟生产线，将产品本身的数字孪生同生产设备、生产过程、生产环境等其他形态的多模型数字孪生高度集成起来。在运维阶段，维修将基于对损伤和损伤先兆的早期进行分析识别，大部分保障工作会转变为全寿命周期中的损伤预测、预防和管理。产品在运行过程中，将设备运行信息实时传送到云端，进行设备运行优化、设备可预测性维护与保养，通过设备运行信息，对产品设计、工艺和制造迭代优化。其包含：设备运行优化、预测性维护、维修与保养、设计、工艺与制造迭代优化。

个性化生产是一种与第四次工业革命相关的先进制造理念，是为了应对多种类型的客户导向产品而发展起来的，个性化生产的主要目标是定制产品，以高质量在与客户进行合理产品交付的同时保证可负担得起的价格。有效实施这一概念有三个主要阻碍：技术、成本、性能。基于数字孪生的信息物理生产系统架构框架，可克服以上阻碍并取得最佳综合平衡。对于装配式建筑部品、航天结构件类的离散制造过程（特点是多品种、小批量的离散制造模式），生产过程复杂，要从“人-机-物-料-法-环”六个方面全面考虑制造车间的数字孪生优化。

4.7 数字孪生制造典型应用

数字孪生技术的典型应用，如航空发动机制造、工业机器人控制等。

数字孪生技术应用于航空发动机制造的典型环节，如图 4-13 所示。

数字孪生技术应用于工业机器人作业的关键作用如下：通过数字孪生系统可以实时计算并补偿机器人作业的坐标，保证其运行在最佳路径上。工业机器人作业过程数字孪生典型环节如图 4-14 所示。

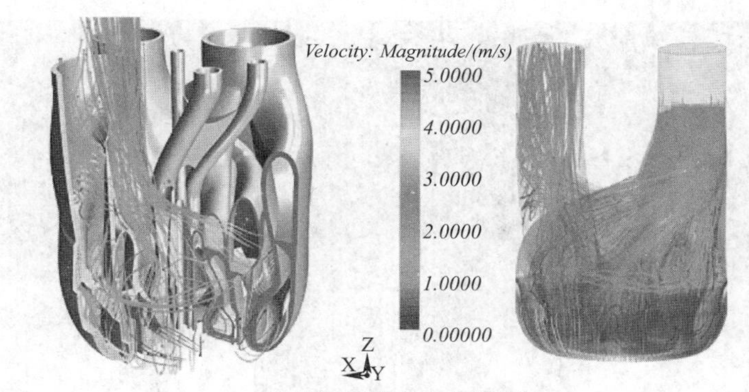

(a) 航空发动机数字孪生建模

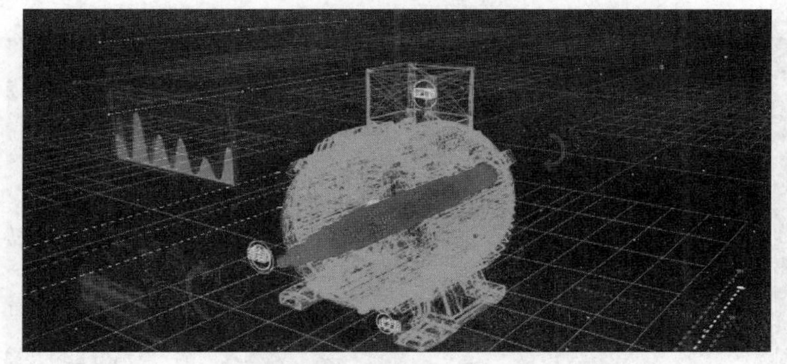

(b) 航空发动机传感器数据仿真

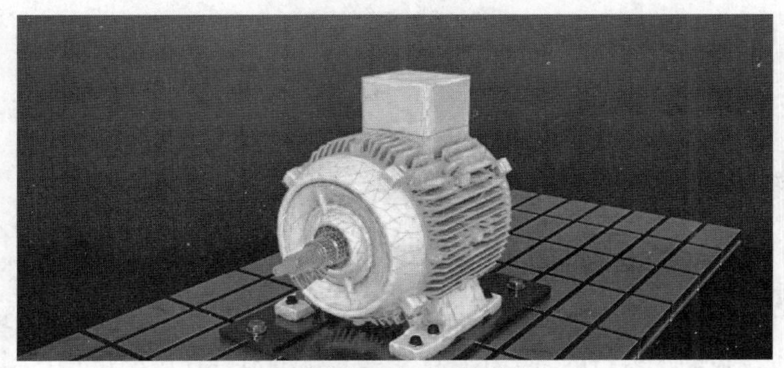

(c) 航空发动机结构形态仿真

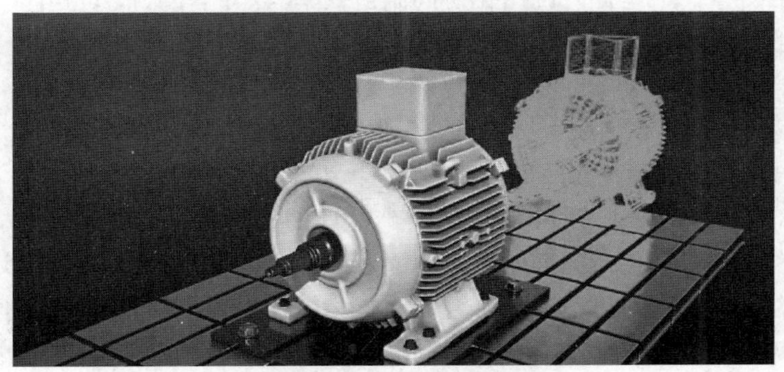

(d) 航空发动机数据闭环控制

图 4-13　航空发动机制造数字孪生

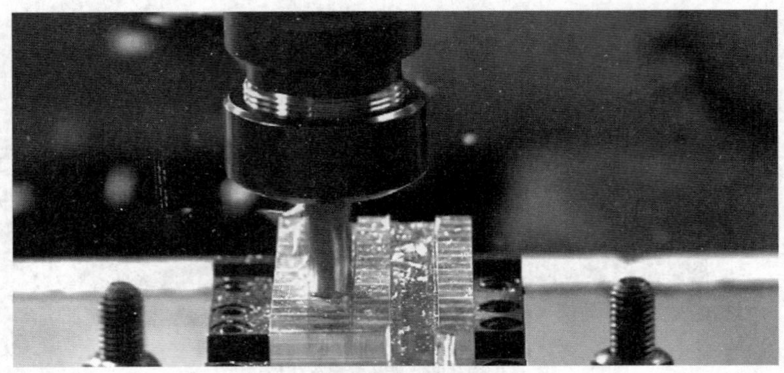

(a) 实时计算和补偿坐标

(b) 最优运行路径保证

图 4-14　工业机器人作业过程数字孪生

4.8　中国数字孪生制造发展建议与展望

"十四五"时期乃至未来10～15年间，我国应逐步构建并不断完善数字孪生制造体系，从技术研究、生态构建、标准研制、政策建立、人才培养五个方面并行推进数字孪生制造。数字孪生制造的最终目的有三个：一是实现工业过程控制的优化，二是为工厂及行业智慧决策提供支撑，三是提升网络化协同制造效率。因此，从根本上看，数字孪生制造的发展应基于工业大数据与工业过程控制机理和专家经验进行知识融合，最终实现智慧管理与决策。

QYResearch 在全球数字孪生技术行业发展现状及投资前景分析报告中指出，2019年全球数字孪生技术市场规模达到220亿元，预计2026年将达到1600亿元，年复合增长率（CAGR）为32.4%。在未来3～5年内，数十亿计的实物将通过数字孪生来表达。因此，研究基于复杂产品制造全生命周期的数字孪生系统技术并研制相关产品是实现智能制造的重要举措。针对数字孪生，目前国外研究的重点集中在概念探讨与实例探索两方面，构建面向全生命周期的产品信息集成共享和协同环境，通过融合处理实体空间的物理产品信息与数字空间的产品设计模型，实现过程监控、迭代优化、实时调控、质量回溯、维修预测等目标。国内对于数字孪生的研究尚处于起步阶段，主要侧重于概念研究及产品设计，较少涉及产品制造阶段，可以预判，数字孪生在产品制造、无人工厂领域的研究将会是未来的热点，数字孪生将逐渐成为智能制造领域的有效工具，能够帮助构建起真正的工业4.0甚至工业5.0体系。通过对产品制造现场产生的过程数据（仪器设备运行数据、生产物流数据、生产进度数据和生产人员数据等）的采集和处理，并将这些过程数据与产品的数字孪生和生产线的数字孪生进行关联映射和匹配，能够实现对产品制造过程的优化控制；同时结合智能云平台以及动态贝叶斯、神经网络等数据挖掘和机器学习算法，实现对生产线、制造单元、生产进度、物流、质量的实时动态优化与调整。目前，虽然国内外对数字孪生在某些方面已作出了较深入的研究，取得了一系列的成果，但整体还没有形成完整的理论体系，对数字孪生制造的研究尚处于起步阶段。因此，未来对数字孪生制造的持续探索和深度研究势在必行。

第5章 数字孪生建造

5.1 数字孪生建造基础理论

5.1.1 数字孪生建造概念和理论体系

建筑自动化的发展历程，大致可以总结为三个阶段：单机（单系统）自动化，综合自动化，数字孪生自动化。融合了数字孪生和绿色节能技术的绿色数字孪生建造是未来建筑业转型升级的主流方向。当前，传统建筑业亟需数字化、工业化、智能化转型升级。

数字孪生建造是以“建造”为目标，以 MBSE 方法论为指导，以“数字孪生”为技术和管理手段，以“建造产业链”为流程纽带的系统工程。数据驱动的数字孪生建造系统是指：以数据为智能建造系统全生命周期线索，通过应用数字孪生技术建造系统，实现材料、装备、环境、信息、能量、人、标准七大核心要素的数字化映射，建立建筑业多元异构模型，实现物理空间与信息空间的实时控制与系统集成，实现物理上分散、逻辑上协同的虚实互动统一智能建造体系。数字孪生建造理论包括三个核心理论分支和一个保障分支，三个核心理论分支是建筑产业互联网、建筑机器人、建造自动化，一个保障分支是信息安全。数字孪生建造理论体系如图 5-1 所示。

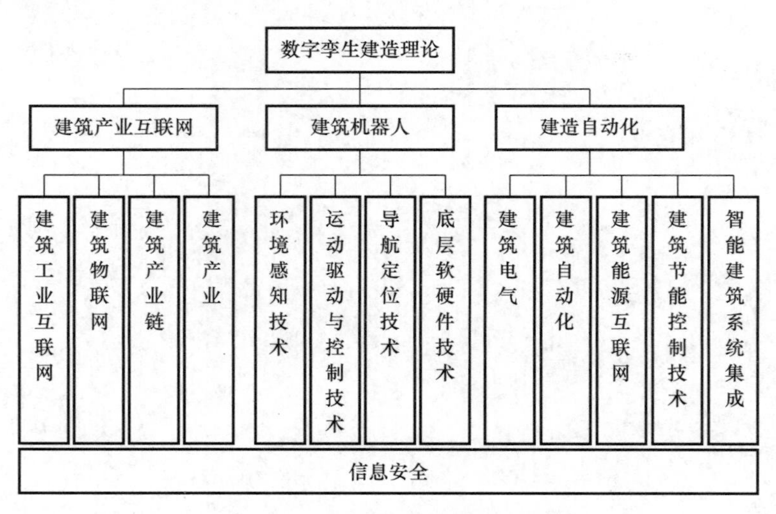

图 5-1 数字孪生建造理论体系

5.1.2 绿色数字孪生建造概念和理论体系

绿色数字孪生建造在数字孪生建造基础上叠加绿色建造（包含绿色建筑、绿色建材、绿色施工、生态环保、新能源等分支)，并融入绿色、节能方法与技术。对建筑产业互联网来讲，它所包含的产业链和场景应考虑绿色特征；对建造自动化来讲，应重点考虑以下智能节能控制技术：①负荷自适应能量控制；②变频控制（变频调速控制、变频调光控制等）；③建造过程工作流 AI 控制；④网络自动化编排控制；⑤多能流平衡控制（适用于零碳建筑、零碳房间、零碳社区、零碳园区、零碳城市等）。绿色数字孪生建造理论体系如图 5-2 所示。

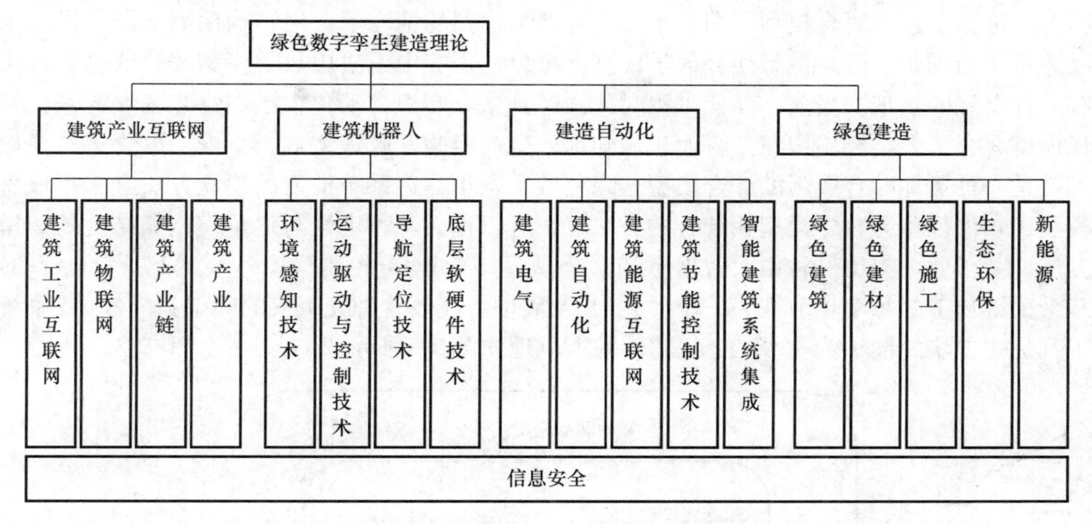

图 5-2　绿色数字孪生建造理论体系

绿色数字孪生建造系统的开发实现应充分应用系统工程、基于模型的系统工程（MBSE）的理念方法，从系统总体出发探索碳中和、节能降耗、绿色发展路径。一个典型研究案例为碳中和能效 AI 系统工程优化方法。研究成果如下。

系统思想是关于事物的整体性观念、相互联系的观念、演化发展的观念。即全面而不是片面的、联系的而不是孤立的、发展的而不是静止地看问题。在设计一个系统特别是像绿色智慧建造这样的复杂大系统时，首先需要进行系统分析（SA）。SA 是在对系统问题现状及目标充分挖掘的基础上，运用建模及预测、优化、仿真、评价等方法，对系统的有关方面进行定性与定量相结合的分析，为决策者选择满意的系统方案提供决策依据的分析研究过程。复杂系统的建模、仿真、开发、应用、评价还需要建立在科学合理的方法论基础上。系统工程最早在 20 世纪 40 年代由美国贝尔电话公司提出，50 年代美国制造原子弹的“曼哈顿”计划及以后美国北极星导弹和阿波罗登月计划皆为系统工程取得成果的著名范例。中国自 20 世纪 70 年代末开始探索系统工程的实际应用，最初 1979 年钱学森提出 14 门系统工程。80 年代初，钱学森提出处理复杂行为系统的定量方法学。1992 年，他又提出从定性到定量的综合集成研讨厅体系，进而把处理开放复杂巨系统的方法与使用这种方法的组织形式有机结合起来。美国学者 A·D·霍尔（A·D·Hall）等人在大量工程实践的基础上于 1969 年提出霍尔三维结构，其内容反映在可以直观展示系统工程各项工作内容的三维结构图中。霍尔三维结构集中体现了系统工程方法的系统化、综合化、最优化、程序化和标准化等特点，是系统工程方法论的重要基础内容。20 世纪 40～60 年代期间，系统工程主要用来寻求各种战术问题的最优策略、组织管理大型工程项目等。20 世纪 70 年代以后，系统工程越来越多地用于研究社会经济的发展战略和组织管理问题，涉及的人、信息和社会等因素相当复杂。从 20 世纪 70 年代开始，许多学者在霍尔方法论的基础上，进一步提出了各种软系统工程方法论。80 年代中前期由英国兰切斯特大学

(Lan-caster University) P·切克兰德 (P·Checkland) 教授提出的方法比较系统且具有代表性。切克兰德的“调查学习”软方法的核心不是寻求“最优化”，而是“调查、比较”或者说是“学习”，从模型和现状比较中，学习改善现存系统的途径。切克兰德法系统工程方法论提出建立概念模型，即在不能建立数学模型的情况下，用结构模型或语言模型来描述系统的现状。概念模型代替数学模型，可以使现实中无法用数学模型表达的复杂系统有一种友好的呈现。当前，知识工程时代已经到来，知识自动化也已经逐步发展起来。知识模型融合了人类经验智慧、行业领域知识、生产经验、政策法规、标准、事物运行规律等，是一种更加贴合实际的综合模型。绿色数字孪生建造系统模型的建立方法宜采用概念模型、知识模型与数学模型相结合的方法，也可以称为一种定性与定量模型相结合的建模方法。基于此，提出一种由大数据感知（全息感知）、学习控制（思考）、AI决策（行动）三个关键环节（每个环节视为一个“元”）及碳中和能效管理壳组成的碳中和能效AI系统工程优化方法，简称为“AI三元法”。基本原理如图5-3所示。

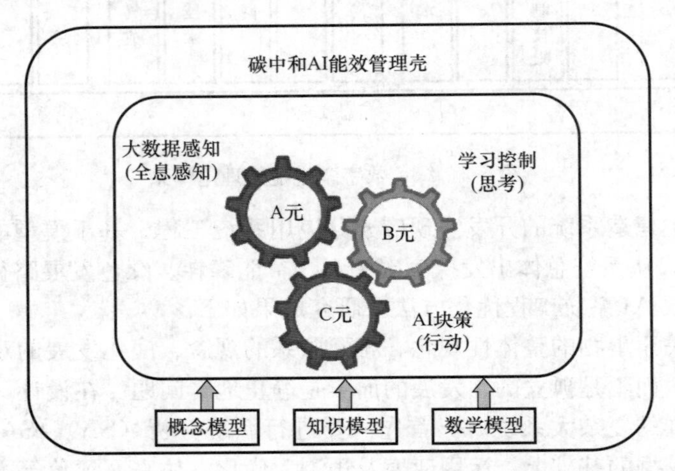

图5-3 碳中和能效AI系统工程优化方法（AI三元法）

5.1.3 数字孪生建造场景

数字孪生建造的典型场景包括三大类：建筑物、市政设施、城乡建设。每一类场景下又包括若干小类场景，如图5-4所示。

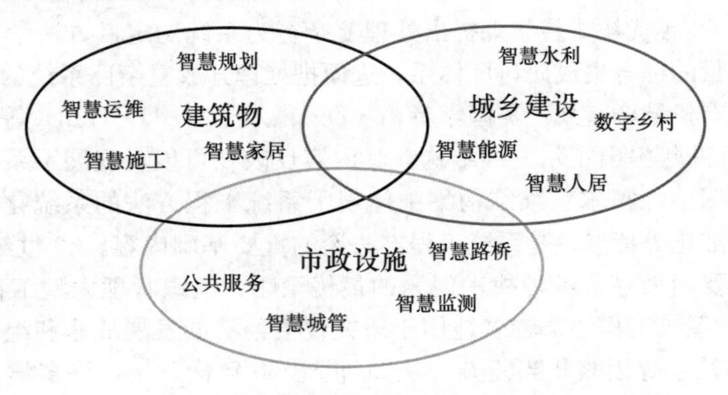

图5-4 数字孪生建造场景

5.1.4　数字孪生建造元宇宙

2021 年被公认为是“元宇宙元年”，这距被称为“虚拟现实元年”的 2016 年已过去 5 年之久。业界将元宇宙视为新增长点和下一个具有战略意义的竞争领域。元宇宙概念示意如图 5-5 所示。

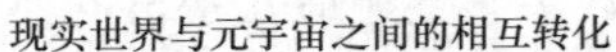

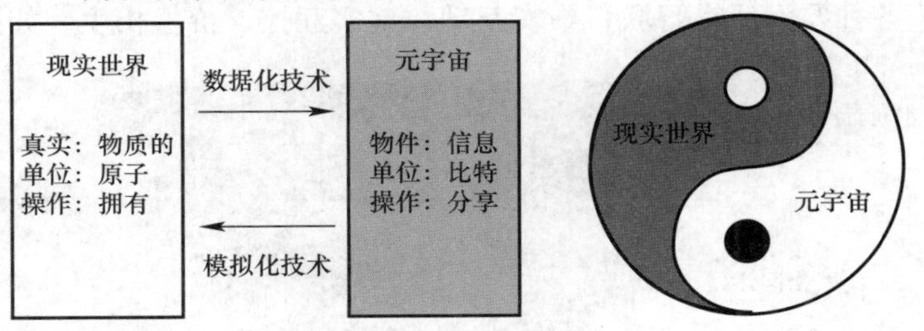

图 5-5　元宇宙概念示意图

国际上，元宇宙被认为具有七层架构，如图 5-6 所示。Beamable 公司创始人 Jon Radoff 提出了元宇宙的七层架构：基础设施、人机交互、去中心化、空间计算、创作者经济、发现、体验。元宇宙的最底层是基础设施，包括支持设备、将它们连接到网络并提供内容的技术，如 5G/6G、芯片、电池、图像传感器等。第二层是人机交互层。这一层主要是智能可穿戴设备。第三层是去中心化层。第四层是计算层。这一层将真实计算和虚拟计算进行混合，以消除物理世界和虚拟世界之间的障碍，提供了 3D 引擎、手势识别、人工智能等。第五层是创作者经济层。第六层是发现层。类似于互联网的门户网站和搜索引擎。第七层是体验层。这里是用户直接面对的游戏、社交平台等。许多人把元宇宙想象成是围绕我们的三维空间；但元宇宙不必是 3D 或 2D 的，甚至不一定是图形的；它是关于空间、距离和物体等物理空间的非物质化。

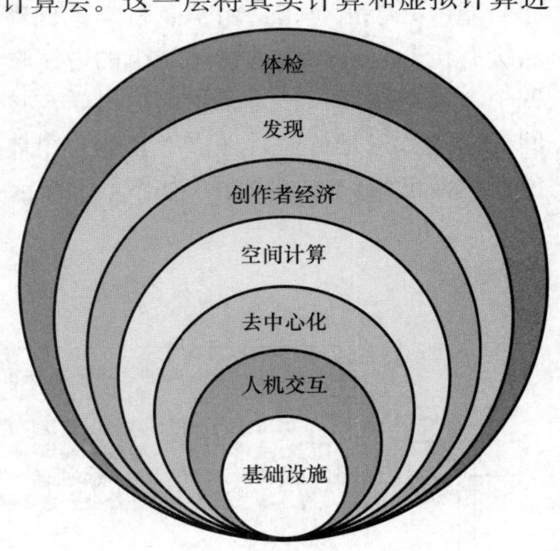

图 5-6　元宇宙七层架构

本书认为，元宇宙是指由信息科学基础理论、信息工程专业技术、行业领域应用三个基本层级有机融合后产生的物理世界的数字孪生世界。强调原始信息科学与技术对客观世界的驱动性、网络虚拟空间中个体的社交性及各种信息技术载体与应用之间的广泛深度集成性。元宇宙分为三个层级，分别是：①信息科学基础理论：数学、物理、化学、控制论、信息论、线性系统理论、非线性系统理论……②信息工程专业技术：自动化、人工智能、大数据、通信、电气、区块链、VR、AR、软件、数据库……③行业领域应用：建筑、水利、电力、工厂、乡村、物流、社交、媒体……三个层级自底向上分别解决科学技术与产业领域的共性与个性问题。三个层级的内容充分融合后产生元宇宙。

绿色数字孪生建造元宇宙和城市元宇宙都是元宇宙在特定行业领域的一种具体形态，属于行业元宇宙范畴。

绿色数字孪生建造元宇宙是指：由信息科学基础理论、信息工程专业技术、工程建设行业应用三个层级有机融合后产生的物理建造系统的数字孪生虚拟镜像。具有实际应用能力的绿色数字孪生建造元宇宙模型具有七层架构，六是指：建造设施、感知控制、区块链网络、空间计算、数据智算、创新者经济。数字孪生建造元宇宙的典型特征：建筑空间内的人、物、数等各种要素泛在智联、虚实互动、虚实互控、价值相生。如图 5-7 所示。

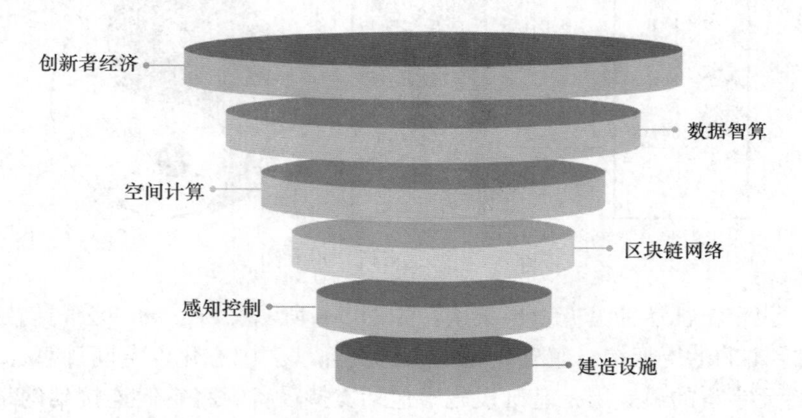

图 5-7　数字孪生建造元宇宙六层架构模型

城市元宇宙是指：由信息科学基础理论、信息工程专业技术、城市业务领域应用三个层级有机融合后产生的物理城市的数字孪生虚拟镜像。建造、城市等行业元宇宙注重以下四个方面的探索：一是原始信息科学与技术对行业发展的驱动方法；二是行业网络虚拟空间的构建；三是行业管理方、企业、个体之间的协作方法；四是信息科技与行业应用之间的广泛深度集成方式方法。如图 5-8 所示。

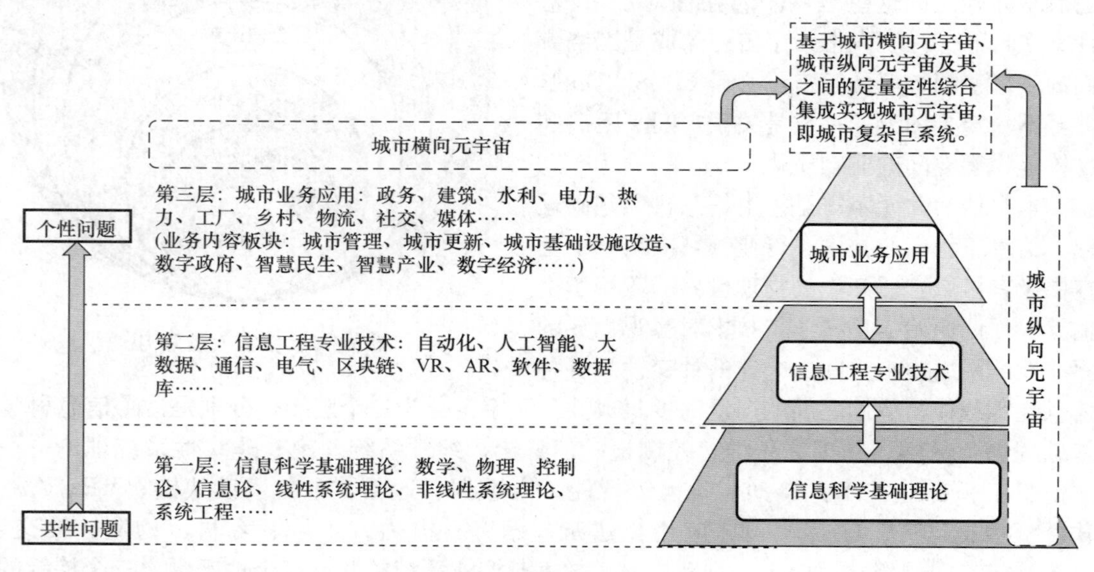

图 5-8　城市元宇宙

元宇宙产业发展需要解决的四个核心问题包括：①虚拟数字空间中的唯一身份问题；②数据真实性问题；③模型精准性问题；④人机交互与意识交流问题。

绿色数字孪生建造元宇宙产业化落地的路径包括：产品、产业链、生态圈、人才。①需要开发绿色数字孪生建造产品，如：绿色数字孪生建造管理决策虚拟数字人、绿色数字孪生建造大数据交易平台、绿色数字孪生建造碳感知装置、绿色数字孪生建造碳交易平台；②需要塑造绿色数字孪生建造产业链；③需要打造绿色数字孪生建造生态圈；④需要培养绿色数字孪生建造专业人才。

5.2 基于产品全生命周期的数字孪生建造系统建模方法

MBSE全称是Model-Based Systems Englneerlng，基于模型的系统工程。对于大型项目和复杂产品设计，要有系统工程方法论的指导，最终目的是降低沟通成本、提高流程效率、避免系统性风险、提高工程和产品质量。

数字孪生建造系统的建模应以基于模型的系统工程（MBSE）为方法论，在MBSE理论和方法的指导下开展建模工作。集成的基于模型的系统工程——iMBSE是基于模型的方法在工程领域的一种应用，主要解决系统和系统之系统（System of System，SoS）复杂性增加带来的问题，同时致力于降低系统开发风险、减少成本、提升效率等。模型是iMBSE的核心。MBSE包括三个核心概念：模型，系统思维，系统工程。模型是某事物的一种图形化、数学化或物理化的表示，它抽象现实以消除某些复杂性。这个定义意味着简化、表示或抽象的形式或规则。系统思维是一个跨学科的和综合的方法，利用系统原理和概念，以及科学、技术和管理方法，使工程系统成功实现、使用和退役。它汇集了多种技术，以确保设计的系统满足所有需求。它专注于系统在其生命周期中的体系结构，实现，集成，分析和管理。它还考虑了系统的软件、硬件、人员、流程和程序方面。系统工程是一个跨学科的和综合的方法，利用系统原理和概念，以及科学、技术和管理方法，使工程系统成功实现、使用和退役。它汇集了多种技术，以确保设计的系统满足所有需求。它专注于系统在其生命周期中的体系结构，实现，集成，分析和管理。它还考虑了系统的软件，硬件，人员，流程和程序方面。

建模使用四种工具：语言、结构体、论证、演示。建模语言是一种通用术语，用于清晰地传达模型所捕获的抽象概念。建模语言可以是正式的，具有严格的语法和规则。现有的系统建模语言有几种，包括通用语言，如系统建模语言（SysML）和统一建模语言（UML），以及专用语言，如体系结构分析设计语言（AADL）。建模领域涵盖四个系统工程领域：需求/能力、行为、架构/结构、验证与确认。MBSE语言的术语仅映射到词性：①名词：参与者，角色，组件，需求；②动词：操作活动，功能，用例；③形容词：属性；④副词：关系，需求线，交换，接口。

模型必须描述系统要解决的问题和系统本身。模型必须具有两个方面：问题方面和解决方案方面，这有时称为操作和系统角度。操作的观点是用户、操作员和业务人员的观点。它应代表业务流程、目标、组织结构、用例和信息流。模型的操作端可以包含“世界现状”和未来状态的描述。系统的观点是解决方案，系统的体系结构解决了在模型的操作端提出的问题，描述了系统的行为、结构、组件之间的数据流以及功能的分配，描述了系统将如何在现实世界中部署，它可以包含解决方案的选择和分析。这些观点中的每一个都包含逻辑和物理两个部分。分离模型的逻辑和物理方面是管理系统复杂性的一种方法。模型的逻辑部分通常不会随时间变化，而物理变化通常是由技术进步引发的。如果模型构建正确，则逻辑操作、物理操作、逻辑系统、物理系统四个象限应紧密连接。用户应该能够执行系统分析、创建依赖关系矩阵、运行模拟并为每个利益相关者提供系统视图。如图 5-9 所示。

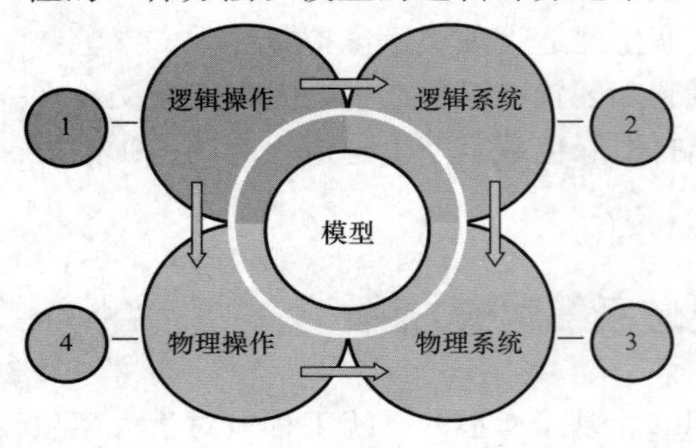

图 5-9　模型构建四象限

建筑产品是整个数字孪生建造系统的核心与灵魂。从建筑构件到高楼大厦，都可以视为建筑产品。基于系统工程思想，提出建筑产品全生命周期概念与理论。建筑产品全生命周期是指建筑产品从诞生到消亡覆盖的时间范围，包括策划、设计、研发、生产、运输、施工、验收、运维、销售、退役 10 个小阶段，生产、建造、运营 3 个大阶段。整个过程依靠数据贯穿始终，产品数据库是数字孪生建造数据系统的关键组成部分。基于产品全生命周期的数字孪生建造系统工程总体框架如图 5-10 所示。

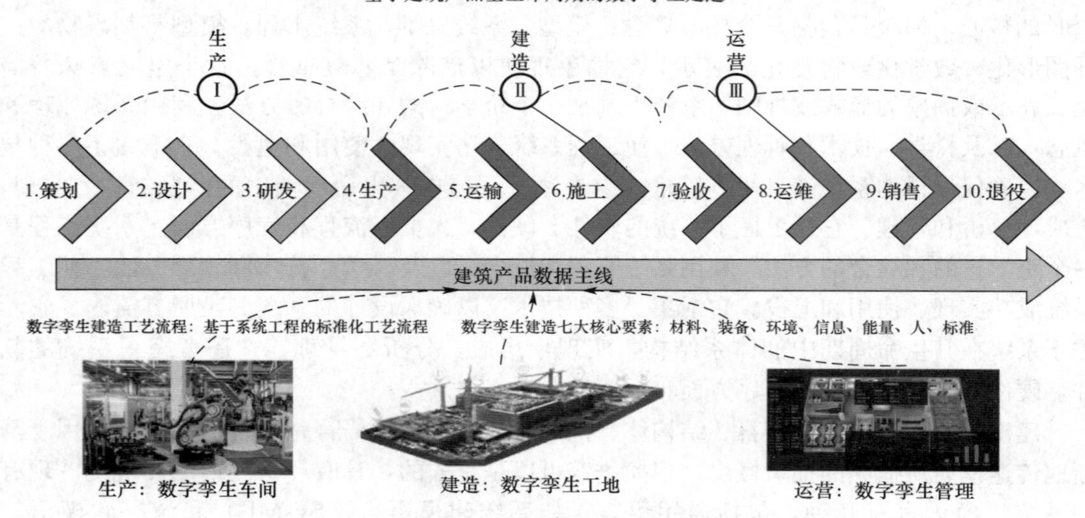

图 5-10　基于产品全生命周期的数字孪生建造系统工程

数字孪生建造系统的模型类型主要包括：①建筑信息模型（BIM）：创建建筑构件、结构、材料等模型；②机电模型：创建机械、电子、电气、自控等模型；③信息模型：创建网络、通信、软件、数据等各领域模型；④系统架构模型：包括逻辑架构模型、功能架构模型、物理架构模型；⑤场景模型：创建场景描述模型、工作流模型、业务模型、行为模型等；⑥测试模型：对产品功能进行测试和验证，对产品需求进行确认，对产品性能进行预测和优化。

数字孪生建造系统的建模是 MBSE 在工程建设领域的一种应用，主要解决系统和系统之系统（System of System，SoS）复杂性增加带来的问题，同时致力于降低系统开发风险、减少成本、提升效率等。数字孪生建造系统模型是一种集成了多学科、多类型模型的模型，通过模型集成增加系统耦合度，降低信息重复度，最终做到系统级模型优化。基于模型的数字孪生建造系统工程（DTCMBSE）总体框架如图 5-11 所示。

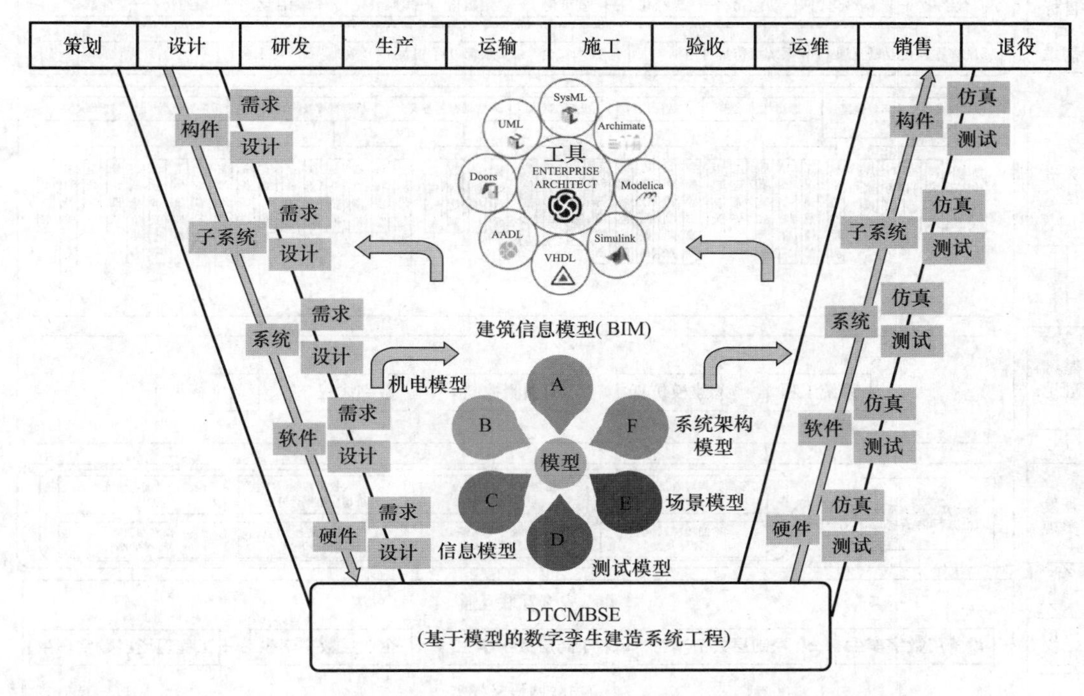

图 5-11　基于模型的数字孪生建造系统工程（DTCMBSE）总体框架

基于模型的数字孪生建造系统的典型特征包括：①模型数字化；②生产建造过程自动化；③系统少人化甚至无人化；④管理决策智慧化；⑤全程基于数据线索可追溯；⑥系统韧性度高，响应恢复及时；⑦系统安全性高，知识可信互联。

基于模型的数字孪生建造系统的开发方法：以智能建造系统的多建设要素、跨领域、多尺度、多层级的建模需求为驱动，形成物理、逻辑、操作组成的三维建模元素集合，建立智能建造系统关键要素的全面描述，对跨领域、跨系统、跨地域的多尺度信息与知识进行多源数据集成和信息融合，形成虚拟模型与物理实体与虚实互控。通过建造要素之间的关联规则，建立数字孪生建造系统从构件级到单元级到系统级再到体系级的多粒度数字孪生模型。

数字孪生建造系统模型包括四个层级：数据平台，模型平台，数字孪生空间，物理应用空间。这四层通过基于模型的系统工程（MBSE）方法进行封装，通过数字线程（具体形式可以是标识、区块链等）进行互联互通。建造全生命周期各阶段产生的大数据——生产大数据、施工大数据、运维大数据等作为系统数据源，经过网关处理后进入平台。网关主要起到协议转换和语义解析作用。根据数据采集类型划分，数字孪生建造数据源又可分为传感网大数据、互联网大数据、App 大数据三种主要类型。

数字孪生建造系统模型的提出和构建应充分吸纳和借鉴信息物理系统（CPS）理论和方法。数字孪生理论技术渊源综合自多学科的具体分支，但核心基础理论支撑可归纳为五大组成部分：系统工程，建模仿真，AI 预测控制，数字线程和数字标识。绿色数字孪生建造系统理论技术场景一体化机理模型如图 5-12 所示。

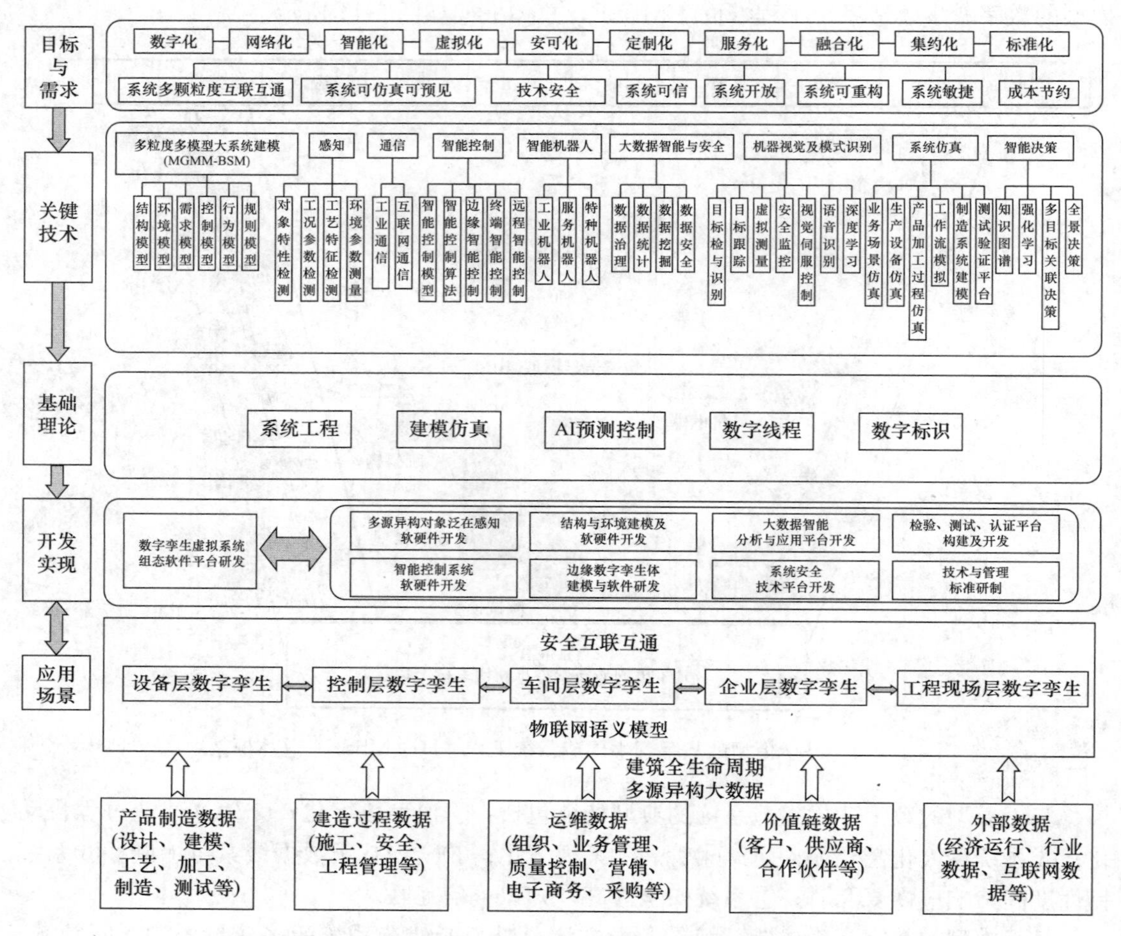

图 5-12　绿色数字孪生建造系统理论技术场景一体化机理模型

机理模型的最底部是采集自建筑全生命周期的多源异构大数据，以满足应用场景需求为系统设计研发依据，以满足行业和社会发展为目标，开发实现相应的软硬件，充分吸纳并融合多种基础理论，通过需求驱动产生理论技术融合，从而构建出能够适应绿色智慧建造行业发展的综合模型。

数字孪生建造系统工艺流程建模方法如图 5-13 所示。

可以将机器学习算法嵌入数字孪生建造系统产品研发体系中，研发中采用的嵌入机器学习算法的数字孪生建造系统模型构建方法如图 5-15 所示。

机器学习算法大致可以分为三类：

(1) 监督学习算法（Supervised Algorithms）：在监督学习训练过程中，可以由训练数据集学到或建立一个模式（函数/learning model），并依此模式推测新的实例。该算法要求特定的输入/输出，首先需要决定使用哪种数据作为范例。例如，文字识别应用中一个手写的字符，或一行手写文字。主要算法包括神经网络、支持向量机、最近邻居法、朴素贝叶斯法、决策树等（图 5-14）。

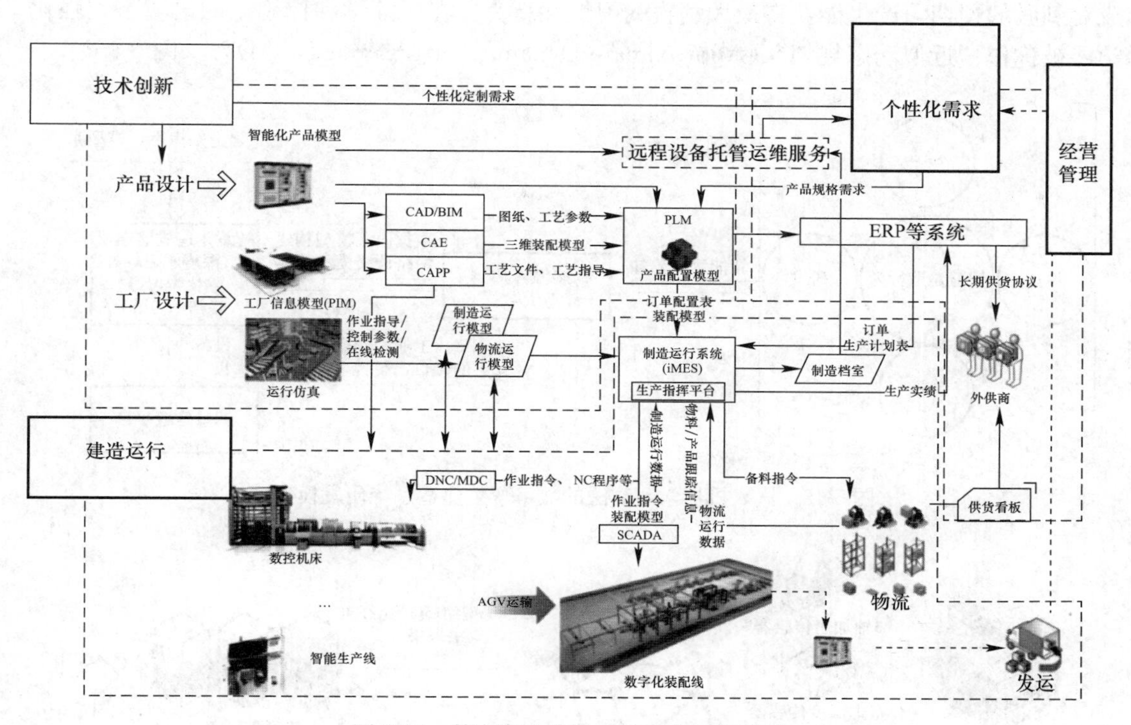

图 5-13　数字孪生建造系统工艺流程建模

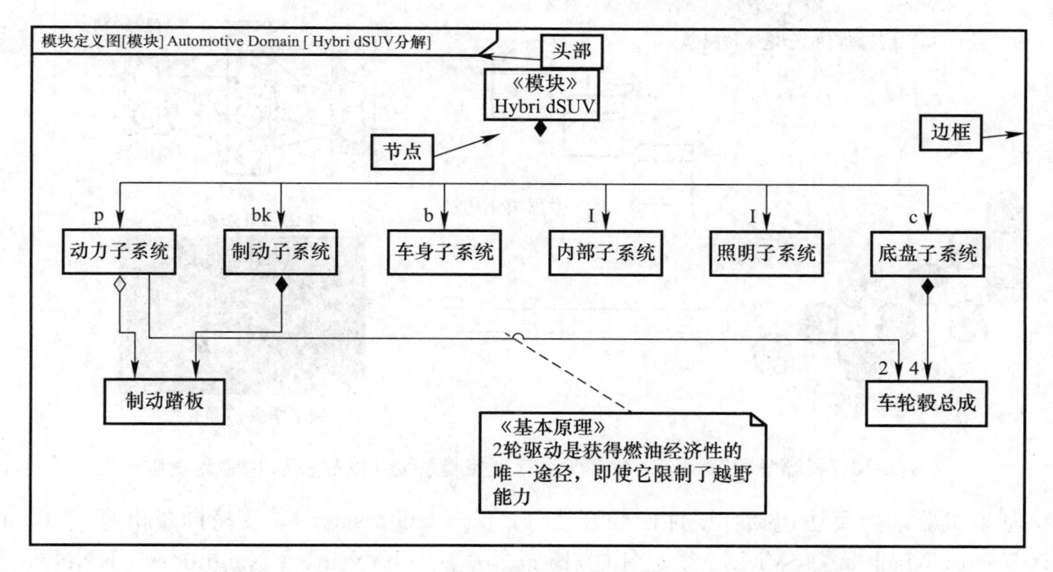

图 5-14　基于 MBSE 软件的建模界面（以车辆产品建模为例）

（2）无监督学习算法（Unsupervised Algorithms）：这类算法没有特定的目标输出，算法将数据集分为不同的组。

（3）强化学习算法（Reinforcement Algorithms）：强化学习普适性强，主要基于决策进行训练，算法根据输出结果（决策）的成功或错误来训练自己，通过大量经验训练优化后的算法将能够给出较好的预测。类似有机体在环境给予的奖励或惩罚的刺激下，逐步形成对刺激的预期，产生能获得最大利益的习惯性行为。在运筹学和控制论的语境下，强化学习被称作“近似动态规划”（Approximate Dynamic Programming，ADP）（图 5-16）。

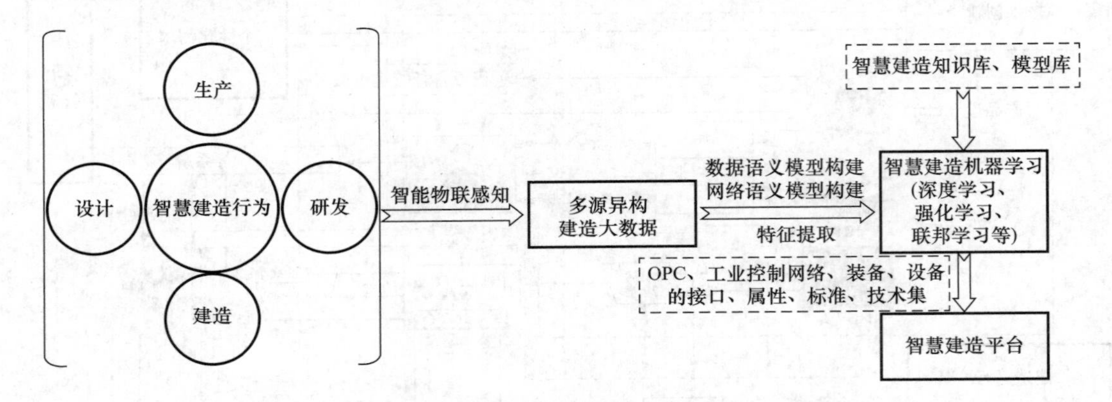

图 5-15 嵌入机器学习算法的数字孪生建造系统研发模型

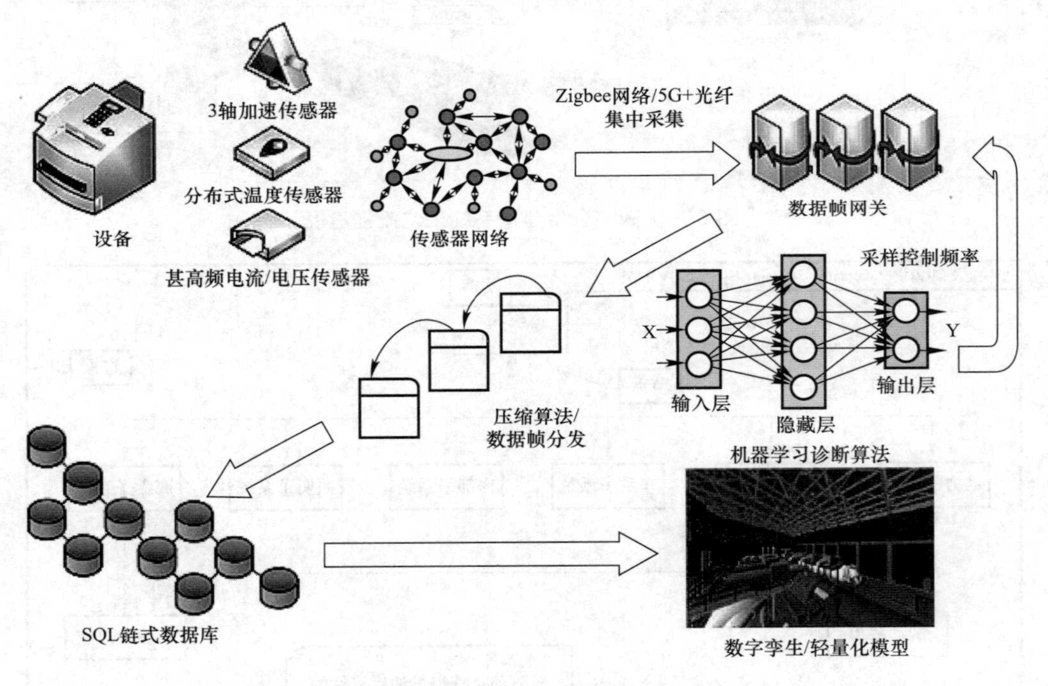

图 5-16 机器学习算法嵌入数字孪生管理控制系统（以数字孪生能源为例）

基本机器学习算法包括：线性回归算法（Linear Regression），支持向量机算法（Support Vector Machine，SVM），最近邻居/K-近邻算法（K-Nearest Neighbors，KNN），逻辑回归算法（Logistic Regression），决策树算法（Decision Tree），K-平均算法（K-Means），随机森林算法（Random Forest），朴素贝叶斯算法（Naive Bayes），降维算法（Dimensional Reduction），梯度增强算法（Gradient Boosting）。

以上机器学习算法均可嵌入数字孪生建造系统中，提升系统的智能性和智慧性。

由于数字孪生建造系统的网络复杂性及所连接节点要素的分布式特点，机器学习部分宜采用多智能体深度强化学习算法，以解决智能体通信、协作、竞争、优化调度等问题。能够落地的先进典型算法有：Q-learning 算法，增强智能体间学习（Reinforced Inter-Agent Learning，RIAL），基于自身策略的其他智能体行为预测（Self Other-Modeling，SOM），分布式深度强化学习算法 DDPG（D4PG）及其改进算法多智能体深度确定性策略梯度（MADDPG）。

5.3　数字孪生建造工程应用系统

类脑结构的网络组织方式可实现信息在网络节点的就近存储和就近计算，甚至可以通过群体智能算法的局部博弈，形成整体的智能涌现，以此满足“智慧建筑”特定应用领域，如低时延边缘计算控制、降低控制信息交互负担、多子系统高效联动、全局能耗最优化设计要求。如果对脑中神经元的信息处理方式加以抽象，可以发现：脑中的神经元之间以基本统一的形式实现信息的交互。神经元作为脑网络中的一个节点，相互之间均以脉冲（事件）传递信息，以互联结构构建功能体（关系构建），以脉冲发放规则确定神经元的事件响应行为（规则），从而通过海量节点的自发组织，实现脑的整体功能。此种拥有“类脑”结构的神经拟态计算可以很大程度上优化复杂网络的能效。一方面，类脑网络“事件驱动”（Event-driven）的特性能够降低功耗。因为计算功耗与输入有关，在输入不会激活大量神经元的情况下，功耗可以达到非常低的水平，另一方面“突触可塑性”能让类脑网络中节点拥有更强的自适应学习能力。这些特点可以应用于未来“智慧建筑”物联网领域。

类脑认知计算是仿真、模拟和借鉴大脑生理结构和信息处理过程的装置、模型和方法，其目标是制造类脑计算机和类脑智能，相关研究已经有二十多年的历史。类脑计算采用的技术路线为：结构层次模仿脑（非冯·诺依曼体系结构），器件层次逼近脑（神经形态器件替代晶体管），智能层次超越脑（主要靠自主学习训练而不是人工编程）。从医学角度看，大多数神经学家都同意大脑也会进行某种计算的说法，但认为大脑是通过改变脑细胞或神经元之间的连接来实现计算的，即大脑输入一堆无序的信息，帮助大脑改变结构，进而产生更加适应环境需要的行为。这个观点是由 Locke、Hume、Berkeley 等经验主义哲学家提出来的。简单来说，就是经验对大脑产生影响，再影响大脑之后的经验。从数学模型、软硬件角度模拟、开发具备人类大脑智能化功能的器件和产品是人工智能领域近年来的热点方向。

智慧建筑类脑认知计算的内涵主要包括四个方面：①自主智能管控。强调人的干预成分尽可能的少，未来趋势是由“人在回路”逐渐过渡到“人出回路”。目前，就人工智能发展的阶段看，正处于“人在回路”阶段，需将人类智慧充分融入建筑系统。②可编程控制。云端、边缘端的控制与管理是可编程、可组态的，流程可自定义，功能可自适应业务系统进行快速组合、定制开发。③存算一体。存储和计算一体化，通过虚拟内存管理、AI 协同优化等方式打通存储和计算的边界，提升存储计算效率。④数据智能。强调大数据与人工智能的融合，可实现数据的智能计算，具备大数据智能挖掘分析及智能建模能力。

智慧建筑类脑认知计算不是单一算法、单一理论分支能够解决的问题，因此提出一种融合强化学习、深度学习及多智能体理论的智慧建筑类脑认知计算方法。强化学习主要解决智慧建筑单控制闭环的智能计算问题，深度学习重点解决智慧建筑云平台端和边缘计算端的机器学习与推理演算问题，多智能体理论主要解决大规模智慧建筑节点的实时计算与交互智能问题。

基于数据闭环的数字孪生建造系统工程应用架构如图 5-17 所示。

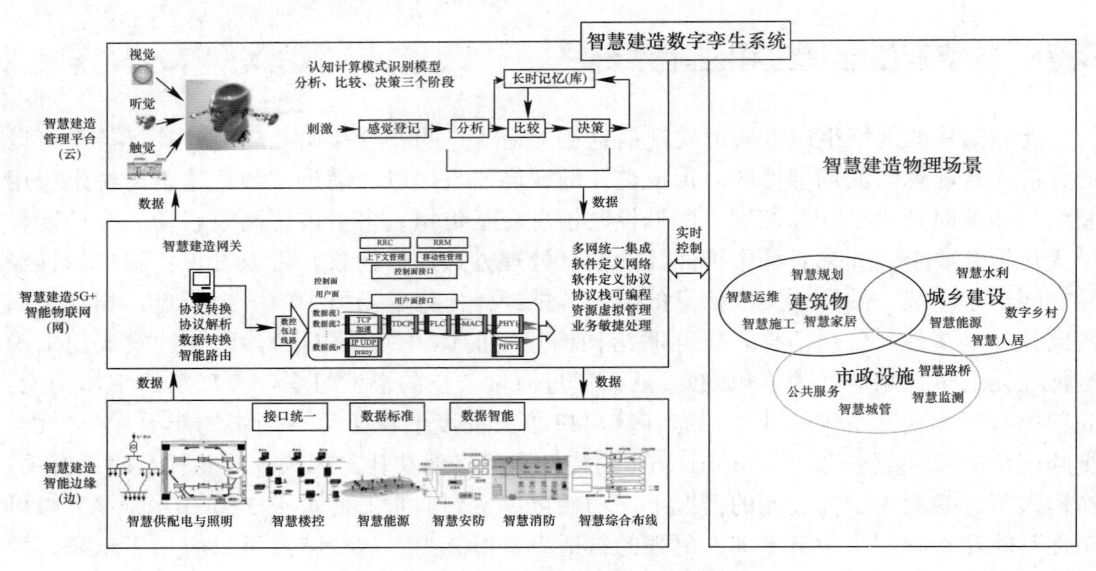

图 5-17　数字孪生建造系统工程应用架构

数字孪生建造系统工程应用架构的三个层级分别具有以下功能和特点：

（1）云：汇聚来自智慧建造泛在物联网的海量多源异构数据，可提供应用统一管理与数据统一展示分析功能，基于模型和算法挖掘数据价值，实现数据服务化与价值化，赋能行业应用。

（2）网：采用 5G、物联网为主的多网融合技术，支持自适应接入和软件自动化管理技术，具有动态可协商的接口配置与协议数据处理功能，控制集中化以获取全局拓扑、无隧道、无固定锚点，通过人工智能算法优化路由。采用软件定义网络架构技术，将网络功能、计算功能、存储功能和安全功能全部软件化，并以微服务技术形式实现传统及建筑网络的架构革新。

（3）边：汇聚和处理本地数据，提供数据采集、数据清洗、数据脱敏、数据智能处理、数据标注、数据加密、数据认证等功能，满足云边数据协同与数据安全管理要求。

数字孪生建造系统工程应用架构采用“云网边”协同智能计算模式，通过视觉、听觉、触觉、力觉等多模态融合计算实现综合认知智能。建筑中央管理平台和边缘计算平台作为“智慧建造大脑”，选择轻量级云或者应用级平台，对智慧建造过程大数据进行智能建模，对业务资源进行优化配置，对生产工艺、设备进行预测性维护，通过数据建模分析实现安全态势感知、安全隐患预测、风险预警控制等机理模型。智慧运维能力可构建在智慧建筑大脑中，在大脑中不断积累知识模型，实现长期复用，提高运营管理效率，降低运维成本。

数字孪生建造系统的工程实施一般框架如图 5-18 所示。

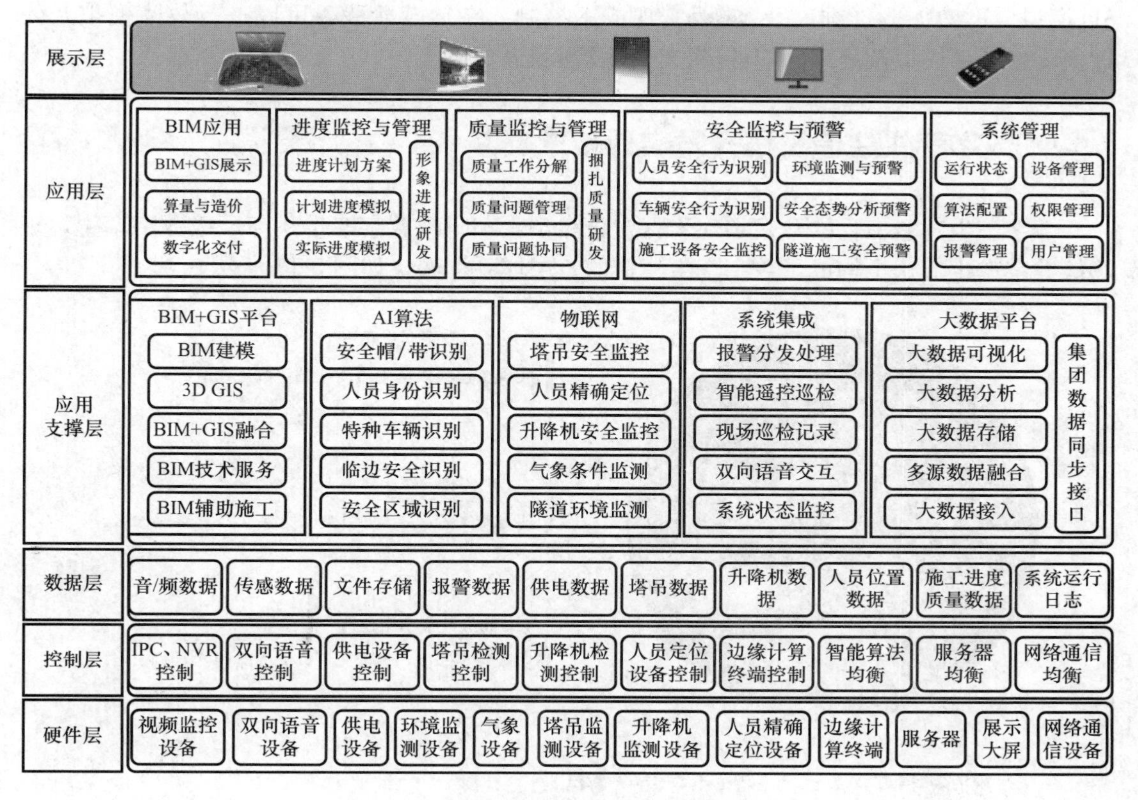

图 5-18　数字孪生建造系统工程实施框架

面向物联网设计的国产化操作系统可嵌入智慧建造数字孪生系统工程应用架构的边缘、网络、云端设备中，有助于实现设备信息的统一安全管理。智慧建造操作系统具有分布式架构、分布式软总线、分布式数据管理及分布式安全能力，国产化操作系统是实现建筑行业安全可信计算、信息安全、供应链安全的根本保障。智慧建造操作系统提供统一的数据格式、统一的设备语言、统一的网络语义，为数据高效采集和流动提供基础，可从底层解决建筑设备标准化问题，使传感器、控制器等设备向智能化升级，从而支撑业务数字化转型和创新。

随着人工智能和计算机技术在建筑业及城市中的广泛应用，智慧建筑类脑认知计算理论和技术对城市规划、设计、施工、运营以及贯穿其间的产品设计、加工制造乃至服务、交易等多领域多环节间的协调合作提供了一种有效的方法，也为并行设计、系统集成、城市区块链构建等提供了更可行的方法。例如，为解决智慧城市系统的建模与仿真问题，可以将智慧城市看作一个智慧建筑类脑认知计算系统，采用智慧建筑类脑认知计算作为理论支撑构建智慧城市系统模型。实际应用中，由于智慧建筑与智慧城市系统无法在实际项目中承受过强化学习、深度学习等算法所要求的多次试错，需要借助仿真系统完成模拟、验证等过程。采用 BIM＋AI 建模仿真建筑，并模拟真实世界操作事件的方法是一种切实可行的举措。在设计阶段，BIM＋AI 可以对设计上需要模拟的一些事件进行模拟实验，例如，碰撞检测、节能模拟、紧急疏散模拟、照度模拟等。在招标投标和施工阶段，可以进行4D模拟（3D模型维度加项目时间进度维度），加强项目管控。进一步地，还可以进行5D模拟（再增加造价维度），从而实现成本控制。在运营阶段，可以进行故障模拟及处理、突发事件模拟及处理、能耗模拟计算及预测等。

5.4 数字孪生建造工程开发实现技术

数字孪生建造工程的开发实现步骤应分三步：车间级数字孪生，工厂级数字孪生，现场级数字孪生。这也构成了数字孪生建造的三层体系框架。如图5-19所示。

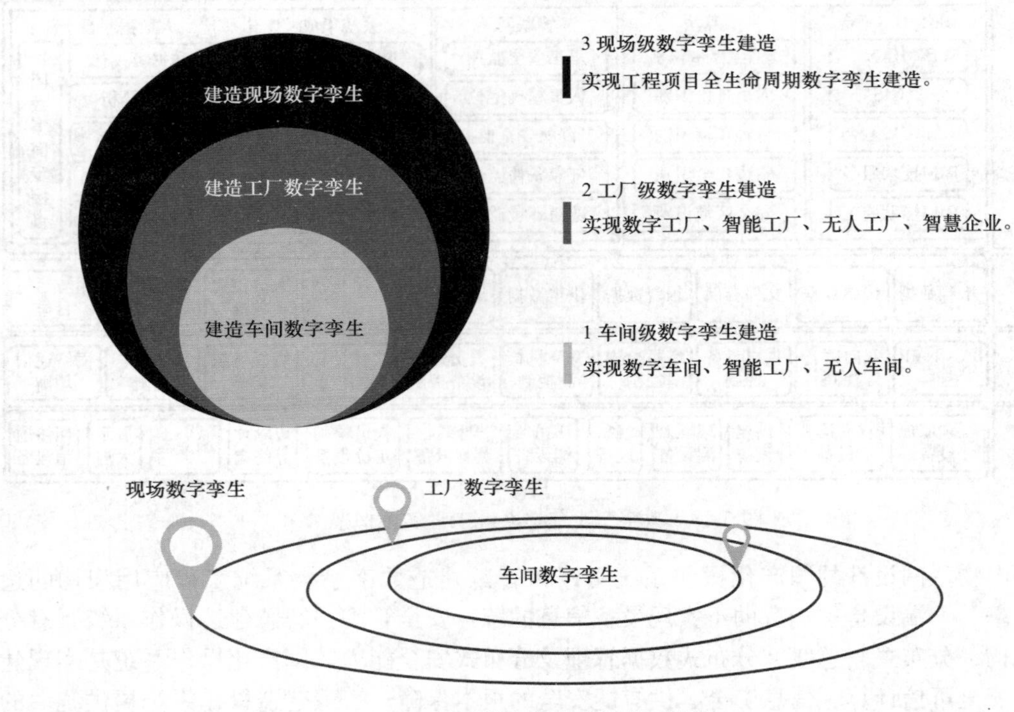

图5-19 数字孪生建造体系框架

数字孪生建造系统的开发实现宜借鉴数字孪生制造系统的相关理论与技术，再面向建造场景进行改造提升，从而研制出符合建造场景需求的数字孪生建造工程技术方案。数字孪生建造与数字孪生制造的关联对比及互通关系分析如下。

数字孪生建造工程的开发实现与数字孪生制造工程的开发实现具有层级对应关系，基于数字孪生制造的数字孪生建造工程开发方法如图5-20所示。

数字孪生建造技术实现方法：充分引入工业控制系统设计方法和技术模块，将工控技术应用到建造过程施工管理对象，建立建造系统工程。通常将工业控制网络定义为以具有通信能力的传感器、执行器、测控仪表作为网络节点、以现场总线或以太网等作为通信介质，连接成开放式、数字化、多节点通信，从而完成测量控制任务的网络。数字孪生建造网络首先应是一个精准的建筑控制网络，具有工业控制网络的一般功能。

智能建造的起点在车间，按照装配式建筑的规划设计理念，从车间环节开始，就应采用工业智能化方式。装配式建筑的构件生产过程是典型的离散制造，其智能总装车间一般由现场层、控制层和管理层组成。

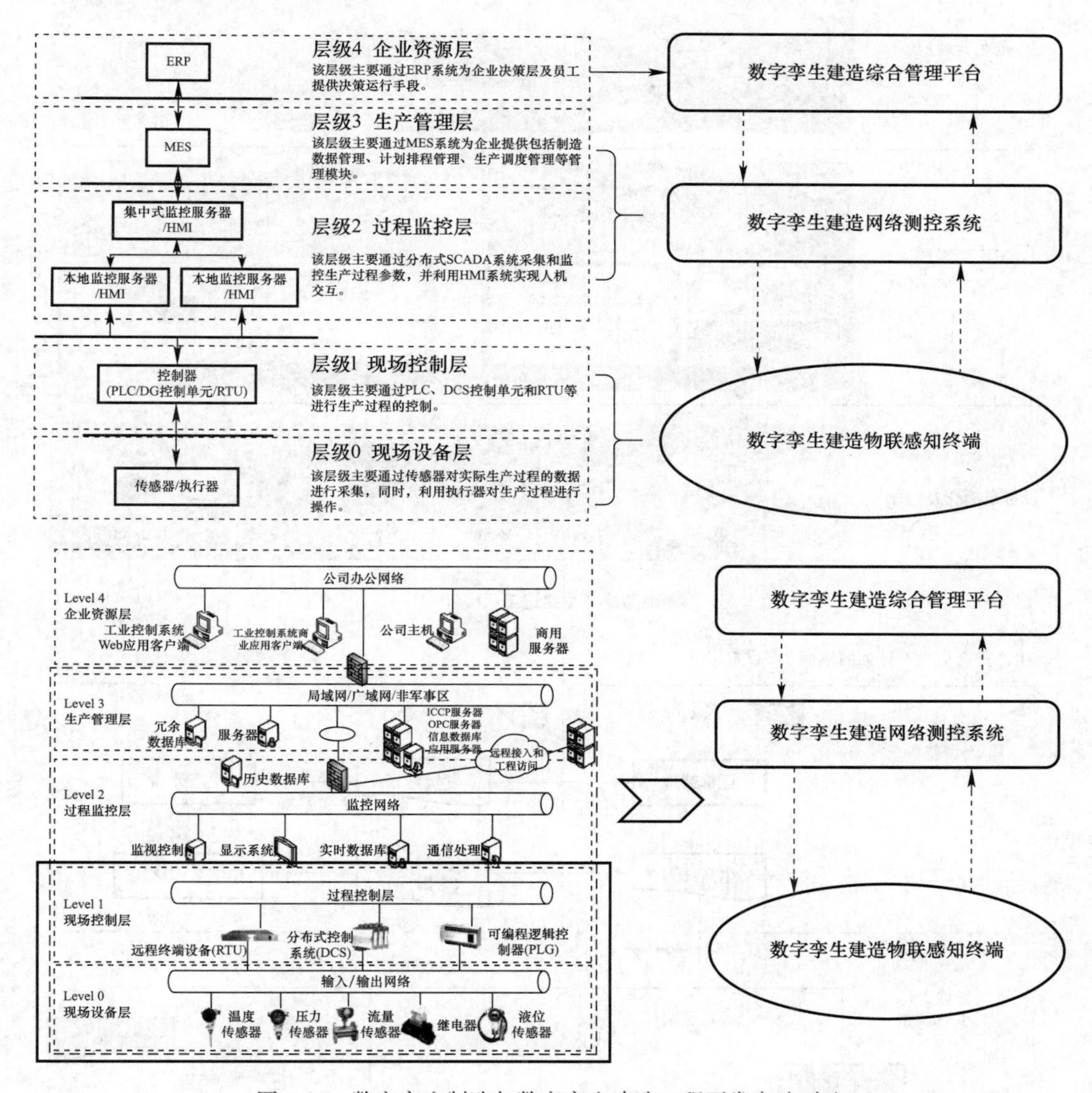

图 5-20　数字孪生制造与数字孪生建造工程开发方法对比

构建“状态感知—实时分析—智能决策—精准执行”的数据闭环，关键是实现贯穿企业“设备层、单元层、车间层”之间以及与企业层的纵向集成，实现跨资源要素、互联互通、融合共享和系统级的横向集成，以及覆盖研发设计、生产制造的端到端集成。关键技术包括“生产数据采集、大数据分析、智能决策以及装备的智能化升级”，通过建设车间信息管理系统和脉动式总装生产线实施解决。

典型的数字孪生建造工厂实现技术（采用 SAP 系统和技术）如图 5-21 所示。

典型的数字孪生建造现场如图 5-22 所示。

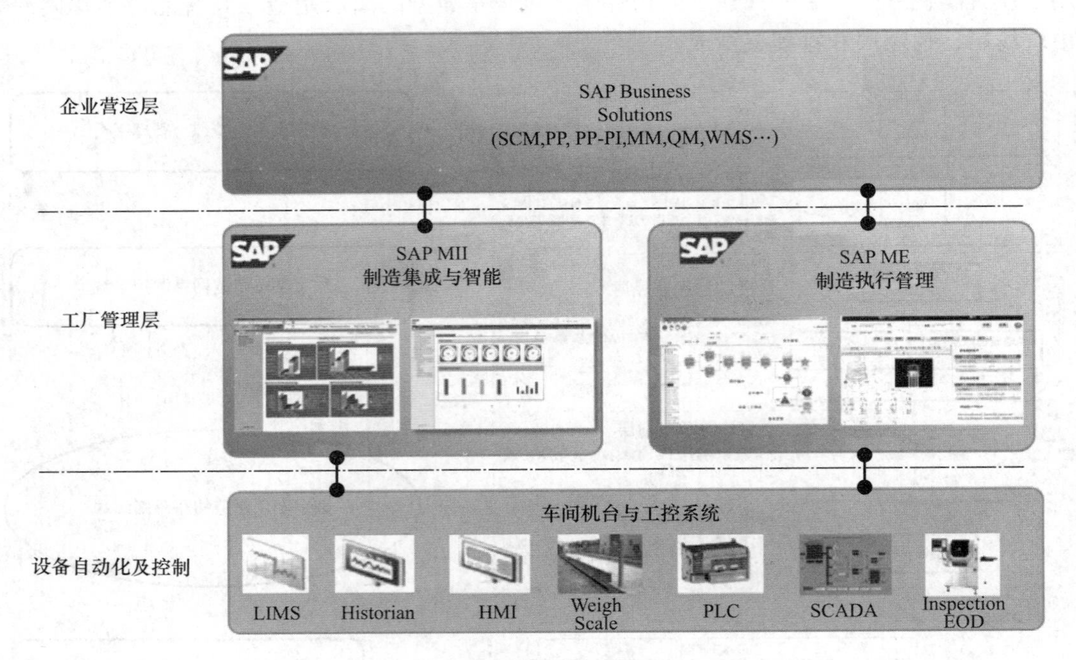

(a) 数字孪生建造工厂层级

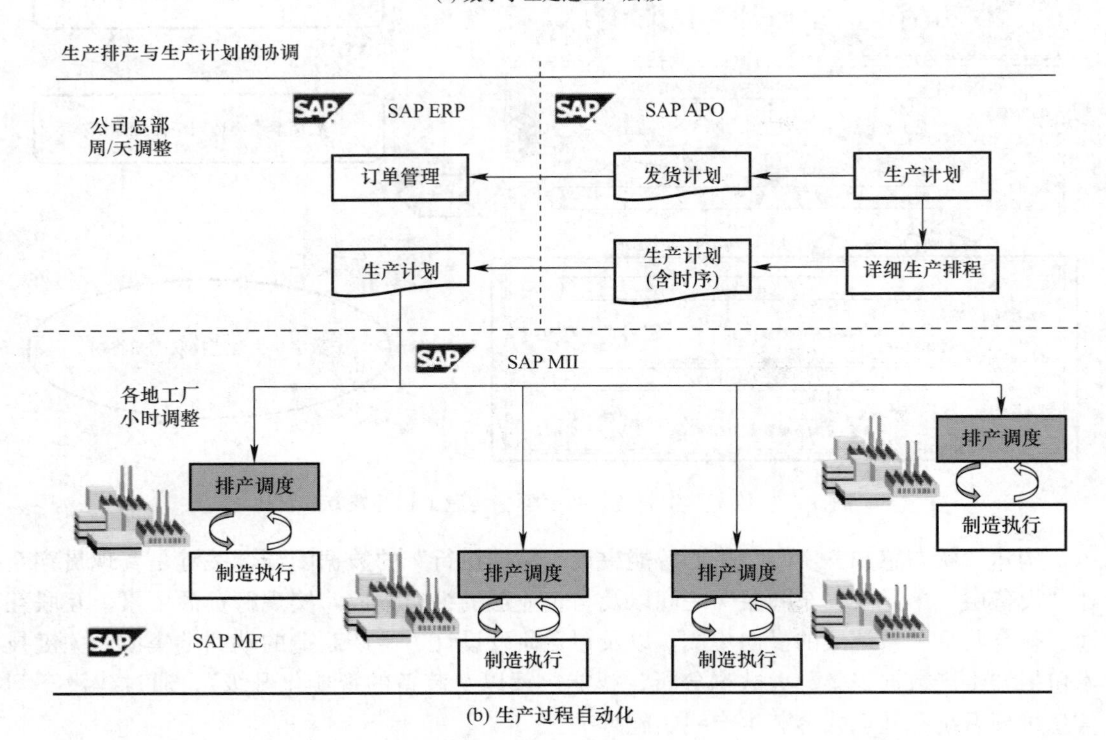

(b) 生产过程自动化

图 5-21　数字孪生建造工厂技术实现方案（一）

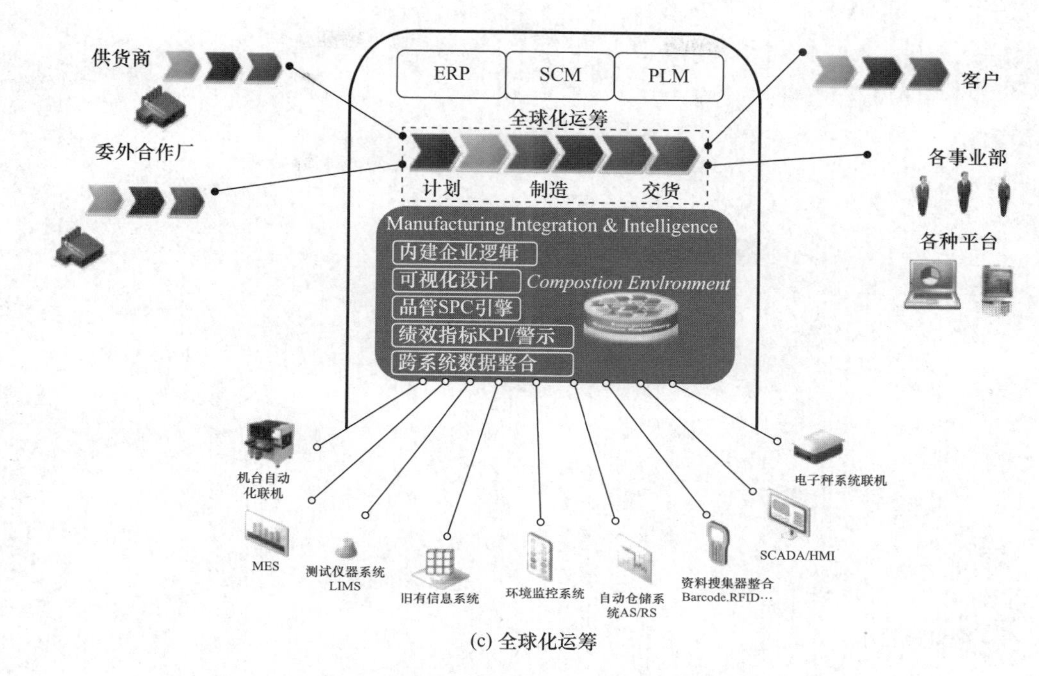

(c) 全球化运筹

图 5-21　数字孪生建造工厂技术实现方案（二）

图 5-22　数字孪生建造现场

第二部分　建筑产业互联网篇

第6章　建筑产业互联网顶层设计

6.1　定义

消费互联网的服务目标主要集中在线上和个人消费者，难以解决产品开发、产业发展、实体经济发展、服务价值提升、生产效率提升等产业核心问题。产业互联网以服务于实体经济发展为主要目标，关注产业链供给侧的产品制造、制造商、服务商和需求侧的场景需求，通过互联网技术对产业链进行整合优化，理顺产业上下游关系，去除中介、不增值环节，推动产业链组成环节向高增值服务、高价值输出方向转化，实现对生产关系的优化改造和对生产力的赋能提升。产业互联网是数字经济时代各产业领域的新型基础设施，在政府的统一规划和引导下，由产业中的大、中、小企业协同建设，以共享经济方式提供给行业广大从业者使用。产业互联网通过全产业链角度的资源整合和产业链优化，降低产业的运营成本，提高产业的运营质量与效率，不断塑造出新的产业生态，为客户创造新的体验与服务，创造更多的社会价值。

建筑产业互联网是一类服务于建筑行业的特定产业互联网，其目的是实现建筑业供应链的效率提升、成本降低，强调从全产业供应链角度，通过互联网、大数据、数字孪生等技术手段，构筑更加完整、科学、合理、广泛的产业服务体系。建筑产业互联网构建建筑业核心能力与现代服务基础设施，以价值为纽带衔接各利益相关方，通过资源整合、资源共享和服务输出实现价值再造，促进建筑业生产方式向智能制造转变、服务方式向共享服务转变、价值创造方式向合作共赢转变，为建筑业转型升级奠定坚实基础。产业互联网有望成为去产能、去库存、去杠杆、降成本的有力工具。

绿色智慧建筑产业互联网是以绿色智慧建筑为核心产业，以互联网为连接和协作纽带的一类产业互联网。5G绿色智慧建筑产业互联网核心建设内容应至少包括以下四个方面：5G绿色智慧建筑产业互联网平台，5G绿色智慧建筑产业链，5G绿色智慧建筑产品和系统，智慧人居工程。如图6-1所示。

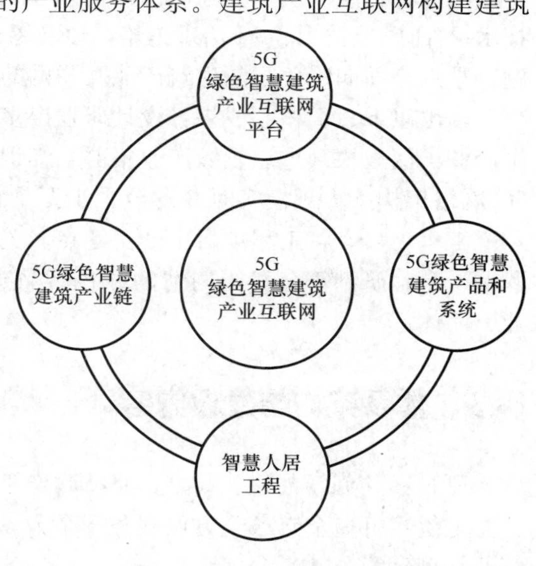

图6-1　5G绿色智慧建筑产业互联网核心建设内容

6.2　研究内容

中国绿色智慧建筑产业互联网的研究始于住房和城乡建设部科技课题研究开发项目

"5G绿色智慧建筑产业互联网关键技术研发及示范应用"（项目编号：K2019775）。课题通过对绿色智慧建筑产业公共服务平台、绿色智慧建筑全生命周期关键技术的研究，探索现代工业和信息技术——数字孪生、5G、AI、物联网、云计算、大数据、虚拟现实、遥感技术、工业互联网、工业信息安全等与绿色建筑产业的融合应用方法及实现路径，探索"碳达峰、碳中和"战略和数字经济背景下能够促进建筑产业可持续发展的新模式、新业态，形成可复制可推广模式。给出建筑产业互联网、绿色智慧建筑产业互联网的原创性定义，从概念、架构、算法、模型、工业互联网、工程建设、产业集群、场景应用等多个维度全方位构建绿色智慧建筑产业互联网理论体系。以突破"卡脖子"关键科学技术难点为出发点，从理论研究和示范项目两方面综合构建绿色智慧建筑产业互联网理论与实践体系，为绿色智慧建筑产业发展提供有效支撑，探寻新基建时期中国建筑业绿色智慧化转型发展之路。

在充分调研我国绿色智慧建筑产业和技术发展现状的基础上，凝练出以下六方面需重点攻克的科技难题，即建筑产业绿色智慧化发展需解决的关键问题：①绿色智慧建筑产业互联网体系架构设计；②绿色智慧建筑产业互联网平台建设；③绿色智慧建筑产业互联网敏捷可信供应链构建；④面向建筑产品全生命周期生产的数字孪生无人工厂设计；⑤由工业互联网到产业互联网的路径和方法；⑥面向智能建造的工业控制系统和工业互联网的安全防护。重点解决制约当前建筑产业互联网建设发展的以下基础科学问题：网络空间体系架构问题，特别是时延敏感网络新架构及网络行为特征；网络空间安全问题，信息与物理系统一体化安全；数据科学问题，多源异构、时空关联大数据分析；AI应用问题，重点是面向绿色智慧建筑产业互联网的海量实时大数据AI计算技术、AI推理技术、AI管理技术、AI风控技术、AI治理策略，以及绿色智慧建筑产业互联网知识工程；数字孪生问题，重点是面向绿色智慧建筑产业互联网的建模仿真、模拟预演、预测控制、预报预警。

输出以下三类核心成果：设计研发出多级绿色智慧建筑产业互联网平台，实现至少12个产业子网板块（重点领域产业集群）知识工程的内聚协同及跨子网分散协同，实现5G、6G网络架构下大规模实时并发至少1万个物联网触点的测试及工程验证；落地实施一批示范工程项目，将工程项目中的关键点、关键设备、重点对象接入进绿色智慧建筑产业互联网平台；研制符合我国国情的绿色智慧建筑产业互联网标准体系，制定相关国家、行业、团体标准。

6.3 体系架构与建设内容

原则：共创、共建、共享，坚持政产学研金协同创新。

定位：打造全链条全方位服务于个人（ToC）、企业（ToB）、政府（ToG）的中国建筑业转型升级公共平台。

总体规划思路：平台总部设在住房和城乡建设部，全国各省市设置若干分节点平台，节点平台经评估满足条件后可纳入节点体系，共同构筑起全国一体化绿色智慧建筑产业互联网体系——"绿色智慧建筑一张网"。

总体框架："六维度＋十二集群＋十二场景"的"6＋12＋12"方案。"六维度"是指：绿色智慧建筑产业互联网平台，绿色智慧建筑供应链，绿色智慧建筑产品，绿色智慧建筑产业互联网标识，绿色智慧建筑产业互联网安全，绿色智慧建筑产业互联网工程。基于六维度提出中国绿色智慧建筑产业互联网六维度建设发展模式：平台、供应链、产品、标识、安全、工程六个维度共同支撑、协同推进建设发展体系。“十二集群”是指中国绿色智慧建筑产业互联网重点发展的 12 个产业板块（重点领域产业集群）。“十二场景”是指中国绿色智慧建筑产业互联网重点建设发展的 12 个核心应用场景。

国家级绿色智慧建筑产业互联网平台“六维度”组成如图 6-2 所示。

绿色智慧建筑产业互联网的本质是产业、技术、经济三位一体的综合性建筑产业新业态，应以产业维度为主进行构建，以应用场景和产业集群为技术落地的载体，以促进实体经济发展为目标。如图 6-3 所示。

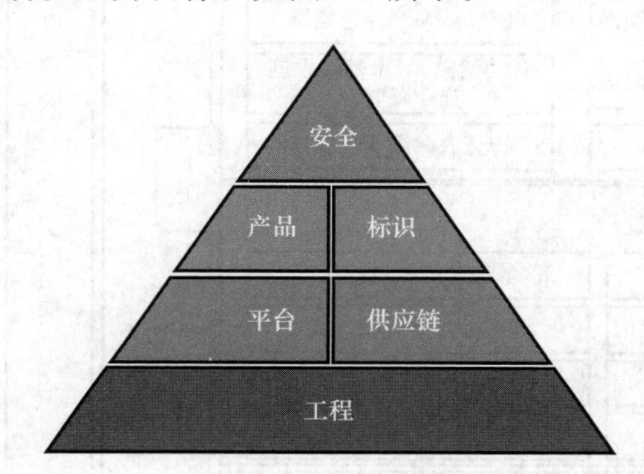

图 6-2　中国绿色智慧建筑产业互联网“六维度”支撑体系

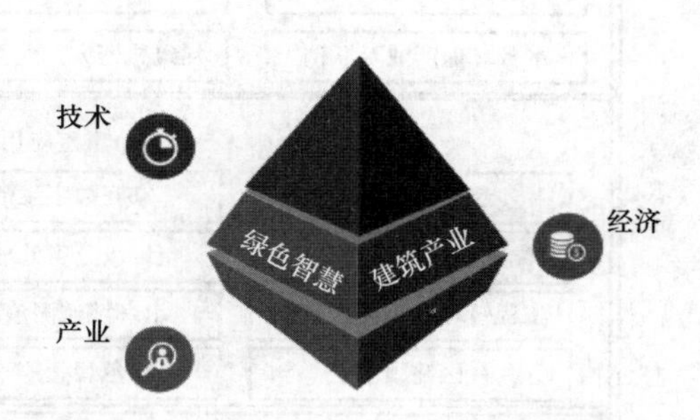

图 6-3　“三位一体”中国绿色智慧建筑产业互联网

中国绿色智慧建筑产业互联网总体架构如图 6-4 所示。

简化的中国绿色智慧建筑产业互联网总体架构如图 6-5 所示。

“十二集群”是指中国绿色智慧建筑产业互联网重点发展的 12 个产业板块（重点领域产业集群）：建筑智能化产业、绿色建筑材料产业、建筑新能源产业、水务环保产业、健康建筑产业、绿色智慧社区产业、数字遥感测绘产业、建筑机器人产业、文化建筑产业、BIM/CIM 产业、自动驾驶＋城市基础设施产业、智慧农林产业。

“十二场景”是指中国绿色智慧建筑产业互联网重点建设发展的 12 个重点应用场景：超低能耗建筑、装配式建筑数字孪生工厂、工程管理与风控区块链、社区健康养老、家庭数字生活、垃圾分类处理、水环境监测治理、绿色智慧停车、区域综合能源基础设施、健康监测管理机器人、无人施工机械、机电系统 AI 故障诊断。

一期分别选择 12 个相对成熟、产业发展前景好的垂直绿色智慧建筑产业板块和场景进行深度构建和发展，二期、三期会根据产业成熟度不断增加新板块。

中国绿色智慧建筑产业互联网建设发展范式如图 6-6 所示。

提出中国绿色智慧建筑产业互联网建设发展范式：工业互联网＋“十互联”，即由工业互联网拓展产业互联网（建筑工业化路径），在工业互联网基础上增加十个互联：研究互联、研发互联、产品互联、生产互联、物流互联、人才互联、组织互联、政策互联、资产互联、思想互联。

绿色智慧建筑产业互联网支撑构建 CIM 数字孪生体系的机理如图 6-7 所示。

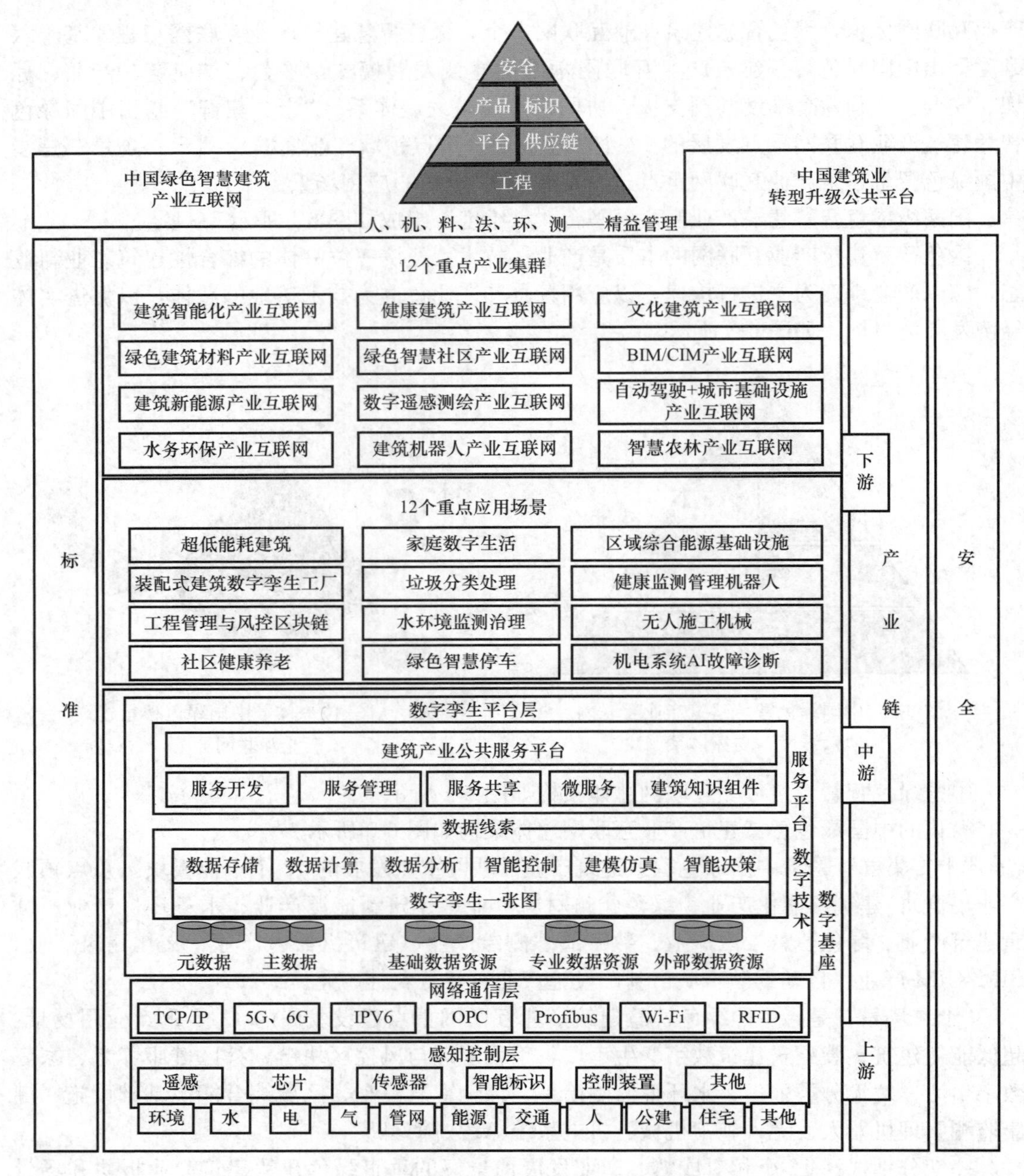

图 6-4　中国绿色智慧建筑产业互联网总体架构

中国绿色智慧建筑产业互联网核心组成要素是平台、供应链、终端。三者通过数字孪生系统集成方式构建绿色智慧建筑产业互联网，再由绿色智慧建筑产业互联网支撑构建CIM数字孪生体系。平台产业发展方面：方法："五个一"（一张图、一张网、一套模型、一套数据、一套安可）CIM基础平台；方向：标准化、组件化、智能化。终端产业发展方面：方法：场景需求是驱动力，感知控制是技术核心；方向：智能化、网络化、安全化。产业链发展方面：方法：数据链是基础，产品链是核心，服务链是模式变革的引擎；方向：敏捷化、定制化、可信化；组成：数据链、产品链、资金链、环境链、材料链、设备

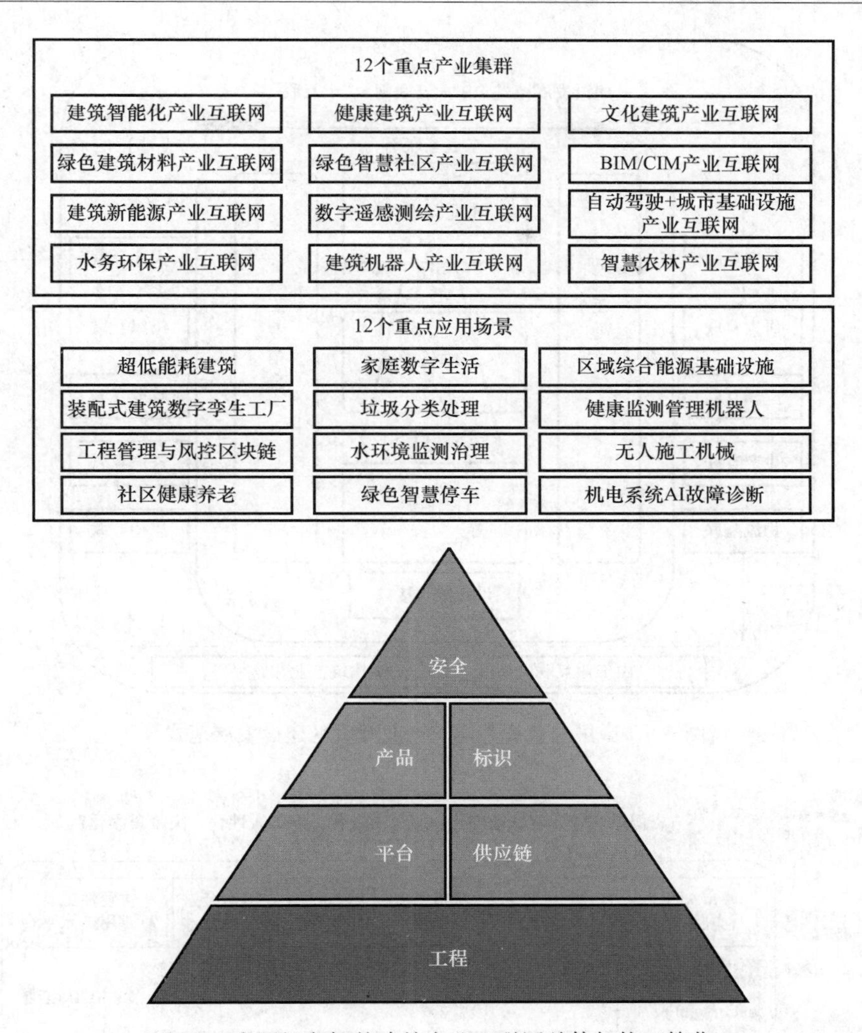

图 6-5　中国绿色智慧建筑产业互联网总体架构（简化）

链、服务链、政策链、标准链、人才链。数字孪生系统集成方面：方法：横向、纵向、全生命周期集成；方向：标准化、模块化、自动化、可编程。这样构建开发出的 CIM 可看作是可持续生长的城市数字生命体，可实现资源共享化、管理精细化、服务高效化、组织人性化、决策科学化。

绿色智慧建筑产业链纵向贯穿于整个体系架构。产业链上游为芯片、算法模型、传感器、存储设备、网络等智能基础设施，产业链中游为应用技术、非核心软硬件，产业链下游为应用场景、产业集群、商业智能等。从技术自主可控、系统安全视角看，产业链上、中、下游的安全风险程度依次降低。如图 6-8 所示。

中国绿色智慧建筑产业互联网标识体系如图 6-9 所示。

建筑产业互联网中的标识解析用于识别产业互联网内各个实体，查询实体关联信息，为数据追溯提供唯一 ID。标识技术实现有三个特点：一是将物品身份信息（地址空间物联网编码、属性信息、服务信息等多种综合信息）固化到芯片中；二是支持异地、异网、异层级的数据实现智能化关联；三是使物质与信息融为一体。数字对象体系架构（DOA）

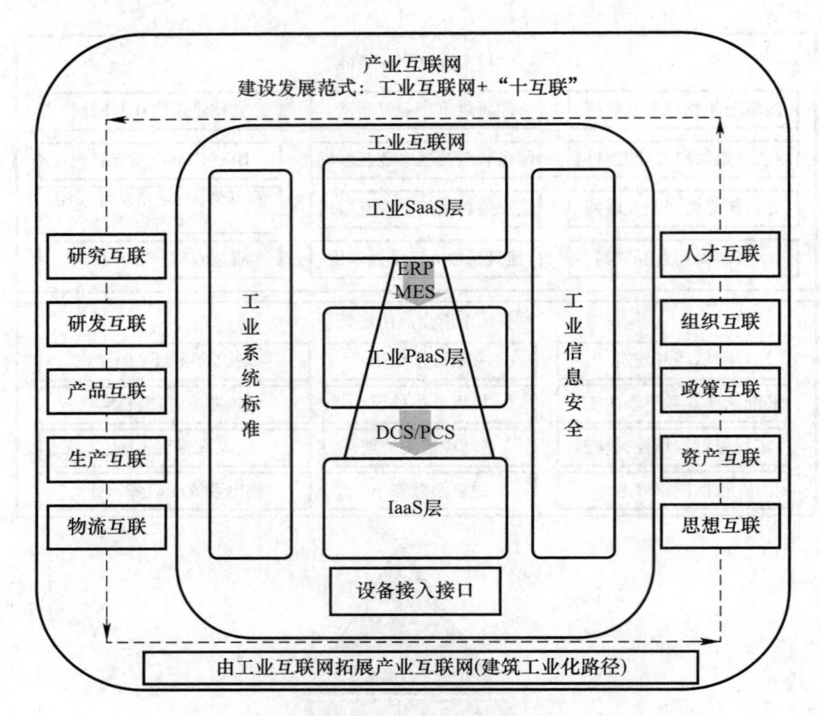

图 6-6　中国绿色智慧建筑产业互联网建设发展范式

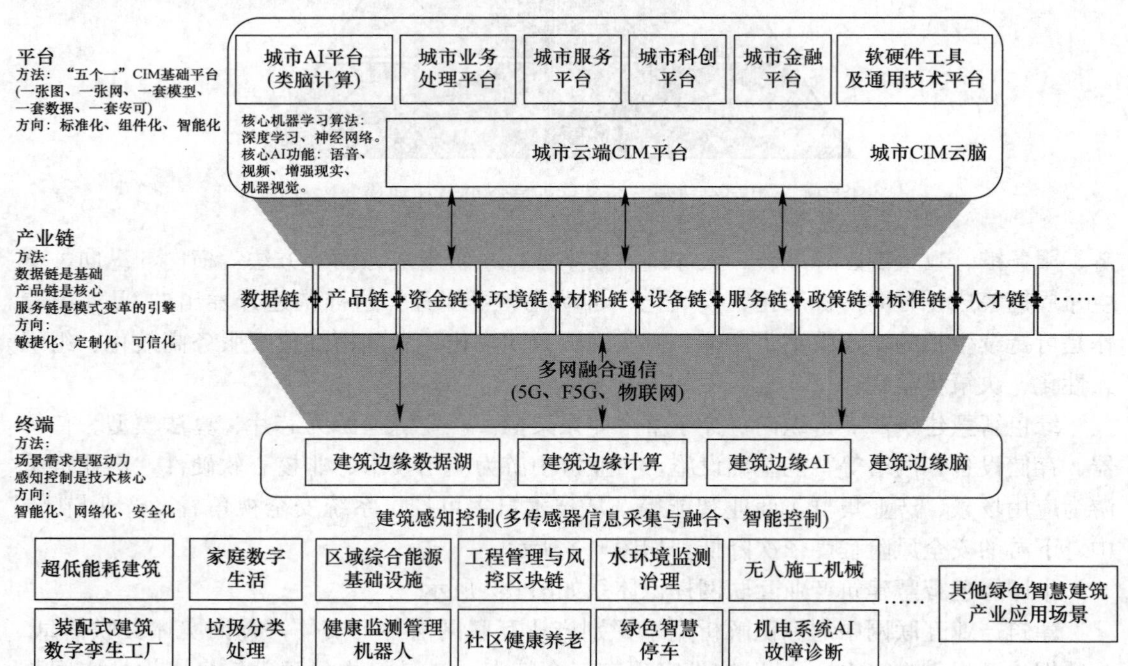

图 6-7　绿色智慧建筑产业互联网支撑构建 CIM 数字孪生体系

产业链	组成部分	安全风险等级
上游	芯片、算法模型、传感器、存储设备、网络	高
中游	应用技术、非核心软硬件	中
下游	应用场景、产业集群、商业智能	低

图 6-8　中国绿色智慧建筑产业互联网产业链

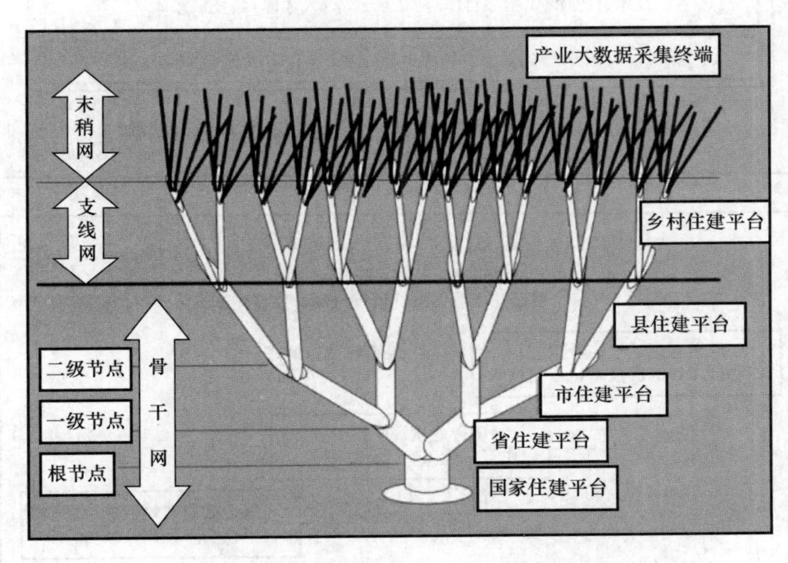

图 6-9　中国绿色智慧建筑产业互联网标识体系

是下一代互联网络关键基础技术体系，具备为各类物理实体与数字对象提供全球唯一标识、信息解析、信息管理与安全控制等服务能力。可基于 DOA 的技术基础，综合中国建筑市场的实际需求，研制具有自主知识产权的建筑物数字对象标识技术和标准，实现标准化模式下的数字对象标识的注册、解析与管理，使中国建筑产业互联网具有全球解析平台、分段管理机制及安全运行保障。

中国绿色智慧建筑产业互联网提供的服务包括：搭建“中国绿色智慧建筑产业发展公共服务平台”，逐步将该平台建设成为中国建筑业高质量发展赋能平台。构建开发绿色智慧建筑产业互联网数据库、绿色智慧技术开源知识库、信息技术开源库、工程项目库、应用场景库、人才库、科技成果库。打包提供的服务模块有：技术服务，知识服务（标准、书籍、研报、论文等），咨询服务，金融服务，产业化服务，绿建认证服务，项目供需匹配服务，双创大赛服务。中国绿色智慧建筑产业互联网服务平台架构如图 6-10 所示。

中国绿色智慧建筑产业互联网支撑构建的数字经济体系如图 6-11 所示。

2018 年 1 月 30 日，习近平总书记在中共中央政治局第三次集体讲话时指出：现代化经济体系是由社会经济活动各个环节、各个层面、各个领域的相互关系和内在联系构成的

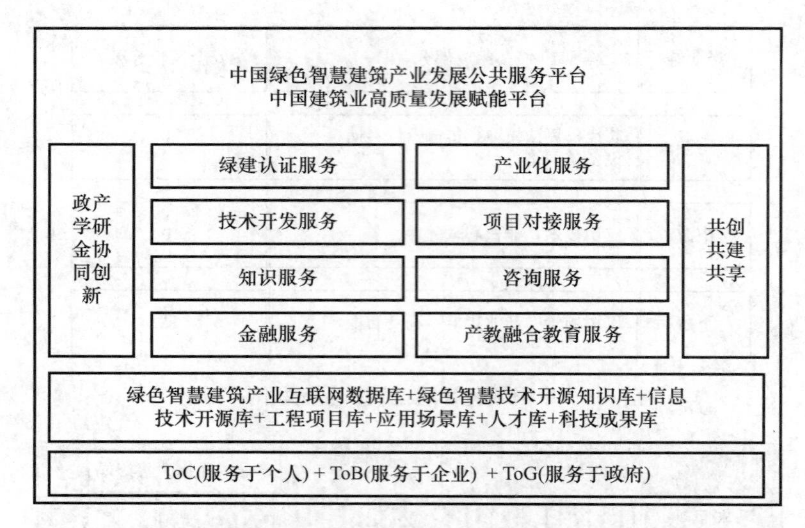

图 6-10　中国绿色智慧建筑产业互联网服务平台架构

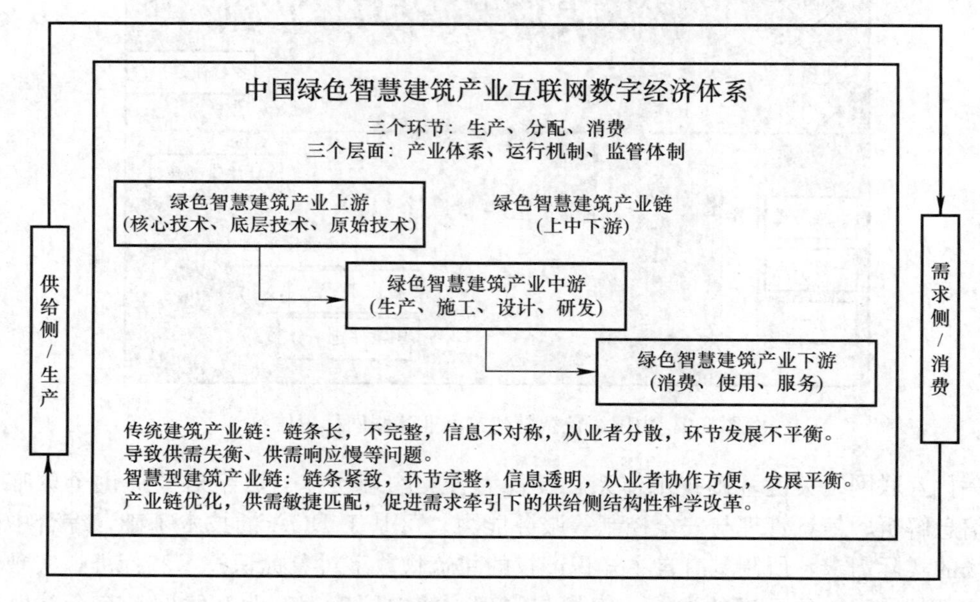

图 6-11　绿色智慧建筑框架模型数字经济框架模型

一个有机整体。党的十九大报告强调要重视现代化经济体系建设。现代化经济体系的框架特征包含：三个环节：生产、分配、消费。三个层面：产业体系、运行机制、监管体制。七个组成方面：产业、市场、收入分配、城乡区域发展、绿色发展、全面开放、经济体制。绿色智慧建筑产业互联网数字经济框架模型可以看作是现代化经济体系的一个具体实现，该模型指导下的建筑产业是我国当前历史阶段发展现代化经济体系的重要实践。

中国绿色智慧建筑产业互联网平台（CSCP）的基础架构如图 6-12 所示。

中国绿色智慧建筑产业互联网平台架构分为三层：中央管理云平台，边缘智能平台，智能终端平台。中央管理云平台主要提供全球范围的绿色智慧建筑资源和信息，实现远程管理与控制，满足行业监管部门日常的监督管理需求；边缘智能平台主要负责以建筑工程

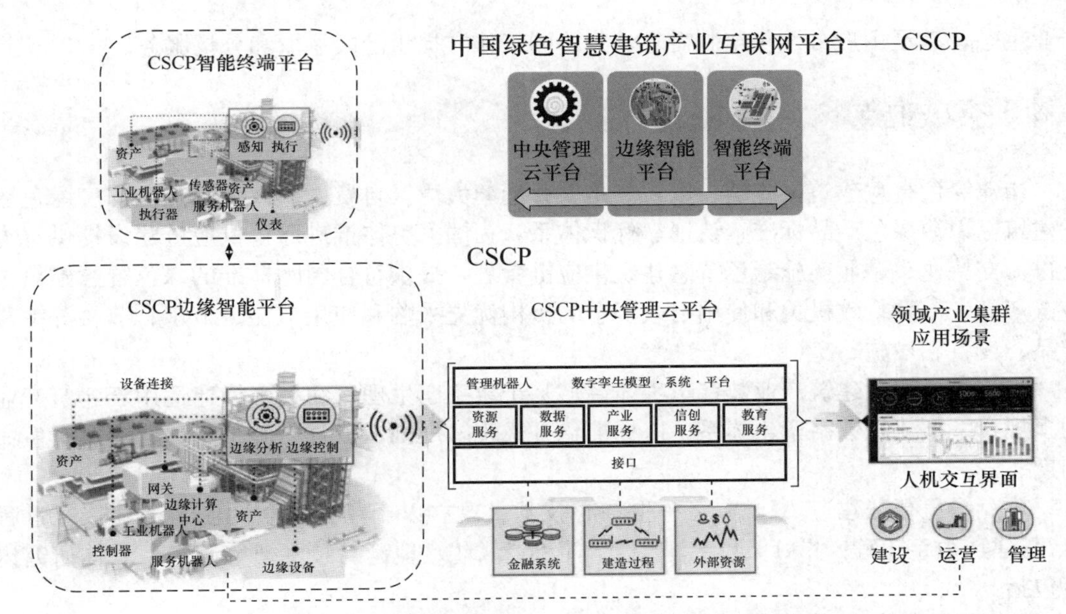

图 6-12　绿色智慧建筑产业互联网平台体系架构

为边界的局域数据的采集、处理、传输和就地智能控制功能的实现，上联云平台，下联智能终端平台；智能终端平台主要负责最底层的物联感知与控制执行，提供工业微服务和各种服务交互的框架，提供开发、创建、测试、运行工业软件程序的环境和微服务。基于中国绿色智慧建筑产业互联网平台可开发部署物流、供应链、应急管理、智能互联、智能环境、现场人员管理、产业经济分析、资产绩效管理、运营优化等多类产业应用。

中国绿色智慧建筑产业互联网知识工程的基础框架如图 6-13 所示。

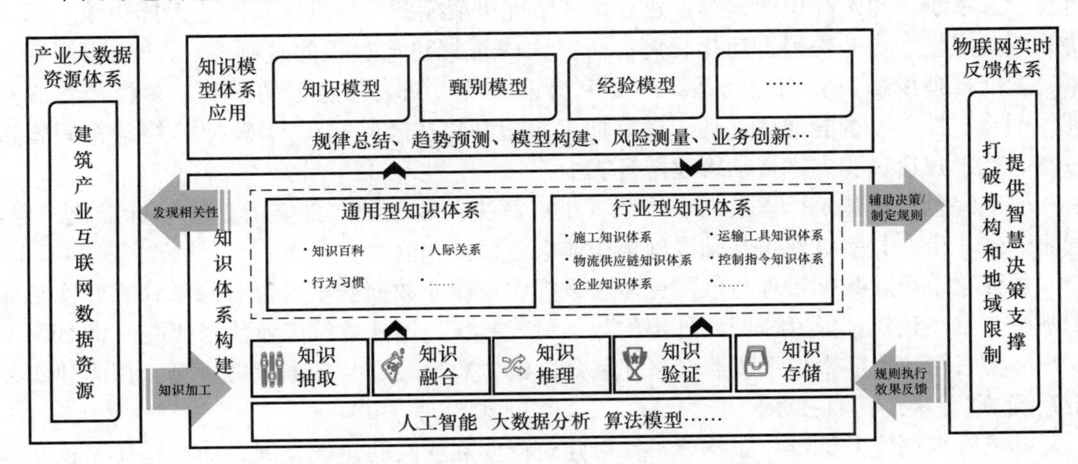

图 6-13　建筑产业互联网智能知识工程框架

未来，中国绿色智慧建筑产业互联网平台将按照统一的标准进行规范化建设和管理，持续探索数字技术与绿色智慧建筑各细分产业领域的深度融合，深度挖掘专业优势和价值，为全国建筑企业数字化转型升级提供基础平台。平台将通过标准化模式打通供需交互、技术开源、协同设计、协同开发、模块定制、精准采购、精准营销、智能生产、智慧物流、智慧服务等业务环节，通过智能化平台和系统使用户持续深度参与到绿色智慧建筑产业生态，满足用户个性化定制需求，为协同工作方提供随时调取和分析服务。

6.4 突破难点

构建绿色智慧建筑供应链。以长三角、粤港澳大湾区自贸试验区为重点，推广绿色智慧建筑标识等绿色产品标准、认证、标识体系，为国家整体推进绿色供应链建设提供有力支撑。支持龙头企业实施绿色智慧建筑供应链管理，提供符合国际标准的绿色智慧建筑供应链产品。鼓励行政机关和使用财政资金的机构优先采购和使用节能、节水、节材等绿建产品、设备和设施。

构建绿色智慧建筑产业数字孪生体系。基于数字孪生理论和技术构建适用于建筑产业的多规合一型建筑数字孪生体系，以标准化方式统筹规划、设计、施工、运营建筑全生命周期。

攻克绿色智慧建造 AI+数字孪生核心技术。建立以产品为线索的制造+建造全过程（智慧建造数字工程）“AI+数字孪生”（简称 AIDT）理论与技术研究路径。具体研究内容包括：

制造系统核心技术自主可控——控制器自主可控，传感器自主可控，执行器自主可控，现场总线自主可控，通信协议自主可控，工业控制系统软件自主可控，工业组态软件自主可控，环境扰动建模和抑制。

产品数字孪生——从设计端到使用端的产品数字工程，产品数据闭环，产品设计仿真建模，产品制造在线虚拟检测，产品质量在线分析与动态改进，部品构件生产制造过程数字孪生（数字孪生车间过程控制）。

AIDT 智慧建造知识工程——探索绿色智慧建筑知识体系和建筑知识智算模型、建筑智慧专家系统、建筑知识图谱等，建立鲁棒精准决策模型，推进建筑产业智能决策，降低决策不确定性、提升决策自动化程度。研究面向智慧建造过程的规则库、AI 逻辑推理原型、智能推理模型、专家控制系统、专家决策系统、缺失信息下的推理、多模型集成推理、不确定性人工智能推理，基于现有加工制造、建造经验知识实现 APP 终端车间智造方案、施工建造过程方案自动构建与智能推荐。

研制绿色智慧建筑标识及标识体系。重点解决：建筑物部件空天地统一标准化编码，国家—省—市—县多级建筑基础设施标识体系建设。

加强建筑产业数据治理与数据智能。重视建筑产业数据安全，提升隐私计算和隐私保护水平，实现建筑产业互联网内外部的数据可控共享。增强建筑产业数据智能。将 BIM+GIS 与物联网、数字孪生系统数据深度融合，建立数据融合与数据智能模型，探索建筑复杂系统 AI 建模与仿真技术。

推进标准制定及标准体系构建。针对建筑产业互联网的建设发展，加快构建贴近实际需求的标准体系，及时研制配套标准，确保新理论、新技术在中国标准中得到及时体现，增强中国标准的国际话语权。

6.5 实施路径

以协同化、孪生化、工程化、标准化“四化”为路径：

一是协同化。在住房和城乡建设部的统一规划部署和引导下，各省市住房和城乡建设主管部门通力配合，广泛汇聚规划、设计、施工、研发、运营单位资源，以企业为实施主体，协同推进中国绿色智慧建筑产业互联网建设发展。建立共建、共享、共赢的新型产业协作机制，营造公正、公平、阳光的产业推进环境。

二是孪生化。基于建筑工程全生命周期数字孪生视角，提出 5G、6G 时代中国绿色智慧建筑产业互联网理论。研发中国绿色智慧建筑产业互联网平台，该平台包括 BIM/CIM 基础组件、BIM/CIM 系统模型及报建、规划、设计、施工、审查等工程全生命周期各阶段数字孪生组件，是一个多细分领域产业互联网为主体构成且相互渗透融合的复杂体系。以建筑大数据和建筑产品全生命周期为线索，以数字孪生和 AI 为理论依据，以绿色智慧建筑知识模型、业务模型为核心，构建开发并不断迭代优化绿色智慧建筑产业互联网平台和系统。

三是工程化。在全国各地打造基于 CIM 平台的地方特色绿色智慧建筑产业互联网示范基地，落地一批示范工程，重点关注风电、光伏发电产业，建筑光伏一体化产业，绿色智能照明产业，乡村特色农产品产业互联网产业，城乡建筑文化产业等领域的进展，从中遴选具有推广价值的示范项目。通过示范引领，以点带面地推进全国绿色智慧建筑产业互联网发展。

四是标准化。目前我国还没有建筑产业互联网、绿色智慧建筑产业互联网方面的标准，建筑产业互联网标准体系尚未建立。要建立与国际接轨的建筑产业互联网标准体系，加强相关的国际标准建设，助力我国绿色智慧建筑理论、技术、产品、服务及产业更快更好地发展。

6.6　建设目标

中国绿色智慧建筑产业互联网的建设发展，即中国建筑业的绿色化、数字化转型分为四个阶段，时间跨度为 2021～2028 年，建设周期为 8 年。单元级绿色智慧化阶段（2021～2022 年）；系统级绿色智慧化阶段（2023～2024 年）；网络级绿色智慧化阶段（2025～2026 年）；生态级绿色智慧化阶段（2027～2028 年）。如图 6-14 所示。

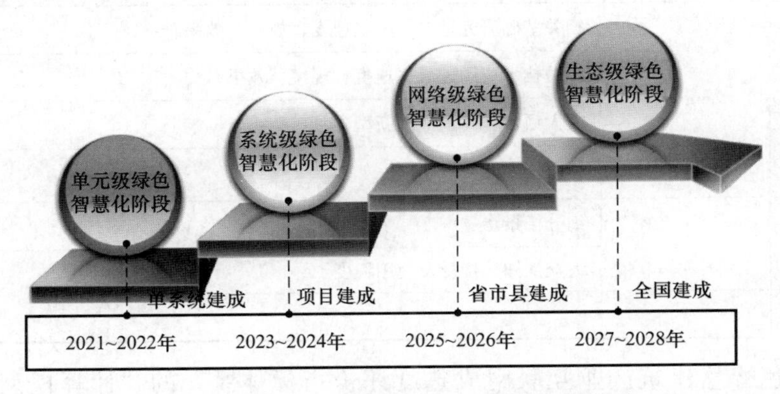

图 6-14　中国绿色智慧建筑产业互联网建设目标

6.7 成熟度评价

在充分调研、分析、理解绿色智慧建筑行业领域现状基础上，根据经过数年发展形成的相对独立的业态布局，提出“中国绿色智慧建筑产业互联网成熟度”（表示为β）概念，该指标体系用于评价绿色智慧理论与技术在建筑产业各细分垂直领域的应用程度（应用的深度、广度及价值反馈），用“渗透指数”（表示为β_1）或“市场空间指数”（表示为β_2）来表示，即：$\beta=\beta_1$ 或 $\beta=1-\beta_2$。以百分比形式表示各指标，表达形式为××%（其中“××”为数字0～9，取值范围为0～100%）。指标β数值越大，说明对应领域的绿色智慧化程度越高，绿色智慧在该领域的融合与应用情况越好。为了量化评价绿色智慧建筑产业互联网细分领域发展水平，本书制订“中国绿色智慧建筑产业互联网成熟度评价指标体系”，包含5个一级指标、14个二级指标，每个一级指标下包括若干个二级指标，每个一级指标和二级指标分别赋予相应的权重。见表6-1。

中国绿色智慧建筑产业互联网成熟度评价指标体系　　表6-1

一级指标		二级指标	
指标名称	权重	指标名称	权重
政策维度	0.1	政策数量（国家级、地方级）	0.05
		政策层次（国家级、地方级、企业级）	0.05
企业维度	0.3	代表性大型企业（央企、国企、巨头等）参与情况	0.1
		创业公司成长情况、业绩	0.1
		企业数量、体量、发展潜力	0.1
资本维度	0.2	投资额度	0.1
		投资回报率	0.05
		重大投融资事件数量（5000万元人民币以上）	0.05
技术维度	0.3	相关基础研究进展情况（速度、规模、效果）	0.1
		相关技术应用进展（速度、规模、效果）	0.1
		重大项目、高水平创新型项目	0.05
		相关研究成果	0.05
社会维度	0.1	细分场景渗透广度	0.05
		大众认知、接受及使用程度	0.05
累计	1		1

“中国绿色智慧建筑产业互联网成熟度评价指标体系”的“计算模型”如图6-15所示。

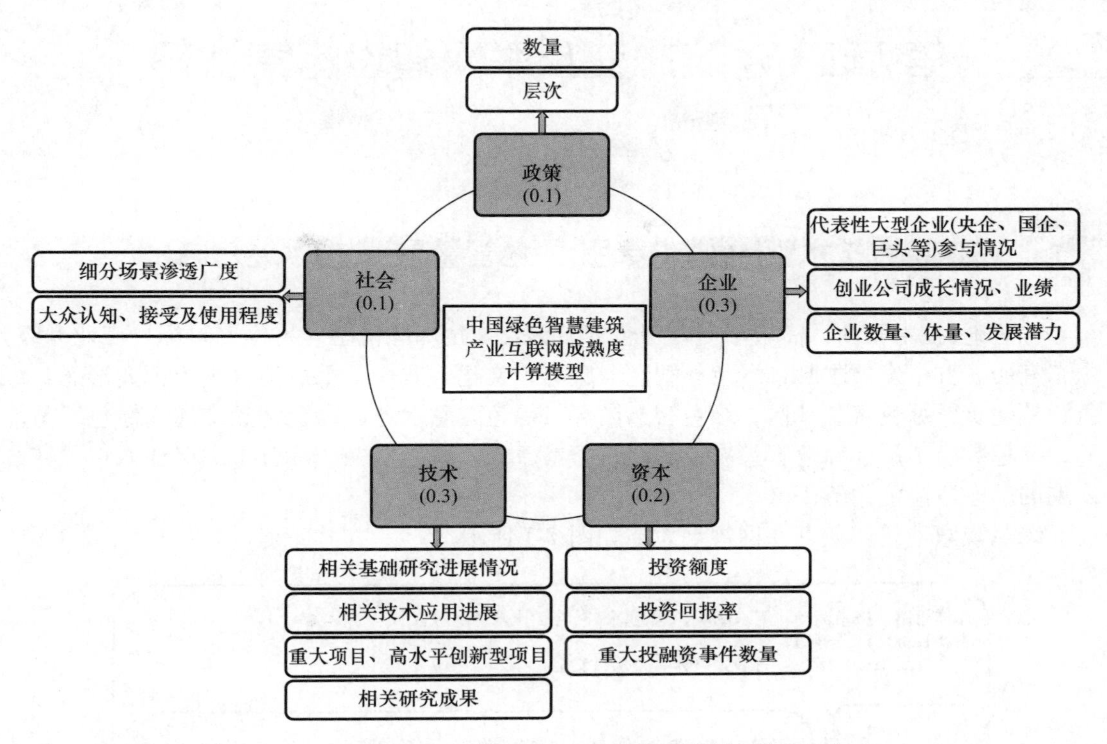

图 6-15　中国绿色智慧建筑产业互联网成熟度评价指标体系

第7章 建筑产业互联网建设运营管理

7.1 方法论：技术驱动 需求牵引 绿色智慧融合 技术经济融合

方法论:技术驱动，需求牵引，绿色智慧融合，技术经济融合。主要目标：产业升级，生态宜居。五个发展主脉：绿色、智慧、康养、文化、安全。重点培育十个产业形态：绿色智慧建筑、绿色智慧社区、绿色智慧园区、绿色智慧水务、绿色智慧交通、绿色智慧能源、绿色数字工厂、绿色智慧农业、绿色智慧康养、绿色金融。综合考虑保证城市可持续发展的动态适应能力等因素。

绿色智慧建筑产业互联网规划思路如图 7-1 所示。

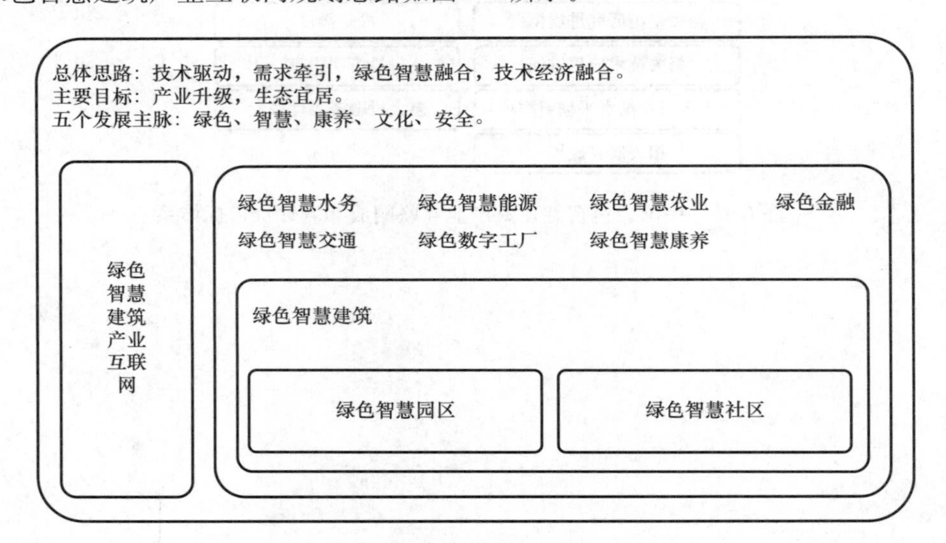

图 7-1 绿色智慧建筑产业互联网规划

提出一种如图 7-1 所示的绿色智慧建筑产业互联网规划方法：以人工智能理论和技术为核心驱动要素，以人工智能伴随技术——物联网（NBIoT、LoRa 等）、大数据、云计算、5G、IPV6 为辅助驱动要素，以智能化应用技术与系统为技术支撑要素，以绿色智慧建筑细分领域为应用场景。总的来说，它是一种需求、技术及政策综合驱动的规划方法。

7.2 建设方法：由工业互联网拓展产业互联网

7.2.1 由工业互联网到产业互联网（建筑工业化路径）

随着全球工业 4.0 战略的推进，工业互联网正在重塑产业链和价值链，正在为重构全球工业、激发生产力作出重要贡献，各种垂直行业领域的工业互联网在不久的将来会被开发出来，并通过运营产生巨大价值。工业4.0项目主要分为三大主题：“智能工厂”，重点研究智能化生产系统及过程，以及网络化分布式生产设施的实现；“智能生产”，主要涉及整个企业的生产物流管理、人机互动以及3D技术在工业生产过程中的应用等。该计划将特别注重吸引中小企业参与，力图使中小企业成为新一代智能化生产技术的使用者和受益者，同时也成为先进工业生产技术的创造者和供应者；“智能物流”，主要通过互联网、物联网、物流网，整合物流资源，充分发挥现有物流资源供应方的效率，而需求方，则能够快速获得服务匹配，得到物流支持。智能工厂是工业互联网的核心，“互联”是工业互联网的基本功能，在此基础上通过数据的流动和分析，进一步实现智能化生产、网络化协同、个性化定制、服务化延伸，最终将构建出新商业模式，催生出新业态。智能工厂的核心技术是工业控制系统（Industrial Control Systems，ICS，简称工控系统）。工业控制系统，是由各种自动化控制组件以及对实时数据进行采集、监测的过程控制组件共同构成的确保工业基础设施自动化运行、过程控制与监控的业务流程管控系统。其核心组件包括数据采集与监控系统（Supervisory Control and Data Acquisition，SCADA）、分布式控制系统（Distributed Control Systems，DCS）、可编程控制器（Programmable Logic Controller，PLC）、远程终端（Remote Terminal Unit，RTU）、人机交互界面设备（Human Machine Interface，HMI），以及确保各组件通信的接口技术。工业控制系统是基础性的基础设施，工业控制系统技术具有基础性和通用性，具有赋能各大工业门类的作用和意义。工业控制系统的基础性作用如图7-2所示。

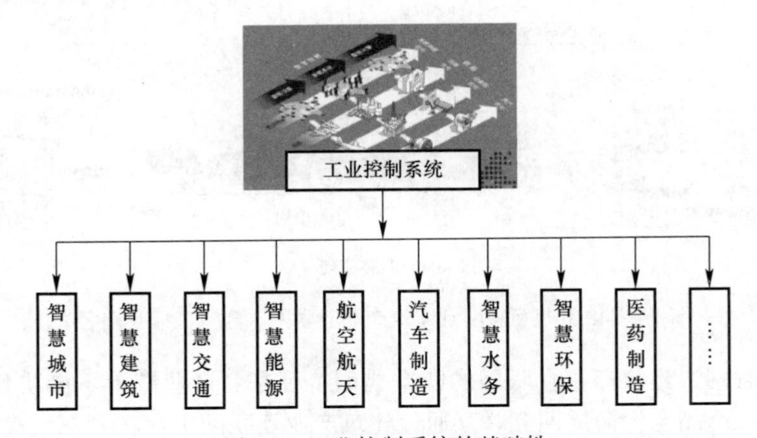

图7-2　工业控制系统的基础性

基于工业互联网的核心要义，可衍生出建筑工业互联网、产业互联网、建筑产业互联网。我们认为，可行性强的建筑工业化路径模式为“四段式模式”，即：一阶段：工业互联网（通用型），发源于制造业，以智能工厂为核心，拓展产业互联网；二阶段：行业工业互联网（专业型），是工业互联网的某个分支；三阶段：产业互联网（通用型），以服务于产业发展为目的，以产业链协作为根本特征；四个阶段：行业产业互联网（专业型），是产业互联网的某个分支。如图7-3所示。

作为工业门类中的一大类，建筑业应遵循工业体系的一般规律。建筑工业互联网可看作是工业互联网的一个垂直分支。目前，建筑产业互联网的构建尚无明确统一的理论作为依据，可在工业互联网一般意义的基础上，充分结合建筑业的特点和需求，凝练、拓展得

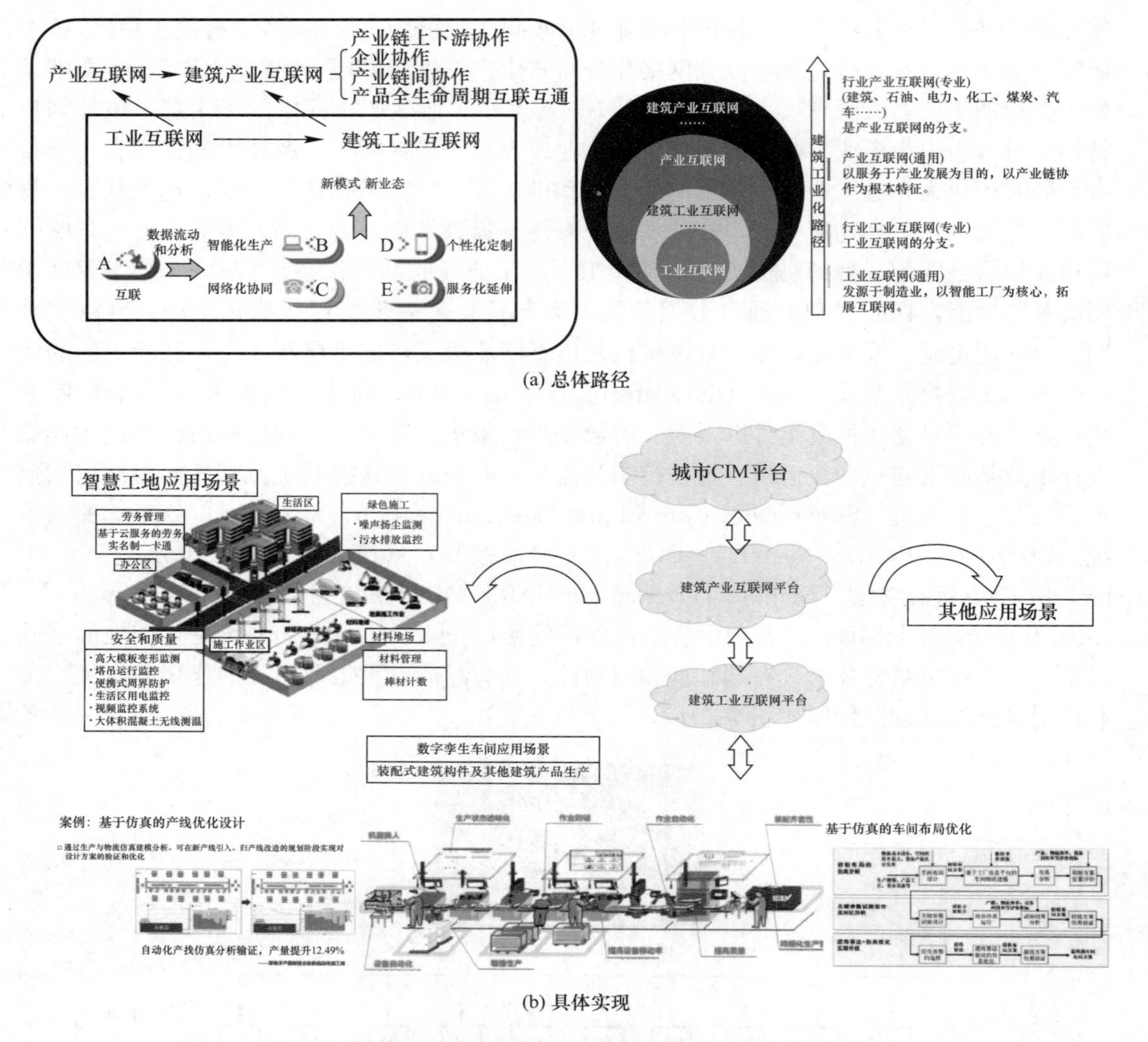

(a) 总体路径

(b) 具体实现

图 7-3　由工业互联网到建筑产业互联网（建筑工业化路径）

出建筑产业互联网。建筑产业互联网的四个典型特征是：产业链上下游协作；企业协作；产业链间协作；产品全生命周期互联互通。建筑产业互联网中存在着三大类集成：横向集成、纵向集成、端端集成。这与德国工业 4.0 中提出的集成类型是一致的。随着移动互联网、BIM、智能终端等技术的发展，端端集成是近几年来发展迅速的一类集成方式。端端集成从工程全生命周期、产品全生命周期的角度，将产品研发、生产、服务等产品全生命周期活动以及建筑规划、设计、施工、监理、运维等工程全生命周期活动进行端到端的大范围集成，实现围绕产品和工程的企业间、个体间的集成与协作。端端集成为建筑产业互联网构建了更加完整和致密的产业链和生态圈，是创新服务模式的关键所在。

产业互联网共分为四层：DCS（分布式工业控制系统）、MES（制造执行系统）、ERP（企业管理系统）、IIS（产业互联网系统）。建筑产业互联网也可遵循产业互联网的分层方法，划分为如上所述的四层。基于工业信息物理系统理论，建筑产业互联网可看作是一类面向建筑产业的数字孪生复杂系统，由此可产生“数字孪生产业互联网”和“数字孪生建筑产业互联网”新概念。基于云计算和云控制平台，建筑产业互联网数字孪生复杂系统可提供各种面向各种应用场景的管理与服务。系统方案设计理念为：分布式，实时性，开放性，节能性，标准化，模块化，互操作性，安全性。如图 7-4 所示。

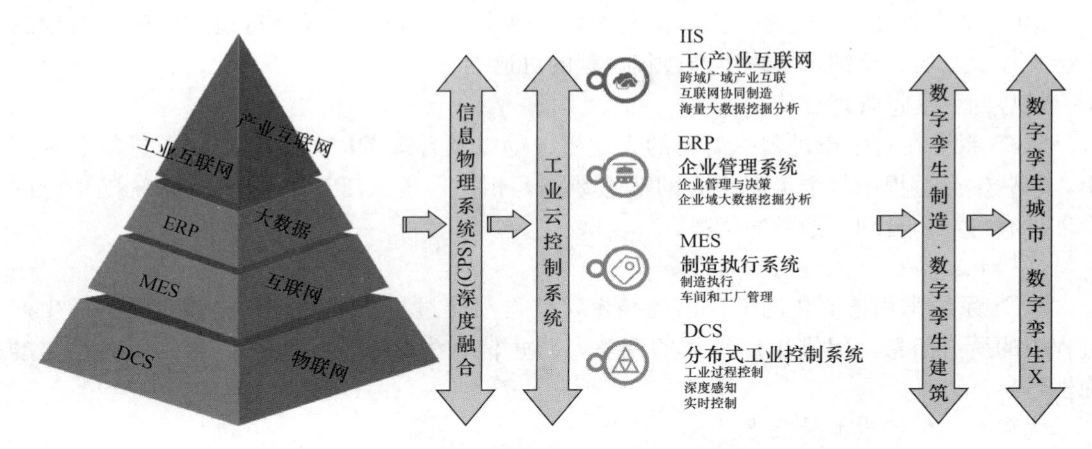

图 7-4　由工业控制系统到数字孪生工业互联网

MES 系统是一套面向制造企业车间执行层的生产信息化管理系统。MES 可以为企业提供包括制造数据管理、计划排程管理、生产调度管理、库存管理、质量管理、人力资源管理、工作中心/设备管理、工具工装管理、采购管理、成本管理、项目看板管理、生产过程控制、底层数据集成分析、上层数据集成分解等管理模块，为企业打造一个扎实、可靠、全面、可行的制造协同管理平台。美国先进制造研究机构 AMR（Advanced Manufacturing Research）将 MES 定义为“位于上层的计划管理系统与底层的工业控制之间的面向车间层的管理信息系统”，它为操作人员/管理人员提供计划的执行、跟踪以及所有资源（人、设备、物料、客户需求等）的当前状态。制造执行系统是美国 AMR 公司在 20 世纪 90 年代初提出的，旨在加强 MRP 计划的执行功能，把 MRP 计划通过执行系统同车间作业现场控制系统联系起来。这里的现场控制包括 PLC 程控器、数据采集器、条形码、各种计量及检测仪器、机械手等。MES 系统设置了必要的接口，与提供生产现场控制设施的厂商建立合作关系。

MES 系统对管理拥有大量车间的生产制造流程企业来说，优势明显。MES 系统可以根据不同行业产业的生产链进行设定，对于生产执行的管理，相比于传统方式具有自动化、信息化、集成化的多功能生产管理优势。MES 系统的优势可以概括为九个方面：精益生产、生产透明化、生产过程可追溯、信息管理智能化、信息真实性与即时性、生产成本最低化、物料管理专业化、管控能力的持续优化、决策支持优势。

优势一：精益生产

相对于传统管理方式，MES 系统的优势最突出的一点是能够促进并实现制造企业的精益生产。MES 系统能够对生产线、工艺、生产物料、产能等信息进行信息化、自动化、智能化管理，对于生产计划的制定和生产需求的满足具有客观、合理、精准的优势，帮助企业实现精益化生产制造的目标。

优势二：生产透明化

MES 系统的优势的第二个重要体现就是实现了生产透明化。MES 制造执行系统采用工业条码技术，运用计算机代码对工厂车间的生产流程、生产操作人员、制品、生产设备、物料及计划指令等进行全面管理与控制，实现了生产透明化监督与管理。

优势三：生产过程可追溯

MES系统通过代码对整个生产流程中每个车间、每条生产线、每道工序的所有信息进行统计、分析、反馈，实现生产过程全程的可追溯管理。

优势四：信息管理智能化

MES系统在对生产过程中需要的人、机、物以及合理的时间计划等资源进行合理利用，掌握生产过程中每个工序中心的信息数据，相比传统人工管理，MES系统随信息的管理具有科学、合理、高效的优势。

优势五：信息真实性与即时性

MES系统采用透明化的生产监控技术，使得生产过程全程可控，能够实时掌握生产过程中的所有信息，促进生产计划的调整，防止信息失真，保证生产信息的即时性与准确性。

优势六：生产成本最低化

MES系统的数据自动采集技术和工业条码技术，对于实现生产过程可视化生产，生产质量实现可追溯，提高生产质量和生产效率，减少损耗，降低生产成本，具有不可忽视的优势与价值。

优势七：物料管理专业化

除了对产品物料的基础信息进行管理之外，集控MES制造执行系统对生产物料进行管理，还具有对于一些具有产品结构复杂、工艺工序烦琐、生产形式多样等特点的生产行为进行全面管理的优势，同时MES系统还能对生产物料的各种BOM信息进行管理，包括了工程BOM、装配BOM、工程装配BOM、装箱BOM等，在生产之前就能够对产品结构有深入的了解，为设置工艺和工序提供基础数据信息支持。

优势八：管控能力的持续优化

MES系统可以实现制造流程的持续优化，具有持续提升质量能力、效率、运营操作和成本控制能力的优势。

优势九：决策支持优势

MES系统能够让车间管理人员、企业管理者、决策者第一时间掌握车间生产现场的状况和需求，因此能够快速做出反应，对出现的问题也能及时纠正解决；MES系统通过实时、准确、全面的信息，确保管理者能够做出快速、高质量的管理决策，提高生产效率和减少质量损失。

集散控制系统简称DCS，也可直译为“分散控制系统”或“分布式计算机控制系统”，它采用控制分散、操作和管理集中的基本设计思想，采用多层分级、合作自治的结构形式，其主要特征是它的集中管理和分散控制。DCS在控制上的最大特点是依靠各种控制、运算模块的灵活组态，可实现多样化的控制策略以满足不同情况下的需要，使得在单元组合仪表实现起来相当繁琐与复杂的命题变得简单。随着企业提出的高柔性、高效益的要求，以经典控制理论为基础的控制方案已经不能适应，以多变量预测控制为代表的先进控制策略的提出和成功应用之后，先进过程控制受到了过程工业界的普遍关注。在实际过程控制系统中，基于PID控制技术的系统占80%以上，各DCS厂商都以此作为抢占市场的有力竞争砝码，开发出各自的 PID 自整定软件。在基本的 PID 算法基础上，可以开发各种改进算法，以满足实际工业控制现场的各种需要，诸如带死区的 PID 控制、积分分离的 PID 控制、微分先行的 PID 控制、不完全微分的 PID 控制、具有逻辑选择功能的 PID 控制等。与传统的 PID 控制不同，基于非参数模型的预测控制算法是通过预测模型预估系统的未来输出的状态，采用滚动优化策略计算当前控制器的输出。根据实施方案的不同，有各种算法，例如，内模控制、动态矩阵控制等。目前，实用预测控制算法已引入 DCS，例如 IDCOM 控制算法软件包已广泛应用于加氢裂化、催化裂化、常压蒸馏、石脑油催化重整等实际工业过程。此外，还有霍尼韦尔公司的 HPC，横河公司的 PREDICTROL，山武霍尼韦尔公司在 TDC-3000LCN 系统中开发的基于卡尔曼滤波器的预测控制器等。这类预测控制器不是单纯把卡尔曼滤波器置于以往预测控制之前进行噪声滤波，而是把卡尔曼滤波器作为最优状态推测器，同时进行最优状态推测和噪声滤波。

工业门类的多样性使得智能工厂建设模式也呈现出多样性，从领域大类上至少分为流程制造领域、离散制造领域、消费品制造领域。

（1）流程制造领域：生产过程数字化到智能工厂

在石化、钢铁、冶金、建材、纺织、造纸、医药、食品等流程制造领域，企业发展智能制造的内在动力是设备监控与质量追溯，侧重从生产数字化建设起步，基于质量追溯需求从产品末端控制向全流程控制转变。所以流程制造式企业发展模式首先是设备过程参数监控与设备健康 OEE 分析，通过生产对于温度、压力等过程参数的控制来进行质量管控与追溯，然后将质量追溯的内容拓展到外协单位与原材料供应商。智能工厂的建设模式为：第一，实现智能单元工艺参数温度、压力等监控与追溯，实现设备 OEE 管理提升产能；第二，由智能生产单元进一步拓展到非关键工序环境的数字化；第三，打通上下游企业之间的数据隔阂。

（2）离散制造领域：智能制造生产单元（装备和产品）到智能工厂

离散制造指的是产品的生产过程通常被分解成很多加工任务来完成，每项任务仅要求企业的一小部分能力和资源，企业一般将功能类似的设备按照空间和行政管理建成一些生产组织，工件从一个工作中心到另外一个工作中心进行不同类型的工序加工。离散制造的产品往往由多个零件经过一系列并不连续的工序的加工最终装配而成。在机械、汽车、航空、船舶、轻工、家用电器和电子信息等离散制造领域，由于离散制造业人工参与较多，企业发展智能制造的核心目的在于最大限度地实现数据共享，缩减因信息不通畅而造成的窝工现象，所以离散行业虽然现在比较提倡全部自动化的智能单元，但是仅限于瓶颈工序，否则即使全部实现流水线式的智能单元也没有实现透明化管理对于生产效率、质量等方面效益来得多。所以其智能工厂的建设模式为：第一实现生产过程透明化管理；第二通过在线质量检测、智能单元设备监控实现瓶颈工序产量提升；第三实现设计、服务与制造之间多维度数字化协同。

（3）消费品制造领域：个性化定制到互联工厂

在家电、服装、家居等距离用户最近的消费品制造领域，企业发展智能制造的重点在于充分满足消费者多元化需求的同时实现规模经济生产，侧重通过互联网平台开展大规模个性定制模式创新。因此其智能工厂建设模式为：一是推进个性化定制生产，引入柔性化生产线，搭建互联网平台，促进企业与用户深度交互、广泛征集需求；二是推进设计虚拟化，打通设计、生产、服务数据链，采用虚拟仿真技术优化生产工艺；三是推进制造网络协同化，变革传统垂直组织模式，以扁平化、虚拟化新型制造平台为纽带集聚产业链上下游资源，发展远程定制、异地设计、当地生产的网络协同制造新模式。

工业智能赋能建筑产业发展可实现8个能力提升：

1）厂内厂外网络互联互通能力提升；

2）智能控制（智能自动化）能力提升；

3）云边协同AI计算能力提升；

4）自主可控工业通信能力提升；

5）跨媒体数据融合能力提升；

6）自主学习、闭环优化能力提升；

7）管理治理能力提升；

8）风险防控能力提升。

建筑产业互联网的发展来自建筑产业转型升级的内生需求，因此在未来将具有巨大的市场潜力。但真正建成智慧建筑产业互联网尚任重而道远，工业控制系统和工业互联网自身的发展、成熟程度直接影响着产业互联网的发展。

当前阶段工业控制系统技术现状总结如下：

1）自动化方面：现多依靠人的编程输入，依靠人工智能进行建模、编程、组态尚未实现，自主控制尚未真正实现。

2）通信方面：主要通信协议由国际巨头企业联合制定，中国主导制定的工业通信协议非常少，技术和产业生态的构建对中国而言任重道远。

3）感知方面：传感基本实现，可测量、检测过程参数，但真正做到智能感知、认知的场景并不多。

4）计算方面：数据基本实现分布式采集、集中式计算，但计算的智能性不强。

5）安全方面：由于工业控制系统核心技术很大程度上掌握在欧美等发达国家手里，核心技术的自身漏洞和人为攻击带来的安全隐患突出。

工业“互联”与“智能”的内在需求及技术的进展大大促进了智慧产业互联网的发展。究其本质，“互联”与“智能”的最终目的为：①提升协作效率，改善生产关系；②改进生产过程，提高生产力；③为科学决策提供辅助支撑。通过工业大数据与工业过程控制机理、运行状态、专家经验的知识融合，实现智能处置及智慧决策。

智慧建筑产业互联网的长足发展应充分考虑现阶段工业控制系统的特征与不足，在剖析工业“互联”与“智能”本质的基础上，结合我国建筑产业的实际情况制定相应的对策措施、发展规划及技术方案，尽量缩短对新发展路径的探索周期。

7.2.2 基于产品全生命周期的建筑产业互联网

产业链和产品是建筑产业互联网的核心，以各个细分领域产业链的集聚为基础，以产品全生命周期为线索，可勾勒出建筑产业互联网的基本轮廓，如图7-5所示。

7.2.3 行业三层架构下的建筑产业互联网

从行业广域系统视角看，建筑产业互联网自底向上包含下层（企业内）、中层（企业间）、上层（产业生态）三个层级，并通过三个层级之间的互联互通实现全体系集成，如图 7-6 所示。

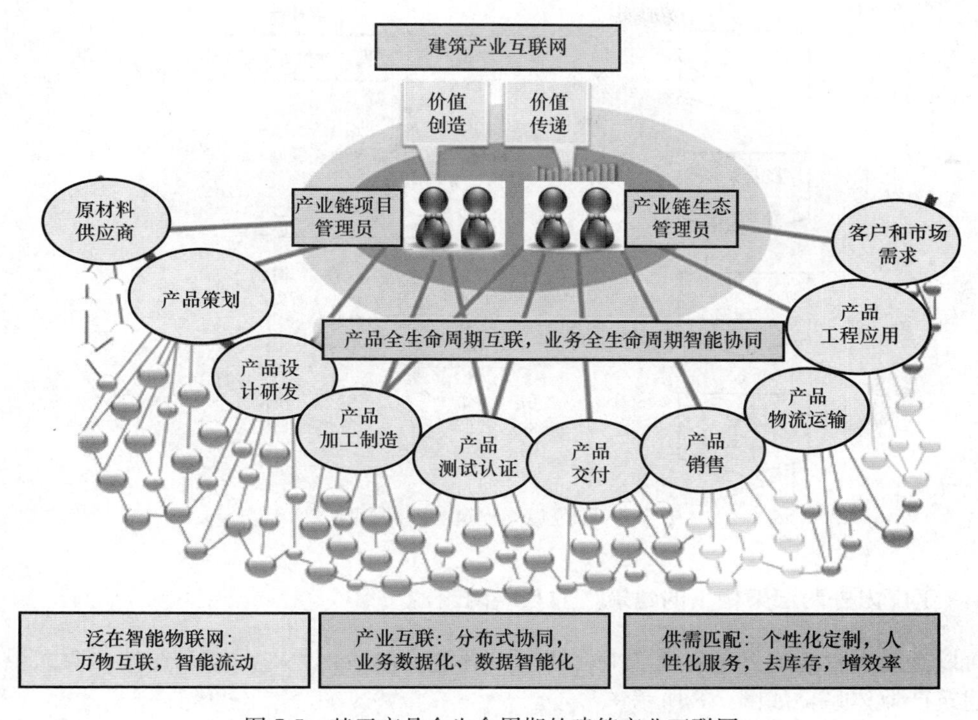

图 7-5　基于产品全生命周期的建筑产业互联网

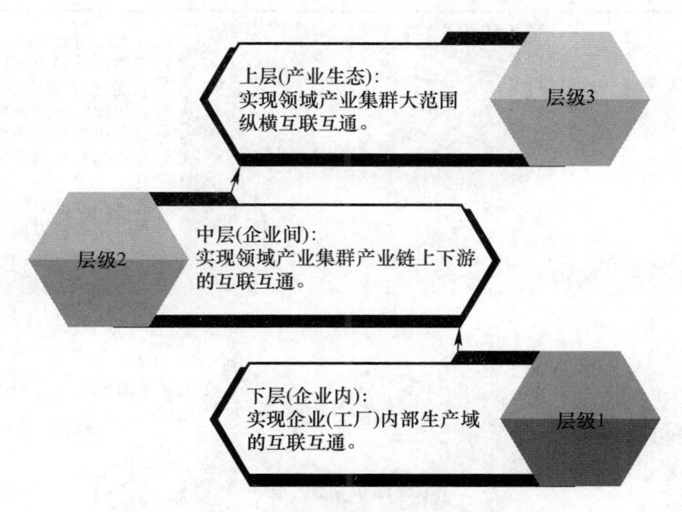

图 7-6　三层级互联互通的建筑产业互联网

（1）下层（企业内）：实现企业（工厂）内部生产域的互联互通。上连平台、下连设备，达到生产过程全息共享和数字孪生。

（2）中层（企业间）：实现领域产业集群产业链上下游的互联互通。通过产业链上下游企业间的业务和信息协同，实现企业间的协作。

（3）上层（产业生态）：实现领域产业集群大范围纵横互联互通。通过产业要素纵向、横向、端端互联达到整个产业生态透明协作。

绿色智慧建筑产业中各种产业要素的隶属关系（商业模式：I2C2B）如图 7-7 所示。

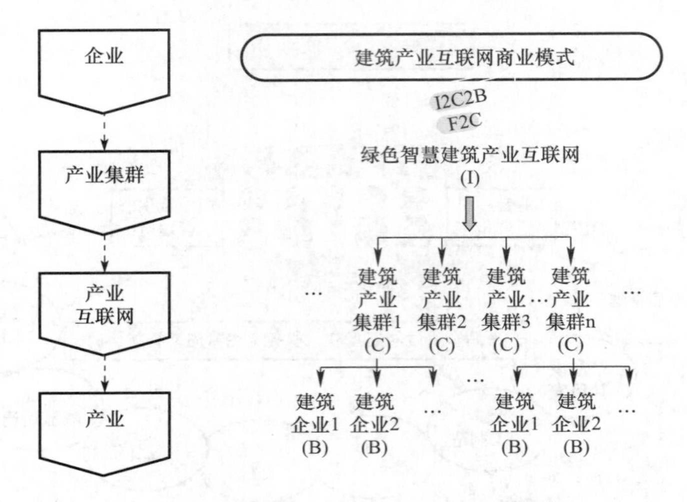

图 7-7　绿色智慧建筑产业商业模式

7.2.4　工厂内外两层架构下的建筑产业互联网

若以企业平台为边界，建筑产业互联网可理解为包括企业内部和企业外部两大组成部分的建筑产业体系，如图 7-8 所示。

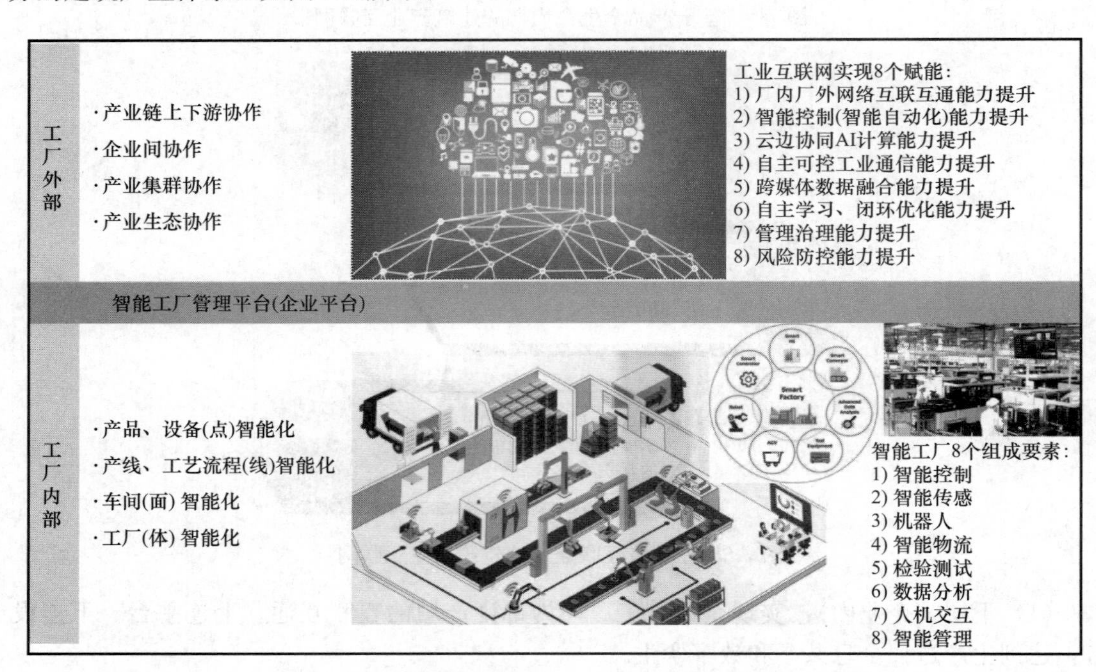

图 7-8　智能工厂内外互联的产业互联网架构

整个产业互联网分为两个层级——工厂内部和工厂外部。工厂内部的主要功能实现为：①产品、设备（点）智能化；②产线、工艺流程（线）智能化；③车间（面）智能化；④工厂（体）智能化。智能工厂的8个组成要素为：①智能控制；②智能传感；③机器人；④智能物流；⑤检验测试；⑥数据分析；⑦人机交互；⑧智能管理。工厂外部的主要功能实现为：①产业链上下游协作；②企业间协作；③产业集群协作；④产业生态协作。

工厂内部部分智能工厂的典型架构如图7-9所示。

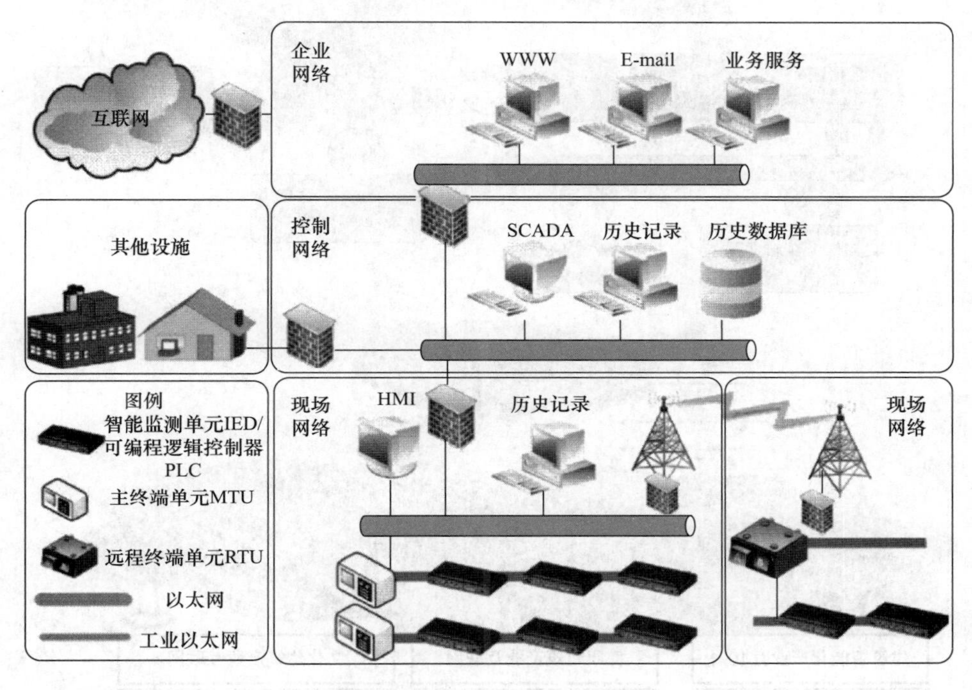

图7-9　智能工厂典型架构

基于工业互联网的产业互联网的异构网络结构及系统组成如图7-10所示。

基于工业互联网的产业异构网络具有如下特点和需求：

（1）基于Internet的TCP/IP架构实现对广域网、工厂管理网络、控制网络、传感网络的全面互联。

（2）控制网络与Internet集成，实现无缝信息传输，建立控制管理混流闭环。

（3）控制器、传感器、控制网、传感网中的国产化自主可控技术是难点，也是工厂内部传感控制网与外界信息网融合后最有可能受到安全攻击的对象所在，应重点攻克相关技术，重点防御。

（4）网络传输系统安全可靠，数据系统安全可信，实现制造过程和产业链自主可控。

实际工程项目中，需重点考虑现场物联感知和就地控制装置与远程管理平台的系统集成问题，这也是实现真正意义上互联互通的必由之路。现场设备接入建筑产业互联网平台的一般技术方案如图7-11所示。

通过现场设备数据采集、智能处理及协议转换，实现企业OT层与IT层的打通，使数据在整个制造系统、工程系统及IT系统之间高效流通。

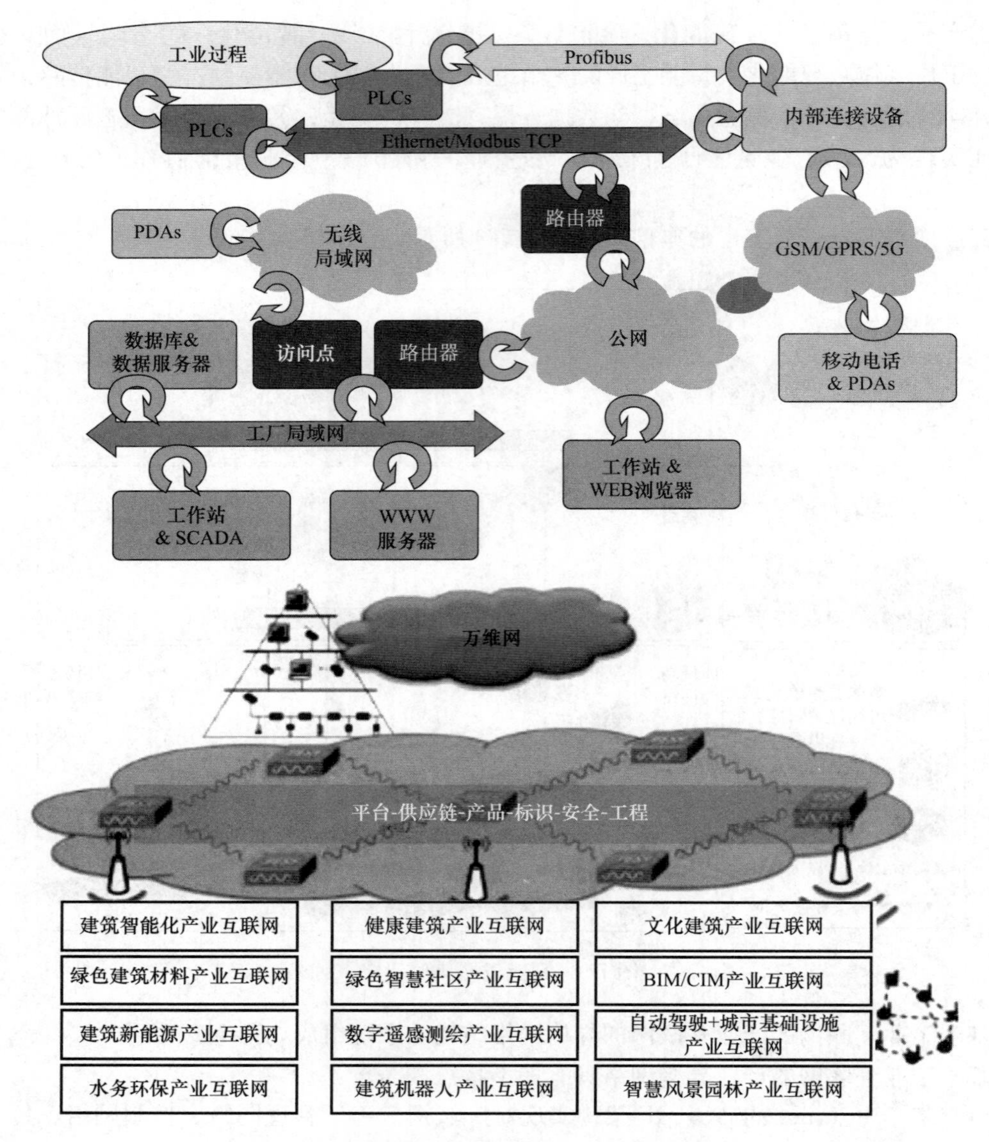

图 7-10　基于工业互联网的产业异构网络组成

建筑产业互联网平台的“智慧”技术要点如下：

1）自主控制——全系统自动化，强调人的干预成分尽可能的少。

2）远程云控——具有云端管理与控制器，强调其可编程、可组态能力。

3）数据智能——具备大数据智能挖掘分析利用及增值服务能力。

7.2.5　无人数字孪生工厂

无人数字孪生工厂是工厂的高级形态，是指全部生产活动由电子计算机进行控制，生产第一线配有机器人而无需配备工人的工厂。无人数字孪生工厂里安装有各种能够自动调换的加工工具。从加工部件到装配，以及最后一道成品检查，都可在无人的情况下自动完成。无人数字孪生工厂综合运用工业自动化、机器人、数字孪生、互联网等技术的产品制造场所，其核心是自主控制。无人数字孪生工厂通过对生产过程的预测，对工艺过程进行优化，最终对生产管理进行智能决策。

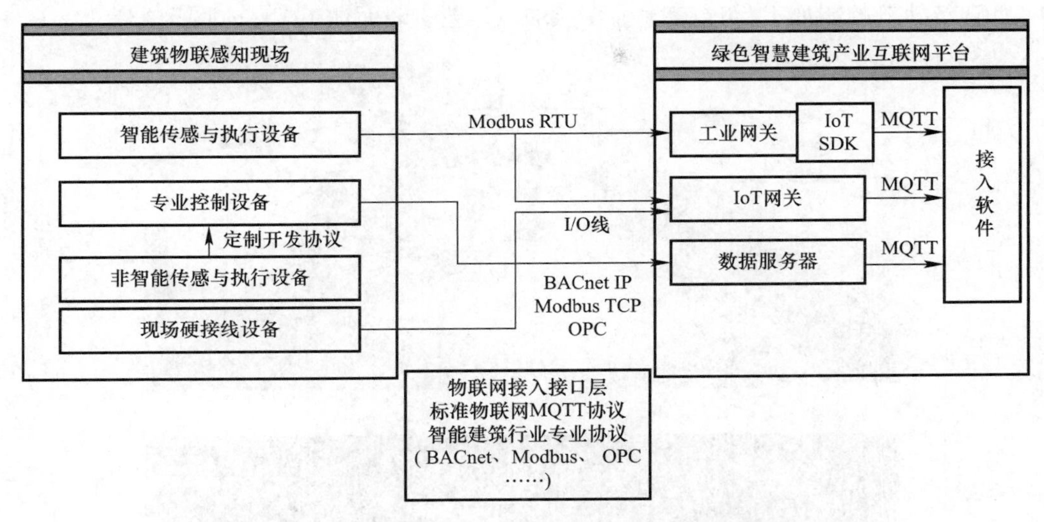

图 7-11　现场设备接入建筑产业互联网平台方法

无人数字孪生工厂涉及的技术点包括云平台、物联网平台、BIM 建厂、自动排程、虚拟测量、伺服控制、AI 缺陷检测、零部件寿命预测、自动输送、自动取货等。

无人数字孪生工厂的核心功能如下：BIM 建厂实现绿色虚拟智能建造。云平台实现供应链系统协同，缩短物料采购周期，提升协作效率。虚拟测量技术实现大数据融合下的实时在线智能测量。智能控制（伺服控制、分布式控制、自主控制）实现生产过程自动化控制。智能物流仓储加快订单物料配送速度，实现自动运输、自动取货。自动排程系统缩短生产过程中的等待时间，优化生产流程。AI 检测和识别技术提升生产过程检测环节的智能性。最终实现智能制造技术和企业管理模式创新。无人数字孪生工厂的重要功能板块如图 7-12 所示。

以下是 Tecnomatix 的解决方案。Tecnomatix 不仅实现了工艺设计、工艺验证优化等功能，而且 Teamcenter 的 MPM 可管理工艺信息。通过 Tecnomatix、NX、Teamcenter 及 SIMATIC IT（西门子 MES 产品）整合集成，为企业提供了一套端到端的数字化制造解决方案。

关键技术之工艺规划与仿真

工艺规划与仿真解决方案主要包含基于面向制造过程设计的 DPE 和面向装配过程分析的 DPM 模块。DPE 是一个基于数据库的系统，用于工艺和资源规划的应用环境，支持与 PLM 平台数据集成，直接从 PLM 系统中接收数据，管理带配置信息的 BOM 和产品结构；通过在产品设计初步阶段产生的 EBOM 或 DMU 数据，也可编制或重用已有的工艺，产生总工艺设计计划（分离面划分），工艺图表，工艺细节规划，工艺路线等，表明工艺与资源的顺序和关联。并规划工厂和车间的流程和工时等工艺相关的应用。对 EBOM 具备 3D 可视化能力，并且能够自动化生成 MBOM。

关键技术之工业机器人

主要是面向机器人仿真的 Robotics 功能模块，是专业的工业机器人建模、仿真、分析软件。可以创建机器人运动机构，研究可行性，进行单个或多个机器人的离线编程，并将机器人程序发送到车间现场。拥有主流的标准机器人库，超过 800 个经过验证的机器人模型，并不断持续更新中。主要机器人解决方案和合作伙伴的解决方案涵盖了主要的加工工艺，如连续轨迹控制加工/切边工艺、多点加工工艺、表面加工工艺（图 7-13）。

(a) 自动化工厂

(b) BIM建厂

(c) 自动排程

图 7-12　无人数字孪生工厂（一）

(d) 虚拟测量

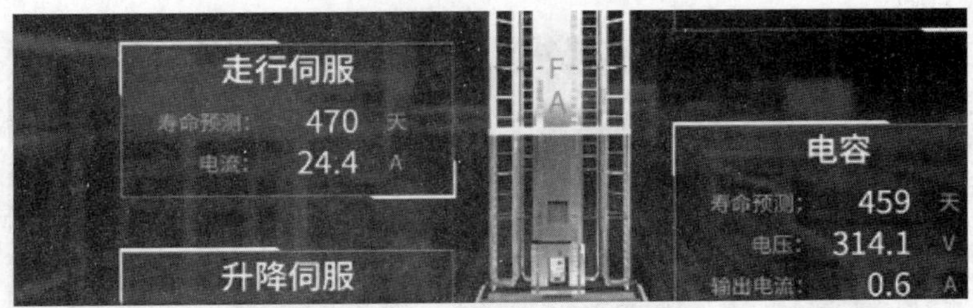

(e) 伺服控制

(f) 零部件寿命预测

(g) AI自动缺陷识别分类

(h) 自动输送

图 7-12　无人数字孪生工厂（二）

(i) 自动取货

(j) 云平台

(k) 物联网平台

图 7-12　无人数字孪生工厂（三）

图 7-13　DPM 装配工艺规划

Tecnomatix 的机器人与自动化规划解决方案提供了用于开发机器人和自动化制造系统的共享环境。此解决方案能够满足多个级别的机器人仿真和工作单元开发需求，既处理单个机器人和工作台，也能处理完整的生产线和生产区域（图 7-14～图 7-20）。

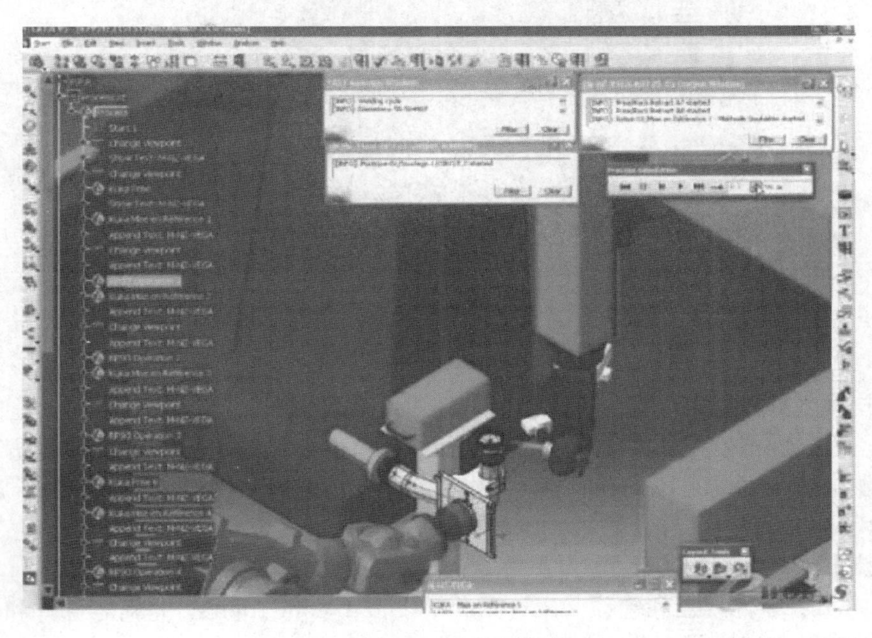

图 7-14　工业机器人设计

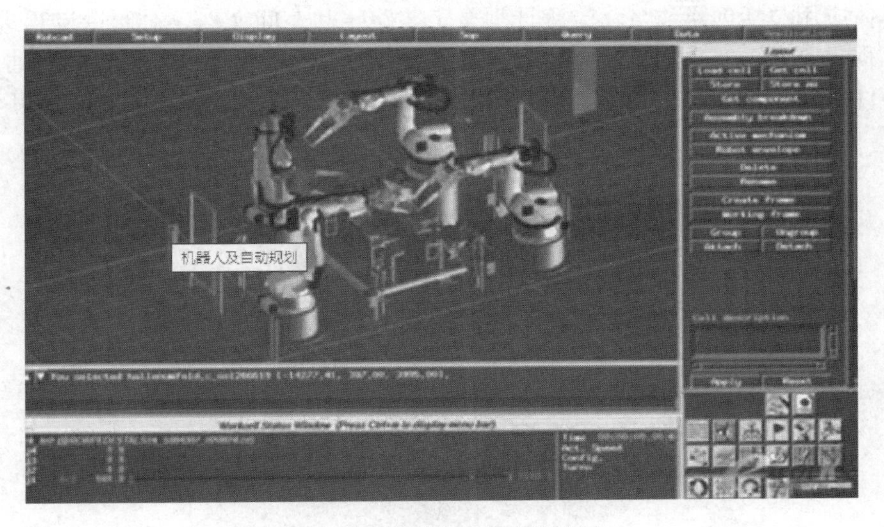

图 7-15　机器人与自动化规划

关键技术之人机工程学

主要是面向人机分析的 Human 模块，可以创建和维护虚拟 3D 人体模型，用来在虚拟环境下对人机交互过程中可达性和可视性研究，对人机交互过程中的静态力、舒适性和关节分析，研究操作员的操作舒适性和风险状况。仿真完整的人机任务，研究可行性、发现不可预知风险，研究能量消耗和完成任务的耗时统计。

图 7-16　人机工程学解决方案

关键技术之数控加工

主要是面向虚拟数控加工仿真的 VNC 模块，提供虚拟的切削加工过程的仿真，可以模拟包括加工设备（机床）、辅助设备（换刀机构）在内的机加全过程的仿真。进而分析数控加工代码的可行性、保证数控加工的质量。

关键技术之零件规划与验证

Tecnomatix 零件规划和验证（Part Planning and Validation），是对零部件和用来制造这些零件的工具制定生产工艺，如 NC 编程、流程排序、资源分配等，并对工艺流程进行验证。具体应用包括创建数字化流程计划、工艺路线和车间文档、对制造流程进行仿真、对所有流程、资源、产品和工厂的数据进行管理、为车间提供 NC 数据等，提供了一个规划验证零件制造流程的虚拟环境，有效缩短了规划时间，并大大提高了机床利用率。

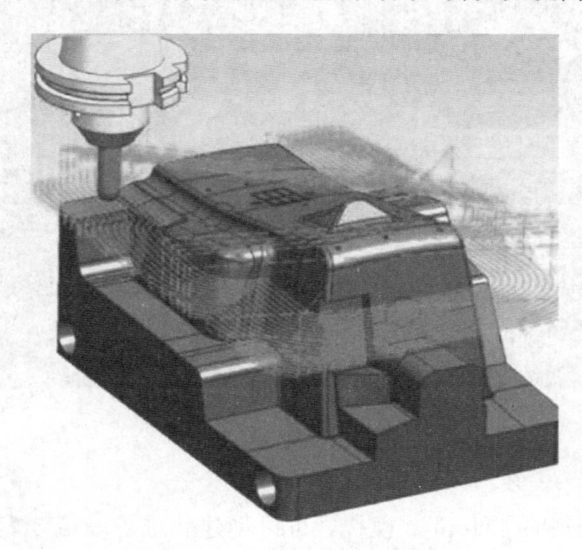

图 7-17　零件规划与验证

关键技术之装配规划与验证

Tecnomatix 装配规划和验证，提供一个虚拟制造环境来规划验证和评价产品的装配制造过程和装配制造方法，检验装配过程是否存在错误、零件装配时是否存在碰撞。它把产品、资源和工艺操作结合起来分析产品装配的顺序和工序的流程，并且在装配制造模型下进行装配工装的验证、仿真夹具的动作、仿真产品的装配流程，验证产品装配的工艺性，达到尽早发现问题、解决问题的目的。

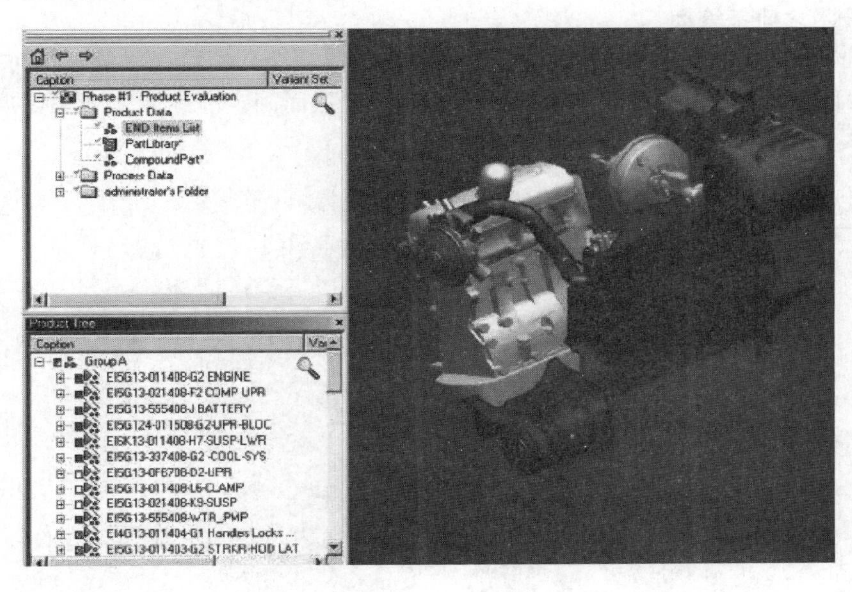

图 7-18　装配规划与验证

关键技术之工厂设计及优化

Tecnomatix 的工厂设计和优化解决方案提供基于参数的三维智能对象，能更快地设

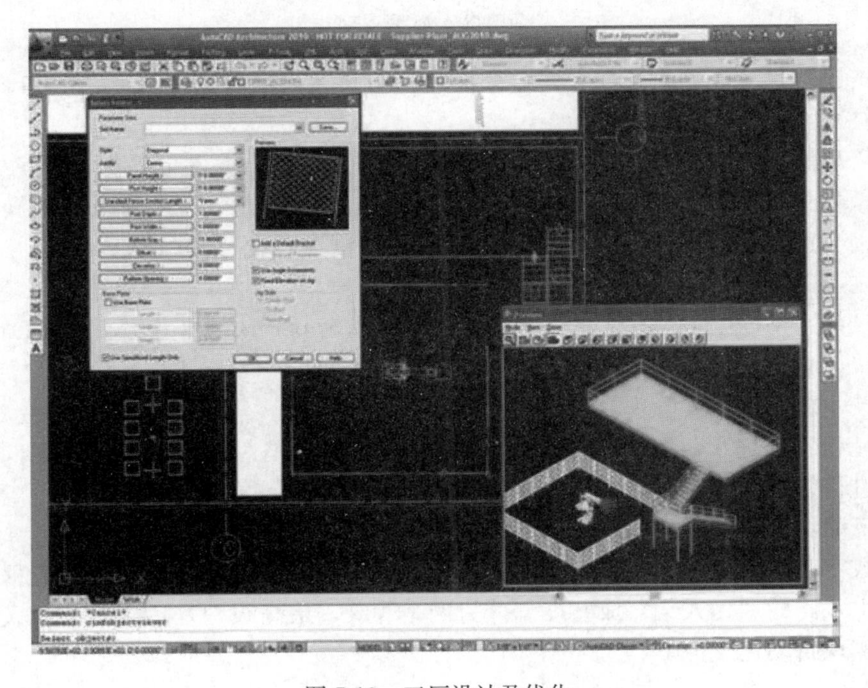

图 7-19　工厂设计及优化

计工厂的布局。通过利用虚拟三维工厂设计和可视化技术进行工厂布局设计，并能对工厂物流进行分析和优化，产量仿真，提高在规划流程中发现设计缺陷的能力，不至于等到进行工厂现场施工才发现问题。物料流、处理、后勤和间接劳动力成本都可以使用材料流分析和分散事件仿真得到优化。

关键技术之质量管理

Tecnomatix 质量管理解决方案将质量规范与制造和设计领域（包括流程布局和设计、流程仿真/工程设计以及生产管理系统）联系起来，从而确定产生误差的关键尺寸、公差和装配流程。

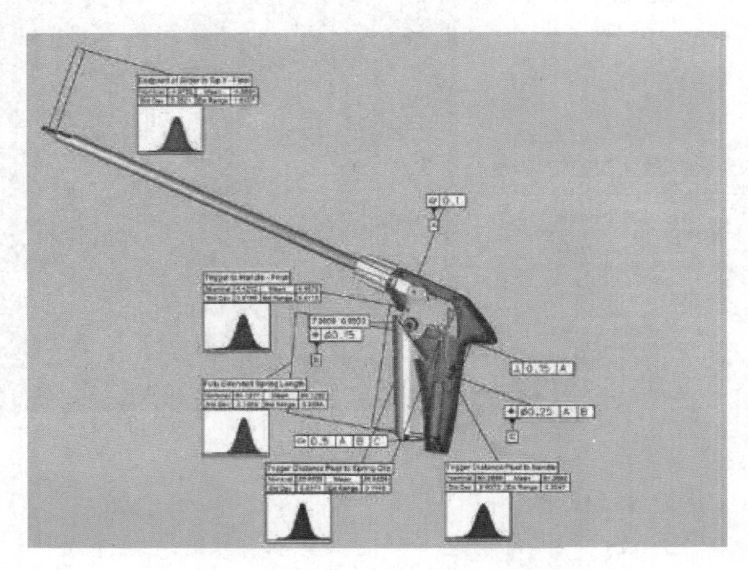

图 7-20　质量管理

主要产品：尺寸规划与验证、误差分析（VSA）、CMM 检查。

关键技术之生产管理

生产管理解决方案将 PLM 扩展到了制造车间，可实时收集车间数据，优化生产管理。涉及的领域包括制造执行系统（MES）——用于监视正在进行的工作、控制操作和劳动力，并反馈生产数据；人机界面（HMI）及管理控制和数据采集（SCADA）——从工厂收集设备之类的实时信息，反馈给上游的系统。

主要产品：MES、HMI/SCADA、FactoryLink Supervisory Control and Data Acquisition。

关键技术之制造流程管理

制造流程管理是 Teamcenter 的一个功能模块，主要是对制造数据、过程、资源以及工厂信息进行管理，为流程管理建立基础。

主要产品：资源管理、Teamcenter 制造访问、Teamcenter 制造发布。

无人数字孪生工厂并非直接就可达到“无人化”水平。可根据自动化实现程度，将无人数字孪生工厂的“无人化”成熟度划分为四个等级，最高级别是达到工厂无人状态、全部靠机器实现自动化生产。

7.2.6 五粒度数字孪生建筑产业互联网研发

如果将建筑看作一种物理系统，那么数字孪生建筑就可看作是人（人类智慧）、建筑物理实体、建筑信息虚体三者的有机融合。在以海量大数据、人工智能、5G物联网、区块链可信计算为主要技术代表的智能时代，数字孪生建筑的内涵呈现出“五全”综合特征：全域立体感知、全系统可信互联、全体系精准管控、全数据智能决策、全景实时可视交互。在以上特征不断深化发展的基础上，数字孪生建筑将不断涌现出新的产业形态。数字孪生建筑是数字建筑与物理建筑的融合体，其技术模式的核心是数据线程和模型体系。数字孪生建筑是数字孪生城市的基础，数字孪生建筑的互联将构筑起真正的数字孪生城市。作为一种落地实现形态，绿色智慧建筑产业互联网将大量用到数字孪生理论与技术。数字孪生的基础是模型和数据，在工业应用中集中体现为以产品全生命周期为线索的智能制造与智能建造，通过智能设计、智能感知、智能控制、建模仿真、数据融合、测试评估等技术手段从规划设计、加工制造、应用服务全流程实现真正意义上的产品全生命周期互联互通。

如果没有数字孪生对物理实体的模型化描述，所谓的智能系统就是无源之水。数字孪生是一个对物理实体或流程的实时数字化镜像，以数据为线索实现对物理实体的全周期集成与管理，实现数据驱动的信息物理系统双向互控及混合智能决策，人工智能贯穿于整个系统。数字孪生至少包含六个维度：系统仿真与多模型驱动（SM），数据线索与数据全周期（DT），知识模型与知识体系（KM），CPS双向自主控制（AC），混合智能决策（ID），全局人工智能（AI）。数字孪生内涵可基于六维度表达，数字孪生＝{SM，DT，KM，AC，ID，AI}。①系统仿真与多模型驱动（SM）；②数据线程与数据全周期（DT）；③知识模型与知识体系（KM）；④CPS双向自主控制（AC）；⑤混合智能决策（ID）；⑥全局人工智能（AI）数字孪生的基础是计算机辅助（CAX）软件（尤其是广义仿真软件）。在工业界，人们用软件来模仿和增强人的行为方式，增强人机交互能力。典型的模拟如：用CAD软件模仿产品的结构与外观，CAE软件模仿产品在各种物理场情况下的力学性能，MES软件模仿车间生产的管理过程，BIM软件模拟建筑构件及建筑工程管理。数字孪生的本质是通过建模仿真，实现物理系统与赛博系统的相互控制，进而实现数据驱动的虚实一体互动和智慧决策支持。数字孪生的一个重要贡献是实现了物理系统向赛博空间数字化模型的反馈（逆向工程思维）。

数字孪生建筑（Digital Twin Building，DTB）是指综合运用BIM、GIS、物联网、人工智能、大数据、区块链、智能控制、系统建模与仿真、工程管理等技术，以建筑物为载体的信息物理系统。它可以看作是数字孪生系统在建筑物载体上的一个具体实现。数字孪生建筑的目标是实现建筑规划、设计、施工、运营的一体化管控，绘制智慧建筑系统集成“一张图”，构建智能建筑集成管理“一盘棋”，打造建筑产业服务“一站式”。数字孪生建筑为建筑产业现代化提供了新思维和新方法，同时也为建筑智能化由工程技术向工程与管理融合转变开辟了新途径。建筑数字孪生系统可分为建筑物理孪生体和建筑数字孪生体两部分，对应建筑物理空间和建筑信息空间，以数据为纽带实现建筑信息物理系统的系统集成，以控制算法与模型为核心实现虚实建筑间的知识交互与迭代优化。建筑数字孪生体从数据和模型的角度，依据复杂系统控制与决策理论为建筑信息模型提供了科学性和落地性都极强的解决方案。基于数字孪生理论和方法发展起来的智慧建筑系统集成新方法，有可能成为未来5年内智慧建筑系统集成理论与工程实践的主导模式。基于数字孪生建筑和建筑信息模型，可构建出由模型到系统再到体系的微观与宏观一体化的智慧建筑系统集成模式，真正实现基于模型的建筑系统工程。进一步，可基于数字孪生建筑系统集成实现真正意义上的城市信息模型和数字孪生城市。

如果将建筑看作一种物理系统，那么智慧建筑系统集成就可看作是人（人类智慧）、建筑物理实体、建筑信息虚体三者的融合。数字孪生建筑是数字建筑与物理建筑的融合体，其技术模式的核心是数据线程和模型体系。数字孪生建筑是智慧建筑系统集成的有效方法与根本路径。

数字孪生建筑的核心技术如下：

数据线索。数据线索是基于模型的系统工程分析框架。数据线索的特点是“全部元素建模定义、全部数据采集分析、全部决策仿真评估”，能够量化并减少系统寿命周期中的各种不确定性，实现需求的自动跟踪、设计的快速迭代、生产的稳定控制和维护的实时管理。数据线索将变革传统产品和系统研制模式，实现产品和系统全生命周期管理。数据线索的应用，将大大提高基于模型系统工程的实施水平，实现“建造前运行”，颠覆传统“设计—制造—试验”模式，在数字空间中高效完成大部分分析试验，实现向“设计—虚拟综合—数字制造—物理制造”的新模式转变。基于数据线索和数字孪生可构建出各种智能建筑和智慧建造应用场景，典型的如：设备故障诊断及预测性维护、装配式建筑工业自动控制系统、建筑构件虚拟测试、建造现场在线仿真等。

知识工程。知识驱动是数字孪生系统的典型特征之一，知识工程是数字孪生工程中必不可少的一环。借助知识图谱、人工智能、大数据挖掘等技术，可建立通用知识体系和行业知识体系。知识体系能够有效吸纳、融合行业领域经验，将行业领域知识、经验、人、机器、专家等的智慧充分融合在一起，使定性的知识在信息系统中发挥更大价值。基于碎片化的知识，可构建系统化的知识体系。知识体系作为“核心驱动力”应具有自我学习、自我完善、自我进化能力，通过持续丰富和完善系统运行的一般规律，找到问题相关联的要素，以及要素间的相互影响关系。

混合全局AI。第三代人工智能的目标是要真正模拟人类的智能行为，人类智能行为的主要表现是随机应变、举一反三。为了做到这一点，我们必须充分地利用知识、数据、算法和算力，把四个因素充分利用起来，这样才能够解决不完全信息、不确定性环境和动态变化环境下面的问题，才能达到真正的人工智能（张钹院士）。高度融合人工智能与人类智慧的混合智能决策是数字孪生的一个重要特征。这也凸显了数字孪生与第三代人工智能的高度吻合性。制造业本身已经扩展到了全生命周期，包括产品创新设计、加工制造、管理、营销、售后服务、报废处理等环节。AI融入产品全生命周期当中任何一个环节，采用AI任何一种具体技术，横向提升制造业。AI融入制造业/城市/……的任何一个层级，采用AI任何一种具体技术，纵向提升产业和城市。AI无处不在的融合是数字孪生的一个重要特征。对智能建筑、绿色建造、智慧建造等系统来讲，全系统AI化是不可阻挡的趋势。

党的十八大以来，习近平总书记在推进政治、经济、军事、科学、文化等方面的思维和决策，表现出系统思维方法的科学性与系统性。主要体现在：注重用系统思维方法来推进党和国家治理体系的变革。注重系统的整体性和要素与要素的协同性。注重系统的开放性与环境的协调性。注重系统的重点突破与整体推进。注重解决非平衡问题，推进系统走向动态平衡。在系统思维的启发与指导下，数字孪生仍需结合实际应用进行持之以恒的探索，以使其发挥更大作用，为经济社会发展提供通用智能基础设施。基于数字孪生建筑系统集成实现数字孪生城市及城市信息模型是系统思维方法的一个典型实践，为系统思维方法的实践提供了案例。期待能够基于该思路持续推进我国建筑产业数字化转型升级，持续推进我国新型城镇化高质量建设发展。

针对建筑产业互联网中智能工厂的实际需求，基于数字孪生理论和技术，提出分五个步骤开发实现建筑产业互联网的方法。五个步骤对应五个层级上的数字孪生系统开发与实现，分别是：产品数字孪生（数字孪生粒度Ⅰ，第1步）；车间数字孪生（数字孪生粒度Ⅱ，第2步）；工厂数字孪生（数字孪生粒度Ⅲ，第3步）；工业互联网数字孪生（数字孪生粒度Ⅳ，第4步）；产业互联网数字孪生（数字孪生粒度Ⅴ，第5步）。最终实现真正意义上工业4.0模式下的产业互联网。如图7-21所示。

在研发过程中，应加强AI与各层级数字孪生系统的融合，开展多物理场、多能量场分布式建模与仿真，加强数据AI分析及机器学习的深度融合。“AI＋数字孪生系统”并不局限于单纯的数值仿真或者机器学习技术，相对于传统的数值仿真方法，数字孪生可以应用物理实体反馈的数据进行自我学习和完善；另外，相对于机器学习，“AI＋数字孪生系统”能够通过对物理过程的仿真和领域知识的综合为使用者提供更加准确的理解与预测。基于工业大数据与工业过程控制机理、实时状态、专家经验进行知识层融合后，可实现更加科学的智慧决策。

五粒度数字孪生建筑产业互联网主要研发内容如下：

（1）产品数字孪生

产品数字孪生包含有产品所有设计元素的信息，如产品的三维几何模型，系统工程模

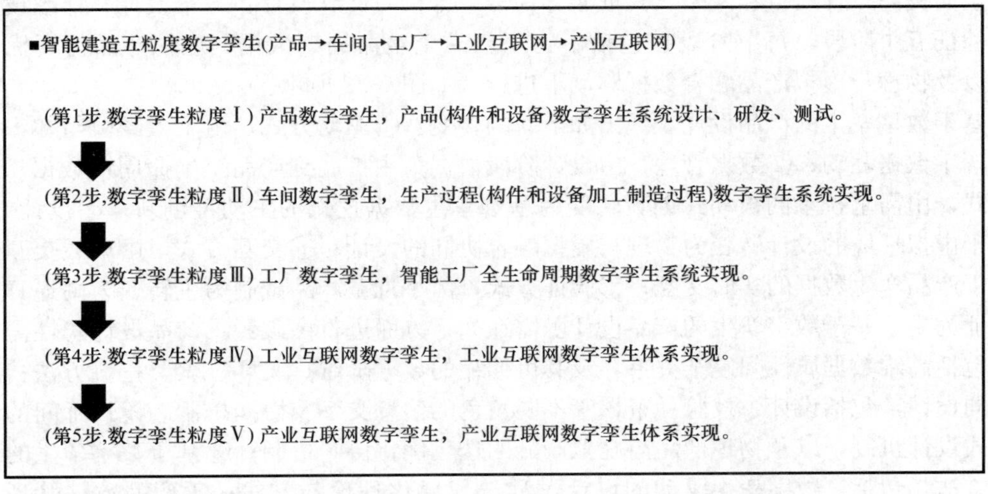

■智能建造五粒度数字孪生(产品→车间→工厂→工业互联网→产业互联网)

(第1步,数字孪生粒度Ⅰ)产品数字孪生，产品(构件和设备)数字孪生系统设计、研发、测试。

(第2步,数字孪生粒度Ⅱ)车间数字孪生，生产过程(构件和设备加工制造过程)数字孪生系统实现。

(第3步,数字孪生粒度Ⅲ)工厂数字孪生，智能工厂全生命周期数字孪生系统实现。

(第4步,数字孪生粒度Ⅳ)工业互联网数字孪生，工业互联网数字孪生体系实现。

(第5步,数字孪生粒度Ⅴ)产业互联网数字孪生，产业互联网数字孪生体系实现。

图7-21　基于五粒度数字孪生的产业互联网研发步骤（一）

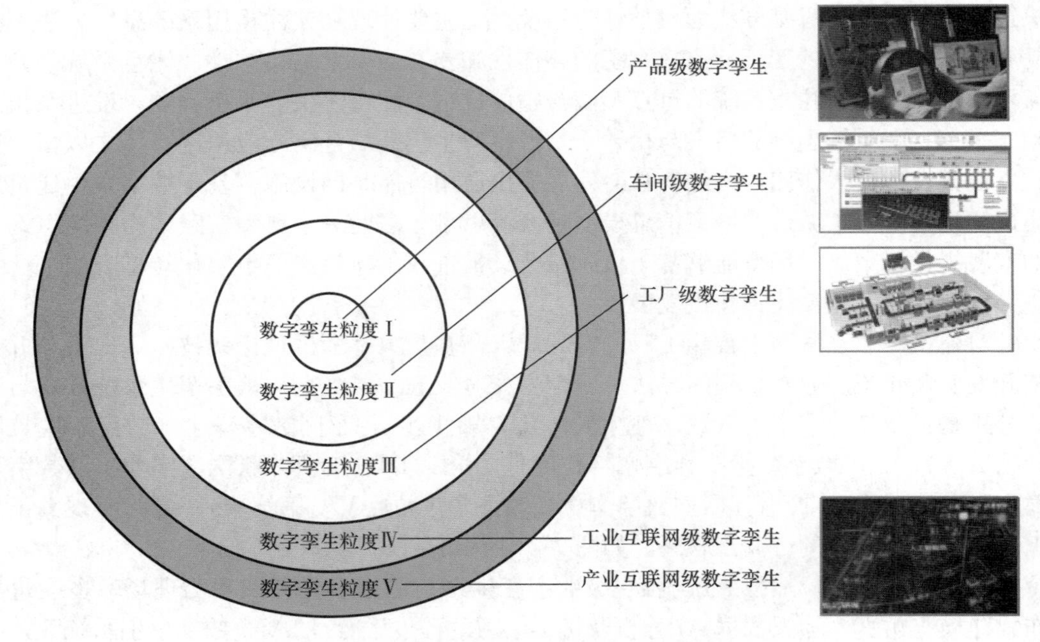

图 7-21　基于五粒度数字孪生的产业互联网研发步骤（二）

型，BOM 表，一维至多维、多学科的仿真模型，电气系统设计，软件与控制系统设计等，它可以在产品的设计阶段预。测产品的各项物理性能及整体性能，并在虚拟环境中对产品进行调整或优化。

基于数字孪生的产品设计是指在产品数字孪生数据的驱动下，利用已有物理产品与虚拟产品在设计中的协同作用，不断挖掘产生新颖、独特、具有价值的产品概念，转化为详细的产品设计方案，不断降低产品实际行为与设计期望行为间的不一致性。基于数字孪生的产品设计更强调通过全生命周期的虚实融合，以及超高拟实度的虚拟仿真模型建立等方法，全面提高设计质量和效率。其框架分为需求分析、概念设计、方案设计、详细设计和虚拟验证五个阶段，每个阶段在包括了物理产品全生命周期数据、虚拟产品仿真优化数据，以及物理与虚拟产品融合数据驱动下进行。如图 7-22 所示。

基于数字孪生的产品设计表现出如下新的转变：①驱动方式，由个人经验与知识驱动转为孪生数据驱动；②数据管理，由设计阶段数据为主扩展到产品全生命周期数据；③创新方式，由需求拉动的被动式创新转变为基于孪生数据挖掘的主动型创新；④设计方式，由基于虚拟环境的设计转变为物理与虚拟融合协同的设计；⑤交互方式，由离线交互转变为基于产品孪生数据的实时交互；⑥验证方式，由小批量产品试制为主转变为高逼真度虚拟验证为主。基于数字孪生的产品设计亟需在如下方面进行突破：①产品设计隐性需求挖掘，包括高维数据属性间复杂关系，及其可伸缩的数据降维、关联、聚类挖掘方法；②产品协同设计，包括设计、校验、审核等不同角色的信息交互及协同机制，设计师间的并行交互式设计机制，以及物理产品与虚拟产品的迭代优化协同机制；③基于数字孪生的设计优化方法，包括：数字孪生驱动的设计过程迭代优化理论与方法；④产品数据管理，包括：完整、实时、安全的海量产品孪生数据传输、清洗、存储技术，实现服务阶段数据的有机集成与管理。

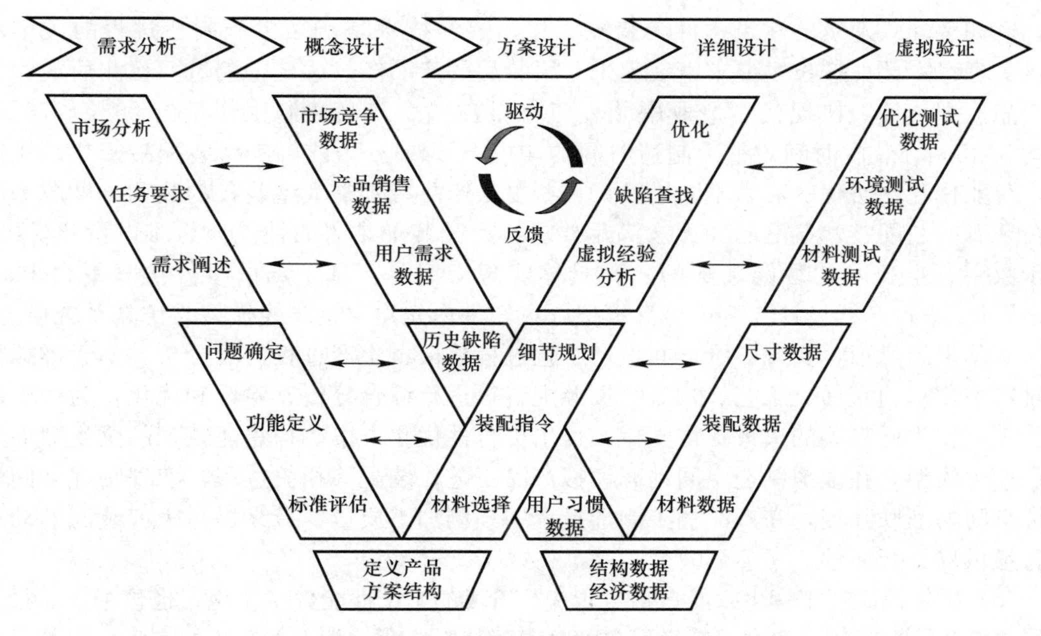

图7-22 基于数字孪生的产品设计流程

产品数字孪生背后的关键技术有：

①数字建模：不仅指对产品几何机构和外形的三维建模，对产品内部件的运动约束、连接形式、电气系统、软件系统、控制算法等信息进行全数字化建模同样是开发数字孪生产品的基础技术。

②仿真测试：对简单物理性能或系统性能进行数值仿真的技术在当前已经比较成熟，复杂产品和系统的机理和逻辑由于不太容易采用直接数学方法进行建模和模拟，因此其仿真系统模型的搭建和相应的系统仿真、测试、验证等工作就比较困难。在单个数字化模型的基础上，采用多个系统联合仿真的方式对产品的性能进行模拟、分析预测是实现产品数字孪生的重要方法。

(2) 车间（生产过程）数字孪生

生产过程数字孪生的场景存在于车间，因此也称为车间数字孪生。生产过程数字孪生针对产品生产装配的过程，在产品实际投入生产之前通过仿真等手段验证制造流程在各种运行条件下的实际效果，最终达到加快生产速度、提高生产质量、降低投入风险的目的。

生产过程数字孪生包括以下几个方面的关键技术：

(a) 生产流程规划建模与仿真：对各个生产单元及其组合方式进行建模与仿真，提前进行生产流程优化，包括对各个生产单元的数字化建模与可视化复现，也包括对物料流、排程排产逻辑、自动引导车（AGV）控制算法等生产流程关键要素的建模与仿真。

(b) 虚拟调试与测试：在生产的执行阶段，对各个生产单元内的工作流程与效率进行的过程建模与仿真，包括机械电气、自动化设备工作过程、操作过程的仿真，例如：在产品装配过程中，对多个协同工作的机械手臂控制算法进行虚拟调试，以保证总体协同工作效果：对生产单元内人机交互过程进行仿真、测试及调试。

(c) 产品装配数字孪生：在产品生产制造过程中，特别是具有模块化制造特征的产品，例如装配式建筑的建筑构件，装配工序、装配技术是产品生产制造过程的关键环节，负责将零部件按技术要求组装起来，组装后的产品经过调试、测试、检测后成为合格产品。据统计，在现代制造业中装配工作量占整个产品研制工作量的20%～70%，平均为45%，装配时间占整个制造时间的40%～60%。当前，产品装配精密化、快速化、智能化、网络化的需求不断提升，一些复杂产品特别是大型装备的装调难度越来越大，现有的装配技术显然已经无法满足要求，产品装配结果的性能质量难以量化保障。基于数字孪生技术的智能装配的一种具体实现方案是：基于离散事件仿真平台 Plant Simulation 进行产线设计与生产仿真模拟，在软件内先建立生产线模型与仿真系统模型，模拟实际生产过程，实现三维车间生产工艺过程建模、生产过程仿真分析。基于虚拟模型对数字化车间布局、工艺、物流、资源配置等进行综合分析、验证和优化，为生产线精益规划及生产有关的决策提供支持，提出可行性优化方案。构建建筑产品全生命周期数字孪生模型，在虚拟制造空间动态模拟产品工艺、装配等相关过程，实现物理空间和虚拟空间的互联互控，在产品加工制造过程中预测加工质量，最终提高生产装配的动态性、灵敏性、智能性。

(d) 质量控制数字孪生：既包括生产执行阶段的生产性能数字孪生，也包括产品投入使用时的产品性能数字孪生。前者面向的是工厂与制造商，基于生产线的实际情况与运行信息反馈对生产的数字孪生进行调整与优化；后者面向的是产品的使用客户，基于物理传感器等信息对具体产品的实际特性进行提取与分析，实现预测性维护等功能，也可以通过产品的实际运行信息反馈指导产品的设计方案。质量数字孪生将从物理实体中获得数据输入，并通过数据分析将实际结果反馈到整个信息物理体系中，产生封闭的决策循环。

(3) 工厂数字孪生

工厂数字孪生是在产品数字孪生、车间数字孪生、质量控制数字孪生等基础上实现的更高一级别综合性数字孪生。数字孪生工厂的实现要重点考虑核心软硬件产品的研发，特别是自主可控工业软件，应对产品加工制造过程中的控制系统软件、仿真软件、机器学习软件进行系统性研发，并能够与现有软硬件进行系统集成，实现对现有系统的智能化升级。

核心突破点如下：

(a) 研发应用于生产线流程的机器视觉产品。例如：工业相机，实现对产品构件加工制造过程中的非接触式测量与无损检测，提升加工制造质量。

(b) 研发充分融合 AI 和智能控制理论的工厂管理与控制软件。包括：中央管理平台组态软件 AI 组件、控制器智能控制策略软件、自主可控通信中间件软件。将多智能体理论、自适应智能控制理论、模糊逻辑控制理论、专家控制理论等引入智能工厂系统，多点、多角度提升产品加工制造过程的智能化程度。针对复杂生产制造过程中多现场总线并存、系统集成困难、通信协议国产化程度低等问题，深度研究能够兼容多种主流现场总线通信协议的自主可控通信中间件软件，实现系统更加灵活、自主、开放的集成。

(c) 工业大数据 AI 分析软件。基于现有的企业管理软件，拓展传感层数据源，完善数据采集体系，清洗、汇聚、融合到工厂管理层，建立智能工厂工业大数据体系，在传感层、控制层、管理层分别研制适用于不同层级、不同应用场景的工业大数据智能处理与分析算法，最终形成面向智能工厂内部应用的工业大数据分析软件。

7.3 工业互联网安全

7.3.1 工业互联网安全现状

据权威机构 ICS-CERT 和 OSVDB 工控网络安全数据库数据统计表明，我国重大工业控制网络安全事件由 2010 年的 52 起爆发式增长到 341 起，2013 年间对中国各个行业的黑客攻击较 2009 年增长 15 倍以上，其中 30%是针对国家基础设施。高级可持续性攻击的目标正在从传统的 IT 系统，转向石油、天然气、航空运输等行业的工业控制系统，相对封闭的工业控制系统已经成为攻击目标。工业互联网遭受的攻击往往是对特定目标（特定工艺、特定设备、特定协议）的定向攻击，这种攻击往往融合网络技术、工控技术和生产工艺技术，攻击技术综合、复杂。Stuxnet 病毒、Havex 病毒、BlackEnergy 等渗入工业控制系统内在机理，综合传统网络攻击手段、命中工控系统安全隐患源头进行针对性攻击，以毫无察觉的方式制造重大工业事故，严重情况下甚至可造成整个工业互联网系统的瘫痪和人员的伤亡。

随着两化融合的推进，工业信息安全隐患加大。值得重视的是，目前我国约 80%工业控制系统的关键技术与系统都依赖国外，接入互联网时间长且持续运行，用户安全意识不强，整个系统极易受到黑客攻击。工控网络系统里存在的安全漏洞隐患，小则导致工厂瘫痪，大到造成核电站爆炸、地铁失控，甚至全国范围内停电等灾难。当前，急需加大对工业控制系统中安全设备及其他安全技术的投入，防止相关企业和工程受到攻击，避免造成巨大损失。

根据美国国土安全部工业控制系统应急响应小组 ICS-CERT 和控制系统安全项目 CSSP 的分析，目前工业控制系统软件的安全脆弱性问题主要涉及：错误输入验证、密码管理、越权访问、不适当认证、系统配置。如图 7-23～图 7-25 所示。

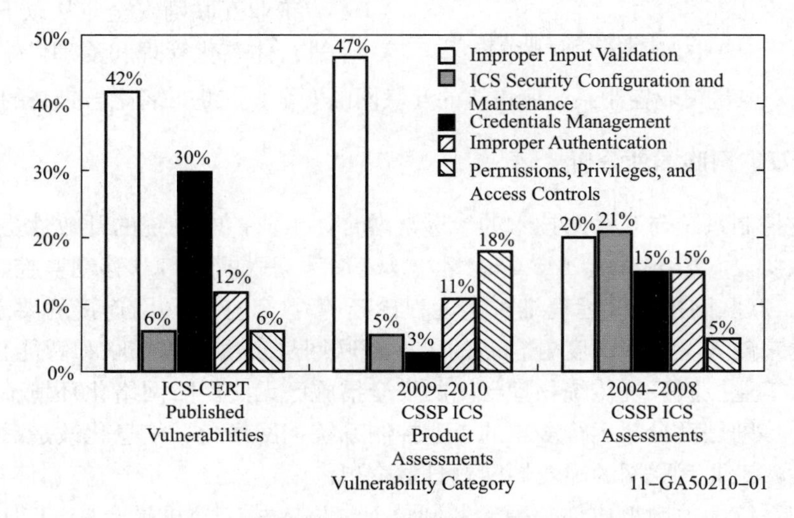

图 7-23　工业控制软件安全脆弱性问题统计分析

数据来源：美国国土安全部工业控制系统应急响应小组

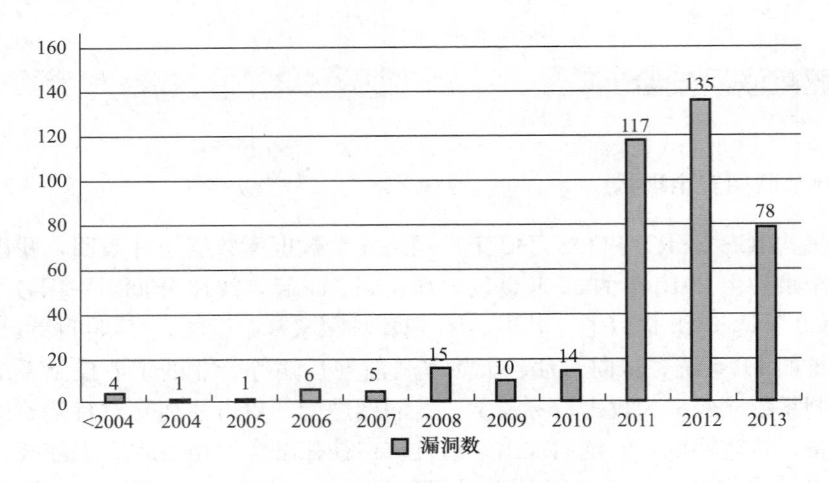

图 7-24　工业控制系统漏洞数分布

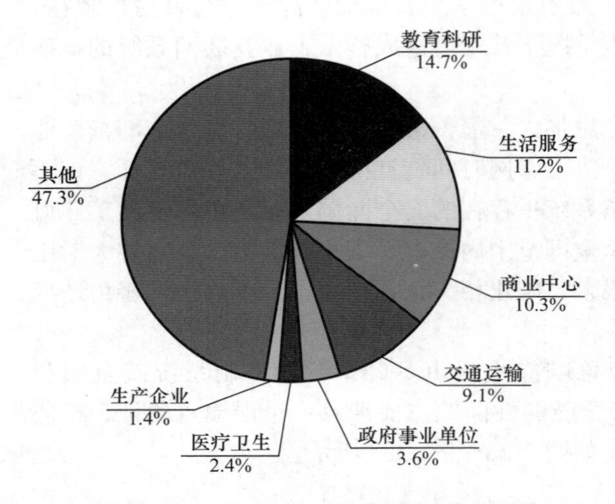

图 7-25　WannaCry 病毒影响行业分析

工业系统安全问题的根源在于工业控制系统漏洞。截至 2013 年 12 月底，公开的工业控制系统漏洞数总体呈上升趋势。

从技术上看，传统网络安全技术不适用于工业控制系统安全。

我国工业控制系统信息安全工作起步较晚，管理制度不健全，相关标准规范不完善，技术研究处于起步阶段，技术防护措施不到位，安全防护能力和应急处理能力不高，这些问题都威胁着工业生产安全和工业互联网安全。如图 7-26 所示。

工业互联网安全应从以下三个层面入手进行体系化管理和治理：一是工业控制系统信息安全；二是工业控制系统所连接的互联网的安全；三是二者融合带来的安全问题。

7.3.2　工业互联网脆弱性分析

随着工业控制系统与互联网技术的渗透与融合，工业控制系统的开放性更强，开放种类繁多的工控协议（Profibus、Modbus 等）、5G 移动互联网接口（移动监控、移动巡检、人员定位等）、互联网接口（远程维护、远程诊断等），工业互联网连接的要素越来越多、到达的范围越来越大。两化深度融合后的工业互联网呈现出开放互联和智能化发展趋势。面对新趋势，工业控制系统传统物理封闭的安全措施已无法保障网络化环境下的新型控制系统的安全，特别是大量已运行多年的工业控制系统在网络化、信息化改造后，将面临较大的安全风险，工业互联网的脆弱性问题日益突出。

工业控制系统的关键组成部分是：控制单元（嵌入式工控机平台）、工业网络（工业协议）和监控平台（监控组态软件），核心功能是控制和监视。在高温、高压、易燃、易爆、潮湿等应用环境下，对整个工业互联网系统的安全性要求更高。很多流程工业系统控

对比项	工业控制系统ICS	传统IT系统
体系结构	主要由传感器、PLC、RTU、DCS、SCADA等设备及系统组成	通过互联网协议组成的计算机网络
操作系统	广泛使用嵌入式系统VxWorks、uCLinux、winCE等，并根据功能及需求进行裁剪与定制	通用操作系统如Windows、Linux、UNIX等，功能强大
数据交换协议	专用的通信协议或规约(OPC、Modbus TCP、DNP3等)，一般直接使用或作为TCP/IP的应用层	TCP/IP协议栈
系统实时性	实时性要求高，不能停机或重启	实时性要求不高，允许传输延迟，可停机或重启
系统升级	兼容性差、软硬件升级困难	兼容性好、软件升级频繁

传统IT安全：机密性＞完整性＞可用性
工控系统安全：可用性＞完整性＞机密性

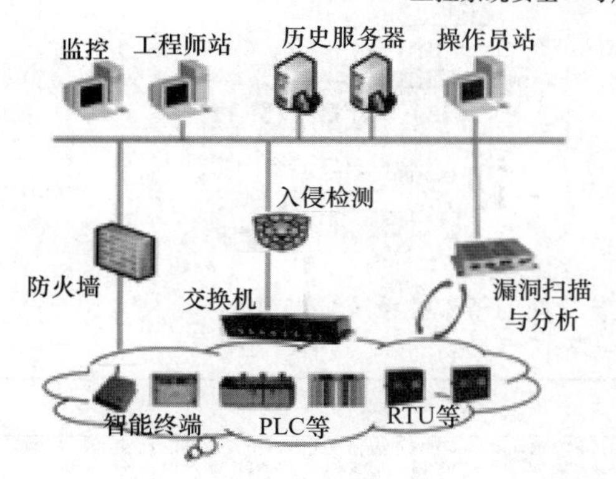

方式	传统IT网络	工业控制网络
防火墙	TCP/IP协议	专有协议格式
入侵检测	存在误报率	不允许存在误报
漏洞扫描	实时的补丁修复	补丁修复困难
设计初衷	传统IT系统：机密性 工业测控系统：可用性	

图 7-26　传统网络安全与工业系统安全对比

制和监视功能都要求连续且不可间断，连续可用性原则上应达到99%以上。安全攻击、误操作、误执行、信号丢失、信号受损等都会导致严重后果，造成非计划停产、减产或装置损坏、人身伤亡、环境破坏。强目的性、针对式的攻击通常是以破坏工控设备、造成工厂停产、工序异常、次品率增加，甚至火灾爆炸等严重后果为目标。现代工厂中，大部分现场生产设备都是由控制系统（如：PLC-可编程逻辑控制器、数控车床、DCS-分布式控制系统）进行现场操作。攻击者的目标是通过直接或间接攻击或影响控制系统而实现。典型的工业控制系统（西门子工控系统）如图 7-27 所示。

工业互联网安全事故的源头主要集中在工业 SCADA 的软件漏洞、操作系统漏洞、PLC 漏洞、仪器仪表漏洞。常见的工业 SCADA 的软件漏洞如图 7-28 和图 7-29 所示。

工业互联网受到安全威胁的重点部位和流程如图 7-30 所示。

工业互联网安全的脆弱性主要表现在：自动控制装置和系统受到攻击，现场仪器仪表受到攻击，生产过程受到攻击，能源系统受到攻击，物联网系统受到攻击，企业办公系统受到攻击，数据库受到攻击。工业控制系统的运行机理一般是：控制站从传感器、变送器采集数据，执行控制程序，并输出控制信号到阀门等执行机构对受控对象进行控制；工程师站负责组态、下载和发布现场控制程序；操作员站负责 HMI 操控；接口站负责异构系统通信及 MES 接口通信。

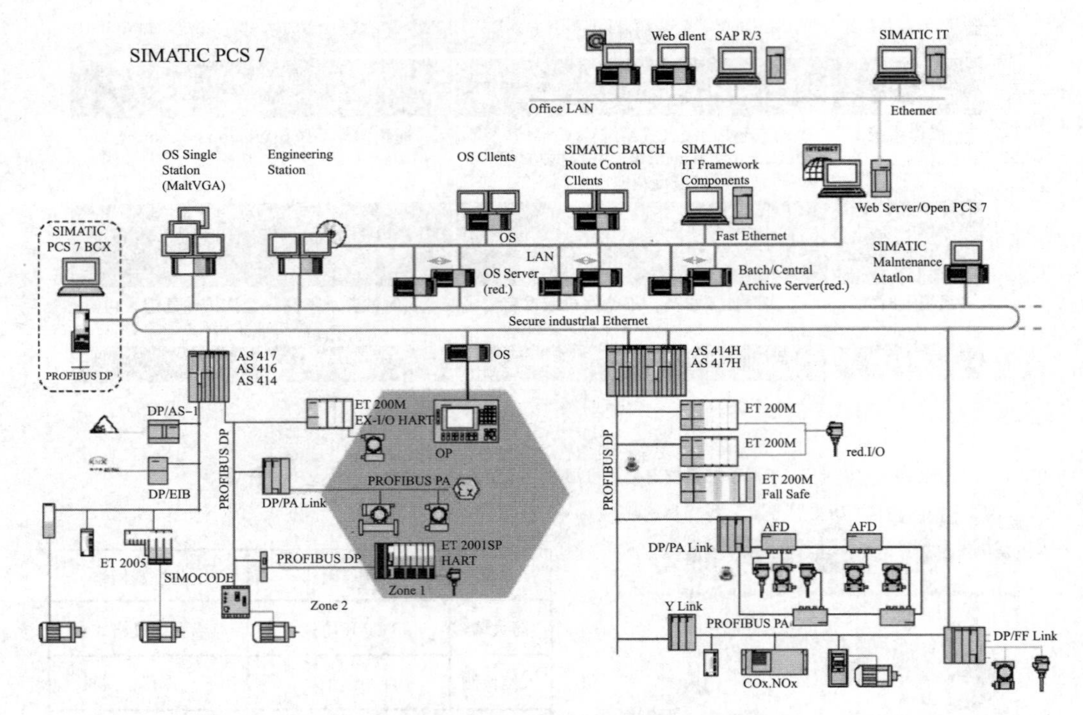

图 7-27　典型的工业控制系统（西门子工控系统）

漏洞名称	发布时间	危害等级	漏洞类型	漏洞简介
ICONICS GENESIS32缓冲区溢出漏洞	2012-4-19	危急	缓冲区溢出	ICONICS GENESIS32是由美国ICONICS公司研制开发的新一代工控软件。ICONICS GENESIS32 8. 05版本、9.0版本、9.1版本。9.2版本与BizViz 8.05版本、9. 0版本、9. 1版本和9.2版本中的SecurityLogin ActiveX控件中存在缓冲区溢出漏洞。远程攻击者可利用该漏洞借助长密码导致拒绝服务(应用程序崩溃)或者执行任意代码
Sienens SIMATIC WinCC 拒绝服务漏洞	2012-2-7	高危	高危	Sienens SIMATIC WinCC多个版本中的运行加载器中的HmiLoad中存在拒绝服务漏洞，远程攻击者可利用该漏洞通过越过TCP发送特制数据。导致拒绝服务(应用程序崩溃)。这些版本包括: Siemens WinCC flexible 2004版本.、2005版本、2007版本、2008版本。WinCC V11 (也称TIA portal)，TP、OP、 MP、Comfort Panels和Mobi le Panels SIMATIC HBNI面板，WinCC V1I Runt ine Advanced以及WinCC flexible Runtine
WellinTech KingView KVWebSvr. dll Activex控件栈缓冲区溢出漏洞	2011-8-17	危急	缓冲区溢出	WellinTech KingView 6. 52和6.53版本的KVWebSvr. d11的AetiveX控件中存在基于栈的缓冲区溢出漏洞。远程攻击者可借助ValidateUser方法中超长的第二参数执行任意代码
Siemens SIMATIC WinCC 安全漏洞	2012-2-7	危急	授权问题	Siemens SIMATIC WinCC多个版本中存在漏洞，该漏洞源于TELNET daemon未能执行验证。远程攻击者利用该漏洞借助TCP会话更易进行访问。这些版本包括: Siemens WinCC flexible 2004版本、2005版本、2007版本、2008版本，WinCC VII (也称TIA portal) ，TP、OP、IP、 Coafort Panels 和Mobile Panels SIMATIC HIT面板、WinCC VII Runtime Advanced以及WinCC flexible Runt ine
Iovensys Wonderware Information Server权限许可和访问控制漏洞	2012-4-5	高危	权限许可和访问控制	Invensys Fonderware Information Server 4.0 SP1和4.5版本中存在漏洞，该漏洞源于未正确实现客户端控件。远程攻击者利用该漏洞借助未明向量绕过预期访问限制
Iovensys Wonderware inBatch“Activex”控件缓冲区溢出漏洞	2011-12-22	中危	缓冲区溢出	Invensys Wondervare inBatch中存在多个基于栈的缓冲区溢出漏洞。攻击者可利用该漏洞在使用ActiveX控件的应用程序(通常Internet Explorer)的上下文中执行任意代码，攻击失败可能导致拒绝服务
GE Proficy iFix HMI/SCADA任意代码执行漏洞	2011-12-22	危急	缓冲区溢出	GE Proficy iFix HMI/SCADA的installations中存在漏洞，远程攻击者可利用该漏洞执行任意代码。对于利用这个漏洞来说并不需要认证。通过默认TCP端口号14000监听的ihDataArchiver. exe进程中存在特殊的漏洞。在这个模块中的代码信任一个通过网络提供的值，并且使它作为把用户提供的数据复制到堆缓冲区的数组长度，通过提供一个足够大的值，缓冲区可能会溢出导致在运行服务的用户上下文中执行任意代码
Sunway land ForceControl httpsvr. exe堆缓冲区溢出漏洞	2011-8-1	危急	缓冲区溢出	Sunway ForceControl 6.1 SP1. SP2和SP3版本的httpsvr. exe 6. 0. 5. 3版本中存在基于堆的缓冲区溢出漏洞。远程攻击者可借助特制的LRL导致拒绝服务(崩溃)并可能执行任意代码

图 7-28　工业 SCADA 的软件漏洞

来源：力控华康

工控系统的攻击途径包含两类：内部发起和外部发起。内部发起又可分为自办公网渗透到工厂网以及车间现场发起攻击；外部发起包含针对式攻击（如 APT）和撒网式攻击。如图 7-31 所示。

■操作系统漏洞扫描

➢ 操作系统OS 开放服务、端口情况

➢ Nmap端口扫描及主机OS指纹识别

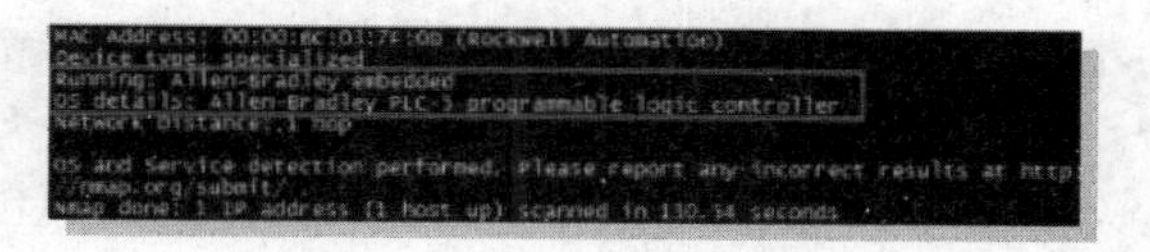

■AB PLC 漏洞扫描

执行操作

1.利用Autocrat1.26.60分别对PLC TCP80、23、7端口进行Land攻击:

2.hgod 172. 18.0. 1128 4000 -m:igmp -d:1 -a:1000

3.利用Autocrat1. 26. 60对PLC进行FakePing全连接攻击

测试结果

1. PLC设备无法通过网络访问，采集端显示数据无连接，停止攻击后设备仍无法提供网络服务

2.设备关电重启后方能恢复正常服务。

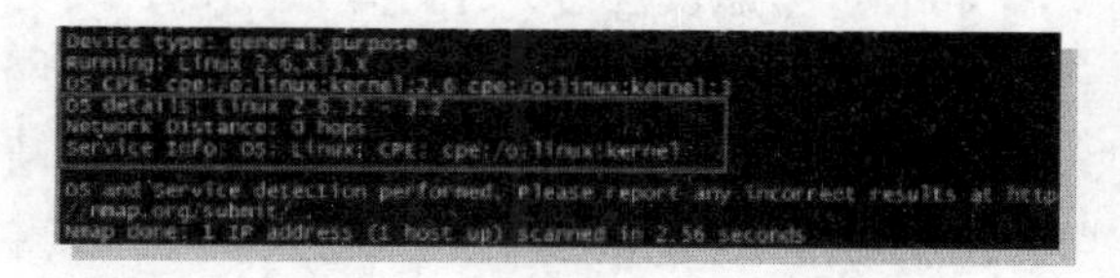

图 7-29　操作系统和 PLC 漏洞

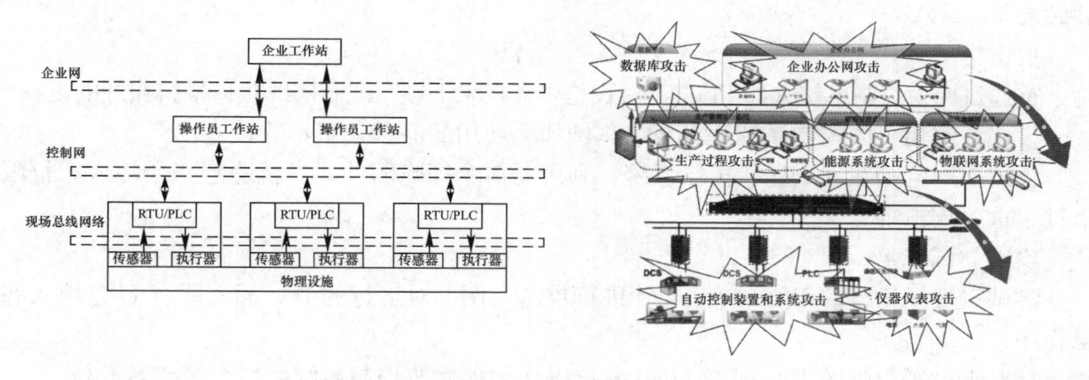

图 7-30　工业互联网受攻击过程典型模型

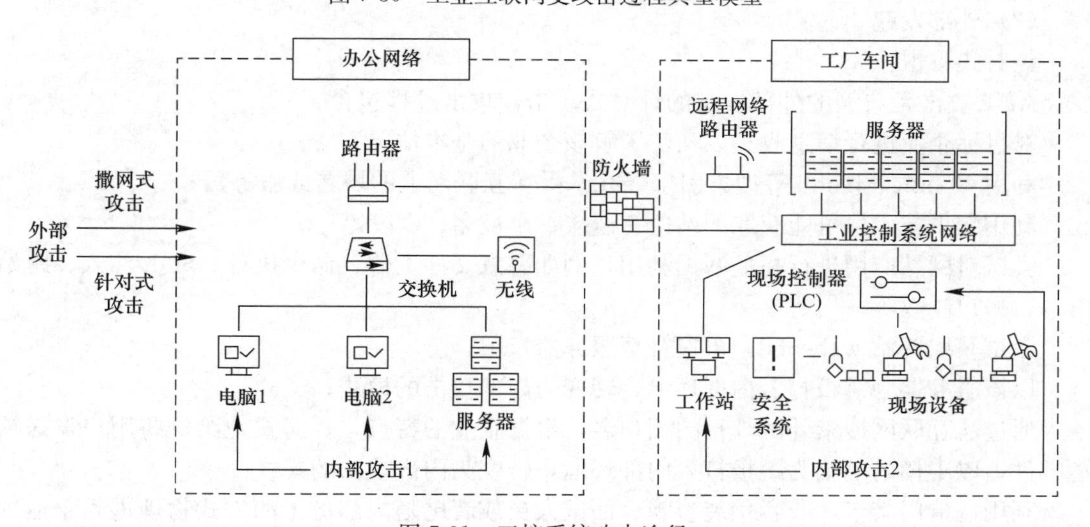

图 7-31　工控系统攻击途径

(1) 内部发起

办公网为起点：

在办公网环境内，使用 nmap 等工具扫描和获取网段和资产信息，特别是常规工控系统和 IT 系统端口，Siemens 102，modbus 502，EthernetIP 44818、445、3389 等；

利用漏洞对识别出的系统进行攻击，包含嗅探、权限绕过或提升、重放攻击、口令猜解、指令注入、永恒之蓝漏洞利用、口令猜解等；

成功获取系统控制权后，尝试以该主机为跳板，使用 Pass the Hash 等方式渗透其他系统，找寻工控相关系统 PLC、IPC 和 SCADA 等，以实现攻击目的；

若均未成功，转向采用社会工程等方式进一步获取相关信息（如高权限账号等）；

同时，考虑设法进入工厂车间内部，转为现场攻击方式；

一些集成控制系统的中控平台，或者内网的一些类 SCADA 等组态控制系统的 web 应用端或者 dll、dat 容易被劫持后形成工程师站的提权。

车间现场为起点：

在车间内发起攻击工控系统是最为直接的方法，手段和选择同样是多样化的：

进入车间后，仔细观察车间内的情况，寻找 IPC 或者控制系统的位置，为后续攻击尝试做准备。

攻击尝试一：

首选目标为控制系统（如 PLC），寻找是否存在未上锁，或者网线接口暴露在外的设备；

尝试了解相关的控制系统基本信息，例如所使用的品牌，版本等；

尝试使用电脑在现场连接控制系统，利用弱口令等脆弱性，尝试恶意指令注入、权限绕过、重放攻击等。

攻击尝试二：

尝试对现场运行的 IPC 或者 HMI 进行攻击，例如对运行的 IPC 插入恶意 U 盘植入恶意程序；

针对未设置权限的 IPC 或者 HMI 直接操作，如修改控制系统的指令等恶意操作。

(2) 外部发起

针对式攻击：

APT 攻击是典型的外部发起的针对式攻击，攻击过程包含

对目标企业进行信息收集以初步了解该企业的基本情况；

利用 Google、Baidu 等搜索引擎寻找暴露在互联网上的域名或服务器；

利用爬虫技术尽可能获取网站所有链接、子域名、C 段等；

尝试对网站应用进行高危漏洞利用，例如恶意文件上传、命令执行、SQL 注入、跨站脚本、账户越权等；

尝试获取网站 webshell，再提升至服务器权限；

以该服务器为跳板打入内网环境，转变为内部攻击的模式；

通过从互联网搜索外网邮箱的用户名，根据企业的特点，针对式地给这些用户发送钓鱼邮件，以中招的电脑为跳板打入内部环境，转变为内部攻击的模式；

利用伪造门禁卡，或者伪装参观、面试人员或者尾随内部员工的方式物理进入企业内部，转变成为内部攻击的模式。

撤网式攻击：

利用Google和Baidu等搜索引擎找出暴露在互联网上企业的域名，若发现可以利用的漏洞则转为针对式攻击；

利用社工，尽可能多收集企业的员工的邮箱，大批量发送钓鱼邮件；

使用Shodan搜索引擎，针对暴露在互联网上的工控系统发起攻击，成功后转为内部攻击。

黑客攻击链（Cyber Kill Chain）：

一般来说，攻击者通常以低成本、撒网式的攻击手段，如发送钓鱼邮件等社工式，开始攻击尝试。当受害者点开附在钓鱼邮件内的恶意链接或恶意程序时，“潘多拉之盒”就此打开，攻击者将尝试攻陷受害者的设备，并以此设备为跳板，打入企业内网。如果工控网络未能做到与办公网络的有效隔离，攻击者可以在进入办公网络后扫描并分析发现相关工控资产。

当前许多工厂工控环境抵御网络攻击的能力较弱，大多存在弱口令，权限设置不当，共享账号和密码，补丁和脆弱性管理缺失，网络隔离和防护不充分等高危漏洞，使得攻击者利用这些漏洞，在企业工控网内大范围、无阻拦、跨领域地对工控资产进行攻击，最终导致工业数据泄露、设备破坏、工序异常、次品率增加、火灾爆炸甚至威胁员工安全等严重后果，形成完整的黑客攻击链。

工业互联网系统典型安全威胁如下：

（1）态势感知：综合多种方法和手段，选择攻击目标，并收集目标信息，常见方法有：

针对工业领域上市公司或特定目标进行网络扫描，从门户网站或信息系统网络入口进行渗透；

采用SHADON、ZOOMEYE等工控系统专项扫描工具，通过工控系统的特征码、特定端口或网络接口描述从网络上搜索查找攻击目标；

采用社会工程学或间谍等其他手段搜索目标信息。

（2）网络攻击：利用操作系统和防火墙的漏洞或后面，通过网络渗透（远程访问接口、OPC通信接口、无线网络接口、企业门户接口等）、摆渡（U盘、移动设备等）、社交工具（邮件等）等手段，攻击并控制工业控制系统的工作站或接口设备。

（3）工控系统定向攻击：针对工控系统架构的脆弱性，进行最后的致命一击，挟持控制工业控制系统，执行错误的动作且不被察觉。主要攻击方法有：

工业网络攻击方法：堵塞或中断网络、工业协议已知漏洞攻击、工业协议fuzzing攻击、工业协议大量数据包攻击、伪造控制指令攻击、伪装实时数据攻击；

监控平台攻击方法：木马攻击、KillDisk攻击、窃取关键工艺或数据、通信DLL中间人攻击、篡改组态等关键数据、挟持组态/监控软件攻击（发送错误指令、显示错误数据等）；

控制单位攻击方法：嵌入式平台已知漏洞攻击、超级后门攻击、固件升级或配置接口攻击。

7.3.3 工业互联网安全隐患源头分析

工业互联网安全全要素模型涉及的要素（环节）有六个：软件安全，硬件安全，网络通信安全，数据安全，人员安全，产业链安全。工业互联网安全隐患的源头存在于这六个关键环节。下面结合六个关键环节的技术特征和技术进展，从工业互联网安全全要素模型角度进行技术性安全分析。

（一）软件安全

它括两部分：系统软件安全和应用软件安全。

1. 系统软件安全

其包括操作系统和数据库两类。

（1）操作系统，包括两类：工业控制系统 OS 和信息系统 OS。

① 工业控制系统 OS：uCLinux、winCE、VxWorks 等；

② 信息系统 OS：鸿蒙、Windows、Linux、UNIX、麒麟等。

美国国防部 20 世纪 70 年代制定的“可信计算机系统安全评价准则”（TCSEC）是信息系统安全领域的最早准则，只考虑保密性，系统密级分为 A、B、C、D 四个等级。根据 TCSEC，我国工业互联网领域操作系统的现状如下：B1 级（标识的安全保护，强制存取控制、安全标识）以上的操作系统对国内禁运；主流商业操作系统大多为 C2 级（受控存储控制，单独的可查性、安全标识）。在实时操作系统即工业控制系统 OS 方面，国内厂商少有涉足，特别突出的企业几乎没有。多数厂商对操作系统的研究和应用集中在对国外产品的组件化增补、安全加固、边缘功能扩充。另外，国内操作系统的研发对国际操作系统开源资源的依赖程度依然较大，开源代码、开源算法、开源软件的安全本身就是另一个重要的安全问题。

（2）数据库：国外主要产品包括 OSI 公司的 PI、Aspen 公司的 InfoPlus、Honeywell 公司的 PHD、Instep 公司的 eDNA，国内主要产品包括浙大中控的 ESP-iSYS、中科院软件所的 Agilor、力控公司的 pSpace。

实时数据库是工控系统的核心数据源，目前实时数据库的安全隐患为：黑客攻击问题，系统管理员特权问题，非法操作问题。国产化自主实时数据库可有效避免安全问题。

2. 应用软件安全

包括工具软件和专业软件两类。

① 工具软件：VC＋＋、Java、OpenCV、Python 等；

② 专业软件：BIM、CAD、CAM、CAE、MATLAB 等。

目前，不同门类的细分行业领域工业应用软件不断被开发出来，应用软件功能越来越多、系统复杂度越来越高，导致系统安全隐患越来越多，工业设计软件、仿真软件、开发工具等都存在不同类型的安全漏洞，都有可能被攻击。

（二）硬件安全

涉及的硬件主要是现场仪表、机器人及云端硬件，包括 CPU、GPU、片上系统、传感器、PLC 控制器、DDC 控制器、远程终端装置 RTU、机器人、存储、电源、I/O 接口、通信模块等。硬件安全隐患主要源自设计开发这些硬件产品时采用的集成电路、数字电路、模拟电路、芯片、总线等。CPU 作为硬件的基础核心单元，目前技术仍掌握在国外厂商手中，安全漏洞和隐患非常大。龙芯、海思等国产 CPU 品牌在通用、专用处理器方面解决了一定问题，但能否胜任工业级应用仍有待验证。

（三）网络通信安全

包括工业控制网和管理网两种异构网络的安全，涉及的通信协议包括 OPC、TCP/IP、

5G、6G、物联网、Modbus、微波等。从介质类型划分，又包括有线通信和无线通信两类网络通信安全问题，无线通信的安全问题尤其值得关注，无线通信过程中的信号易被侦听和窃取。从通信距离上划分，又可分为长距离、中距离、近距离通信。

（四）数据安全

包括采集、传输、存储、挖掘、分析、共享、交易等环节的数据安全。数据安全要通过数据治理实现，数据安全治理是数据治理体系的一个重要组成部分。数据安全治理是一种以数据全生命周期为时间轴的信息安全执行闭环体系，通过对策略、流程、技术、标准、组织、人才等的有效组合，实现对某个边界范围内的数据安全全方位监管，需要参与方的多方协作，目标是保证数据的真实性、有效性、完整性、可信性、一致性、可溯性。数据安全治理体系的建立是促进工业互联网安全体系建设和执行体系落地的有力支撑平台，它可将数据安全通过标准化、质量监管、技术改进等措施进行优化，并结合组织结构和人力资源，形成数据安全管控体系，在企业、产业链及其他组织形态内部持续运行，保障数据的安全，提升数据的安全应用价值。

（五）人员安全

包括人在回路、人机共融、人员行为等方面的安全。新一代人工智能系统、新一代工业控制系统都将人作为回路中重要的一个要素进行设计和使用。这是为了解决让模型能够自适应变化的环境这一难题。"人在回路"通过融合人的智力、智慧使机器更加智能化，这种混合智能体现了人机共融的智能本质，已经成为研究和应用的热点。因此，人的思维、思想、行为等的安全也成为系统安全的一个关键组成部分，而且随着新一代人工智能的发展这个要素的作用会越发凸显出来。

（六）产业链安全

工业互联网产业链和供应链安全建立在以上5个环节的安全基础至上，以上5个环节相连后构成了产业链安全。产业链安全除了关注组成环节、要素的个体安全外，还应注重产业链上中下游衔接的安全，即中间接口和链接的安全。

7.3.4　工业互联网安全模型体系构建

工业互联网安全模型体系由三类安全模型（视图）组成：(1) 工业互联网安全全要素模型；(2) 工业控制系统信息安全管理体系模型；(3) 工业控制系统信息安全项目全周期模型。如图7-32所示。

（一）工业互联网安全全要素模型

工业互联网安全全要素视图由如图7-33所示的6个模块/环节构成：系统/应用软件安全，硬件安全，网络通信安全，数据安全，人员安全。

目前，工业控制系统信息安全技术有五大类，包括：鉴别与授权；过滤、阻止、访问控制；编码技术与数据确认；管理、审计、测量、监控和检测；物理安全控制。

工业控制系统中各种核心技术自身就存在安全漏洞，如：广泛应用于工业控制系统的TCP/IP和OPC（基于微软的DCOM协议）通信协议，由于DCOM协议是工业互联网安全问题出现之前就被设计并应用的，因此由其支撑开发的OPC协议极易受到攻击。操作系统、移动存储、查毒软件等也都存在着各种安全漏洞。

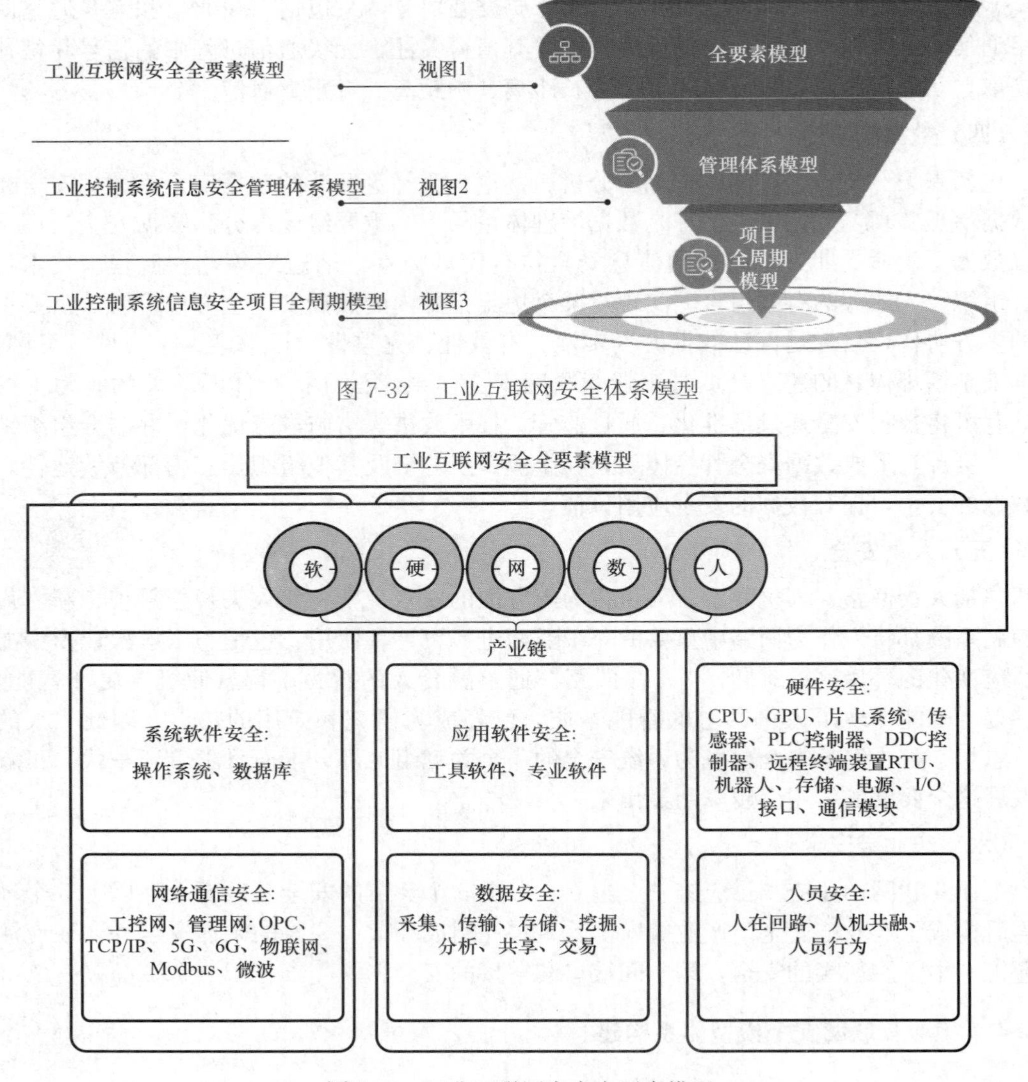

图 7-32 工业互联网安全体系模型

图 7-33 工业互联网安全全要素模型

(二) 工业控制系统信息安全管理体系模型

国际上普遍采用"规划（Plan）—实施（Do）—检查（Check）—处置（Act）"（PDCA）模型来建立工业控制系统信息安全管理体系，其模型如图 7-34 所示。

工业控制系统信息安全管理体系通常包括的内容有：安全方针、组织与合作团队、资产管理、人力资源安全、物理与环境管理、通信与操作管理、访问控制、信息获取与开发维护、信息安全事件管理、业务连续性管理及符合性。

(三) 工业控制系统信息安全项目全周期模型

工业控制系统信息安全项目全周期模型反映了项目的工程实施流程，包括 6 个主要阶段：规划阶段、设计阶段、施工阶段、调试阶段、运维阶段、评估阶段。另外，通过迭代优化反馈通道不断更新、升级整个流程。如图 7-35 所示。

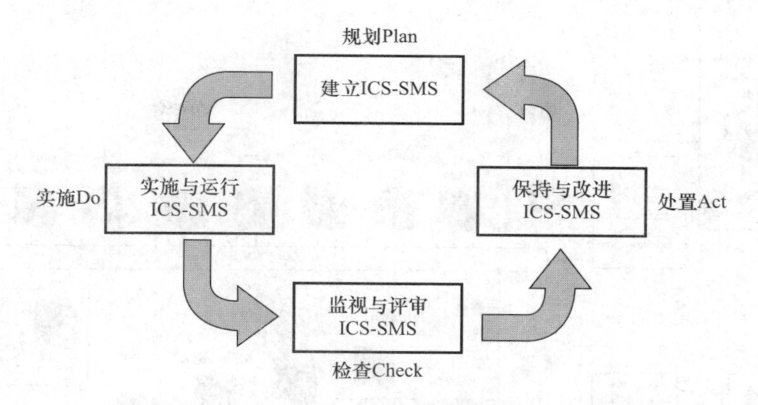

图 7-34　国际工业控制系统信息安全管理体系模型 PDCA

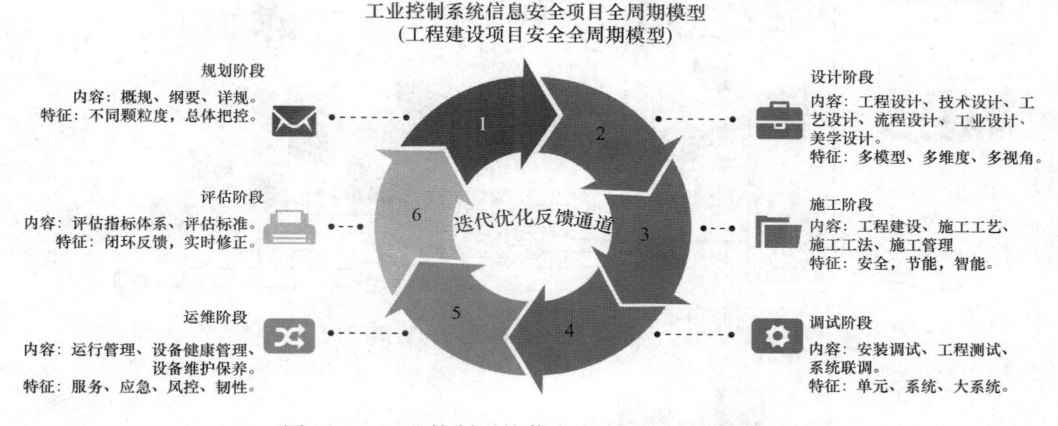

图 7-35　工业控制系统信息安全项目全周期模型

7.3.5　工业互联网安全防护关键技术

（一）纵深安全防御体系

工业互联网纵深安全防御系统的设计宜在工业互联网安全体系模型的框架下进行，围绕工业控制系统的脆弱性，基于不同安全隐患源头的特点、短板采用具有针对性的防御技术和安全策略。工业互联网纵深安全防御系统设计的核心目标是实现信息安全、功能安全和操作安全一体化，实现高可信性和高机密性。设计时应依据 IEC61508、IEC62443 等国际标准及国密算法等国家标准，充分考虑工业控制系统典型失效模式，采取 FMEA 分析、安全开发流程控制以及安全防护技术措施等综合安全设计方法和技术体系，实现全体系的安全。

美国国土安全部推荐的工业控制系统纵深防御架构被业界广泛参考。如图 7-36 所示。

我国现行的具有代表性的工业互联网安全防御系统如图 7-37 所示。

工业互联网纵深安全防御体系分为互联网安全和工业控制网络安全两部分。如图 7-38 所示。

应构建全生命周期工业控制系统安全模型。工业控制系统安全生命周期是针对控制系统信息安全提出的，常用安全周期 V 模型图来描述。如图 7-39 所示。

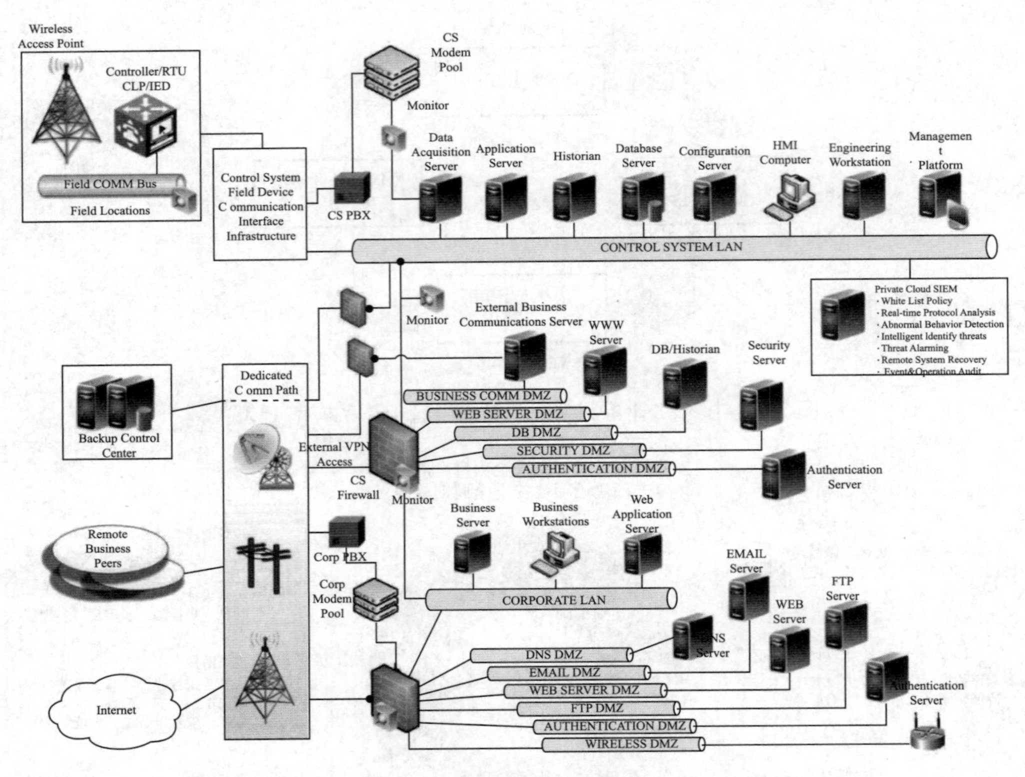

图 7-36 美国工业控制系统纵深防御架构

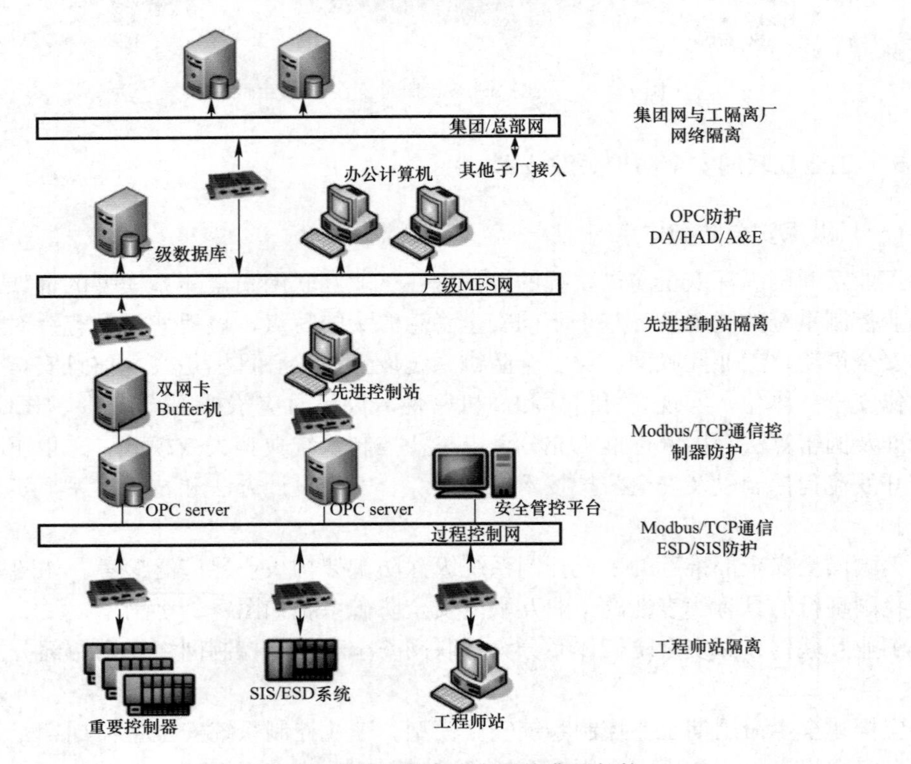

图 7-37 工业互联网安全防御系统典型架构

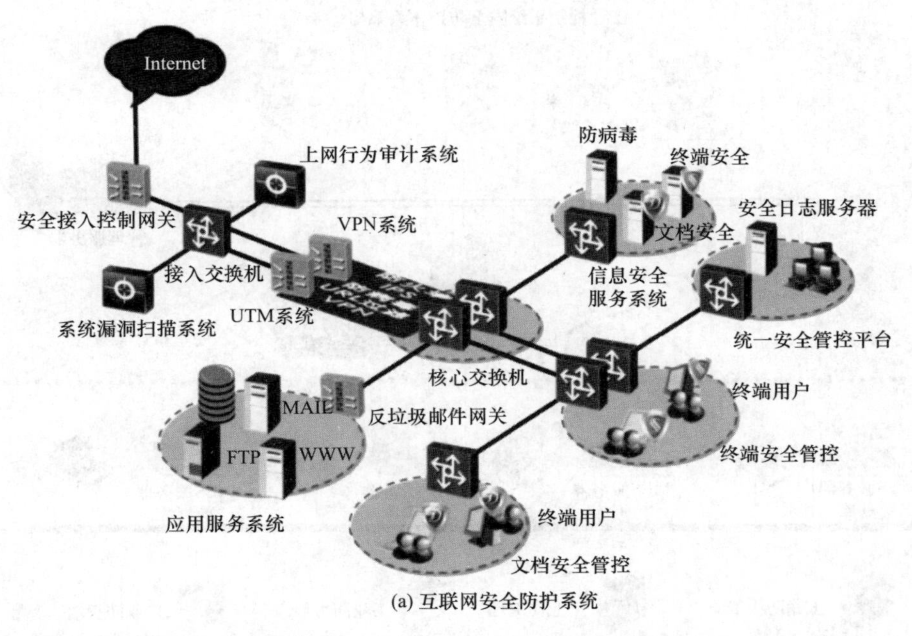

(a) 互联网安全防护系统

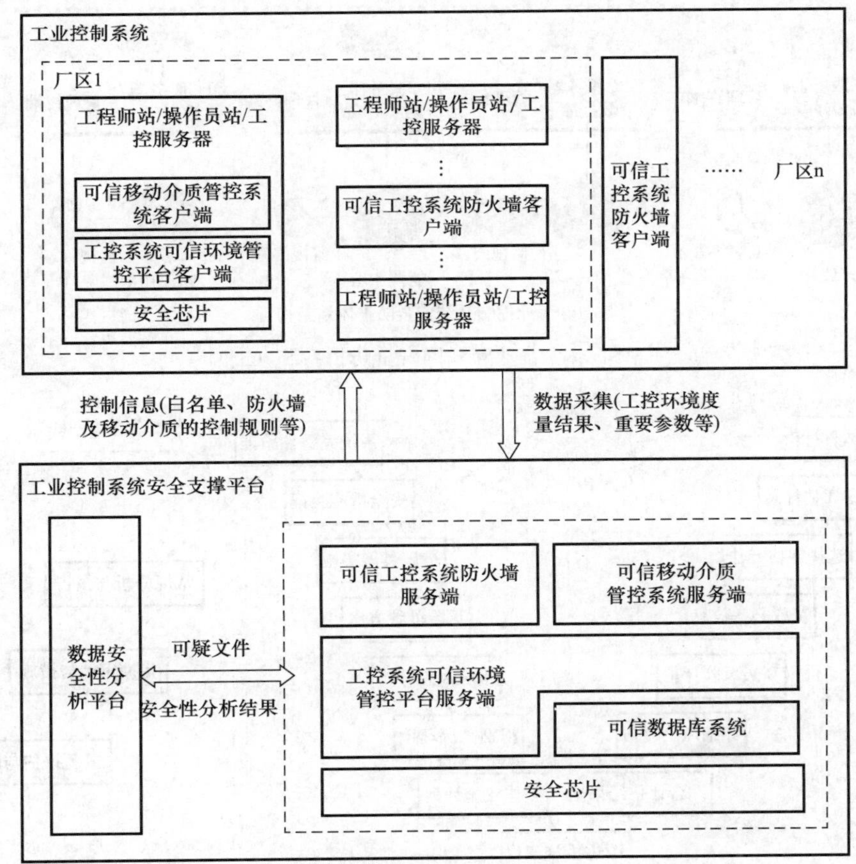

(b) 工业控制系统信息安全防御系统

图 7-38　工业互联网安全防护系统（一）

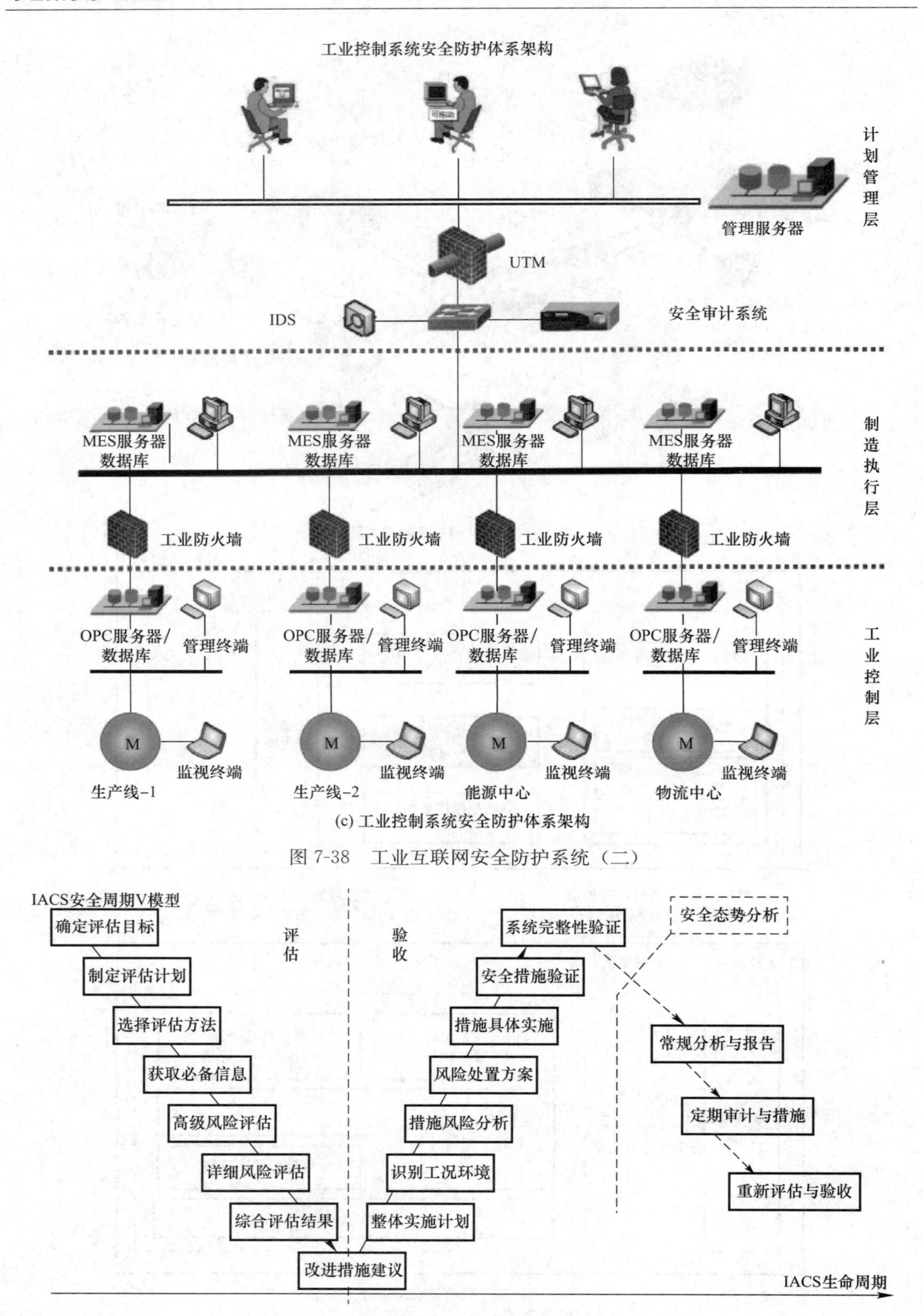

(c) 工业控制系统安全防护体系架构

图 7-38　工业互联网安全防护系统（二）

图 7-39　工业控制系统安全生命周期 V 模型

为实现功能安全前提下的工业控制系统信息安全，需要构筑工业控制系统信息安全事前、事中和事后的全面管理、整体安全的防护技术体系。

1）事前防御技术

事前防御技术是工业控制系统信息安全防护技术体系中几乎最重要的部分，目前可以利用的基础技术如下：访问控制/工业控制专用防火墙、身份认证、ID设备、基于生物特征的鉴别技术、安全的调制解调器、加密技术、公共密钥基础设施（PKI）、虚拟局域网（VPN）。

2）事中响应技术

入侵检测（IDS）技术能够检测和识别出内部或外部用户破坏网络的意图。IDS有两种常见的形式：数字签名检测系统和不规则检测系统。入侵者常常通过攻击数字签名，获得进入系统的权限或破坏网络的完整性。

3）事后取证技术

审计日志机制是对合法的和非合法的用户的认证信息和其他特征信息进行记录的文件，是工业控制系统信息安全主要的事后取证技术之一。系统行为记录也是工业SCADA系统信息安全的常用技术。

（二）分布式安全网络架构

针对大型工程项目规模化网络、规模化并发实时数据的应用需求，依托IEC62443-1-1、IEC62443-3-1和IEC62443-3-3，设计分层分域安全网络架构，应用层次化分布式网络模型、多路径优化选择的容错网络技术、完善的网络监控和诊断体系、全面充分的网络通信验证等关键技术，实现操作物理分区和控制物理分区，安全分区之间管道支持安全隔离。结合大型工程项目实践，应用大规模组网技术，包括"总分结构"网络结构技术、VLAN安全隔离技术、全网诊断技术等，解决大规模网络情况下的组网问题、安全问题以及数据交互瓶颈问题，并通过网络设备选型和认证，提升网络的可靠性、实时性和安全性，达到单域4万点、支持60操作域/60控制域的大规模应用能力，满足超大规模的工程项目需求。

网络化控制系统适用于大规模组网应用的安全网络架构核心设计如下：控制网络采用自主可控工业以太网技术，保证高可靠性；控制网络采用扁平式网络结构以及1对多的通信方式，保证通信的可靠性；采用坚固的系统和网络通信设备，外配产品需经过严格的认证测试；控制网络采用全冗余设计（通信接口、网络设备、网络供电），并且网络1∶1同步冗余，无切换时间，A/B控制网络隔离；控制网络采用分层分域设计，支持多路径容错通信，保证装置通信网络的独立性，又确保装置间数据的共享以及一体化管理；提供统一的网络健康视图，直观显示整体网络、网络节点状态、专家诊断、及时预警；DCS、PLC、SIS支持网络一体化，保证统一联网和互联互通，以及统一的安全策略。

（三）控制系统内核自主可信

病毒运行依赖黑客对嵌入式操作系统、控制器、仪器仪表等软硬件设施的了解。无运行环境、无进入机会是解决问题的关键。不基于通用系统，病毒就无运行环境，协议、接口私有、受限，黑客就无进入机会。因此，工业互联网应采用自主研发协议栈、控制算法、硬件平台、BIOS 以及确定性微操作系统，保证控制内核的自身安全性。

控制系统内核自主可控可以杜绝针对通用协议、操作系统、开源代码的已知漏洞所展开的攻击。同时采取功能最小的原则，只定义必要的功能，减少开发代码，减少漏洞存在的可能性。在自主可控基础上，采用可信增强技术，通过静态/动态程序、数据的完整性检查和监护技术，以及可信链的层层推进，保证控制器、组态软件、监控平台的可信增强，提升控制系统核心部件的内在免疫能力。

（四）工业防火墙（通信端口动态防护）

网络隔离在管理网和控制网之间部署防火墙与路由器，有效减少控制网的外来攻击，极大提升控制系统信息安全程度。防火墙是一种机制，用于控制和监视网络上来往的信息流，目的是保护网络上的设备。流过的信息要与预定义的安全标准或政策进行比较，丢弃不符合政策要求的信息。实际上，它是一个过滤器，阻止了不必要的网络流量，限制了受保护网络与其他网络（如因特网，或站点网络的另一部分）之间通信的数量和类型。图 7-40 显示了一个简单的防火墙，禁止来自因特网对个人计算机（PC）和可编程逻辑控制器（PLC）的访问，但允许对企业 Web 服务器的访问。

工业互联网采用基于黑通道的安全通信设计和通信端口动态防护，实现各种通信故障情况下，安全通信不受影响或导向安全，保证实时确定性安全通信。典型通信故障如下：数据损坏；报文重复；报文错序；报文丢失；延迟超时；报文插入；报文伪装；错误寻址；交换机 FIFO 错误；报文滞缓。通信端口采取工业协议的深度包检测技术、通信和控制功能隔离技术、基于网络行为和控制行为白名单技术等动态防护技术，实现在接收到各种异常数据帧或广播风暴等巨量数据冲击的情况下控制功能能正常运行、正常操控。

工业防火墙的工程应用方案一般如图 7-41 所示。

工业通信协议深度分析与过滤是常采用的工业防火墙技术手段，其特性和使用方式如图 7-42 所示。

工业防火墙的设计要点主要包括：基于“区域”与“管道”的安全防护模型；Modbus/TCP、Modbus/UDP、OPC 等工控协议应用数据的深度解析；基于规则策略的动态包过滤和 Syslog 的实时报警技术；冗余电源设计；工业级的低功耗设计；兼容所有 PLC、HMI、RTU 等工业控制设备；支持时间同步、重启自动加载规则的高可用性设计；包含

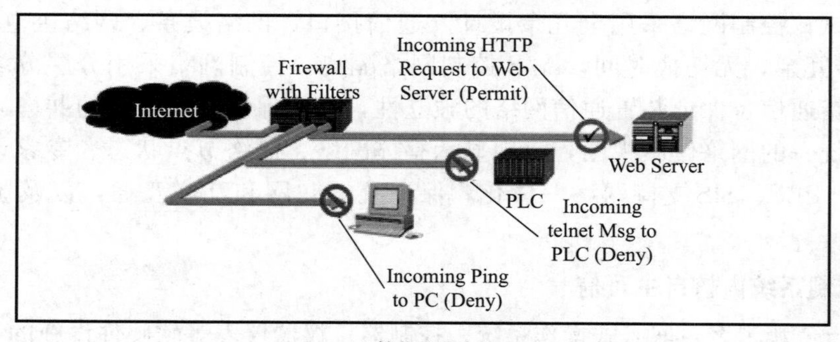

(a) 简化的防火墙

图 7-40　工业控制系统防火墙技术原理（一）

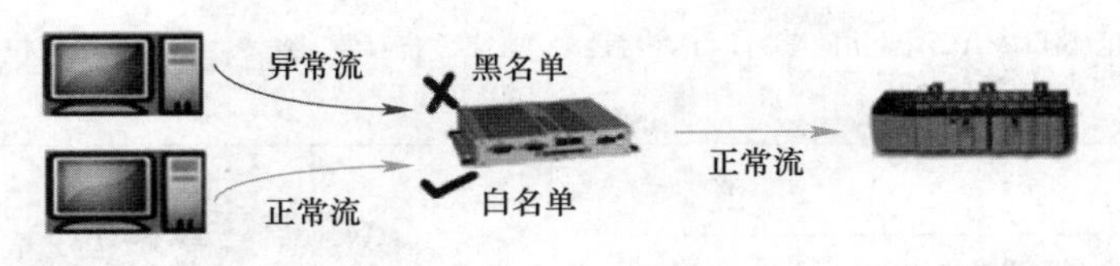

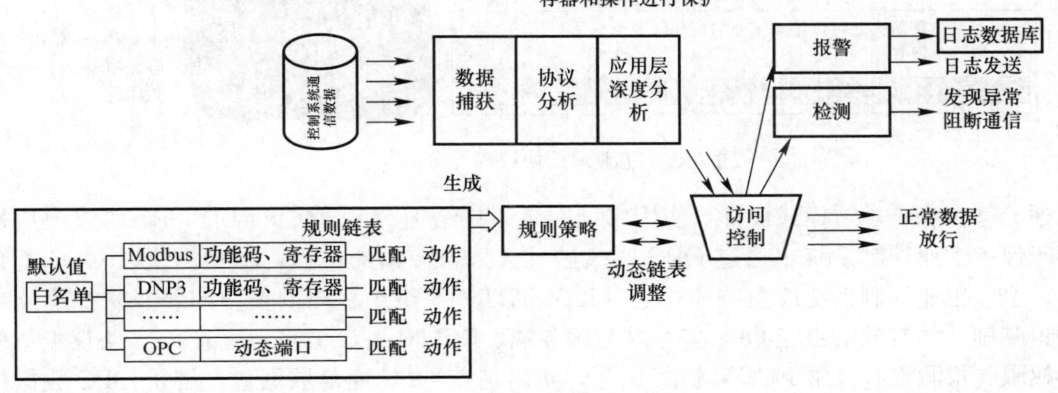

(b) 防火墙工作机理

图 7-40　工业控制系统防火墙技术原理（二）

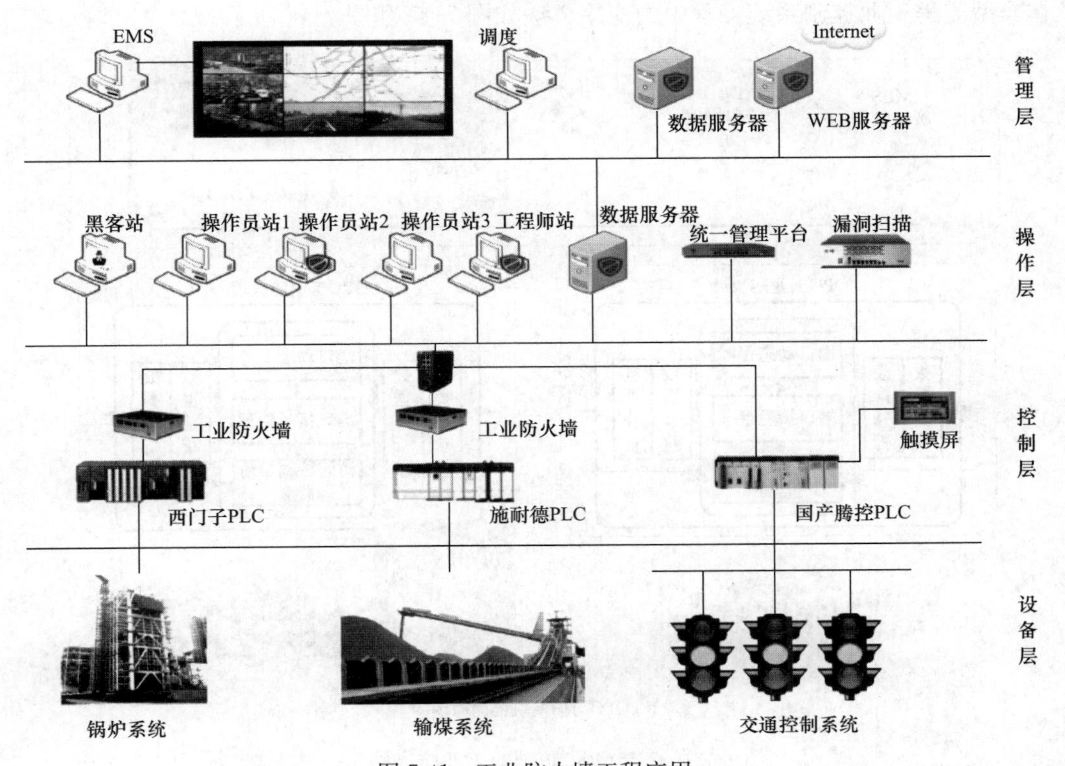

图 7-41　工业防火墙工程应用

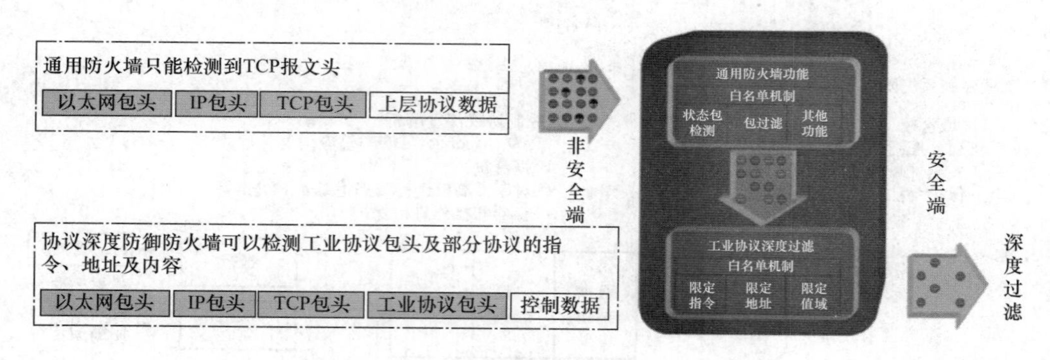

图 7-42　工业通信协议深度分析与过滤

直通、管控和自学习模式设计，使用多种网络拓扑结构。工业防火墙的 OPC 协议模块是用于保护工业控制系统中通过 OPC 协议进行数采与传输的过程，防护模块以 OPC 基金会，会、工业控制系统应急响应中心（ICSCERT）等组织提出的安全问题及防护建议为理论基础，如有效的锁定 OPC 客户端与服务端、DCOM 对象访问、约束 RPC 协议端口最小权限、检测没有异常 DCOM 被使用等，实时捕获 OPC 通信数据包，解析 OPC 数据包端口内容，为端口设置一条私密规则，对端口进行动态跟踪与授权管理，在建立连接之后对流经的数据包进行基于端口及协议进行监控，防止非法访问，OPC 防护模块检测原理及在典型流程工业控制系统工程中的应用方法如图 7-43 和图 7-44 所示。

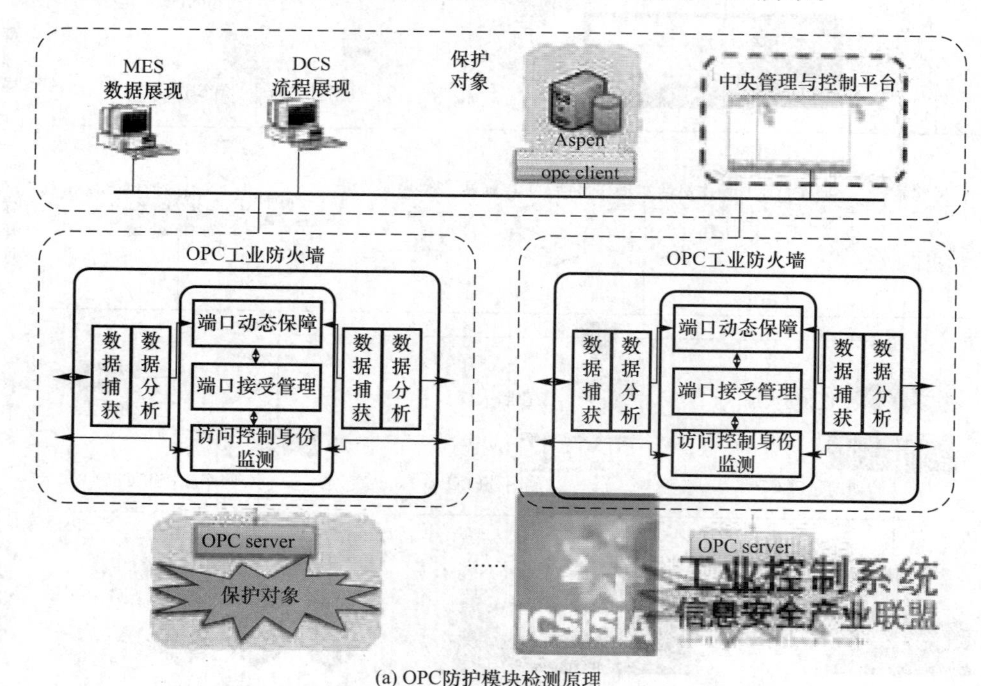

(a) OPC防护模块检测原理

图 7-43　基于 OPC 防护的工业防火墙（一）

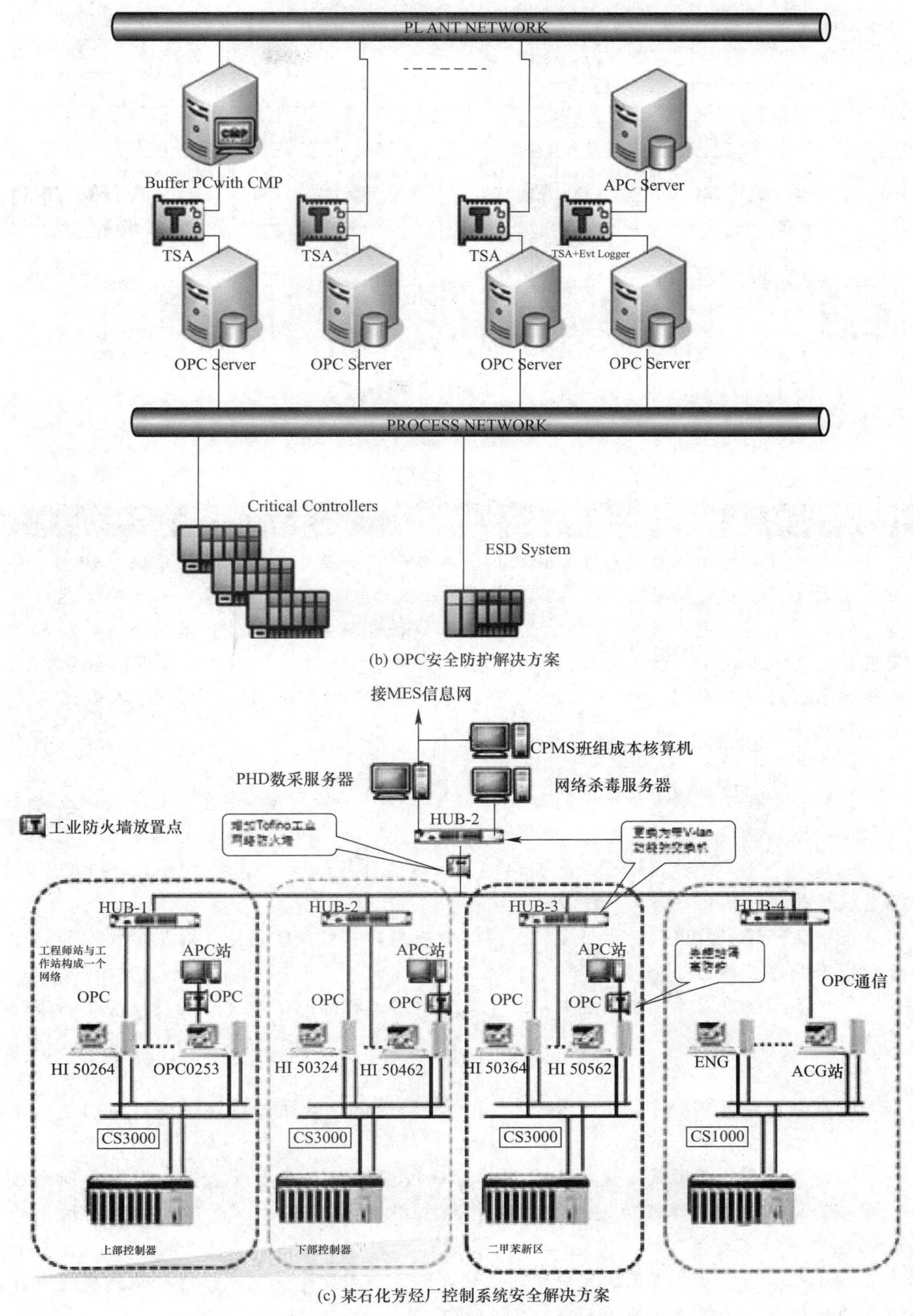

(b) OPC安全防护解决方案

(c) 某石化芳烃厂控制系统安全解决方案

图 7-43　基于 OPC 防护的工业防火墙（二）

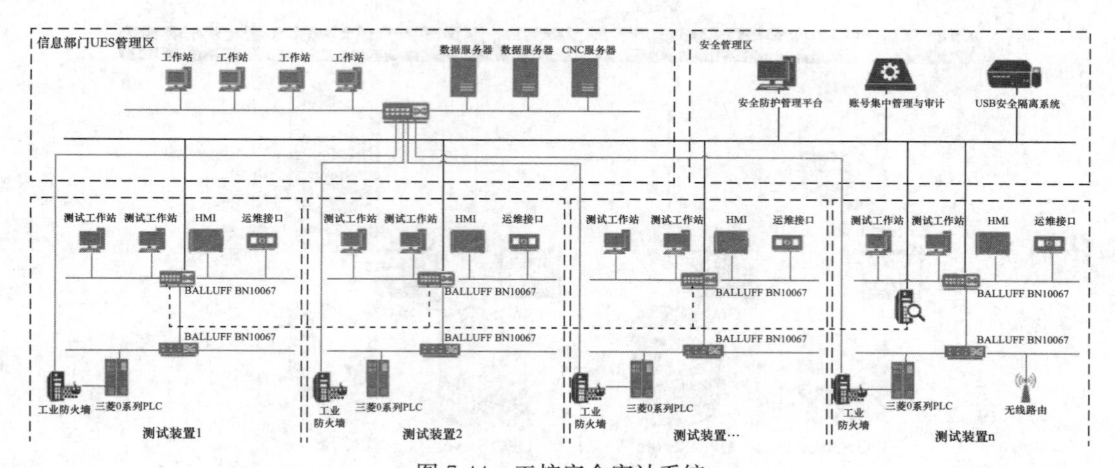

图 7-44　工控安全审计系统

案例来源：北京网藤科技有限公司（inetvine. com）

【案例】某汽车发动机生产厂测试线安全防护项目

东北某汽车发动机生产企业市由中国、日本和马来西亚共同投资组建的中外合资企业，主要生产、销售排量为 1.3～2.0 升的汽油发动机、手动变速器及自动变速器，市国内唯一一家同时拥有汽车发动机、手动变速器和自动变速器制造技术的企业。公司注册资本 5 亿元人民币，资产总额近 50 亿元人民币，年均利税 4 亿元人民币，占地 27.5 万平方米。公司现有 22 条装配生产线、20 条机械加工生产线，已形成年发动机 56 万台的生产能力。

➢ 安全风险

（1）各个生产装置或生产车间都采用 OPC 协议与 MES 网络通信，相互之间没有任何的横向隔离措施；

（2）各个生产区域网络中缺少针对非法入侵、非授权访问、违规操作、异常流量、恶意代码等威胁的检测与审计手段；

（3）生产区域缺少针对上位主机外设接口使用的有效监管措施，对临时接入的移动介质没有病毒查毒功能；

（4）各个生产装置或车间控制网络中缺少针对工程师站运维过程的授权管理与审计手段。

➢ 解决方案

（1）分别在每套测试装置的 PLC 系统底层控制器交换机旁路镜像做数据引流，接入同一套工控安全审计系统；

（2）分别在每套测试装置的上位操作站通过网络接入集中管理区，由一台网络版 USB 安全隔离装置对多套系统的上位操作站 USB 接口使用统一管理，并对主机上的 USB 接口进行不可拆卸的封堵；

（3）在车间内设立单独的集中管理区域，部署 1 套安全管理平台对测试线安全审计设备的分析数据进行集中展示与预警；

(4) 部署一套账号集中管理与审计系统，对多条测试装置工程师的运维过程进行账号的集中授权管理，并对运维过程进行记录与审计；

(5) 分别在每套测试装置的OPC通讯模块与MES网络之间部署一套工业防火墙，实现生产测试网络与MES网络之间的有效隔离。

(五) 控制系统入侵容忍与系统自愈

网络化控制系统应支持全系统冗余、数据备份与恢复、故障隔离等技术，实现全面的诊断与报警、入侵容忍和系统自愈。保证控制系统实时诊断与恢复。包括如下核心技术：采取全冗余设计，包括电源、工程师站、服务器、操作站、控制网、控制器、I/O总线、I/O模块等，实现单一故障不影响工业控制系统正常运行，并通过实时对比诊断，快速检测并定位安全问题；组态、历史/实时数据库、控制器参数等关键数据备份和动态重构技术，实现副本数据与运行数据的实时对比校验和快速恢复。

(六) 数据安全监护和防篡改

覆盖操作层、网络层、控制层、现场总线/无线层的数据安全监护和防护设计，实现用户组态工业加密与防篡改、历史/实时数据库实时工业加密与防篡改、组态软件/监控软件关键EXE、DLL防篡改、进程守护技术，保证数据的完整性和机密性，并基于国密实现通信加密和关键数据加密，如下所示：

SM2：非对称加解密算法，用于身份认证、建立可信信道等握手类通信；

SM4：对称加解密算法，用于实时数据和操作指令等数据类通信；

SM3：哈希算法，用于组态等文件类通信时的特征码计算。

(七) 基于控制模型的控制网络实时诊断与异常检测

网络化控制系统实现工控冗余网络在线诊断和流量监控，网络设备和控制节点实时状态监控，建立控制网络特征模型和操作站、控制站、工程师站、交换机、时钟同步设备等特征模型（网络流量、负载变化、通信行为）并统一展示，支持网络风险和入侵行为实时监控（基于网络攻击模型）。网络化控制系统构建网络通信和操作指令可信模型（实时通信、操控指令、组态管理、事件管理等），实时监控和审计操控行为，以及异常检测与报警（非法节点、异常数据包、非法操作指令）。

(八) 加密和认证技术

(一) 加密技术

加密技术是最常用的安全保密手段，数据加密技术的关键在于加密/解密算法和密钥管理。数据加密的基本过程就是对原来的为明文的文件或数据按某种加密算法进行处理，使其成为不可读的一段代码，通常称为“密文”。“密文”只能在输入相应的密钥之后才能显示出原来的内容，通过这样的途径使数据不被窃取。

在安全保密中，可通过适当的密钥加密技术和管理机制来保证网络信息的通信安全。密钥加密技术的密码体制分为对称密钥体制和非对称密钥体制。相应地，对数据加密的技术分为两类，即对称加密（私人密钥加密）和非对称加密（公开密钥加密）。

对称加密技术

对称加密采用了对称密码编码技术，其特点是文件加密和解密使用相同的密钥。

常用的对称加密算法有：数据加密标准、三重 DES、RC-5、国际数据加密算法、高级加密标准。

数据加密标准（Digital Encryption Standard，DES）算法：DES 主要采用替换和移位的方法加密。DES 算法运算速度快，密钥生产容易，适合于在当前大多数计算机上用软件方法实现，同时也适合于在专用芯片上实现。

三重 DES（3DES，或称 TDEA）：在 DES 的基础上采用三重 DES，发送方用 K1 加密，K2 解密，K3 加密；接收方使用 K1 解密，K2 加密，K1 解密，效果相当于将密钥长度加倍。

RC-5（Rivest Cipher5）：RSA 数据安全公司的很多产品都使用了 RC-5。

国际数据加密算法（International Data Encryption Adleman，IDEA）：IDEA 是在 DES 算法的基础上发展起来的，类似于三重 DES，IDEA 算法也是一种数据块加密算法。

高级加密标准算法（Advanced Encryption Standard，AES）：AES 算法基于排列和置换运算。排列是对数据重新进行安排，置换是将一个数据单元替换为另一个。AES 使用几种不同的方法来执行排列和置换运算。AES 是一个迭代的、对称密钥分组的密码，它可以使用 128、192、256 位密钥，并且用 128 位分组加密和解密数据。

非对称加密技术

与对称加密算法不同，非对称加密算法需要两个密钥：公开密钥（Publickey）和私有密钥（Privatekey）。公开密钥与私有密钥是一对，如果用公开密钥对数据进行加密，只有用对应的私有密钥才能解密；如果用私有密钥对数据进行加密，那么只有用对应的公开密钥才能解密。因为加密和解密使用的是两个不同的密钥，所以这种算法称为非对称加密算法。

非对称加密算法实现机密信息交换的基本过程是：甲方生成一对密钥并将其中的一把作为公用密钥向其他方公开；得到该公用密钥的乙方使用该密钥对机密信息进行加密后再发送给甲方；甲方再用自己保存的另一把专用密钥对加密后的信息进行解密。甲方只能用其专用密钥解密由其公用密钥加密后的任何信息。

非对称加密算法的保密性比较好，它消除了最终用户交换密钥的需要，但加密和解密花费的时间长、速度慢，不适合于对文件加密，只适用于对少量数据进行加密。

RSA（Rivest，Shamir and Adleman）算法是一种公钥加密算法。

密钥管理

密钥管理是有生命周期的，它包括密钥和证书的有效时间，以及已撤销密钥和证书的维护时间等。并不是有了密钥就可以高枕无忧，任何保密也只是相对的，是有实效的。密钥管理主要是指密钥对的安全管理，包括密钥产生、密钥备份和恢复、密钥更新、多密钥管理等。

密钥产生

密钥对的产生是证书申请过程中重要的一步，其中产生的私钥由用户保留，公钥和其他信息则交给 CA 中心进行签名，从而产生证书。

密钥备份和恢复

在一个 PKI（Public Key Infrastructure，公开密钥体系）系统中，维护密钥对于备份至关重要，如果没有这种措施，当密钥丢失后，将意味着加密数据的完全丢失。

密钥更新

如果用户可以一次又一次地使用同样的密钥与别人交换信息，那么密钥也同其他任何密码一样存在着一定的安全性，虽然说用户的私钥是不对外公开的，但是也很难保证私钥长期的保密性，很难保证长期以来不被泄露。

多密钥管理

为了能在因特网上提供一个适用的解决方案，Kerberos建立了一个安全的、可信任的密钥分发中心（Key Distribution Center，KDC），每个用户只要知道一个和KDC进行绘画的密钥就可以了，而不需要知道成千上万个不同的密钥。

（二）认证技术

认证技术主要解决网络通信过程中通信双方的身份认可。认证的过程设计加密和密钥交换。通常，加密可使用对称加密、不对称加密及两种加密方法的混合方法。认证方一般有账户名/口令认证、使用摘要算法认证和基于PKI的认证。

一个有效的PKI系统必须是安全的和透明的，用户在获得加密和数字签名服务时不需要详细地了解PKI的内部运作机制。

PKI是一种遵循既定标准的密钥管理平台，能够为所有网络应用提供加密和数字签名等密码服务以及所需的密钥和证书管理体系。完整的PKI系统必须具有权威认证机构（CA）、数字证书库、密钥备份及恢复系统、证书作废系统、应用接口等基本构成部分。

认证机构：即数字证书的申请及签发机关，CA必须具备权威性的特征。

数字证书库：用于存储已签发的数字证书及公钥，用户可由此获得所需的其他用户的证书及公钥。

密钥备份及恢复系统。如果用户丢失了用于解密数据的密钥，则数据将无法被解密，这将造成合法数据丢失。

证书作废系统：证书作废处理系统是PKI的一个必备组件。

应用接口：PKI的价值在于使用户能够方便地使用加密、数字签名等安全服务，因此一个完整的KPI必须提供良好的应用接口系统，使得各种各样的应用能够以安全、一致、可信的方式与PKI交互，确保安全网络环境的完整性和易用性。

PKI采用证书进行公钥管理，通过第三方的可信任机构（认证中心，即CA）把用户的公钥和用户的其他标识信息捆绑在一起，其中包括用户名和电子邮件地址等信息，以在Internet上验证用户的身份。

7.3.6　我国工业互联网安全发展对策建议

（一）完善防护体系，夯实技术基础

进一步完善基于中国国情和技术基础的工业互联网安全防护体系，重点从技术、标准、管理三个维度进行有效支撑。构建以核心自主可控工业互联网技术为基础的中国工业安全纵深防御体系。在核心工业信息安全技术领域持续深耕，夯实国产化工业信息安全的技术基础。核心技术领域包括：工业互联网纵深安全防御系统，分层分域安全网络架构，大规模实时计算分布式网络模型，多路径优化选择的容错网络技术，网络实时诊断技术，控制系统内核自主可控技术，工业防火墙，数据防篡改，数据安全监管，控制网络异常检

测，加密和认证技术。

（二）强化标准认证，规范准入机制

在多措并举深入推进中国工业互联网安全事业建设发展的历史进程中，高质量发展成为必然选择，而标准化正是奠定高质量发展的重要基石。要紧跟国际工业互联网领域的最新研究进展，及时提出并加快制定与国际水平同步甚至超前于国际领先水平的工业互联网安全标准，进一步完善工业互联网安全标准体系，同时要组织优势力量集中攻关，争取前瞻性突破。另外，要以标准为准绳，建立工业互联网安全产品认证和准入的规范化管理机制，从根源上保障应用系统的安全。

（三）探索交叉创新，加速产业发展

工业互联网安全自身是一个交叉领域，因此要以交叉创新思维去看待工业互联网的发展问题。围绕工业控制系统、网络安全两大核心，聚焦安全隐患问题的解决，从工业控制与信息技术交叉融合的角度深度探索、不断创新。在技术交叉创新的基础上，同步推进工业安全产业的发展。加快构建、完善工业互联网安全产业链，因地制宜补齐工业互联网安全产业发展中的短板，尽快将工业互联网安全产业培育成新经济中的新主力。整合各方面优势资源，加快推进工业信息安全产业的发展。

（四）加强人才培养，创新教育体系

重视工业信息安全方面的人才培养和人才队伍建设，从人才供给上解决我国工业互联网安全的长足发展问题。联合政府主管部门、高校、企业，培养能够担当工业互联网安全事业发展重任的人才，建立精英教育与职业教育并举的人才教育培养体系，培养能够适应不同层级、不同岗位需求的多样性人才，加强关键领域紧缺技能人才的培养。制定相关政策，建立人才发展机制，优化人才成长环境，加大人才发展投入，保障人才对技术和产业发展的长期支撑。

7.4　运营管理方法：CIM平台+产业互联网

7.4.1　CIM平台+绿色智慧建筑产业互联网

建筑工业4.0应建立具有发现城市治理一般规律和增强城市治理能力的“智能知识体系”，同时应以建筑产业互联网为基础搭建“神经网络体系”。CIM平台及CIM知识工程的构建应以建筑产业互联网智能知识体系为基础支撑。可以预测，未来发展潜力大、市场前景好的建筑产业互联网具体形态是5G/6G绿色智慧建筑产业互联网。

绿色智慧建筑产业互联网应用系统管理平台采用SOA架构，以Web Service为传输协议。应用体系由12个重点应用场景和12类领域产业集群支撑构建而成。配套功能模块是：系统管理与维护、标准管理、应用管理、信息管理、对外接口。系统还设计了按照数字技术类别检索应用功能模块的入口。

从应用机制上看，可行的方案是：住房和城乡建设部归口统一管理，各省、市、县通过CIM平台分散协同运营管理。在住房和城乡建设部绿色智慧建筑产业互联网平台的统一管理下，将应用功能模块授权给各省、市、县，各省、市、县拥有对相应级别绿色智慧建筑产业互联网的运营管理权。

基于分布式架构的 CIM 级联平台＋绿色智慧建筑产业互联网全域互联方案如图 7-45 所示。

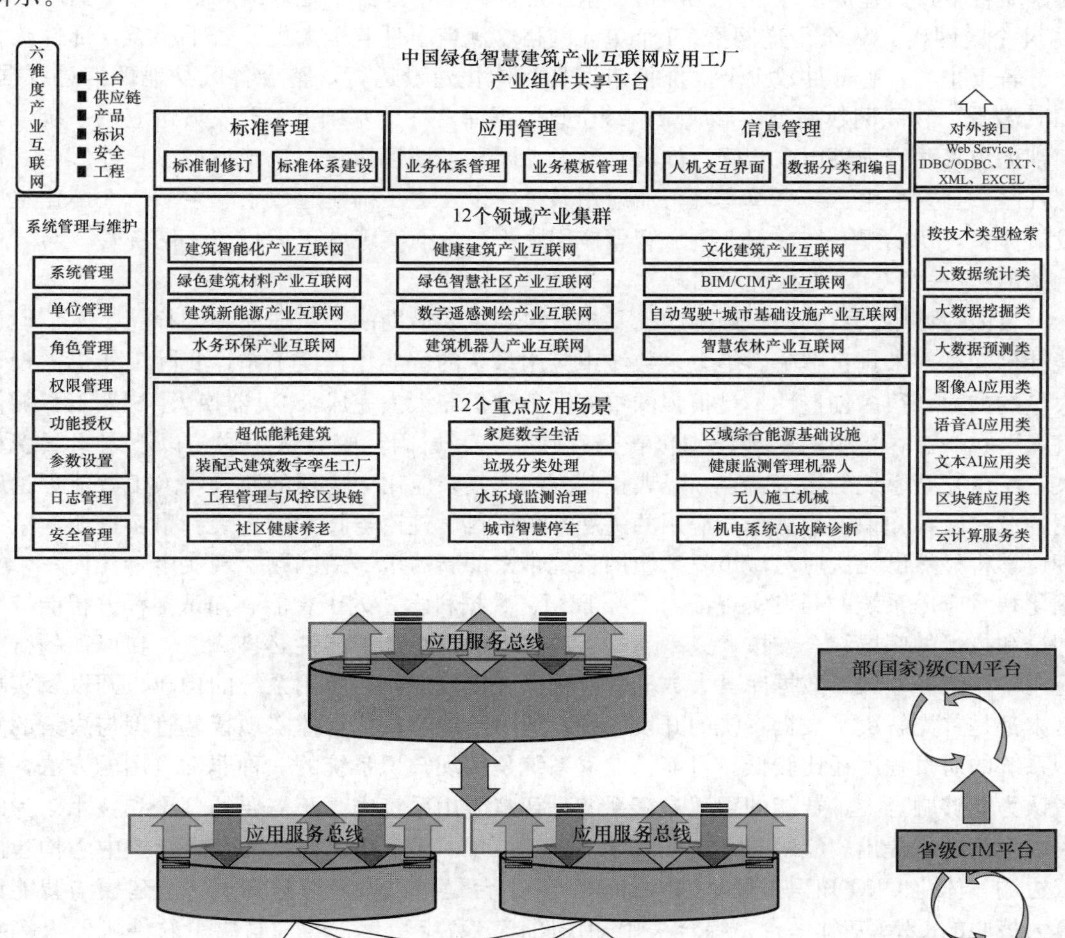

图 7-45　基于分布式架构的 CIM 级联平台＋绿色智慧建筑产业互联网全域互联

CIM 级联平台与绿色智慧建筑产业互联网的全域互联通过 SOA 微服务架构融合大数据分布式计算架构（可选择 spark、hadoop）实现。

CIM 可看作是可持续生长的城市数字生命体，赋予城市以下核心能力：决策科学化、资源共享化、管理精准化、服务高效化、组织人性化。基于 CIM 平台的绿色智慧建筑产业互联网应重点关注并解决以下问题：多规合一统筹规划设计，建筑物部件空天地统一编码，韧性基础设施体系，数据可信共享，数字孪生模型，领域知识智算模型（采用智慧专家系统、知识图谱等理论），鲁棒决策模型（降低决策不确定性），应急管理体系。以某试点智慧城市建设为例，首先应在标准化顶层设计方案的统一指导下，基于 CIM 平台建设智慧城管平台，建成主城区单元网格数据、部件和事件数据、地理编码数据等数据库，形成 N 个区网格、M 个街道网格、I 个单元网格，涵盖事件若干大类、若干小类，部件几大类、若干小类，总部件数 J 个。推行市、县一体化建设运行，整合各区县地理信息数据、BIM 数据、物联网数据等，形成城市级全息数据库。在此基础上，开发城市应用系统，分门别类统筹并行推进市政管网、能源、环卫、园林、城管执法、渣土运输、户外广告、智慧社区、公共卫生、共享单车等行业应用系统建设，逐步构建起数字孪生城市一体化生态发展体系，切实提升城市行业领域智慧应用水平，全面实现城市运行“一网统管”与“一台统治”（一个 CIM 平台统一治理）。

目前，城市大数据的存储问题已基本解决，主要借助的是数据库和云存储技术，但智能计算问题并未真正解决。绝大多数城市应用系统的智能化程度不高，实际工作仍需投入大量的人力，很多创造性不是很强的重复性劳动仍需人去完成，“机器换人”“人工智能代替人”在城市场景中的落地鸿沟仍普遍存在。究其原因，笔者认为这与以下因素紧密相关：城市复杂系统的自身特点，经典控制方法在复杂应用中遭遇的瓶颈，人工智能理论应用的成熟度，知识工程理论与应用的进展，数据科学理论与技术的进展。事实证明，单一理论学科显然已无法应对城市复杂应用系统带来的新需求、新问题。现实中，任何一个实用化智慧应用系统的开发实现都离不开 BIM、数据科学、人工智能、知识工程、智能控制理论和技术的底层综合支撑，只采用某一项技术的系统其智能性必将降级。在以往的行业应用中，诸多领域对数据库、大数据的应用已经比较成熟，应用系统的构建、开发及实现基本都是首先解决了数据系统的开发问题，但对于能够直接支撑实现智慧管理与决策的知识系统的研发程度还比较低。目前，专家系统是实现知识系统的一种非常实用的方法，笔者认为能够融合人工智能的智慧专家系统是智慧应用系统中真正需要的理论和技术。为解决以上问题，提出“CIM 知识智算平台”概念，以 CIM 知识智算平台为管控中心构建出云边端一体化 CIM 知识工程。CIM 知识智算平台是指以城市业务知识智能建模与智能计算为核心的 CIM 基础平台，综合采用知识图谱、数字孪生、管理与决策软件机器人等技术实现对城市知识的统一加工、处理及智能演算。知识在数据的基础上作了进一步凝练与提升，将数据转化为计算机能够理解的语义，是对原始数据的智能化、规范化、程序化表达，直接用于知识库、规则库的构建，进一步参与推理模型计算，因此从智能系统模型的角度看知识比数据更加实用。CIM 知识智算平台强调的是城市知识计算，而非以往的数据直接计算，这对面向海量大数据的城市实时计算来讲是非常便捷实用的方法。

基于 CIM 知识智算平台的数字孪生城市应重点关注并解决以下关键问题：城市部件空天地统一编码，多规合一统筹规划设计，数据可控化共享，数据融合模型（BIM＋GIS 与物联网数据深度融合并建立融合模型），知识智算模型（采用智慧专家系统、知识图谱等理论），鲁棒决策模型（降低决策不确定性）。CIM 知识智算平台的构建思路如下：借助人工智能、大数据等技术支撑，建立通用知识体系、行业知识体系，把人、机器、经验、专家等研究问题的思路充分融合在一起，使得以前需要专家们去研究的工作，可以放到政府治理者桌面上来，辅助其按照自己的思路解决问题；智能知识体系作为“核心驱动力”应具有自完善能力，通过持续丰富和完善城市治理一般规律，能够找到问题相关联的重要因素，以及因素间的相互影响关系；支撑各级政府就城市及社会发展相关的问题发现、规律总结、趋势预测、多目标决策优化等方面的应用。

7.4.2　基于CIM平台的数字孪生城市建设难点与对策

目前，基于CIM平台的数字孪生城市建设难点即发展瓶颈及相应的破解对策如下。

第一，对数字孪生和数字孪生城市的核心要义把握不准。很多人将数字孪生过于片面地理解为虚拟现实或BIM建模技术，进而将数字孪生城市也片面地理解为图形建模和可视化问题。数字孪生城市是一个系统工程，应在系统思维指导下结合核心关键理论和技术全面认知和实践。数字孪生城市应在空天地“一张图”底板上，高度融合BIM三维建筑信息模型和智能自动化系统，将虚拟建筑空间与虚拟物联网空间中的各种城市部件和各种相关要素通过大数据线索关联集成起来，真正实现大数据驱动的实时立体感知、控制、管理、决策城市数字生命体。

第二，对CIM和数字孪生城市的落地建设缺乏实操方法。多地CIM和数字孪生城市的建设尚处于概念提出期，如何结合本地城市建设、产业发展、人文环境等基础打造富有地方特色的个性化数字孪生城市和城市信息模型仍有较长的路要走。以市场为导向，以解决当前城市信息化、城市治理中的难点痛点为目标，从单技术、单设备、单系统入手开发数字孪生系统应是较为合理的选择。例如，以BIM为切入点，在BIM基础上再拓展开发其他技术及应用并逐步叠加到BIM系统上，就是一种集约化建设模式。

第三，对数字孪生城市与CIM的关系认识不清。从CIM的本质作用来看，CIM应包括CIM基础平台、BIM/CIM模型及报建、规划、设计、施工、审查工程全生命周期各阶段CIM，应是一个平台加分支为主体构成的完整体系。数字孪生城市从广义上讲是城市信息物理系统中的信息系统部分，包括平台层、控制层、感知层，再加上连接各层级的网络。因此，CIM可看作是数字孪生城市结合工程建设领域知识后形成的一种特定数字孪生体。CIM标准体系和技术体系的构建宜重点考虑与数字孪生城市的紧密融合，借鉴数字孪生和数字孪生城市已有的理论与技术成果，缩短研究周期，避免走弯路。

7.4.3　CIM知识工程探讨

目前，真正意义上的CIM知识工程并未被开发出来，核心制约因素分析如下：

一是数据库与知识库的衔接与转换。知识库存放的是领域知识、常识性知识、理论性知识、推理规则等，赋予专家系统等推理机构启发性。数据库存放的是用于推理的原始数据、中间结果、控制信息等。数据和知识二者之间的转换问题一直没有专业通用理论支撑，知识表示理论多年来一直进展不大，特别是针对一类特殊系统例如智慧城市应用系统的知识表示并未被提出，更无系统性研究。

二是应用推理机的研究与开发。推理机利用知识库的推理规则对数据库的信息进行推理，得到结论或决策结果。现实应用场景的工作机理、工作流程、业务模型千差万别，必须根据实际业务运行情况开发制定特定推理机，嵌入能够反映特定业务模块管理与决策原理的推理逻辑，并结合数据库和知识库形成推理模型。将推理模型用软件开发实现，并能被应用软件实时调用，可实现在线实时推理与决策，才算实现真正意义上的推理机。

三是人类经验智慧的借鉴与利用。智能控制系统的模型局限性使得计算机管理与控制系统在很多实际场景中不能很好地控制复杂对象，而人类经验却可以很好地理解并控制复杂对象。因此，人机融合问题应得到足够重视，应结合实际应用开发实用性强的人机融合知识系统。

7.4.4 未来趋势：标准化 CIM 平台管控下的深度数字孪生城市

可以预见，"十四五"时期的未来智慧城市必将基于标准化 CIM 平台拓展至贯通城市全业务域、城市全时空大数据、工程全生命周期的数字孪生城市，并逐步走向深度数字孪生城市阶段。

深度数字孪生城市是对数字孪生城市的进一步提升与优化，是未来城市信息模型发展的趋势，其构建与开发实现应至少包含以下五个方面：①应基于多粒度城市信息物理系统构建多粒度数字孪生城市。从系统尺度上看，至少包括设备级、系统级、系统的系统级三个层级上的数字孪生，并可根据实际城市的规模做开放式延展，构建复杂巨系统级甚至更高级别的数字孪生，可以说数字孪生城市是一个从微观到宏观层面的多尺度系统。②应实现完备自动化系统意义上的数字孪生。完备自动化系统包括感知子系统、传输子系统、控制子系统、管理与决策子系统四个主要部分，数字孪生系统应完整的包含完备自动化系统的各个子系统，并以数据为线索将各子系统无缝集成起来，实现数据驱动的闭环管理与控制。③应具备大范围互通性。理论上，深度数字孪生城市应实现城市全业务系统的数据共享、资源共享及协同管理，实现"无死角"的全系统数字化覆盖。④应具备增强型智能。随着第三代人工智能时代的到来，现阶段的智能将进化为以混合、学习、自主为特征的高级别增强型智能，深度数字孪生的智能性应至少与增强型智能处于同级水平。⑤应具备高度可信性。系统安全、风险可控已成为深度数字孪生城市的刚需，打造区块链、密码技术支撑下的可信数字孪生城市是未来不可阻挡的趋势。可以说，只有实现了深度数字孪生城市，我国的新型城镇化、智慧城市才能被评估为又迈上了一个新台阶、进入了一个新发展阶段。

7.4.5 发展建议

建议一：完善政策法规标准体系，以系统论方法推进 CIM 工程。

在现有政策标准体系基础上，新增一批与数字孪生城市、韧性城市发展相配套相适应的政策、标准、法规。建立系统工程思维，采用数字孪生理论和方法统筹城市全生命周期要素，建立城市复杂系统模型，建立多模型驱动的 CIM 体系。加强顶层规划设计，以复杂大系统优化控制与决策理论指导 CIM 系统设计，高质量构建、高水准推进现代城市系统工程。

建议二：统筹新老基建存量和增量，全面深度建设 CIM 基础设施。

统筹考虑新老基础设施的存量和增量，以网络协同和系统工程方法最大限度优化供给侧与需求侧的匹配，科学合理规划新老基础设施投资建设运营体系，以整体优化、协同推进为原则，以多目标联合优化为宗旨，打造集约高效、经济适用、绿色智能、安全可信的现代化 CIM 基础设施体系。

建议三：提升工业智能化引擎能力，加速推进产城融合及城市数字化转型。

以城市信息模型（CIM）驱动的智慧城市为落地载体和建设目标，构建以数字孪生为基座的工业基因智能引擎。将数字孪生通用理论和技术与城市各业务领域结合起来进行互促互进式研究，一方面用通用理论技术赋能应用场景体系，另一方面以具体应用需求促进理论构建与完善，形成良性互动局面，最终达到提升城市智能化、自主化程度的目的。打造兼顾通用和个性化于一体的城市和产业数字化（网络化、智能化、绿色化、人本化）转型升级方案，逐步推进实现基于CIM平台安全共享互联的全国一体化现代城市新格局。

建议四：深耕城市基础单元和微应用场景，打造数字孪生驱动的智慧城市。

我国经济社会发展过程中场景化应用需求越来越明显，以“城市基础单元”作为CIM发展的切入点非常契合实际。精细化治理切入点，强化数字化、智能化技术的基层延伸与应用，聚焦楼宇、街区、家庭、社区、园区等城市基础单元，开发不同粒度的相应数字孪生系统，探索构建面向不同“城市基础单元”的数字孪生建设发展模式，通过多系统纵横、点面全方位深度集成，逐步建成实时（快）、综合（全）、精准（准）的多粒度一体化CIM数字孪生体系，实现可视化、数字化、智能化、集约化、便捷化管理。基于“城市基础单元”的协同与协力，有效提升城市应对突发事件的管控能力，全面提升城市韧性，增强城市治理能力。

建议五：加强新城建复合型人才培养，奠定城市经济发展基石。

针对新城建及相关企业的人才缺口，通过高等教育（学术型）、职业教育（应用型）、产业教育（应用型）等多种方式培养多层次、多类型人才。对新城建时期所需的岗位类型进行深度调研和分析，建立以需求为导向的人才培养体系。借鉴欧美等发达国家的专业人才培养模式，例如引入德国高等教育的模块化培养机制，快速建立起我国的产教融合人才培养体系。培养管理者、CIO、CTO、项目经理、工程师、技术员等不同类型的既懂业务又懂技术的人才，为新城建经济的长足发展夯实基础。

由于CIM自身涉及多专业领域、多技术体系、多商业模式的交叉融合与落地应用，其理论体系与实践模式的构建并非短期内就可以完成，CIM的理论内涵、核心技术、应用方法、实施路径、发展模式都有待进一步深入探索。

7.5 发展模式

7.5.1 数智筑基

基于数据智能基座和绿色智慧建筑供应链构筑出的绿色智慧建筑产业生态如图7-46所示。

绿色智慧建筑产业生态的培育方法如下：以数智基座为引擎，以产业链为核心，以特色产业为切入口逐步粘合周边产业，逐步形成更大体量的、特色鲜明的产业集群，打造出以绿色、生态、节能、智能、安全为特色的产业生态圈。如图7-46所示。

7.5.2 产业区块链筑信

区块链（Block Chain）是借由密码学串接并保护内容的串连交易记录（又称区块），是分布式数据存储、点对点传输、共识机制、加密算法等计算机技术的新型应用模式。

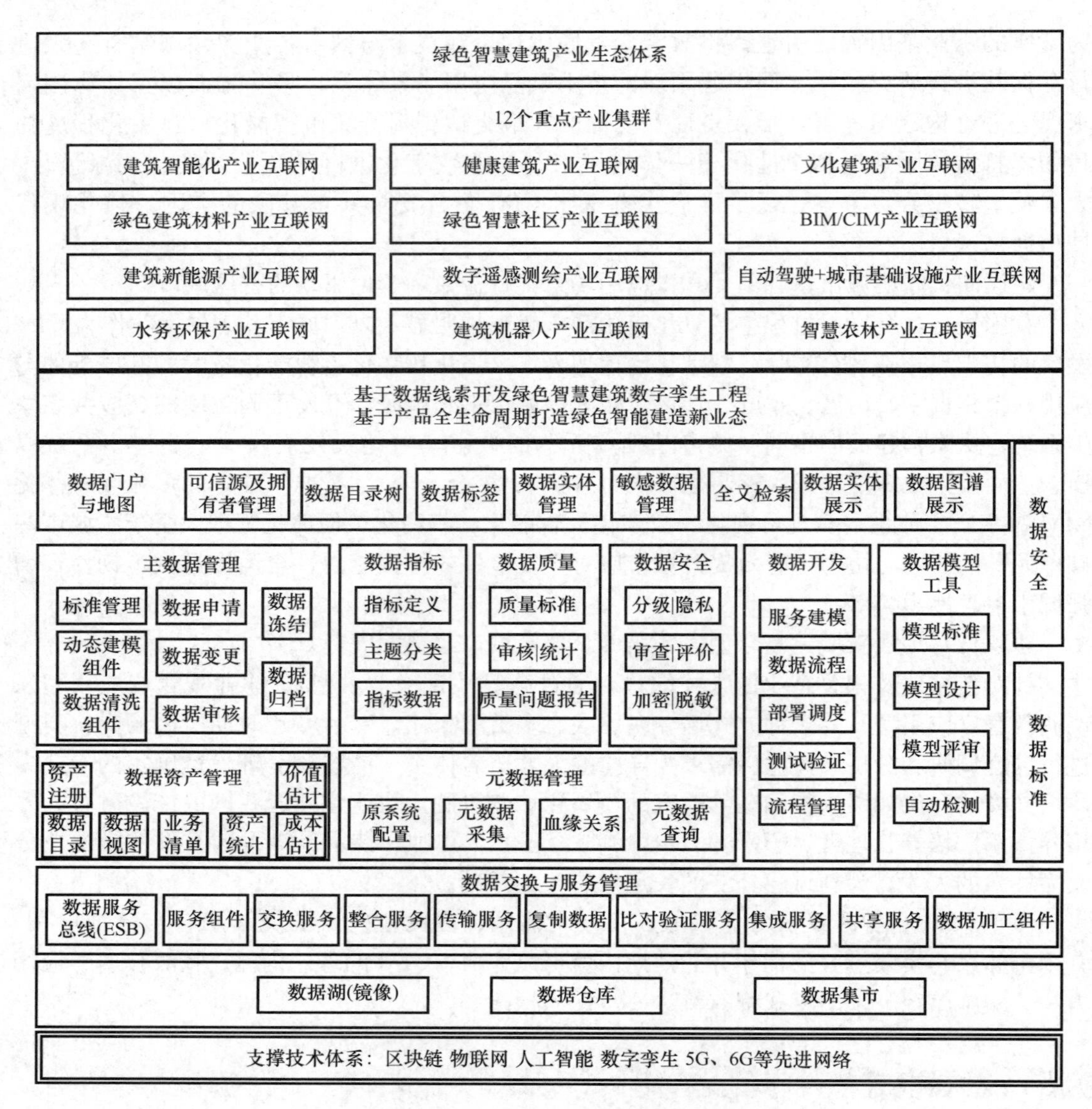

图 7-46　基于数智基座的绿色智慧建筑产业生态

区块链作为比特币的一个重要概念，它本质上是一个去中心化的数据库，同时作为比特币的底层技术，是一串使用密码学方法相关联产生的数据块，每一个数据块中包含了一批次比特币网络交易的信息，用于验证其信息的有效性（防伪）和生成下一个区块。

区块链分为三种类型，分别是公有链、私有链和联盟链。

公有链，也就是公共区块链，是指全世界任何一个人都可以读取、都可以发送交易且交易能够获得有效确认的共识区块链。它是全网公开的，用户无需授权就可随时加入或脱离网络。有点像一个大家共同记账的公共账本，对任何人都是开放的，每个人可以自由地加入或者离开区块链网络，并且能够获得账本中完整的数据，同时还能参与到这个区块链的数据维护与计算竞争之中。数据由大家共同记录，公平公正公开，数据不可篡改，去中心化的性质最强。

私有链，则是与公有链相反，它是完全私有区块链，是指写入权限完全在一个组织手里的区块链，所有参与到这个区块链中的节点都会被严格控制，只向满足特定条件的个人开放。有点像一个属于个人，或公司的私有账本，只对个人企业内部开放。

联盟链，介于两者之间，为联盟区块链，指有若干组织或机构共同参与管理的区块链，每个组织或机构控制一个或多个节点，共同记录交易数据，并且只有这些组织和机构能够对联盟链中的数据进行读写和发送交易。

将区块链技术应用于建筑产业互联网供应链，通过加密、智能合约、数据区块等技术增强联盟链、产业链、产业供应链的可信程度，明确信用等级，建立征信体系，实现供应链生命周期可信管理。绿色智慧建筑供应链全周期可信管理方法如图 7-47 所示。

建筑产业区块链构建方法如图 7-48 所示。

基于区块链基础设施的建筑产业生态构建方法如图 7-49 所示。

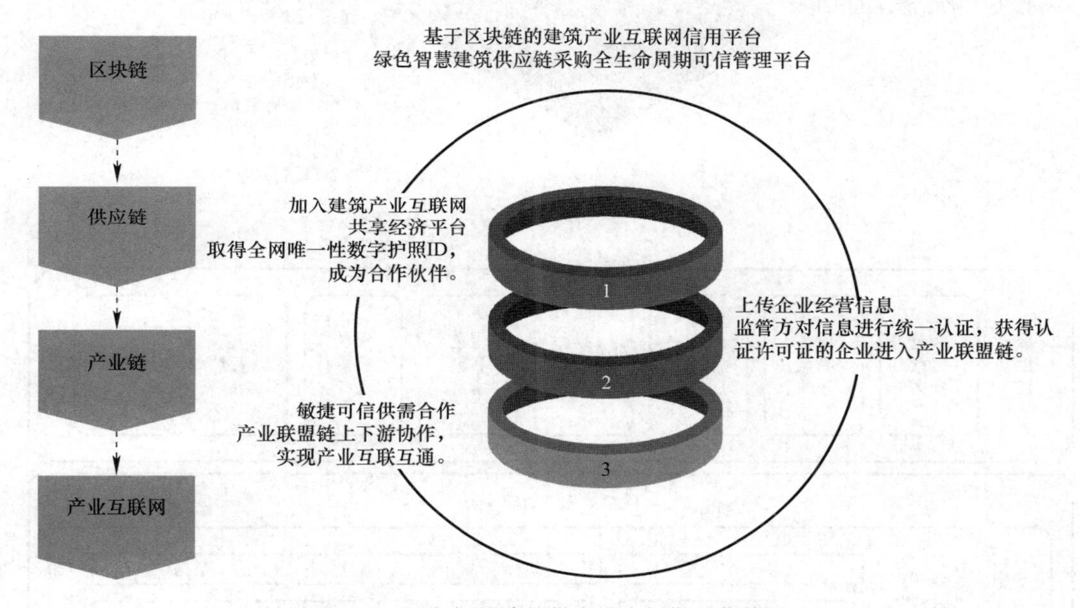

图 7-47　绿色智慧建筑供应链全周期可信管理

7.5.3　智慧供应链协同

在数字化转型的大潮下，供应链的数字化已从最初的推动企业业务流程改进的动力，逐渐升级为支撑企业战略转型的重要抓手。为了在新常态下有效开展竞争，企业必须加速重塑供应链战略，实现端到端的智慧供应链，增强业务流程的敏捷性和弹性，以应对疫情等突发风险以及日益多元化的个性化需求，在未来的市场竞争中赢得主动。

智慧供应链是以客户需求为导向，以提高质量和效率为目标，以整合资源为手段，实现产品设计、采购、生产、销售、服务等全过程高效协同，具有大数据支撑、网络化共享、智能化协作特征。智慧供应链或网络链跨越了单一纵向的供应链，呈现了多相关行业或同水平层级多主体协同，并且根据服务的要求，由不同行业、企业或者不同地理位置的组织来承担相应的价值创造和传递过程，并且最终形成体系化的价值。智慧供应链需要满足以下五个方面的特征：

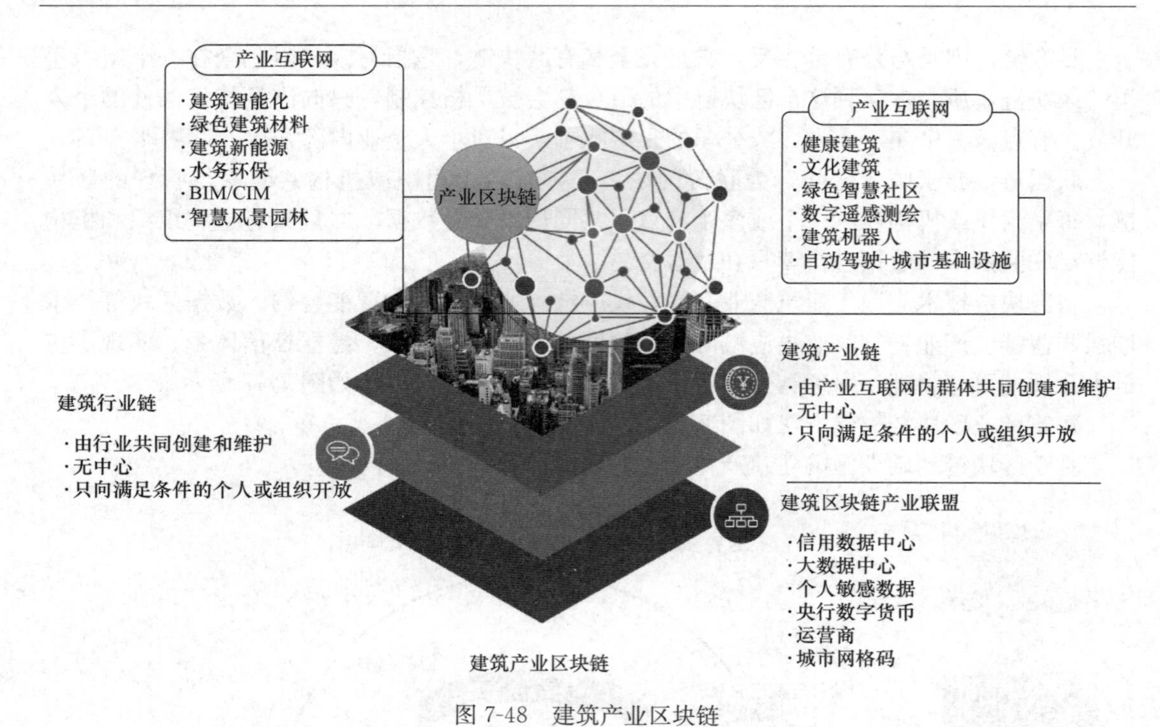

图 7-48　建筑产业区块链

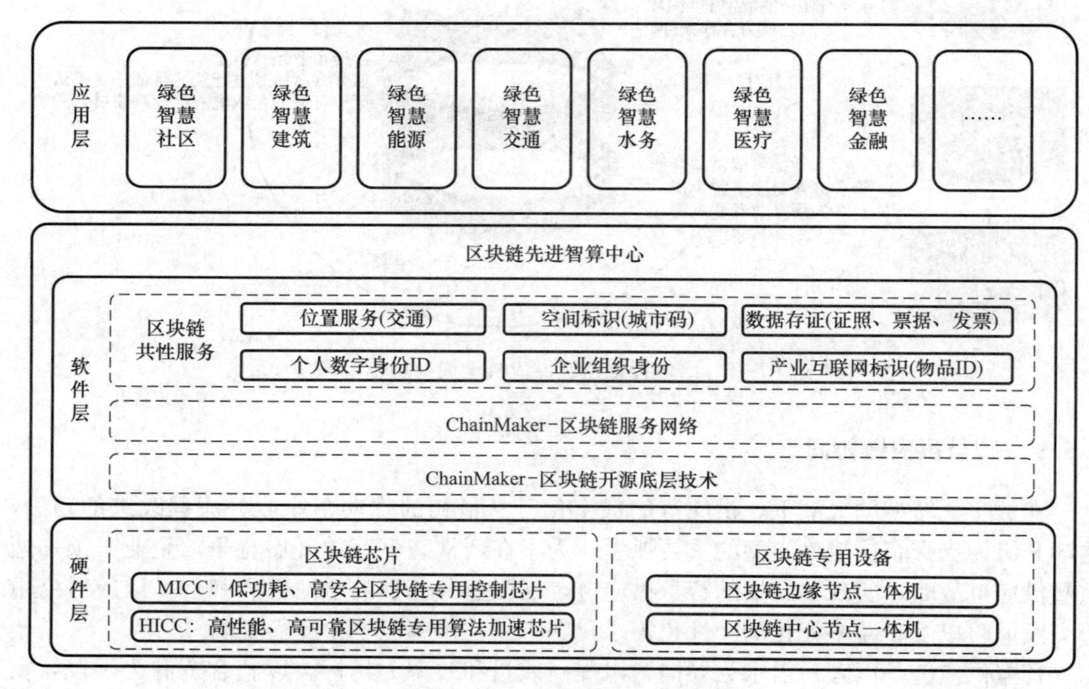

图 7-49　基于区块链基础设施的建筑产业生态

1. 真实的客户需求

了解供应链客户（包括终端消费者或购买方，也包括所有与企业合作的主体）真实的价值诉求是拉动式供应链的前提，而做到这一点就需要真正洞察客户内心深处的经济与情感诉求，而不只是外在的产品和业务需求。

2. 全程可视化

供应链全程可视化是指供应链各参与方能够对供应链全过程、国内外市场的状态和运营及时反映，并追踪物流、交易的状态和活动，实现对供应链运营过程中的及时检测和操控，需要借助互联网、物联网、RFID等技术，建立起真正标准化、规范化、可视化的供应链网络。

3. 敏捷性

智慧供应链运用模块化方式进行集成，能迅速地运用自身、外部第三方等主体的能力建立起独特的供应链竞争力，在不破坏原有体系的基础上实现供应链服务功能的快速定制，具有良好的智能反应和流程处理能力。模块化能够随需应变，使得拥有智慧供应链的企业具备超强的敏捷性。

4. 预警体系

智慧供应链管理的核心是实现高度智能化供应链运用的同时，实现有效、清晰的绩效评价和管理，建立贯穿于供应链各环节、主体、层次的预警体系，保证供应链活动的持续进行、质量稳定和成本可控。而如何做到在供应链运营高增值的同时，实现各环节、各流程绩效的全面管理和预警是真正确立智慧供应链的关键。

5. 精益化

在智慧供应链的构建和运营过程中，减少资源占用和提升作业效率一直是其追求的核心目标之一。精益化是将供应链中的所有活动都视为制造企业生产活动的有机组成部分，通过统一规划和信息共享，在计划、运输、生产、存储、分销等环节协调并整合过程中的所有活动，以无缝连接的一体化过程实现供应链中每个环节（阶段）的资源占用最小化，实现整体收益最佳化。

基于敏捷供应链、由AI驱动的建筑产业互联网如图7-50所示。

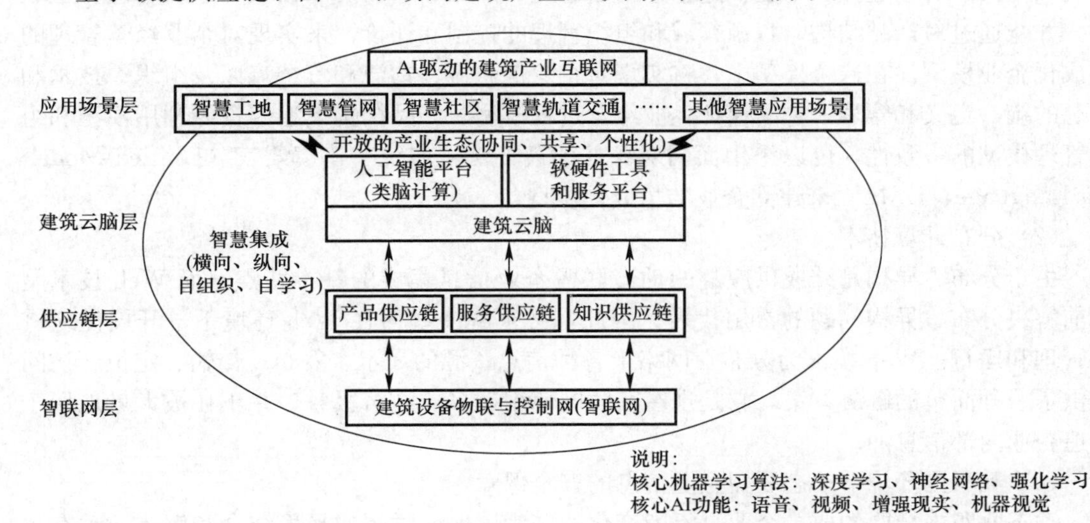

图7-50 基于敏捷供应链的建筑产业互联网

建筑云脑层的“人工智能平台”模块适宜采用类脑计算模型相关理论和技术，是一个开放的生态平台。人工智能平台目前落地较好的核心机器学习算法包括深度学习、神经网络、强化学习等。核心AI功能包括：语音、视频、增强现实、机器视觉、机器学习、文本智能。供应链层由于AI的使用，大大简化了供应流程、减少了匹配环节、缩短了供应周期，最终促使生产和工作效率得到大幅提升，故可认为是“大数据+AI”驱动的敏捷供应链。“敏捷”用于强调供应链对市场变化及用户需求变化的快速响应能力。其中，产品供应链是智慧建筑供应链的核心，建造供应链是主线，服务供应链是产业模式变革的引擎。

敏捷供应链是一种全新理念，它将突破传统管理思想，从以下几个方面为企业带来全新竞争优势，使企业能够在未来经济中具备强大竞争力。

敏捷供应链的竞争优势在于：

(1) 快速满足顾客需求。可以尽可能快的速度满足消费者的个性化需求，企业能及时提供顾客所需的产品和服务。(2) 定制化满足顾客需求。依靠敏捷制造技术、动态组织结构和柔性管理技术三个方面的支持，敏捷供应链解决了流水线生产方式难以解决的品种单一问题，实现了多产品、小批量的个性化生产，从而满足顾客个性化需求，尽可能扩大市场。(3) 成本有效降低。成本是影响企业利润最基本、最关键的因素，不断降低成本是企业管理永恒的主题，也是企业供应链管理的根本任务，而供应链管理是降低成本、增加企业利润的有效手段。敏捷供应链通过流程重组，在上下游企业之间形成利益一致、信息共享的关系，通过敏捷性改造来提高效率，从而降低成本。

敏捷供应链遵循的基本原则如下：系统性原则。信息共享原则。敏捷性原则。组织虚拟性原则。利益协调原则。敏捷供应链管理的研究与实现，是一项复杂的系统工程，它牵涉一些关键技术，包括：统一的动态联盟企业建模和管理技术、分布计算技术，互联网环境下动态联盟企业信息的安全保障等。以上技术均可采用区块链技术加以优化，并开发实现。

(1) 统一的动态联盟企业建模和管理技术

为了使敏捷供应链系统支持动态联盟的优化运行，支持对动态联盟企业重组过程进行验证和仿真，必须建立一个能描述企业经营过程和产品结构、资源领域和组织管理相互联系，并能通过对产品结构、资源领域和组织管理的控制和评价，来实现对企业经营管理的集成化企业模型。在这个模型中，将实现对企业信息流、物流和资金流以及组织、技术和资源的统一定义和管理。为了保证企业经营过程模型、产品结构模型、资源利用模型和组织管理模型的一致性，可以采用面向对象的建模方法，如统一建模语言（Unified Modeling Language，UML）来建立企业的集成化模型。

(2) 分布计算技术

由于分布、异构是结成供应链的动态联盟企业信息集成的基本特点，而Web技术是当前解决分布、异构问题的常用代表，因此，必须解决如何在Web环境下，开展供应链的管理和运行。Web技术为分布在网络上各种信息资源的表示、发布、传输、定位、访问提供了一种简单的解决方案，它是现在互联网使用最多的网络服务，并正在被大量地用于构造企业内部信息网。

(3) 互联网环境下动态联盟企业信息的安全保障

动态联盟中结盟的成员企业是不断变化的，为了保证联盟的平稳结合和解体，动态联盟企业网络安全技术框架要符合现有的主流标准，遵循这些标准，保证系统的开放性与互操作性。企业面对着巨大的压力来保护信息的安全，这种保护主要体现在以下五个方面：身份验证（authentication），访问控制（access control），信息保密（privacy），信息完整性（integrity），不可抵赖（non-repudiation）。

7.5.4　人工智能渗透

从AI的视角来看，绿色智慧建筑产业生态是"AI＋建筑"产业链的集聚效应。绿色智慧建筑产业生态的实现途径是：由AI核心业态出发，构建"AI核心业态—AI相关业态—AI＋智慧建筑业态－泛智慧建筑业态"业态体系，这也是绿色智慧建筑新业态的一种表示方法。绿色智慧建筑新业态构建方法如图7-51所示。

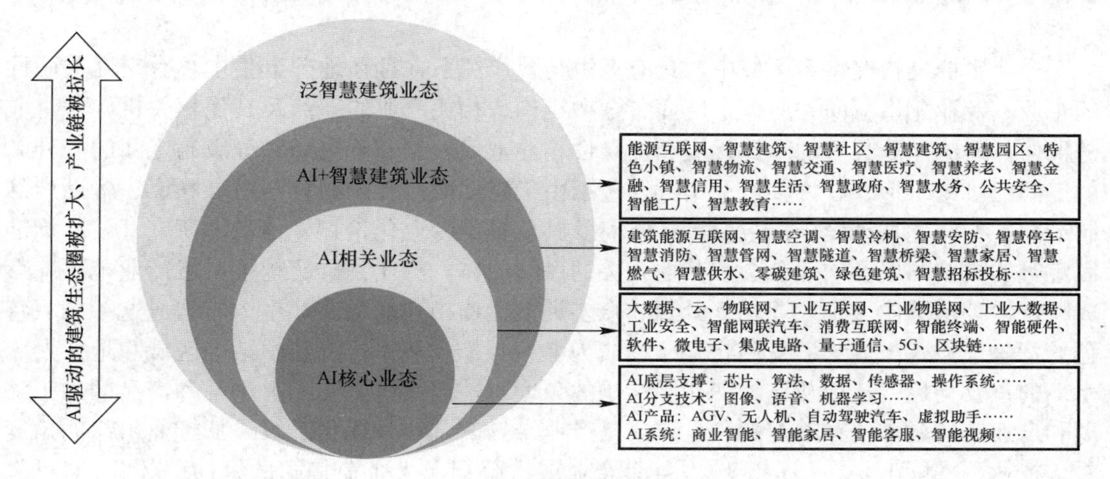

图7-51　绿色智慧建筑新业态构建

人工智能正加速与绿色智慧建筑产业筑各细分领域融合发展，人工智能在绿色智慧建筑产业载体中的产业应用模型已初步构建完毕。本书按照产业发展现状将AI＋绿色智慧建筑产业划分为20个垂直领域，20个垂直领域的产业链相对独立，也有部分交叉，各垂直领域的发展共同支撑着绿色智慧建筑新业态的发展。AI与20个垂直领域的融合及代表性企业的分布情况如图7-52所示。

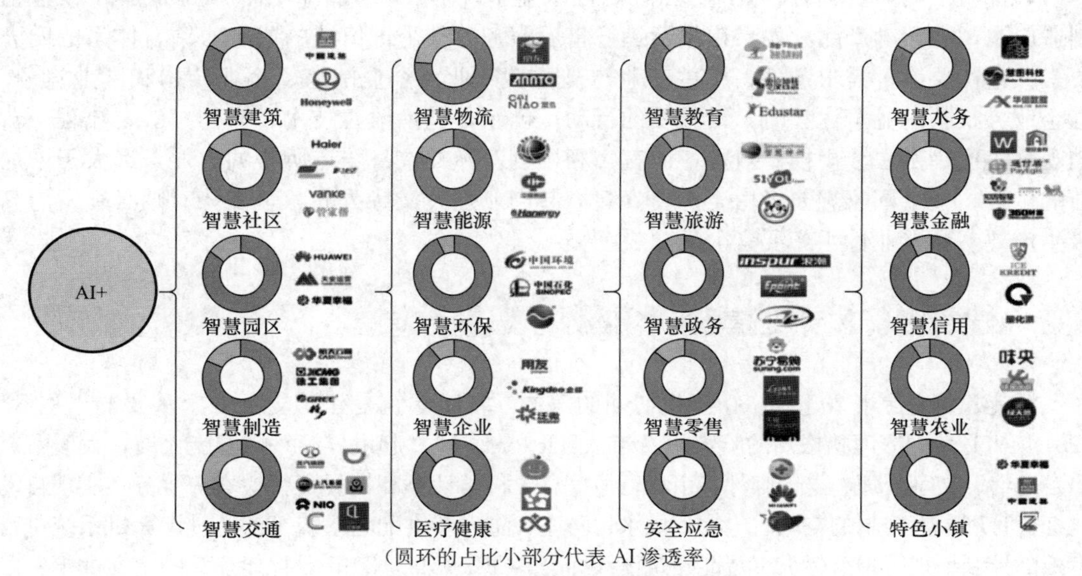

（圆环的占比小部分代表AI渗透率）

图7-52　AI对绿色智慧建筑新业态的渗透程度

第8章　建筑产业互联网重点产业集群

8.1　产业集群概念

产业集群是指在特定区域中，具有竞争与合作关系，且在地理上集中，有交互关联性的企业、专业化供应商、服务供应商、金融机构、相关产业的厂商及其他相关机构等组成的群体。不同产业集群的纵深程度和复杂性相异，代表着介于市场和等级制之间的一种新的空间经济组织形式。许多产业集群还包括由于延伸而涉及的销售渠道、顾客、辅助产品制造商、专业化基础设施供应商等，政府及其他提供专业化培训、信息、研究开发、标准制定等的机构，以及同业公会和其他相关的民间团体。产业集群超越了一般产业范围，形成特定地理范围内多个产业相互融合、众多类型机构相互联结的共生体，构成这一区域特色的竞争优势。产业集群发展状况已经成为考察一个经济体，或其中某个区域和地区发展水平的重要指标。从产业结构和产品结构的角度看，产业集群实际上是某种产品的加工深度和产业链的延伸，在一定意义上讲，是产业结构的调整和优化升级。从产业组织的角度看，产业群实际上是在一定区域内某个企业或大公司、大企业集团的纵向一体化的发展。如果将产业结构和产业组织二者结合起来看，产业集群实际上是指产业成群、围成一圈集聚发展的意思。也就是说在一定的地区内或地区间形成的某种产业链或某些产业链。

1990年迈克·波特在《国家竞争优势》一书首先提出用产业集群（Industrial Cluster）一词对集群现象的分析。区域的竞争力对企业的竞争力有很大的影响，波特通过对10个工业化国家的考察发现，产业集群是工业化过程中的普遍现象，在所有发达的经济体中，都可以明显看到各种产业集群。《国家竞争优势》一书中指出：产品成本不仅包括制造成本，也包含产品开发、市场营销、售后服务等整个价值链的成本。钻石体系的四大要素：生产要素；需求条件；相关产业与支柱性产业；企业战略、企业结构和同业竞争。当企业寻找新的竞争优势时，最重要的行动是创新，包括改善技术、操作方法、流程、营销观念、促销手法、规模。对企业而言，利用创新弥补本身弱点所得的成效，远大于增加新的优势。一个国家想要经由生产要素建立起产业强大又持久的竞争优势，则必须发展高级生产要素和专业性生产要素。

8.2　建筑智能化产业集群

智能建筑起源于20世纪80年代初期的美国，智能建筑是建筑史上一个重要的里程碑。1984年1月美国康涅狄格州的哈特福特市（Hartford）建立起世界第一幢智能大厦，大厦配有语言通信、文字处理、电子邮件、市场行情信息、科学计算和情报资料检索等服务，实现自动化综合管理，大楼内的空调、电梯、供水、防盗、防火及供配电系统等都通过计算机系统进行有效的控制。现行国家标准《智能建筑设计标准》GB 50314—2015对智能建筑的定义如下：以建筑物为平台，基于对各类智能化信息的综合应用，集架构、系统、应用、管理及优化组合为一体，具有感知、传输、记忆、推理、判断和决策的综合智慧能力，形成以人、建筑、环境互为协调的整合体，为人们提供安全、高效、便利及可持续发展功能环境的建筑。美国对智能建筑的定义如下：智能化建筑通过对建筑的四个基本要素，即结构，系统，服务，管理以及它们之间内在的关联的最优化考虑，来提供一个投资合理的但又拥有高效率的舒适、温馨、便利的环境，并帮助建筑物业主、物业管理人员和租用人实现在费用、舒适、便利和安全等方面的目标，当然还要考虑长远的系统灵活性及市场能力。欧洲智能化建筑集团对智能建筑的定义如下：使其用户发挥最高效率，同时又以最低的保养，最有效的管理本身资源的建筑。能为建筑提供反应快、效率高和有力支持的环境，使用户达到其业务目标。

建筑智能化的 3A 系统是指 BAS、CAS、OAS，即楼宇控制系统、通信自动化系统和办公自动化系统。建筑智能化工程包括的子系统一般是：①消防报警系统，②闭路监控系统，③停车场管理系统，④楼宇自控系统，⑤背景音乐及紧急广播系统，⑥综合布线系统，⑦有线电视及卫星接收系统，⑧计算机网络、宽带接入及增值服务，⑨无线转发系统及无线对讲系统，⑩音视频系统，⑪水电气热四表抄送系统，⑫物业管理系统，⑬大屏幕显示系统，⑭机房装修工程。

智能建筑系统集成实用化的方式是以 BA 系统为主的自动化系统集成，使建筑物达到环保、舒适、节能、便于管理的目的。BA 系统与智能建筑中其他系统可通过 TCP/IP 协议等实现信息资源共享。国内大部分智能建筑处于 BMS 阶段。现阶段 IBMS 集成程度高的大厦主要在美国、韩国、日本、新加坡等地。我国的建筑智能化发展历程是从最初独立的各子系统发展到今天的集成化系统，从准集成系统（BMS）发展到一体化集成（IBMS）。IBMS 是智能化系统的总管家，可以起到调度和控制作用。控制域的集成以楼宇自控系统为集成核心，要求第三方设备厂家通过其通信协议，实现与安全防范系统、消防报警系统、停车库管理系统等系统的集成。系统分为实时控制网络和管理网络，管理网络采用 B/S（Browser-Server）结构，使客户端的软件配置非常简单。数据库管理系统使用开放型关系数据库。选用可以访问关系型数据库的 Web Server。建筑智能化系统体系架构如图 8-1 所示。

图 8-1 建筑智能化系统

8.3 绿色建筑材料产业集群

为贯彻落实《国务院办公厅关于建立统一的绿色产品标准、认证、标识体系的意见》（国办发〔2016〕86号）中关于“统一发布绿色产品标识、标准清单和认证目录，依据标准清单中的标准组织开展绿色产品认证”的要求，市场监管总局于2018年4月12日发布了《关于发布绿色产品评价标准清单及认证目录（第一批）的公告》（2018年第2号），将人造板和木质地板、涂料、卫生陶瓷、建筑玻璃、太阳能热水系统、家具、绝热材料、防水与密封材料、陶瓷砖（板）、纺织产品、木塑制品、纸和纸制品共计12种产品作为首批实施中国绿色产品认证的产品。市场监管总局联合国务院有关部门共同推行统一的涉及资源、能源、环境、品质等绿色属性（如环保、节能、节水、循环、低碳、再生、有机、有害物质限制使用等，以下简称绿色属性）的认证制度，认证机构按照相关制度明确的认证规则及评价依据开展认证活动。《住房和城乡建设部 国家发展改革委 教育部 工业和信息化部 人民银行 国管局 银保监会关于印发绿色建筑创建行动方案的通知》（建标〔2020〕65号）中明确指出：“推动绿色建材应用。加快推进绿色建材评价认证和推广应用，建立绿色建材采信机制，推动建材产品质量提升。指导各地制定绿色建材推广应用政策措施，推动政府投资工程率先采用绿色建材，逐步提高城镇新建建筑中绿色建材应用比例。打造一批绿色建材应用示范工程，大力发展新型绿色建材。”

当前，共51类建材产品可开展绿色建材认证。围护结构与混凝土类：包含预拌混凝土、预拌砂浆、砌体材料、保温系统材料、预制构件、混凝土外加剂减水剂、钢结构房屋用钢构件、现代木结构用材8类。门窗幕墙及装饰装修类：包含建筑门窗及配件、建筑幕墙、建筑节能玻璃、建筑遮阳产品、门窗幕墙用型材、钢质户门、金属复合装饰材料、建筑陶瓷、卫生洁具、无机装饰板材、石膏装饰材料、石材、镁质装饰材料、吊顶系统、集成墙面、纸面石膏板等16类。防水密封及建筑涂料类：包含建筑密封胶、防水卷材、防水涂料、墙面涂料、反射隔热涂料、空气净化材料、树脂地坪材料等7类。给水排水及水处理设备类：包含水嘴、建筑用阀门、塑料管材管件、游泳池循环水处理设备、净水设备、软化设备、油脂分离器、中水处理设备、雨水处理设备等9类。暖通空调及太阳能利用与照明类：包含空气源热泵、地源热泵系统、新风净化系统、建筑用蓄能装置、光伏组件、LED照明产品、采光系统、太阳能光伏发电系统等8类。其他设备类：包含设备隔振降噪装置、控制与计量设备、机械式停车设备等3类。

以《国务院办公厅关于建立统一的绿色产品标准、认证、标识体系的意见》（国办发〔2016〕86号）和《关于发布绿色产品评价标准清单及认证目录（第一批）的公告》（2018年第2号）以及51类绿色建材认证产品为依据，构建中国绿色智慧建筑产业互联网绿色建筑材料产业集群。绿色建筑材料产业集群的培育和打造应紧密围绕“人造板和木质地板、涂料、卫生陶瓷、建筑玻璃、太阳能热水系统、家具、绝热材料、防水与密封材料、陶瓷砖（板）、纺织产品、木塑制品、纸和纸制品”产品的产业链。绿色建筑材料产品的产业链环节包括：原材料、策划设计、加工制造、检测认证。

8.4 建筑新能源产业集群

根据国家统计局的数据，我国城市能源消耗总量如图8-2所示。

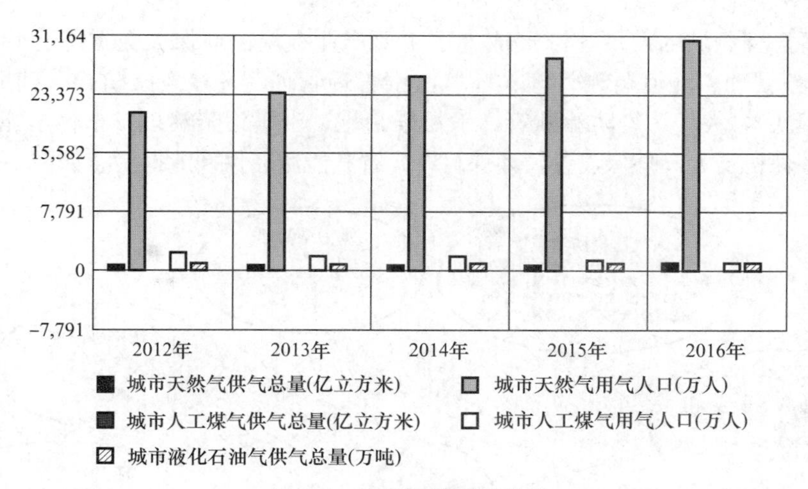

图 8-2　城市能源消耗总量

人均能源生产量与消耗量如图 8-3 所示。

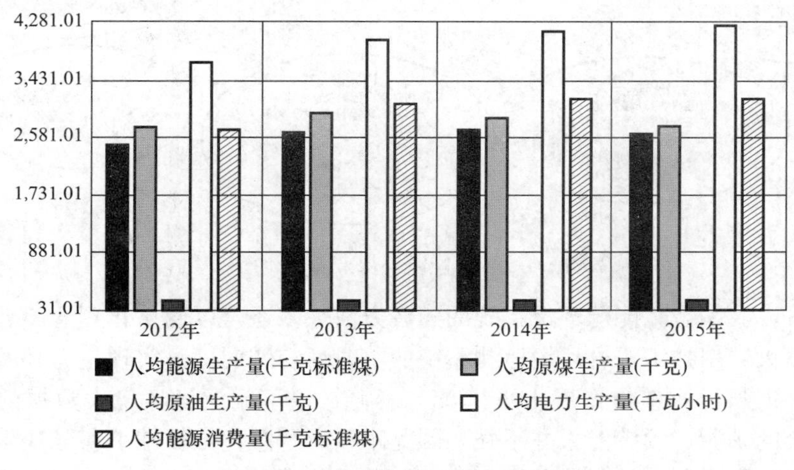

图 8-3　人均能源生产量与消耗量

中国特色社会主义进入新时代，我国加快推进生态文明顶层设计和制度体系建设，加强法治建设，建立并实施中央环境保护督察制度，大力推动绿色发展，深入实施大气、水、土壤污染防治三大行动计划，开展一系列根本性、开创性、长远性工作，推动生态环境保护发生历史性、转折性、全局性变化。供给侧结构性改革、能源生产和消费革命，从根本上改变着我国的国民经济和社会发展体系。目前，中国正致力于打造生态经济体系，加速经济社会绿色转型。从自然生态、绿色产业、绿色生产、绿色生活等多方面入手，加大投入力度。与此相适应，智慧能源系统正在被加速构建。在自然生态方面，农村能源供给结构已经被大幅度改善，绿色能源大规模取代了煤炭、秸秆等传统资源；城市能源供给体系日益多元化，新能源占比逐步提高，能源互联网正在加速形成。在绿色产业方面，国家鼓励大力发展绿色制造业，第三产业占比已突破 50%，低污染或无污染的新一代信息技术、互联网金融等新业态快速发展。在绿色生产方面，很多地方和领域已采用循环经济模式。在绿色生活方面，低碳出行、新能源汽车、绿色交通、绿色社区、生态城市成为人们生活和社会发展的强烈诉求。

智慧能源环保领域的发展逐渐形成如下主要产业板块：环保大数据综合管理服务平台(包含环境政务管理、环境监测管理、环境监察管理管理、环境风险防控、辅助决策支持、公众服务等模块)，大气污染防治监管，水污染治理，土壤污染治理，车辆节能环保，建筑节能环保，环保机器人，环保设备，环保材料。智慧能源环保产业链生态如图 8-4 所示。

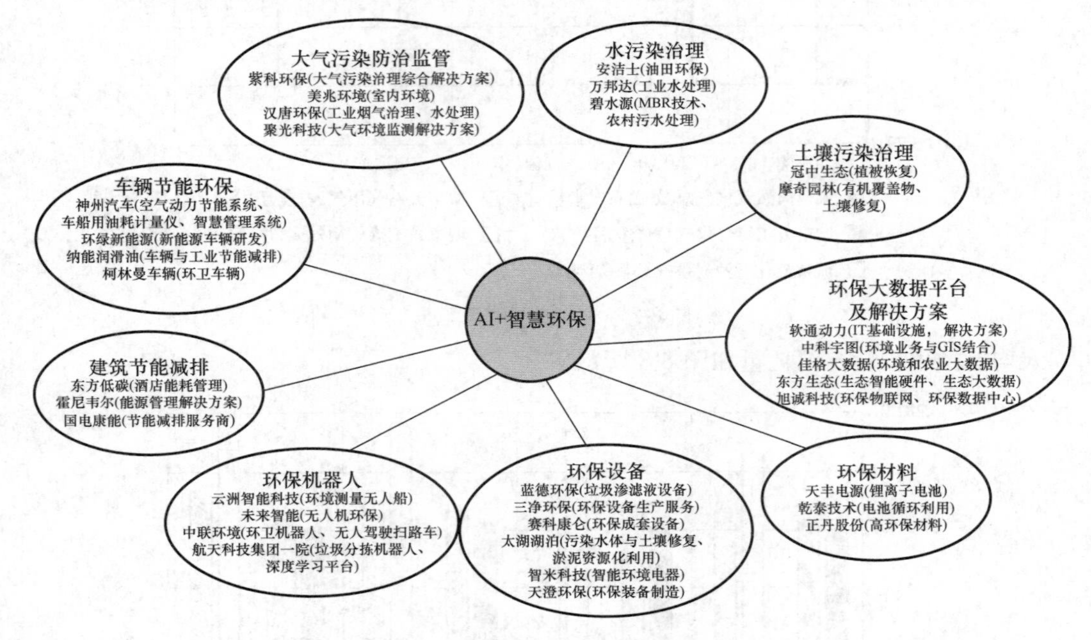

图 8-4 智慧能源环保产业链生态图

当前阶段，我国智慧能源环保系统的建设方法大多还是以网格化理念整合环境信息化建设成果，以大数据技术提升环境监测系统的实时性与透明度，实现生态环境保护系统的信息化管理。但从行业整体发展水平来看，还存在以下问题：环境大数据的智能分析能力，监测系统的预测、预警能力并不强，因此距离以智慧化分析辅助科学决策的目标尚有距离；智慧能源环保标准规范体系尚未建立；缺少巨头企业，虽然一批创业型领军异军突起，但与互联网、建筑业、工业等领域相比，企业体量、规模等还是小很多；让政府、企业和市民均认可和满意的智慧环保治理体系尚未真正形成。未来智慧能源环保领域的发展将更多地受到人工智能的影响，将以智能化手段提升现有信息化系统，以“互联网＋”“智能＋”思维创新管理模式，革新现有系统。

近两年，人工智能与能源环保行业深度融合的优秀案例明显增多。2016 年，一家国外媒体评选的十大最环保科技创新中，人工智能上榜。许多国家的政府正逐步采用人工智能程序 Terra-i 监控大片森林的退化情况，该程序利用实时的雨量数据来预测某一栖息地的植被覆盖情况，再把预测内容与地球监测卫星拍摄的栖息地图像相匹配。预测情况和实际情况之间的差异体现了人类活动对栖息地的影响。Terra-i 在分析时还能利用神经网络“学习”不同降雨量对应的实际绿化水平。2015 年，IBM 和北京市环保局合作推出“绿色地平线”项目，利用 IBM 认知计算、大数据分析以及物联网技术，分析空气监测站和气象卫星传送的实时数据流，提供未来 3～5 天的高精度空气质量预报，实现对北京地区的污染物来源和分布状况的实时监测。在节能减排方面，IBM 研究院开发了一套新能源功率和天气模型预测解决方案，结合天气预报和优化分析技术预测风能和太阳能的发电功率，能够帮助能源电力公司提高新能源发电并网的可靠性。该技术已在国网冀北电力的张北县风光储输示范项目（670MW）的一期工程（160MW）得到应用，并在现有基础上增加大约 10%的新能源并网量。

全球有商业应用的能源（其中，低碳能源有 8 种）及各种电源的平均 CO_2 排放强度 g/(kWh) 如图 8-5 所示。

电源名称	排放强度
煤电	1001
油电	840
气电	469
光伏	48
地热	45
光热	22
生物质	18
核电	16
风电	12
潮汐	8
水电	4

图 8-5　全球各种电源的平均 CO_2 排放强度 g/(kWh)

化石能源电源，即煤电、石油和气电均为高碳排放电源（简称“高碳电源”），其中以煤电为最高，而其余所有的 8 种电源，均是低碳排放电源（简称“低碳电源”）。从各种电源的 CO_2 排放强度可以看出，降低 CO_2 的最简单方法就是大力发展低碳电源，抛弃高碳电源。

据权威机构预测，未来 30 年中国能源消费结构将发生较大变化。中国能源消费结构变化预测如图 8-6 所示。

CO_2 排放的最大来源是化石能源的燃烧，据《BP 世界能源统计年鉴（2020）》，中国煤炭、石油、天然气消费量分别占世界总量 51.7%、14.5%、7.8%。中国煤炭约一半用于燃烧发电，2018 年中国火电（约 90%是煤电）的 CO_2 排放量占全国总排放量的 43%，是 CO_2 排放的最大单一来源。减少电力和建筑行业的煤炭消费是减少 CO_2 排放的有效手段，但中国富煤贫油少气的资源禀赋使得电力和煤炭行业很难离开煤炭。

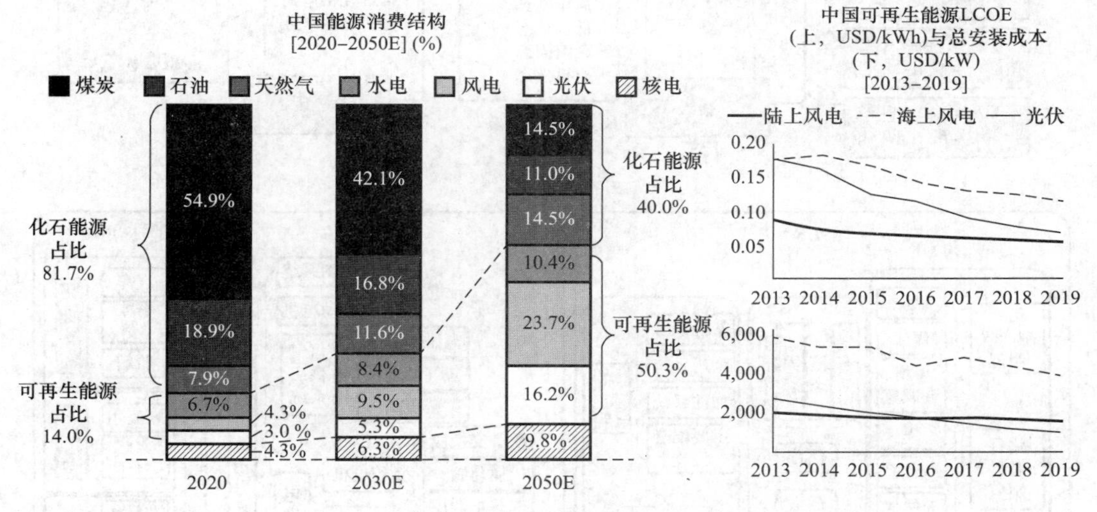

图 8-6　中国能源消费结构变化预测

中国的水电资源开发程度已经很高，核电选址较为困难，生物质发电规模已近 2500 万 kW，多余生物质燃料可掺烧到现有燃煤电厂，能够发电的地热资源非常有限，潮汐能发电早有建成的示范项目，但一直未能推广，因此，现在能够大规模发展以至于取代化石能源电力，取代煤电的就是可再生能源电力的风电和太阳能发电这两种电源。近 10 多年来中国的风电与太阳能发电均取得快速发展。中国风能发电装机从 2009 年的 1613 万 kW 增长到 2019 年 28153 万 kW，太阳能发电装机从 2009 年的 2 万 kW 增长到 2019 年 25343 万 kW。中国风电与太阳能发电发展情况如图 8-7 所示。

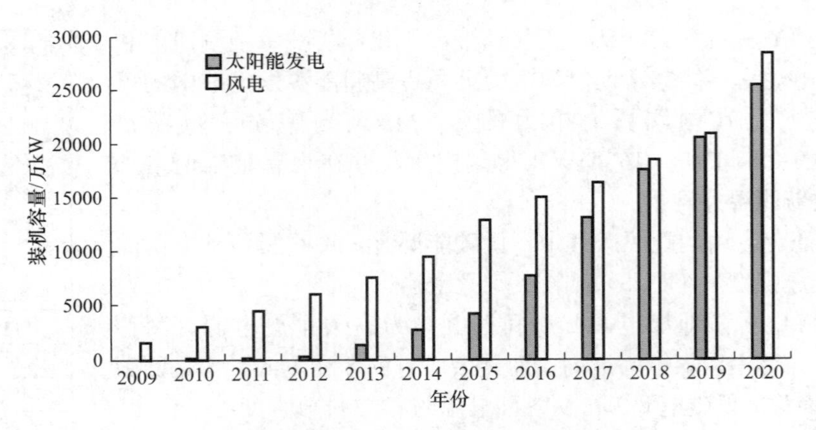

图 8-7　中国风电与太阳能发电发展情况

可再生能源与清洁能源的开发利用构成了第三次能源革命。以风能、太阳能、水能、氢能为主的可再生和清洁能源成为建筑能源的主要来源。氢能产业链如图 8-8 所示，锂电池供应链如图 8-9 所示。

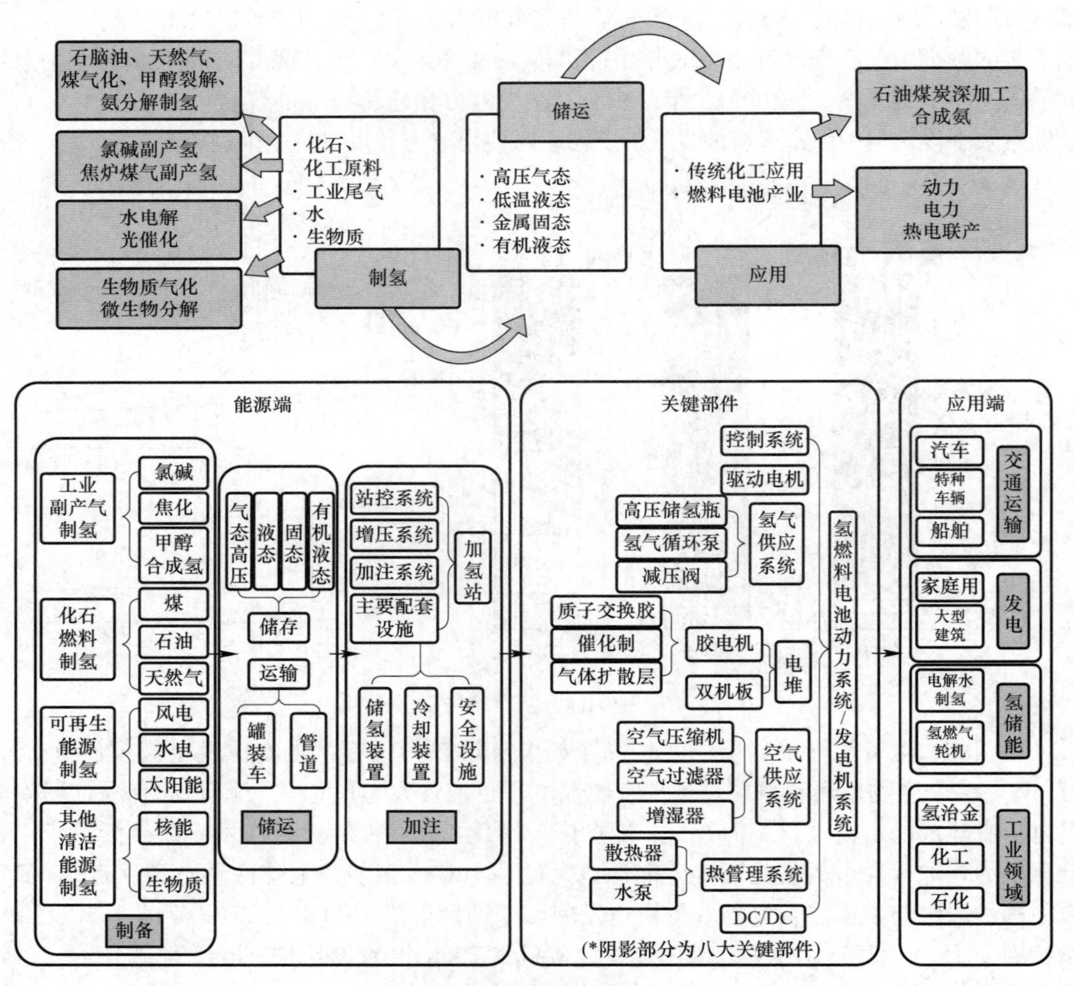

图 8-8　氢能产业链

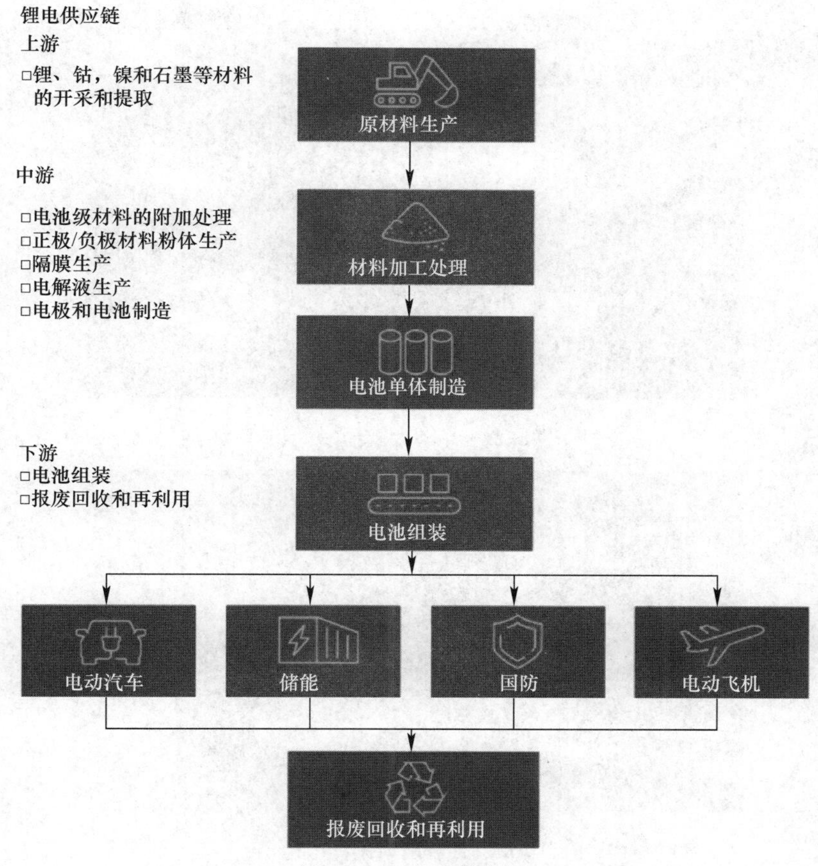

图 8-9　锂电池供应链

来源：《国家锂电蓝图 2021—2030》，美国联邦先进电池联合会

【太阳能发电和储能案例】

来源：新加坡低碳前沿成果

浮动太阳能（图 8-10）：

新加坡浮动太阳能发电场坐落于新加坡和马来西亚之间的柔佛海峡，这是全球规模最大的海上离岸浮动光伏系统之一。项目的落成意味着新加坡有机会扩大清洁能源太阳能的使用。系统设有超过 3 万个浮动模块，用来支撑 1.3 万个太阳能板和 40 个逆变器。太阳能板能借由水的冷却效果提高发电效率与性能，同时降低湖水蒸发与氧化。这个系统的发电量达 5 兆峰瓦，预计每年生产约 602 万千瓦时（kWh）的电力，约等于 1380 个四房式组屋一年的用电量，而且能减少 4258 公吨的碳排放。

双面太阳能电池（图 8-11）：

新加坡太阳能研究所发现，两侧带有光伏电池并且可以跟随太阳倾斜的面板将产生 35％的能量，并将平均电力成本降低 16％。当前，世界各地的太阳能电池板主要以固定的方向安装，并且仅从一侧吸收光。使用双面太阳能电池板可以吸收地面反射到其后侧的能量。

图 8-10　浮动太阳能发电场

图 8-11　双面太阳能电池

建筑能源互联网是指以建筑为节点的能源互联网。能量、信息（分布式的产生、供应、消耗）以建筑物为载体，通过网络互联，得到实时传感信息，并根据负荷实时需求施以智能控制如图 8-12 和图 8-13 所示。

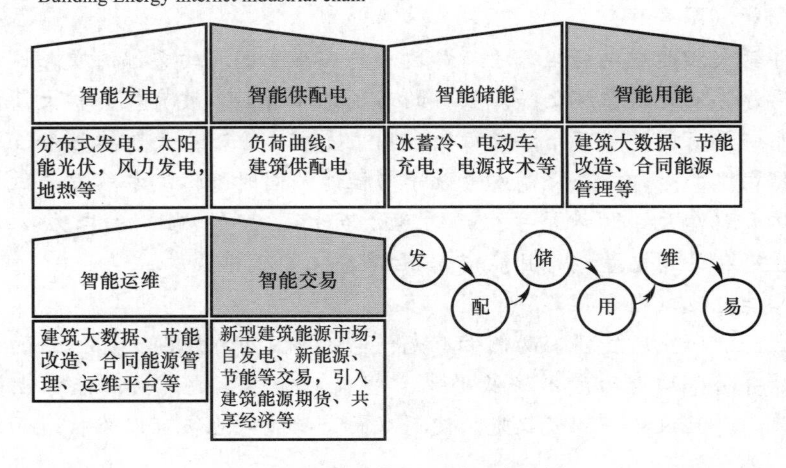

图 8-12　建筑能源互联网产业链

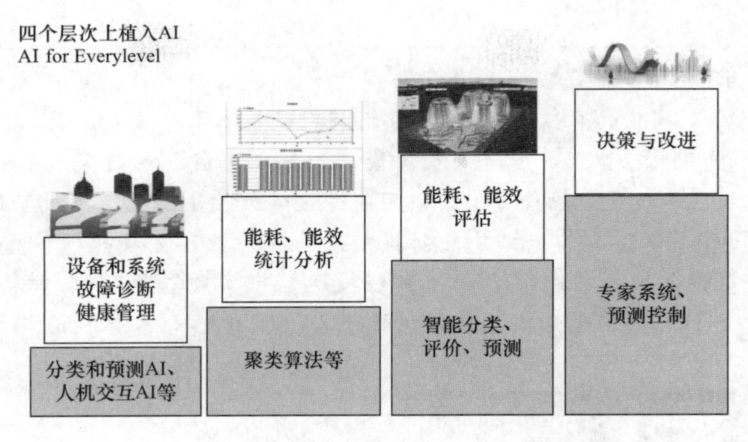

图 8-13 建筑能源互联网四个层次上植入 AI

2021 年 6 月 20 日，国家能源局综合司下发《关于报送整县（市、区）屋顶分布式光伏开发试点方案的通知》，拟在全国组织开展整县（市、区）屋顶分布式光伏开发试点工作。其中党政机关建筑屋顶总面积可安装光伏发电比例不低于 50%，学校、医院、村委会等公共建筑不低于 40%，工商业厂房屋顶不低于 30%，农村居民屋顶不低于 20%，同时，本次试点方案提出“宜建尽建”、电网“应接尽接”的要求。山东、陕西、福建、广东等 16 个省市已经发布了整县推进分布式光伏的政策。我国既有建筑总面积约 800 亿 m^2，这意味着，分布式光伏全面铺开后，行业或将迎来万亿级市场。目前，建筑光伏配套的光伏智能系统也在加速升级。通过将人工智能技术、自动控制技术和新能源技术结合，可以将各种类型建筑的光伏系统纳入智能化综合监控与管理平台，实现发电、供电、储能、用电、运维、交易的能源全生命周期管理。

以储能与碳捕集为补充，保障电力系统稳定。为减少弃风、弃光、弃水现象，保障电力系统稳定，发展储能项目是非常必要的，但储能项目不仅投资较大，而且本身消耗电能，如抽水蓄能是效率较高的储能方式，能源转换效率仅有 75%左右，因此国家必须出台相关政策，推动储能项目的建设。碳捕集工程，包括碳捕集和封存（CCS）、碳捕集和利用（CCU）以及碳捕集、利用和封存（CCUS）。碳捕集工程不仅投资大、运行费用高，而且面临高耗能、高风险等问题。使用 CCUS 单位（kW・h）发电能耗增加 14%～25%，导致能耗需求量大幅增加；CCUS 各个环节成本高昂，导致 CCUS 难以发展应用；并且不论哪种方式封存 CO_2 都存在泄漏风险，会造成难以评估的环境风险。但是，CCUS 仍是碳减排潜在的重要技术，中国政府高度重视，在一系列国家规划与方案中将 CCUS 列为缓解气候变化的重要技术。降低碳捕集，利用和封存（CCUS）的成本、能耗及风险任重道远，在没有重大的技术突破以前，显然不宜推广应用。即使 CCUS 技术有所突破，也需要政府持续推进。

【案例】国家能源集团国华锦界电厂CO2捕集和封存全流程示范工程（图8-14）

2021 年 1 月国内最大规模 15 万 t/a CO_2 捕集和封存全流程示范工程在国家能源集团国华锦界电厂建成。该工程是国华电力在节能减排、低碳发展道路上的创新实践，被列为陕西省2018年重点建设项目和集团公司重大科技创新项目，同时获得国家重点研发计划“用于CO_2捕集的高性能吸收剂/吸附材料及技术”的支持。为顺利完成国内规模最大的燃煤电厂燃烧后CCS示范工程建设，国华电力成立由研究院和锦界电厂为主的碳捕集项目组，多次优化设计方案，采用先进化学吸收法工艺，集成了级间冷却、分流解吸、MVR等多种高效节能工艺，创新应用了高效低端差换热器、超重力反应器、改性塑料填料等设备及材料。CCS示范工程投运后可实现二氧化碳捕集率大于90%、二氧化碳浓度大于99%、吸收剂再生热耗低于2.4GJ/tCO_2，整体性能指标达到国际领先水平。

图 8-14　国家能源集团国华锦界电厂 CO_2 捕集和封存全流程示范工程

8.5　健康建筑产业集群

人的大部分时间是在各种建筑中度过的，提升楼宇中人的体验是健康建筑的重要内容，同时健康建筑也关注人、建筑和环境的关系，以及建筑全生命周期的质量。世界卫生组织曾在20世纪90年代提出了健康建筑的概念以及健康住宅的15项标准，健康建筑除了无有害的建筑材料外，还应在全寿命周期内促进居住者的健康舒适与工作效率，提出健康住宅是指“能使居住者在身体上、精神上、社会上完全处于良好状态的住宅。”2000年在荷兰举行的健康建筑国际年会上，健康建筑被定义为：一种体现在住宅室内和住区的居住环境的方式，不仅包括物理测量值，如温度、通风换气效率、噪声、照度、空气品质等，还需包括主观性心理因素，如平面和空间布局、环境色调、私密保护、视野景观、材料选择等，另外加上工作满意度、人际关系等。WELL标准是一个基于性能的评价系统，它测量、认证和监测空气、水、营养、光线、健康、舒适和精神等影响人类健康和福祉的建筑环境特征。我国于2017年1月发布并实施了《健康建筑评价标准》T/ASC 022016。WELL源于美国，是全球首个关注居住者居住生活品质以人为本的建筑认证标准，包括7大体系102个标准，改善人体11大身体系统。WELL的核心内涵包含七大认证体系：空气、水、营养、光、健身、舒适、精神。如图8-15所示。

近年来，在健康建筑的基础上，融合康养产业的健康建筑发展迅速。康养的基本目的是实现从物质、心灵到精神等各个层面的健康养护，实现生命丰富度的内向扩展。如图8-16所示。

基于养身的康养：养身即是对身体的养护，保证身体机能不断趋于最佳状态或保持在最佳状态，是目前康养最基本的养护内容和目标。如保健、养生、运动、休闲、旅游等产品或服务，旨在对康养消费者的身体进行养护或锻炼，满足康养消费者身体健康的需要。基于养心的康养：养心即是对心理健康的关注和养护，使康养消费者获得心情放松、心理

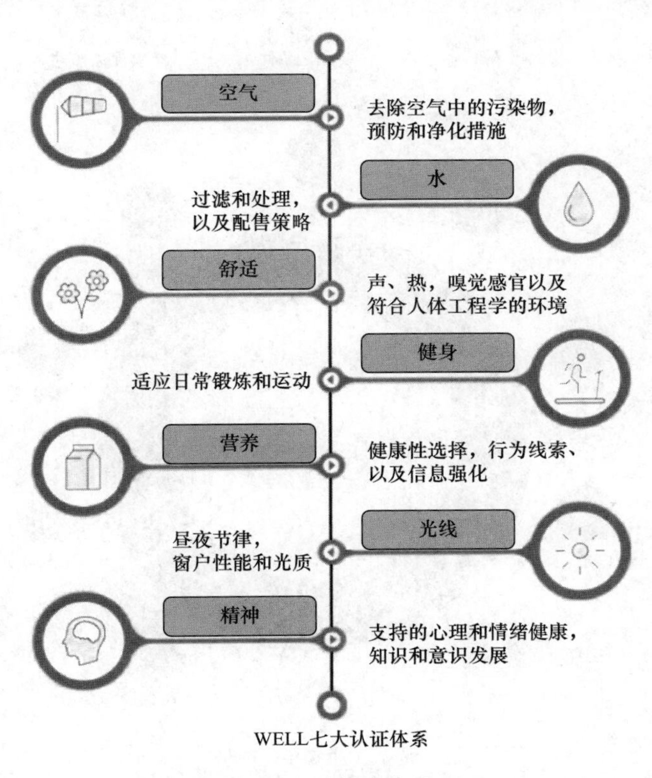

图8-15 WELL标准体系（一）

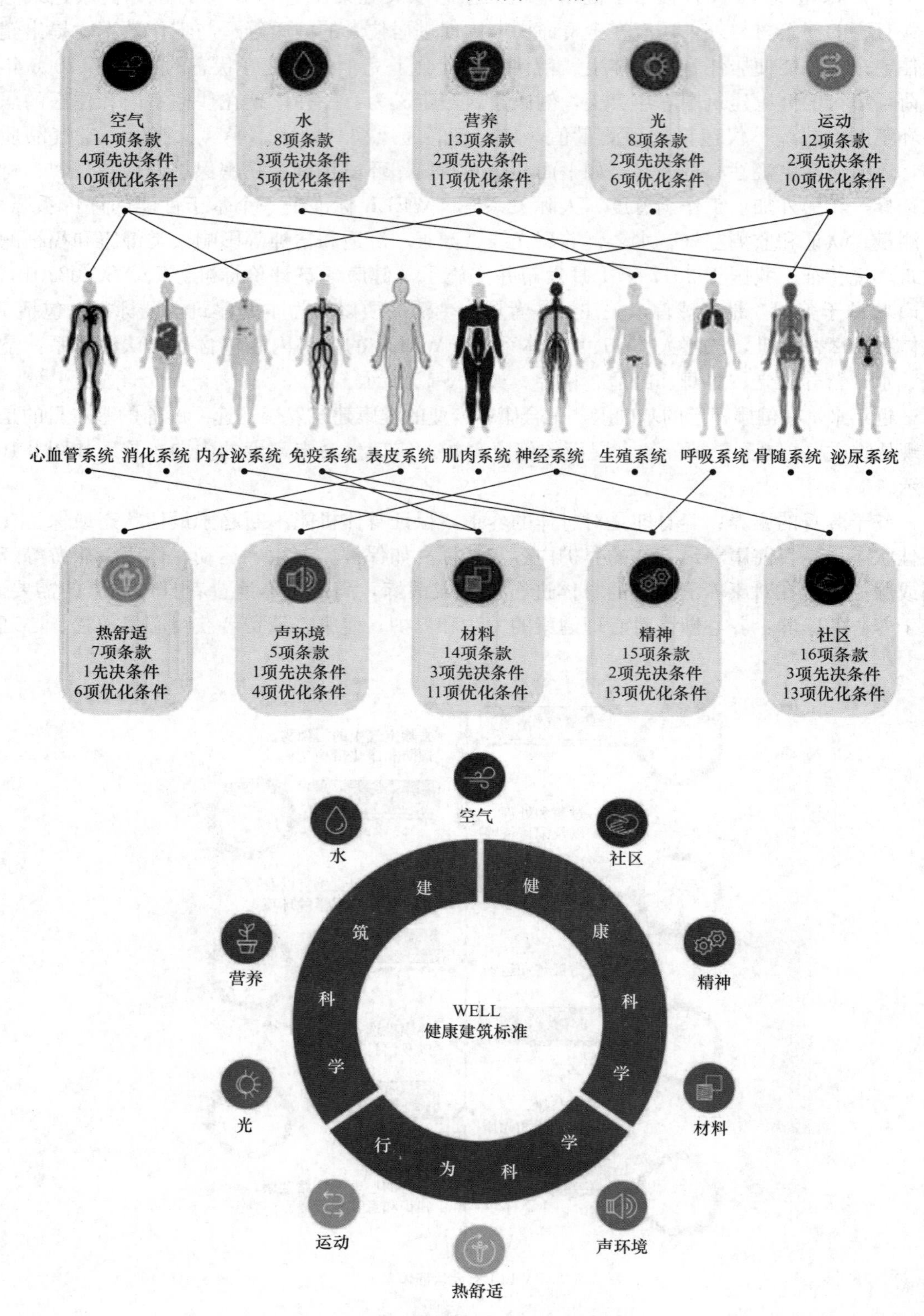

图 8-15　WELL 标准体系（二）

图 8-16　健康建筑典型场景

健康、积极向上的心理体验。因此，养心康养所涉及的产品或产业主要有心理咨询、文化影视、休闲度假等对人心理层面产生影响的产品或服务。基于养神的康养：养神即是对人的思想、信仰、价值观念等精神层面的养护，旨在保证个人精神世界的健康和安逸。基于养神的康养业具体涉及的内容主要有安神养神产品、宗教旅游、艺术鉴赏与收藏服务以及禅修服务等。

根据康养产品和服务在生产过程中所投入生产要素的不同，将康养产业分为康养农业、康养制造业和康养服务业三大类。(1) 康养农业：康养农业是指所提供的产品和服务主要以健康农产品、农业风光为基础和元素，或者是具有康养属性、为康养产业提供生产原材料的林、牧、渔业等融合业态。如：果蔬种植、农业观光、乡村休闲等。主要以农业生产为主，满足消费者有关生态康养产品和体验的需要。(2) 康养制造业：康养制造业泛指为康养产品和服务提供生产加工服务的产业。根据加工制造产品属性的不同又可以分为：康养药业与食品，如各类药物、保健品等；康养装备制造业，如医疗器械、辅助设备、养老设备等；康养智能制造业，如可穿戴医疗设备、移动检测设备等。(3) 康养服务业：康养服务业主要由健康服务、养老服务和养生服务组成。健康服务包括：医疗卫生服务、康复理疗、护理服务等；养老服务包括：看护服务、社区养老服务、养老金融服务等；养生服务包括：美体美容、养生旅游、健康咨询等。若拥有宗教文化、长寿文化、温泉资源、医药产业资源等，可依托项目地良好的气候及生态环境，构建生态体验、度假养生、温泉水疗养生、森林养生、高山避暑养生、海岛避寒养生、湖泊养生、矿物质养生、田园养生等养生业态，打造休闲农庄、养生度假区、养生谷、温泉度假区、生态酒店/民宿等产品，形成生态养生健康小镇产业体系。"康养＋旅游＋地产"可以催生一系列新业态，成为新时期经济突破发展的一种新模式。

清华大学庄惟敏院士等提出了儿童健康发展导向的家庭空间环境模型，如图 8-17 所示。

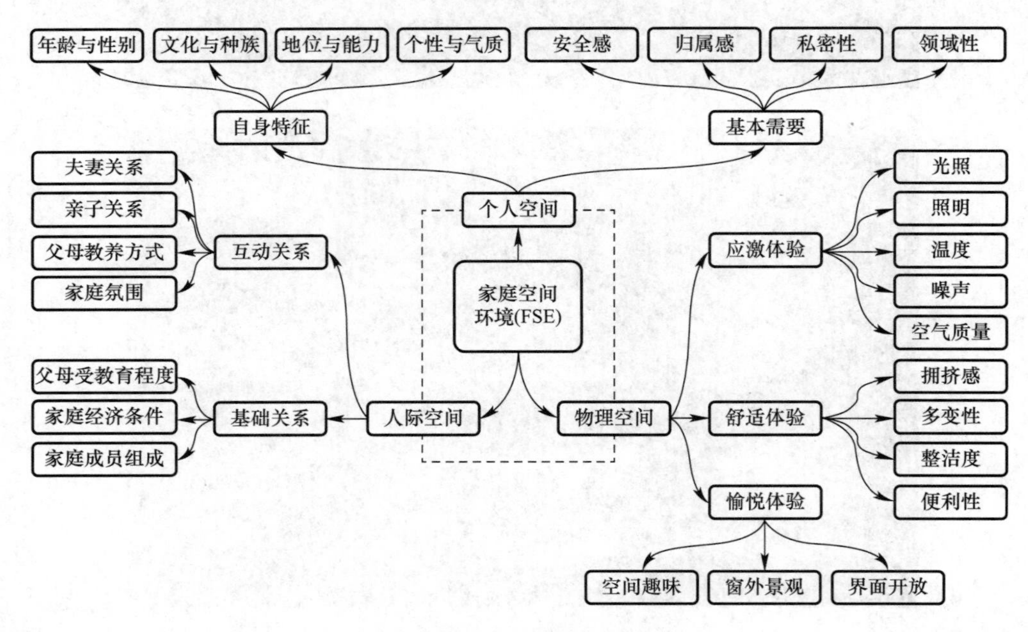

图 8-17　家庭空间环境模型

地方智慧康养产业应结合当地产业基础、城市建设发展基础、文化特色等，在国家"十四五"规划的统一指导下，以打造"全国领先的智慧康养产业基地标杆"为目标，以

CIM康养平台为抓手，补齐地方新型城市建设发展中的短板。

目前，地方康养产业面临的普遍问题分析如下：市、县垂管系统碎片化建设情况仍然存在，各系统之间没有按照城市信息模型基础平台的基本要求进行统筹规划和互联共享，也没有在CIM平台的统一指导下进行开发建设。康养产业的数据适度采集、挖掘分析、价值萃取、安全等问题尚未全面解决。康养产业的智能化程度不高，AI、自动化、数字孪生技术与康养产业的融合程度不深。地方康养产业体系的构建发展仍有较大上升空间，康养产业链的培育和健全仍需花大力气。康养产业标准化程度较低，标准基座尚未构建完成。地方康养项目的规划、设计、开发应在《城市信息模型（CIM）基础平台技术导则》、国家一体化大数据中心建设战略的指导下，将人工智能（多核计算、数据智能等）、知识工程（知识图谱、专家系统等）、数字孪生（BIM建模与可视化、智能系统建模仿真、CPS预测预警、存-算-智-产-管-运系统链等）先进理论和技术与居民健康生活需求精准融合，将地方已建成的大数据中心整体提升为CIM康养数字孪生平台。

地方智慧康养产业发展定位与总体思路如下：地方城市（市域、县域）CIM平台是城市和产业智慧化转型、一体化发展的核心基础，地方CIM康养平台隶属于CIM平台，CIM康养平台是CIM平台的重要组成部分，是智慧城市民生工程的核心板块。未来，基于CIM平台的智慧康养产业将成为城市和产业智慧化转型、产城融合发展的引擎，为地方经济的发展注入新动能，提供新机遇、新模式，开辟城市发展的新阶段。地方康养产业发展的具体措施建议如下：

（一）以社区康养产业为切入点，打造健康社区CIM平台及其管理的产业链体系，做实城市基层康养基础设施。健康社区建设是“健康中国”战略落地实现的重要路径。社区是影响人们健康的重要空间。相关研究认为，社区的空间、环境和制度会对社区中的疾病传染、慢性病、肥胖、酗酒、吸烟等产生作用，从而显著影响居民的生活质量、态度行为和健康水平。社区的物质环境包括空气、水、绿地等自然环境和建筑、道路、公共服务设施（医疗卫生、休闲娱乐、公共交通、商业网点等）等建成环境，通过影响人们的锻炼行为、生活便利度等，对居民的健康产生影响。对健康社区产业的规划，应抓住以下主要产业板块：①医疗智能装备产业。引入AI辅助健康管理理念，开发应用社区养老机器人、康复机器人、家庭机器人医生等。②社区智能康养基础设施。包括花草绿地、健身公共设施、垃圾回收设施等。③社区医疗健康管理系统。包括社区公共卫生管理系统、社区健康码管理系统等。将社区作为健康产业的终极市场，以数据增值服务、智能产品服务为核心构建健康社区商业模式，通过持续运营为社区各利益方带来持续价值回报。同时，在制度建设上，应健全分级诊疗制度，打造城市、社区、家庭一体化健康社区。

（二）“存-算-智-产-管-运”CIM康养数字孪生平台规划设计运营模式。在CIM基础平台框架下，充分融入数字孪生的系统思维、理论、技术，在数字孪生系统设计方法的指导下，将数据存储（“存”）与云计算（“算”）、AI模型（“智”）、康养产业（“产”）、城市管理（“管”）、城市运营（“运”）六大关键环节彻底打通，从业务上形成一个链条、连接为一个大系统，并深度融合智能计算和知识管理功能，大幅提升CIM平台的智能性与系统性，在此基础上进一步实现智慧化管理、决策及可持续运营。重点打造面向康养产业的一体化云存储数据库、AI训练平台、AI推理平台，社区康养场景需求驱动推动AI的场景化应用，培育繁荣康养 AI 产业生态。

（三）“智慧康养产业个性定制 CIM 平台，CIM 平台深度服务智慧康养产业”模式。在充分调研当地康养产业的基础上开展顶层规划。以当地康养产业发展支撑为首要规划设计依据，以当地发展智慧康养产业的诉求为根本出发点，定制化设计 CIM 康养产业平台，使 CIM 平台资源最大化直接服务于产业发展，沉淀 CIM 平台中的产业大数据，产生有价值的经济大数据。实现智能产业导向的算力、算法、算量供需最佳匹配，有效避免重复建设投资，实现以平台为统领的统一规划、设计、施工、评价，培育智慧康养平台经济。

（四）与社区和建筑空间结合，研发技术含量高、实用性强、性价比高的智能康养产品。智能康养产品的策划和设计是第一步，应在充分了解老人、社区居民需求的前提下设计贴近用户的产品，坚持“以人为本”。现在很多产品不实用，与产品理解、定位、设计、技术都有关系。人工智能在智能康养产品中的应用目前尚有很大空间，例如，图像 AI 应用于人的体征参数检测（舌苔检测、静脉检测等），再结合中医、西医专家诊断经验，开发健康体征监测和健康管理家庭机器人，成本上并不是很高，但目前好的产品非常少，规模化、产品化、产业化的瓶颈在于特定场景下的 AI 技术及相关的技术标准。

（五）监管与鼓励并行，加快推进数字技术在康养产业中的深度融合应用。当前，由于数据安全隐患、商业化市场竞争等问题的广泛存在，从一定程度上制约了数字技术在康养产业中的深度落地。对政府来讲，应加强产业监管，出台实操性强的政策，有针对性地解决数据过度采集、家庭安全隐患、个人隐私侵犯等问题，充分结合 AI 技术加强数据治理。在数据安全得到保障的前提下，开发应用智能康养产品。只有这样，满足老百姓需求的优秀产品才能被真正开发出来，产业才能更加快速蓬勃地发展起来。

8.6 文化建筑产业集群

从文化的视角来看，建筑自身就构成一种文化。很多建筑物，本身就是文化的载体。

【典型文化建筑】

红色文化建筑

图 8-18 中国共产党历史展览馆（竣工时间：2021 年）

来源：中国建设报建筑半月谈

图 8-19　武昌毛泽东旧居
来源：建筑杂志社《在黑暗中探索 在挫折中奋起——走进武汉毛泽东旧居》

8.7　水务环保产业集群

智慧水务是一种水务行业的管理工具，其范围涵盖了水文、水质、水资源、供水、排水、防汛防涝等水务行业的各个方面。智慧水务为水务运营者及终端用户提供实时感知、业务整合、互联互通、融合共享以及智慧决策等功能。智慧水务的最终目的是能将水务系统各个环节紧密相连，使各个环节技术互相协作，进而提高管理效率，增加安全性，增强灵活性。智慧水务的构建分为三个阶段，分别为水务信息数据化、水务分析智能化、水务决策智慧化。

智慧水务通过数采仪、无线网络、水质水压表等在线监测设备实时感知城市供排水系统的运行状态，并采用可视化的方式有机整合水务管理部门与供排水设施，形成"城市水务物联网"，并可将海量水务信息进行及时分析与处理，并做出相应的处理结果辅助决策建议，以更加精细和动态的方式管理水务系统的整个生产、管理和服务流程，从而达到"智慧"的状态。

中国城镇供水排水协会的定义认为，智慧水务是指通过新一代的信息技术与水务业务的深度融合，充分挖掘数据价值，通过水务业务系统的控制智能化、数据资源化、管理精准化、决策智慧化，保障水务设施的安全运行，达成水务业务的更高效运营、更科学管理和更优质服务。水务环保产业集群如图 8-20 所示。

美国水联网（Internet of Water）

水联网是美国水务数据共享计划的产物，这个项目汇聚了全美各级的水务相关数据，目前处于地球领先地位。

在水联网上，更好的数据意味着更好的水务管理。通过紧密的合作和参与。

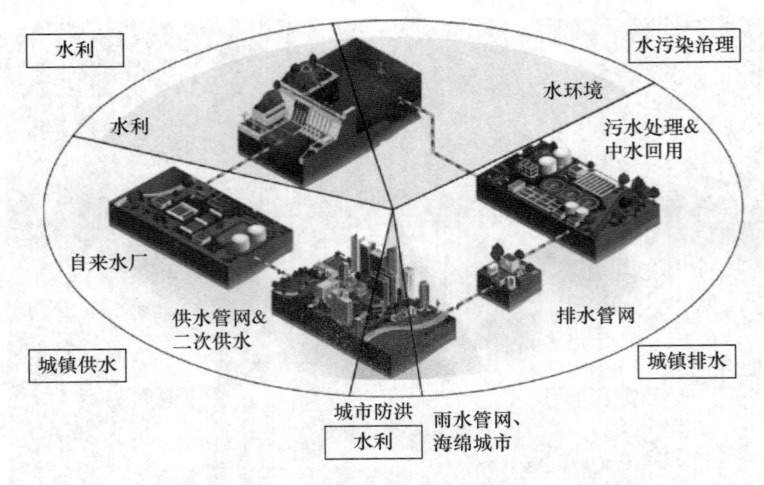

图 8-20　水务环保产业集群

愿景：水联网致力于通过共享和集成水务数据信息，打造一个国家级的公平有弹性的水务管理和监督平台。

使命：在美国推进公共水务数据基础设施的现代化转变，以改善水务信息的共享和整合。

欧洲 F4W（FIWARE 4 WATER）

F4W 是欧盟数字化转型重要项目 FIWARE 的分支项目，旨在建立一个共同的开发平台，解决水务行业数字化程度偏低且过于分散的问题。FIWARE 是一个智能解决方案平台，是 EC（2011～2016 年）投资的 PPP 旗舰项目，用来支持中小型企业和开发商创建下一代互联网服务，这是智慧城市计划进行跨域数据交换的主要生态系统/合作和 NGI 倡议。迄今为止，由于水务行业过于分散，受许可平台的限制以及在互通性，标准化，跨域合作和数据交换方面落后于其他行业（例如通信），因此使用 FIWARE 开发特定的水务相关的应用程序方面几乎没有取得进展。Fiware4Water 旨在通过向水务行业终端用户和解决方案提供商展示其功能以及其可互通和标准化接口的潜力，从而将水务行业与 FIWARE 连接起来。

8.8　绿色智慧社区产业集群

社区是居民生活和城市治理的基本单元，是党和政府联系、服务人民群众的“最后一公里”。住房和城乡建设部联合国家发展改革委、生态环境部、民政部、公安部、市场监管总局等部门联合开展绿色社区创建行动，明确创建目标、创建内容、创建标准、组织实施机制和保障措施，指导各地建立健全社区人居环境建设和整治机制，推进社区基础设施绿色化，营造社区宜居环境，提高社区信息化智能化水平，培育社区绿色文化，推动建设安全健康、设施完善、管理有序的完整居住社区。结合城镇老旧小区改造，同步开展绿色社区创建。

新城建时期的社区以社区群众的幸福感为出发点，通过打造智慧社区为社区百姓提供便利，从而加快和谐社区建设，推动区域社会进步。智慧社区是智慧城市的基层单元，是一个以人为本的智能系统，它使人们的工作和生活更加便捷、舒适、健康。智慧社区建设内容如图 8-21 所示。

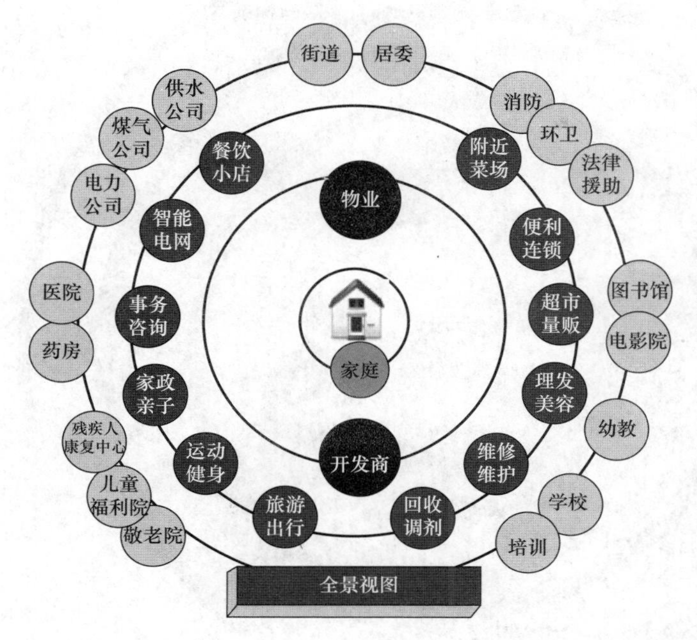

图 8-21　智慧社区建设内容

智慧社区生活圈建设内容如图 8-22 所示。

一种评估零排放社区（ZENs）的子系统方法如图 8-23 所示。社区的总生命周期 GHG 排放量来自建筑材料、建筑运营、光伏发电、交通设施材料和运营产生的 GHG 排放量之和。

未来，可以结合影响社区零排放的参数制定评估指标体系及评估指标，建立零排放社区全生命周期评价模型，分阶段实施社区零碳性能评估。应进一步对社区储能和社区微能源互联网进行研究，研发社区微能源互联网平台，通过削峰填谷等手段将过剩的电力用于电动车充电。

2020 年 7 月，住房和城乡建设部、国家发展改革委、民政部、公安部、生态环境部、市场监管总局 6 部门联合印发了《绿色社区创建行动方案》（以下简称《方案》），深入贯彻习近平生态文明思想，贯彻落实党的十九大和十九届二中、三中、四中全会精神，按照《绿色生活创建行动总体方案》部署要求，开展绿色社区创建行动。《方案》指出，绿色社区创建行动以广大城市社区为创建对象，将绿色发展理念贯穿社区设计、建设、管理和服务等活动的全过程，以简约适度、绿色低碳的方式，推进社区人居环境建设和整治，不断满足人民群众对美好环境与幸福生活的向往。到 2022 年，绿色社区创建行动取得显著成效，力争全国 60%以上的城市社区参与创建行动并达到创建要求，基本实现社区人居环境整洁、舒适、安全、美丽的目标。《方案》明确绿色社区创建行动，包括 5 项内容：一是建立健全社区人居环境建设和整治机制。坚持美好环境与幸福生活共同缔造理念，充分发挥社区党组织领导作用和社区居民委员会主体作用，统筹协调业主委员会、社区内的机关和企事业单位等，共同参与绿色社区创建。推动城市管理进社区。推动设计师、工程师进社区。二是推进社区基础设施绿色化。积极改造提升社区水电路气等基础设施，采用节能照明、节水器具等绿色产品、材料。综合治理社区道路，实施生活垃圾分类，推进海绵化

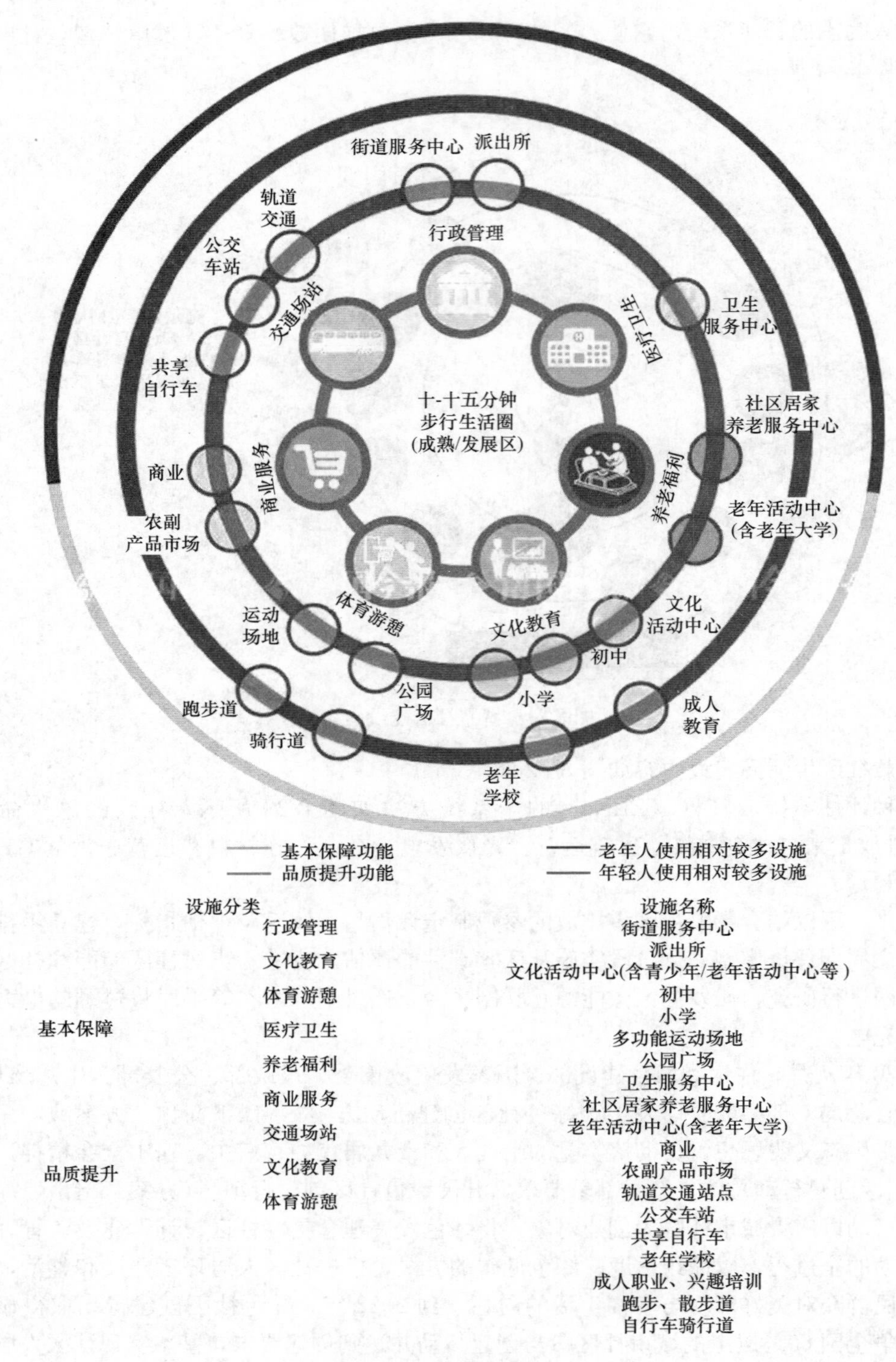

	设施分类	设施名称
基本保障	行政管理	街道服务中心 派出所
	文化教育	文化活动中心(含青少年/老年活动中心等) 初中 小学
	体育游憩	多功能运动场地 公园广场
	医疗卫生	卫生服务中心
	养老福利	社区居家养老服务中心 老年活动中心(含老年大学)
	商业服务	商业 农副产品市场
品质提升	交通场站	轨道交通站点 公交车站 共享自行车
	文化教育	老年学校 成人职业、兴趣培训
	体育游憩	跑步、散步道 自行车骑行道

图 8-22 智慧社区生活圈

来源：柳州市智慧社区专项规划设计

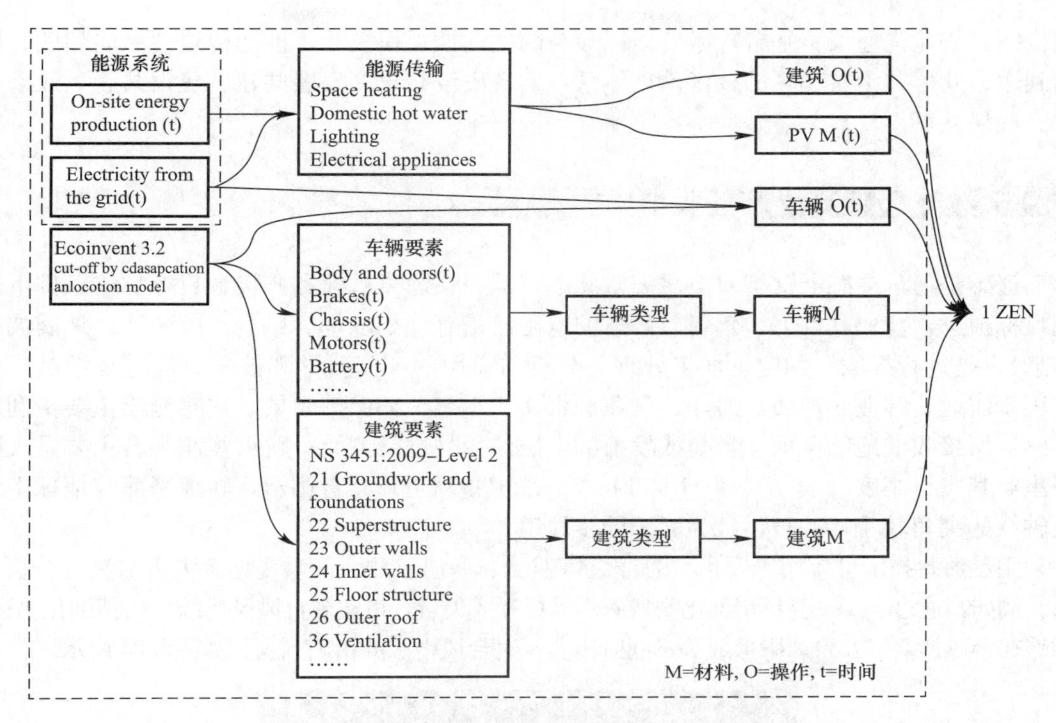

图 8-23　评估零排放社区的子系统方法

来源：Carine Lausselet，A life-cycle assessment model for zero emission neighborhoods

改造和建设。三是营造社区宜居环境。因地制宜推动适老化改造和无障碍设施建设，合理布局和建设各类社区绿地，配建停车及充电设施，加强噪声治理，提升社区宜居水平。结合绿色社区创建，探索建设安全健康、设施完善、管理有序的完整居住社区。四是提高社区信息化智能化水平。推进社区市政基础设施智能化改造和安防系统智能化建设。整合社区安保、车辆、公共设施管理、生活垃圾排放登记等数据信息。鼓励物业服务企业大力发展线上线下社区服务。五是培育社区绿色文化。建立健全社区宣传教育制度，加强培训，完善宣传场所及设施设置，定期发布创建活动信息。编制发布社区绿色生活行为公约，倡导居民选择绿色生活方式。

近年来，住房和城乡建设部贯彻落实党的十九大和十九届二中、三中、四中全会精神，深入贯彻习近平生态文明思想，启动绿色社区创建行动，推动在生活垃圾分类、城镇老旧小区改造、绿色社区创建、完整居住社区建设等工作中，广泛开展“美好环境与幸福生活共同缔造”活动。

推动形成绿色发展方式和绿色生活方式是生态文明建设的重要内容，开展绿色生活创建行动，是加快推进生态文明建设的重要载体和工作抓手。各地将按照《绿色生活创建行动总体方案》要求，扎实有序开展绿色社区创建行动，将绿色发展理念贯穿社区设计、建设、管理和服务等活动的全过程，以简约适度、绿色低碳的方式，推进社区人居环境建设和整治，不断满足人民群众对美好环境与幸福生活的向往。要求各地要统一思想、提高认识，以生活垃圾分类、城镇老旧小区改造、绿色社区创建、完整居住社区建设等工作为切入点，广泛开展“美好环境与幸福生活共同缔造”活动，建立和完善党建引领城市基层治理机制，搭建沟通议事平台，激发居民参与的主动性、积极性，推动构建“纵向到底、横向到边、共建共治共享”的社区治理体系，实现决策共谋、发展共建、建设共管、效果共评、成果共享。

8.9 数字遥感测绘产业集群

遥感是通过遥感器这类对电磁波敏感的仪器，在远离目标和非接触目标物体条件下探测目标地物，获取其反射、辐射或散射的电磁波信息（如电场、磁场、电磁波、地震波等信息），是进行提取、判定、加工处理、分析与应用的一门科学和技术。遥感技术已广泛应用于农业、林业、地质、海洋、气象、水文、军事、环保等领域。遥感测绘主要指利用传感器所接收的地物反射、散射或发射的电磁波信号进行测绘。航天观测平台主要是人造卫星，其飞行高度一般在 600～1000km。一般卫星轨道形状近圆形，轨道平面与地球南北极轴线的夹角较小，并被设计为太阳同步轨道。

卫星遥感技术可应用于台风、海洋灾害监测、海温监测、气候变化等灾害监测与分析场景。例如，通过 HY-2 卫星精细化测量海洋风场和风矢量，可实现台风风场结构的精细化描述，能够在台风初期以及台风眼形成等不同阶段实现对台风中心的精确刻画。如图 8-24 所示。

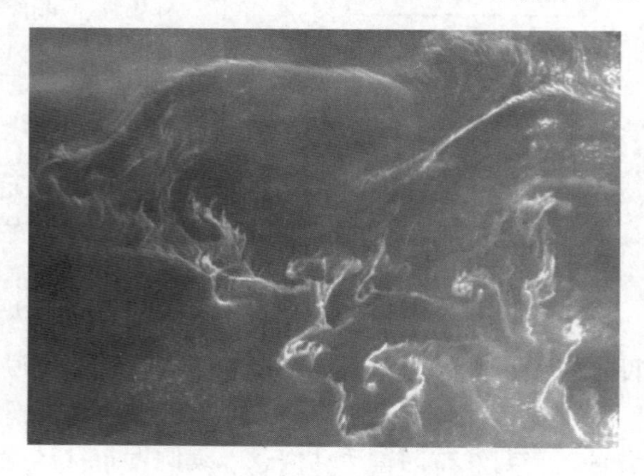

图 8-24　海洋气象监测

工程测量一般业务范畴如图 8-25 所示。

工程测量
- 城市建设测量
- 铁路公路测量
- 水利工程建设测量
- 隧道及地下工程测量
- 建筑测量
- 输电线路与输油管线测量
- 地籍测量
- 国防测量
- 矿山测量

图 8-25　工程测量业务范畴

无人机遥感测绘技术又叫无人机航测遥感技术，是一种借助无线电设备控制无人驾驶的飞行设备，进而快速获取信息的一种新技术，集合了无人驾驶飞行器技术、遥感传感器技术、通信技术、GPS 差分定位技术、北斗导航技术等一系列高科技技术，可实现对于国土资源、自然环境等空间遥感信息的智能化、专业化、快速化处理，并能够对相关数据进行处理、建模和分析。整个无人机遥感测绘技术系统包含无人飞行器平台、高分辨率数码传感设备、GPS 导航定位系统、数据处理系统等多个部分。数字遥感测绘原理如图 8-26 所示。

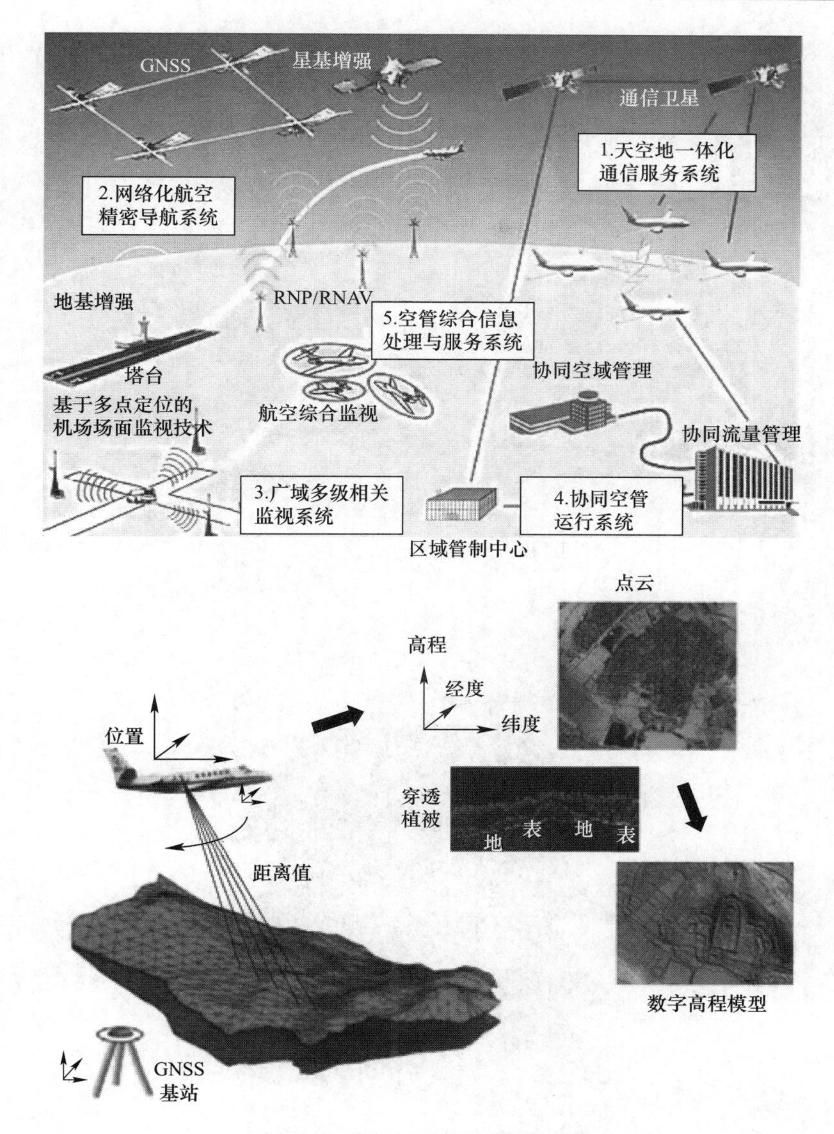

图 8-26　数字遥感测绘原理图

遥感测绘获取的影像主要以框幅式相机和 CCD 摄影机方式为主，通过沿飞行方向或不同轨道获取航向或旁向重叠立体像对，进而量测地面点的高程和测绘地形。红外遥感的工作波长主要在 0.76～15.0μm，通过红外敏感元件，量测地物红外辐射能量，获得红外图像。无人机是遥感测绘常用的智能装备如图 8-27 和图 8-28 所示。

图 8-27　测绘无人机（一）

图 8-27　测绘无人机（二）

图 8-28　无人机测绘效果

8.10　建筑机器人产业集群

建筑机器人产业集群架构如图 8-29 所示。

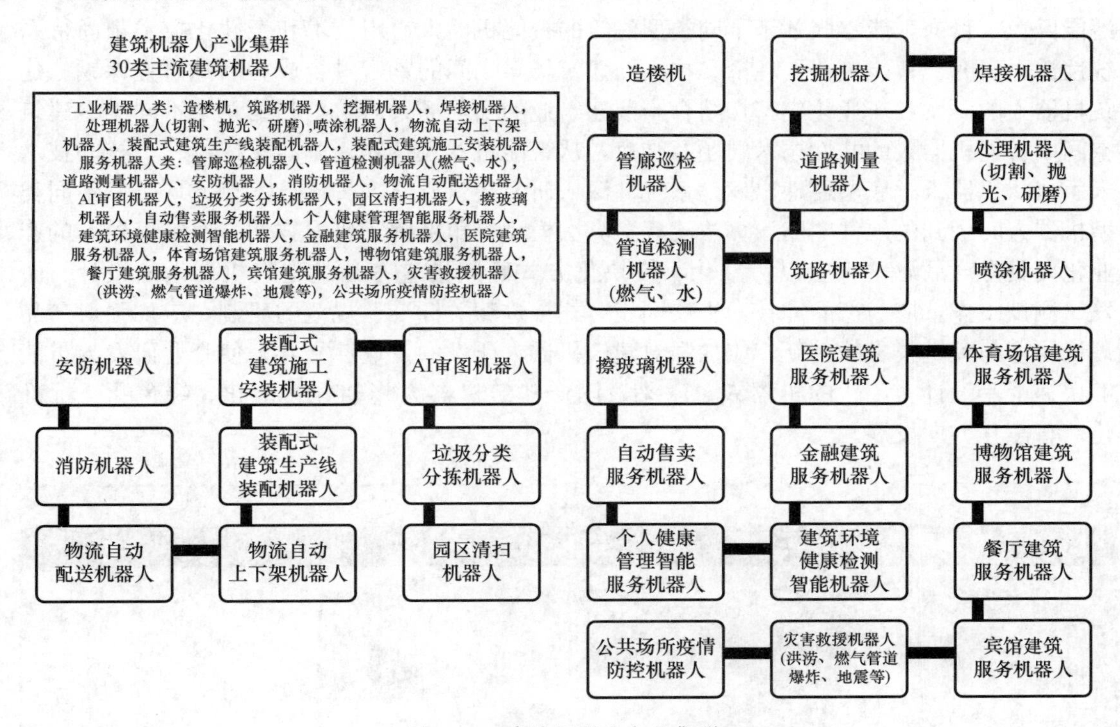

图 8-29　建筑机器人产业集群

建筑机器人产业链如图 8-30 所示。

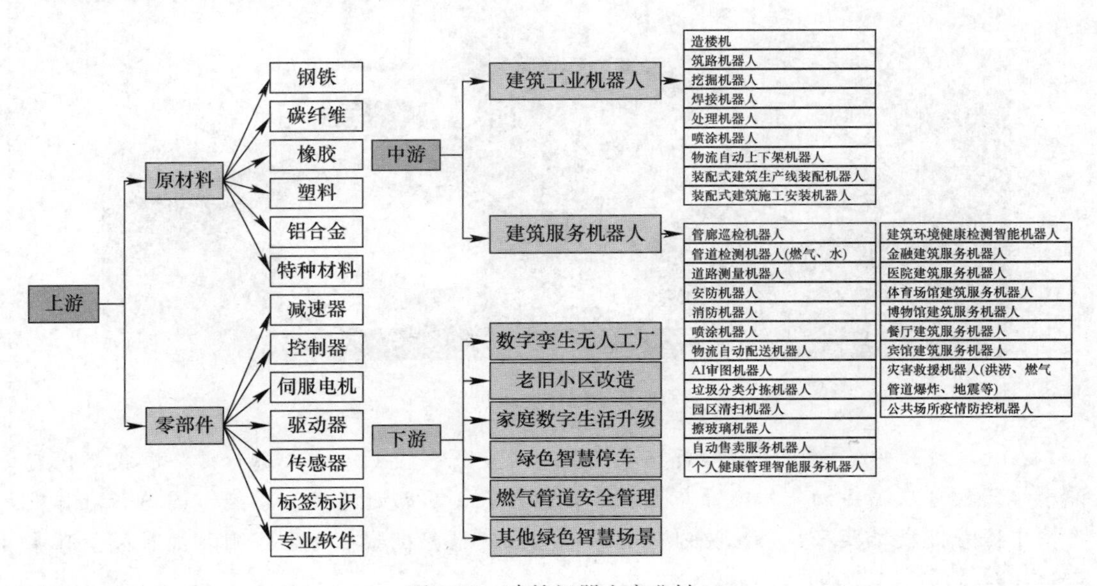

图 8-30　建筑机器人产业链

特种机器人是近年来得到快速发展和广泛应用的一类机器人，在我国国民经济各行业均有应用。其应用范围主要包括：农业、电力、建筑、物流、医疗、护理、康复、安防、救援、军用、核工业、矿业、石油化工、市政工程等。

应用于建筑环境的特种机器人——建筑机器人近年来呈现出需求量激增的局面，市场潜能巨大。目前，能够服务于不同类型建筑的智能机器人通用技术和个性化技术都尚待系统性深入研究。智能机器人理论和技术与建筑场景之间的紧密融合成为新的研究课题。建筑机器人的研发和产业化应密切结合当前建筑业的实际场景需求，归纳总结不同类型建筑空间中智能机器人的共性技术问题及难点，从智能机器人感知、驱动及控制三大核心技术入手，从机器人学底层原理出发，系统性深入研究建筑机器人关键技术点，从研发不同类型机器人时用到的硬件电路、算法流程、算法模型等角度落实研发方案。建筑机器人的产业化要具有产品思维，应以标准化、模块化方式高效推进各品类建筑机器人的设计、研发、测试工作，应与产品和技术进展同步方式推进相关标准、规范的研制，应加强对产品理论原型与关键技术的创新，应加强对建筑机器人研发的专业性指导，使企业研发人员能够快速上手设计实用化的机器人。未来，国产建筑机器人将朝着智能化、绿色化、标准化、普惠化方向发展。

【案例】【典型建筑机器人产品】医疗健康机器人

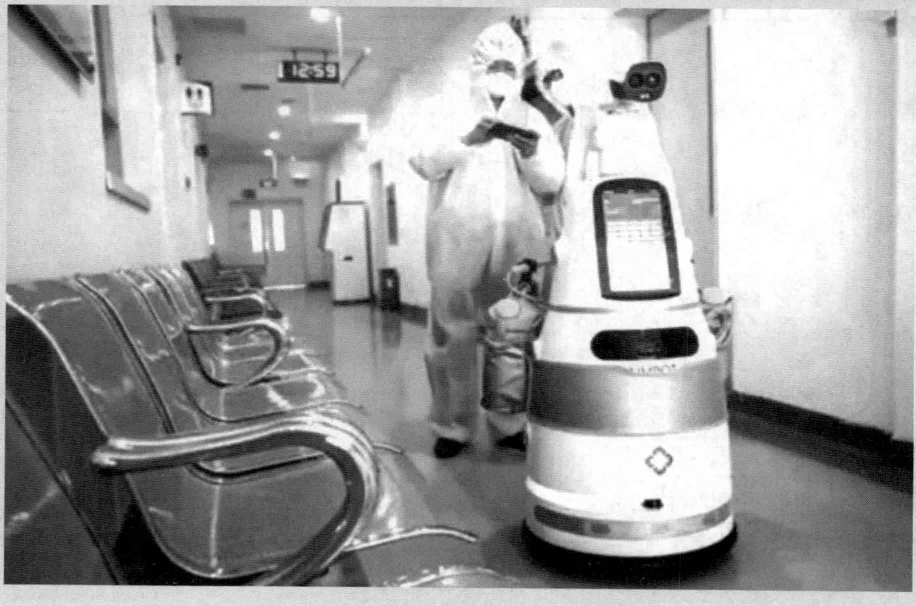

图 8-31　医疗健康机器人

在此次疫情中，由于新冠肺炎病毒主要通过空气、接触等方式进行传播感染，医疗健康机器人可从源头切断传染源与医护人员的接触，从而避免交叉感染，国内新冠肺炎疫情中医疗健康机器人应用主要以辅助诊疗及医疗服务机器人为主。测温机器人、消毒机器人、巡检机器人、咽拭子采样机器人等在医院和一线抗疫领域的快速研发及应用，为医疗健康机器人带来前所未有的发展机遇。

8.11 BIM/CIM产业集群

CIM（City Information Modeling，CIM）是贯彻落实党中央、国务院关于建设网络强国、数字中国、智慧社会的战略部署，是指导各地开展城市信息模型基础平台建设的重要举措。2020年召开的全国住房和城乡建设工作会议在部署年度重点工作任务时提出，要加快构建部、省、市三级CIM平台建设框架体系。目前，CIM已成为推进新城建战略的主要抓手，CIM在广州、南京等试点城市已经取得了较好应用成效，在新一轮的智慧城市建设项目招标中全国各地明确提出采用CIM。CIM是在BIM基础上拓展的一项新技术，同时也是一种新建设模式和新发展理念。CIM将建筑信息模型上升到城市信息模型，容纳了更多数字技术要素，更加注重业务系统建模，更加注重技术的优化（例如模型轻量化），亦更加强调数字技术与城市业务的相互渗透与深度融合。CIM的研究与发展仍处于起步期，其内涵、理论及实践体系均需不断丰富和完善，CIM与数字孪生城市的关系和相互支撑方法仍需严谨论证和不断探索。以CIM大数据为切入点，以城市知识智算模型为核心，构建、开发、优化数字孪生城市将是“十四五”时期我国新型智慧城市建设发展的有效路径。CIM大数据是指采集自城市规划、建设、管理、运营全生命周期的城市多源异构数据，包含结构化数据、半结构化数据、非结构化数据、二进制数据等类型。建设CIM大数据驱动的数字孪生城市，可直接产生以下正面效应：一是可提升城市管理与决策的精度。二是可提高城市感知与控制的质量。三是可提升城市运营与服务的水平。四是可提升城市应急与风控的效率。

城市信息模型（CIM）是以城市的信息数据为基础，建立起三维城市空间模型和城市信息的有机综合体。城市信息模型目前尚无统一的明确定义，CIM的内涵和外延目前仍处于探索期。CIM应依托数字孪生理论和技术建立，宜采用基于模型的复杂系统工程思维。据此，CIM可以理解为以数字技术为治理引擎（简称数字引擎）的数字孪生城市之数字孪生体。城市信息模型（CIM）宜采用基于模型的复杂系统工程思维，在数字孪生建筑互联互通基础上建立，这也是当前快速构建CIM和数字孪生城市的一条可行路径。现实中，要求城市数字孪生体能够综合指挥并动态优化物理城市的全生命周期，因此必须首先开发实现城市仿真与控制系统。城市仿真与控制系统包括软硬件两个方面，采用的核心技术是系统仿真、自动控制及系统集成。仿真系统的建立包括概念建模、仿真设计、计算机与数学仿真、物理建模与试验、半实物仿真与验证、系统集成等关键步骤。数字城市孪生体的最终目标是实现泛在物联感知及复杂自动控制系统与三维可视化数字模型空间的深度融合，即在可视化构件和系统空间中实现实时泛在感知与自主协同控制，这也是目前尚未真正突破的技术难点。

BIM产业集群如图8-32所示。

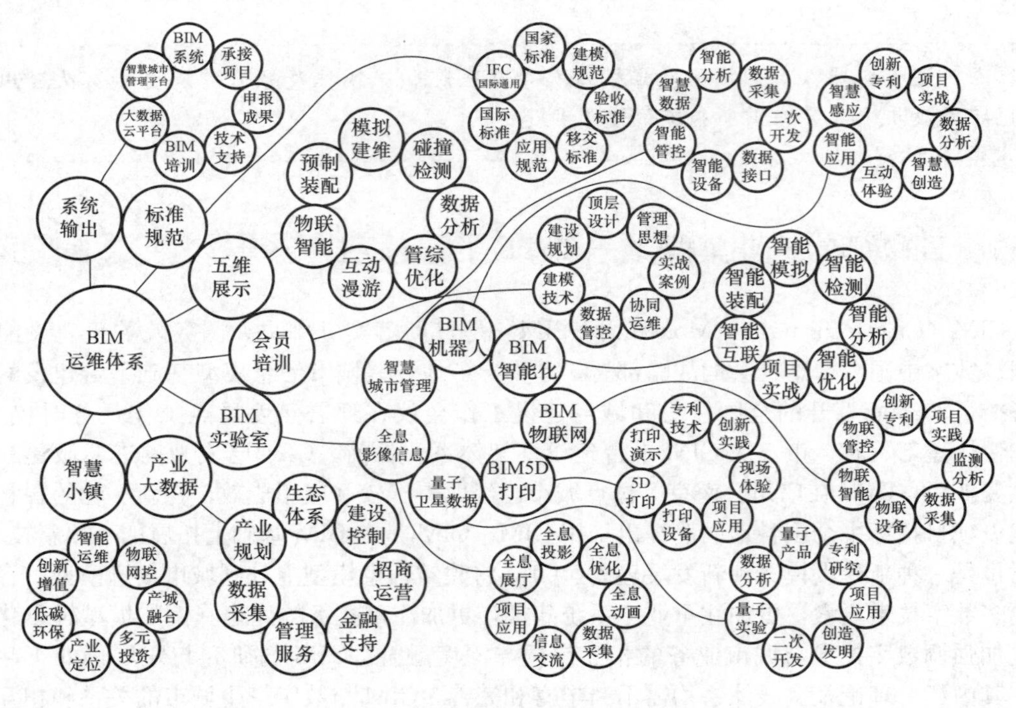

图 8-32　BIM 产业集群示意图

8.12　自动驾驶+城市基础设施产业集群

8.12.1　自动驾驶＋智慧城市产业生态地图

自动驾驶＋智慧城市产业是 AI＋智慧城市各领域中相对发展较为成熟的子领域，特别是近两年无人驾驶汽车、车联网、交通大数据、交通云平台、智慧路灯杆的发展大大促进了本板块的迅速发展。目前，自动驾驶与智慧城市的融合发展集中体现在以下 7 个类别：自动驾驶及车联网，网约车，共享出行，汽车后服务，车险智能服务，无人机，智慧停车。自动驾驶＋智慧城市产业集群生态地图如图 8-33 所示。

自 2009 年智慧物流概念提出以来，各大涉足物流行业的公司都在推进自家的智慧物流系统建设。国内除阿里和京东外，顺丰等物流公司以及苏宁等电商也在进行智能化建设，AGV 机器人已在各家仓库奔走忙碌，各家的无人机陆续在进行飞行测试。交通运输部部长李小鹏指出：各种运输方式融合发展是未来重点，大力发展多式联运、打通交通物流信息“孤岛”十分关键。通过人工智能实现传统海陆空多维物流融合势在必行。目前，全方位无人物流系统的打造是物流行业 AI 应用发展的焦点，此领域走在前列的典型应用有京东无人仓、苏宁云仓、海康威视分拣机器人和搬运机器人、埃斯顿六轴通用机器人和码垛机器人等。

目前 AI 技术在物流领域的实用型渗透主要体现在三个方面：配载线路优化，物流机器人，无人机。

（1）配载线路优化。集货线路优化、货物配装及送货线路优化等，是配送系统优化的关键。国外将配送车辆调度问题归结为 VRP（Vehicle Routing Problem，即车辆路径问题）、VSP（Vehicle Scheduling Problem，即车辆调度问题）和 MTSP（Multiple Traveling Salesman Problem，即多路旅行商问题）。解决相关问题会用到 AI 的运筹学、推理、排列组合等，从不同角度实现配送路线优化。

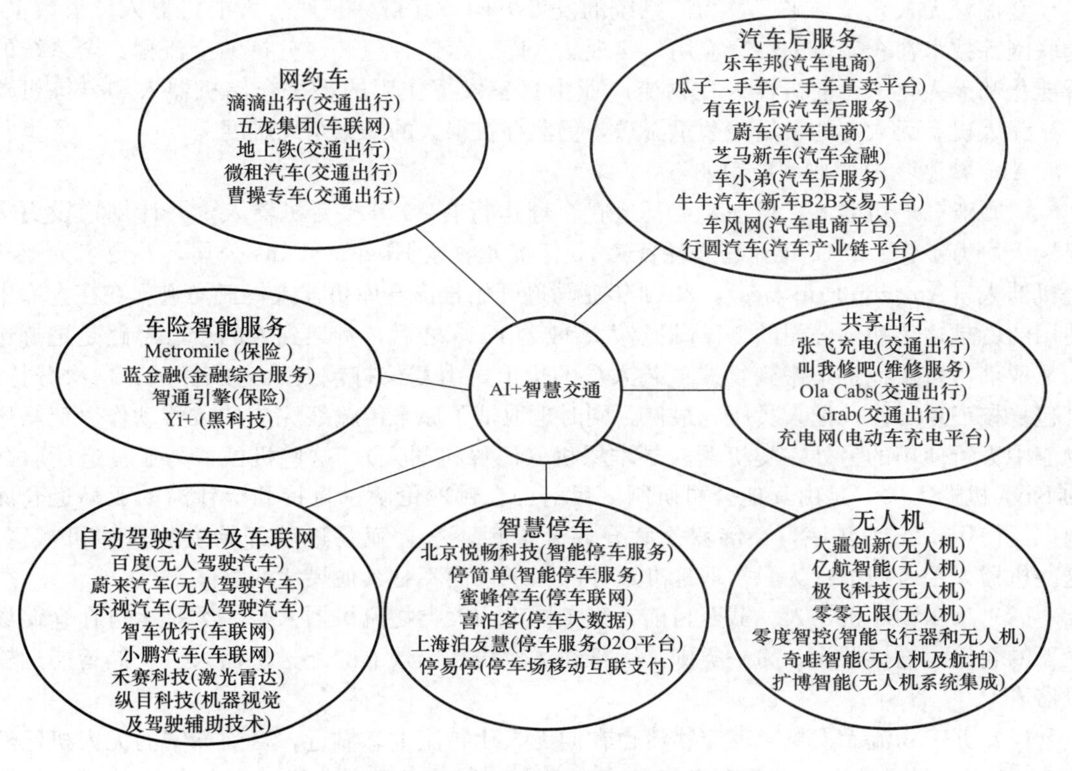

图 8-33　自动驾驶＋智慧城市产业生态地图

（2）物流机器人。分为两类，一类是应用到物流仓储和装卸环节中的仓储机器人，具体又包含移动机器人、工业机器人两类；另一类是配送机器人，这类机器人目前都是移动机器人（无人车）。亚马逊、苏宁物流、京东、菜鸟网络等在智慧物流机器人方面均有布局。

（3）无人机。移动机器人（无人车）可实现短距离的陆地配送，在地形复杂或是需要跨海派送货物的场景下需要使用无人机。国际上以亚马逊为首的各大运输公司都在争相发展使用无人机运输，以节省人力成本，但在中国由于各种原因目前无人机的使用率仍较低。京东在西安的飞行服务中心已正式投入运营，在宿迁准备建立无人机行业“黄埔军校”，这两地将兼具无人机研发测试、运营调度等多项功能。

目前智慧物流机器人主要包括三大技术方向：

（1）“货到人”拣选。通过采用视觉识别技术给机器人“装上眼睛”，实现订单拣选，如亚马逊推出的 KIVA 机器人、海康威视推出的阡陌系统。

（2）分拣抓取。机器人在进行拣选作业时，需要带有图像识别系统和多功能机械手，机器人每到一种物品托盘就可根据图像识别系统“看到”的物品形状，采用与之相应的机械手抓取，然后放到搭配托盘上。目前识别准确率、识别精度、性价比仍有大幅上升空间。分拣抓取机器人进入市场仍需一段时间。

（3）货物配送。主要分为无人机和机器人系统，解决物流“最后一公里”问题。目前亚马逊、谷歌、京东等纷纷加大在这一方向的投入。

全流程无人仓是未来智慧物流系统的发展方向，其目标是通过智能机器人、大数据、物联网等技术在仓储里的综合应用，实现从入库、存储、包装、分拣的全流程、全系统的智能化和无人化。目前机器人在物流产业中真正发挥作用的还是仓储机器人和分拣机器人。无人机、无人车的最后一公里派送，仍然存在很大的场景落地难度。

AI＋智慧物流的典型应用如下：

（1）亚马逊机器人。目前，亚马逊在全球运行有10万多台机器人，并计划增设更多机器人协力工作。2012年亚马逊耗资7.75亿美元收购Kiva systems公司，并更名为亚马逊机器人（Amazon Robotics），2014年亚马逊开始推出仓库机器人，亚马逊现在在仓库中使用的就是这家初创公司的Kiva机器人。收购Kiva之后，货架到人的核心思路是把拣选人员取消，直接把货架搬到复核包装人员的边上，由复核打包人员完成拣选、二次分拣、打包复核三项工作，把人员压到最低，同时也取消了原来传输线完成的位移动作。亚马逊物流中大量使用的另外一类机器人是堆垛机（码垛机器人），这些机械臂与亚马逊所收购的Kiva机器无关，是由其他公司研制。目前已在佛罗伦萨、肯特和沃什湾的亚马逊仓库内广泛使用。2016年底，在佛罗伦萨仓库开设后不久，亚马逊就开始安装这些机械臂。这些机器人手臂被配置为只拾取标准尺寸的箱子，而不是其他尺寸的物体。

（2）京东物流机器人。截至目前，京东推出两大类物流机器人，一类是运行在仓储场景下的仓储运输机器人，另一类则是运行在运输线路场景下的配送机器人。仓储智能运输机器人。

（3）苏宁物流无人机。苏宁物流也在向无人化物流生态靠近，目前苏宁的无人机已经在2017年6月成功完成首飞配送任务。2016年“双十一”前夕苏宁云仓投入使用，A字架自动拣选系统、自动分拨系统、一步式装车系统等使苏宁云仓实现高度自动化。

8.12.2 智能网联汽车战略与标准

根据美国高速公路安全管理局的定义，无人驾驶技术水平的演进可以分为五个阶段，包括L0驾驶员模式、L1辅助驾驶阶段、L2半无人驾驶阶段、L3高度无人驾驶阶段和L4完全无人驾驶阶段。目前，无人驾驶的实现程度，在技术面已达到L2、L3水平。在传统汽车上，各类丰富的辅助驾驶功能逐步由高端汽车选配向中低端选配和标配下沉，如车道偏离预警系统、夜视辅助系统等。

2016年3月2日，现行国家标准《机动车运行安全技术条件》GB 7258发布征求意见稿，将于2016年内完全落地。新版本的征求意见稿，对大中型客车的运行安全性和防火安全性提出进一步的要求，增加了“车长大于11m的客车应装备符合标准规定的车道偏离报警系统（LDWS）和前车碰撞预警系统（FVCWs）”的要求。

2016年3月23日，联合国欧洲经济委员会表示，1968年通过的《维也纳道路交通公约》一项有关车辆无人驾驶技术的修正案自当天起正式生效。这项修正案明确规定，在全面符合联合国车辆管理条例或者驾驶员可以选择关闭该技术的情况下，将驾驶车辆的职责交给无人驾驶技术可以被允许应用到交通运输当中。

《中国交通的可持续发展》白皮书（中华人民共和国国务院新闻办公室，2020年12月）指出：中国交通积极适应新的形势要求，坚持对内服务高质量发展、对外服务高水平开放，把握基础设施发展、服务水平提高和转型发展的黄金时期，着力推进综合交通、智慧交通、平安交通、绿色交通建设，走新时代交通发展之路。智慧交通是在整个交通运输领域充分利用物联网、空间感知、云计算、移动互联网等新一代信息技术，综合运用交通科学、系统方法、人工智能、知识挖掘等理论与工具，以全面感知、深度融合、主动服务、科学决策为目标，通过建设实时的动态信息服务体系，深度挖掘交通运输相关数据，形成问题分析模型，实现行业资源配置优化能力、公共决策能力、行业管理能力、公众服务能力的提升，推动交通运输更安全、更高效、更便捷、更经济、更环保、更舒适的运行和发展，带动交通运输相关产业转型、升级。智慧交通系统以国家智能交通系统体系框架为指导，建成“高效、安全、环保、舒适、文明”的智慧交通与运输体系；大幅度提高城市交通运输系统的管理水平和运行效率，为出行者提供全方位的交通信息服务和便利、高效、快捷、经济、安全、人性、智能的交通运输服务；为交通管理部门和相关企业提供及时、准确、全面和充分的信息支持和信息化决策支持。近年来，随着5G商用化及无人驾驶技术不断成熟，以5G车联网为核心的智慧交通正成为被普遍应用的先进交通模式。

以5G物联网架构为基础，以5G车联网为核心，展开对新基建时期新一代智慧交通——数字孪生交通的系统性研究，并对系统架构、关键技术、产业链与产业互联网、商业模式进行创新性论述，将填补5G车联网驱动的数字孪生交通研究领域的空白，也将为相关工程提供一手参考，必将对促进“十四五”期间我国智慧交通的发展起到重要作用。从经济效益、社会效益、产业价值等角度来看，本书的研究工作都极具时代意义，也将对新时期智慧交通理论和实践体系的进一步完善贡献一份力量。

智能网联汽车可依靠车载信息传感器获取道路交通信息，通过V2X技术达到协调人、车、路等交通参与者，显著改善汽车安全性、减少交通事故等目的，成为汽车技术发展的主要方向。智能网联汽车涉及多个行业，包括汽车、信息通信、交通等，还涉及多个部门。智能网联汽车相关的标准法规协调，正在成为全球标准法规相关国际组织的工作重点，而且是以竞争性的姿态展开，无论是联合国、ISO和IEC，都在开展与智能网联汽车相关的标准法规。基于5G车联网和车联网产业链，结合数字孪生理论基础与核心技术，可构建新型数字交通基础设施体系，建设数字孪生交通基础设施。提出以5G车联网为核心构建数字孪生交通基础设施体系架构，在此基础上深度开发建设智慧城市交通基础设施。

汽车的迅速普及在给人们的生活带来便利性的同时也引发了交通事故、环境污染、道路拥堵等社会问题，智能化、电动化、低碳化成为汽车技术发展的重要方向。智能网联汽车可依靠车载信息传感器获取道路交通信息，通过V2X技术达到协调人、车、路等交通参与者，显著改善汽车安全性、减少交通事故等目的，成为汽车技术发展的主要方向。从市场数据来看，全球车联网市场年复合增长率达到25%，根据有关机构的统计数据：自2014年以来，车联网上市新车型渗透率逐年上升，自2018年，渗透率更是高达31.1%。目前，智能网联汽车成为全球热点，中国、美国、德国、日本等国家都在积极制定相关战略，争相占领这个未来高科技的制高点。

智能网联汽车涉及多个行业，包括汽车、信息通信、交通等，还涉及多个部门。智能网联汽车至今尚无明确定义，类似的概念有：智能汽车、互联网汽车、车联网，国外类似的概念是“互联自动驾驶汽车”。智能网联汽车的相关要素有：技术，管理，法律，社会。智能网联汽车单车的第一层次目标是实现自动驾驶、无人驾驶，更深一层的目标是车辆与车辆之间的协同控制，车辆与其他交通参与者之间实现相互协调，服务于智慧交通和智慧城市。在这个过程中，是人和车辆间驾驶控制权或驾驶责任转移的一个过程，随着自动驾驶程度的提高，人在驾驶中的作用越来越弱，车辆的作用越来越重要，最终实现车辆自主驾驶，即无人驾驶。基于智能网联汽车构建车联网的需求主要有道路安全、交通效率、娱乐服务。

智能网联汽车相关的标准法规协调，正在成为全球标准法规相关国际组织的工作重点，而且是以竞争性的姿态展开，无论是联合国、ISO 和 IEC，都在开展与智能网联汽车相关的标准法规。这些组织都希望自己发挥主导地位，当然在这些组织下面有不同的行业相对应的标准化组织，也希望参与。美国的 SAE 在标准法规方面起到了一个先锋作用，颁布了两个标准。第一个是自动驾驶分级，这已经成为全球凡是谈到这个话题必有的一个标准。第二个是汽车的现行标准，这也是全球第一份得到广泛重视和应用的汽车生产标准。它是一个相对独立运行，内部行业的集中度比较高的组织，不会受到不同国家、不同机构之间相互制衡的影响。

我国也非常重视智能网联汽车，已上升到国家战略层面。2015 年我国发布“中国制造 2025”，提出汽车低碳化、信息化、智能化的发展方向，在几个文件当中首次提出了智能网联汽车这个概念，还有节能汽车、新能源汽车，一起作为国家汽车产业未来发展的方向。之后又出台了一系列文件，进一步强调智能网联汽车的发展，而且其中有些文件对智能网联汽车的标准体系建设也提出了明确要求，有更多地解决问题的标准体系。

8.12.3 车路协同及车-城基础设施交互

车路协同示意图如图 8-34 所示。

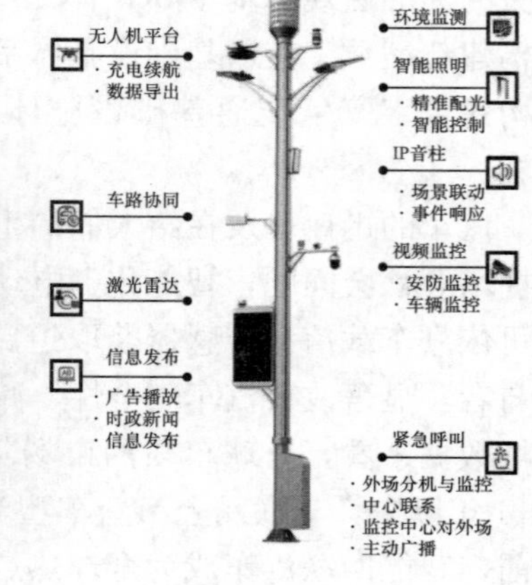

图 8-34　车路协同

无人驾驶汽车技术体系包括以下主要内容模块：无人驾驶汽车环境感知理论与技术（车道线检测识别、障碍物检测、红绿灯识别、交通标志识别、视觉系统软硬件及算法、雷达技术、惯导传感器）；无人驾驶汽车控制理论与技术（方向盘、油门、刹车等控制，PID 算法，模糊控制算法等）；无人驾驶汽车规划与决策技术（全局规划、局部规划、驾驶员知识学习）；车路协同技术（车道偏离报警 LDW、车-灯杆交互、车-路网协同、交叉口信号控制、车辆跟驰模型）；车联网技术（车-车通信、车-云网、车辆综合优化调度、城市智慧停车）。雷达感知效果如图 8-35 所示。

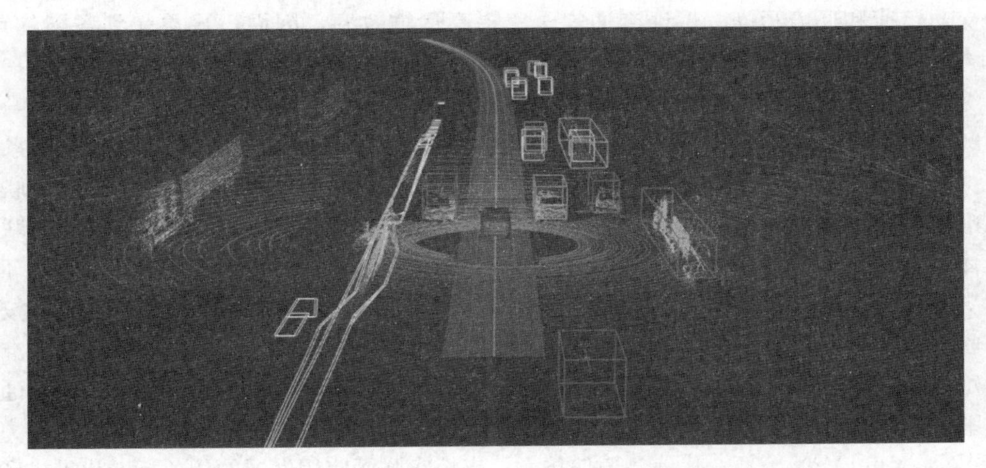

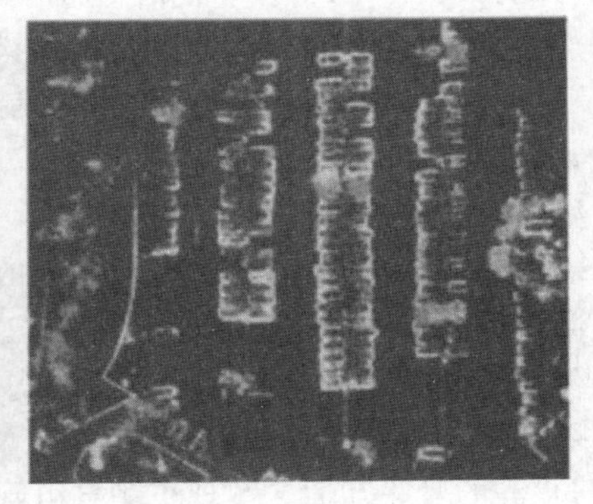

图 8-35　雷达感知

车联网（Internet of Vehicle，IoV）是以车内网、车际网和车载移动互联网为基础，按照约定的通信协议和数据交互标准，在车与人、车与道路、车与互联网等之间进行无线通信和信息交换的泛在物联网。通过对海量“车辆＋互联网”数据的“过滤清洗”及车联网平台数据的智能处理，实现智慧交通管理、智能动态信息服务和车辆智能控制。

车联网系统综合利用人工智能技术、传感技术、控制技术、网络技术、计算技术、安全技术等，使系统对交通状况和道路环境等可进行全面感知，使车辆可以进行全息信息采集，并将自身的各类信息上传到互联网大数据平台，由中央处理器对上传信息进行汇总、分析和处理。系统将对每一辆交通参与车辆进行全程控制，对每一条道路进行实时管控，为使用者提供高效安全的交通体验。

车联网是物联网在汽车领域的一个细分应用，是移动互联网、物联网向业务领域纵深发展的一条道路，是未来交通、通信、能源、环保、安全、城市等领域落地应用的融合性载体。“车-路”协同系统一直是智能交通系统（Intelligent Transport System，ITS）重点发展的领域。在国际上，欧洲CVIS，美国的IVHS、日本的SmartWay等系统通过车辆和道路之间建立有效的信息通信，实现智能交通的管理和信息服务。ITS是未来交通系统的发展方向，它是将先进的信息技术、数据通信传输技术、电子传感技术、控制技术及计算机技术等有效地集成运用于整个地面交通管理系统而建立的一种在大范围内、全方位发挥作用的实时、准确、高效的综合交通运输管理系统。ITS可以有效地利用现有交通设施、减少交通负荷和环境污染、保证交通安全、提高运输效率，因而，日益受到各国的重视。21世纪将是公路交通智能化的世纪，人们将要采用的智能交通系统是一种先进的一体化交通综合管理系统。

2018年，工业和信息化部与国家标准委联合印发了《国家车联网产业标准体系建设指南（总体要求）》《国家车联网产业标准体系建设指南（信息通信）》和《国家车联网产业标准体系建设指南（电子产品和服务）》。智能网联汽车标准体系主要明确智能网联汽车标准体系中定义、分类等基础方向，人机界面、功能安全与评价等通用规范方向，环境感知、决策预警、辅助控制、自动控制、信息交互等产品与技术应用相关标准方向。按照智能网联汽车的技术逻辑结构、产品物理结构相结合的构建方法，将智能网联汽车标准体系框架定义为“基础”“通用规范”“产品与技术应用”“相关标准”四个部分。信息通信标准体系主要面向车联网信息通信技术、网络和设备、应用服务进行标准体系设计，着力研究LTE-V2X、5G eV2X等新一代信息通信技术，支撑车联网应用发展的相关标准化需求和重点方向。车联网产业中涉及信息通信的关键标准，分为感知层（端）、网络层（网）和应用层（云）三个层次，并以共性基础技术和信息通信安全技术为支撑，按照“端—网—云”的方式划分了体系结构。

从网络上看，车联网是“端网云”三层体系架构。

第一层（端系统）：端系统是汽车的智能传感器，负责采集与获取车辆的智能信息，感知行车状态与环境；是具有车内通信、车间通信、车网通信的泛在通信终端；同时还是让汽车具备IOV寻址和网络可信标识等能力的设备。

第二层（网系统）：解决车与车（V2V）、车与路（V2R）、车与网（V2I）、车与人（V2H）等的互联互通，实现车辆自组网及多种异构网络之间的通信与漫游，在功能和性能上保障实时性、可服务性与网络泛在性，同时它是公网与专网的统一体。

第三层（云系统）：车联网是一个云架构的车辆运行信息平台，它的生态链包含了ITS、物流、客货运、危特车辆、汽修汽配、汽车租赁、企事业车辆管理、汽车制造商、4S店、车管、保险、紧急救援、移动互联网等，是多源海量信息的汇聚，因此需要虚拟化、安全认证、实时交互、海量存储等云计算功能，其应用系统也是围绕车辆的数据汇聚、计算、调度、监控、管理与应用的复合体系。

值得注意的是，目前GPS+GPRS并不是真正意义上的车联网，也不是物联网，只是一种技术的组合应用，目前国内大多数ITS试验和IOV概念都是基于这种技术实现的。未来，随着5G技术的商用化进程推进，基于5G车载智能终端的分布式车联网将真正形成。

车联网数据处理系统包括数据源、数据传输、数据预处理、数据存储、数据分析等环节。

8.12.4　车联网产业链和车联网产业集群

车联网涉及汽车电子、汽车PC、导航定位系统、无线通信网络、车辆和信息安全等产业。

目前，宝马、奔驰、奥迪、FCA、广汽、长安、一汽、吉利、东风、北汽、上汽等几十家车企均在积极研发和构建自己的车联网系统，并与互联网企业如腾讯建立合作关系。以腾讯为例，该企业截至2019年3月，有45款合作车型正在落地，携手300余家生态合作伙伴为车主提供服务。腾讯和联通联手瞄准流量问题。2019年初，腾讯和联通合作推出“王卡”，联通将提供车联网通信服务及渠道资源，用户可享有3年定向无限流量免费等流量优惠特权，降低流量成本。此举将会有效地提升汽车的联网率。各大企业积极布局车联网的同时，融合了智能网联汽车上下游产业链的车联网生态也在加速构建形成。2019年初，深圳车联网生态联盟成立，成员包括：腾讯、联通、汽车电子行业协会、普联、瑞联、鼎微、诺威达、英莫特、凌度、锐航、互联移动、凯易得、安畅星、神游、路畅、欣万和、轲轲西里、蚁路、长虹、乐旅、问问、八方达、米里等23家产业链上下游的机构和企业。总的来看，车联网已经成为车企、互联网企业争相占据的行业热点领域和风口。

车联网产业是依托信息通信技术，通过车内、车与车、车与路、车与人、车与服务平台的全方位连接和数据交互，提供综合信息服务，形成汽车、电子、信息通信、道路交通运输等行业深度融合的新型产业形态，是全球创新热点和未来发展制高点。大力发展车联网，有利于汽车产业创新发展，构建汽车和交通服务新模式新业态，促进辅助驾驶和自动驾驶发展，提高交通效率、降低事故发生率、节省资源、减少污染，进一步解放生产力。

基于5G车联网和车联网产业链，结合数字孪生理论基础与核心技术，可构建新型数字交通基础设施体系，建设数字孪生交通基础设施。

V2X包括直接通信和基于网络的通信。直接通信支持车对车（V2V），车对基础设施（V2I）和车对人（V2P）等的连接。而汽车到网络（V2N）技术则已从最初的远程信息服务，发展到如今的信息娱乐服务，以及针对自动驾驶的远程操作应用，具有极高的价值和重要性。

8.12.5　新能源汽车

经过10多年的发展，我国电动车产业链实现了核心技术的国产替代和大规模的降本提质。目前，我国氢燃料电池汽车产业链正处于10年前的电动汽车的发展阶段——示范推广期间，现阶段的氢燃料电池汽车的推广主要靠政策的引导和支持，国家和各地市对氢能产业的政策也都涵盖了核心技术突破、加氢站建设、示范应用区的支持等方面，在政策的推动下，氢燃料电池汽车的市场成长轨迹有望复刻动力电池汽车的市场成长轨迹。

锂电池指数在2012年开始逐渐回升，2015年大幅上涨，主要系新能源汽车市场的爆发增长带来的降本放量，2014年和2015年新能源汽车销量同比增长率达到300%以上，2015年新能源汽车年销量增加至33万辆。中国新能源汽车销量与锂电指数如图8-36所示。

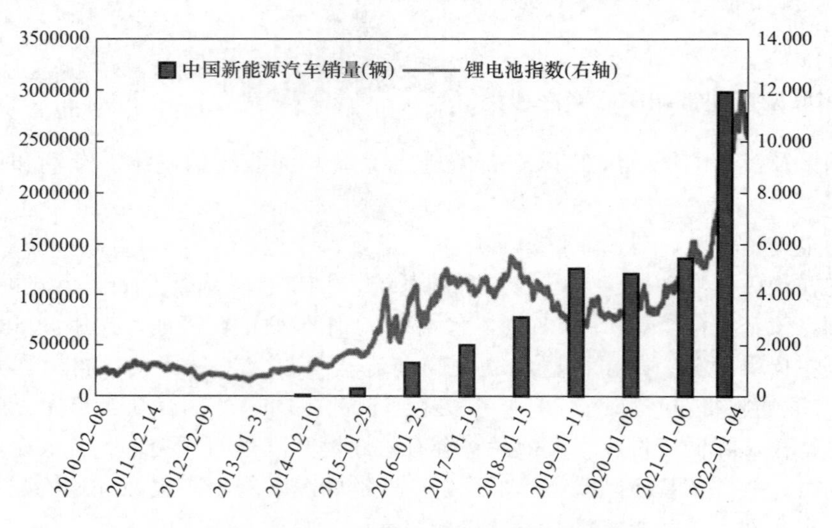

图 8-36　中国新能源汽车销量与锂电指数

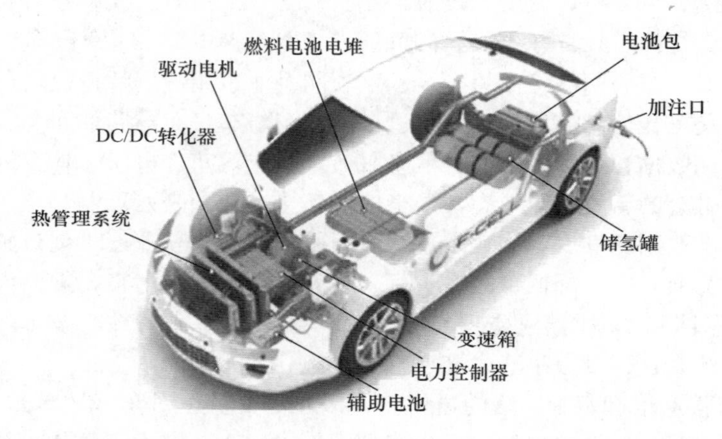

图 8-37　氢燃料电池汽车结构示意图

从整个能源体系来看，氢燃料电池汽车与纯电动汽车互补，氢能与可再生能源发电互补，并可以充当弃电的储能介质，实现与水电、风电、光伏发电互补。

8.13　智慧农林产业集群

国家统计局数据显示，2016 年中国用世界 8%的耕地养活世界 19%的人口，作为农业大国，中国的农业生产效率一直不高，其原因在于农业机械化水平低、成本高、农业科技相对落后，同时农作物的产量及质量受到不可抗因素的影响。2018 年中央一号文件《实施乡村振兴战略》中提出“智慧农业”的建设，以人工智能、物联网为主的新技术将成为推进农业供给侧改革的强大动力。无论是成熟企业还是新创企业，大多都选择种植业和畜牧业的产中环节作为 AI 应用的切入点，随后又在产后环节发力。

总体来看，AI 在农业中的应用集中在以下三个方面：

(1) 无人机植保。新创企业多是应用在无人机植保领域，该领域的商业模式总体分为三类，分别以大疆创新、极飞科技和农田管家为代表，大疆创新从无人机研发-销售-维修-培训进行布局，极飞科技采用自营模式提供全套服务，农田管家的定位则是植保无人机服务交易平台。除此之外，有着丰富无人机经验的京东也在搭建植保产业链。

（2）农机自动驾驶。国内专注于做农机自动驾驶方向的企业较少，且核心部件自主研发进展缓慢，不仅需要运用图像识别、深度学习和自动驾驶等 AI 技术，还需要通过卫星和传感器采集数据和实时监控。中创博远、雷沃重工联合百度 Apollo 平台实现了农用场景的自动驾驶。

（3）精细化养殖。主要应用于养猪、养牛和养鸡上，利用各种设备搜集数据、进行分析，从而精准判断畜禽产品的健康状况、喂养状态等。网易味央黑猪引领了精细化养殖的风潮，之后阿里云联合四川特区推出“AI 养猪”项目，力图利用机器视觉、语音识别技术实现智能可控养殖。

AI＋智慧农林产业链地图如图 8-38 所示。

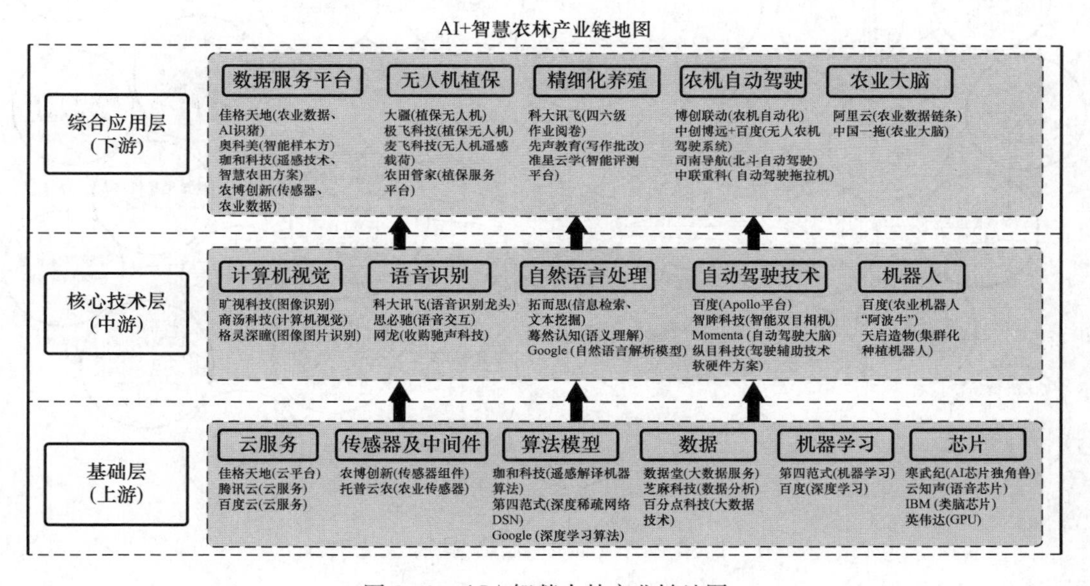

图 8-38　AI＋智慧农林产业链地图

相比于发达国家，我国的 AI＋智慧农业总体水平尚处于欠发达阶段，总体智慧化水平偏低。农业机器人是我国有望弯道超车的细分领域，该领域全世界几乎处于同一起跑线。中国的市场空间巨大，在市场应用方面具有先天优势。目前成功落地应用的有种植机器人和分拣机器人，未来农业机器人在育苗、施肥、除草、采摘等环节的广泛应用有待开发。

目前，农业电商平台是比较契合广大农村产业发展需求的一种技术经济形态，很多县城、乡镇、村已经开发建设了自己的农产品电商平台，汇聚当地农产品资源，通过互联网方式进行销售，构建了能够广泛抵达全国甚至全球的农产品电商网络，加速了农产品的流通。

第9章　建筑产业互联网重点应用场景

9.1　场景生态

近年来，中国市场上涌现出的绿色智慧建筑产业热点细分领域（场景）及相关领先从业单位如图 9-1 所示。

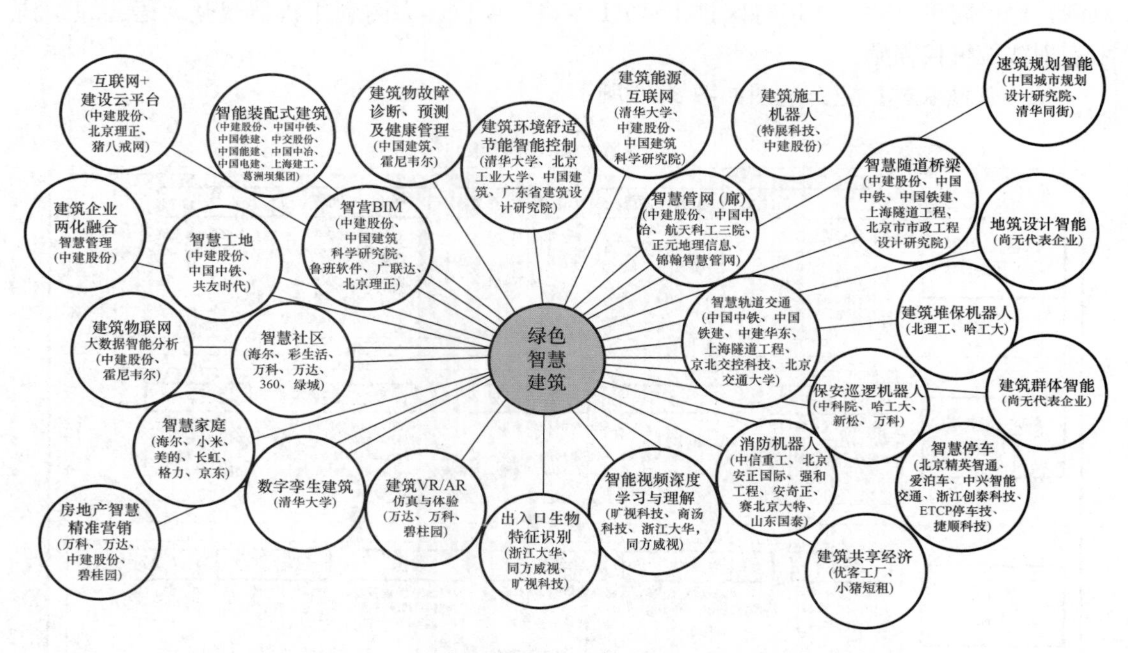

图 9-1　绿色智慧建筑产业热点场景商业生态

依据产业发展现状和未来 5～10 年发展趋势，总结提炼出我国绿色智慧建筑 50 个左右具有一定成熟度的应用场景：城市信息模型平台（CIM 平台），建筑环境舒适节能智能控制，建筑能源互联网，能源大数据分析，建筑喷涂机器人，建筑砌墙机器人，工地搬运机器人，破碎机器人，管网探测机器人，家庭健康管理机器人，无人驾驶施工机械，建筑清洁机器人，保安巡逻机器人，消防机器人，塔式起重机安全远程监控，施工人员定位与安全管理，视频分析理解，出入口生物特征识别，数字家庭，智慧社区，智慧工地，装配式建筑，机电建筑信息模型，BIM＋工程项目管理，智慧管网（廊），智慧轨道交通，隧道桥梁风险监测，城市智慧停车场，电梯智能控制系统，电梯故障诊断，照明故障诊断，空调水系统故障诊断，综合能源充电站，能源区块链，工程管理区块链，数字孪生建筑，建筑 VR/AR 仿真与体验，建筑运维管理平台商业大数据分析，施工管理云平台，建筑产业互联网共享经济平台，建筑群体智能，AI 审图，AI 评估，建筑 AI 设计，建筑 AI 规划，房地产精准营销，建筑物自动化系统，近零能耗公共建筑，超低能耗住宅，智慧水务，建筑企业两化融合智慧化管理……这些应用场景又分为两大类，一类侧重于单个装备、小型系统或通用技术（如：管网探测机器人、家庭健康管理机器人），一类侧重于综合性复杂场景（如：智慧工地、智慧社区）。

在综合参考国家政策和产业实际发展情况基础上，归纳出 12 个重点应用场景（第一批），分别是：超低能耗建筑，装配式建筑数字孪生工厂，工程管理与风控区块链，社区健康养老，家庭数字生活，垃圾分类处理，水环境监测治理，绿色智慧停车，区域综合能源基础设施，健康监测管理机器人，无人施工机械，机电系统 AI 故障诊断。绿色智慧建筑产业重点应用场景如图 9-2 所示。

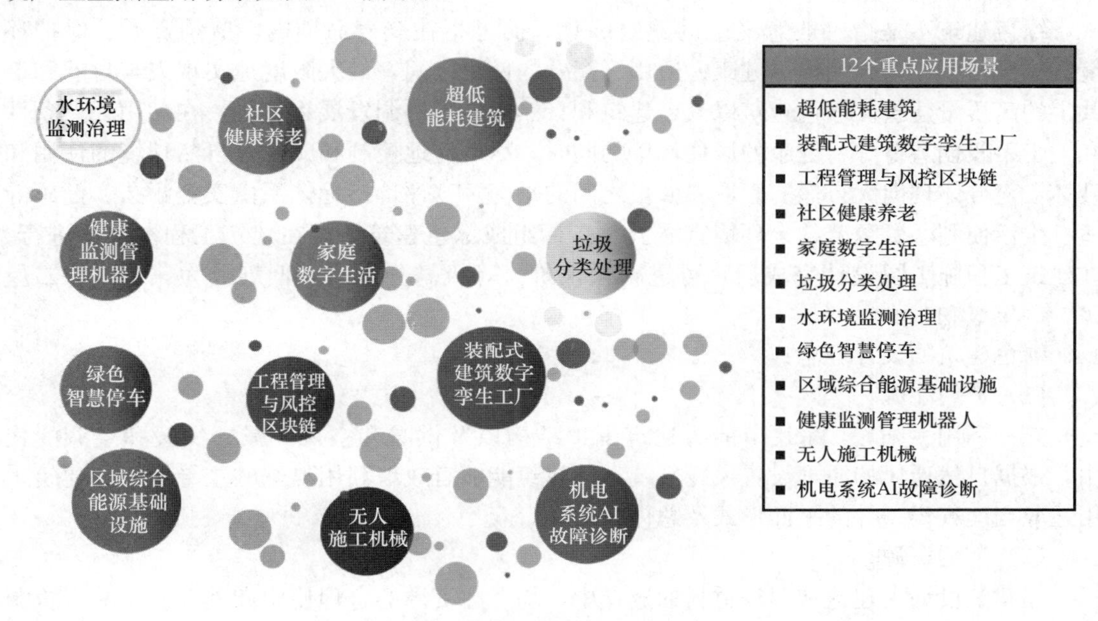

图 9-2　绿色智慧建筑产业重点应用场景

9.2　场景 1：超低能耗建筑

随着我国经济社会的日益发展，新型城镇化水平的进一步提高，我国建筑行业正处于相对繁荣的时期，已成为世界上最大的建筑市场。然而，现如今我国建筑行业所产生的二氧化碳约为全社会总排放量的 30％，居民生活中取暖设备、空调的广泛使用也造成了建筑行业高污染、高能耗情况的持续发展。可是，在如今这种大发展的背景下，原本以消耗资源、牺牲环境为代价的传统建筑方式已经不能满足当前的时代要求，需要采用新方式来保持建筑行业的健康发展。在全球环境恶化以及低碳经济全球化的影响下，人类逐渐意识到与环境生态的相互关系，从而迫切寻求环保、绿色、健康的新型建筑，进而更好地实现人与社会的和谐可持续发展。而实现绿色建筑的低碳发展也成为我国经济发展的必然要求。于是，绿色建筑概念应运而生，即将节能、环保这些新的要素融入建筑的实施方案中，这给建筑行业带来了新的发展思路。建筑业和房地产业是继农业、工业、商业之后又一新的国民经济支柱产业，其所带来的经济效益是有目共睹的。但是随着社会经济的不断发展，仅仅依赖传统建筑业那种高消耗、高排放、低效率、难循环的粗放型的发展模式是难以实现长远发展的。2020年我国的建筑面积达到800亿m^2～1000亿m^2，所以迫切需要采取科学有力的节能减排措施，树立低碳理念，研究绿色建筑的发展对策，积极改善空气质量，实现单位GDP的二氧化碳排放下降40%～50%的政策目标。面对当前资源日益短缺、生态环境日益恶化的情况，推动绿色建筑的发展显得尤为重要。绿色建筑的设计从节约资源，提高资源利用率出发，是我国建立节约型社会的必然要求。同时，通过绿色建筑的发展，可以刺激促进新型技术的使用与新型材料的应用，这对促进相关行业的发展创新起着一定的推动作用。

绿色建筑不是指一般意义上的建筑绿化，而是指在全寿命期内，节约资源、保护环境、减少污染、为人们提供健康、适用、高效的使用空间，最大限度地实现人与自然和谐共生的高质量建筑。绿色建筑以人、建筑和自然环境的协调发展为目标，在利用天然条件和人工手段创造良好、健康的居住环境的同时，尽可能地控制和减少对自然环境的使用和破坏，充分体现向大自然的索取和回报之间的平衡。其评价指标体系由安全耐久、健康舒适、生活便利、资源节约、环境宜居五类指标组成绿色建筑评价在建筑工程竣工后进行。在建筑工程施工图设计完成后，可进行预评价。等级划分由高到低划分为三星级、二星级、一星级和基本级。

绿色建筑的设计理念：

（1）节约能源

充分利用太阳能，采用节能的建筑围护结构以及供暖和空调，减少供暖和空调的使用。根据自然通风的原理设置风冷系统，使建筑能够有效地利用夏季的主导风向。建筑采用适应当地气候条件的平面形式及总体布局。

（2）节约资源

在建筑设计、建造和建筑材料的选择中，均考虑资源的合理使用和处置。要减少资源的使用，力求使资源可再生利用。节约水资源，包括绿化的节约用水。

（3）回归自然

绿色建筑外部要强调与周边环境相融合，和谐一致、动静互补，做到保护自然生态环境。舒适和健康的生活环境：建筑内部不使用对人体有害的建筑材料和装修材料。室内空气清新，温、湿度适当，使居住者感觉良好，身心健康。

绿色建筑的建造特点包括：对建筑的地理条件有明确的要求，土壤中不存在有毒、有害物质，地温适宜，地下水纯净，地磁适中。

绿色建筑应尽量采用天然材料。建筑中采用的木材、树皮、竹材、石块、石灰、油漆等，要经过检验处理，确保对人体无害。还要根据地理条件，设置太阳能供暖、热水、发电及风力发电装置，以充分利用环境提供的天然可再生能源。

中共中央、国务院《关于完整准确全面贯彻新发展理念做好碳达峰碳中和工作的意见》中对城乡建设的绿色低碳发展做出顶层部署，意见第七部分围绕提升城乡建设绿色低碳发展质量，分别从推进城乡建设和管理模式低碳转型、大力发展节能低碳建筑、加快优化建筑用能结构三个方面对城乡建设绿色低碳发展做出了顶层规划和部署。包括在城乡规划建设管理各环节全面落实绿色低碳要求，严格管控高能耗公共建筑建设，实施工程建设全过程绿色建造；大力发展节能低碳建筑。加快推进超低能耗、近零能耗、低碳建筑规模化发展。加快优化建筑用能结构。加快推动建筑用能电气化和低碳化。因地制宜推进热泵、燃气、生物质能、地热能等清洁低碳供暖。上述意见对城乡建设的全过程提出了绿色低碳、节能减排的要求。无论是低碳建筑，还是超低能耗、近零能耗建筑，从建筑的全生命周期看，一定是涵盖了设计、施工、材料及设备、维修改造、拆除等各个阶段。也就是上述意见中提到的要在城乡建设管理各环节落实绿色低碳要求，实施工程建设全过程绿色建造，进而实现全过程的绿色建造、超低能耗。典型超低能耗建筑结构如图 9-3 所示。

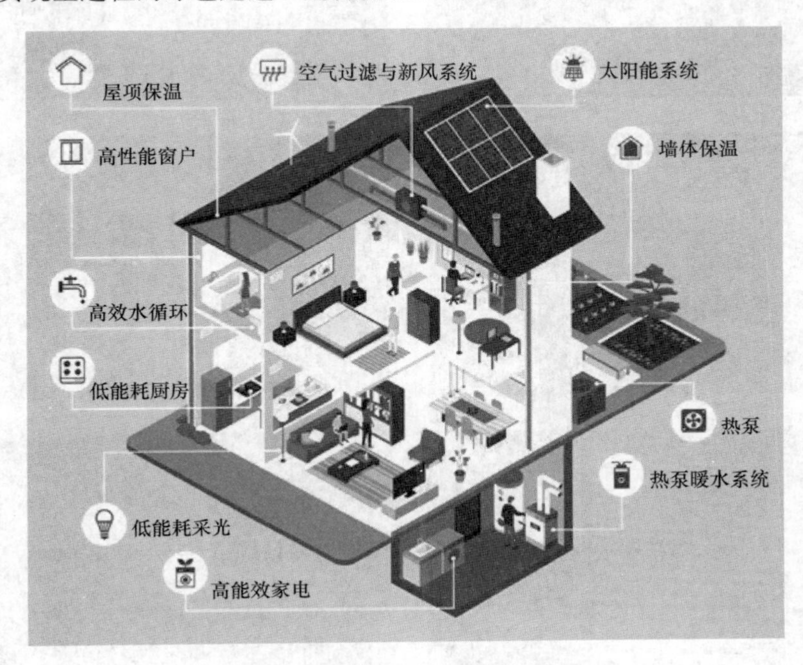

图 9-3　典型超低能耗建筑结构

典型光伏绿色建筑如图 9-4 所示。

图 9-4　典型光伏绿色建筑

建筑立面光伏技术实现的典型环节如图 9-5 所示。

图 9-5　建筑立面光伏技术

超低能耗住宅使建筑的能耗水平远低于常规建筑物，通过在建筑的设计中加入一系列被动式、主动式、可再生能源等节能技术的应用，让房子能耗更低、碳排更少、居住体验感更佳。典型超低能耗建筑如图 9-6 所示。

图 9-6　典型超低能耗建筑

超低能耗住宅节能技术体系如图 9-7 所示。

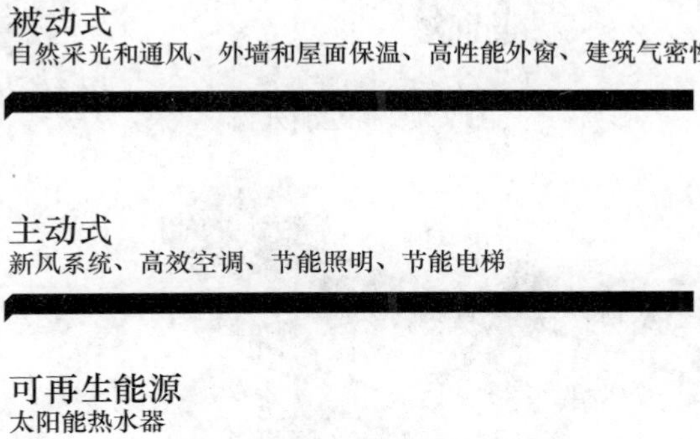

被动式
自然采光和通风、外墙和屋面保温、高性能外窗、建筑气密性

主动式
新风系统、高效空调、节能照明、节能电梯

可再生能源
太阳能热水器

图 9-7　超低能耗住宅节能技术体系

世界绿色建筑委员会对零碳建筑的定义为：能够实现每年无外部能源消耗、无碳排放的高效节能的建筑。英国政府曾在 2006 年 12 月宣布所有政府出资的新建建筑应在 2016 年达到零碳排放标准。2007 年，英国可再生能源建议委员会向英国可再生能源学会提交报告，并进一步提出，真正的"零碳居住建筑"（Zero-Carbon Home）应无需电网输入能源且不对大气排放二氧化碳，其供暖需求应通过建筑设计降至最低且通过可再生燃料和技术满足，其电力需求也应降至最低且通过可再生能源发电满足。

超低能耗超舒适居家环境常采用的策略：高性能围护结构，优越建筑气密性，带全热回收装置新风系统。如图 9-8～图 9-10 所示。

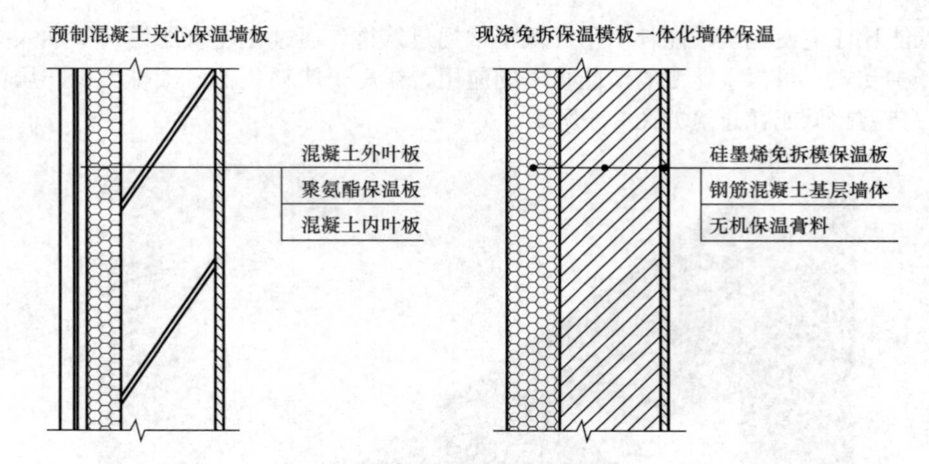

图 9-8　两种外墙保温体系

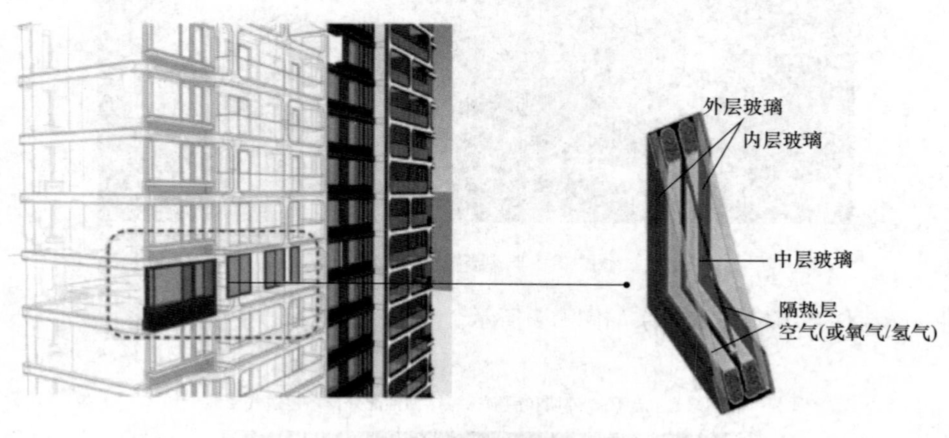

图 9-9　高性能外窗

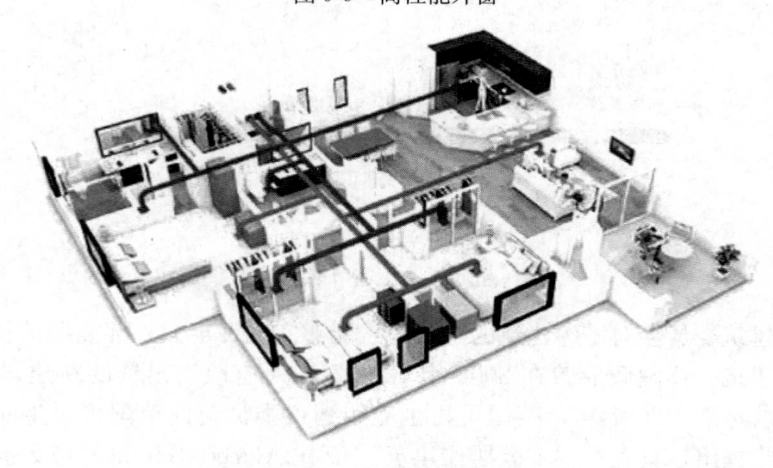

图 9-10　新风系统原理图

每户单独设置一套带全热回收装置的新风系统，采用吊顶安装，还在卧室、起居室、书房等功能空间还设置了送风口和排风口，相当于为整间屋子安装了一台巨大的“空气净化器”，搭配新风系统采用的高效空气过滤装置可以有效过滤 PM2.5，大大降低了室外细颗粒物的进入，营造出更加健康的室内环境。新风系统采用全热交换芯，换热面积大、效率高，能有效调节温湿度，时时感受舒适风（图9-11～图9-14）。

【超低能耗建筑案例】

“会发电的房子”近期在北京未来科学城正式建成投用。光伏板有效吸收了太阳光，所以不会产生光污染，视觉效果更加舒适。针对每天不同时段光照角度的不同，光伏板能翘起调整角度，最大程度吸收光照。

轻型一体化装配式光伏墙体还具有快速装配施工和节能等特点。“一块块光伏墙体单元是在工厂内加工完成后直接运到施工现场的。在钢结构搭建完毕后，光伏墙体就可以像拼积木一样一块块装配上，整个建筑墙体只用了7天时间就完成装配。”（姜凯）作为墙体的光伏组件还有一层中空隔热的光伏余热利用系统，太阳光照后，这个空腔内会形成50℃左右的热空气，冬天把空腔中的热空气送到室内，可有效提高室温3℃～5℃；夏天全光伏墙通过吸收光照和自然通风散热，可降低室内温度5℃左右。

图9-11　北京未来科学城全光伏墙绿色建筑

■北京冬奥村居住区

在中国共产党百年华诞之际，供北京冬奥赛区运动员及随行官员居住生活的北京冬奥村居住区也在近期全面完工，并交付北京冬奥组委使用。冬奥村自此进入奥运时间。从申办到筹办，北京冬奥会始终坚持着绿色、低碳、可持续的“绿色办奥”理念，就连冬奥村的建造也不例外。

北京冬奥村居住区全部通过了绿色建筑三级认证，还选取了以往受制于医疗设备耗电较高，以及为防止交叉感染只能进行单独排风的高耗能综合诊所建筑，按照德国被动房建筑标准及我国超低能耗建筑标准进行建造，作为冬奥村超低能耗建筑的示范项目，以带动当地建筑的发展。集大量节能建筑标准于一身，冬奥村脱颖而出成为冬奥会“最节能建筑”。通过朝向、建材及通风散热系统的合理设计，加之住宅楼首二层是石材幕墙，标准层二层以上全部使用钢结构、外配玻璃幕墙的建材搭配，冬奥村住宅区整个建筑的节能比率可达82%，每年可减少二氧化碳排放量约42.4t，真正实现建筑节能。合理的朝向、保温隔热的建材以及节能的通风散热系统使奥运村建筑无论在冬夏，都可以达到人体感觉舒适的温度和湿度要求。此外，通过在室内建立多维度的降噪系统，以及在洗手间内采用同层排水系统，杜绝了室内外多重噪声干扰，赋予运动员静谧的居住体验。

图 9-12　北京冬奥村居住区

图 9-13　北京冬奥村居住区室内无障碍建设情况

冬奥村室内无障碍建设情况："会呼吸的居所"是冬奥村住宅的又一大亮点。每一个居室都配备了独立的新风系统，在室外建立的小型气象站能够实时对室内的 PM2.5、PM10、温度、湿度等参数进行测量，并根据监测数据自动调整新风量，保证室内空气品质一直处于舒适水平。赛后，冬奥村将转换为北京市人才公租房，面向符合首都战略定位的人才配租。

党的十九大提出，践行绿色发展理念，改善生态环境，建设美丽中国。近 5 年来，国家将生态文明建设纳入中国特色社会主义事业"五位一体"总体布局，"美丽中国"成为中华民族追求的新目标。2017 年 5 月 26 日，中共中央政治局就推动形成绿色发展方式和生活方式进行第四十一次集体学习。中共中央总书记习近平在主持学习时强调，推动形成绿色发展方式和生活方式是贯彻新发展理念的必然要求，必须把生态文明建设摆在全局工作的突出地位，坚持节约资源和保护环境的基本国策，坚持“节约优先、保护优先、自然恢复”为主的方针，形成节约资源和保护环境的空间格局、产业结构、生产方式、生活方式，努力实现经济社会发展和生态环境保护协同共进，为人民群众创造良好生产生活环境。

围绕着绿色发展，2015年4月，中共中央、国务院印发了《关于加快推进生态文明建设的意见》，意见提出：到2020年，资源节约型和环境友好型社会建设取得重大进展，主体功能区布局基本形成，经济发展质量和效益显著提高，生态文明主流价值观在全社会得到推行，生态文明建设水平与全面建成小康社会目标相适应。2016年12月，中共中央办公厅、国务院办公厅印发了《生态文明建设目标评价考核办法》。国家发展改革委、国家统计局、环境保护部、中央组织部制定了《绿色发展指标体系》和《生态文明建设考核目标体系》。2016年1月，环境保护部印发了《国家生态文明建设示范区管理规程（试行）》和《国家生态文明建设示范县、市指标（试行）》，旨在以市、县为重点，全面践行“绿水青山就是金山银山”理念，积极推进绿色发展，不断提升区域生态文明建设水平。

美国能源部制定了一项大胆的议程，以应对气候危机，建立清洁、公平的能源经济：到2035年让美国电力完全脱碳，实现净零排放；最迟到2050年，从经济上要惠及所有美国民众。在美国，最广泛认可的可持续建筑认证是LEED认证。

图9-14　碳中和的一般原理

不同类型超低能耗建筑如图9-15所示。

超低能耗建筑的实现需综合利用现有多种绿色技术。建筑可与景观完美融合，通过景观环境中的绿植等吸收碳排放，达到碳中和。超低能耗建筑拥有超级隔热的建筑围护结构，经过优化可使用被动供暖和制冷。使用绿色技术和可持续建筑技术，每个家庭都被设计成尽可能的节能，方式通常包括：采用节能门和玻璃、热反射式屋顶和墙体；用于取暖和烹饪的地热能、能反射热量的金属屋顶、用于隔热的厚墙以及既省水又省电的电器；有效地源热源，关键是热泵，它能根据需要在房子周围推动能量转换，通过安装从空气和地面吸热的系统，将住宅升级到碳中和标准；建立传统的太阳能电池板，为驱动水泵和家庭照明提供能源；使用可储能的电池，用储能和电动汽车为房屋供电。汽车电池本身有望发展成双功能储能系统，平衡家庭用电和交通需求。建筑材料的进步意味着即使是家里的每一块布料也可以是碳中和的，近年来最大的突破是K-Briq，它只使用传统砖的10％的能量来制造，而且是由90％的建筑垃圾制成的。水泥巨头Cemex推出的预拌混凝土可减少70％的排放量，通过植树来抵御部分碳排放。

图9-15　不同类型超低能耗建筑

9.3 场景 2：装配式建筑数字孪生工厂

装配式建筑是指把传统建造方式中的大量现场作业工作转移到工厂进行，在工厂加工制作好建筑用构件和配件（如楼板、墙板、楼梯、阳台等），运输到建筑施工现场，通过可靠的连接方式在现场装配安装而成的建筑。装配式建筑主要包括预制装配式混凝土结构、钢结构、现代木结构建筑等，因为采用标准化设计、工厂化生产、装配化施工、信息化管理、智能化应用，是现代工业化生产方式的代表。

装配式建筑的特点：

（1）大量的建筑部品由车间生产加工完成，构件种类主要有外墙板，内墙板，叠合板，阳台，空调板，楼梯，预制梁，预制柱等。

（2）现场大量的装配作业，比原始现浇作业大大减少。

（3）采用建筑、装修一体化设计、施工，理想状态是装修可随主体施工同步进行。

（4）设计的标准化和管理的信息化，构件越标准，生产效率越高，相应的构件成本就会下降，配合工厂的数字化管理，整个装配式建筑的性价比会越来越高。

（5）符合绿色建筑的要求。

（6）节能环保。

装配式建筑在 20 世纪初就开始引起人们的兴趣，到 20 世纪 60 年代终于实现。英、法、苏联等国首先作了尝试。由于装配式建筑的建造速度快，而且生产成本较低，迅速在世界各地推广开来。美国有一种活动住宅，是比较先进的装配式建筑，每个住宅单元就像是一辆大型的拖车，只要用特殊的汽车把它拉到现场，再由起重机吊装到地板垫块上和预埋好的水道、电源、电话系统相接，就能使用。活动住宅内部有暖气、浴室、厨房、餐厅、卧室等设施。活动住宅既能独成一个单元，也能互相连接起来。

装配式建筑规划自 2015 年以来密集出台，2015 年末发布《工业化建筑评价标准》，决定 2016 年全国全面推广装配式建筑，并取得突破性进展；2015 年 11 月 14 日住房和城乡建设部出台《建筑产业现代化发展纲要》，计划到 2020 年装配式建筑占新建建筑的比例 20%以上，到 2025 年装配式建筑占新建建筑的比例 50%以上；2016 年 2 月 22 日国务院出台《关于大力发展装配式建筑的指导意见》，要求要因地制宜发展装配式混凝土结构、钢结构和现代木结构等装配式建筑，力争用 10 年左右的时间，使装配式建筑占新建建筑面积的比例达到 30%；2016 年 3 月 5 日政府工作报告提出要大力发展钢结构和装配式建筑，提高建筑工程标准和质量；2016 年 7 月 5 日住房和城乡建设部出台《住房城乡建设部 2016 年科学技术项目计划装配式建筑科技示范项目名单》，并公布了 2016 年科学技术项目建设装配式建筑科技示范项目名单；2016 年 9 月 14 日国务院召开国务院常务会议，提出要大力发展装配式建筑推动产业结构调整升级；2016 年 9 月 27 日国务院出台《国务院办公厅关于大力发展装配式建筑的指导意见》，对大力发展装配式建筑和钢结构重点区域、未来装配式建筑占比新建筑目标、重点发展城市进行了明确。国务院总理李克强 2016 年 9 月 14 日主持召开国务院常务会议，部署加快推进“互联网＋政务服务”，以深化政府自身改革更大程度利企便民；决定大力发展装配式建筑，推动产业结构调整升级。按照推进供给侧结构性改革和新型城镇化发展的要求，大力发展钢结构、混凝土等装配式建筑，具有发展节能环保新产业、提高建筑安全水平、推动化解过剩产能等一举多得之效。会议决定，以京津冀、长三角、珠三角城市群和常住人口超过 300 万的其他城市为重点，加快提高装配式建筑占新建建筑面积的比例。为此，一要适应市场需求，完善装配式建筑标准规范，推进集成化设计、工业化生产、装配化施工、一体化装修，支持部品部件生产企业完善品种和规格，引导企业研发适用技术、设备和机具，提高装配式建材应用比例，促进建造方式现代化。二要健全与装配式建筑相适应的发包承包、施工许可、工程造价、竣工验收等制度，实现工程设计、部品部件生产、施工及采购统一管理和深度融合。强化全过程监管，确保工程质量安全。三要加大人才培养力度，将发展装配式建筑列入城市规划建设考核指标，鼓励各地结合实际出台规划审批、基础设施配套、财政税收等支持政策，在供地方案中明确发展装配式建筑的比例要求。用适用、经济、安全、绿色、美观的装配式建筑服务发展方式转变、提升群众生活品质。

2017 年，住房和城乡建设部公布了全国首批 30 个装配式建筑示范城市和 195 个基地企业，随后又在《"十三五"装配式建筑行动方案》中明确：到 2020 年，要培育 50 个以上装配式建筑示范城市，200 个以上装配式建筑产业基地，500 个以上装配式建筑示范工程，建设 30 个以上装配式建筑科技创新基地。

近年来，人们对住宅品质的追求不断提升，住宅从基本居住功能，逐步发展至外在环境的舒适、健康、环保，再到内外一体的居住性能质量的提高。这些改变都要求实施住宅产业化，住宅产业化是中国房地产行业发展的必然趋势。住宅产业化带来的一系列需求是建筑工业化装配、节能减排、质量安全、环境清洁、生态环保等，这些建筑新理念为绿色智慧建筑产业带来了发展契机。此外，城镇化进程中的大量基础设施、大规模保障房等急需标准化、构件化、环保化建造高质量工程，为装配式建筑提供了广阔空间。提高住宅和基础设施质量、减少施工现场人员伤亡、提升建造效率、减少浪费、改善环境等都成为彻底改变建筑业生产方式的重要需求源泉，惟有推行建筑工业化才能满足这些需求。建筑工业化可通过建筑产业互联网的工业化流程将生产、施工、运营等各个环节彻底打通，将更多现场作业转移至工厂标准化预制，将标准化构件在施工现场进行清洁化装配。

装配式建筑施工现场如图 9-16 所示。

PC 结构（Prefabricated Concrete Structure）即"预制装配式混凝土结构"，是以预制混凝土构件为主要构件，经装配、连接，结合部分现浇而形成的混凝土结构。PC 构件是以构件加工单位工厂化制作而形成的成品混凝土构件。装配式钢结构建筑，形象地说就是用搭积木的方式来建房，需要在工厂完成内外墙板、楼板、楼梯、梁柱构件、连接节点等主要构件及卫生间、厨房等各功能空间的部品化，通过现场组装来完成整个住宅建筑。由于全部的构件均在工厂加工完成，大大减轻了现场的施工量，避免了对环境污染，节约了施工工期，标准化的设计和施工使建筑的质量和安全更易得到保证，在工业发达国家应用较为普遍。最早提出 PC 住宅产业化行为的是以美国为代表的欧美国家，于"二战"之后率先提出并实施的 PC 住宅产业化之路的。PC 住宅具有高效节能、绿色环保、降低成本、提供住宅功能及性能等诸多优势。在当今国际建筑领域，PC 项目的运用形式，各国和各地区均有所不同，在中国大陆地区尚属开发、研究阶段。随着人们对住宅品质的不断追求，住宅从基本居住功能，发展至外在环境的舒适，再到内在居住性能质量的提高，都要求实施住宅产业化，而 PC 住宅产业化更是中国房地产行业发展的必然趋势，近年来，住宅产业化、节能减排、质量安全、生态环保等种种建筑新理念为PC构件带来了发展契机，城镇化进程中的大量基础设施建设，大规模保障房急需标准化、快速建造高质量住宅，更为PC构件提供了广阔空间。采用钢筋混凝土剪力墙结构体系，除承重结构外，墙体、楼板等都是在工厂生产、配送的预制件，传统的建筑工地变成住宅工厂的“总装车间”。如图9-17所示。产业化流水预制构件工业化程度高，成型模具和生产设备一次性投入后可重复使用，耗材少，现场装配和连接使得劳动力资源投入相对减少。住宅的构件部品在工厂成批量生产，现场施工实行高度机械化装配——这种全新的现代建筑产业将真正成为支柱业。

图9-16　装配式建筑施工现场

图9-17　典型PC构件车间

在装配式建筑模块化构件产品生产领域，一套完整的数字孪生技术组成可分为五个部分：

1）构思、设计产品模型，并仿真确定可装配性和装配性能；

2）编制工艺流程文件，指导装配过程实施；

3）采用专业工艺设计、产品设计、仿真建模工具和材料开发数字产品；

4）动态实时采集生产数据并反馈到数字产品，对数字产品进行修正优化；

5）对产品性能进行检验测试，实现产品质量控制。

装配式建筑构件产品生产数字孪生工厂总体架构及运作原理如图9-18所示。

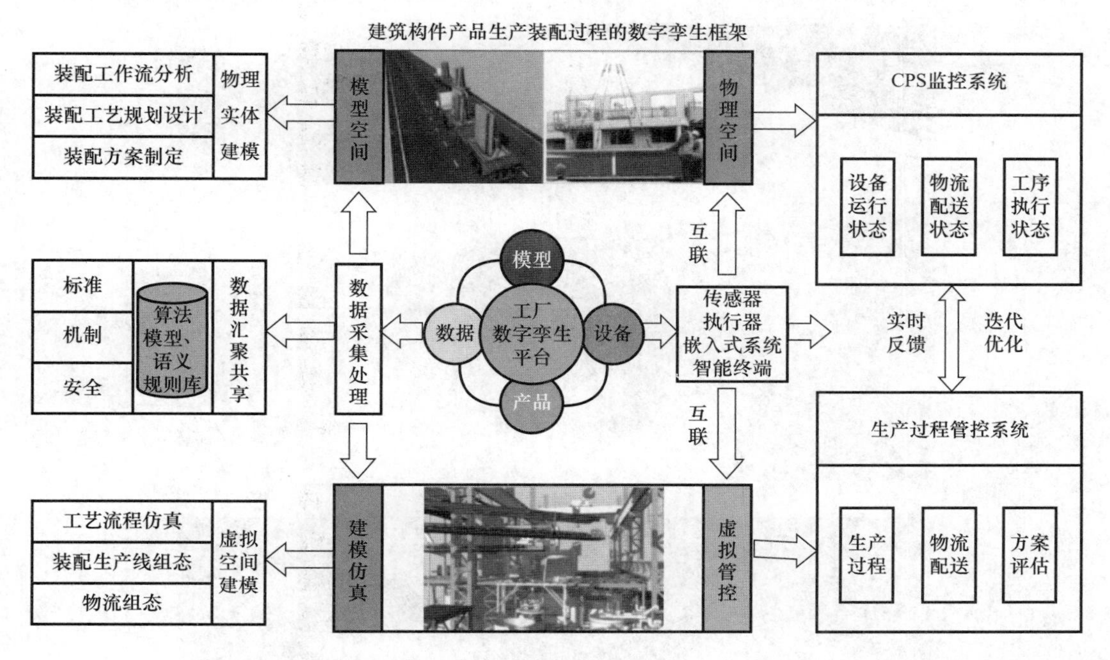

图9-18　装配式建筑构件产品生产数字孪生工厂

在装配式建筑构件产品生产数字孪生工厂框架下建立多粒度立体模型，多维度复现物理系统的机理、模型、行为、状态、性能等特征。基于以上不同类型特征的内在交互与融合，设计仿真模型、虚拟样机及生产装配过程，构建完整的装配式建筑全生命数字孪生体。

在实际生产过程中，装配式建筑模块化构件产品的装配质量会受到原材料质量、零件质量和数量、品质要求、个性化需求、装配形式等众多现实因素的影响，导致其过程十分复杂。多粒度数字孪生制造法的提出与应用为以上难题的解决提供了思路。针对以上现实需求，基于多粒度数字孪生制造法可构建面向装配式建筑产品复杂装配流程的多要素、多层次、多粒度动态框架，实现智能化装配。对于具体的装配式建筑产品装配，可在数字环境下建立与真实物理模型一致的数字孪生模型，并将装配过程所需要的模型信息、工艺文件信息、现场实时反馈信息集成在统一的工业物联网中，实现物理世界与信息世界的深度融合，实现对复杂产品装配过程的高效闭环响应及动态自组织管控。

基于数字孪生技术的产线设计与生产仿真模块主要基于离散事件仿真平台Plant Simulation，通过在软件内部建立生产线模型与仿真系统模拟实际生产过程。系统可实现三维车间生产工艺过程建模、生产过程仿真分析、生产过程动态优化。基于仿真模型可对车间布局、环境、工艺、人员、物流、资源配置等进行综合仿真分析、理论验证和优化管理，可为生产线精益规划及生产决策提供支持，找出瓶颈并提出优化解决方案。

装配式建筑数字孪生工厂对标准化模块化建筑构件产品的开发实现流程如下：

1）建筑构件产品装配过程建模。开发构建标准化模块化建筑构件产品装配过程所需的待加工构件、零部件、加工装备、工艺人员等的数字模型，主要对车间布局、加工流程、自动控制策略、物流配送方案进行流程设计。如图 9-19 所示。

图 9-19　建筑构件产品装配过程建模

2）待装配建筑构件产品化模拟组装。通过产品内在连接需求将产品编号、产品标识 ID、传感器、执行器、嵌入式智能终端等组件进行逻辑组态，并集成部分设备实时采集工况数据、环境数据、故障数据等，实现装配过程的全真模拟和在线自动化控制。如图 9-20 所示。

3）建筑构件产品装配过程物流模拟。对产线的物流路径、物流配送内容、物流配送量、物流机器人等进行虚拟仿真，对产线各工位状态、物流线路状态等进行实时监控。建立的生产线物流仿真及可视化模型，可模拟加工设备、物料缓存区、物流设备等的运行状态，分析并发现物流阻塞、线路负载不平衡、节拍不平衡、设备等待等问题，通过优化调度算法，可实现对生产方案的综合评估与优化。如图 9-21 所示。

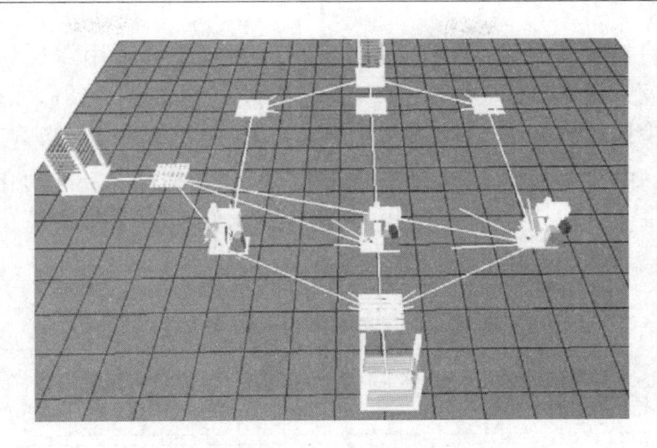

图 9-20　待装配建筑构件产品虚拟组态

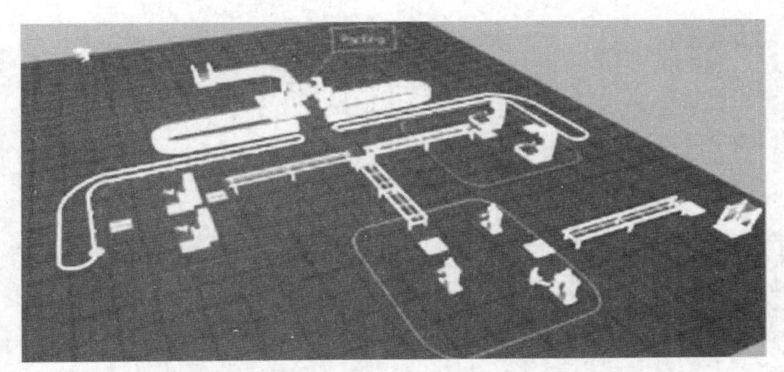

图 9-21　产品装配物流模拟

中建科技打造的装配式建造工程，首次在建筑领域成功运用双层调谐质量阻尼器减隔震系统，可实现 8 级抗震和 14 级防台风。项目的装配率高达 91%，是 AAA 级装配式建筑。与传统建造方式相比，项目采用了节能环保、高效安全的新型装配式建造方式，设计使用年限为 100 年。由于装配式建筑标准化的混凝土构件已经在自动化工厂生产出来，无需在施工现场现浇作业，极大提升了土地利用率。减少了扬尘和建筑垃圾，大大提高了施工效率、减少了资源消耗。（图 9-22～图 9-24）。

装配式施工道路在施工现场中的应用

实施/优化效果：利用装配式施工道路替代传统现浇筑混凝土路面的应用，达到实现多次周转及节约成本等诸多优点。
适用工程/范围：施工现场临时道路。

基本要求：
1.技术创新：
可重复装配式道路能整体吊装拼接，周转多个工程使用，可减少建筑资源的浪费，有利于建筑企业降低成本、缩短施工周期，有利于开发新型的建筑临时设施。

2.技术特点：
装配式混凝土施工道路可实现多次周转，且最多能应用到5个以上项目进行道路铺设。装配式道路采用商品混凝土浇筑，浇筑采用跳仓法施工，当混凝土强度达到100%后方可进行道路铺设。

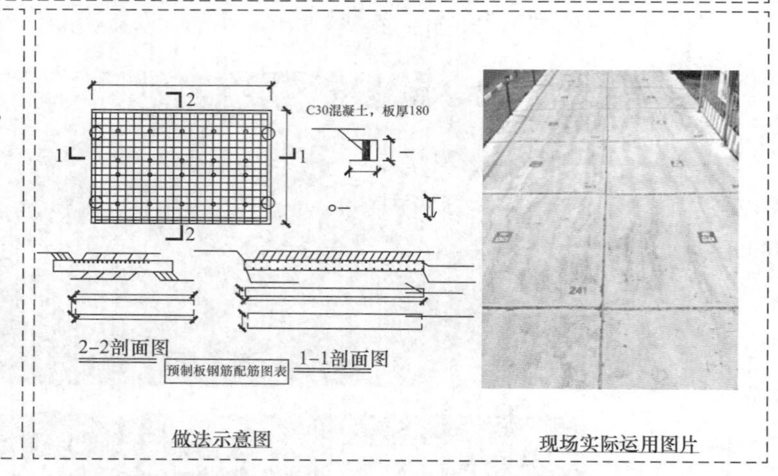

(a) 装配式施工道路

可周转定型化组装式马道

实施/优化效果：具有可周转性，节约成本；无需预留大洞口，节省工期；稳定性好，安全性强。
适用工程/范围：深基坑工程。

基本要求：
1.技术创新：
可周转定型化组装式马道，各部件采用高强度型钢制作，并采用螺栓连接，稳定性好、安全性强，且安拆方便，具有较高的可周转性，节约成本；马道可放置于地下室主体内部，但无需预留大洞口，避免了后期大预留洞口后浇筑施工，节省工期。
2.技术特点：
可周转定型化组装式马道，为满足地下室阶段施工安全性和工期要求而制定，适用于目前城市内施工用地紧张，不具备在地下室结构主体外侧搭设基坑马道的条件。

现场实际运用图片

(b) 深基坑组装式马道

图 9-22　装配式施工典型应用场景

楼层排水套管提前预埋技术

实施/优化效果：管道预埋定位精度高，安装更加便捷，不需要封堵及防渗漏处理。
适用工程/范围：高层、超高层铝模施工工程。

基本要求：

1.技术创新：

根据设计图纸，确定排水管具体位置，在首次铝模拼装完成后，确定预埋套管位置并标出定位尺寸，在铝合金模板上开孔固定预埋套管，由于每块铝模板位置固定，后续施工只需将套管对准铝模板上预留孔固定即可。

2.技术特点：

由于每层套管预留位置精度高，后期管道安装时，可直接通过套管连接，套管与楼层板之间无缝连接，不需要进行吊洞封堵，从而节省吊洞成本，且渗漏风险极小。

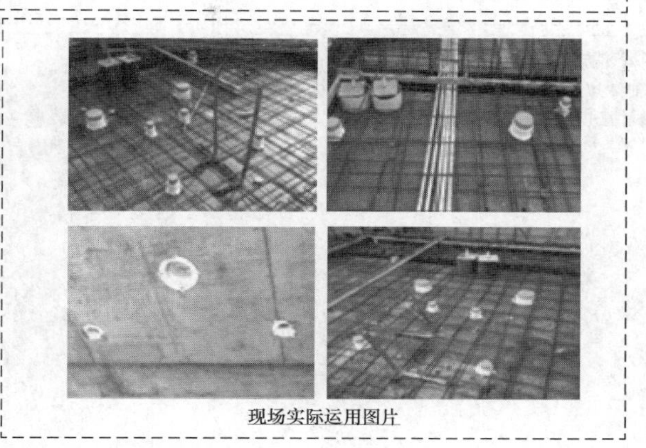

现场实际运用图片

小型混凝土预制构件制作

实施/优化效果：减少混凝土等材料的浪费，降低工程成本。
适用工程/范围：门窗洞口顶部斜砌起步块、过梁、预制盖板、灰饼等。

基本要求：

二次结构中采用的小型混凝土预制构件，可根据工程所需实际尺寸提前预制，采用主体结构浇筑剩余混凝土制作。

混凝土预制块　混凝土预制盖板

混凝土预制过梁　混凝土预制灰饼

现场实际运用图片

预制GRC基础梁模板

实施/优化效果：施工效率高，减少成本，节省工期，成型美观。
适用工程/范围：适合基础梁截面尺寸较统一的基础梁施工。

基本要求：

1.技术创新：

使用GRC水泥制作成型U型基础梁槽，在内部使用木模板和木方作为内撑，防止GRC基础梁模板变形。能够很好地取代砖胎模。垫层浇筑后，两侧缝隙使用混凝土填满。

2.技术特点：

取代砖胎模，能省去底部垫层浇筑、两侧砌砖、抹灰等工序，操作简便、经济适用、提高了施工效率并保证了施工质量，符合节能环保要求。

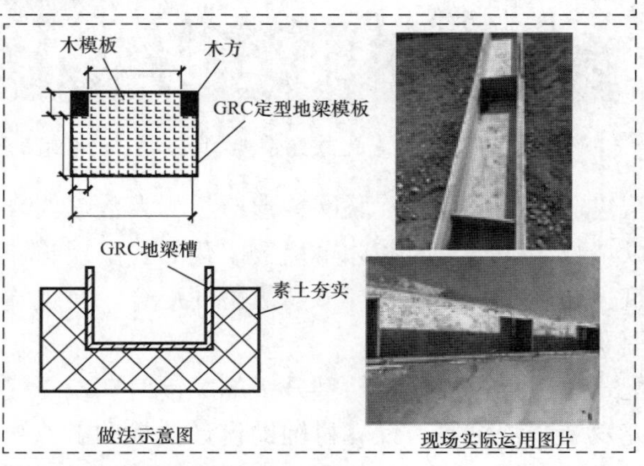

做法示意图　现场实际运用图片

图 9-23　装配式施工预制预埋技术和场景（一）

砌块墙中机电管盒采用预制块

实施/优化效果：具有安全、适用等特点，避免开槽、修补等工序，降低费用。
适用工程/范围：墙体预埋线盒工程。

基本要求：

砌体墙中的机电管盒采用机电管盒预制块。

现场实际运用图片

图 9-23　装配式施工预制预埋技术和场景（二）

图 9-24　装配式建造典型场景屋面钢桁架以及减隔震系统安装

智慧建造平台是基于互联网的建造过程大数据集成系统和数字管理系统。项目依托该平台，以“数字孪生”为载体，用数字化方式实现建造全过程信息的一体化互联互通，数据与建筑、结构、机电等各环节高效协同配合，实现施工进度科学管控，建造过程精益高效。如图 9-25 所示。

装配式建筑行业正处于转型升级的关键时期，现代工程装配工艺、生产技术、制造模式的研究发展非常重要。计算机辅助设计技术和工业智能化技术的发展极大地促进了装配式建筑技术的发展。建筑工业化装配技术与计算机科学与技术、网络科学与技术、管理科学与工程等的交叉融合将进一步形成新一代装配式建筑工业。基于数字孪生的复杂建筑产品装配必然成为装配式建筑工业的重要发展趋势。

图 9-25　智慧建造平台

9.4　场景 3：工程管理与风控区块链

未来社会，信用将会成为个人、企业最重要的财富。区块链为信用系统的构建提供了工具和技术。区块链技术产生于 2008 年，具有去中心化、去信任化、开放性、可扩展性、可溯源性、安全可靠性及可监督性、智能合约等特点。

习近平总书记强调“相关部门及其负责领导同志要注意区块链技术发展现状和趋势，提高运用和管理区块链技术能力，使区块链技术在建设网络强国、发展数字经济、助力经济社会发展等方面发挥更大作用”。目前，社会各界对于区块链的研究与应用正在加速推进中。集中反映在区块链作用的探讨、区块链基础技术研究及区块链在重点领域的应用。关于区块链技术的作用，习近平总书记提出，“抓住区块链技术融合、功能拓展、产业细分的契机，发挥区块链在促进数据共享、优化业务流程、降低运营成本、提升协同效率、建设可信体系等方面的作用”。这正是当前工程建设行业协同发展的痛点，需要数据共享、提升协同效率等。区块链技术有一些优点，有可能解决以上这些问题，这也是要发展和推动区块链技术应用的一个重要原因。关于区块链技术的基础研究，习近平总书记强调“要强化基础研究，提升原始创新能力，努力让我国在区块链这个新兴领域走在理论最前沿、占据创新制高点、取得产业新优势”。

区块链技术并不是一个独立的技术，它是由四个存在 30 多年的技术巧妙综合在一起而成。关于区块链应用的重点领域，习近平总书记强调“要探索‘区块链＋’在民生领域的运用，积极推动区块链技术在教育、就业、养老、精准脱贫、医疗健康、商品防伪、食品安全、公益、社会救助等领域的应用，为人民群众提供更加智能、更加便捷、更加优质的公共服务。要推动区块链底层技术服务和新型智慧城市建设相结合，探索在信息基础设施、智慧交通、能源电力等领域的推广应用，提升城市管理的智能化、精准化水平”。这体现出中国和美国两国推进区块链技术应用的侧重点有差异。美国更专注于国家层面的应用，如美国国土安全部正寻求利用区块链技术保证美国边境摄像头的安全解决方案。我国的区块链应用更贴近于民生需求。区块链必须要赋能实体经济，落地到真实的需求场景。

2018年，中国雄安集团推出了雄安区块链资金管理平台，它是国内首个基于区块链技术的项目集成管理系统，具有合同管理、履约管理、资金支付等功能。有了这个资金管理平台，就可以变单方管理为可视化的多方管理，对资金流向全程透明监管。但是上述区块链技术的应用仍是基于金融领域的应用，即解决了资金管理的问题，并没有应用于项目管理中的其他环节，比如供应链等。

目前区块链技术在工程项目管理中的实践，仍没有具体完整的实际案例。国内外一些学者对于区块链技术在工程建设中的应用，都只是做了一些前瞻性的和预见性的展望，没有具体详细的相关应用研究。大家都在进行有益的探索，因为一方面区块链技术本身的发展和推广存在问题，另一方面构建基于区块链技术的工程项目管理系统存在困难。对于后者而言，这不仅需要信息技术方面的投入，也需要工程项目参与方管理意识的提高，积极共享建设项目中所需资源，还需相应的管理及技术人才投入。因此研究和设计区块链技术在工程项目管理中的落地方案是目前最为迫切的需求。

区块链没有普遍认可的定义，最佳定义强调交易的公共性、数字化、时间顺序和分布式账本。作为所有传入和传出交易的官方日志，与历史类型的硬拷贝分类账相比，区块链的分布式分类账意味着它来自独立的来源，将数据贡献到单个共享系统中。实现透明，不腐败，可从任何地方访问。数字表示的任何内容都可以在对等验证的信息块中传输，这些信息块按时间顺序链接在一起。区块链是一个共享数据库或分布式账本，永久在线，可用于任何以数字方式表示的内容，例如权利、商品和财产。

区块链征信平台应具备以下能力或要素：

（1）数据挖掘能力（挖掘出更多不易被发现的信用信息）；

（2）信用评估模型；

（3）信用诊断能力。

区块链技术的特点恰恰能够解决工程项目管理中的痛点，能够解决沟通不及时、信息不透明、履约不积极及风险管理等问题，其在工程项目管理中的应用前景非常广阔。体现在：

1. 区块链技术在合同管理中的应用前景

基于区块链技术的管理系统要求所有的企业、承包商、分包商、供应商、施工方等将合同上传至智能管理平台，所有参与方都可以看到工程履约进展情况，清楚合同关系。同时通过智能合约的方式，确认付款路径，资金的支付时间和方式更有效率，解决了企业账期长、拖欠农民工工资等问题，也避免了违约转包、资金挪用、形成工程安全质量隐患。

2. 区块链技术在供应链管理中的应用前景

通过RFID技术、二维码扫描、物联网等技术，可以获取采购的设备、材料、工程设备等的基础信息，包括品种、规格、数量、质检情况、生产责任人等，这些信息录入区块链平台，便可以做到原材料信息准确、可溯源。这样就可以掌握整个供应链的详细信息。项目参与的各方可以通过区块链平台获取各流通节点的相关信息和产品信息，实现物资可查、责任可究。同时每一次信息的变更都会被区块链技术所记录，而这些记录是无法被修改或删除的。

另外，基于区块链技术的应用，供应链上的参与方可以快速达成共识和建立信任关系，降低沟通成本。

3. 区块链技术在风险管理中的应用前景

工程项目牵涉人员和环节众多、时间周期长，突发状况等偏差会影响整个工程建设的进度、质量和费用，将区块链技术引入风险管理中，可以实现风险预警，做好工程建设的风险管理。编写代码程序植入区块链信息系统平台，实时监控项目实施过程中每个环节的执行情况，一旦出现质量、进度、安全等问题和预先设定的计划不符，便可通过提示光等方式发出报警，提示工程项目管理人员进入系统检查情况，根据警示报告针对相关环节和原因给出解决方案，并提交相关环节责任人，沟通排除风险。

区块链在轨道交通智能管理系统研发与应用方法如下。

以协同、安全、智能为主要目标，通过“一链一脑”的构建，实现“区块链＋”轨道交通智能管理系统，总体研究思路如图 9-26 所示。

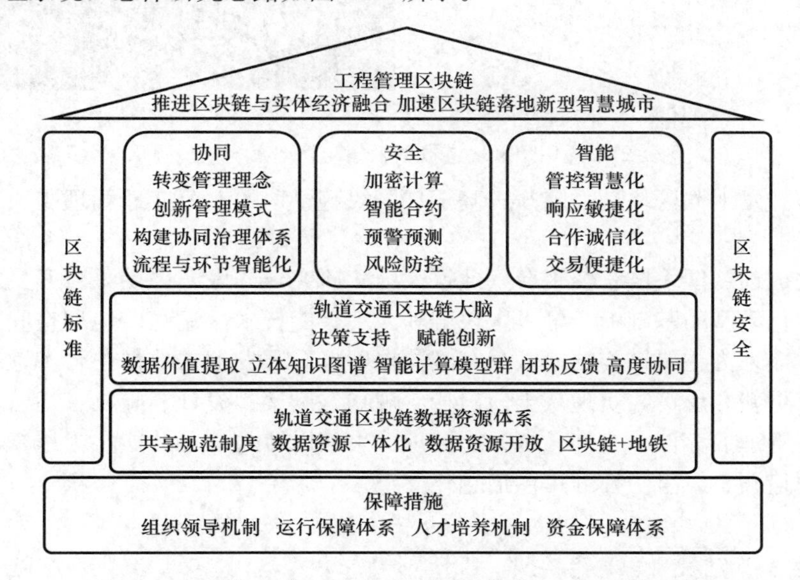

图 9-26　“区块链＋”轨道交通智能管理系统总体思路

(1) 研究开发地铁区块链——“区块链＋”轨道交通管理与决策系统核心基础技术研究（公链核心技术及在地铁链中的应用）

主要开展以下方面的研究与开发工作：公链核心技术、地铁区块链数据库、加密算法、地铁数据体系、地铁知识体系，工程全生命周期要素上链。

全社会的大数据总量在快速增长，在这个增长过程中，城市基础设施数据的占比持续上升，在全社会大数据发展中占据突出的地位。城市基础设施数据体量庞大，但在价值提取方面做得远远不够，特别是那些高价值数据，无法用智能化手段快速提取出来。因此，本课题的首要任务是将工程管理中的核心要素和基本特征提取出来，然后基于这些关键数据构建数据体系和知识体系，最后是将这些高价值数据和知识（大数据中的小数据）应用到地铁管理系统，使小数据发挥大价值。

开发的地铁区块链管理系统应具备以下基本能力：系统具有自主能力：可采集与理解

外界及自身的资讯，并以之分析判及规划自身行为。协调、重组及扩充特性：系统中各组承担为可依据工作任务，自行组成最佳系统结构。自我学习及维护能力：通过系统自我学习功能，在制造过程中落实资料库补充、更新，及自动执行故障诊断，并具备对故障排除与维护，或通知对系统执行的能力。整体可视技术的实践：结合数据处理、推理预测、仿真及多媒体技术，将实景扩增展示现实生活中的设计与制造过程。人机共存的系统：人机之间具备互相协调合作关系，各自在不同层次之间相辅相成。

基于以下通用型区块链数据采集与管理系统研发地铁区块链管理系统。如图 9-27 所示。

(a) 区块　　(b) 区块分析与展示

图 9-27　通用型区块链数据采集与管理系统（公链）

（2）研究开发地铁区块链大脑——基于“区块链+”的轨道交通管理与决策系统研发与应用

主要是完成地铁区块链管控平台（地铁大脑）研究与开发。采用平台开发的手段，在所建立的数字化模型的基础上，融入区块链和人工智能技术，建立以地理空间数据管理体系和数据服务体系为主要结构的地铁分布式数据库群，开发地铁数据中台和数据大脑，通过区块的动态更新和反馈，实现从土地出让、规划、勘察、设计、施工、运营全过程中地铁工程全过程管理的存储、查询、统计、管理、决策以及共享等功能，为地铁的工程管理和外部风险源追溯、风险防控等提供信息化支撑。

9.5　场景 4：社区健康养老

居民健康和福祉应是社区关注的主要问题，首要目标应是通过改善居民健康和福祉来提高他们的生活质量。政府可以帮助创建鼓励健康行为的城市环境，并且“让居民在身体上、精神上和情感上联系起来，帮助他们过上健康、安全和快乐的生活”。可以通过学术界、政府、业界和市民的合作，建立一个健康城市生态系统。目标是创建一个综合的健康数据库，通过解决孤独感、关联性和归属感缺失等影响健康的社会决定性因素，来预防负面的健康后果。数据库的核心原则是保证健康数据的隐私性，以及数据分析、挖掘和访问的公平性。数据库的健康数据会独立分开保存，以供不同行业从业者和卫生管理部门使用。通过数字工具，居民可以访问有关服务信息，并与更大的社区建立联系。

健康社区不仅与技术有关，它还通过将技术、数据和社会创新用于市民参与、经济、公共空间、健康、社区、环境、交通、教育、基础设施等内容来创建和培育一个韧性、宜居和绿色的健康社会。健康社会的决定因素包括工作、住房、饮食、教育技能、交通、环境、收入、亲密关系等。

健康社区与城市管理服务平台相连接。城市将为社会的孤独老人提供信心，告诉他们城市在为他们的福祉着想，让他们可以更自主地生活。城市管理服务平台重点关注有受伤风险的老年人的健康，特别是当他们缺乏家庭和社区关怀时。其目标是利用智能技术帮助老年人安全在家中生活。在跌倒检测、动作跟踪等感知技术的帮助下，老年人能够更加安全、自主的生活。另外，社区还应配备足够的辅助生活设施及其可用康养空间。

【场景案例】

冷链食品区块链追溯监管（图 9-28）

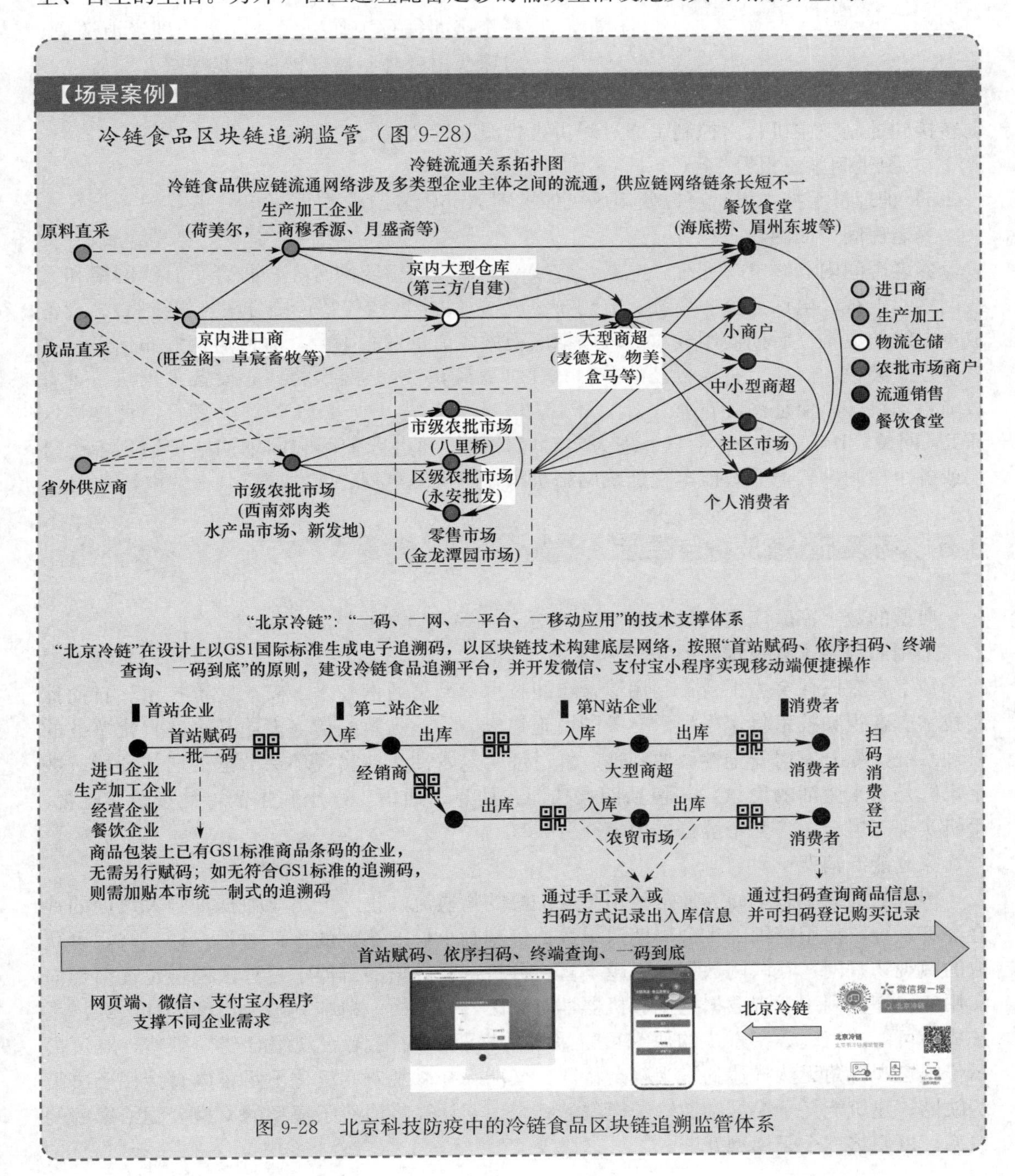

图 9-28　北京科技防疫中的冷链食品区块链追溯监管体系

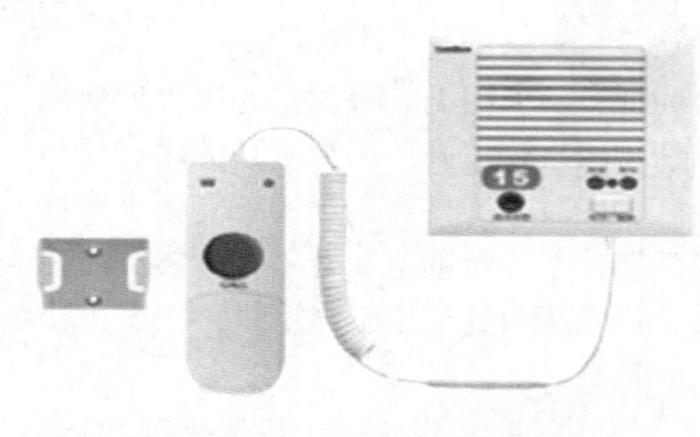

图 9-29　老人一键呼叫对讲系统

老人一键呼叫对讲系统（图 9-29）

1）床头语音呼叫器，可实现床位与服务台双向呼叫，服务台可设置某个床位老人吃药提醒、统一吃饭提醒；

2）房间门口触控液晶显示屏，可以显示老人信息、护理人员、呼叫灯显示、护理人员每个房间每日工作完成情况、护理当值巡更、对床头语音呼叫器、护理主机呼叫。

3）护理站主机可设置几秒无应答呼叫自动转接到控制室主机，由控制室通过对讲机指派附近楼层的护理人员支援。

4）卫生间紧急报警。

5）护理员手持主机，可以使用手机加护理 App，节约成本。

养老房间“四网合一”

养老房间内有线电视系统、电话、有线网、无线网络四网合一：融合了有线网络和无线网络、电视、电话三合一系统，节约布线成本（1 根网线代替传统方案 4 根线路）、设备成本，维护成本、后期使用成本。可以把电视做成信息发布平台，方便后期发布信息。支持自创立频道，点播、直播自己的节目（比如大师讲法），网络的核心设备采用热备，有故障自动跳转，保证系统正常工作。IPTV 信号从光猫（或者 PON）出来后，直接接入 IPTV 网关，IPTV 网关将信号处理为实时媒体流，通过以太网和同轴网络传输到各个楼层或各个房间。普通非智能电视加载网络机顶盒可实现电视、无线网络、有线电话功能。

9.6　场景 5：家庭数字生活

典型的数字家庭应用场景如图 9-30 所示。

采用的数字家庭技术如图 9-31 所示。

数字家庭以住宅为平台，利用综合布线技术、网络通信技术、安全防范技术、自动控制技术、音视频技术将家居生活有关的设施集成，构建高效的住宅设施与家庭日常事务的管理系统，提升家居安全性、便利性、舒适性、艺术性，并实现环保节能的居住环境。数字家庭是未来生活的愿景，其包括四大功能：信息、通信、娱乐和生活，计算机、电视、手机实现三屏合一，三个屏幕的内容充分共享。

家庭能源消费

传统的产业生态学研究通常使用高度汇总的物质流、投入产出等数据刻画大尺度的社会经济系统，使用精细的生命周期清单数据等刻画小尺度案例的生产过程。近年来，可获取的微观物联网、互联网数据越来越丰富，分析这些数据的机器学习算法模型也逐渐走向实用化。充分利用微观数据挖掘和机器学习算法，自下而上精准刻画大尺度的社会经济系统成为可能。家庭数字系统的研究可以采用数据驱动的微观-宏观组合建模策略，既可揭示传统宏观视角无法描述的微观复杂特征，又能弥补微观研究泛化不足难以直接用于决策的缺憾。建筑能耗子模型和运输子模型的结果用于计算将消费子模型的原型分配给家庭的概率，以便将三个子模型互连。

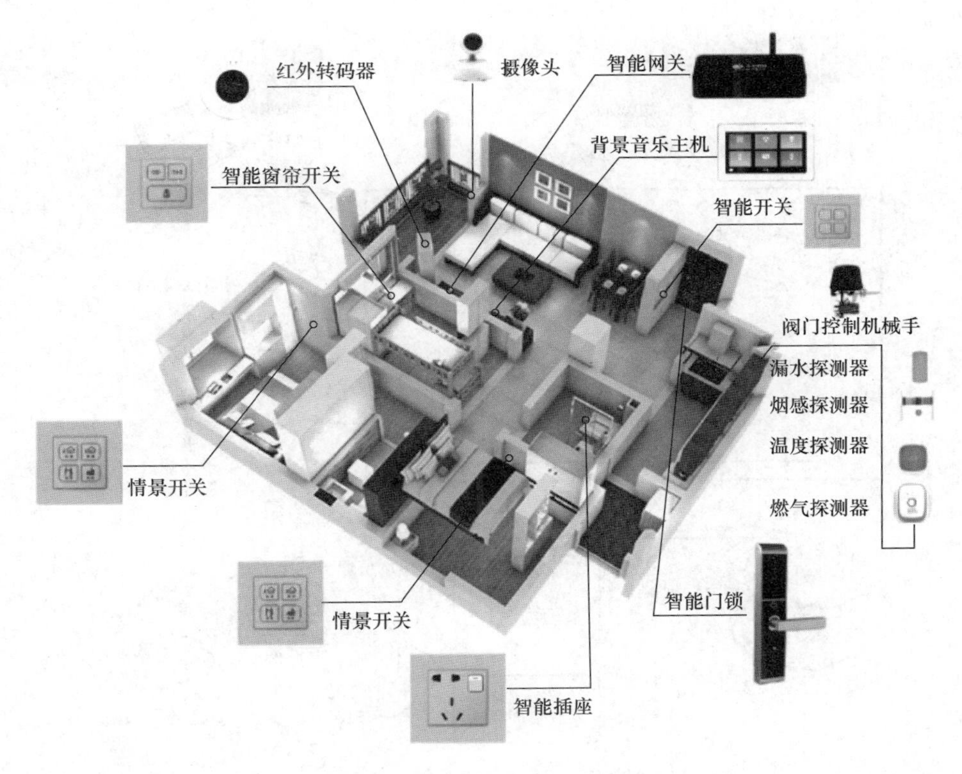

图 9-30 数字家庭应用场景

模型通过考虑单个家庭的特殊情况，预测其在多个不同消费区域中的需求，刻画家庭能源消耗及环境足迹变化的真实状况。市级的模型分析相关研究表明，人均收入、人口密度、建筑物年龄和家庭结构是城市碳足迹的可能驱动力。排放量较高的市位于郊区，且通

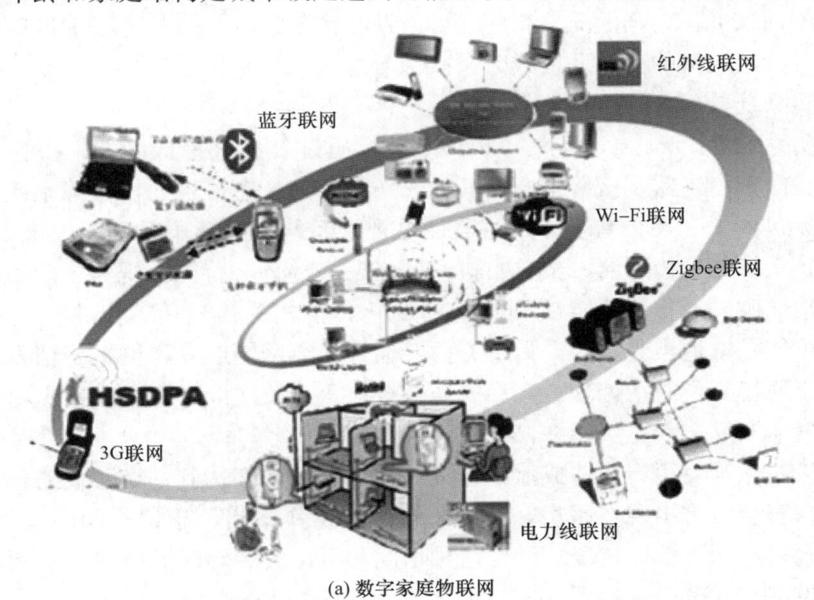

(a) 数字家庭物联网

图 9-31 数字家庭技术（一）

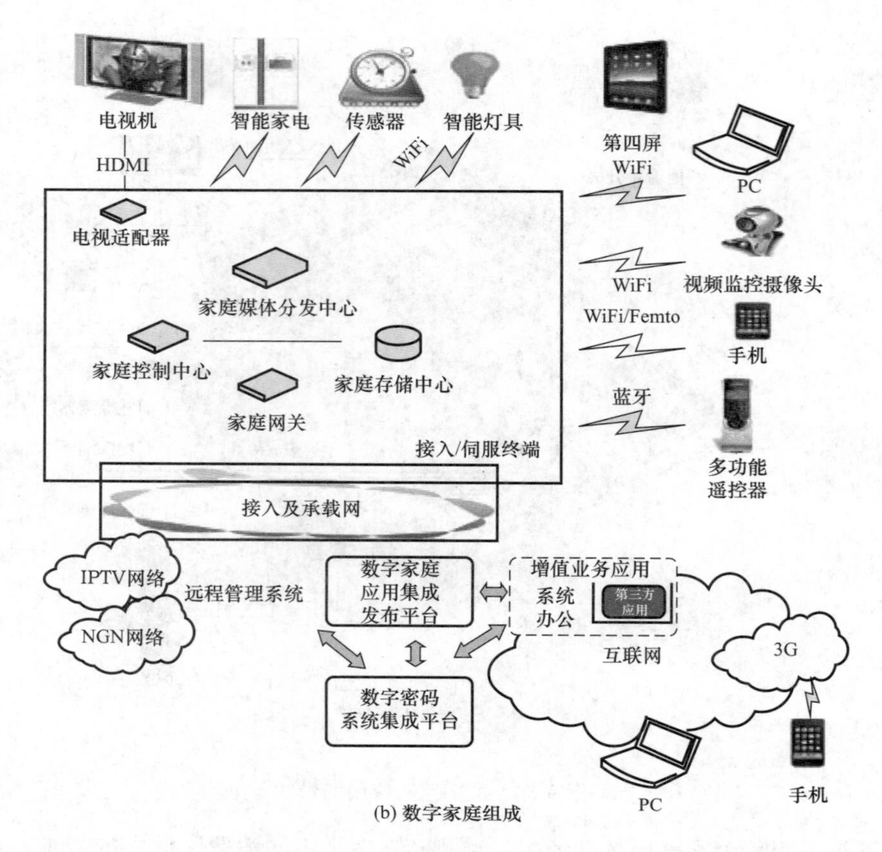

图 9-31　数字家庭技术（二）

常有较高比例的老式建筑，而排放量较低的市的家庭比例较高，并且通常在人口稠密的地区。模型总体构成了一个全面的信息库，可帮助政策制定者了解其所在地区的能源消费模式并制定针对特定人群的能源环境战略。

家庭安防系统

家庭安防系统（home security system）是指通过各种报警探测器、报警主机、摄像机、读卡器、门禁控制器、接警中心及其他安防设备为住宅提供入侵报警系统服务的一个综合性系统。包含了三大子系统：闭路监控电视子系统、门禁子系统、入侵报警子系统。通常家庭安防系统包括传感器、报警主机和网络三大部分。首先，视频、门磁、红外、煤气、煤感、玻璃破碎等传感器感应到异常的变化，把相关信号传递给主机，主机发出报警，一方面可能是本地声光报警，另一方面会通过报警网络或互联网把警情发送至相关部门和人员，以便得到及时的处理。家庭安防系统应重点关注以下隐患或重要功能模块。

（1）燃气泄漏安全隐患（图 9-32）

这是由于对燃气使用不当造成泄漏造成的，当燃气浓度达到一定程度时，会起火、爆炸，威胁生命安全。常出现在厨房，如由于燃气灶操作不当，忘记关阀门或者关闭不严，燃气管道、阀门封闭不严等情况。针对这种情况，可以安装燃气探测器，时刻进行监测。

（2）管道漏水安全隐患（图 9-33）

这是由于管道的供给压力大，出现问题、故障导致的。漏水会损坏地板、衣柜、衣物等物品，严重时甚至还会蔓延到邻里。这样，可以针对水管和暖气管道安装多探针管道漏水探测器。

随时随地，都能接收到App报警提示，及时发现险情及处理

图 9-32　一氧化碳报警器

图 9-33　管道漏水现象

（3）家庭报警

家庭报警功能是家庭智能控制器的一个重要功能模块，同家庭的各种传感器、功能按键、探测器及执行器共同构成家庭的安防体系，是家庭安防体系的“大脑”。报警功能包括防火、防盗、天然气泄漏报警及紧急呼叫等功能。采用先进智能型控制网络技术，由微机管理控制，当用户出现意外情况时，按动家庭智能控制器上的不同按键，即可通过网络及时传送至小区管理中心，并发送出报警语音信息；配合红外、瓦斯烟雾、医疗等传感器，集有线和无线报警于一体，紧急启动喇叭现场报警，并将警报传至小区管理中心，实现对匪情、盗窃、火灾、煤气、医疗等意外事故的自动报警。

2021 年 4 月 6 日，住房和城乡建设部等多部门联合发布《关于加快发展数字家庭提高居住品质的指导意见》，要求深化住房供给侧改革，深度融合数字家庭产品应用与工程设计，强化宜居住宅和新型城市基础设施建设，提升数字家庭产品消费服务供给能力。《关于加快发展数字家庭提高居住品质的指导意见》明确发展目标：到 2022 年年底，数字家庭相关政策制度和标准基本健全，基础条件较好的省（区、市）至少有一个城市或市辖区开展数字家庭建设，基本形成可复制可推广的经验和生活服务模式。到 2025 年年底，构建比较完备的数字家庭标准体系；新建全装修住宅和社区配套设施，全面具备通信连接能力，拥有必要的智能产品；既有住宅和社区配套设施，拥有一定的智能产品，数字化改造初见成效；初步形成房地产开发、产品研发生产、运营服务等有序发展的数字家庭产业生态；健康、教育、娱乐、医疗、健身、智慧广电及其他数字家庭生活服务系统较为完善。国家“十四五”规划纲要提出，丰富数字生活体验，发展数字家庭。应用感应控制、语音控制、远程控制等技术手段，发展智能家电、智能照明、智能安防监控、智能音箱、新型穿戴设备、服务机器人等。推动政务服务平台、社区感知设施和家庭终端联通，发展智能预警、应急救援救护和智慧养老等社区惠民服务，建立无人物流配送体系。

智能家居

数字家庭的核心终端是智能家居设备，这些设备承载了数字家庭的功能性需求，是实现数字家庭的重要载体。智能家居是以住宅为平台，利用综合布线技术、网络通信技术、安全防范技术、自动控制技术、音视频技术将家居生活有关的设施集成，构建高效的住宅设施与家庭日常事务的管理系统，提升家居安全性、便利性、舒适性、艺术性，并实现环保节能的居住环境。

智慧社区

家庭存在于社区生态之中，社区将在未来的发展中更加智能化和网联化，以匹配数字家庭全新的需求。《关于加快发展数字家庭提高居住品质的指导意见》提出，强化智能产品在社区配套设施中的配置。智慧社区是指通过利用各种智能技术和方式，整合社区现有的各类服务资源，为社区群众提供政务、商务、娱乐、教育、医护及生活互助等多种便捷服务的模式。

9.7 场景 6：垃圾分类处理

习近平总书记指出，普遍推行垃圾分类制度，关系 13 多亿人生活环境改善。必须遵循“以人民为中心”的理念，把政府部门力量聚集起来，把社会和群众动员起来，把追捧文明时尚的积极性调动起来，形成全社会“人人参与、家家分类”的良好局面。

典型的社区垃圾分类装置（清华大学某社区实拍）如图 9-34 所示。

图 9-34 社区垃圾分类装置

北京某街道垃圾分类场景如图 9-35 所示。

图 9-35　北京某街道垃圾分类场景

垃圾运输车是垃圾分类处理场景中的重要装备。目前，已有压缩式垃圾运输车走向市场。该压缩式垃圾运输车选用优质底盘，具有外观美观、内饰豪华、技术先进等优点。压缩式垃圾车坚固耐用，操作方便，设计先进，造型美观，装卸效率高，渗滤液收集与导排系统能够满足高含水垃圾的无泄漏压缩收运。该垃圾运输车通过自动或人工填料，垃圾压缩装入利用推板背压和刮板回转运动产生的剪切力和滑板提升运动产生的挤压力实现的，增加垃圾箱单位体积内的垃圾装载量，实现垃圾的压缩收运。垃圾卸出则通过电液控制阀实现填料器的开启和垃圾推卸板对垃圾的推卸。封闭式垃圾箱能够有效避免运输过程中的二次污染，装载量大，是城市大型垃圾场垃圾转运工作的理想设备。如图 9-36 所示。

图 9-36　垃圾运输车

按照不同的分类标准，建筑垃圾有不同的类别，按照建筑垃圾产源地主要分为土地开挖垃圾、道路开挖垃圾、旧建筑物拆除垃圾、建筑施工垃圾以及建材垃圾。其中，道路开挖垃圾具有极强的污染性，必须进行回收处理；建筑施工垃圾主要成分为碎砖、混凝土、砂浆、桩头、包装材料等，约占到建筑施工垃圾总量的80%。

据发布的《中国建筑垃圾处理行业发展前景与投资战略规划分析报告》统计数据测算，每10000m^2 建筑施工面积平均产生550t建筑垃圾，建筑施工面积对城市建筑垃圾产量的贡献率为48%，则保守估计2017年我国共计产生建筑垃圾达到15.93亿t，截至2018年中国建筑垃圾产生量约为17.04亿t。结合住房和城乡建设部公布的规划，到2020年中国新建住宅300亿m^2，我国建筑垃圾突破30亿t。目前，我国已建成投产和在建的建筑垃圾年处置能力在100万t以上的生产线仅有70条左右，小规模处置企业有几百家，总资源利用量不足1亿t，建筑垃圾总体资源化率不足10%，远低于欧美国家的90%和日韩的95%。相较于我国巨大的建筑垃圾产生量，我国建筑垃圾资源化的行业空间远远还未发挥，若我国建筑垃圾资源化可达到欧美、日韩水平，将这些建筑垃圾进行资源化再利用，可创造万亿元价值。目前，我国建筑产业正处于快速发展时期，建筑垃圾资源化推进严重滞后，建筑垃圾的综合利用已刻不容缓。

9.8 场景7：水环境监测治理

智慧水务系统通过数采仪、无线网络、水质水压表等在线监测设备实时感知城市供排水系统的运行状态，并采用可视化的方式有机整合水务管理部门与供排水设施，形成“城市水务物联网”，可将海量水务信息进行及时分析与处理，并做出相应的处理结果辅助决策，以更加精细和动态的方式管理水务系统的整个生产、管理和服务流程，从而达到“智慧”的状态。智慧水务平台统筹防汛、供水、用水、节水、水环境等涉水事务，通过全面的物联监测感知、大数据推演分析、云平台和移动互联网等新技术手段，实现对山洪防治、水资源优化调配与可持续利用、水环境整治、内涝监管、雨洪利用等业务的协同管理，强力支撑和驱动水务管理现代化建设。随着“韧性城市”建设需求的增强及海绵城市国家政策的推动，智慧水务系统在智慧城市整体中的地位和重要性明显增加。

AI+智慧水务系统的未来趋势为：(1) 基于GIS+BIM+AI技术打造三维可视化智慧水利平台软件；(2) 融合地图、专业模型、大数据、云计算、人工智能、边缘计算等核心技术，将防汛抗旱、水资源、水务、水文、水土保持、水利工程、农田水利、水利应急等多种业务，打造水务“AI+云”服务平台；(3) 以增强区域整体防汛抗旱（及防台）、水资源开发利用、水生态环境保障、供水排水以及对公众服务能力为目标，建立乡镇级、区县级、地市级、省级、流域级、国家级多级协同的智慧化水务监测管理体系，提高水利建设管理及服务水平。最终实现更透彻的感知、更高效的数据整合、更全面的互联互通、更深入的智能化。

基于一张网、一个中心、一张图、一个平台的智慧水务系统如图9-37所示。

典型的智慧城市智慧水务系统架构及组成如图9-38所示。

未来，AI将在“网”“中心”“图”“平台”四个维度上融入，AI+智慧水务系统架构如图9-39所示。

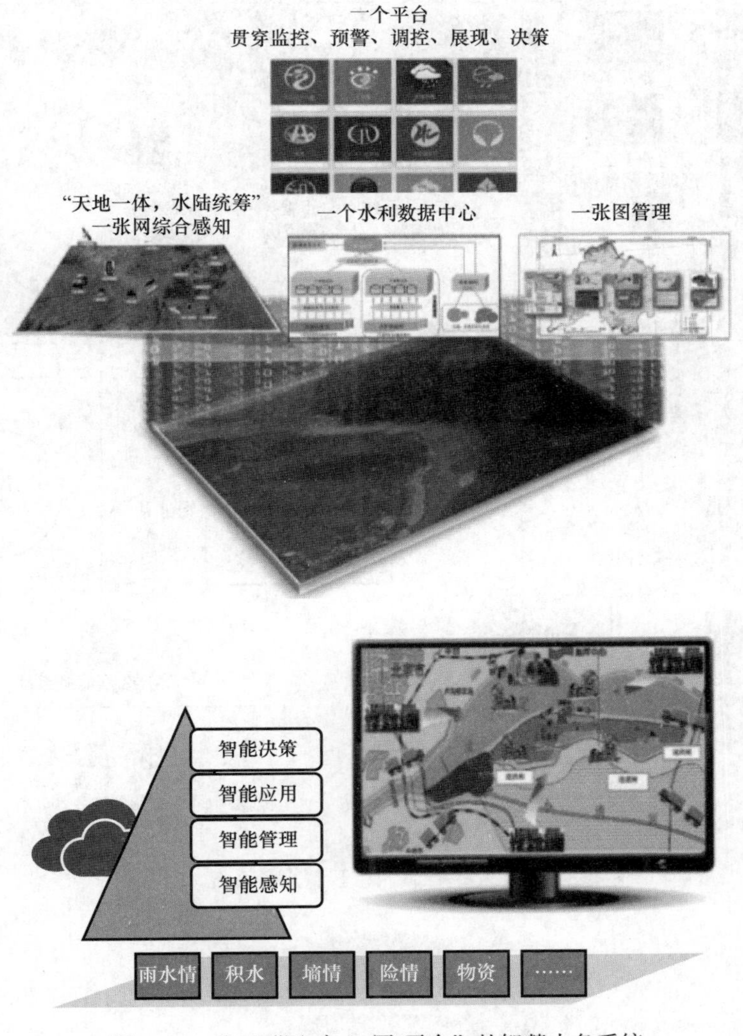

图 9-37　基于"网-中心-图-平台"的智慧水务系统

目前，在智慧水务系统中深入应用 AI 的产品和工程案例非常少，AI+智慧水务系统尚有很大发展空间。

城市洪涝灾害监测预警及风险防控（图 9-40）

如何在汛期来临之际解决易积水路段的隐患及相关基础设施的损伤风险？除了日常加强雨水管网疏通、泵站管理、闸门井养护维修等，还应在易积水路段安装实时监测水位的装置，及时掌控水位数据，通过水环境大数据分析预测有可能造成灾害的风险源，实现洪涝灾害风险点预警、预测、预知，对水位超限、桥梁坍塌、车辆事故、人身伤害等进行实时报警、预测报警，并及时进行排水、救援等应急处理，提前避免造成更大损失。

城市内涝智能监测系统包括城市内涝智能监测终端、投入式液位传感器及其安装配件、通信系统、监控管理软件等，该系统可以实时监测水位等多参数，并通过网络将数据上报到管理平台。管理人员可及时获取报警信息并通过手机派单给维护人员，维护人员根据维修工单迅速赶到现场处理险情，保障生命安全、降低财产损失。如图 9-41 和图 9-42 所示。

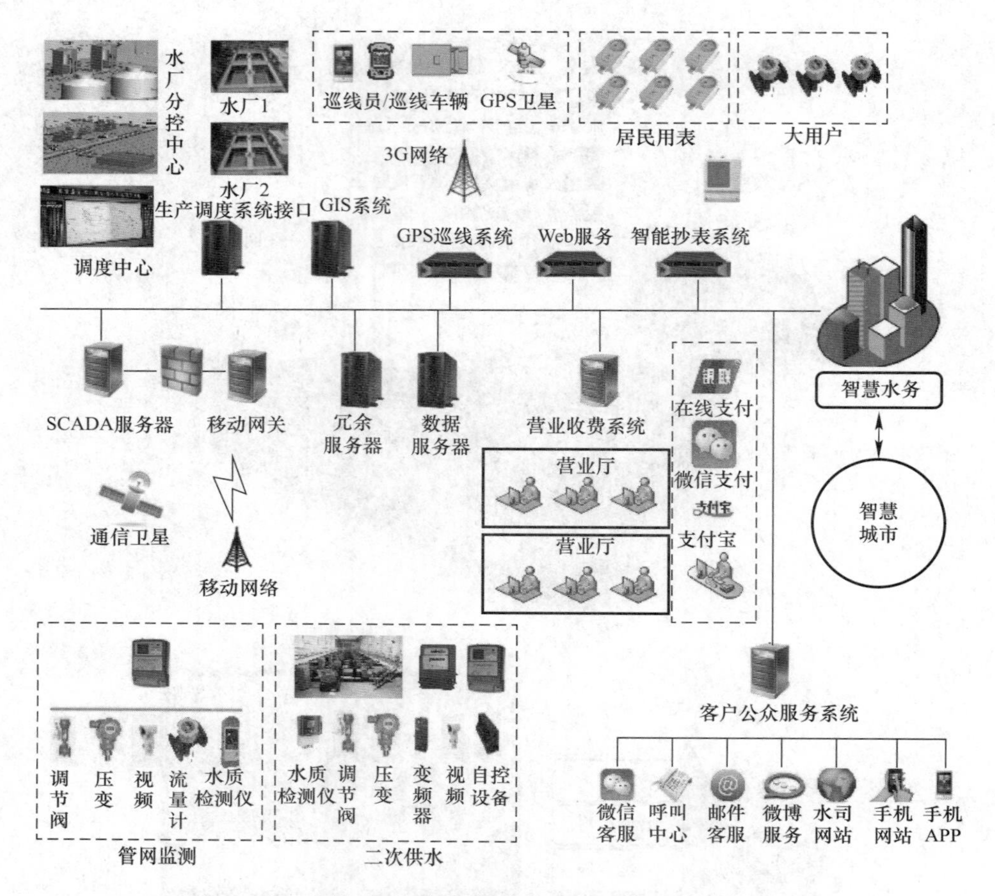

图 9-38　智慧城市智慧水务系统

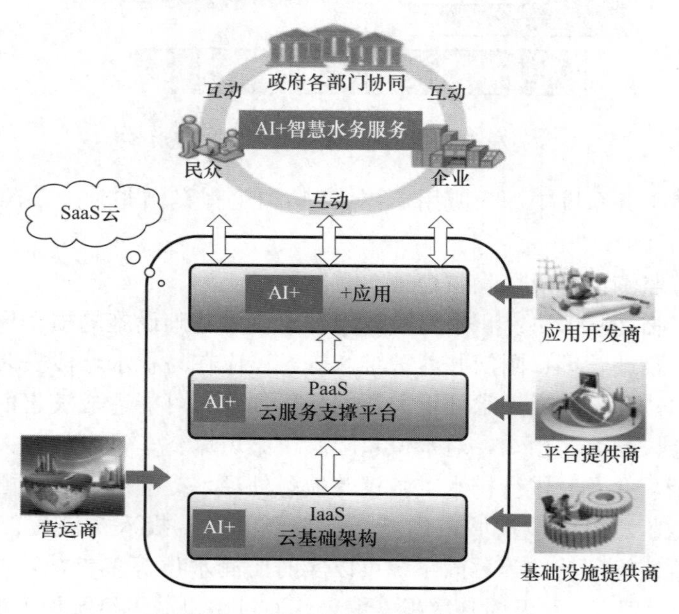

图 9-39　AI+智慧水务系统架构

图 9-40　洪涝灾害现场

图 9-41　城市内涝智能监测系统（一）

图 9-42　城市内涝智能监测系统（二）

9.9 场景8：绿色智慧停车

智慧停车是智慧交通的重要组成部分，属于静态交通范畴。停车系统的便捷性、智能性、智慧性也影响着环保系统的发展水平。目前，很多城市特别是在大城市，停车难成为普遍现象。停车难与交通规划设计、路网规划设计、交通基础设施、数字孪生交通系统等有着直接关联。总的来讲，借助数字孪生、人工智能等数字技术，在优化交通基础设施和环境的基础上，统筹规划、设计、建设、运营停车系统，才能真正实现绿色智慧停车。

智慧停车的目的是让车主更方便地找到车位，包含线下、线上两方面的智慧。线上智慧化体现为车主用手机App、微信、支付宝，获取指定地点的停车场、车位空余信息、收费标准、是否可预订、是否有充电、共享等服务，并实现预先支付、线上结账功能。线下智慧化体现为让停车人更好地停入车位。

9.10 场景9：区域综合能源基础设施

综合能源站：国家电网称为“多站融合”，南方电网称作“多站合一”，国家能源局则将其称之为“多功能综合一体站”，都是指综合能源服务的应用场景，也是综合能源服务的重要发展方向。2020年9月，国家能源局在《对十三届全国人大三次会议第9637号建议的答复》中，将综合能源服务纳入国家能源规划，鼓励相关单位积极探索5G、充电桩、数据中心、分布式光伏、储能等多功能综合一体站建设。综合能源基础设施在综合能源站的基础上扩展而来，优先布局和发展清洁能源，在空间范围、能源种类、要素数量等方面比综合能源站更加丰富和复杂，它可以由多个能源站连接而成。国网综合能源站，明确将原变电站改造为变电站、充换电站（储能站）和数据中心站三站合一的延伸和扩充，除了“三站”，还包括5G通信基站、北斗地基增强站、分布式新能源发电站、环境监测站等在内的信息通信和能源环境相关基础设施及系统平台；既能支撑企业运营电网运行、客户服务等对内业务未来的巨量数据井喷，也能支撑向大数据运营、能源金融、资源商业化运营、虚拟电厂等对外业务拓展。（图9-43）

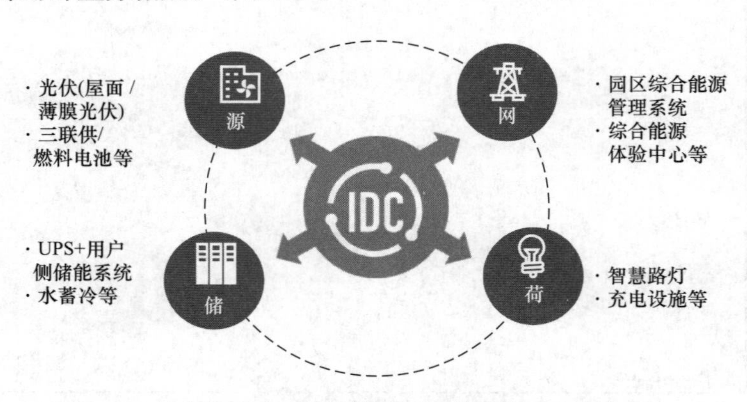

图9-43 综合能源站（智慧能源枢纽-数据中心综合体）（一）

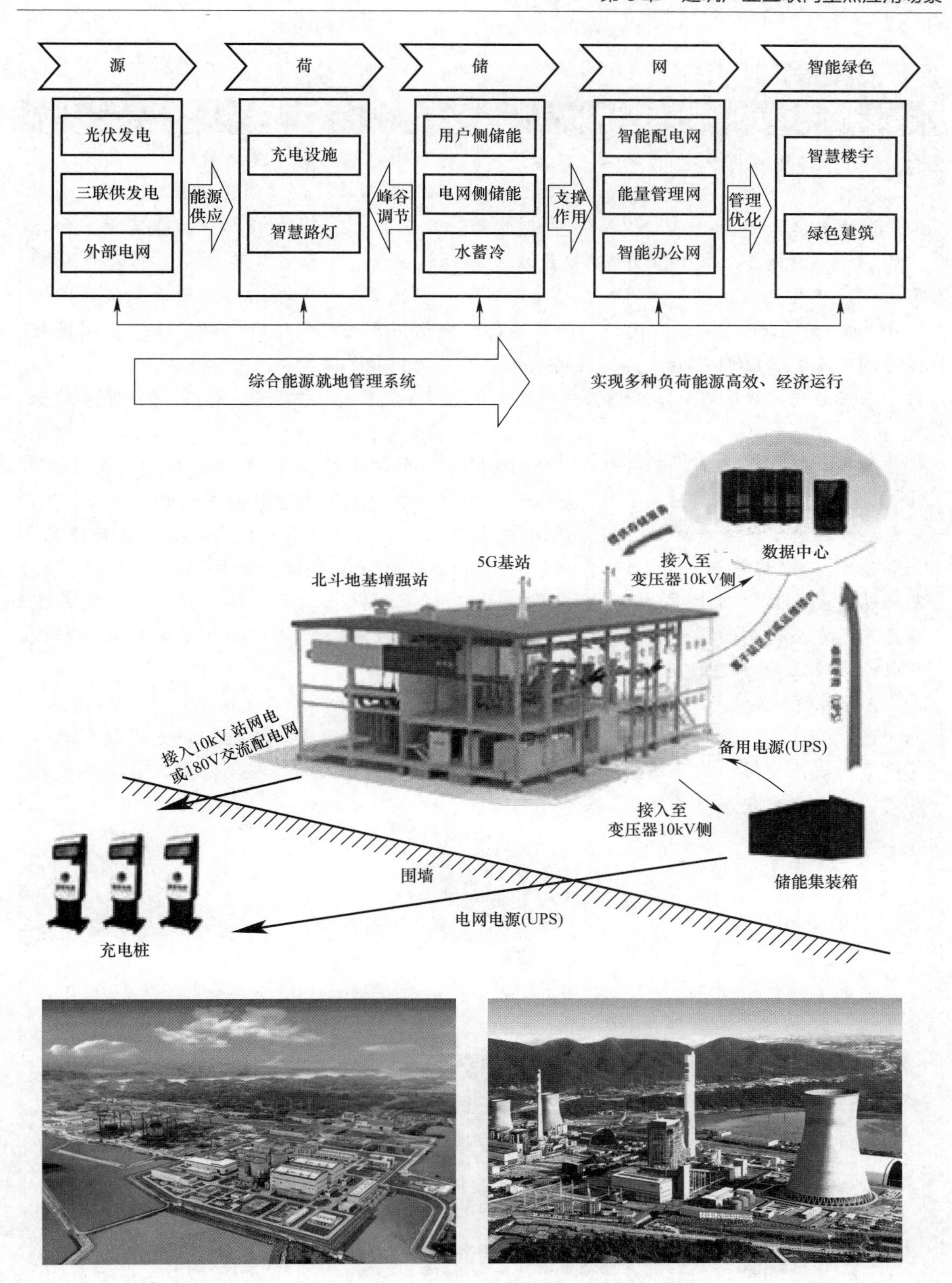

图 9-43　综合能源站（智慧能源枢纽-数据中心综合体）（二）

【综合能源站案例】（图9-44和图9-45）

江苏苏州：变电站＋光伏站＋风电站＋充电桩＋智慧灯杆＋气象站

2021年2月江苏综合能源站投运，位于太湖国家旅游度假区，占地面积约$4000m^2$。

该综合能源站由一座110kV新建变电站，以及34.32kW屋顶光伏发电系统、3台1kW风力发电系统、120kW一体双枪直流充电桩系统、2台智慧路灯及多功能气象站等组成，可最大化立体式利用香山变场地资源。据测算，该站投运后，预计光伏和风机年发电量为42.53MW时。同时，设备运行及控制信息通过调度数据网传输至苏州供电公司调度系统并联调完毕，实现远端监视管理及优化控制。

山东寿光：智慧变电站＋数据中心站＋充电站＋光伏站＋储能站＋无人营业服务站＋5G基站

2020年12月23日，山东寿光市金光街“5G＋源网荷储”多站融合示范站建成投运。

该站内建设了1座5G基站，安装了3台“一机两充”直流快速充电机、1台V2G充电桩和1台有序充电桩，建设了8个充电车位、1座自助营业服务站，1座数据站，部署了10面数据机柜、60台服务器等机房配套设施。集“智慧变电站、数据中心站、充电站、光伏站、储能站、无人营业服务站、5G基站”七站于一体。此外，国网山东寿光市供电公司全面提升原110kV新城变电站运维效率，对该站进行了辅助系统和视频巡检系统改造，提升全站智能化水平。

广东东莞：变电站＋数据中心＋移动储能站＋充电站＋分布式光伏发电站＋5G基站

预计2020年12月底，位于松山湖高新区的110kV巷尾站多站合一直流微电网示范项目将投产使用。该多功能能源站将集变电站、数据中心站、移动储能、电动汽车充电站、分布式光伏发电站和5G基站于一体。

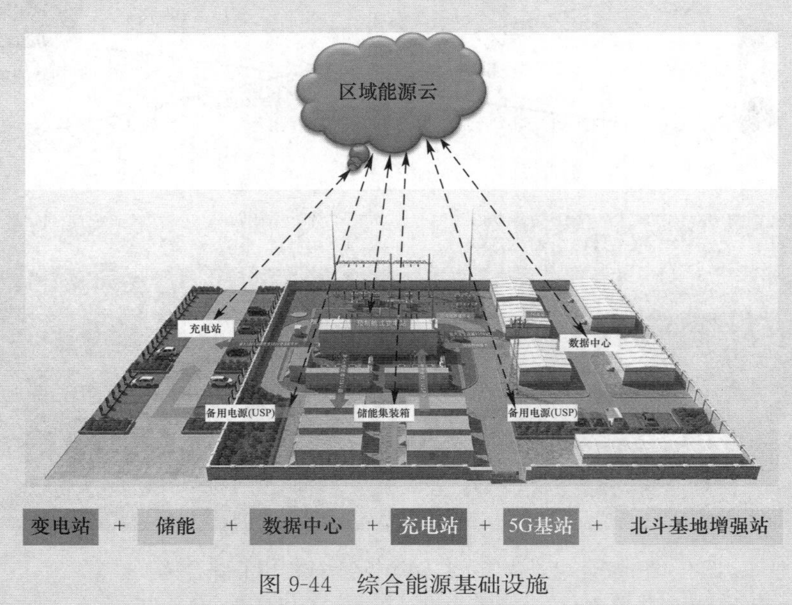

图9-44　综合能源基础设施

作为园区的“智慧大脑”，松山湖综合能源互联共享应用平台实现园区产用能环节的协调运行，满足供、用能侧的能源互动需求。平台已接入了东莞地区 9.8 万用户、570 座充电站，3013 个充电桩、6326 个光伏站点、1 个三联供燃气机组能源站微网，1 个交直流融合微网、12 个储能站、3 个柔性负荷、53 个智能配电房，实现了分布式资源类型全覆盖。为能源生产、运营、监管、服务、消费各环节主体提供“五位一体”的能源应用服务。

综合能源基础设施通过区域能源云实现能源的统一智慧管理与控制，进行智能运营。物理上分散的分布式综合能源站（市、县、乡、社区、家庭的分布式综合能源站）通过统一建设的区域能源云平台，实现集中管理。区域能源云是一个开放的智能计算平台，可以与智慧城市其他系统进行系统集成，实现多能互补、数据共享、在线碳交易等功能。

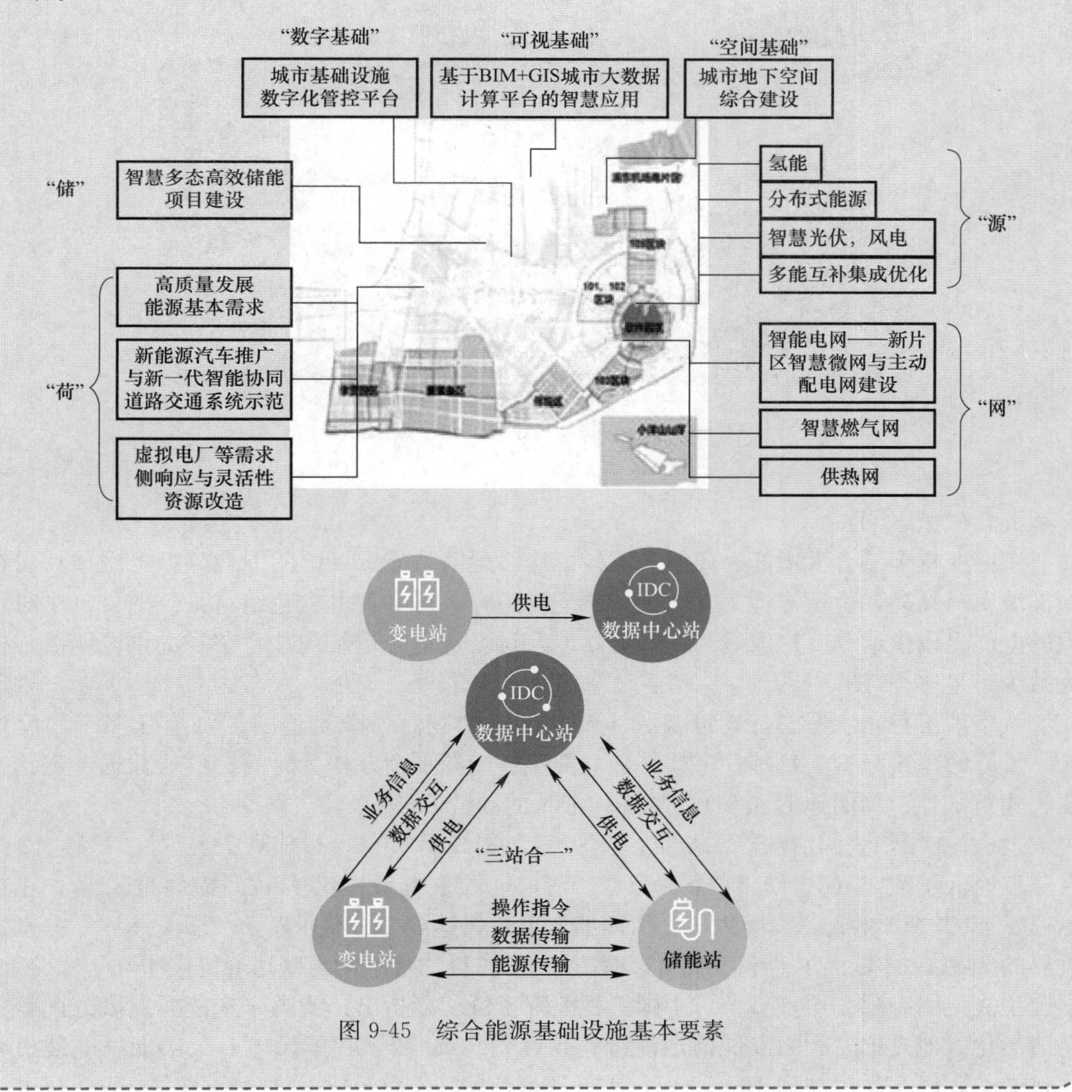

图 9-45　综合能源基础设施基本要素

【综合能源基础设施混合微网案例】（图9-46）

资料综合自：新加坡南洋理工大学、新加坡国立大学的能源研究机构、新加坡能源中心及新加坡太阳能研究所。

储能系统：

2020年，新加坡首个公用事业储能系统成功投入使用。其功能包括储存太阳能，当太阳能装置受到云层和雨水的影响时，它将快速响应提供可靠电源，支持超过200个家庭一日的电力需求。

图 9-46　新加坡公用事业储能系统

混合微型电网：

东南亚首个结合太阳能、风能和潮汐能等再生清洁能源发电的混合微型电网项目设在新加坡实马高岛，由南洋理工大学能源研究院主导，已实现电力自给自足。项目每小时产生的电能足以供给350户家庭一年所需，以及垃圾灰烬转运站和鱼育苗场的供电所需，极大减少碳足迹。（图 9-47）

从市政工程角度考虑，建筑能源涉及的面更加宽泛，碳足迹的刻画应从多个角度进行。最终的建筑模型为每栋住宅建筑建立简化的能源平衡，作为时间、气候数据、建筑特征、建筑统计、周围地形和3D建筑几何形状的函数。（图 9-48、图 9-49）

过去10年，我国清洁能源装机占比从27%提高到43%，目前高于美国（31%）12个百分点，低于欧盟（61%）18个百分点。清洁能源发电量占比从17%提高至32%，正在迅速发展。2020年底，我国风电、太阳能发电装机达到2.8亿kW和2.5亿kW，分别占世界的34%、31%。在第十三届陆家嘴论坛（2021）“金融助力碳达峰　碳中和”大会上，中国华能集团有限公司董事长、中国工程院院士舒印彪指出：我国未来能源发展方向首先是清洁化。他提倡“大力发展清洁能源，预计到2030年，我国风电、太阳能发电装机将从目前的5亿kW增加到16亿kW，水电从目前的3.7亿kW增加到4.9亿kW，核电从

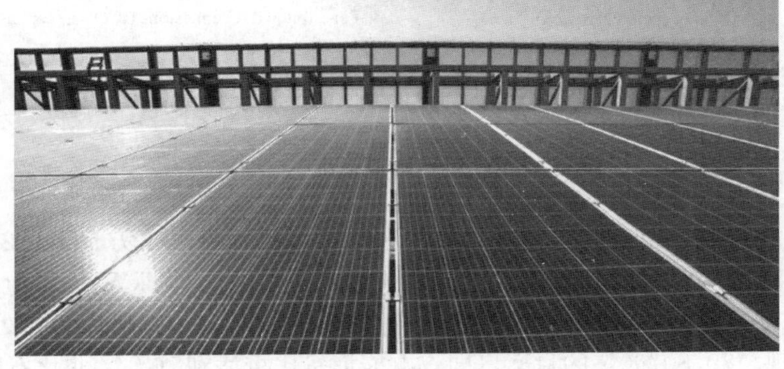

图 9-47　建筑光伏一体化

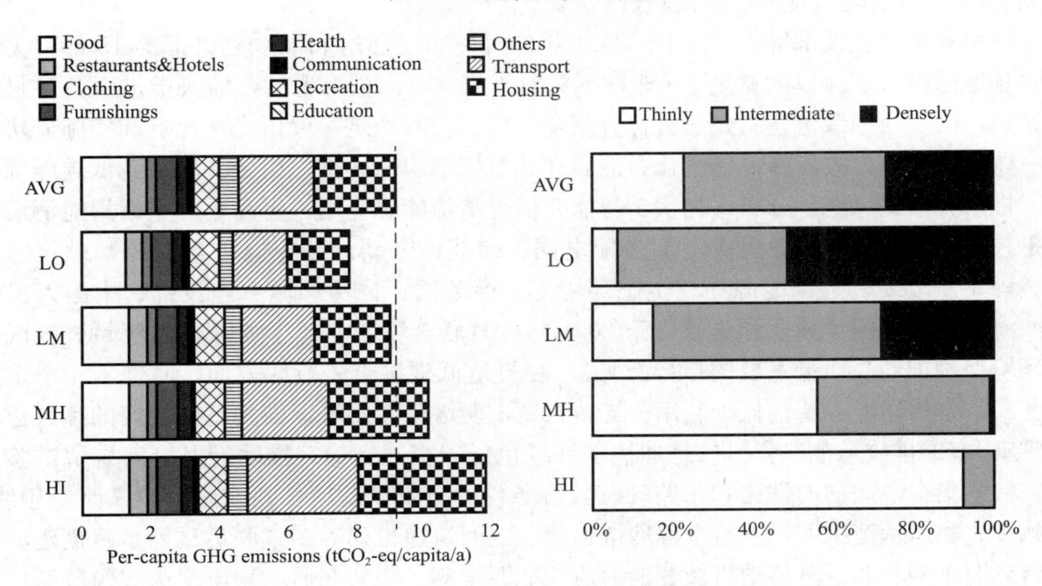

图 9-48　能源消耗影响因素

来源：Journal of Industrial Ecology，Volume 24，Issue 3：41-730，June 2020

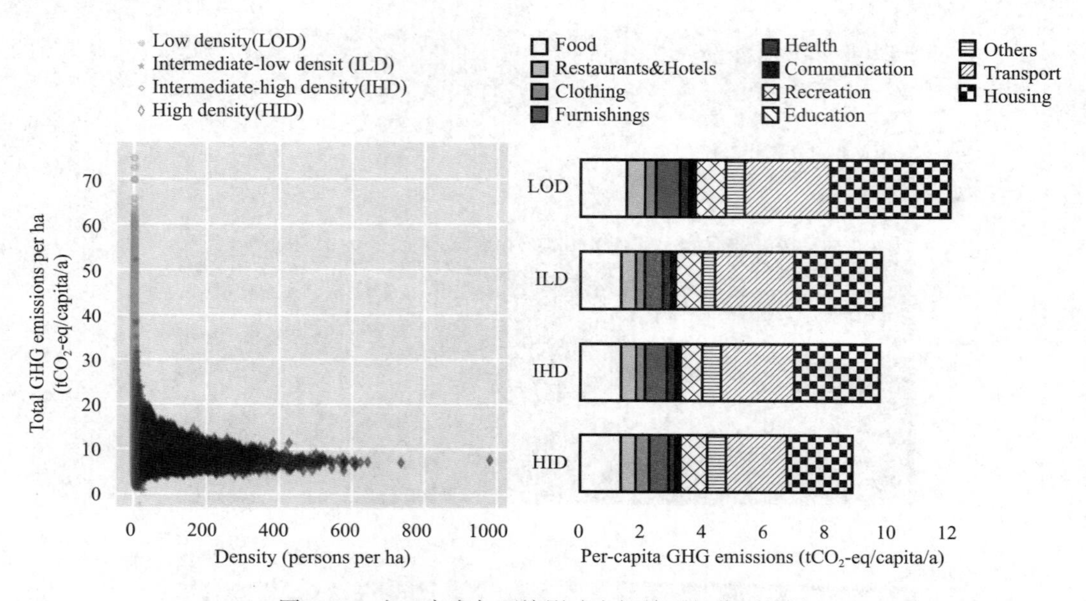

图 9-49 人口密度与环境影响之间关系的分析结果

（左）公顷人均碳足印与每公顷人数的关系；（右）居住在不同密度公顷内的人均碳足印（按每公顷人数的四分位数分类）。

来源：Journal of Industrial Ecology，Volume 24，Issue 3：41-730，June 2020

目前的 5100 万 kW 增加到 1.1 亿 kW，电源建设直接投资每年 1 万亿元。2060 年，新能源装机将达到 50 亿 kW（其中风电 20 亿 kW、太阳能发电 30 亿 kW）、核电 3 亿 kW、储能 5 亿～10 亿 kW，电源建设直接投资累计超过 40 万亿元。”他研判：“到 2060 年，我国能源发展将实现‘70/80/90’的目标，即：电能消费比重达到 70%，非化石能源消费比重达到 80%，清洁能源发电量占比超过 90%。”

住房和城乡建设部等 15 部门于 2021 年 6 月发布《住房和城乡建设部等 15 部门关于加强县城绿色低碳建设的意见》（建村〔2021〕45 号），意见提出，加快推进绿色建材产品认证，推广应用绿色建材。通过提升新建厂房、公共建筑等屋顶光伏比例和实施光伏建筑一体化开发等方式，降低传统化石能源在建筑用能中的比例。构建县城绿色低碳能源体系，推广分散式风电、分布式光伏、智能光伏等清洁能源应用，提高生产生活用能清洁化水平，推广综合智慧能源服务，加强配电网、储能、电动汽车充电桩等能源基础设施建设。国家发改委、国家能源局、生态环境部、商务部、住房和城乡建设部、中国人民银行、海关总署、国家林业和草原局于 2021 年 5 月联合发布《关于加强自由贸易试验区生态环境保护推动高质量发展的指导意见》。在打造低碳试点先行区方面，明确了 4 个重点任务：一是推动能源清洁低碳利用。支持自贸试验区低碳发展，鼓励基础较好的片区建设近零碳/零碳排放示范工程。二是加快发展绿色低碳交通运输。推动沿海沿河自贸试验区大宗货物集疏港运输向铁路和水路转移，有条件的自贸试验区新建或改扩建铁路专用线。实施多式联运示范工程，支持全程冷链运输、电商快递班列等多式联运试点示范创建。鼓励将老旧车辆和非道路移动机械替换为清洁能源车辆。公共交通、物流配送等领域新增或更新车辆，鼓励使用新能源或清洁能源汽车。积极推广应用电动和天然气动力船舶。三是加快基础设施低碳改造。各自贸试验区加快交通枢纽、物流园区等建设充电基础设施，完善车用天然气加注站、充电桩布局。新建码头（油气化工码头除外）严格按标准同步规划、设计、建设岸电设施，加快推进现有码头岸电设施改造。加快推进液化天然气海运转水运和多式联运，提高岸电使用率。鼓励新（改、扩）建建筑达到绿色建筑标准，加快推动既有建筑节能低碳改造，推进建筑光伏一体化，探索构建低碳、零碳的建筑用能系统，优先使用节能节水设备。积极推广内河航道绿色建设技术。探索建立重大基础设施气候风险评估机制，设施设计、建设、运行、维护过程中应充分考虑气候变化影响和风险。四是积极参与碳市场建设。鼓励自贸试验区企业参与碳排放权交易。从政策导向看，建筑光伏一体化、既有建筑节能低碳改造、分散式风电、分布式光伏、智能光伏、新能源或清洁能源汽车、清洁能源应用等是重点；提高生产生活用能清洁化水平，推广综合智慧能源服务，加强配电网、储能、电动汽车充电桩等能源基础设施建设是方向。

9.11　场景10：健康监测管理机器人

健康监测管理机器人包括三类：①个人健康管理智能服务机器人。用于个人健康监测与管理的智能服务机器人，使用场所主要是住宅、办公建筑；②建筑结构健康监测智能机器人。用于建筑物结构状态、变形状况实时监测及风险灾害预测预警的智能机器人，使用场所主要是桥梁、隧道、高速公路、轨道交通、大型公共建筑等建筑场景。③建筑环境健康检测智能机器人。用于建筑物室内外环境、空气质量等检测与控制的智能机器人，使用场所主要是新装修建筑、公寓、园区、医院、家庭、学校等对环保质量要求较高的建筑场景。

（一）个人健康管理智能服务机器人

“个人健康管理智能服务机器人”是服务机器人的一个细分品类，专注于健康医疗养老服务，也可简称为健康机器人，因其主要使用场所是家庭或别墅、养老公寓，也可在公共场所使用。“个人健康管理智能服务机器人”集成多种生理指标检测柔性传感器、远程诊疗仪器设备、心电仪、指脉氧仪、智能听诊器、血压仪、体温计、血糖仪、B超等部件，实现对话等语义交互行为，通过健康大数据分析实现常见病多发病保健辅助及日常陪护等功能。基本功能包括：舌苔、血压、血糖、汗液、心率等生理参数监测和记录，预约问诊，实时诊断，医院连接与互动，健康数据远传，一键呼救，救援辅助。扩展功能：新闻、天气、影音娱乐播报，语音交流，私人安防，家庭安保，老人监护，儿童监护。

与智能机器人的核心组成模块一致，高智能型建筑机器人至少应具备以下四个核心模块：一是环境智能感知，用来检测、识别、理解周围环境；二是运动自动控制，对机器人本体行为进行自动控制，对外界环境变化做出反应性动作；三是自学习思考决策，根据环境感知模块得到的信息，综合运动控制反馈结果，通过自学习制定智能决策策略，思考采用什么样的管理与决策措施；四是远程通信，通过5G、6G、物联网技术实现与外界的远程通信。环境智能感知模块中常采用的传感器包括视觉、超声波、接近、距离等非接触型传感器和感知力、压觉、触觉等接触型传感器。运动自动控制模块包括控制器、压电元件、气动元件、行程开关等机电控制装置，移动机构有轮子、履带、支脚、吸盘、气垫等类型。思考决策模块包括机器学习、规则判断、逻辑分析、综合理解等方面的类脑智力活动。以应用于家庭、办公建筑环境中的“个人健康助理机器人THROB”（杜明芳课题组，

2021 年）为例说明高智能型机器人系统技术原理。个人健康助理机器人系统组成及其相互关系如图 9-50 所示。

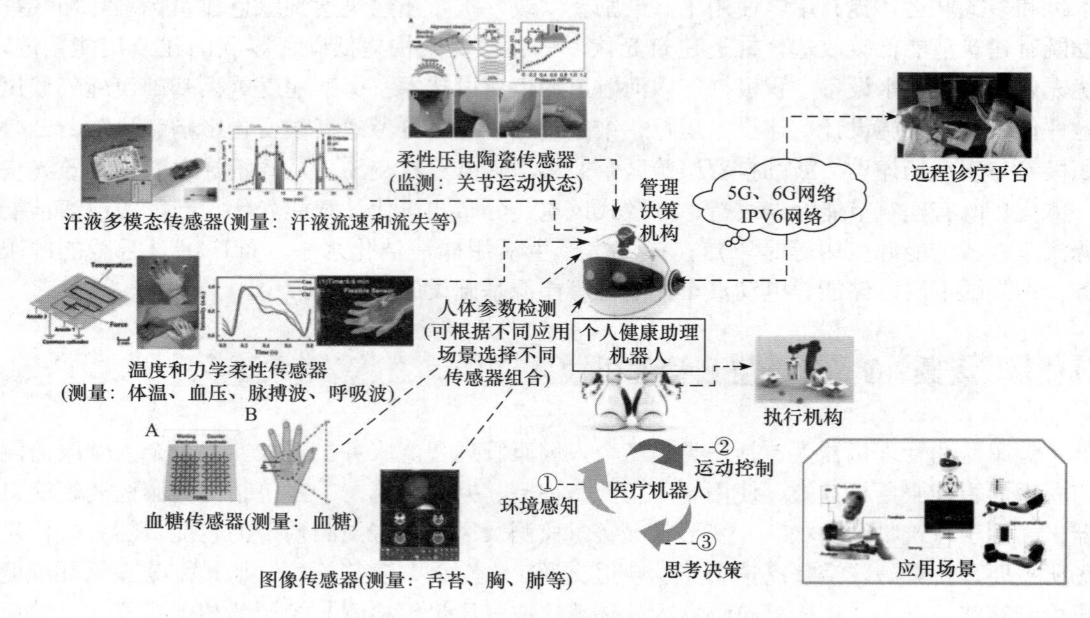

图 9-50　个人健康助理机器人 THROB

传感器是机器人的“眼睛”，目前制约建筑机器人产业化的最主要瓶颈之一是机器人传感器技术及作业环境智能模式识别算法与模型。应用于建筑领域的智能机器人传感器类型包括内部传感器和外部传感器。外部传感器用来检测机器人所处环境及状况（如抓取的物体是否滑落），具体有物体识别传感器、物体探伤传感器、接近觉传感器、距离传感器、力觉传感器，听觉传感器等。内部传感器用来检测机器人本身状态（如手臂间角度），多为检测位置和角度的传感器。内部传感器和电机、轴等机械部件或机械结构如手臂(Arm)、手腕（Wrist）等安装在一起，完成位置、速度、力度的测量，实现伺服控制。目前，视觉、力觉、触觉传感器已进入实用化阶段，听觉、嗅觉、味觉传感器技术正在快速进展中。新一代建筑机器人如多关节机器人、特种环境作业机器人则要求具有自校正能力、环境自适应能力、对外界辅助装置的弱依赖能力，依靠传感器信息融合及传感器信息驱动的自动控制能力越强，其自主等级就越高，智能化程度也越高。真正意义上的智能机器人，应是能在未知环境下仍可依靠自身内置的智能感知与控制系统实现自我学习、自主运动的机器人。

机器人视觉系统的一个典型应用是医学影像处理领域。目前，临床决策大多依赖于影像数据，如放射学、病理学、皮肤病学和眼科影像数据等。在放射学领域，人工智能在某些放射学任务（如分类、分割和量化）的定量解释方面显示出了良好的结果。当放射科医生通过视觉评估扫描结果并做出诊断决策时，通常是一个耗时、易出错和不可再现的过程。人工智能算法通过更快的模式识别、定量评估和改进的再现性，优于传统的定性方法。深度神经网络的出现使人工智能能够通过学习复杂的非线性关系在复杂的放射学影像诊断问题中发挥着作用。基于深度学习的人工智能在某些任务完成方面已经达到甚至超过了人的水平。在数据受限（隐私保护、标签不足、数据量小）的情况下，可能的解决方案是采用最小系统设计或采用基于临床或自然影像的巨大数据集的迁移学习策略。机器人视觉系统应用于医学影像诊断典型结果如图 9-51 所示。

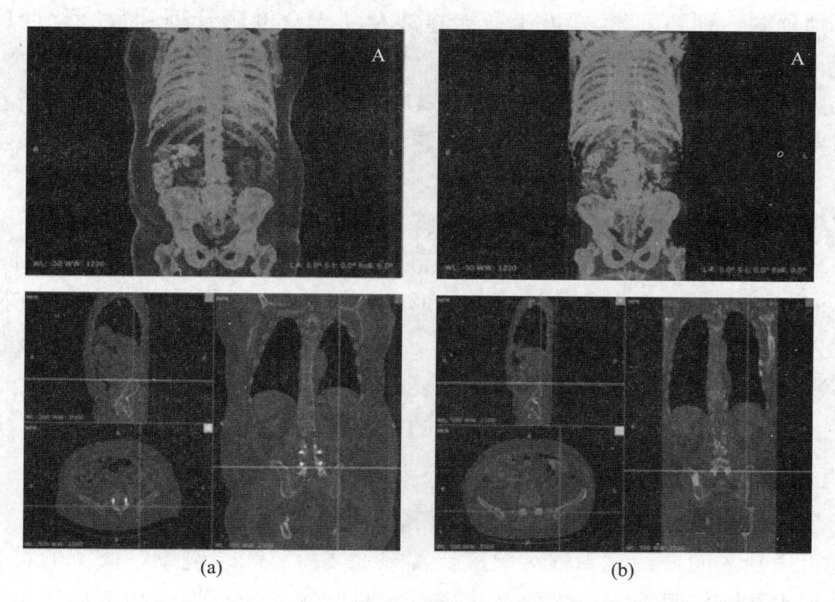

(a) (b)

图 9-51 机器人视觉系统应用于医学影像诊断
来源：《深度学习在前列腺癌研究中应用的放射学图像预处理快速指南》

Machina Research 公司预测，到 2025 年将有 13 亿左右的健康保健物联网设备上网，是未来 10 年物联网成长最快速的产业。伴随着物联网在健康保健领域的迅速成长，目前人工智能在医疗健康领域的渗透正在逐步展开，在一些细分领域已经取得成功应用。典型的应用如：可穿戴设备量测心跳、血压、血糖等参数，远程提醒医生关注重要异常状况；可穿戴设备和脑波交流帮助实现最佳睡眠；手臂感应器可每分钟自动读取 3.71 亿个糖尿病葡萄糖指数，从而实现葡萄糖智能监测；远程超声波装置帮助助产士将妊娠数据传送给医生，使医生可以及时侦测到危急情况而做相应处置，有效降低婴儿死亡率。2018 年 6 月，北京天坛医院应用全球首款 CT、MRI 神经影像人工智能辅助诊断产品“BioMind-TM”天医智，辅助医生“阅片”，诊断准确率超 95%。神经影像人工智能辅助诊断技术对人脑经验（临床顶级专家的技术和经验）的学习，有望解决“人脑”难以解决的疾病“死角”。

目前，全球有九十余家家医疗领域人工智能创业公司，代表性的业务领域有：医疗图像处理和机器视觉，药物智能健康服务，院内流程优化，医疗文本数据自然语言处理，诊断治疗的 SaaS 分析平台，AI 模拟制药过程和预测新药品效果，AI 辅助诊断大脑相关性疾病，远程医疗，AI 超声诊断，可穿戴设备缓解压力情绪，健康指数评价，超声波和核磁共振便携式的医学成像装置，健康管理，AI 改善健康状态和快速发展新疗法，病患数据分析与预测，X 光片中的肺癌和乳腺癌影像分析，乳腺组织温度检测与机器学习分析，机器学习、基因生物学和精密医学，卵巢癌等疾病人工智能体系，金融机构和医疗组织快速数据读取及价值发现，以医学图像、诊断书、临床试验为数据基础的辅助诊断工具，睡眠数据分析软件，用于肿瘤、自身免疫性疾病，以及罕见病的纳米无偏纹理捕捉，简化大型制药公司药品上市时间的预测分析平台，针对肿瘤的云数据存储和分析平台，血液测试，手术过程中可以监测失血量的 App 的生产和制造商，医疗记录智能化提取、运输、转化。分析师预测，到 2025 年，人工智能将涉及从大众健康管理到数字化回应病人需求等所有的事。以“骨听”技术为主提高听力，以移动医疗为主监测血压、心率、血糖、新陈代谢等参数将成为医疗可穿戴设备的主要技术路径，医用级别的可穿戴设备将更加受到关注健康消费人群的青睐。总的来看，以智慧医疗行业还处于起步阶段，但市场容量非常大，发展前景非常乐观。特别是在老龄化问题凸显、消费升级的前景下，智慧医疗将是大势所趋，但技术仍是行业面临的首要难题，特别是在手术机器人、微创检测等高精度、高可靠性需求场合。另外，由于智慧医疗类产品和系统具有技术门槛高、研发周期长、成本高的特征，而资本市场追求投资回报，这就形成相对的矛盾和制约。所以目前国内仅有科大讯飞、太尔集团等少数公司涉足此领域。未来智慧医疗的发展和应用并不仅仅是通过智能的手段解决医患系统的智能化问题，更重要的是要搭建范围更广、深度更大的中国消费者大健康平台，并提供及时、精准、个性化的服务。

（二）建筑结构健康监测智能机器人

想搞清楚房屋建筑的“健康”状况，就需要对建筑物进行“健康体检”。结构健康监测技术是近年来新兴的一种对工程对象进行常规“体检”和“健康”监测的重要手段，主要方法就是利用智能传感系统对工程结构进行实时监测、动态管理和趋势研判。通过在被监测对象内部或表面预埋或附加各类传感器组成监测网络，实时感知建筑结构对自身服役状态、外部环境侵蚀、极端荷载作用、周边扰动入侵等行为响应的重要信息，以便对其损伤破坏、性能退化、运营效率等健康状况作出智能评估和决策，为工程结构的安全使用、维护管养和寿命预测提供科学依据。结构健康监测系统就是为了解各类建筑结构的“健康状况”而开设的一种特殊的“工程体检中心”。

建筑结构健康监测系统可实现对办公建筑、住宅、工业厂房、高层建筑、场馆、古建筑、基坑周边建筑物等不同类型建筑的沉降、倾斜位移、倾斜角度、水平位移、裂缝、振动、风速风向、温湿度等参数的在线监测，实现建筑物的实时“健康体检”。建筑结构健康监测技术系统由若干子模块构成，主要包括：传感与检测模块、智能控制模块、数据边缘 AI 智算模块、网络传输模块、虚拟现实感知模块、虚拟数字人管理模块、虚拟数字装备模块、人工智能算法模块（可选用神经网络、深度学习等算法）以及监测大数据存储管理模块、监测大数据综合决策模块、结构风险预警报警处置模块（含故障诊断知识平台和智能推荐平台）、智算中心（含远程运维虚拟数字人）模块。如图 9-52 所示。

智能传感器包含 A/D 与 D/A 集成电路、通信总线、光纤、压电、形状记忆合金、CPU、GPU 等智能材料和智能元器件。利用传感器技术，可实现建筑的自检测、自感知、自诊断、自学习、自控制甚至自修复。随着机器视觉、虚拟现实等技术的快速发展，航拍无人机、高速高清摄像机、MEMS 传感器、激光雷达、毫米波雷达、智能手机等也加入了智能传感器家族，不仅能够重构建筑三维模型，还可识别结构的动力学特征、及时响应结构风险监测结果、探测到结构表面微损伤，实现监测现场的高清可视化还原与模拟。常用的监测用智能传感器见 9-53 所示。

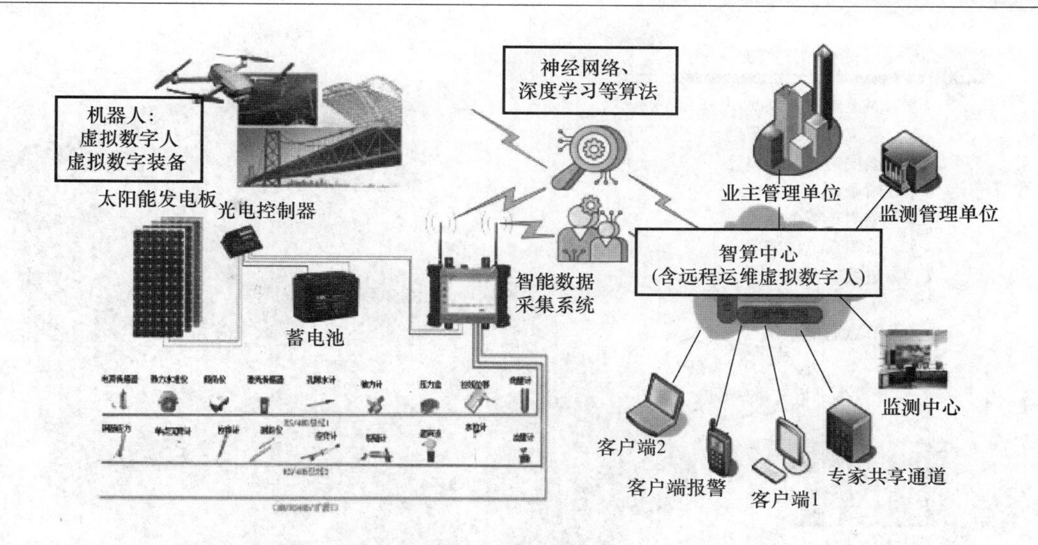

建筑结构健康监测系统技术组成模块			
传感与检测模块	智能控制模块	数据边缘AI智算模块	网络传输模块
虚拟现实感知模块	虚拟数字人管理模块	虚拟数字装备模块	人工智能算法模块
监测大数据存储智算模块	监测大数据综合决策模块	结构风险预警报警处置模块(含故障诊断知识平台和智能推荐平台)	智算中心(含远程运维虚拟数字人)模块

(a) 建筑结构健康监测系统

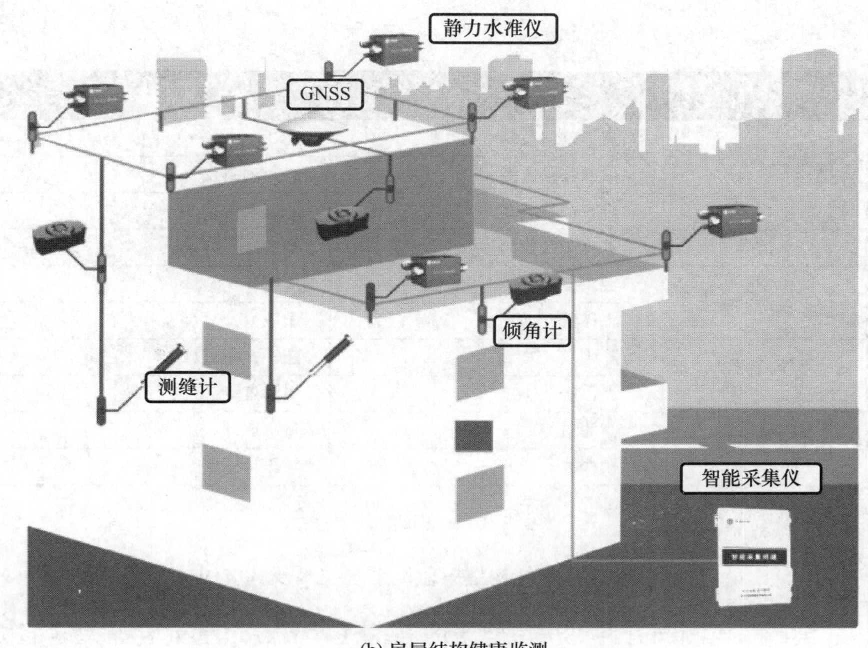

(b) 房屋结构健康监测

图 9-52　建筑结构健康监测系统技术及其应用（一）

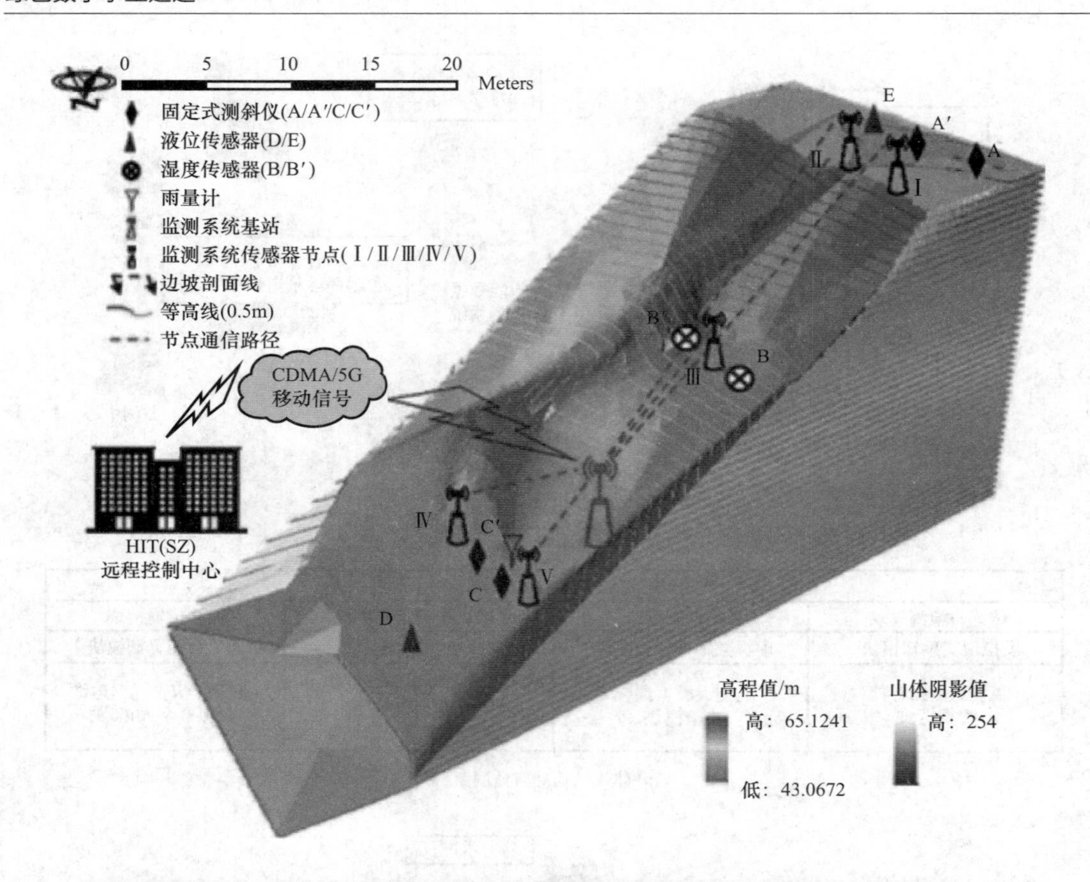

监测项目	监测内容	监测仪器
位移变形监测	表面位移监测	GNSS
	内部位移监测	固定测斜仪
	垂直位移监测	静力水准仪
倾斜监测	坡度倾斜监测	倾角计
应力应变监测	混凝土应力	应变计
	土体压力	土压力计
环境监测	降雨量	翻斗式雨量计
	温湿度	温湿度计
地下水位监测	渗流量	量水堰计
	浸润线	渗压计

(c) 边坡监测

图 9-52　建筑结构健康监测系统技术及其应用（二）

结构“健康”监测既有针对房屋建筑的梁、柱、节点、承重墙等关键部位的承载力、耐久性定期检测，也有针对结构整体的应力应变、环境温度、位移变形等指标，以及非结构构件的损伤等进行长期实时监测；既包含裂缝、腐蚀、变形等局部损伤的识别，也包含沉降、倾斜、动力响应等整体安全状态的评估。

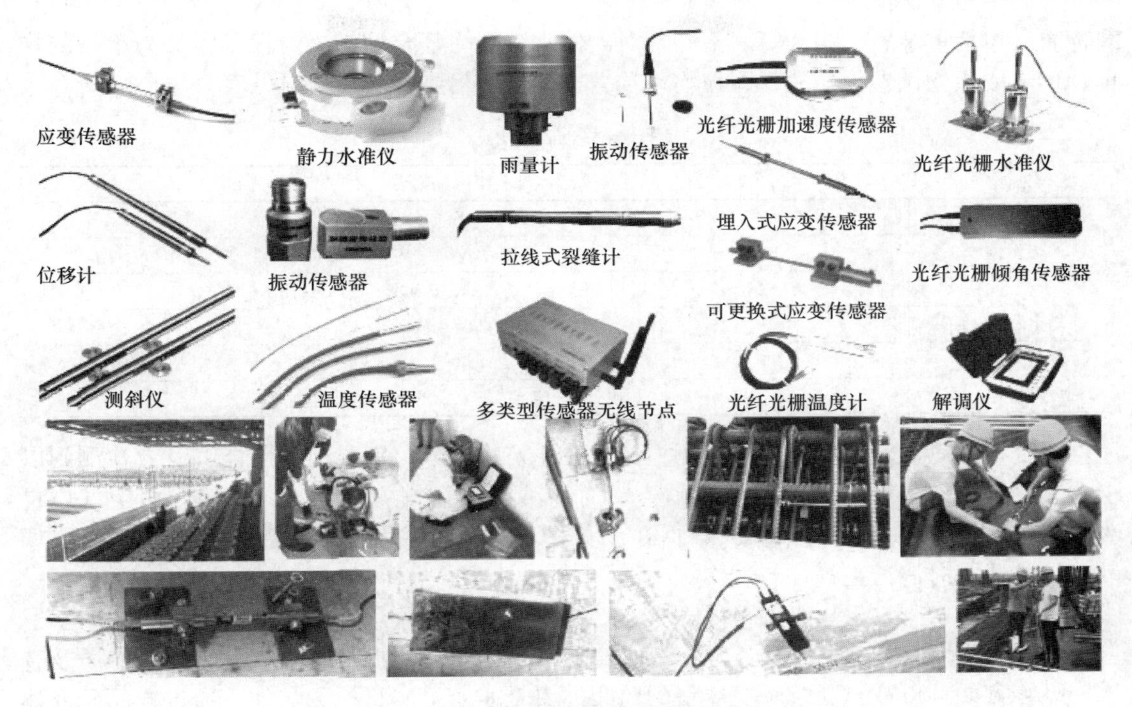

图9-53 监测用智能传感器及安装实拍

通过智能感知系统可以实时采集建筑结构各类真实“体检指标”的动态数据，监测得到的物理变量会自动汇聚到边缘AI智算中心智算平台，通过人工智能算法对监测大数据进行智能分析和智能处理，就地进行房屋健康诊断和健康状态评估、安全等级评估；根据内嵌的智能推理算法模型研判建筑物风险水平，对危险结构或构件进行精准定位式预警，并及时给出预防或处置建议，为应急避险、运维管养、加固修缮提供翔实可靠的决策依据，这个过程就像“专家会诊”。全程可以做到少人化管理甚至无人化管理，完全由计算机控制系统自主完成。

（三）建筑环境健康检测智能机器人

建筑环境健康检测智能机器人可以从建筑室内空气质量AI智能检测、建筑声环境AI智能检测、建筑光环境AI智能检测、建筑热环境AI智能检测、建筑幕墙门窗AI智能检测几个角度的需求出发进行设计，可根据使用环境和检测类型设计不同款的建筑环境健康检测智能机器人。

1. 建筑室内空气质量AI智能检测机器人

建筑室内空气质量参数一般可以分为物理性、化学性、生物性和放射性参数，其中物理性参数主要指温度、相对湿度、空气流速和新风量。化学性污染物主要指甲醛、挥发性有机化合物（VOCs，包括烷烃类、芳香烃类、烯烃类、卤代烃类、酯类、醛类、酮类等300多种有机化合物，如苯、甲苯、二甲苯等）、半挥发性有机化合物（SVOCs，包括苯并［α］芘、邻苯二甲酸酯（PAEs）、多溴联苯醚（PBDEs）、多环芳烃（PAHs）等］和有害无机物（如氨、NOx、SOx等）。生物性污染物主要指细菌、真菌和病毒等。另外，由于PM2.5、油烟、纤维尘等颗粒物特性较为复杂，依据其本身粒径等物理特性及所负载物质（包括重金属、病毒等）不同，对人体常表现为复合型污染，很难定义为单一的物理、化学或生物性参数，故将颗粒物单独分类。主要污染物分类情况见表 9-1。

主要污染物分类　　**表 9-1**

分类	主要污染物
化学性	氨、NOx、SOx、O_3等
	甲醛、VOCs 等
	苯并［α］芘、PAEs、PBDEs、PAHs 等
生物性	细菌、真菌、病毒等
放射性	氡
颗粒物	PM_{10}、$PM_{2.5}$、灰尘、油烟、纤维尘等

可以根据以上污染物类型及检测方法，在建筑物上分门别类地安装能够有效检测到以上污染物数据的各种空气质量传感器，实时检测污染数据、评估污染等级，由空气质量 AI 智能检测机器人进行污染物大数据在线分析和处理，并及时给出污染物抑制方案，调动清洁装置及时清洁空气。

2. 建筑声环境 AI 智能检测机器人

建筑声学研究的范畴包括：隔声、吸声、管道消声、隔振、噪声控制、厅堂音质及音质模型等方面。以往，建筑环境声音的监测主要是靠人工实验检测，如：通过样品研究建筑构件（如墙、楼板、门、窗）的空气声隔声性能，楼板及面层材料的撞击声隔声性能；到现场对建筑的实际隔声性能进行研究、验证。这些研究和实践方法通过测量、研究，对各种建筑材料、结构、构件的声环境形成了较为清楚、全面的了解，有助于进一步掌握各种情况下的隔声规律、降噪规律，进而提出多种新隔声结构及改进措施。以往的研究工作基本上是依靠人力去完成的，在数据获取的精准性、实时性、全面性方面有所欠缺。未来，应更多地采用 AI（机器人）智能检测手段进行建筑声环境检测，这样就可以得到更加精确的检测结果，且通过积累下来的声环境大数据的智能分析与智能决策，可以辅助建筑使用者更好地管理建筑声环境，使建筑环境变得更加健康。

3. 建筑光环境 AI 智能检测机器人

建筑光环境包括天然光和人工照明两方面。在天然光方面，光环境 AI 智能检测机器人检测对象主要是天然光以及与气象、气候相关的光气候，核心算法集中在晴天采光计算方法、阴天采光计算方法、夜间采光计算方法等方面的精确计算，并辅以导光管采光等技术实现自然光的最佳调节与利用。在人工照明方面，光环境 AI 智能检测机器人可工作于公共建筑、居住建筑、工业建筑以及机场、道路、立交、广场、港口、隧道场景下的室内外照明系统中，实时检测这些场景的照度及照明环境。

4. 建筑热环境 AI 智能检测机器人

建筑热环境是建筑物理学的一个重要研究领域，主要研究建筑材料与构件的热工性能、建筑围护结构的传热和水分迁移过程、建筑室内的热舒适性以及建筑节能等。建筑热环境 AI 智能检测机器人在充分研究建筑围护结构防潮、保温、隔热机理基础上，实时检测建筑材料热工性能、建筑围护结构传热传湿状况，也可实时监测建筑降温过程、建筑遮阳过程、轻型屋顶保温隔热性能、建筑光伏工作状态以及住宅室内热环境等，为建筑材料的选取、建筑围护结构的热工设计、建筑光伏发电系统的设计提供更加翔实可靠的计算参数和计算数据，辅助降低建筑材料能耗和建筑总体能耗。

5. 建筑幕墙门窗 AI 智能检测机器人

建筑幕墙门窗 AI 智能检测机器人可设计成虚拟数字人，运行于建筑中央监控管理平台。建筑幕墙门窗虚拟数字人可对建筑幕墙门窗物理性能进行全面动态检测，监测对象包括建筑门窗气密、水密、抗风压、隔声、保温等性能参数，提高幕墙、门窗的安全性和智能性，为工程监督监管提供智能可靠的检测和监测手段。

9.12　场景 11：无人施工机械

无人施工机械是未来施工现场机械装备的终极技术状态，具体应用场景有：装配式建筑无人化（少人化）施工，塔式起重机安全监控管理系统，工地无人运输车。装配式建筑施工机械作业场景如图 9-54 所示。

图 9-54　装配式建筑施工机械作业场景

塔式起重机安全监控管理系统工作场景如图 9-55 所示。

塔式起重机安全监控系统＋塔式起重机吊钩可视化系统让塔机施工作业更安全。塔式起重机安全运行评系统估对塔机的安全状态进行评估，找出安全隐患。塔式起重机安全监控防碰撞系统实时监测塔机运行状态，监控塔式起重机的运行安全指标，包括吊重、起重力矩、变幅、高度、工作回转角及作业高度风速，区域限制、防碰撞保护、在临近额定限值时发出声光预警和报警，实现塔式起重机危险作业自动截断：当超限超载等危险情况出现时，塔式起重机监控系统能够自动实现危险行为截断，使塔式起重机朝着安全操作的方向发展，制止塔式起重机向危险操作方向运行。塔式起重机吊钩可视化系统：该引导系统能实时以高清晰图像向塔式起重机司机展现吊钩周围实时的视频图像，使司机能够快速准确地做出正确的操作和判断，解决了施工现场塔式起重机司机的视觉死角，远距离视觉模糊，语音引导易出差错等行业难题。能够有效避免事故的发生，是新形势下提高工地现场施工效率，减少安全事故率，减少人力成本，推广数字化标准工地等不可缺少的行业利器。在塔式起重机小车上安装吊钩可视化摄像机，可视化摄像机会根据起升高度上升下降的距离进行自动聚焦追踪吊钩实时运行画面，将无线发射视频传送至塔式起重机司机操作屏幕，塔式起重机司机无死角监控吊运范围，减少盲吊所引发事故。

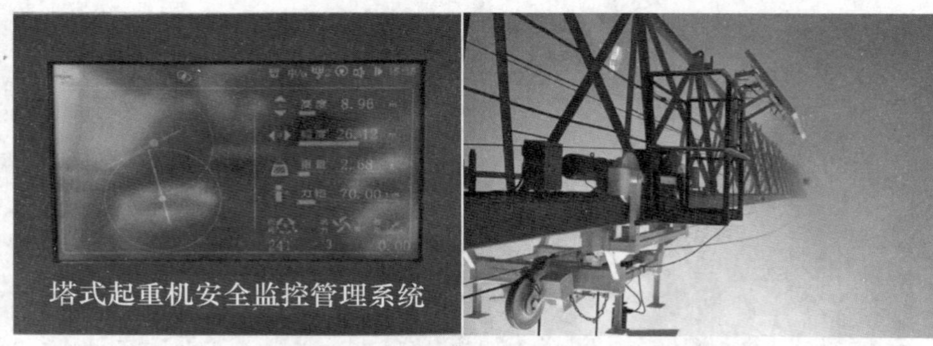

图 9-55　塔式起重机安全监控管理系统

无人搬运车（Automated Guided Vehicle，简称 AGV），指装备有电磁或光学等自动导引装置，能够沿规定的导引路径行驶，具有安全保护以及各种装载功能的运输车，工业应用中不需驾驶员的搬运车，以可充电的蓄电池作为其动力来源。一般可透过电脑来控制其行进路线以及行为，或利用电磁轨道（electromagnetic path-following system）来设立其行进路线，电磁轨道粘贴在地板上，无人搬运车则依循电磁轨道所带来的讯息进行移动与动作。随着智慧工地的发展，无人搬运车在规范化、标准化的工地中有望得到大规模应用，在一些特定路段发挥运输作用，可减少工地用工人数，降低施工成本。如图 9-56 所示。

图 9-56　无人搬运车

履带式农林吊运机（图 9-57）是多功能合一的节能高效农机新产品。通过橡胶履带式行走机构实现较宽的适用性范围，适用于各种复杂条件件下的行走、起吊和运输作业，如树木移植时的树木出圃转运、装卸、散苗作业；市政工程的装卸、布设作业；肥料的转运、装卸、收散作业等。树林苗圃地、松软地、沙地、25%以下坡地、田间沟坎、垄埂等均可正常作业。履带式农林吊运机可起吊活树土球直径为1.4m以内，重量1.5t以内的树木或货物；每小时可吊运树木10株以上；作业效率是人工的20倍以上。

图9-57　履带式农林吊运机

9.13　场景12：机电系统AI故障诊断

9.13.1　建筑物机电系统故障诊断

设备监控＋设备管理＋能耗监测和能源管理＝建筑能源管理系统（Building Energy Management System，BEMS）。利用BEMS数据库大数据的AI处理，进一步实施建筑物故障诊断预测与健康管理（Building Prognostic and Health Management，B-PHM），可实现对建筑设备的全生命周期进行故障诊断、预测、健康状态评估和健康管理。

作为B-PHM的具体应用，机电系统AI故障诊断非常实用，市场需求量大。可采用的AI算法模型有：神经网络（分类）、强化学习、贝叶斯（分类）、K-均值（聚类）、马尔科夫（预测）、专家系统，基于这些算法模型，结合离群点诊断，可研制故障树检索系统、故障预测系统、健康管理系统。典型机电系统AI故障诊断方法如图9-58所示。

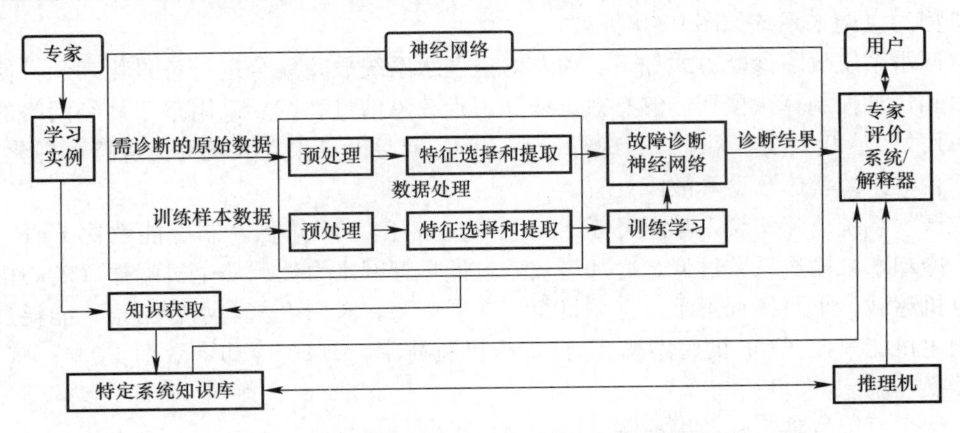

图9-58　基于神经网络的机电系统AI故障诊断方法

9.13.2 建筑供配电系统 AI 故障诊断

典型的建筑供配电系统故障诊断方式如图 9-59 所示。

故障类型	各相对地电压的特点	故障相判别	开口三角形电压值及现象
单相完全接地	一相电压为0，两相升高为线电压	电压为0的相为接地相	100V，电压指示稳定
单相不完全接地	一相电压降低但不到0，两相升高但不相等，其中一相可略高于线电压	电压降低相为接地相	小于100V，电压指示不稳定
	一相电压升高不超过线电压，两相电压降低，但不相等	中性点不接地的电网，升高相的下一相为接地相	

图 9-59 建筑供配电系统故障诊断

9.13.3 空调水系统 AI 故障诊断

典型的空调水系统如图 9-60 所示。

空调水系统故障诊断方式如下：(1) 对空调水系统故障集合进行符号化表示，使得机器学习和自动控制算法模型能够有效读取和识别故障信息。(2) 采用基于神经网络的机电系统 AI 故障诊断方法对系统进行故障诊断。(3) 对诊断结果在人机界面进行可视化显示，并在后台对系统实施预警和故障处置。

空调水系统故障集合一般表示为：{制热能效比 COP 过低，制冷能效比 EER 过低，冷冻、冷却水泵输送系数过低，冷却塔效率过低，管网水力失调，主机喘振（离心机组），水泵电机超载，水泵扬程不足，空调机组表冷器堵塞，阀门失灵，水管堵塞，能耗过大}。将影响主机能效比/COP 的因素描述为：{冷机负荷率，0.4；冷却塔效率，0.4；蒸发器/冷凝器换热温差，0.1；制冷剂泄漏，0.1}。

空调水系统故障诊断结果如图 9-61 所示。

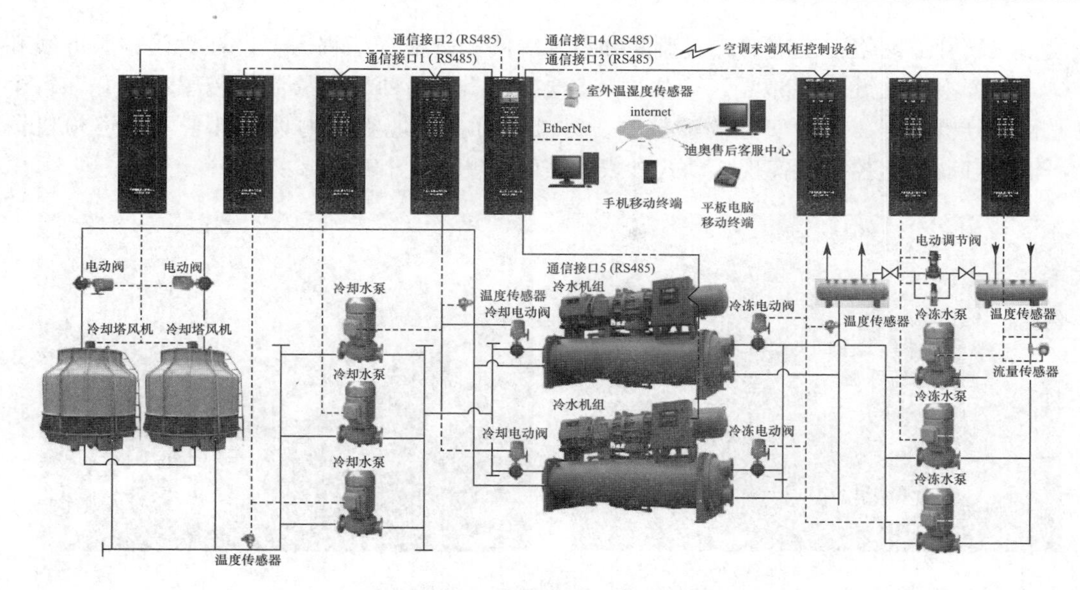

图 9-60　空调水自动控制系统

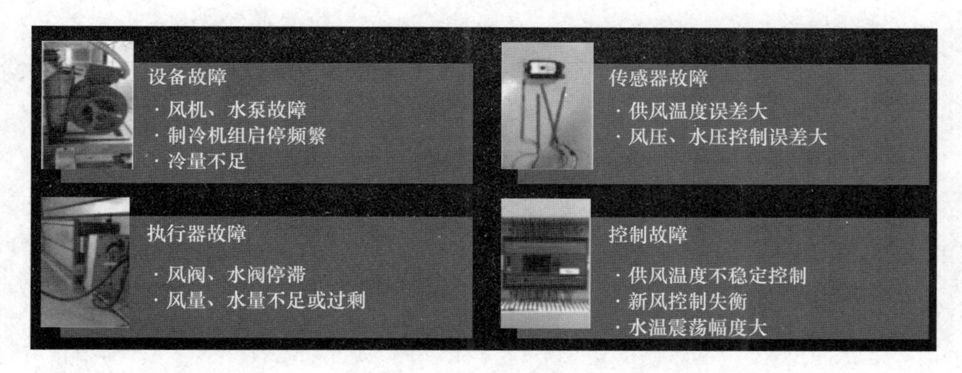

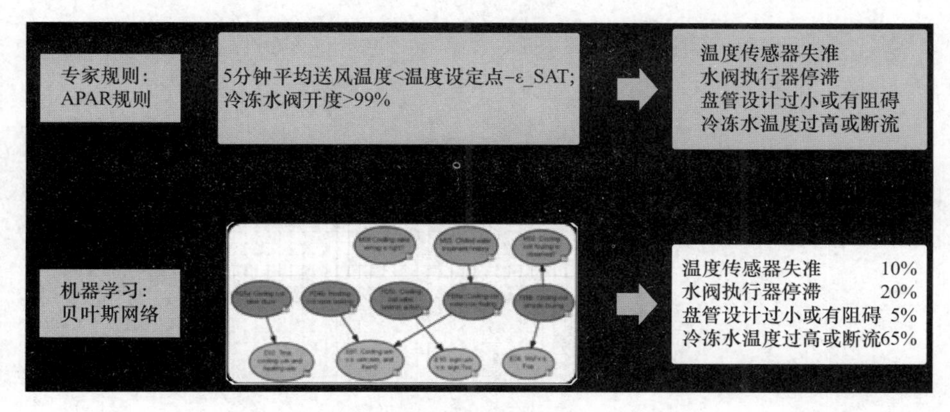

图 9-61　空调水系统故障诊断结果

9.13.4　燃气泄漏 AI 故障检测与预警

一直以来，由于基础设施老化等原因造成的燃气泄漏等事故时有发生，给人民生命安全和基础设施整体安全带来巨大损失和潜在威胁。通过融合 AI 算法模型的传感器网络准确检测燃气管道网络中出现的燃气泄漏和渗水等问题。根据工程需要，在立管、服务线和干线的多个不同关键位置部署N个压力传感器和M个各种类型的流量传感器，并在每个位置就地分析数据、就地实施反馈控制。另外，可在场地空阔的现场部署安全巡检机器人，辅助自动化监控系统实现移动式抄表和实时检测。(图 9-62)

图 9-62　管网自动化检测

第三部分　建筑机器人篇

第10章　建筑机器人产业与技术

10.1　建筑机器人发展现状与总体技术

应用于建筑空间的机器人近年来呈现出需求量激增的局面，市场潜能巨大。相关数据显示，2018年全球建筑机器人市场规模就达到了2.44亿美元。专家预测，到2025年，全球建筑机器人市场规模有望突破3.8亿美元。越来越多的建筑企业正计划大规模投入研发应用建筑机器人。近期，澳大利亚Fastbrick Robotics（FBR）公司打造的Hadrian X机器人已经将作业效率提升到了“一小时内完成200块砖的施工”。可以预测，未来5～10年内，绿色智慧建筑机器人的研发应用将使得建筑工程的各个环节实现效率、品质、安全、成本等性能要素的全面提升，并在一定程度解决劳动力不足的难题。在《住房和城乡建设部等部门关于推动智能建造与建筑工业化协同发展的指导意见》（建市〔2020〕60号）等政策的大力推动下，我国建筑机器人产业有望迎来发展的黄金期。

近年来，我国新型城镇化发展带动了智能建造与建筑工业化的快速发展，但中国建筑业体量庞大、建筑行业智能化基础较弱、人员总体专业素质不高等因素使得建筑业智能化转型升级仍有较长的路要走。目前，建筑业的发展出现以下典型问题：劳动力资源短缺如何解决？老龄化趋势严重如何应对？危险场景作业如何“机器换人”？城市风险如何预测预防？能源转型如何通过智能化途径实现？人的健康如何保障？总的来看，建筑工程全生命周期中仍普遍存在施工作业风险大、产业链协同度低、智能装备应用率低等多种问题。机器人技术在建筑业中的融合应用为传统建筑行业向智能化、工业化、智慧化升级提供了路径和方向。

建筑机器人的定义：应用于建筑行业的特种机器人，一般包括七个组成部分：机械本体、感知系统、驱动系统、运动控制系统、智能决策系统、导航定位系统、人机交互系统。可以是工业机器人类型，也可以是服务机器人类型。广义上看，可以有软件形态建筑机器人（偏重管理与决策、演示与展示、虚拟空间交互等功能，如数据智能决策机器人、虚拟数字人等）和硬件形态建筑机器人（软硬件一体）两大类。绿色智慧建筑机器人的定义：是一类服务于绿色智慧建筑产业的特种机器人，其核心技术体系由机械本体、传感、驱动、控制、决策构成。本书“绿色智慧建筑”的内涵主要包括节能建筑、智能建筑、健康建筑、安全建筑、韧性建筑五个方面。所有面向以上类型绿色智慧建筑应用的机器人都可称为绿色智慧建筑机器人。

建筑空间是人们人为了满足人们生产或生活的需要，运用各种建筑主要要素与形式所构成的内部空间与外部空间的统称。它包括墙、地面、屋顶、门窗等围成建筑的内部空间，以及建筑物与周围环境中的树木、山峦、水面、街道、广场等形成建筑的外部空间。建筑空间又分为地上建筑空间和地下建筑空间，其基本分类方法如图10-1所示。

目前，能够服务于不同类型建筑和建筑空间的智能机器人通用技术和个性化技术都尚待系统性深入研究。智能机器人理论和技术与建筑场景之间的紧密融合成为新的研究课题。建筑机器人的典型应用场景有：轨道交通隧道挖掘、矿山地下空间采掘、建筑工地运输、砌墙、铺砖、建筑测量、数据中心运维等。

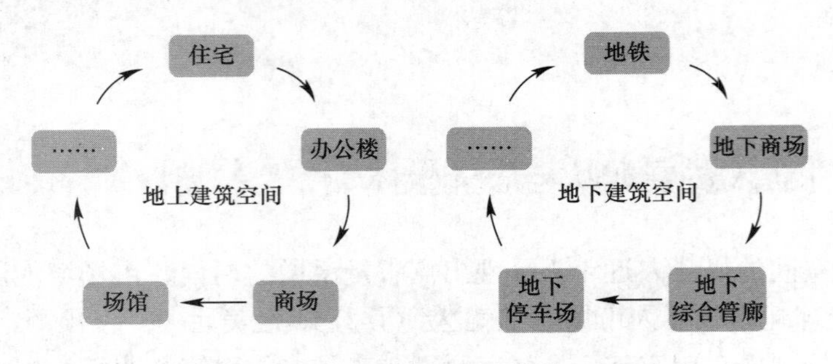

图 10-1　建筑空间分类

在调研梳理当前建筑机器人研究和产业化最新进展的基础上，系统性介绍建筑机器人的关键技术：机器人体系结构，机械臂自动控制技术，机器人智能感知与认知技术，机器人环境自适应伺服控制技术，机器人先进驱动技术，机器人自主导航定位技术。从智能机器人感知、驱动及控制三大核心技术入手，较为系统地给出了研发建筑机器人时必备的关键技术点，从底层原理出发，从研发不同类型机器人时用到的硬件电路、算法流程、算法模型等角度给出详细指导。对基于深度学习的目标识别及场景理解、轨迹优化的机械臂模糊神经网络控制技术、非结构化复杂环境下的自主导航及在线实时路径规划进行重点讲解。

尽量以实际产品案例为背景进行理论描述和软硬件系统设计说明，以缩短读者的理解周期，使读者能够快速上手设计实用化的机器人。结合典型场景机器人的产业化研发需求，给出研发设计方法与初步设计成果，形成建筑作业空间机器人系统的共性技术体系，奠定产业化发展基础。

建筑机器人的核心技术如下：①基于深度学习的目标识别及场景理解：利用多种传感器获取环境图像、点云等信息，采用改进后的深度学习技术通过多源信息融合进行建筑环境中的目标识别和场景语义分割，实现场景环境精准理解。②轨迹优化的机械臂模糊神经网络控制技术：将模糊神经网络控制算法及轨迹优化算法应用于机械臂运动控制，实现机械臂作业的高精度智能控制。③非结构化复杂环境下的自主导航及在线实时路径规划：对富有挑战性的非结构化复杂环境下的机器人自主导航技术及在线实时路径规划技术进行前瞻性探讨。该技术可解决城乡建设危险作业场景（如：燃气爆炸、高空作业、灾害救援等）人工作业困难问题，建筑空间高重复性劳动问题（如：公共场所疫情检测、物资搬运、工程施工），长远看可解决建筑行业劳动力短缺问题。

机器人是典型的机电一体化产品，一般由七部分组成：机械本体、感知系统、驱动系统、伺服控制系统、智能决策系统、导航定位系统、人机交互系统（输入/输出接口）。为对本体进行精确控制，传感器应提供机器人本体或其所处环境的信息；控制系统依据控制程序产生指令信号，通过控制各关节运动坐标的驱动器，使各臂杆端点按照要求的轨迹、速度和加速度，以一定的姿态达到空间指定的位置；驱动器将控制系统输出的信号变换为大功率信号，以驱动执行器工作。作为机器人的一个特定类别，建筑机器人技术的研究与发展应遵机器人学的一般规律。

10.2　机器人类型

从应用环境出发，机器人分为两大类：

① 工业机器人

面向制造业领域应用的多关节机械手或多自由度机器人。

② 特种机器人

除工业机器人之外的，用于非制造业并服务于人类的各种先进机器人，包括服务机器人、军用机器人、医疗机器人、农业机器人、建筑机器人、水下机器人、娱乐机器人、空天机器人等。

特种机器人有些分支发展很快，有独立成体系的趋势，如：服务机器人：迎宾机器人、金融服务机器人、助老助残机器人等。建筑机器人：施工机器人、搬运机器人、维保机器人、管道检测机器人、安防机器人、消防机器人、家庭健康监测机器人等。

移动机器人是一种由传感器、遥控操作器和自动控制的移动载体组成的机器人系统。具有移动功能，在代替人从事危险、恶劣（如辐射、有毒等）环境下作业和人所不及的（如宇宙空间、水下等）环境作业方面，比一般机器人有更大的机动性、灵活性。包含六大硬件单元：计算机单元，电机、显示器、传感器、驱动装置、控制器、编码器。移动机器人的研究始于 20 世纪 60 年代末期。斯坦福研究院（SRI）的 NilsNilssen 和 Charles Rosen 等人，在 1966 年至 1972 年中研发出了取名 Shakey 的自主移动机器人，目的是研究应用人工智能技术在复杂环境下机器人系统的自主推理、规划和控制。根据移动方式来分，移动机器人可分为：轮式移动机器人、步行移动机器人（单腿式、双腿式和多腿式）、履带式移动机器人、爬行机器人、蠕动式机器人和游动式机器人等类型；按工作环境来分，可分为：室内移动机器人和室外移动机器人；按控制体系结构来分，可分为：功能式（水平式）结构机器人、行为式（垂直式）结构机器人和混合式机器人；按功能和用途来分，可分为：医疗机器人、军用机器人、助残机器人、清洁机器人、教育机器人等。

特种机器人指除工业机器人、公共服务机器人和个人服务机器人以外的机器人，一般专指专业服务机器人。特种机器人应用于专业领域，一般由经过专门培训的人员操作或使用的，辅助和/或代替人执行任务的机器人。根据特种机器人所应用的主要行业，可将特种机器人分为：农业机器人、电力机器人、建筑机器人、物流机器人、医用机器人、护理机器人、康复机器人、安防与救援机器人、军用机器人、核工业机器人、矿业机器人、石油化工机器人、市政工程机器人和其他行业机器人。根据特种机器人使用的空间（陆域、水域、空中、太空），可将特种机器人分为：地面机器人、地下机器人、水面机器人、水下机器人、空中机器人、空间机器人和其他机器人。根据特种机器人的运动方式分为：轮式机器人、履带式机器人、足腿式机器人、蠕动式机器人、飞行式机器人、潜游式机器人、固定式机器人、喷射式机器人、穿戴式机器人、复合式机器人和其他运动方式机器人。按功能分类：特种机器人的功能分类与行业相关，常见的功能主要包括采掘、安装、检测、维护、维修、巡检、侦察、排爆、搜救、输送、诊断、治疗、康复、清洁等。特种机器人是近年来得到快速发展和广泛应用的一类机器人，在我国国民经济各行业均有应用。其应用范围主要包括：农业、电力、建筑、物流、医疗、护理、康复、安防、救援、军用、核工业、矿业、石油化工、市政工程等。

10.3 建筑机器人技术瓶颈与发展建议

建筑机器人尚存的突出技术难点（瓶颈）如下：大多数机器人仅适用于平坦地形，复杂地形适应能力弱，对不同地貌环境的自动识别能力差（地形地貌机器学习能力不是很强）。能够自动适应不同地形地貌的环境感知及智能控制方法仍需进一步研究和探索。就建筑机器人而言，对各种建筑空间下不同作业环境的自适应能力较差，不能根据作业环境自动调整结构和算法。例如：足轮互换式机器人仍有很大研发难度。环境感知系统技术的不成熟仍是阻碍智能机器人总体性能提高的最主要瓶颈，仍存在着大量无法解决的科学和技术难题，这也是智能机器迈向大规模实用化阶段的最大阻力。影响感知性能的主要原因在于：现有算法大多只适用于良好可视环境，或只针对某种干扰进行改进，能够克服各种随机异源扰动的鲁棒、快速、统一视觉检测及识别算法很难被开发出来，因此面向复杂不确定性环境的鲁棒视觉感知系统尚未问世。实例：近年来国内外无人车大赛的故障统计结果显示，故障大多数来自于环境感知部分。例如，在2007年的“DARPA Urban Challenge”无人车大赛中，卡耐基梅隆大学研发的冠军车Boss赛后总结自身不足时提出的关键问题是：检测算法在扬尘道路环境中将灰尘“疑视”为障碍物，多次反复试探导致车辆行为决策时间增长以至严重影响比赛成绩；在我国2009年组织的“中国智能车未来挑战赛”中，天津军事交通学院研发的冠军车赛后总结出的难点是：无法鉴别随机飞入车辆视野的鸟、树叶等伪障碍物，将其当作障碍物处理引起多次不必要的车辆急刹车。Google无人车截至2013年尚没有解决的问题仍主要来自环境感知方面：当遇见闪亮表面反射时（如雨天路面），传感器出现混乱；车辆不知道如何过十字路口，缺乏对十字路口的认知能力。

建筑机器人的研究和产业化应重视以下四个方面工作：

（一）要具备强人工智能技术（特别是机器人学）的深厚积淀。绿色智慧建筑机器人的基础理论和技术来自机器人科学与技术专业领域，而机器人学又是人工智能理论的一个分支。因此应重视源头性基础理论和技术的研究，深耕自动化、机器人、人工智能等相关专业技术。

（二）要能解决建筑行业发展的痛点与亟需。作为服务于建筑行业的特种机器人，绿色智慧建筑机器人产品的策划和定位应从建筑场景需求为出发点，深入调研和分析建筑场景的痛点和需求，密切结合场景设计机器人产品，做到场景定制精致机器人、产品服务于建筑业绿色智慧化长足发展。

（三）要能服务于碳达峰碳中和国家战略。在“双碳”目标背景下，绿色智慧建筑正在寻求各种节能环保之道，通过精准量化碳排放、碳足迹计算及碳中和策略实施，广义绿色建筑机器人（包括硬件机器人和软件机器人）有望通过AI主动节能方式改善双碳战略实施进程中的场景智能技术偏弱状况，在众多绿色化场景中广泛发挥基础性作用。

（四）要能服务于城市安全和工业安全。从机械、电气、自动控制、模式识别等各角度自主研制的国产化绿色智慧建筑机器人能够以自主可控智能技术保障国家城市建设运营安全和工业控制系统、工业互联网安全，改善机器人技术和产业链受制于外国的整体局面。

建筑机器人的产业化要具有产品思维，应以标准化、模块化方式高效推进各品类建筑机器人的设计、研发、测试工作，坚持标准先行与标准引领，有效降低重复性、盲目性投入，在精准定位产品和市场的前提下再开展研发试制工作。同时，应加强对产品理论原型与关键技术的研究与创新，从底层保证技术自主可控。这样才能有效保证未来国产建筑机器人向安全、智能、绿色、普惠方向健康发展，才能有力促进建筑机器人产业不断发展壮大，从而为我国建筑业发展改革与智能化转型提供有力支撑。

10.4　建筑机器人关键技术

10.4.1　体系结构与系统软件

SPA 结构：从感知进行映射，经由一个内在的世界模型构造，再由此模型规划一系列的行动，最终在真实的环境中执行这些规划。与之对应的软件结构称为经典模型，也称为层次模型、功能模型、工程模型或三层模型，这是一种由上至下执行的可预测的软件结构。SPA 机器人系统典型结构中建立有三个抽象层，分别称为行驶层（Pilot，最底层）、导航层（Navigator，中间层）、规划层（Planner，最高层）。传感器获取的载体数据由下两层预处理后再到达最高"智能"层作出行驶决策，实际的动作（如导航和低层的行驶功能）交由下面各层执行，最底层成为与机器人的接口，将控制指令发送给机器人的执行器。缺点：这种方法强调世界模型的构造并以此模型规划行动，而构造符号模型需要大量的计算时间，这对机器人的性能会有显著的影响。另外，规划模型与真实环境的偏差将导致机器人的动作无法达到预期的效果。

基于行为方法的前身是反应式系统，反应式系统并不采用符号表示，却能够生成合理的复合行为。基于行为机器人方案进一步扩展了简单反应式系统的概念，使得简单的并发行为可以结合起来工作。基于行为的软件模型是一种由下至上的设计，因而其结果不易预测，每一个机器人功能性（functionality）被封装成一个小的独立的模块，称为一个"行为"，而不是编写一整个大段的代码。因为所有的行为并行执行，所以不需要设置优先级。此种设计的目的之一是易于扩展，例如便于增加一个新的传感器或向机器人程序里增加一个新的行为特征。所有的行为可以读取载体所有传感器的数据，但当归集众多的行为向执行器产生单一的输出信号时，则会出现问题。在基于行为系统中运行着一定数目作为并行进程的行为，每一个行为可以读取所有的传感器（读动作），但只有一个行为可获得机器人执行器或行驶机构的控制权（写动作）。

安全自主机器人应用架构（Safe Autonomous Robot Application Architecture，SARAA）是一种强调安全性的自主机器人的开发方法。如图 10-2 所示。

软件工程的基本要求包括模块化、代码可复用、功能可共享。使用通用的框架，有利于分解开发任务及代码移植。机器人系统软件应遵从软件工程的一般规律。

10.4.2　传感器与模式识别

机器人用传感器来检测各种状态。机器人的内部传感器信号被用来反映机械臂关节的实际运动状态，机器人的外部传感器信号被用来检测工作环境的变化。

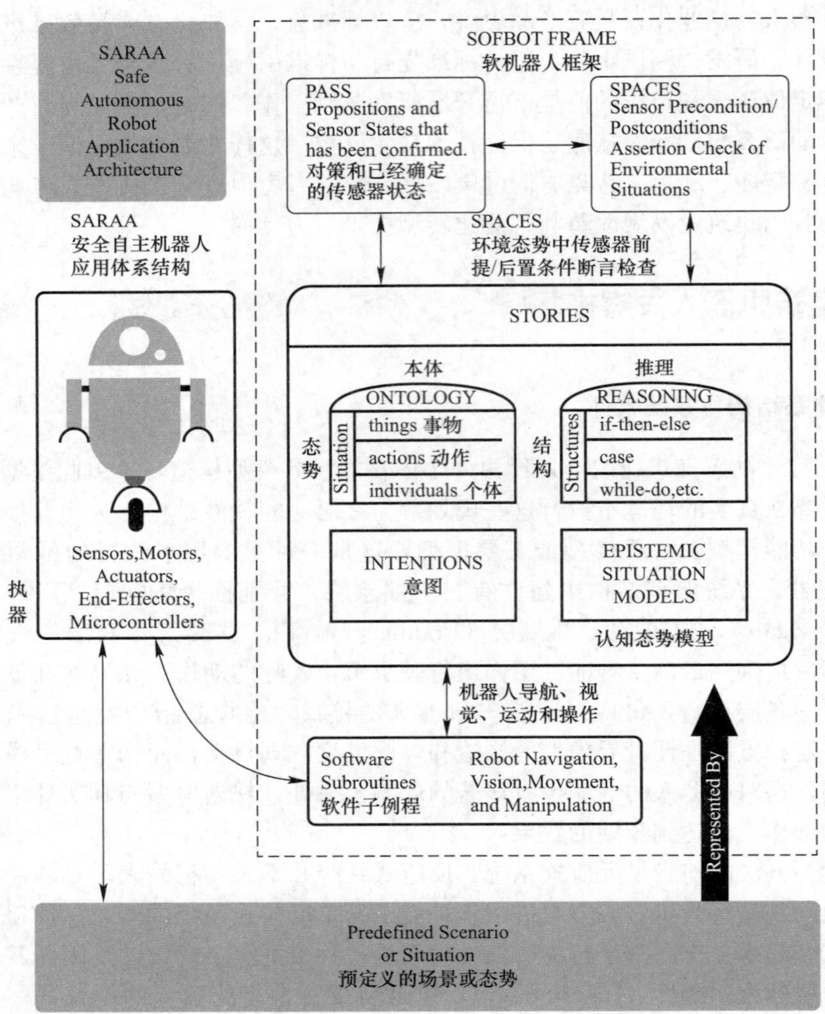

图 10-2　安全自主机器人应用架构

视觉、雷达及温度、压力、MEMS（微机电传感系统）等均可作为机器人感知世界的“眼睛”。除了检测与感知硬件，还需要模式识别算法和软件，才能构成完整的机器人感知系统。

（一）机器人传感器

智能机器人的传感器类型包括：内部传感器和外部传感器。内部传感器：用来检测机器人本身状态（如手臂间角度）的传感器。多为检测位置和角度的传感器。内部传感器和电机、轴等机械部件或机械结构如手臂（Arm）、手腕（Wrist）等安装在一起，完成位置、速度、力度的测量，实现伺服控制。包括：位置（位移）传感器、速度传感器、加速度传感器、力觉传感器……外部传感器：用来检测机器人所处环境（如是什么物体，离物体的距离有多远等）及状况（如抓取的物体是否滑落）的传感器。具体有物体识别传感器、物体探伤传感器、接近觉传感器、距离传感器、力觉传感器，听觉传感器等。新一代机器人如多关节机器人，特别是移动机器人、智能机器人则要求具有校正能力和反应环境变化的能力，外传感器就是实现这些能力的。包括：视觉、力觉、触觉、听觉、嗅觉、味觉、滑觉……

机器人传感器在仿人机器人中的典型应用如图 10-3 所示。

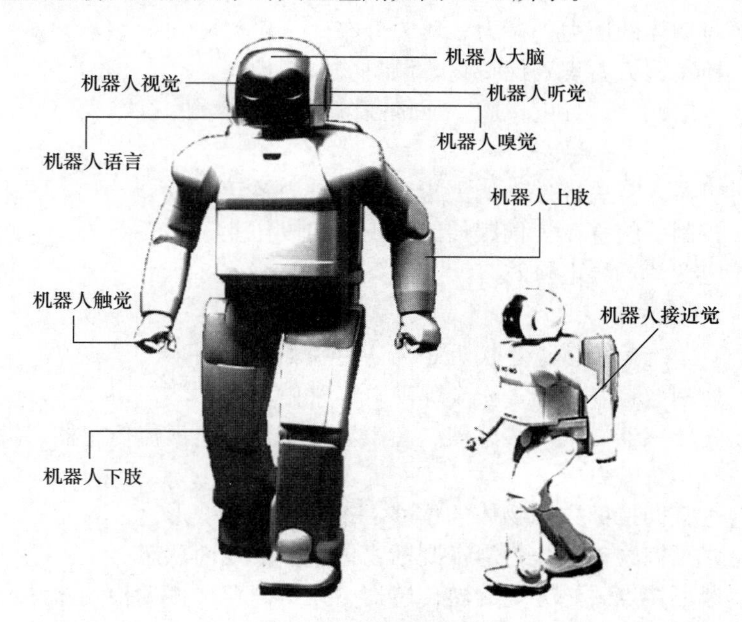

图 10-3　机器人传感器的典型应用

一些具体的传感器简介如下：

明暗觉

检测内容：是否有光，亮度多少。

应用目的：判断有无对象，并得到定量结果。

传感器件：光敏管、光电断续器。

视觉

检测内容：对象的色彩及浓度。

应用目的：利用颜色识别对象的场合。

传感器件：彩色摄像机、滤波器、彩色 CCD。

位置觉

检测内容：物体的位置、角度、距离。

应用目的：物体空间位置、判断物体移动。

传感器件：光敏阵列、CCD 等。

形状觉

检测内容：物体的外形。

应用目的：提取物体轮廓及固有特征，识别物体。

传感器件：光敏阵列、CCD 等。

接触觉

检测内容：与对象是否接触，接触的位置。

应用目的：确定对象位置，识别对象形态，控制速度，安全保障，异常停止，寻径。

传感器件：光电传感器、微动开关、薄膜特点、压敏高分子材料。

压觉

检测内容：对物体的压力、握力、压力分布。

应用目的：控制握力，识别握持物，测量物体弹性。

传感器件：压电元件、导电橡胶、压敏高分子材料。

力觉

检测内容：机器人有关部件（如手指）所受外力及转矩。

应用目的：控制手腕移动，伺服控制，正确完成作业。

传感器件：应变片、导电橡胶。

接近觉

检测内容：对象物是否接近，接近距离，对象面的倾斜。

应用目的：控制位置，寻径，安全保障，异常停止。

传感器件：光传感器、气压传感器、超声波传感器、电涡流传感器、霍尔传感器。

滑觉

检测内容：垂直握持面方向物体的位移，重力引起的变形。

应用目的：修正握力，防止打滑，判断物体重量及表面状态。

传感器件：球形接点式、光电旋转传感器、角编码器、振动检测器。

常用的智能机器人传感器——位置（位移）传感器的技术原理和使用方法如下。直线位移传感器的功能在于把直线机械位移量转换成电信号。直线移动传感器有电位计式传感器和可调变压器两种。角位移传感器有电位计式、可调变压器（旋转变压器）及光电编码器三种，其中光电编码器有增量式编码器和绝对式编码器。增量式编码器一般用于零位不确定的位置伺服控制，绝对式编码器能够得到对应于编码器初始锁定位置的驱动轴瞬时角度值，当设备受到压力时，只要读出每个关节编码器的读数，就能够对伺服控制的给定值进行调整，以防止机器人启动时产生过剧烈的运动。角度位移传感器应用于障碍处理：使用角度传感器来控制轮子可以间接地发现障碍物。原理：如果电机角度传感器运转，而齿轮不转，说明机器人已经被障碍物挡住了。唯一要求就是运动的轮子不能在地板上打滑（或者说打滑次数太多），否则将无法检测到障碍物。激光位移传感器：可精确非接触测量被测物体的位置、位移等变化，主要应用于检测物的位移、厚度、振动、距离、直径等几何量的测量。按照测量原理，激光位移传感器原理分为激光三角测量法和激光回波分析法，激光三角测量法一般适用于高精度、短距离的测量，而激光回波分析法则用于远距离测量。直线位移传感器电路如图 10-4 所示。

图 10-4　直线位移传感器电路

各种直线位移传感器如图 10-5 所示。

常用的智能机器人传感器——力传感器的技术原理和使用方法如图 10-6 所示。

图 10-5　各种直线位移传感器

力传感器应用方法如图 10-7 所示。

关节力传感器包括力传感器、腕力传感器。可利用光纤外调制机理设计机器人触觉传感器。对传感器的静态性能和动态性能进行研究，建立传感器的数学模型。这种传感器能够有效地获取触觉信号，可用在机械手上实现无损伤抓取作业。

关节力传感器应用于机械手方法如图 10-8 所示。

多指多关节灵巧机械手结构如图 10-9 所示。

腕力传感器结构与应用方法如图 10-10 所示。

图 10-6　六维力传感器

(二）雷达传感与感知

典型的如：用激光雷达探测道路，效果如图 10-11 所示。

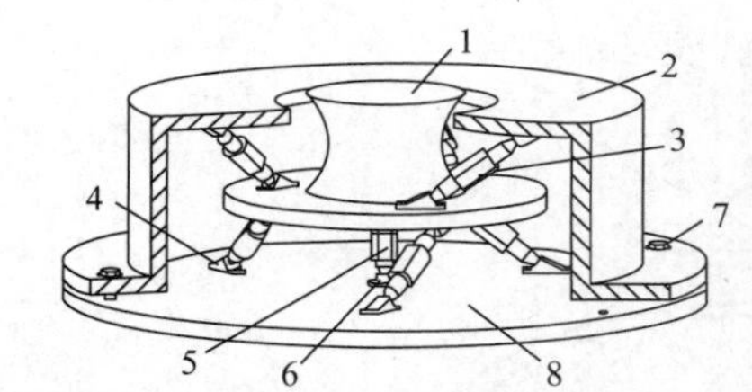

(1)测力平台；(2)预紧平台；(3)测量分支；(4)球窝；(5)下平台；(6)球窝；(7)预紧螺栓；(8)基座

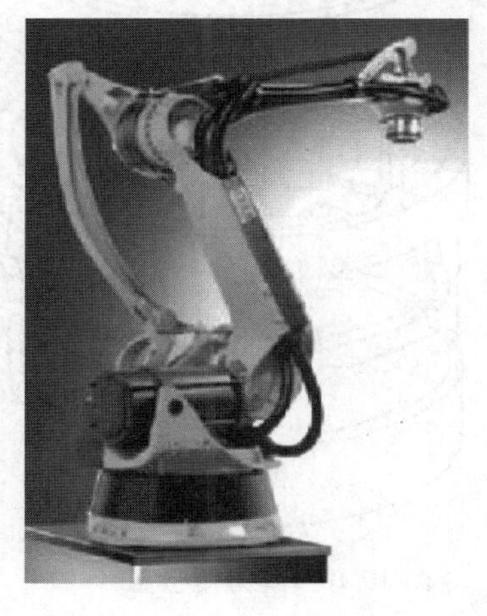

图 10-7　力传感器应用

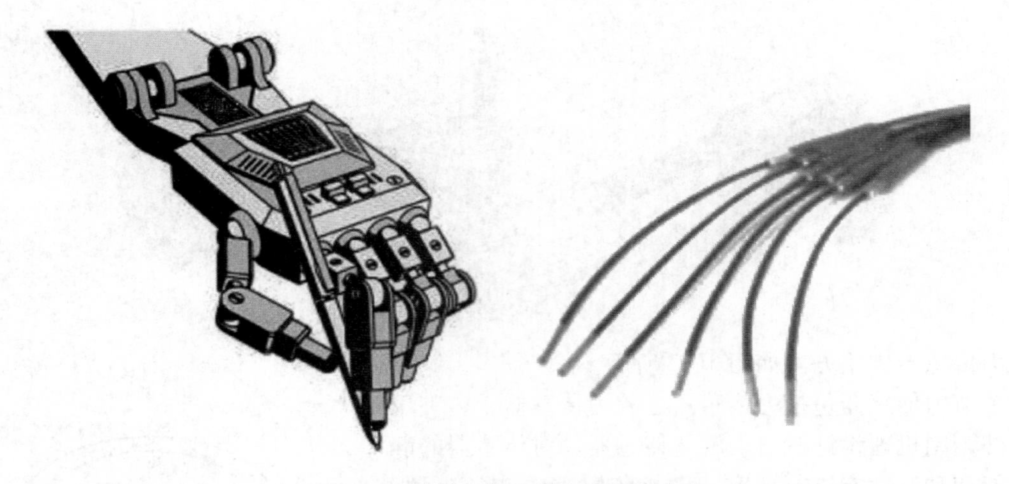

图 10-8　关节力传感器应用于机械手

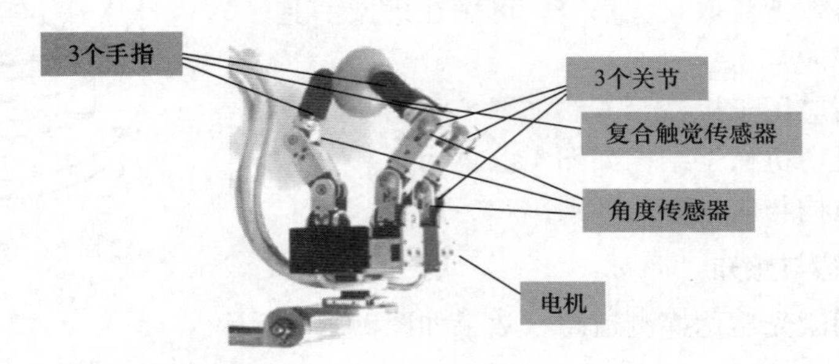

图 10-9　多指多关节灵巧机械手

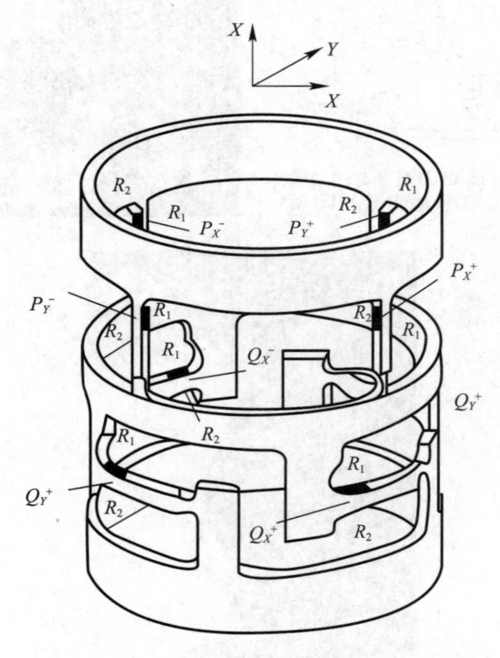

图 10-10　腕力传感器（一）

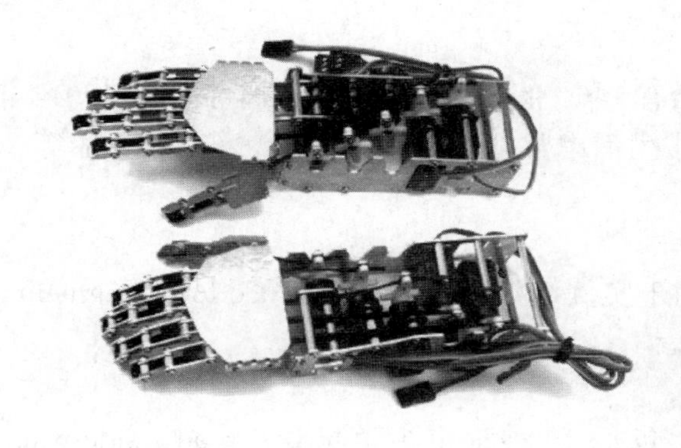

图 10-10　腕力传感器（二）

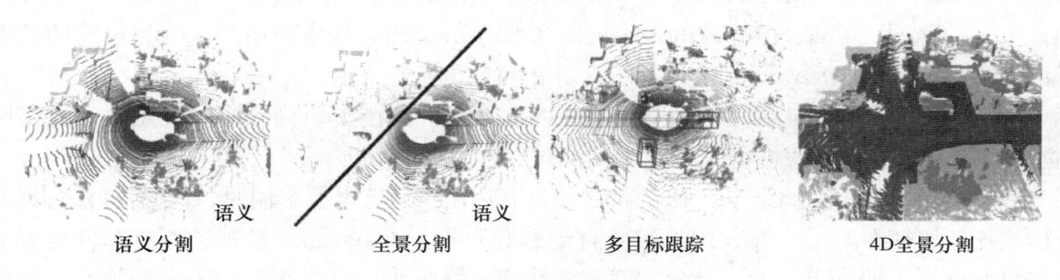

图 10-11　激光雷达探测道路效果

特殊地，在恶劣环境条件下进行安全监控时，要采用特定产品。图 10-12 所示安全雷达 PSEN rd1.2 可用于任何光电传感器不适用的地方，尤其在木材加工、矿物和钢铁加工、重工业以及运输和物流行业等恶劣应用条件下。雷达传感器安装在三个轴上，由于围绕 X 轴和 Y 轴的旋转，也可以垂直天花板进行安装。

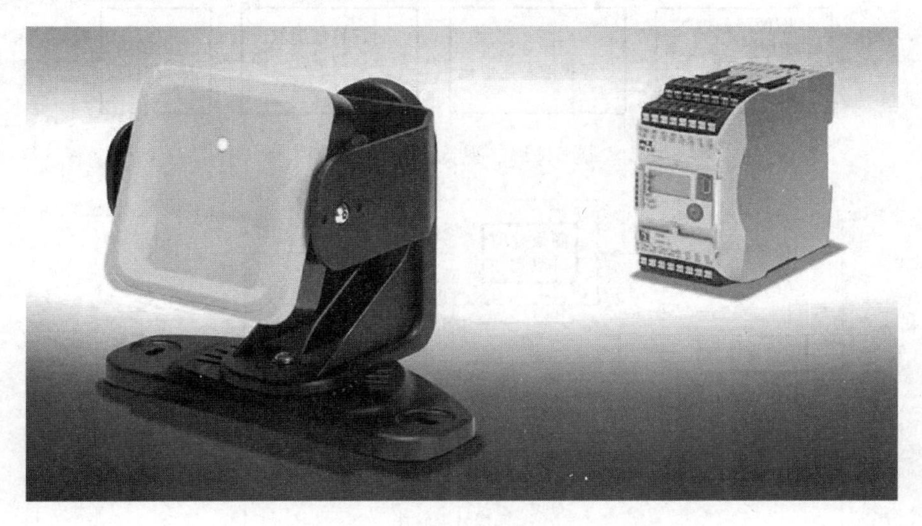

图 10-12　PSENradar 雷达传感器

（三）视觉传感与感知

通过互联网提供的数据集进行感知系统的设计研发是一种经常被采用的研究手段。语义分割数据集主要有：

Pascal VOC 系列：

通常采用 PASCAL VOC 2012，最开始有 1464 张具有标注信息的训练图片，2014 年增加到 10582 张训练图片。主要涉及了日常生活中常见的物体，包括汽车，狗，船等 20 个分类。

Microsoft COCO：

一共有 80 个类别。这个数据集主要用于实例级别的分割（Instance-level Segmentation）以及图片描述（Image Caption）。

Cityscapes：

适用于汽车自动驾驶的训练数据集，包括 19 种都市街道场景：road、side-walk、building、wal、fence、pole、traficlight、trafic sign、vegetation、terain、sky、person、rider、car、truck、bus、train、motorcycle 和 bicycle。该数据库中用于训练和校验的精细标注的图片数量为 3475，同时也包含了 2 万张粗糙的标记图片。

对无人车这种轮式自主移动机器人的环境感知来讲，在实车验证前一般需要通过实验数据和实验系统进行算法性能及技术方案测试。

Cityscapes 3D 是原始 Cityscapes 的扩展，具有适用于所有类型车辆的 3D 边界框注释以及 3D 检测任务的基准。2020 年，国际权威自动驾驶数据库 Cityscapes 发布了所有车辆类型的 3D 边界框注释，即汽车、卡车、公共汽车、轨道、摩托车、自行车、大篷车和拖车。箱体注释具有完整的 3D 方向，包括偏航、俯仰和滚动标签。在这个公开数据集上，使用者可以获取自动驾驶的大数据，加入自己开发的算法模型后便可进行算法与系统仿真、模拟、测试等工作。典型视觉识别流程、图像采集和处理系统、单目采集原理如图 10-13～图 10-15 所示。

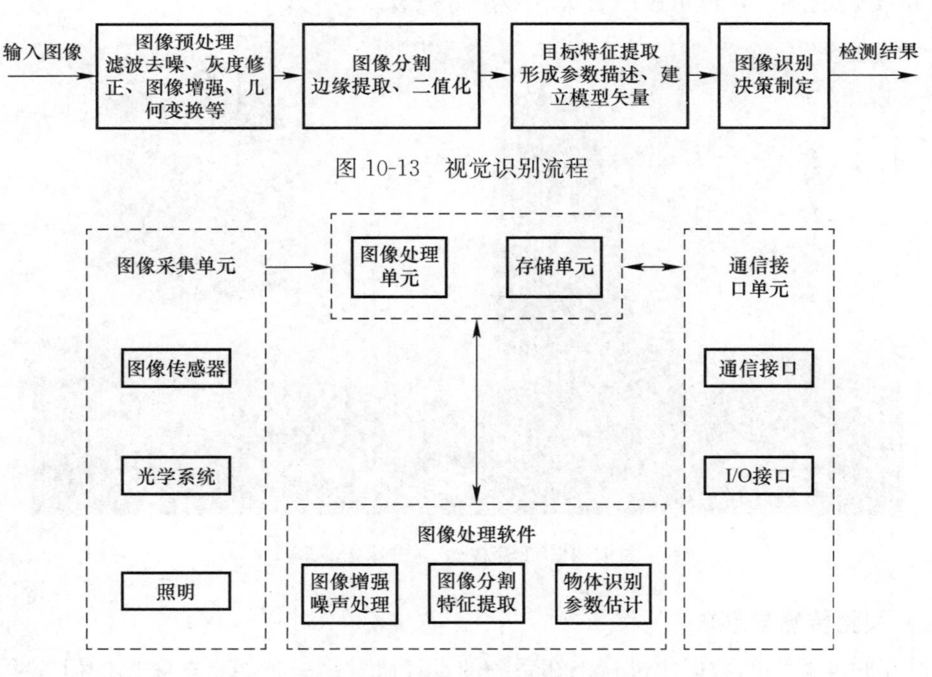

图 10-13　视觉识别流程

图 10-14　图像采集和处理系统

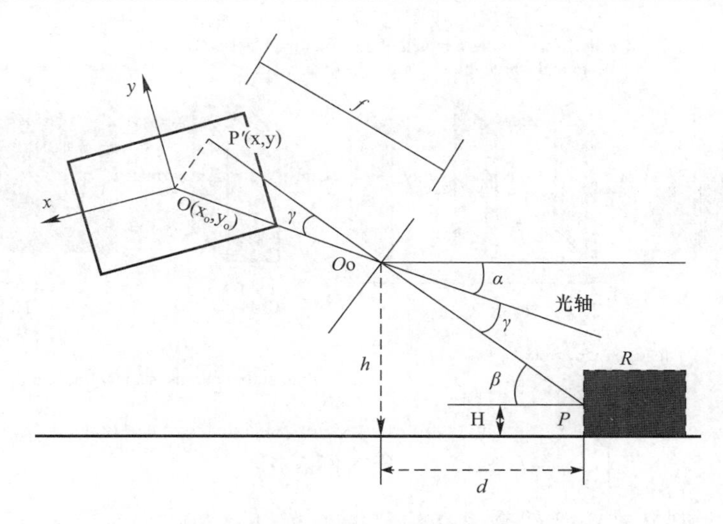

图 10-15　单目采集原理

语义：在语音识别中指的是语音，在图像领域指的是图像的内容。语义分割是计算机视觉中十分重要的领域，它是指像素级地识别图像，即标注出图像中每个像素所属的对象类别。目前语义分割的应用领域主要有：地理信息系统、无人车环境理解、医疗影像分析机器人。地理信息系统中，可以通过训练神经网络让机器输入卫星遥感影像，自动识别道路、河流、庄稼、建筑物等，并且对图像中每个像素进行标注。语义分割也是无人车驾驶的核心算法技术，车载摄像头或者激光雷达探查到图像后输入神经网络中，后台计算机可以自动将图像分割归类，以避让行人和车辆等障碍。无人车道路语义理解场景如图 10-16 所示。

图 10-16　无人车道路语义理解场景

语义分割中常采用的深度学习技术是全卷积神经网络 FCN（2015）。全卷积神经网络主要使用了三种技术：卷积化（Convolutional），上采样（Upsample），跳跃结构（Skip Layer）。FCN 追求的是：输入是一张图片，输出也是一张图片，学习像素到像素的映射，端到端的映射，网络结构如图 10-17 所示。

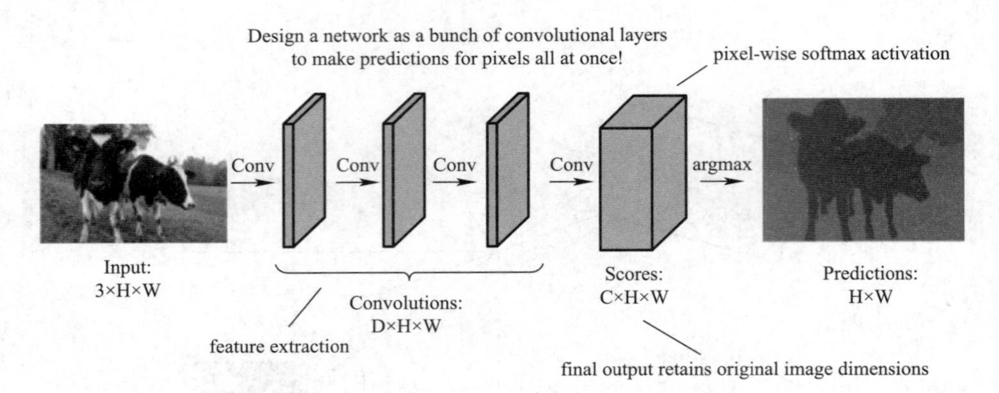

论文：Fully Convolutional Networks for Semantic Segmentation

图 10-17　FCN 网络结构

KITTI 语义分割基准由 200 个语义注释的列车以及 200 个对应于 KITTI Stereo 和 Flow Benchmark 2015 的测试图像组成。数据格式和指标符合城市景观数据集。数据可以在这里下载：用于语义和实例分割的下载标签（314MB），下载开发套件（1MB）。如图 10-18 所示。

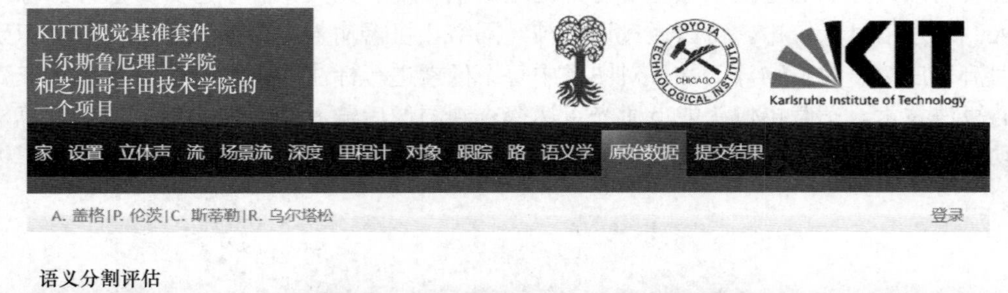

图 10-18　KITTI 语义分割数据获取及分割评估

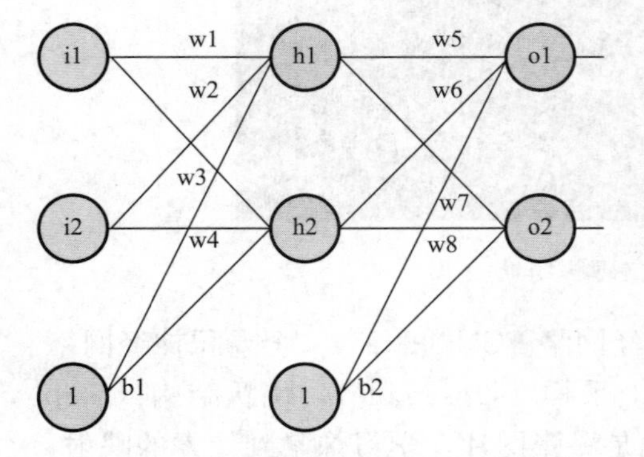

图 10-19　神经网络算法架构

对道路图像数据的学习可采用神经网络算法，也可采用深度学习算法（如卷积神经网络）。可采用的典型神经网络算法架构如图 10-19 所示。在采用深度学习算法时，通过实验可以发现：随着网络层级的不断增加，模型精度不断得到提升，而当网络层级增加到一定的数目以后，训练精度和测试精度迅速下降，这说明当网络变得很深以后，深度网络就变得更加难以训练了。在网络很深的时候（56 层相比 20 层），模型效果却越来越差了（误差率越高），并不是网络越深越好。卷积神经网络算法中的 34 层如图 10-20 所示。

深度学习算法中训练集和校验集误差规律如图 10-21 所示。

10.4.3　驱动技术

驱动器是机器人的重要组成部分，如同“肌肉”。驱动技术主要分为三大类：电气驱动、流体驱动（气动、液动）、新型驱动。新型驱动方式根据原理不同，又分为：橡胶驱动、磁致伸缩驱动、压电驱动、形状记忆合金驱动、静电驱动、光驱动、高分子驱动。建筑机器人要适应复杂作业环境，就要根据作业特点选择与之相适应的驱动技术。机器人驱动方法总结为图 10-22 所示。

电机驱动原理如下：直流电机里边固定有环状永磁体，电流通过转子上的线圈产生安培力，当转子上的线圈与磁场平行时，再继续转受到的磁场方向将改变，因此此时转子末端的电刷跟转换片交替接触，从而线圈上的电流方向也改变，产生的洛伦兹力方向不变，电机能保持一个方向转动。

某机器人电驱动与控制器方案如图 10-23 所示。

某机器人电驱动与控制算法流程如图 10-24 所示。

气动原理：以压缩机为动力源，压缩空气为工作介质，来进行能量传递和控制的驱动方式。如图 10-25、图 10-26 所示。

《全软体自主机器人的一体化设计与制造策略》中的“小章鱼”机器人是世界上第一个完全软体的且自我驱动的机器人。如图 10-27 所示。

电动驱动的输出功率比较小、减速齿轮等传动零器件容易磨损。液压驱动适用于特大功率机器人。在一些大功率的作业时，机器人一般都采用液压驱动的系统。液压驱动与电动驱动相比，在输出功率、宽带、响应度、精确度上都更具优势。液压驱动的优点是功率大，可省去减速装置而直接与被驱动杆件相连（图 10-28）。

减速器是机器人驱动系统中的重要零部件。全球工业机器人用的精密减速器基本为日本所垄断，最近几年，虽然国内也有量产的 RV 减速器，但却鲜有国产机器人企业选用，目前中国市场的减速器普遍依赖进口。减速器好比是工业机器人的关节。作为一种小体积、大传动比、零背隙、超高传动/体积比的减速机，RV 减速机，是精密机械工业的一个巅峰之作，减速机里面完全是由高精度的元件，齿轮相互啮合，对材料科学，精密加工装备，加工精度，装配技术，高精度检测技术提出了极高的要求。工业机器人核心部件 RV 减速器（中船重工 707 所）如图 10-29 所示。

10.4.4　机械手

美国宇航局研制的 Robonaut 宇航机器人（该手的控制方式是人手戴着数据手套进行控制）。Robonaut 手采用 12 个电机驱动，每个手指采用

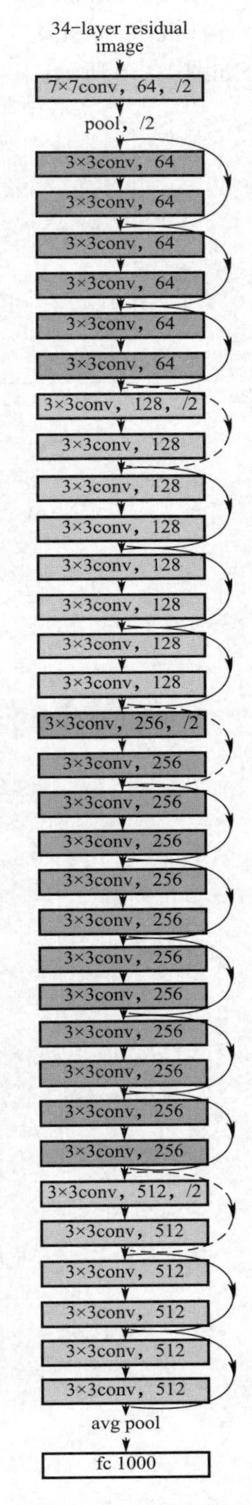

图 10-20　卷积神经网络算法中的 34 层

连杆机构，核心是：采用串联的两套四连杆机构实现多关节耦合运动（三个关节的联动）。如图 10-30 所示。

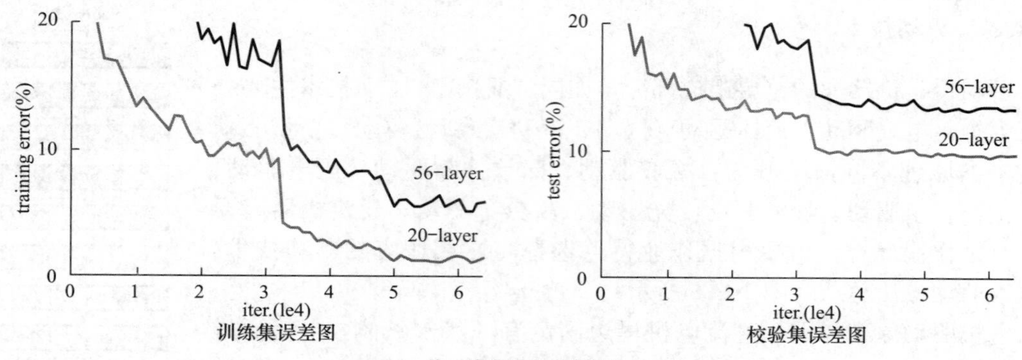

图 10-21　深度学习算法中训练集和校验集误差规律

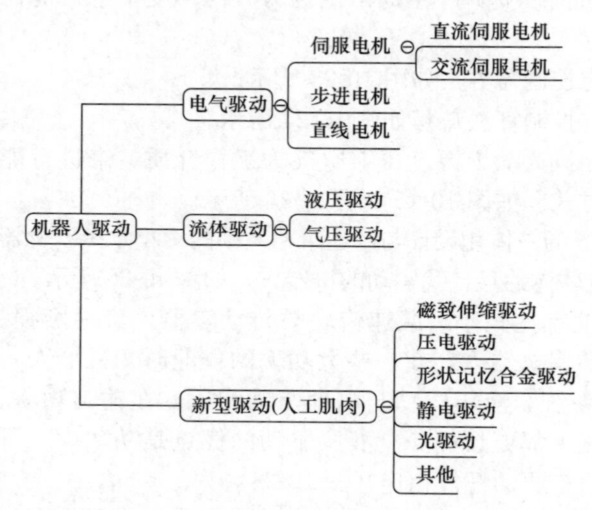

图 10-22　机器人驱动方法

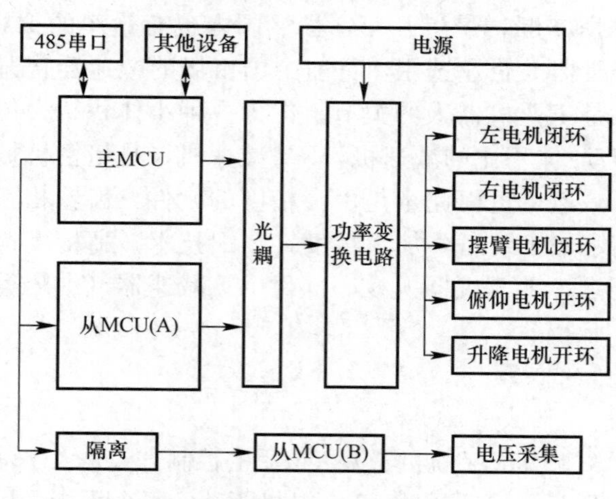

图 10-23　某机器人电驱动与控制器方案

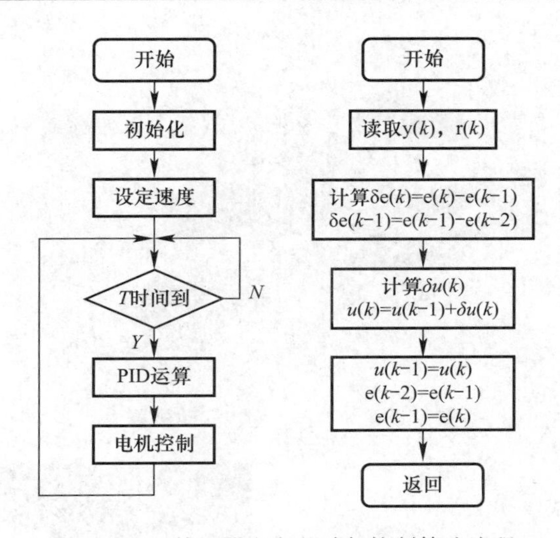

图 10-24　某机器人电驱动与控制算法流程

图 10-25　气缸

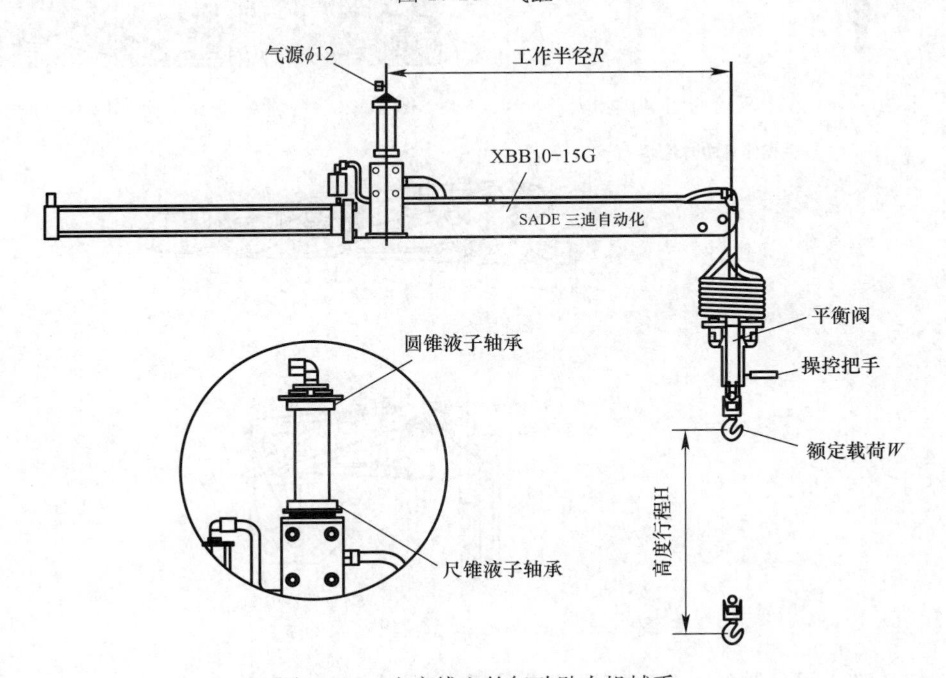

图 10-26　生产线上的气动助力机械手

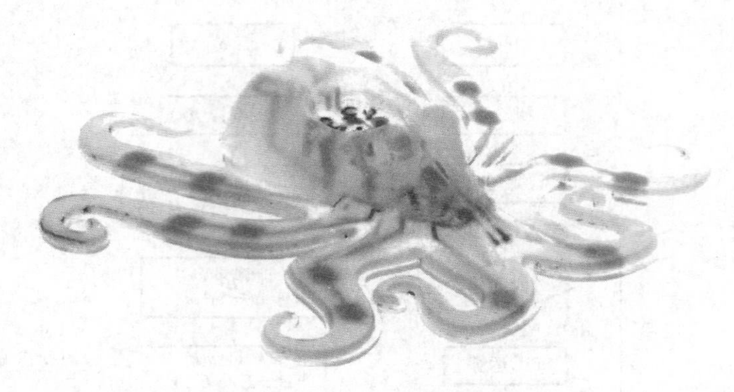

图 10-27 “小章鱼”气动机器人

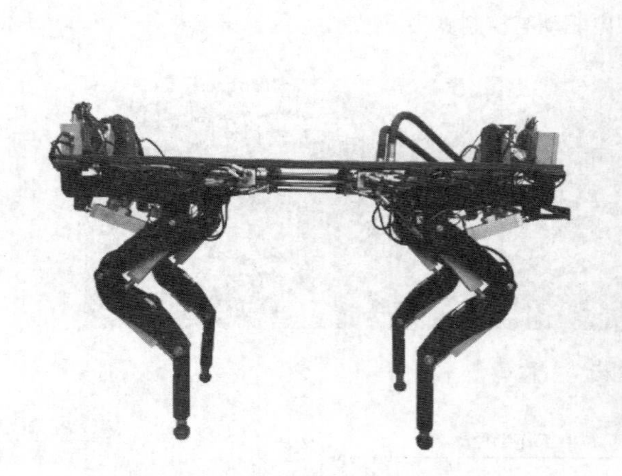

图 10-28 液压驱动的四足机器人

图 10-29 工业机器人核心部件 RV 减速器

手指伸直的时候：

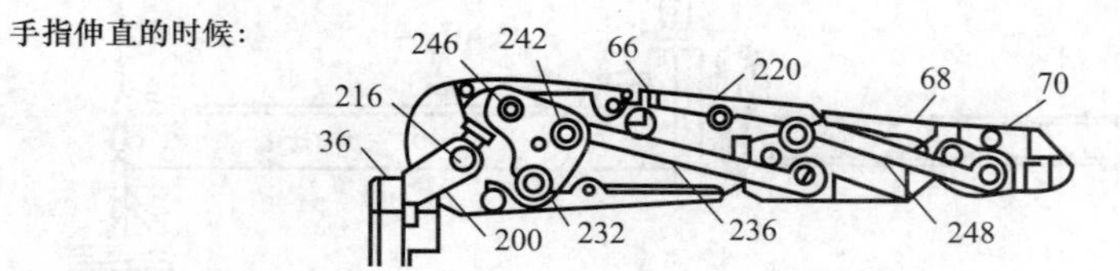

手指弯曲的时候：

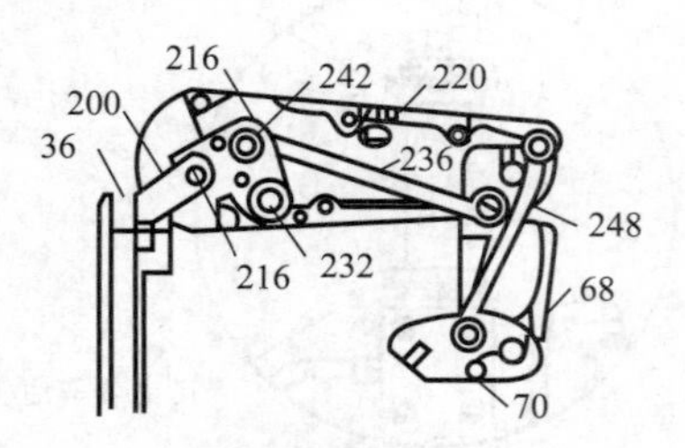

图 10-30 Robonaut 宇航机器人的手

日本本田公司研制的 ASIMO 机器人的手是耦合自适应手。采用弹簧来达到自适应效果，采用类似 Robonaut 手的 8 字形连杆机构实现耦合联动多关节效果。如图 10-31 所示。

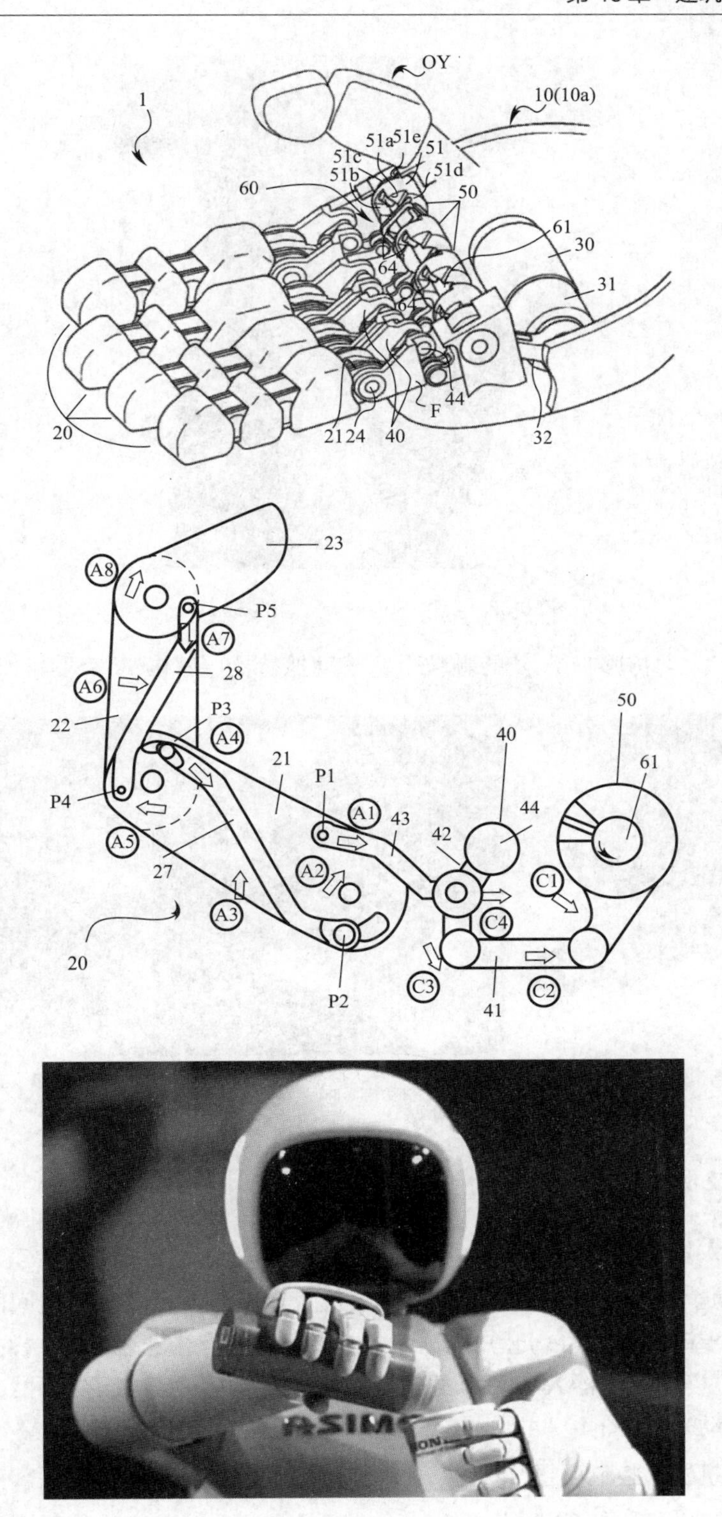

图 10-31　日本本田公司 ASIMO 机器人的手

英国 Shadow 公司的 Shadow 手如图 10-32 所示。

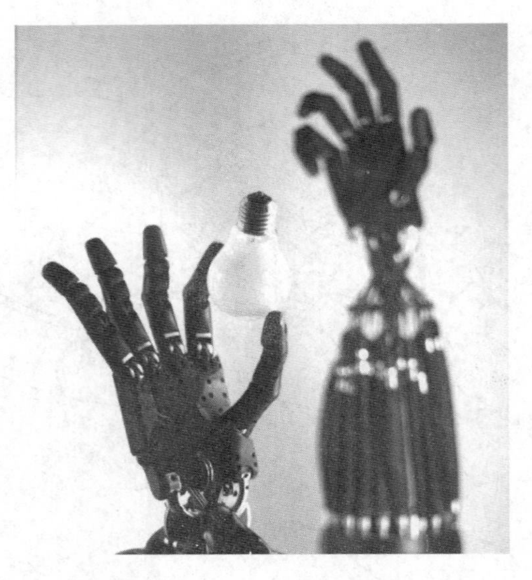

图 10-32　英国 Shadow 公司的 Shadow 手

美国康奈尔大学仿哆啦 A 梦的颗粒阻塞气动抓持器（哆啦 A 梦手）如图 10-33 所示。

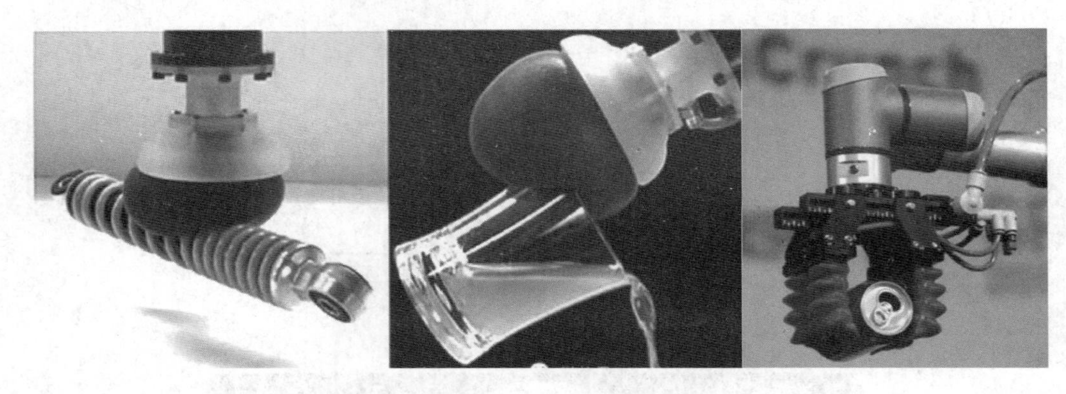

图 10-33　哆啦 A 梦手

10.4.5　控制技术

（一）机器人运动学

机器人运动学的研究对象是机器人各关节位置和机器人末端位姿之间的关系。机器人运动学包含两个基本问题：1）已知机器人各关节的位置，求机器人末端的位姿。2）已知机器人末端的位姿，求机器人各关节的位置。机器人的运动方式有两种：PTP（点到点）及 CP（连续运动）。如图 10-34 所示。

（二）工业机器人控制（图 10-35）

工业机器人坐标系具有以下几个坐标系：工具坐标系，基座坐标系，世界坐标系，用户坐标系，工件坐标系。机器人坐标系如图 10-36 所示。

两个关节轴线沿公垂线的距离 a_n，称为连杆长度；另一个是垂直于 a_n 的平面内两个

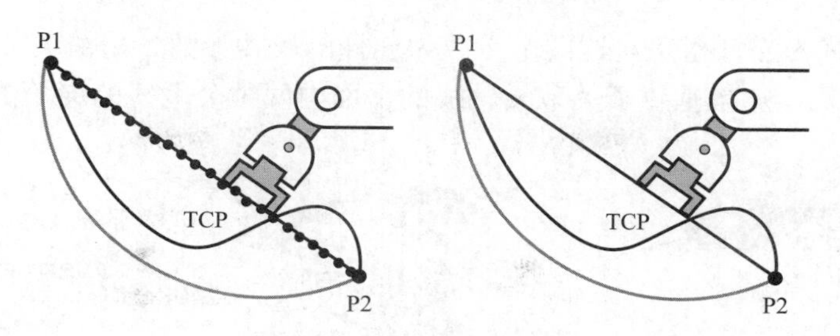

图 10-34　机器人运动方式

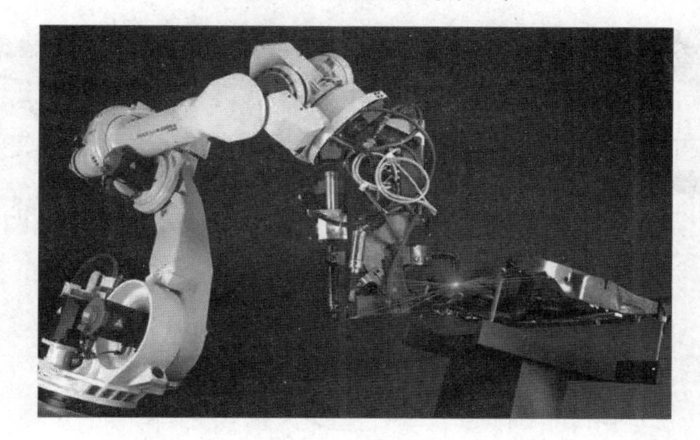

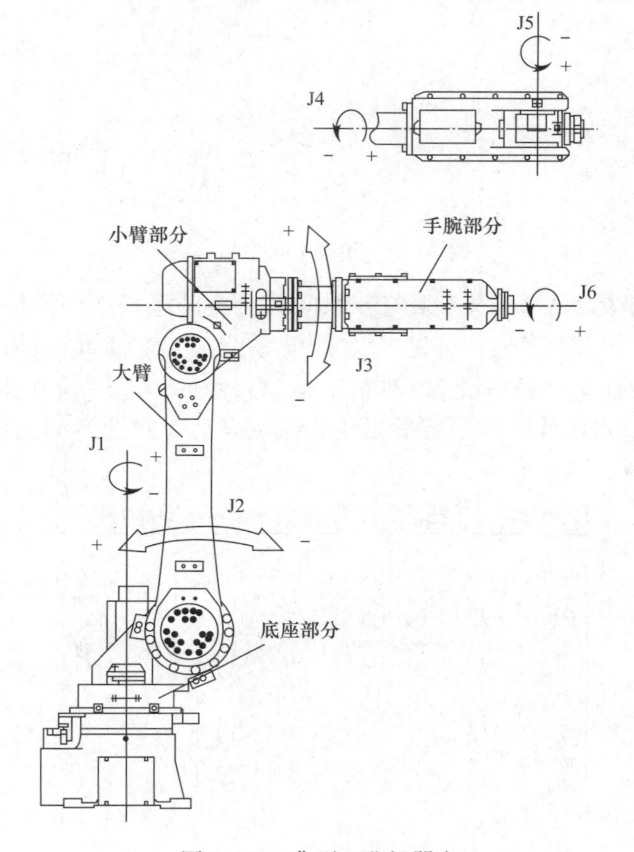

图 10-35　典型工业机器人

轴线的夹角 α_n，称为连杆扭角，这两个参数为连杆的尺寸参数；是沿关节 n 轴线两个公垂线的距离，称为 d_n，θ_n 是垂直于关节 n 轴线的平面内两个公垂线的夹角。（图 10-37）

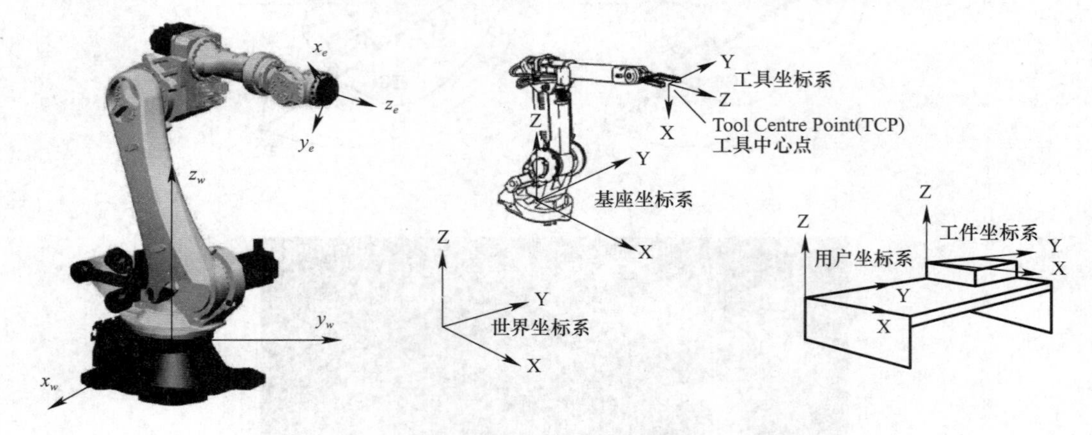

图 10-36　机器人坐标系

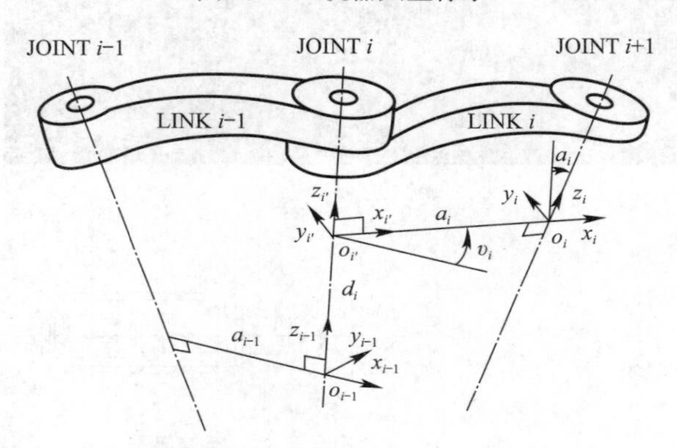

图 10-37　机器人关节坐标系

建立了各连杆坐标系后，$n-1$ 系与 n 系间的变换关系可以用坐标系的平移、旋转来实现。从 $n-1$ 系到 n 系的变换，可先令以 $n-1$ 系绕 Z_{n-1} 轴旋转 θ_n 角，再沿 Z_{n-1} 轴平移 d_n，然后沿 X_n 轴平移 a_n，最后绕 X_n 轴旋转 α_n 角，使得 $n-1$ 系 n 系重合。上述四次变换时应注意到坐标系在每次旋转或平移后发生了变动，后一次变换都是相对于动系进行的，因此在运算中变换算子应该右乘。

$$A_n = \underleftarrow{\underset{①}{\mathrm{Rot}(z,\theta_n)}\underset{②}{\mathrm{Trans}(0,0,d_n)}\underset{③}{\mathrm{Trans}(a_n,0,0)}\underset{④}{\mathrm{Rot}(x,a_n)}}$$

$$= \begin{bmatrix} c\theta_n & -s\theta_n & 0 & 0 \\ s\theta_n & c\theta_n & 0 & 0 \\ 0 & 0 & 1 & 0 \\ 0 & 0 & 0 & 1 \end{bmatrix} \begin{bmatrix} 1 & 0 & 0 & a_n \\ 0 & 1 & 0 & 0 \\ 0 & 0 & 1 & d_n \\ 0 & 0 & 0 & 1 \end{bmatrix} \begin{bmatrix} 1 & 0 & 0 & 0 \\ 0 & ca_n & -sa_n & 0 \\ 0 & sa_n & ca_n & 0 \\ 0 & 0 & 0 & 1 \end{bmatrix}$$

$$= \begin{bmatrix} c\theta_n & -s\theta_n ca_n & s\theta_n sa_n & a_n c\theta_n \\ s\theta_n & c\theta_n ca_n & -c\theta_n sa_n & a_n s\theta_n \\ 0 & sa_n & ca_n & d_n \\ 0 & 0 & 0 & 1 \end{bmatrix}$$

$$^{0}T_{n}={}^{0}A_{1}{}^{1}A_{2}\cdots{}^{i-1}A_{i}\cdots{}^{n-1}A_{n}$$

动力学模型的计算方法如下：Lagrange、Newton-Euler、Gauss、Kane、Screw、Roberson-Wittenburg。其中 Lagrange、Newton-Euler 最为常用。关节动力学模型如图 10-38 所示。

第一关节动力学方程：

$$\begin{aligned}&(I_{l_1}+m_{l_1}l_1^2+k_{r1}^2I_{m_1}+I_{l_2}+m_{l_2}(a_1^2+l_2^2+2a_1l_2c_2)+I_{m_2}+m_{m_2}a_1^2)\ddot{\vartheta}_1\\&+(I_{l_2}+m_{l_2}(l_2^2+a_1l_2c_2)+k_{r2}I_{m_2})\ddot{\vartheta}_2\\&-2m_{l_2}a_1l_2s_2\dot{\vartheta}_1\dot{\vartheta}_2-m_{l_2}a_1l_2s_2\dot{\vartheta}_2^2\\&+(m_{l_1}l_1+m_{m_2}a_1+m_{l_2}a_1)gc_1+m_{l_2}l_2gc_{12}=\tau_1\end{aligned}$$

第二关节动力学方程：

$$\begin{aligned}&(I_{l_2}+m_{l_2}(l_2^2+a_1l_2c_2)+k_{r2}I_{m_2})\ddot{\vartheta}_1+(I_{l_2}+m_{l_2}l_2^2+k_{r2}^2I_{m_2})\ddot{\vartheta}_2\\&+m_{l_2}a_1l_2s_2\dot{\vartheta}_1^2+m_{l_2}l_2gc_{12}=\tau_2\end{aligned}$$

动力学控制器控制性能的好坏主要通过位置跟踪偏差，速度跟踪偏差以及力矩波动来判定。如图 10-39、图 10-40 所示。

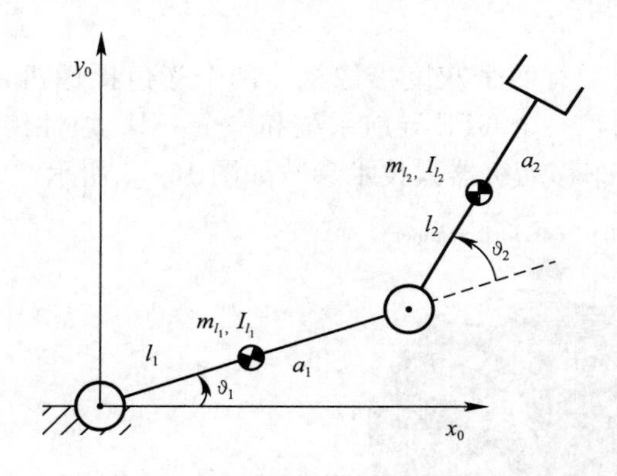

图 10-38　关节动力学模型图

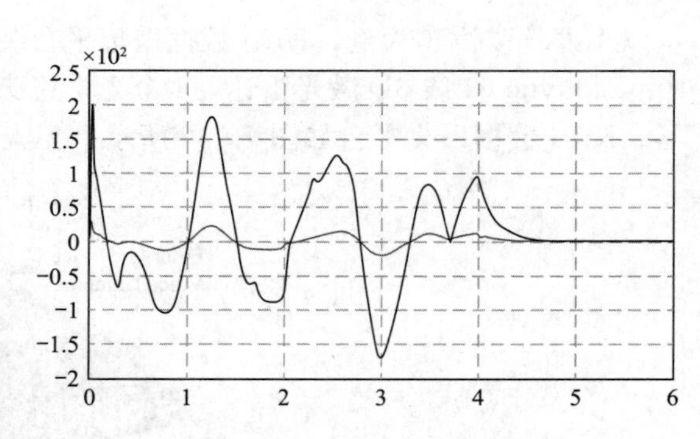

图 10-39　位置跟踪偏差对比

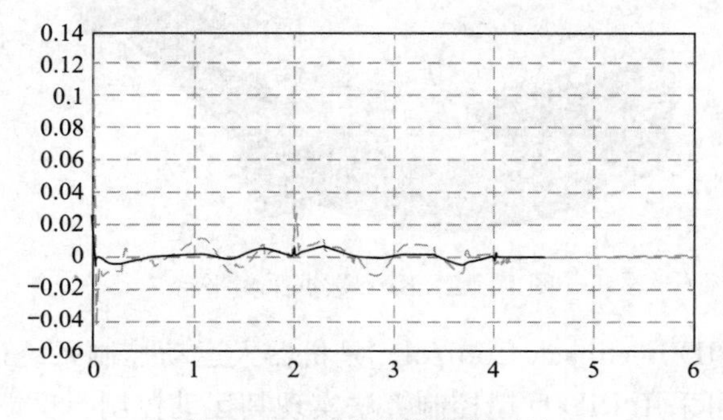

图 10-40　速度跟踪偏差对比

其他重要的机器人性能评价指标：1）重复定位精度：表示对同一指令位姿从一方向重复响应次后实到位姿的一致程度。2）定位精度：表示指令位姿和从同一方向接近该指令位姿时的实到位姿平均值之间的偏差。3）最小定位时间：机器人在点位控制方式下从静态开始移动一预定距离或摆动一预定角度到达稳定状态所经历的时间。一般行业内以机器人是指额定负载下执行 25mm×300mm×25mm 门形轨迹所需的最小时间。

（三）移动机器人控制

典型的移动机器人运动控制系统如图 10-41 所示。

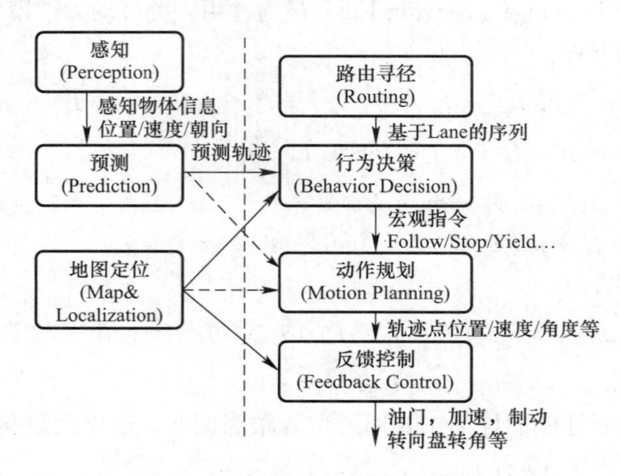

图 10-41　移动机器人运动控制系统

以无人驾驶汽车为例，Kitti 数据采集平台装配有两个灰度摄像机，两个彩色摄像机，一个 Velodyne 64 线 3D 激光雷达，4 个光学镜头，一个 GPS 导航系统和一个 IMU 惯性传感器。Kitti 数据采集平台如图 10-42 所示。无人车移动机器人技术参数如图 10-43 所示。

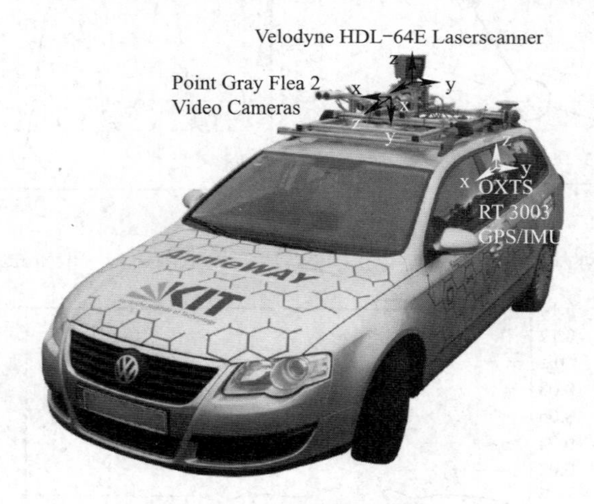

图 10-42　Kitti 数据采集平台

PID 反馈控制（PID Feedback Control）是机器人运动控制系统最常采用的控制技术。无人车移动机器人也可采用 PID 反馈控制算法实现其运动控制。反馈控制需要解决的问题是找到满足机器人动态姿态限制的转角 $\delta \in [\delta_{min}, \delta_{max}]$ 和前向速度 $v_r \in [v_{min}, v_{max}]$。PID 反馈控制算法原理如图 10-44 所示。

PID 反馈控制算法公式如下：

$$u(t)=K_{\mathrm{p}}\left[e(t)+\frac{1}{Ti}\int_{0}^{t}e(t)\mathrm{d}t+Td\,\frac{\mathrm{d}e(t)}{\mathrm{d}t}\right]$$

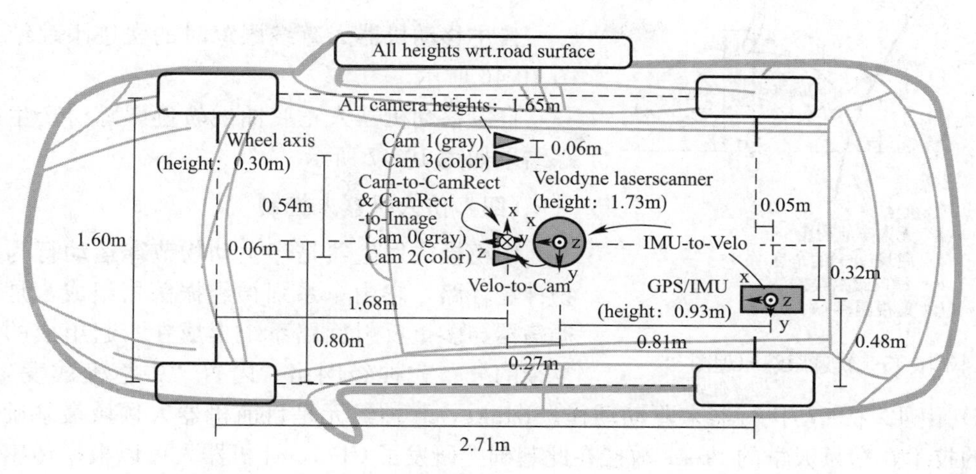

图 10-43　无人车移动机器人技术参数

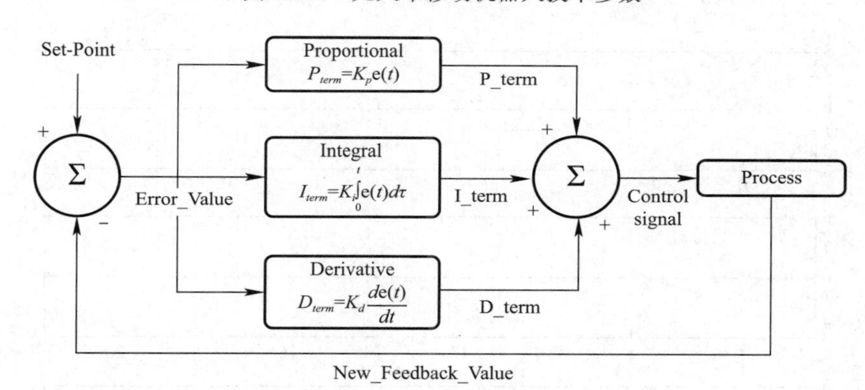

图 10-44　PID 反馈控制算法原理图

K_{p} 为比例系数，T_i 为积分时间参数，T_d 为微分时间常数。一般地，积分控制通常与比例控制或比例微分控制联合使用，构成 PI 或 PID 控制。增大积分时间常数（积分变弱）有利于小超调，减小振荡，使系统更稳定，但同时要延长系统消除静差的时间。积分时间常数太小会降低系统的稳定性，增大系统的振荡次数。一般微分控制和比例控制和比例积分控制联合使用，组成 PD 或 PID 控制，微分控制可改善系统的动态特性。

e（t）代表当前的跟踪误差，使用误差产生控制指令。跟踪变量误差可以是轨迹的纵向/横向误差，角度/曲率误差或者是若干车辆姿态状态变量的综合误差。其中 P 控制器代表对当前误差的反馈，其增益由 K_p 控制；I 和 D 控制器分别代表积分项和微分项，其增益分别由 K_I 和 K_D 来控制。

自主移动机器人的自主移动采用轨迹跟踪 PID 算法。轨迹跟踪原理如图 10-45 所示。

横向跟踪误差（cross track error，简称 CTE）：前轴中心点（r_{x}，r_{y}）到最近路径点（p_{x}，p_{y}）的距离。横向跟踪误差（CTE）计算公式：

$$e_{\mathrm{y}}=l_{\mathrm{d}}\sin\theta_e$$

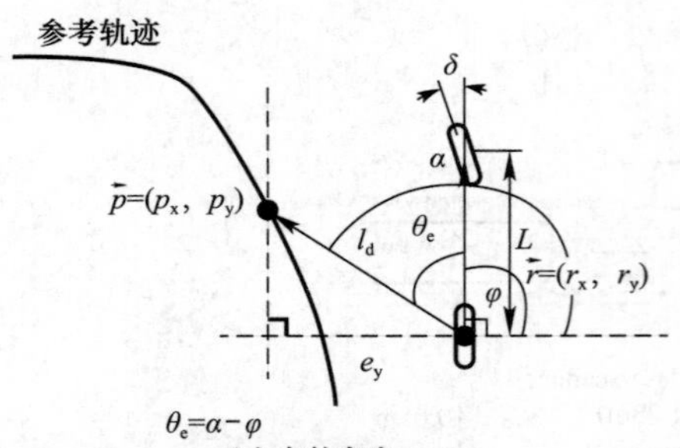

图 10-45　轨迹跟踪原理图

PID 控制利用的误差反馈计算：

$$e = l_d \mathrm{sign}(\sin\theta_e)$$

自主移动机器人直线跟踪时的轨迹跟踪结果如图 10-46 所示。

自主移动机器人正弦曲线轨迹跟踪时产生的跟踪结果如图 10-47 所示。

（四）仿人机器人控制

中枢模式发生器是产生动物节律运动行为的生物神经环路，它由一系列神经振荡器组成，是神经振荡器与多重反射回路系统集成在一起组成的一个复杂的分布式神经网络。内置“中枢模式发生器”（CPG）由 42 个气动执行器来驱动动作。Izhikevich 神经元是目前机器人领域最基础、最主流的技术，东京大学的 Ikeue 教授在此基础上研发了 CPG，让机器人可以根据传感器提供的数据改变行动模式。中枢模式发生器控制的仿人机器人运行效果如图 10-48 所示。

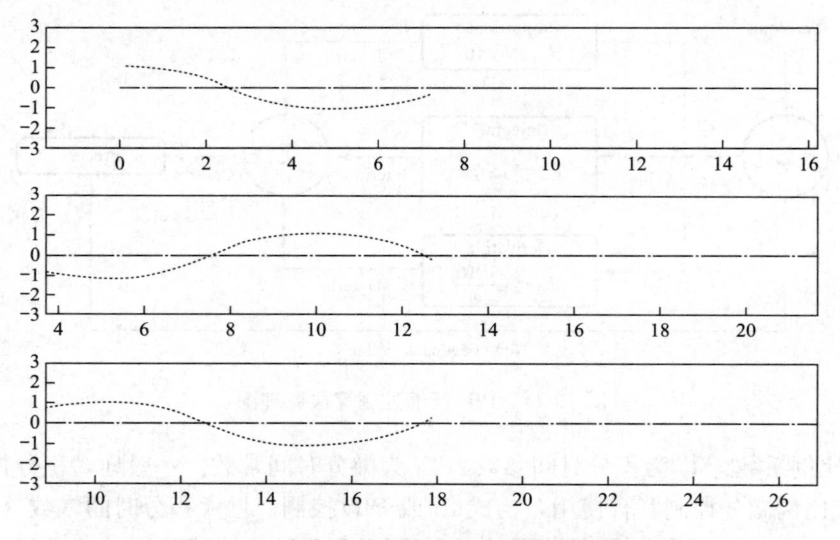

图 10-46　自主移动机器人轨迹跟踪：直线跟踪

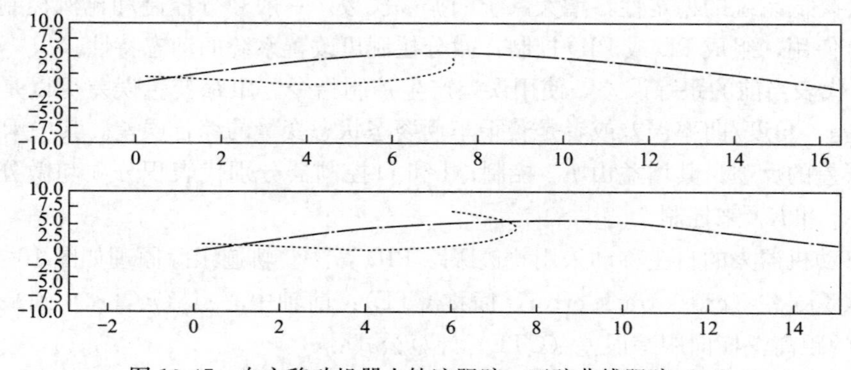

图 10-47　自主移动机器人轨迹跟踪：正弦曲线跟踪（一）

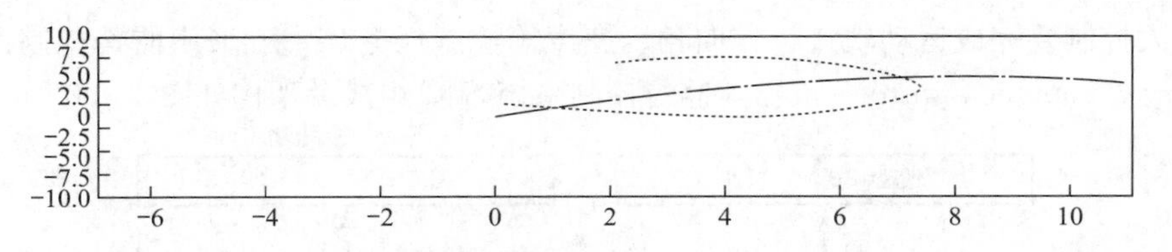

图 10-47　自主移动机器人轨迹跟踪：正弦曲线跟踪（二）

图 10-48　中枢模式发生器控制的仿人机器人

（五）机器人控制系统

机器人控制系统是机器人的大脑，用于完成机器人主要控制功能。机器人控制系统由硬件和软件组成。机器人控制系统接收来自传感器的检测信号，根据操作任务的要求，驱动机械臂或其他机器人本体中的各台电动机及其他执行机构。

机器人控制系统在整个工业机器人产业中扮演的是基础软件平台角色。机器人控制系统与计算机行业软件的比较结果如图 10-49 所示。

图 10-49　机器人控制系统与计算机行业软件的比较

机器人控制要完成运动轨迹、方向角、速度等控制任务，一般采用监督控制系统 SCC：Supervisory Computer Control。机器人监督控制系统 SCC 组成及架构如图 10-50 所示。

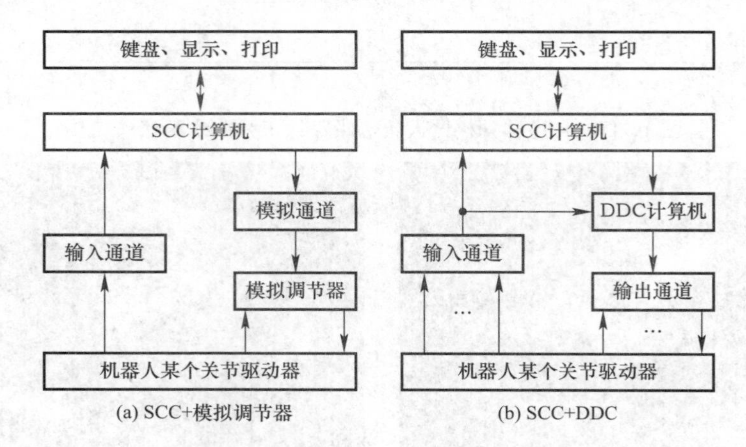

图 10-50　机器人监督控制系统 SCC

输入通道电路如图 10-51 所示。

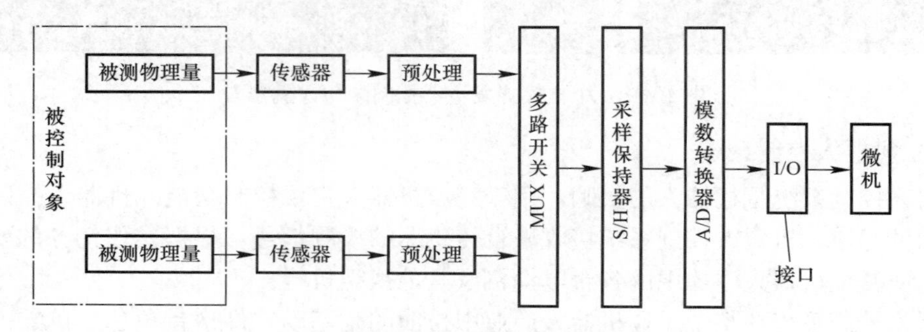

图 10-51　输入通道电路

输出通道电路如图 10-52 所示。

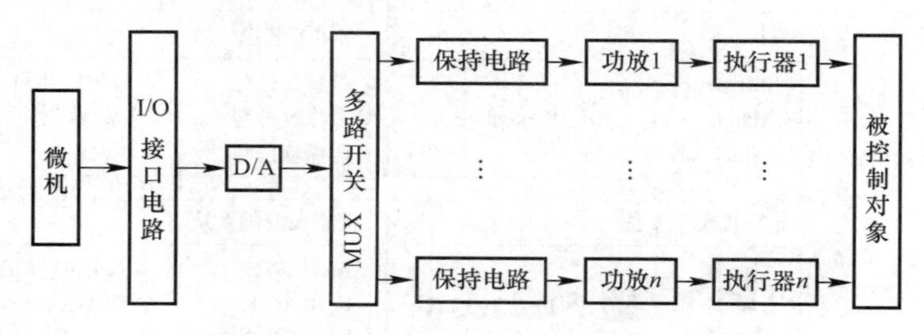

图 10-52　输出通道电路

在工业机器人发展的历史进程中，有很多优秀的细分应用软件公司，通过使用新的技术，研究新的工艺，在某个细分方向上成功拓展了机器人的应用范围。这些公司有的独立成长为某个工艺领域的应用专家，利用与机器人厂家定制的专用机器人和自己独到的应用软件包，在细分领域独领风骚，例如喷涂的 DURR、焊接的 CLOOS 等；有的则成功被机器人整机厂商收购，其应用技术被并入机器人控制系统框架中。

机器人控制技术是在传统机械系统的控制技术的基础上发展起来的，其特点如下：机器人控制系统本质上是一个非线性系统。引起机器人非线性因素很多，机器人的结构、传动件、驱动元件等都会引起系统的非线性。机器人控制系统是由多关节组成的一个多变量控制系统，且各关节间具有耦合作用。具体表现为某一个关节的运动，会对其他关节产生动力效应，每一个关节都要受到其他关节运动所产生的扰动。因此工业机器人的控制中经常使用前馈、补偿、解耦和自适应等复杂控制技术。机器人系统是一个时变系统，其动力学参数随着关节运动位置的变化而变化。较高级的机器人要求对环境条件、控制指令进行测定和分析，采用计算机建立庞大的知识库，用人工智能的方法进行控制、决策、管理和操作，按照给定的要求，自动选择最佳控制规律。

控制系统的任务是根据机器人的作业指令程序，以及从传感器反馈回来的信号，支配机器人的执行机构去完成的运动和功能。假如机器人不具备信息反馈特征，则为开环控制系统；若具备信息反馈特征，则为闭环控制系统。根据控制运动的形式，机器人控制系统又可分为点位控制和轨迹控制。

根据控制原理，机器人控制系统可分为程序控制系统、自适应控制系统和人工智能控制系统。①程序控制系统：给每一个自由度施加一定规律的控制作用，机器人就可实现要求的空间轨迹。②自适应控制系统：当外界条件变化时，为保证所要求的品质或为了随着经验的积累而自行改善控制品质，其过程是基于操作机的状态和伺服误差的观察，再调整非线性模型的参数，直到误差消失为止。这种系统的结构和参数能随时间和条件自动改变。③人工智能控制系统：事先无法编制运动程序，而是要求在运动过程中根据所获得的周围状态信息，实时确定控制作用。

从使用的角度讲，机器人是一种特殊的自动化设备，对其控制有如下要求：

1）多轴运动的协调控制，以产生要求的工作轨迹。因为机器人的手部的运动是所有关节运动的合成运动，要使手部按照规定的规律运动，就必须很好地控制各关节协调动作，包括运动轨迹、动作时序的协调。

2）较高的位置精度，大的调速范围。除直角坐标式机器人外，机器人关节上的位置检测元件通常安装在各自的驱动轴上，构成位置半闭环系统。此外，由于存在开式链传动机构的间隙等，使得机器人总的位置精准度降低，与数控机床比，约降低一个数量级。但机器人的调速范围很大，通常超过几千。这是由于工作时，机器人可能以极低的作业速度加工工件；空行程时，为提高效率，又能以极高的速度移动。

3）系统静差率小，即要求系统具有较好的刚性。这是因为机器人工作时要求运动平稳，不受外力干扰，若静差率大将形成机器人的位置误差。

4）位置无超调，动态响应快。避免与工件发生碰撞，在保证系统适当响应能力的前提下增加系统的阻尼。

5）需采用加减速控制。大多数机器人具有开链式结构，其机械刚度很低，过大的加减速度会影响其运动平稳性，运动启停时应有加减速装置。通常采用匀加减速指令来实现。

6）各关节的速度误差系数应尽量一致。机器人手臂在空间移动，是各关节联合运动的结果，尤其是当要求沿空间直线或圆弧运动时。即使系统有跟踪误差，仍应要求各轴关节伺服系统的速度放大系数尽可能一致，而且在不影响稳定性的前提下，尽量取较大的数值。

7）从操作的角度看，要求控制系统具有良好的人机界面，尽量降低对操作者的要求。因此，在大部分的情况下，要求控制器的设计人员完成底层伺服控制器设计的同时，还要完成规划算法，而把任务的描述设计成简单的语言格式由用户完成。

8）从系统的成本角度看，要求尽可能地降低系统的硬件成本，更多地采用软件伺服的方法来完善控制系统的性能。

建筑工业机器人控制系统的基本功能要求如下：

1）记忆功能：存储作业顺序、运动路径、运动方式、运动速度和与生产工艺有关的信息。

2）示教功能：离线编程，在线示教，间接示教。在线示教包括示教盒和导引示教两种。

3）与外围设备联系功能：输入和输出接口、通信接口、网络接口、同步接口。

4）坐标设置功能：有关节、绝对、工具、用户自定义四种坐标系。

5）人机接口：示教盒、操作面板、显示屏。

6）传感器接口：位置检测、视觉、触觉、力觉等。

7）位置伺服功能：机器人多轴联动、运动控制、速度和加速度控制、动态补偿等。

8）故障诊断安全保护功能：运行时系统状态监视、故障状态下的安全保护和故障自诊断。

9）控制总线：国际标准总线控制系统。采用国际标准总线作为控制系统的控制总线，如 VME、MULTI-bus、STD-bus、PC-bus。

10）自定义总线控制系统：由生产厂家自行定义使用的总线作为控制系统总线。

11）编程方式：物理设置编程系统。由操作者设置固定的限位开关，实现起动，停车的程序操作，只能用于简单的拾起和放置作业。

12）在线编程：通过人的示教来完成操作信息的记忆过程编程方式，包括直接示教模拟示教和示教盒示教。

13）离线编程：不对实际作业的机器人直接示教，而是脱离实际作业环境，示教程序，通过使用高级机器人，编程语言，远程式离线生成机器人的作业轨迹。

机器人控制系统结构类型：

1）集中控制系统

用一台计算机实现全部控制功能，结构简单，成本低，但实时性差，难以扩展，在早期的机器人中常采用这种结构。基于 PC 的集中控制系统里，充分利用了 PC 资源开放性的特点，可以实现很好的开放性：多种控制卡，传感器设备等都可以通过标准 PCI 插槽或通过标准串口、并口集成到控制系统中。集中式控制系统的优点是：硬件成本较低，便于信息的采集和分析，易于实现系统的最优控制，整体性与协调性较好，基于 PC 的系统硬件扩展较为方便。缺点：系统控制缺乏灵活性，控制危险容易集中，一旦出现故障，其影响面广，后果严重；由于机器人的实时性要求很高，当系统进行大量数据计算，会降低系统实时性，系统对多任务的响应能力也会与系统的实时性相冲突；此外，系统连线复杂，会降低系统的可靠性。

2）主从控制方式

采用主、从两级处理器实现系统的全部控制功能。主 CPU 实现管理、坐标变换、轨迹生成和系统自诊断等；从 CPU 实现所有关节的动作控制。主从控制方式系统实时性较好，适于高精度、高速度控制，但其系统扩展性较差，维修困难。

3）分散控制方式

按系统的性质和方式将系统控制分成几个模块，每一个模块各有不同的控制任务和控制策略，各模式之间可以是主从关系，也可以是平等关系。这种方式实时性好，易于实现高速、高精度控制，易于扩展，可实现智能控制，是目前流行的方式。其主要思想是“分散控制，集中管理”，即系统对其总体目标和任务可以进行综合协调和分配，并通过子系统的协调工作来完成控制任务，整个系统在功能、逻辑和物理等方面都是分散的，所以又称为集散控制系统或分散控制系统。这种结构中，子系统是由控制器和不同被控对象或设备构成的，各个子系统之间通过网络等相互通信。分布式控制结构提供了一个开放、实时、精确的机器人控制系统。分布式系统中常采用两级控制方式。两级分布式控制系统通常由上位机、下为机和网络组成。上位机可以进行不同的轨迹规划和控制算法，下位机进行插补细分、控制优化等的研究和实现。上位机和下位机通过通信总线相互协调工作，通信总线可以是 RS-232、RS-485、EEE-488 以及 USB 总线等形式。以太网和现场总线技术的发展为机器人提供了更快速、稳定、有效的通信服务。尤其是现场总线，它应用于生产现场、在微机化测量控制设备之间实现双向多结点数字通信，从而形成了新型的网络集成式全分布控制系统——现场总线控制系统。

第11章　建筑机器人产品

11.1　基于模型设计的产品研发方法

基于模型的设计（Model-Based Design，MBD）是一种围绕模型搭建展开的一种项目开发方法。这种方法可以避免繁琐的代码编写和调试过程，可以极大地提高项目开发效率。MBD方法可应用于建筑机器人产品设计过程。MBD是一种解决复杂控制、信号处理和算法设计验证等工程问题的数学和可视化方法，也是数字孪生技术的核心，可广泛应用于如运动控制、工业设备、航空航天、汽车、机器人等不同工程领域的项目开发中。基于模型设计的六轴协作机械臂系统（运动学、标定、动力学控制、参数辨识、柔顺控制）开发方法如图11-1所示。

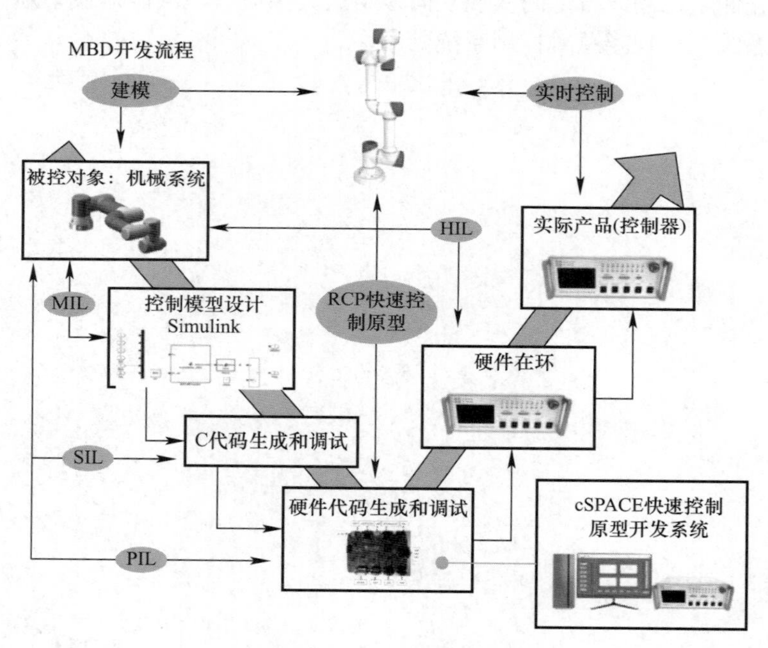

图11-1　基于MBD的六轴协作机械臂研发流程

来源：机器人大讲堂

采用MBD方法开展建筑机器人项目开发，主要流程包含以下三步：

输入：是需求（Requirements or Specifications）和已有的或公开的研究成果（Research）；

模型迭代：是MBD的核心，也是高效实现MBD的关键，模型迭代涉及MIL、SIL、PIL、HIL和RCP；

输出：自动生成代码、模型报告、测试报告，以及验证报告。

11.2　典型产品设计研发

11.2.1　施工机器人

施工机器人的基本特征是液压驱动、遥操作、移动作业、固定程序。具有大功率作业、宽范围作业、多功能作业和智能作业等特点。基本构成包括控制系统、驱动装置、执行机构和感知系统。按照应用场景划分，包括：隧道挖掘机器人、轨道交通施工机器人、市政地下空间施工机器人、建筑地下空间施工机器人等。施工机器人作业场景如图 11-2 所示。

图 11-2　施工机器人作业场景

（1）通过搭载移动轮式系统和升降平台，实现复杂建筑场景的自适应行走和精准定位。

（2）将工程图纸、建筑 BIM 模型与物理施工现场进行空间耦合，并通过激光定位系统对机器人进行路径规划和导航。

（3）模块化设计，通过更换机械臂末端的智能建造工具，能轻松实现机器人建筑工种以及场景的切换。

（4）图形化交互系统，工人无需掌握机器人编程语言便可对机器人进行控制。通过数字化施工方法使阅读图纸变得更为简单，避免误操作，保证了施工的效率和准确性。

某施工机器人的设计方案如下：各单元采用标准化模块化设计，便于系统集成和产品更新。内部通信采用自主可控协议，保障数据安全。电气系统采用安全可靠模块化单元组装设计。底盘采用轻量化、稳固化、抗颠簸、标准化设计。5G 远程控制和 SLAM 导航定位是重要功能模块。SLAM 导航定位效果如图 11-3 所示。SLAM 导航系统开发界面如图 11-4 所示。

11.2.2　空天机器人

1960 年 10 月 10 日苏联发射第一颗探测器“火星 1A”号，2018 年 11 月 26 日，美国

“洞察”着陆器成功着陆火星。人类共执行过 44 次火星探测任务，包含 56 个探测器任务。其中 19 次任务成功，25 次失败，成功率为 43%。迄今为止成功登陆的探测器只有 8 个：“海盗”“海盗”2、“探路者”“机遇”“勇气”“凤凰”“好奇”“洞察”。火星探测器通过地震侦测仪、地质测量仪和热传感器等探测火星内部动向，有助于绘制火星内部结构的详细地图。如图 11-5 所示。

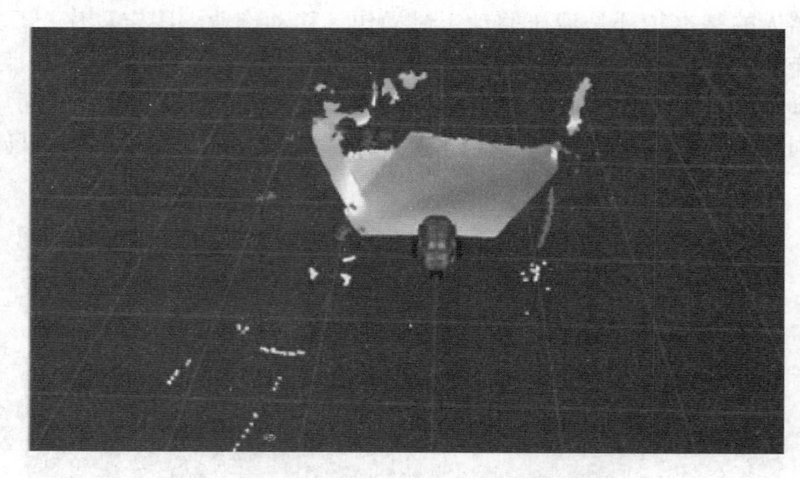

图 11-3　SLAM 导航定位效果

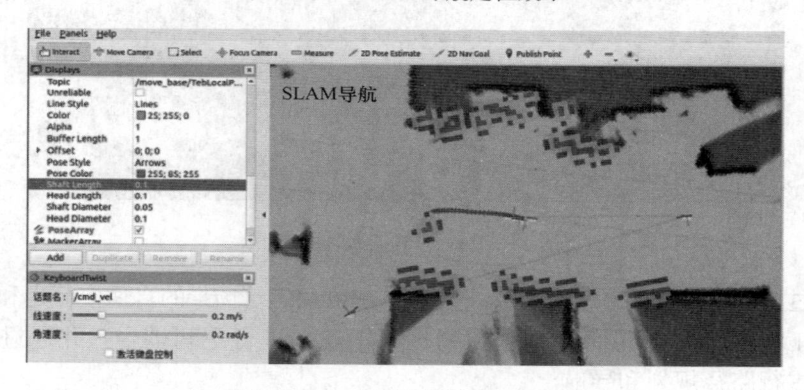

图 11-4　SLAM 导航系统开发界面

美国“火星 2020”计划（Mars 2020）发射时间为 2020 年 7 月 17 日（图 11-6）。着陆时间为 2021 年 2 月 18 日。着陆地点：杰泽罗陨石坑。由 NASA 研制，是美国部署的第 5 个火星车，载有首架星际探测直升机。此次任务致力于用最尖端的探测技术找到火星生命的最直接证据。（图 11-7）

2018 年，俄罗斯航天集团总裁罗戈津近日表示，俄罗斯未来的月球基地将主要通过机器人系统管理。俄罗斯计划在月球建立一个长期基地，这里可定期接待访问，不需要人员长期驻扎。该基地的日常运行主要通过遥控机器人系统来管理，并通过机器人在月球表面执行任务。俄罗斯的月球探测计划将比 20 世纪美国的探月计划更加宏大且更具开发价值。月球基地建成后可进行飞船零部件制造工作，可直接在月球进行俄航天器的维修。俄航天集团正在计划实施一项研究，试图利用月球矿物和月壤中的元素，通过 3D 打印技术生产飞船零部件。

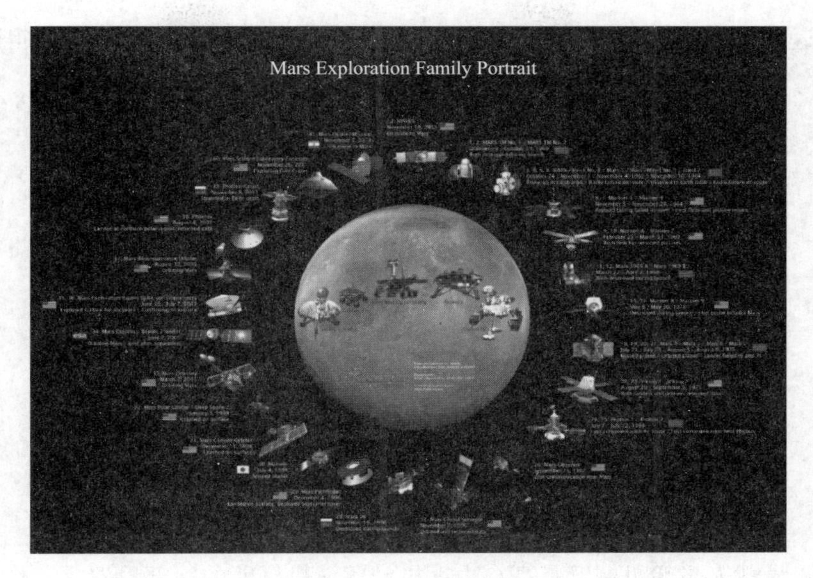

图 11-5　火星机器人家族

图 11-6　美国“火星 2020”计划的火星车（Mars 2020）

2021 年 6 月 17 日 9 时 22 分，中国神舟十二号载人飞船成功发射升空，将聂海胜、刘伯明和汤洪波三名航天员送入太空。这是我国载人航天工程立项实施以来的第 19 次飞行任务，也是空间站阶段的首次载人飞行任务。这次登上太空完成了为期 3 个月的在轨驻留，开展了机械臂操作、太空出舱等活动。航天员聂海胜、航天员刘伯明身着中国自主研制的新一代“飞天”舱外航天服，已先后从天和核心舱节点舱成功出舱，并已完成在机械臂上安装脚限位器和舱外工作台等工作，后续将在机械臂支持下，相互配合开展空间站舱外有关设备安装等作业。第二次出舱活动抬升一个全景相机，安装一套扩展泵组，为后续空间站扩展舱段做好准备。北京时间 2021 年 7 月 4 日 14 时 57 分，经过约 7 小时的舱外工作，神舟十二号航天员乘组密切协同，圆满完成出舱活动期间全部既定任务，航天员刘伯明、汤洪波安全返回天和核心舱，标志着我国空间站阶段航天员首次出舱活动取得圆满成功。

图 11-7　火星着陆探测器："洞察"

神舟十二号载人飞船机械臂是高自由度机械臂，机械臂的腕部设置了三个关节。机械臂不仅可以辅助航天员出舱，还可以帮助移动空间站中的实验舱。机械臂装有中央控制器、关节控制器，这相当于"控制脑"。（图 11-8）

图 11-8　神舟十二号载人飞船机械臂作业场景

11.2.3　家庭服务器人

家庭服务机器人是为人类服务的特种机器人，能够代替人完成家庭服务工作的机器人，它包括行进装置、感知装置、接收装置、发送装置、控制装置、执行装置、存储装置、交互装置等；感知装置将在家庭居住环境内感知到的信息传送给控制装置，控制装置指令执行装置作出响应，并进行防盗监测、安全检查、清洁卫生、物品搬运、家电控制，以及家庭娱乐、病况监视、儿童教育、报时催醒、家用统计等工作。各种家庭服务机器人如图 11-9～图 11-13 所示。

图 11-9　卧室服务机器人

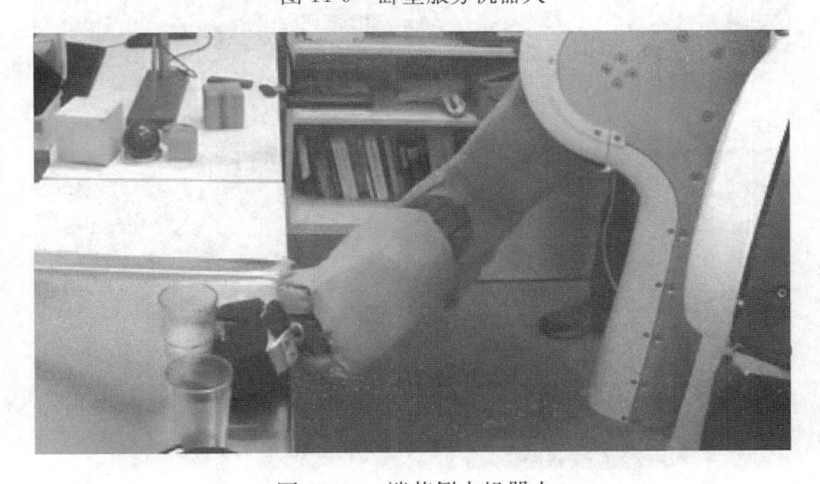

图 11-10　端茶倒水机器人

11.2.4　安保巡逻机器人

安防机器人又称安保机器人，是半自主、自主或者在人类完全控制下协助人类完成安全防护工作的机器人。安防机器人作为机器人行业的一个细分领域，立足于实际生产生活需要，用来解决安全隐患、巡逻监控及灾情预警等。

图 11-11　餐厅服务机器人

图 11-12　保健与康复机器人

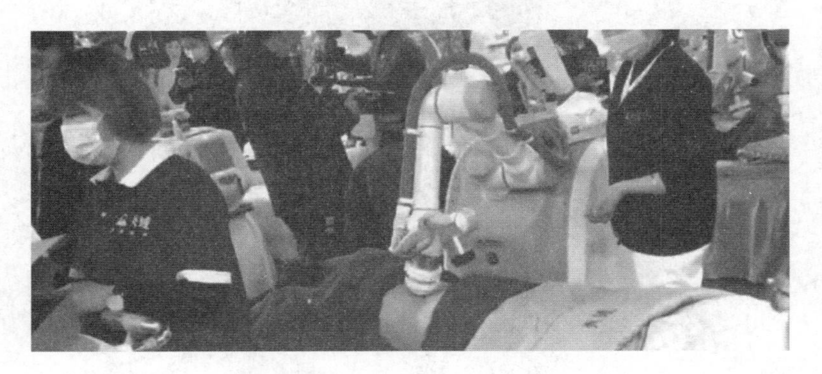

图 11-13　按摩机器人

按照服务场所划分，可分为：

1）安保服务机器人

它是指用于非工业生产，具备半自主或全自主工作模式，可在非结构化环境中为人类提供安全防护服务的设备。具有迎宾导购、产品宣传、自动打印等功能，夜间还可以自动巡逻、环境检测、异常报警等等，实现 24 小时全天候全方位监控，广泛应用于银行、商业中心、社区、政务中心等场所。

2）安保巡逻机器人

安保巡逻机器人携带红外热像仪和可见光摄像机等检测装置，将画面和数据传输至远端监控系统。主要用于执行各种智能保安服务任务，包括自主巡逻、音视频监控、环境感知、监控报警等功能。按照服务对象可分为：家用安保机器人、专业安保机器人、特种安保机器人。广泛应用到电力巡逻、工厂巡逻等领域，适用于机场、仓库、园区、危化企业等场所。

传统的安防体系是“人防＋物防”来实现。随着人口老龄化加重、劳动力成本飙升、安保人员流失率高等问题，已经难以适应现代安防需求，安防机器人产业迎来新的发展契机。目前安防机器人还处于起步阶段，但巨大的安防市场需求下，其发展潜力和未来前景广阔。

作者团队在 2018～2019 年研发了应用于北京某重点园区的多功能安保巡逻机器人 Robot-AI，为园区提供了能够取代传统电子巡更、部分取代闭路电视监控系统的自主移动机器人。该自主移动机器人的核心技术模块包括：视觉感知，雷达探测，智能控制，GPS（北斗）导航定位，安防监控，昼夜巡更，出入口人脸识别，语音导引与讲解，空气质量检测，井盖检测，自动避障，自动充电。核心控制主板采用多核技术并行计算，感知、控制、导航算法均采用世界先进的军工级人工智能与智能控制技术，算法可适应室外、室内两种环境，可在光线强烈、光线昏暗、光照度变化不定、雨雪特殊天气等不同环境下做到鲁棒性强、可靠性高、响应速度快。移动平台可采用四轮、两轮、履带、足式等多种底盘（依据现场需要，比如楼梯、涉水环境需采用履带式），驱动技术可采用电动、液动、气动多种模式（根据功率需求和应用场合选择某种类型），机器人整体自动化程度接近完全自主水平。多功能安保巡逻机器人 Robot-AI 视觉伺服控制系统图如图 11-14 所示。

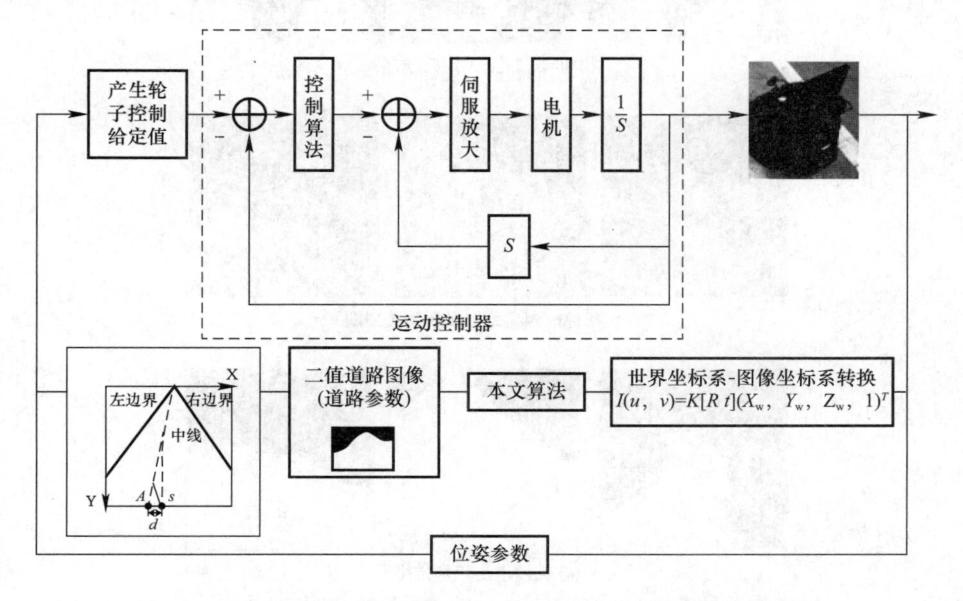

图 11-14 多功能安保巡逻机器人 Robot-AI 视觉伺服控制系统图

采用的核心技术包括：图像信号多维小波处理，机器人视觉图像局部不变性特征提取——快速鲁棒 SURF 特征提取算法，机器人环境感知机器学习系统建模，视觉伺服控制。具有抗干扰特点的机器人鲁棒快速道路识别结果如图 11-15 所示。

在行进过程中，由于视觉感知和自动控制的误差，机器人实际行进路线会偏离设定路线，本产品采用 Kalman 滤波算法进行实时纠偏。实时纠偏仿真结果如图 11-16 所示。

11.2.5 协作机器人

协作机器人是近年来兴起的一个研究方向，“它强调机器人与人合作，或者机器人与机器人合作，共同完成指定任务。”中国已经连续五年成为工业机器人第一大消费国。高工产业研究院（GGII）数据显示，2017 年国内市场新增工业机器人 13.6 万台，同比增长达到 60%。但同时，在市场争夺战中，国产自主品牌工业机器人仍然长期处于劣势。业内

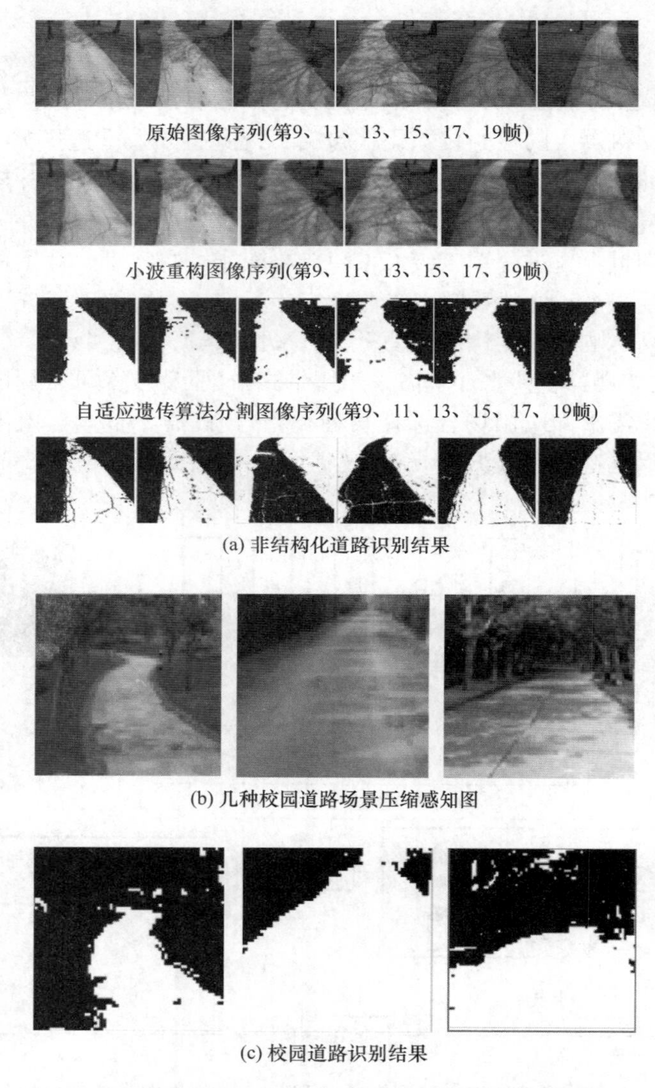

原始图像序列(第9、11、13、15、17、19帧)

小波重构图像序列(第9、11、13、15、17、19帧)

自适应遗传算法分割图像序列(第9、11、13、15、17、19帧)

(a) 非结构化道路识别结果

(b) 几种校园道路场景压缩感知图

(c) 校园道路识别结果

图 11-15　机器人道路识别（道路图像鲁棒分割）结果（一）

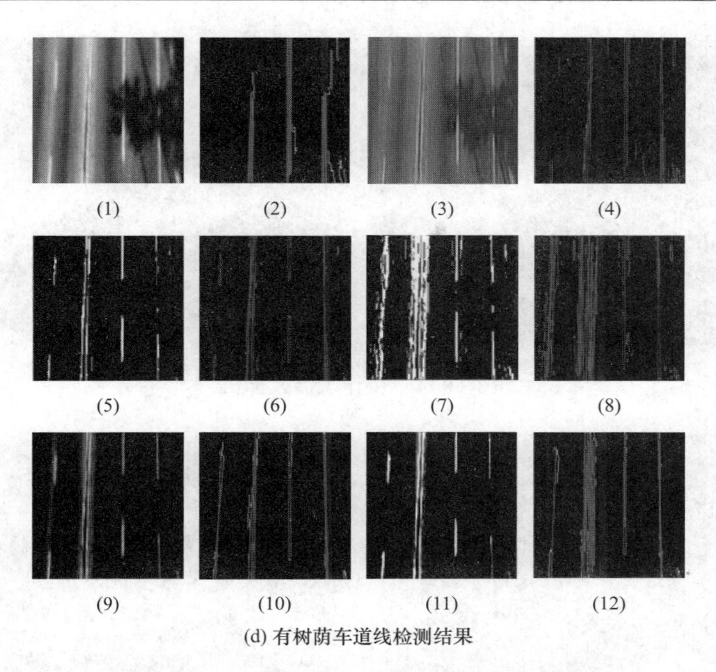

(d) 有树荫车道线检测结果

图 11-15　机器人道路识别（道路图像鲁棒分割）结果（二）

(a) T=823.800s　(b) T=859.067s　(c) T=877.433s

(d) T=895.200s　(e) T=922.167s　(f) T=943.067s

图 11-16　机器人行进路线实时纠偏结果

专家分析，国外企业凭借先发优势和技术积淀在工业机器人领域占据领先优势，ABB 等四大家族占据了工业机器人约一半的市场份额。相比之下，我国机器人企业面临专业人才匮乏、核心零部件稀缺、市场认可度不够的问题。在这一背景下，有观点认为，协作机器人的出现为苦苦追赶的国产机器人带来新的机会。（图 11-17 和图 11-18）

11.2.6　有害气体巡检机器人

有害气体通常包括爆炸气体、有毒气体、污染气体等给人类带来生命或健康威胁的气

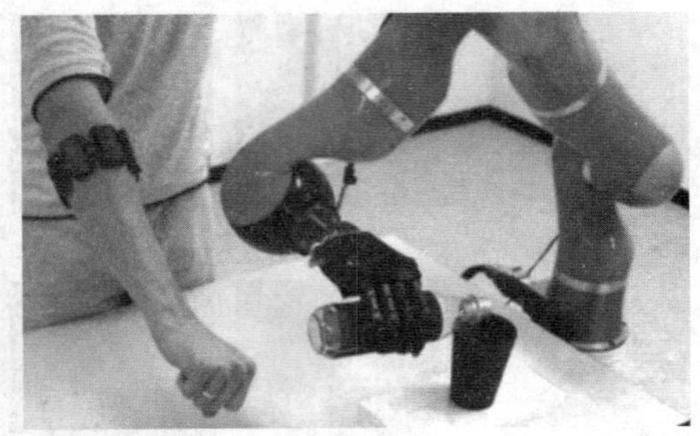

图 11-17　协作机器人样机

图 11-18　智能工厂中的协作机器人

体。有害气体巡检机器人可探测甲烷、二氧化碳、一氧化碳、氧气浓度，温度、湿度、压差等环境参数数据。轨道交通、矿井或其他建筑物环境下的有害气体巡检机器人一般技术指标如下（可根据工作环境做恰当调整）：具备全地形行走能力，最大行走速度不低于 2m/s，最大越障高度不低于 300mm，连续行走时间不低于 3h，最大涉水深度不低于 450mm；具有图像传输和控制数据传输功能；煤采用远程无线遥控和视觉导航相结合控制方式。在平直道路环境中有效通信距离不低于 300m，通过中继通信装置可延长通信距离。工作于昏暗环境下的机器人应配备红外摄像机。(图 11-19)

图 11-19　有害气体巡检机器人样机

管理平台通过工作在现场的有害气体巡检机器人获取环境大数据，并对机器人巡检数据和人工巡检数据进行分类处理。人工巡检数据可信度高于机器人巡检数据，两类数据可互为补充。气体巡检机器人具有较强的移动性和一定的越障能力，巡检范围大，巡检方式更灵活。有害气体巡检机器人可广泛应用在燃气检测、瓦斯检测、空气污染物检测等具体领域，实用性较强。

11.2.7　搬运机器人

主控制器：Cortex-M3 内核的 STM32F107。

操作系统：μC/OS-Ⅱ。控制算法采用 PID 算法，改进后能够实现电机速度和电流双闭环控制。（图 11-20～图 11-22）

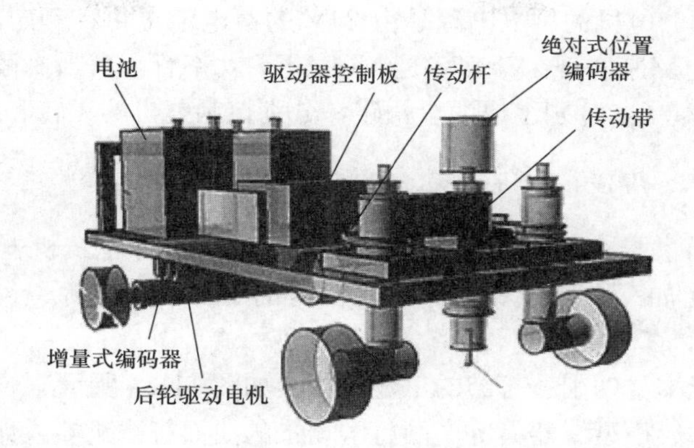

图 11-20　搬运机器人

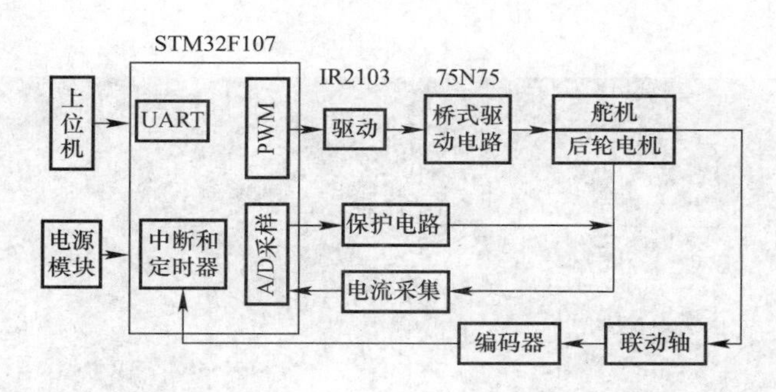

图 11-21　搬运机器人电机控制硬件结构框图

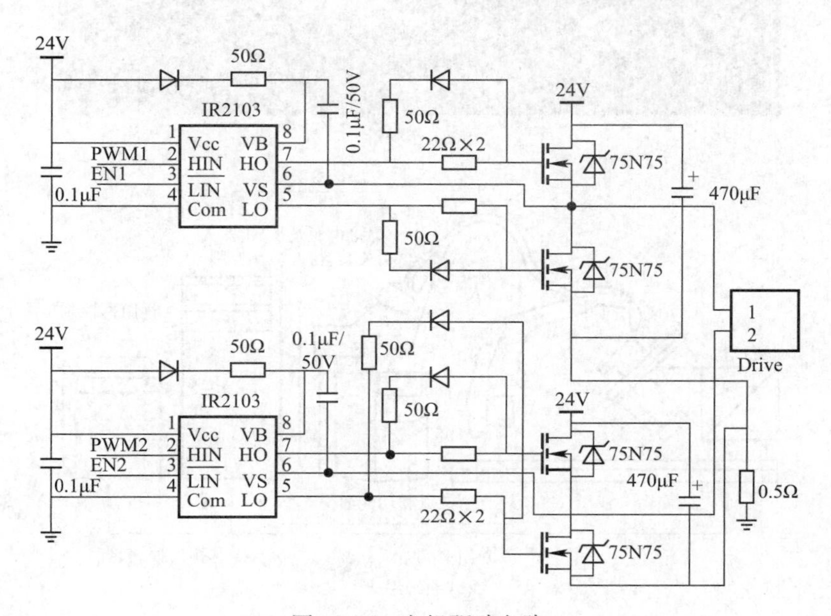

图 11-22　电机驱动电路

将 μC/OS-Ⅱ系统移植到 STM32F107，基于 μC/OS-Ⅱ的程序设计是将一个大的应用程序分成相对独立的多个任务来完成。定义好每个任务的优先级，μC/OS-Ⅱ内核对这些任务进行调度和管理。电机的供电电源是由 24V 的蓄电池提供，额定功率为 240W，由 4 个 75N75 组成桥式电路来实现。75N75 是 MOSFET 功率管，其最高耐压 75V，最高耐流 75A。Q1、Q4 和 Q2、Q3 分别组成两个桥路，分别控制电机的正转和反转。

11.2.8 其他机器人：焊接、木料产线、曲面打磨机器人等

焊接机器人按照“指令”程序进行焊接动作。未来这种建筑机器人将逐渐应用到某些特殊场景领域，比如高空作业等。焊接机器人的工作场景及系统组成情况如图 11-23 所示。

木料产线上用于木材切削、打磨的工业机器人如图 11-24 所示。

工作于建筑构件、模型、器具等产品打磨场景的曲面打磨机器人如图 11-25 所示。

以上机器人均会采用视觉伺服控制技术。机器人视觉伺服运动控制原理如图 11-26 所示。

(a) 工作场景

焊接参数通信
焊接电源及相关装置控制
机器人控制
机器人
工件及变位机
远距离控制工作站
位置和功能通信
位置通信
远距离控制通信

(b) 系统组成

图 11-23 焊接机器人

图 11-24　木料产线机器人

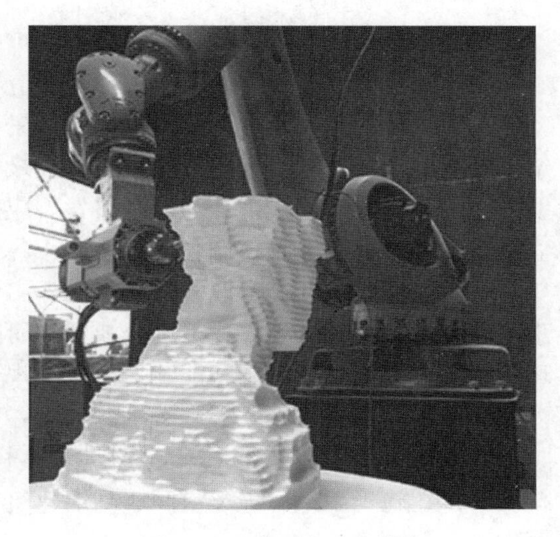

图 11-25　曲面打磨机器人

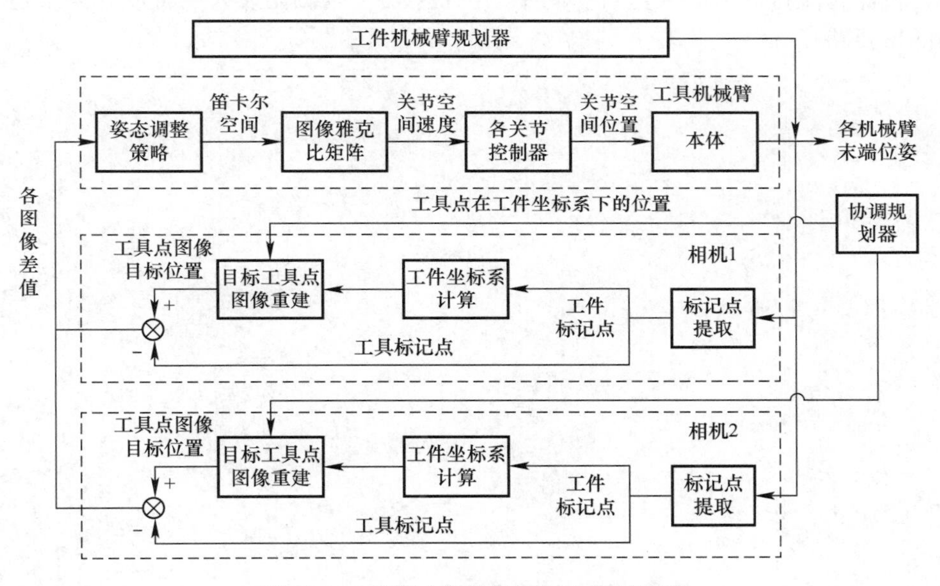

图 11-26　机器人视觉伺服运动控制原理

11.3　瓶颈分析及发展建议

对我国建筑机器人产业化的瓶颈分析如下：

一是技术瓶颈。复杂场景下的建筑机器人关键技术仍有诸多不成熟点，有待突破。特别是智能机器人通用理论和技术与建筑应用场景结合后的理论和技术亟待研究突破。

二是场景瓶颈。建筑产业中的机器人应用场景到底应该有哪些？至今尚未明确。建筑业和相关政府部门应主动开放场景，制定场景清单。

三是政策瓶颈。富有针对性的建筑机器人政策和标准目前仍处于空白状态。政府应积极引导并组织拟定相关政策和标准体系，指导行业、地方、企业出台相关政策和标准。

对我国建筑机器人的发展建议如下：

一是加强基础研究，增大研发投入。应在建筑机器人智能感知、运动控制、多类型驱动、机械结构、运动建模、行为建模、场景识别等关键领域加强基础研究和研发投入，以细分技术链条的方式进行精准化投资，在最短周期内争取最大投资回报。

二是建立场景清单，加强应用研发。应根据建筑产业的实际应用需求，细分场景，建立场景清单，根据场景定制化开发适用于各类场景的通用型机器人，以加速产业化进程。

三是优化政策环境，改善体制机制。出台相关支持政策，建立相关组织机构，并以优惠、普惠、补贴等多种方式鼓励企业和科研院所提高研发积极性，创新政策环境和产业化环境，助力建筑工业化和智能建造早日实现。

我国建筑机器人的发展趋势预测如下：

（1）未来5年是建筑机器人逐步走向多样化场景应用的起步期，也是市场快速上升期；

（2）在施工工地、地下空间、高层建筑等作业环境较艰苦的场景中，机器人将发挥重要作用；

（3）机器智能将成为嵌入建筑空间中的关键技术，“机器换人”将成为未来建筑业转型升级的重要路径。

第四部分　建筑业数字化转型篇

第12章　智能建造与新城建标准

12.1　标准体系

按照国家标准体系的一般构建方法，智能建造标准体系包括三大类（三个层级）标准：基础标准、专业标准、应用标准。按照标准制定和发布的类型，智能建造标准体系包括五大类（五个层级）标准：企业标准、团体标准、行业标准、国家标准、国际标准。智能建造标准体系如图12-1所示。

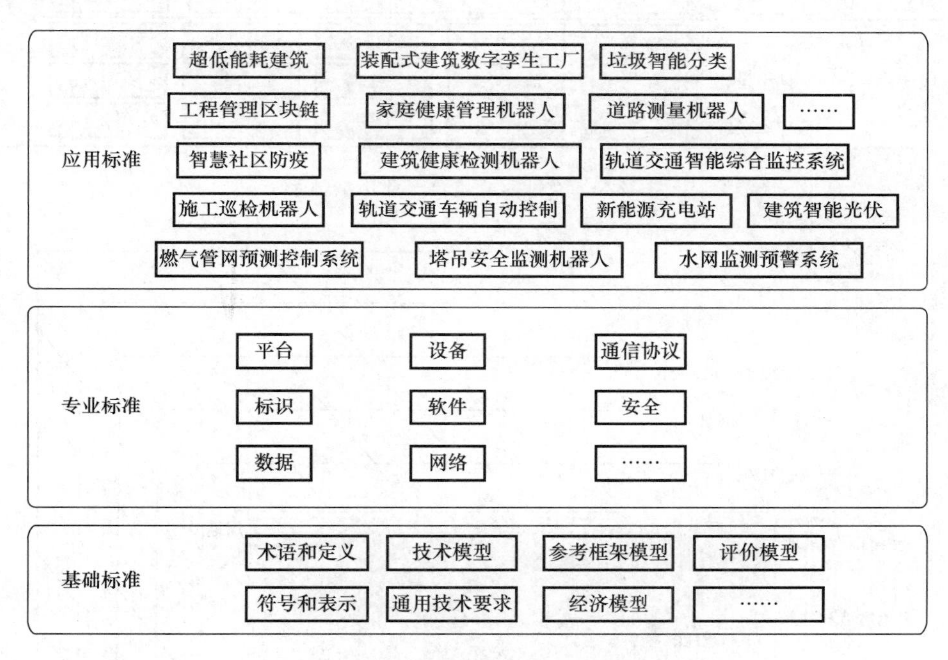

图12-1　智能建造标准体系

基于智能建造标准体系拓展构建的绿色智慧建筑产业标准体系如图12-2所示。

基于我国智能建筑、智慧城市产业链和产业集群快速高质量发展的内在需求，结合国际前沿技术，对标国际同领域标准，提出绿色智慧建筑产业八大标准体系：（1）家居-建筑-城市数字孪生标准体系；（2）“信息基础设施＋建筑”融合标准体系；（3）建筑工业化标准体系；（4）绿色建筑标准体系；（5）城市数据治理标准体系；（6）城市基础设施CPS安全标准体系；（7）“智能建筑＋城市”标准体系；（8）城市信息模型标准体系。八大标准体系是现代建筑产业的发展基石，也是传统建筑产业绿色智慧化转型发展的八大支柱。

全领域全周期全层级标准互联互通的新城建标准体系框架如图，新城建标准体系三层划分方法及每层包含的主要标准如图12-3、图12-4所示。

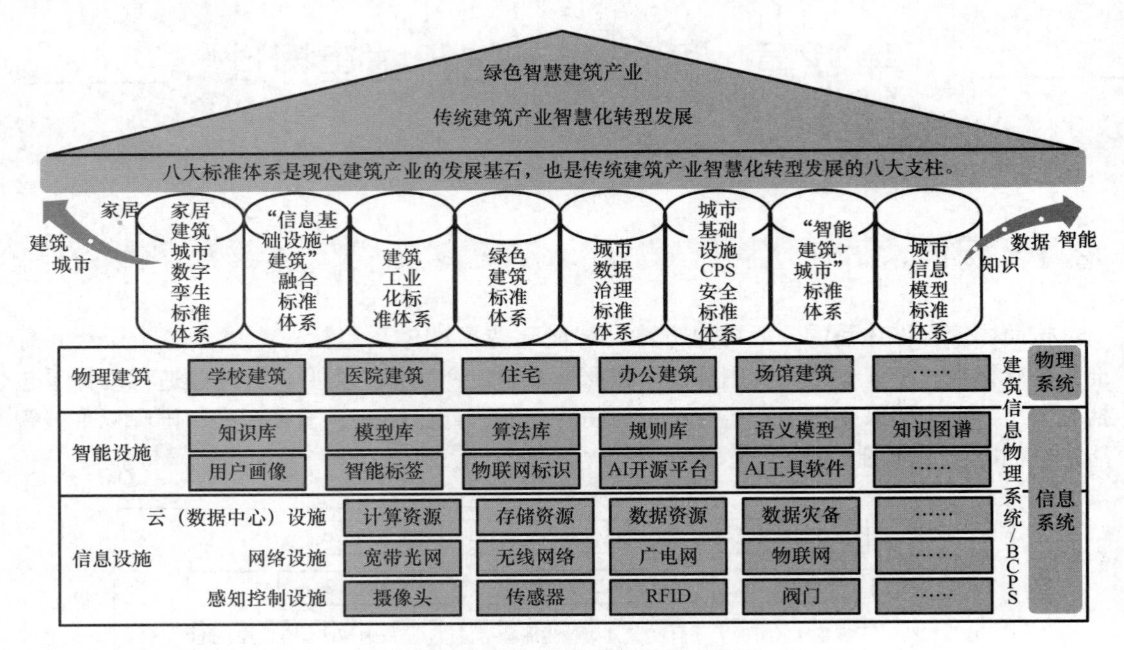

图 12-2　绿色智慧建筑产业标准体系

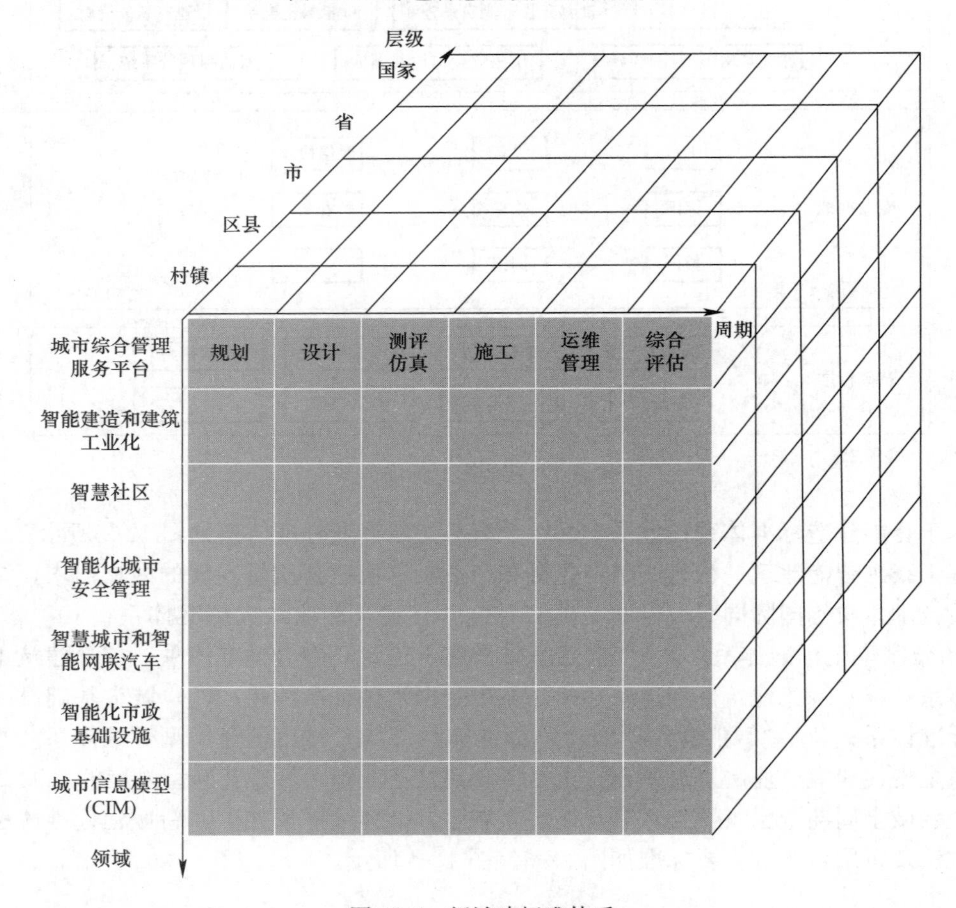

图 12-3　新城建标准体系

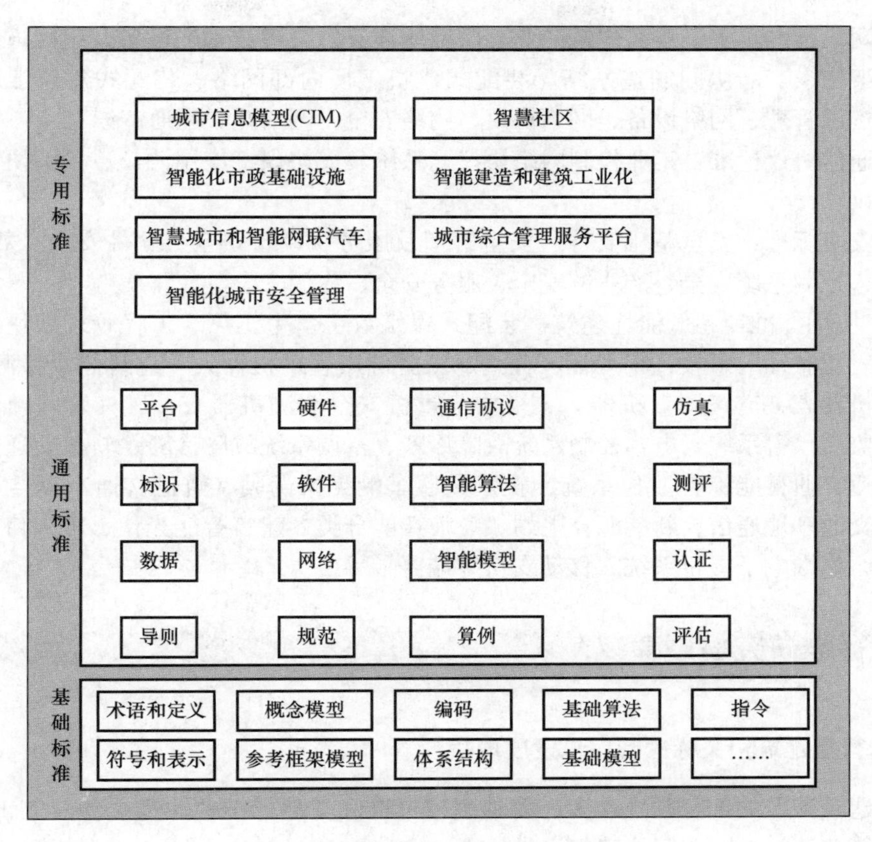

图 12-4　新城建标准体系三层

12.2　重点标准

未来，建议我国智能建造标准的研制包括以下主要内容板块：

（1）基础标准：术语和定义、符号和表示、参考框架模型、技术模型、经济模型、评价模型、通用技术要求。

（2）平台标准：建筑产业互联网平台技术要求、建筑产业互联网平台业务模型、数据库、操作系统（OS）、硬件平台（CPU、GPU 等）、联网资源接入、建模仿真、建筑产业互联网服务。

（3）标识标准：主要包括标识表示、标识结构、标识编码、标识存储、标识对象、异构标识互操作、标识解析、标识传输、标识追溯、标识加密。

（4）数据标准：数据分类、数据编目、数据采集、数据处理、数据分析、数据存储、数据隐私保护、数据交换、数据管理、数据追溯、数据确权、数据加密、数据交易。

（5）设备标准：传感装置、执行机构、驱动装置、控制装置、工业计算机、嵌入式处理器、专用芯片、多核计算、边缘计算设备。

（6）软件标准：嵌入式操作系统、传感器数据采集处理软件、控制系统软件、CAD 软件、BIM 软件、仿真软件、平台管理软件、中间件、安全防护软件等。

（7）网络标准：主要规范建筑产业互联网所涉及的关键技术、设备及组网方式，包括整体网络架构、产品协同制造网络、装配式建筑工厂内部网络、装配式建筑工厂外部网络、网络资源管理、网络设备、网络协议、网络安全、网络互联互通。

（8）通信协议标准：工业控制网络协议、系统集成协议、应用协议、网关协议、产业区块链协议。

（9）安全标准：安全基础支撑、安全管理及服务、设备安全、软件安全、数据安全、网络安全、控制系统安全、产业链安全、服务安全、应用安全。

（10）应用标准：超低能耗建筑、装配式建筑数字孪生工厂、工程管理区块链、智慧社区防疫、智慧社区急救、智慧社区养老、家庭健康管理机器人、建筑健康检测机器人、施工巡检机器人、道路测量机器人、塔式起重机安全监测机器人、燃气管网预测控制系统、水网监测预警系统、电梯控制系统故障诊断、空调系统故障诊断、轨道交通车辆自动控制、轨道交通智能综合监控系统、轨道交通车辆无人驾驶、轨道交通车辆空调节能系统、轨道交通车地通信、新能源充电站、垃圾智能分类、建筑智能光伏、出入口生物特征识别、社区商圈电子支付系统、移动支付终端。

12.3 标准研究发展建议

12.3.1 智能建筑相关标准制定与发展现状

智能建筑涉及的细分领域众多，多种国家标准和其他标准往往都会涉及其部分内容。经典的智能建筑标准有《智能建筑设计标准》GB 50314—2015、《公共建筑节能设计标准》GB 50189—2015、《绿色建筑评价标准》GB/T 50378—2019 等。

根据中国标准服务网的统计结果，2000～2021 年（截至 2021 年 8 月 1 日）间发布的标题中包含“建筑”的现行标准概况如下：国内：国家标准 1946 个，行业标准 3662 个，地方标准 1149 个，团体标准 267 个，企业标准 22 个，学协会标准 2 个。国外：国家标准 24856 个，国际标准 2641 个，学协会标准 7098 个 [1]。这些标准中，很多不包含“信息化”“智能化”“数字化”内容，因此不算作智能建筑标准；将主题和内容中含有“信息化”“智能化”“数字化”成分的标准算作智能建筑标准。根据中国标准服务网的统计结果（截至 2021 年 8 月 1 日），现行已实施的与“智能建筑”主题相关的中国国家标准共计 2234 个。在调研全球标准化组织制定智能建筑、智能家居国际标准的基础上，我们课题组重点调研汇总了 ISO、IEC、EN 在智能建筑、智能家居领域的标准制定情况。EN 从 2000 年左右就开始家用和建筑物用领域的研究及标准制定工作，在家用和建筑物信息化、智能化、电气化领域的工作在全球具有代表性，也具有引领作用。IEC 发布的智能建筑标准主要涉及家用电器、建筑物电气装置、照明等细分领域。ISO 发布的智能建筑标准主要涉及住宅建筑物节能、建筑施工机械和设备、建筑采购、建筑设备与工业装置用产品、门窗热性能、建筑自动化和控制系统（BACS）、家用电子系统（HES）等。通过对智能建筑、智能家居、智慧社区、智慧园区、智慧城市国内外标准的信息查阅、汇总梳理、统计分析、综合研判，总的结论是：我国现有智能建筑、智能家居标准相对蓬勃发展的产业来讲，数量相对较少，已经相对滞后于行业发展的实际需求。通过跟踪国际标准化组织 IEC、ISO、CEN、CENELEC 的工作，对比分析相关领域国际标准制定情况发现，我国在前瞻性、有深度、产业化价值大的专业细分领域尚缺乏洞察力和超前布局行动，因此在泛智能建筑领域的国际标准制定方面，与国际先进水平尚有差距。按照产业链发展需求，结合前瞻性基础理论和技术的发展，设计好标准体系是关键，制定好核心标准是根本。

12.3.2　未来智能建筑及智慧城市标准研究发展建议

针对未来智能建筑及智慧城市标准的制定，给出六点研究和发展建议：①构建数字新基建＋建筑产业融合标准体系，结合新基建发展与时俱进制定标准。②构建建筑工业化标准体系，加强建筑产业专用人工智能类、自主可控通信协议类和数字孪生建筑类标准制定。③服务于智慧城市建设与治理，强化顶层设计类、城市信息模型类及城市治理类标准。④吸纳泛智能建筑产业生态技术和管理成果，构建以智能建筑为核心的智慧城市标准体系。⑤坚持总体技术先进与点上突破同步推进，增强智能建筑相关国际标准的参与度和话语权。

（一）构建数字新基建＋建筑产业融合标准体系，结合新基建发展与时俱进制定标准。

新型基础设施是以新发展理念为引领，以技术创新为驱动，以信息网络为基础，面向高质量发展需要，提供数字转型、智能升级、融合创新等服务的基础设施体系。根据国家发改委的定义，新型基础设施主要包括三方面内容：一是信息基础设施。主要是指基于新一代信息技术演化生成的基础设施，比如以 5G、物联网、工业互联网、卫星互联网为代表的通信网络基础设施，以人工智能、云计算、区块链等为代表的新技术基础设施，以数据中心、智能计算中心为代表的算力基础设施等。二是融合基础设施。主要是指深度应用互联网、大数据、人工智能等技术，支撑传统基础设施转型升级，进而形成的融合基础设施，比如，智能交通基础设施、智慧能源基础设施等。三是创新基础设施。主要是指支撑科学研究、技术开发、产品研制的具有公益属性的基础设施，比如重大科技基础设施、科教基础设施、产业技术创新基础设施等。

新基建对智慧建筑和城市的发展有着根本性的促进作用，也将大大变革城市治理策略。城市治理最终是要追求一种治理有效的结果，整体性治理就是当前我国城市治理走向治理有效的一种可行策略，而技术和标准为这个策略的实施提供了工具。未来，建议智能建筑及城市标准在符合新基建基本内涵的前提下提出并制定，使标准更好地支撑新基建发展。

（二）构建建筑工业化标准体系，加强建筑产业专用人工智能类、自主可控通信协议类和数字孪生建筑与城市类标准制定。

当前，全球工业智能化已成为不可逆转的历史趋势，智能制造和工业 4.0 成为各国竞争的焦点。各国的科技竞争，很大程度上讲是制造业主导权的竞争。建筑工业化是建筑产业与工业智能化有机融合的产物，在学术上和产业上均属于交叉领域范畴。目前，我国的建筑工业化标准体系尚未建立，核心标准总体缺失。人工智能和数字孪生是新一代智能制造体系中最核心的部分，也是建筑工业化技术中最关键的支点。建议以标准支撑建筑工业化的系统性推进，分三步（三年为一个步骤周期）实现建筑工业化标准体系及标准的研制，用约 10 年时间逐步实现我国标准化建筑工业化技术体系的构建与实施，使我国的建筑工业化水平与世界领先水平处于同一层级。重点制定建筑产业专用人工智能类和专用数字孪生工业软件标准：

（1）建筑 AI 芯片标准。对建筑 AI 计算芯片 CPU 和 GPU（GPU 集训练和推理为一体）的体系架构、性能、参数、算法等进行统一描述和定义。制定面向智能建筑系统应用的指令集架构（Instruction Set Architecture），又称指令集或指令集体系，包含基本数据类型，指令集，寄存器，寻址模式，存储体系，中断，异常处理以及外部 I/O。指令集架构包含一系列的 opcode 即操作码（机器语言），以及由特定处理器执行的基本命令。指令集被整合在操作系统内核最底层的硬件抽象层中，属于计算机中硬件与软件的接口，向操作系统定义 CPU 的基本功能。

（2）建筑自主可控通信协议。根据建筑环境通信的实际需求，研制多类型网络通信协议，对串行通信、现场总线、移动互联网、长中短距物联网、工业以太网（时间敏感网络）等协议加强自主可控研究，吸纳现有国际标准通信协议的经验和优势，开发我国自主知识产权的通信协议，并在工程中广泛验证，逐步构建自主可控协议生态体系，技术和应用达到一定成熟度后，制定相关标准。

（3）建筑数字孪生工业软件和智能硬件标准。对 BIM 与智能建筑工业控制技术的融合方法、体系架构、系统模型、数据、接口、协议等核心技术进行规范化定义。充分借鉴和吸纳信息物理系统、系统工程、现代控制系统的理论和技术，同步跟进国际信息物理系统、数字孪生理论和技术的最新进展，开发能够融合复杂系统工程、可视化与虚拟现实、系统仿真、工业设计、无人工厂过程控制、网络协同等技术为一体的现代建筑数字孪生系统，并在实际工程中开展应用验证，技术和应用达到一定成熟度后，制定相关标准。数字孪生城市及其标准的建设发展宜遵循“理论—技术—管理—应用”四位一体发展范式（简称“DT 四范式”）。数字孪生城市应以数字孪生基础理论与关键技术为基础，兼顾管理和技术两个层面，在应用场景中不断试验、验证并完善其理论与技术体系。新基建时代的数字孪生城市具有智能、绿色、韧性三大主要特征，应将这三大主要特征贯穿于“DT 四范式”始终，实现综合评价最优。

（三）服务于智慧城市建设与治理，强化顶层设计类、城市信息模型类及城市治理类标准。

在智慧城市建设中，如何从全局视角出发，利用有限资源实现核心目标和价值，进行整体规划和设计，顶层设计标准将起到关键作用。智慧城市建设是一项系统工程，做好整体规划是前提条件。智慧建筑与智慧城市的顶层设计，应当以需求为导向，以战略全局为视角，进行整体构架的设计，作为城市发展规划的延续和进一步细化，应当遵循以下三个原则：

（1）普遍适用原则：顶层设计要兼顾东西部发展的差异性，弱化信息技术的主导地位，重视城市的管理和运营。

（2）权威性原则：顶层设计要有理有据，充分论证，对各方意见充分考虑和汇总，具备一定的权威性，充分考虑人民群众的诉求。

（3）多方融合原则：为了避免重复建设、重复投资等建设乱象的出现，各子系统应当在建设时，充分考虑系统之间的接口问题，数据之间的关联标准问题，新系统和老系统的延续性问题。

智慧城市顶层设计标准应当改变传统城市规划以政府既定目标为原则的编制方式，转变为解决城市问题为导向，以服务城市发展主题为根本的智慧化综合发展手段。构建多规融合的城市协同规划体系，制定步调一致、统筹协调的智慧城市建设思路和路径，通过公共信息平台建设实现信息整合和共享。与此相适应，标准要先行。

城市信息模型（City Information Modeling，CIM）是以城市的信息数据为基础，建立起三维城市空间模型和城市信息的有机综合体。城市信息模型目前尚无统一的明确定义，CIM 的内涵和外延目前仍处于探索期。CIM 应依托数字孪生理论和技术建立，宜采用基于模型的复杂系统工程思维。据此，CIM 可以理解为以数字技术为治理引擎（简称数字引擎）的数字孪生城市之数字孪生体。其中，数字技术＝BIM＋GIS＋IOT＋AI＋5G＋Block Chain＋Big Data＋卫星互联网＋……建立城市信息模型的目的是使城市信息得到更加科学、严谨、统一、明确的表达，为城市建设与治理提供数字引擎。城市信息模型试图从城市建模的角度为城市提供更加科学严谨地表达，以“信息”为主线贯穿城市空间，使物理分散的城市在信息空间中实现逻辑集成，因此能够更好地优化城市、管理城市、治理城市。数字孪生城市的城市数字孪生体可看作是城市信息模型的一种实现方式。城市数字孪生体从数据和模型的角度，依据复杂系统控制与决策理论为城市信息模型提供了科学性和落地性都极强的解决方案。基于数字孪生城市和城市信息模型，可构建出由模型到系统再到体系的微观与宏观一体化城市现代治理模式，真正实现基于模型的城市系统工程。随着城市信息模型、数字孪生城市理论和技术的不断完善与成熟，应适时地制定相关标准。

（四）吸纳泛智能建筑产业生态成果，构建以智能建筑为核心的智慧城市标准体系。

历经十余年的积淀和发展，智能建筑已经由最初的国际引进概念逐步成长为在中国大地上广泛生根的重要新型基础设施。我国在智能建筑领域的技术、产业、标准方面取得了一系列重要成果，中国智能建筑已经形成自身较为完备的生态体系。我国在智能建筑诸多细分领域的研究发展成效显著，甚至在某些细分领域已经超越国际水平。代表性的细分领域成果包括建筑信息模型（BIM）、AI 建筑、建筑工业互联网、智能建筑系统集成、智能家居自动控制、绿色智慧社区等。未来，中国智慧城市标准体系的构建应基于多年发展沉淀下来的成果再进一步丰富和完善，这样才能避免重复研究、重复建设，应该在总结前期成果的基础上系统性规划和推进。

目前，全球以智能建筑为中心的泛智能建筑产业生态正处于高速发展与逐步完善历史时期，各种新技术、新理念、新理论在泛建筑物理载体上得以广泛试验、验证及应用，因此从产业生态中不断涌现出大量技术和管理方面的成果，可将这些成果以标准的形式固化下来并加以推广。可构建以智能建筑、智能家居为核心，以智慧社区、智慧园区为一级标准环，以智慧城市为二级标准环，以泛智能建筑生态为三级标准环的“洋葱”结构泛智能建筑标准体系。如图 12-5 所示。

（五）加强标准示范项目建设，构建标准体系与标准应用体系的良性互动闭环。

智能建筑相关标准的研制和推广需要分阶段进行，并应针对不同的情况及时做出调整。根据阶段建设效果不断积累和总结成功经验和做法，推进标准示范项目落地实施，以点及面，以局部示范带动全局应用，以资源整合促进融合提升，逐步扩大应用范围领域，有计划有步骤地进行推广。由于智能建筑和智慧城市是一个涉及各领域跨机构跨部门的复

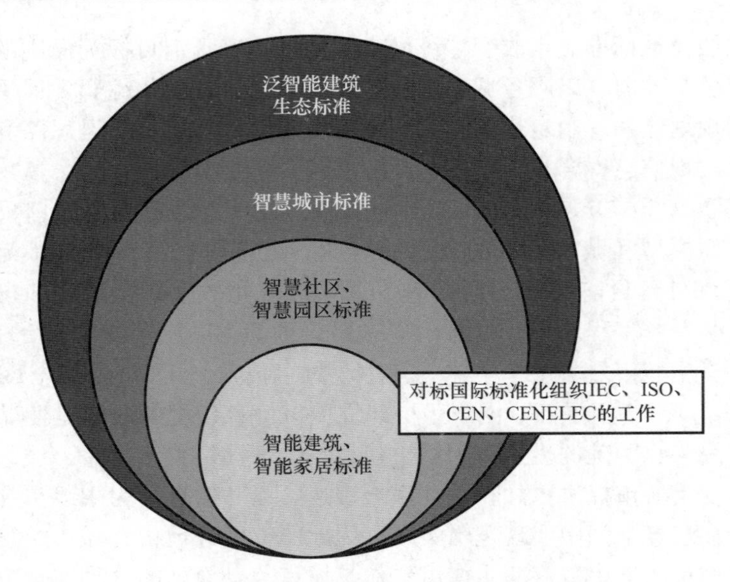

图 12-5　泛智能建筑标准体系构建思路

杂系统工程，需要聚焦城市发展重点任务，遵循科学性、基础性、紧迫性、操作性、创新性、效益性等标准，选取战略意义影响大、示范带动性强、现实需求迫切、受益面广的重点工程和示范项目，集中优势资源在短期内取得显著成效，形成系统化、高效化的推进模式。可行的做法是选择一批重点项目作为智能建筑和智慧城市第一阶段优先建设项目，为后续建设打下坚实的基础。

（六）坚持总体技术先进与点上突破同步推进，增强智能建筑相关国际标准的参与度和话语权。

目前，我国参与国际智能建筑相关标准的广度和深度都亟待增强，中国主导的相关国际标准不多，在一些关键技术标准方面话语权不多。为争夺关键技术与产业领域的主导权，更好支撑国家基础设施建设，更好地服务于国家经济发展，今后应主动参与国家标准化组织活动，积极跟进国际相关领域标准前沿，努力抢占国际标准的制高点。具体可在智能建筑和智慧城市的以下细分领域加强研究工作：总体架构设计，包括 IT 信息架构设计，业务架构设计、应用架构设计、数据融合设计、基础设施架构设计等，也包括智能建筑和智慧城市的运营管理体系设计、发展环境体系设计和标准体系设计等。

通过对智能建筑、智能家居、智慧社区、智慧园区、智慧城市国内外标准的信息查阅、汇总梳理、统计分析、综合研判，总的结论是：我国现有智能建筑、智能家居标准相对蓬勃发展的产业来讲，数量相对较少，已经严重滞后于行业发展的实际需求。通过跟踪国际标准化组织 IEC、ISO、CEN、CENELEC 的工作，对比分析相关领域国际标准制定情况发现，我国在前瞻性、有深度、产业化价值大的专业细分领域尚缺乏洞察力和超前布局行动，因此在泛智能建筑领域的国际标准制定方面，与国际先进水平尚有差距。未来，按照产业链发展需求，结合前瞻性基础理论和技术的发展动向，设计好标准体系是关键，制定好核心标准是根本。建议对标 IEC、ISO、CEN 等主流国际标准化组织的工作，结合我国国情构建以智能建筑、智能家居为核心，以智慧社区、智慧园区为一级标准环，以智慧城市为二级标准环，以泛智能建筑生态为三级标准环的“洋葱”结构泛智能建筑标准体系。

第13章　优秀企业实践案例

13.1　总体概况

绿色智慧建筑产业互联网是建筑实体经济全要素连接的纽带、枢纽及资源配置的中心。2018年以来，我国建筑产业互联网平台和体系建设步伐明显加快。目前较为成型的建筑产业互联网平台不到10个，相对于我国体量庞大的建筑市场而言，数量较少。中国建筑、建谊集团、三一筑工等企业在建筑产业互联网、建筑工业互联网方面的探索与实践成效较为明显，传统建筑企业和互联网企业成为进军建筑产业互联网产业的主力军。典型产品有：万科集团的采筑平台，中建集团的云筑网，建谊集团的铯镨，住房和城乡建设部科技与产业化发展中心牵头研发的装建云。在国家政策的助推下，中国建筑产业互联网平台和体系正在加速构建，建筑产业互联网正成为支撑建筑业、智慧城市乃至实体经济全要素、全产业链、全价值链互联互通的重要基础设施。在建筑产业智能化方面，建筑机器人正从单纯的施工机器人走向建筑全生命周期应用领域，尤其是运维阶段的应用。未来，建筑机器人将在推进智能建造发展方面发挥更加重要的作用。

近年来，三一筑工、建谊集团、中国建筑等建筑业龙头企业在建筑产业互联网、建筑工业化方面进行了创新性探索与实践，市场上涌现出一批具有代表性的典型产品和优秀工程案例，例如：三一筑工推出的SPCS超级混凝土建筑工业化系统方案，建谊集团的建筑产业工业互联网平台，中建科技的EPC总承包建筑工业化模式及深圳保障房实践案例，北京中联润泽电力科技有限公司基于配电室值班机器人与电力远程智能监控平台打造的智慧建筑能源大数据平台。这些典型实践在很大程度上代表了当前一个历史时期我国建筑产业工业化的新动态、新风向、新模式，值得借鉴和学习。

13.2　中国建筑EPC总承包建筑工业化模式

EPC（Engineering Procurement Construction）是指公司受业主委托，按照合同约定对工程建设项目的设计、采购、施工、试运行等实行全过程或若干阶段的承包。通常公司在总价合同条件下，对其所承包工程的质量、安全、费用和进度负责。2016年，全国首个采用EPC总承包模式的建筑工业化试点项目（深圳市坪山区祥心路保障房项目）由中建科技组织实施，该项目采取工业化方式建造，较好地实现了设计标准化、生产工厂化、施工装配化、机电装修一体化和管理信息化的五化一体。其中，信息化管理主线贯穿于整个项目建设全过程，实现全流程节点确认及可追溯信息记录，并实现基于互联网、移动终端的动态适时管理。该项目建筑工业化智能建造体系的全过程集成数据还为项目建成后的智能化运营管理提供极大便利。该项目采用精装一体化设计，为电气、给水排水、暖通、燃气各点位提供精准定位，不用现场剔槽、开洞，避免错漏碰缺，保证安装装修质量。项目还施行一体化室内精装设计施工，大规模集中采购，装修材料更安全、环保。

【工程案例】全国首个EPC模式的工业化项目

深圳市坪山区祥心路保障房项目位于深圳市坪山新区，共提供保障房房源 944 套，建筑预制率可达 50%，装配率达 70%，是目前深圳市工业化率最高的建设项目。项目总建筑面积 64050m²，3 栋高层住宅由 35、50、65m² 的三种标准化户型模块组成，共提供保障性住房 944 套。（图 13-1）

图 13-1 深圳市保障房 EPC 模式建筑工业化项目

13.3 中国建筑徐州地铁 3 号线工程

徐州轨道交通 3 号线为一条南北向骨干线，快速串联了金山桥片区、老城区、翟山片区、铜山新区，衔接了铁路徐州站交通枢纽以及金山桥副中心、中国矿业大学、铜山行政中心等重要功能中心。3 号线一期工程线路长约 18.13km，均为地下线。设站 16 座（换乘站 4 座）。除创业园站为地下一层车站外，其余 15 个车站均为地下二层车站。线路平均站间距为 1.19km；最大站间距 2039m，为和平路站～淮塔东路站区间；最小站间距 747m，为焦山村站～银山站区间。设置银山车辆基地 1 座，铜山副中心主变电所 1 座。控制中心设置于 1 号线一号路站控制中心内。一期工程设联络线两处，与 1 号线在徐州火车站设联络线，与 2 号线在淮塔东路站设联络线。设置银山车辆基地一处，位于线路南端，连霍高速公路以南、银山路以西的地块内。设置两座主变电所，其中铜山主变电所为新建，七里沟主变电所与 2 号线合用。（图 13-2～图 13-4）

以徐州市轨道交通 1 号、3 号线工程为依托，在大量调研和阅读相关科技资料的基础上，运用理论分析、现场和室内试验、数值模拟、现场监测和对比分析等研究方法，研究在地铁复杂工程管理系统关键技术与模式，建立基于区块链技术的新型轨道交通管理体系。技术路线如图 13-5 所示。

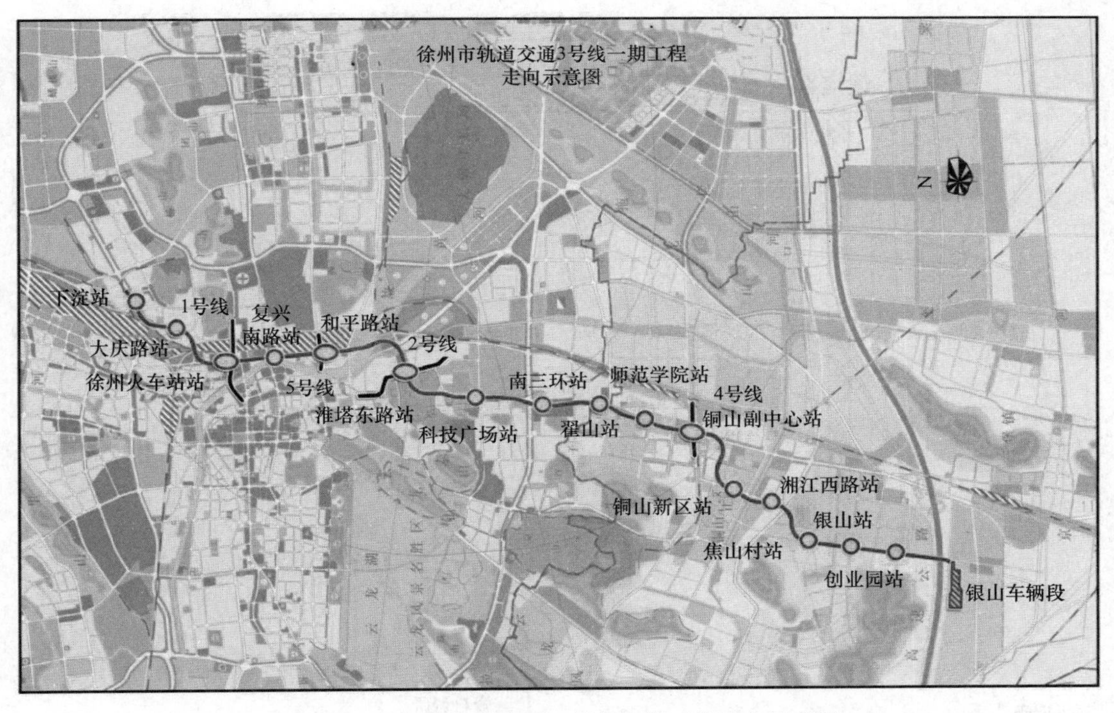

图 13-2　徐州市轨道交通 3 号线一期工程走向示意图

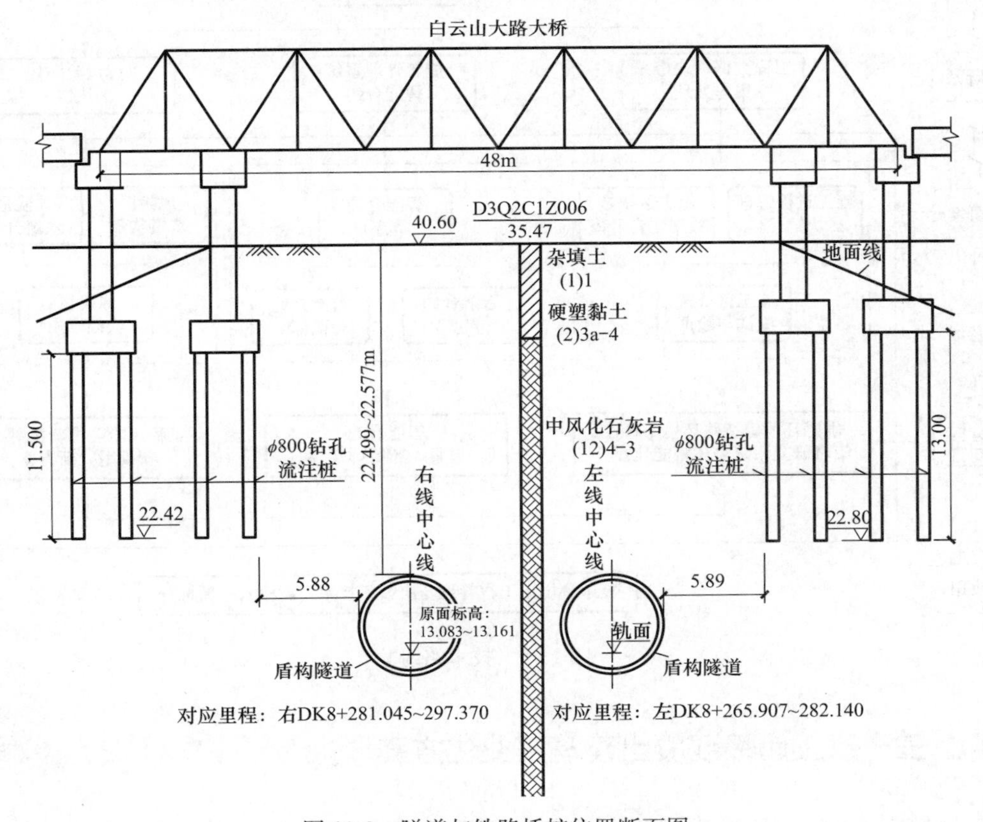

图 13-3　隧道与铁路桥桩位置断面图

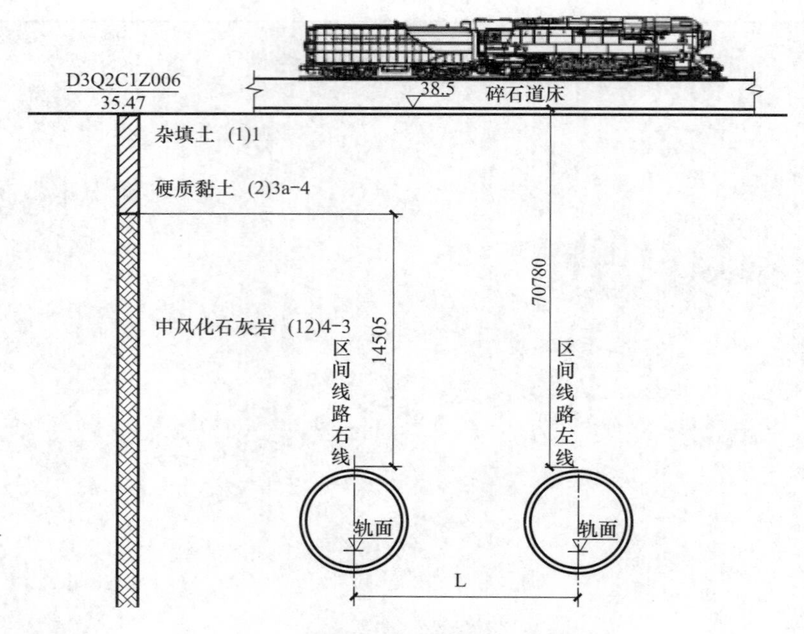

图 13-4　隧道与铁路路基位置断面图

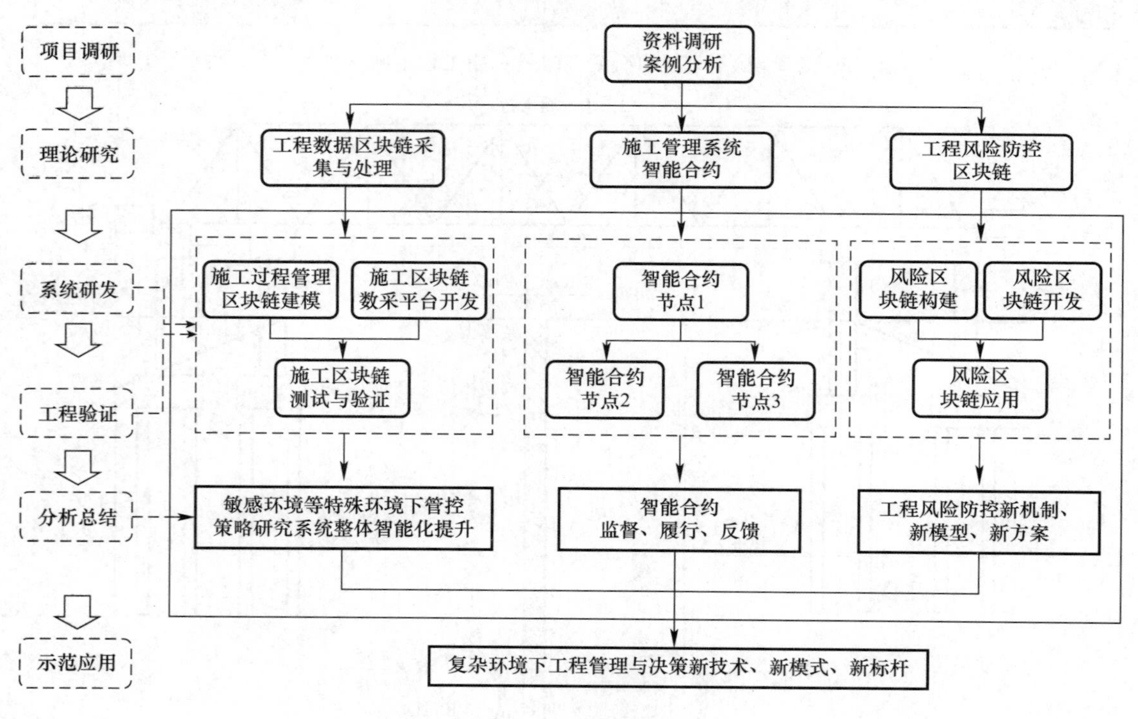

图 13-5　技术路线

13.4　三一筑工超级混凝土建筑工业化方案

三一筑工推出了 SPCS 系统解决方案。SPCS 超级混凝土建筑工业化系统方案。包含了三一筑工核心能力“5231”，集成了全行业的最佳实践，是“我们大家”的建筑工业化系统方案。国家标准《装配式混凝土建筑技术标准》GB/T 51231—2016、《装配式建筑评价标准》GB/T 51129—2017 确定了现代装配式建筑最主要的技术和评价标准，为装配式建筑的发展提供了技术基础和评判依据。

SPCS 混凝土建筑结构技术路线如图 13-6 所示。

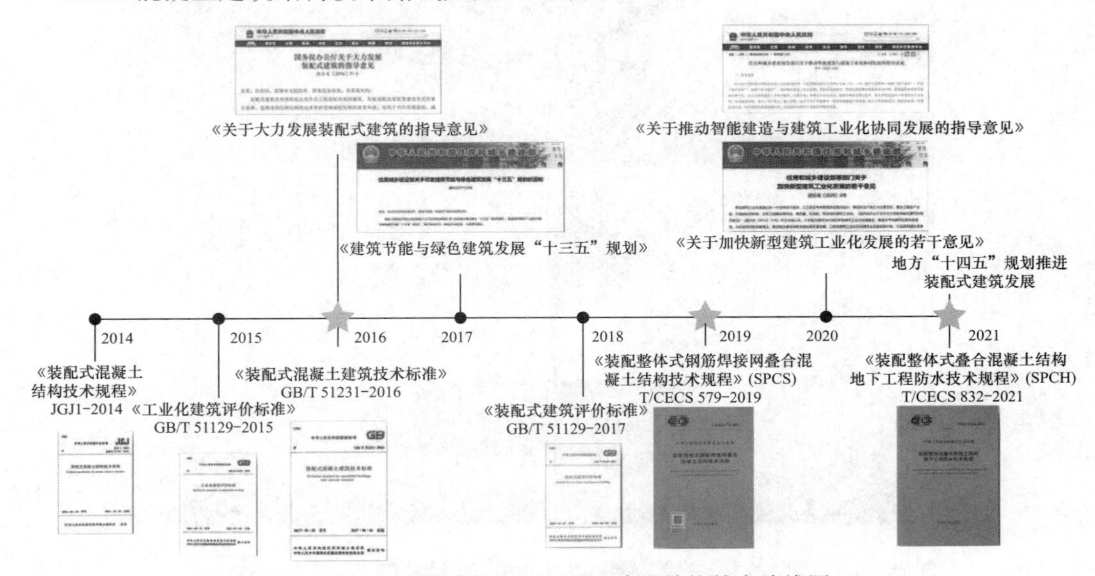

图 13-6　三一筑工 SPCS 混凝土建筑结构技术路线图

钢筋桁架叠合板、双 T 板、SP 板、整体凹槽板、PK 板等，共同构成了满足各种应用场景的水平装配技术群，但只采用水平预制，既不能满足国家装配式政策的总体要求，也不符合建筑工业化的趋势。三一筑工研发 SPCS 结构技术，编制发布协会标准《装配整体式钢筋焊接网叠合混凝土结构技术规程》T/CECS 579—2019，解决了装配式混凝土建筑竖向预制件技术的痛点，补全了装配式结构技术最后一块拼图。

SPCS 结构技术采用“空腔＋搭接＋现浇”的方式，解决行业痛点，在预制结构和地下工程防水等领域补齐装配式混凝土建筑技术体系的拼图；给市场提供更多选择。更好：“空腔＋搭接＋现浇”结构技术，整体安全、不漏水、精度高；低碳、绿色、环保；更快：构件重量轻、施工容错强、三天一层；更便宜：主体用钢量“接近”传统现浇、少人化成本优势越来越大。（图 13-7 和图 13-8）

图 13-7　三一筑工 SPCS 结构技术案例（一）

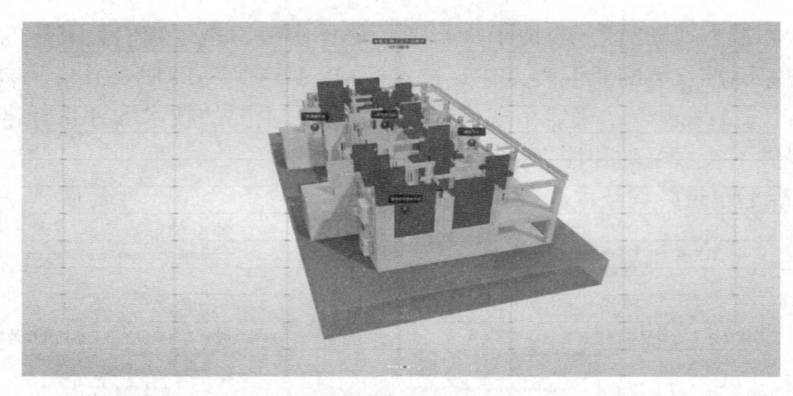

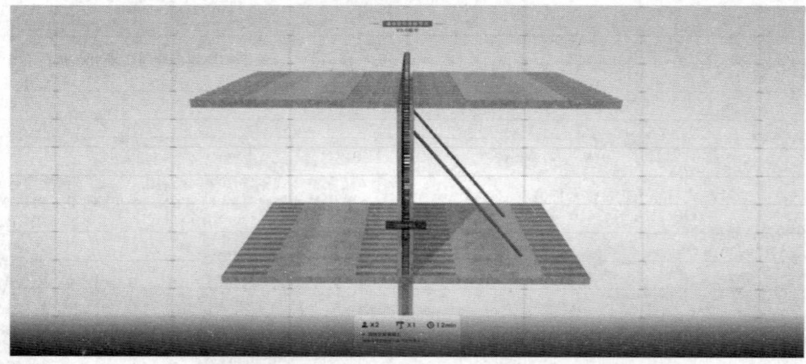

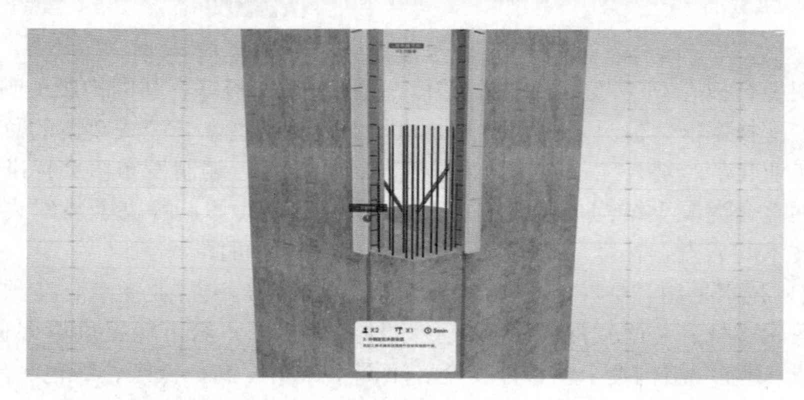

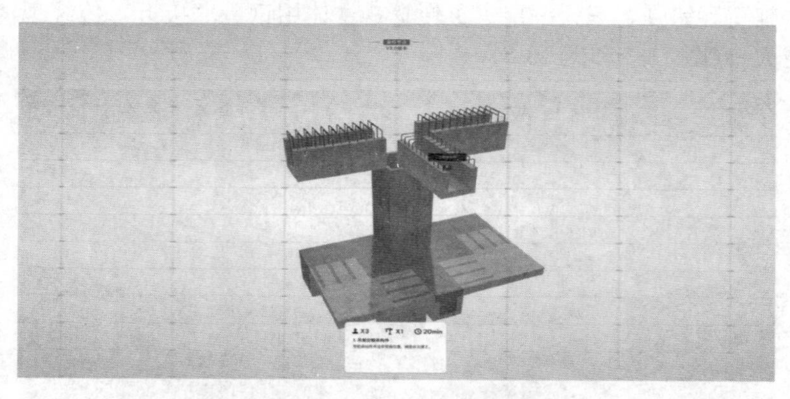

图 13-7　三一筑工 SPCS 结构技术案例（二）

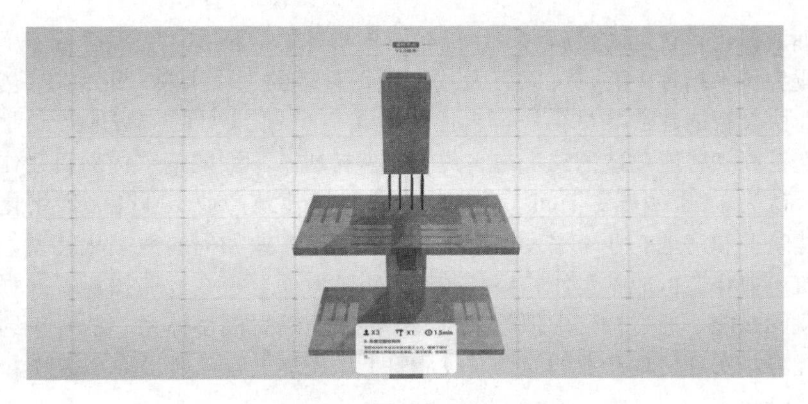

图 13-7　三一筑工 SPCS 结构技术案例（三）

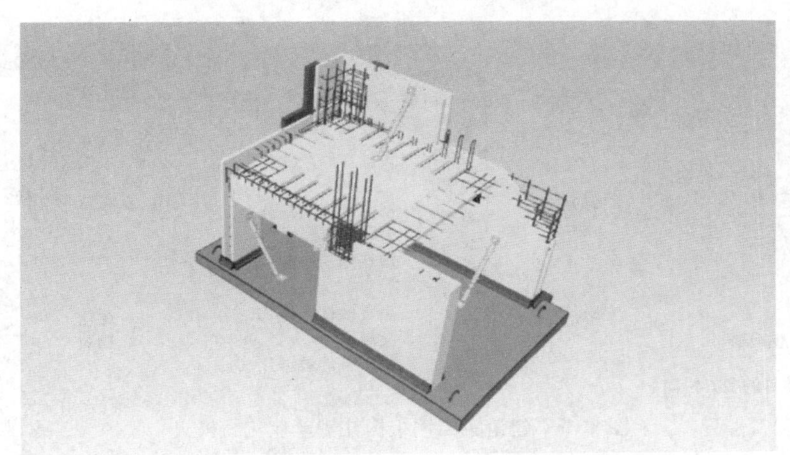

SPCS剪力墙　国标双面叠合剪力墙(双皮墙)　灌浆套筒剪力墙

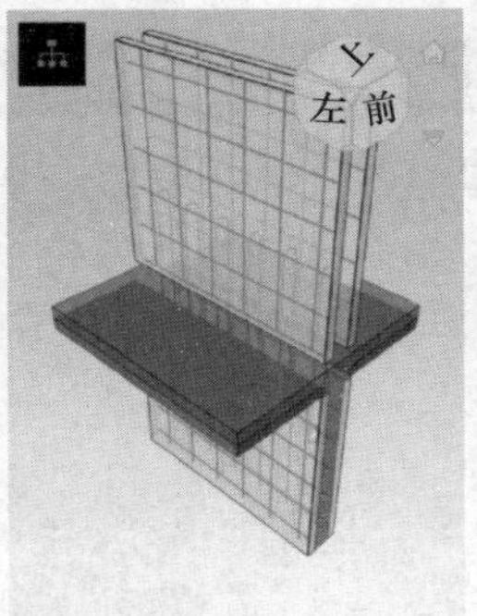

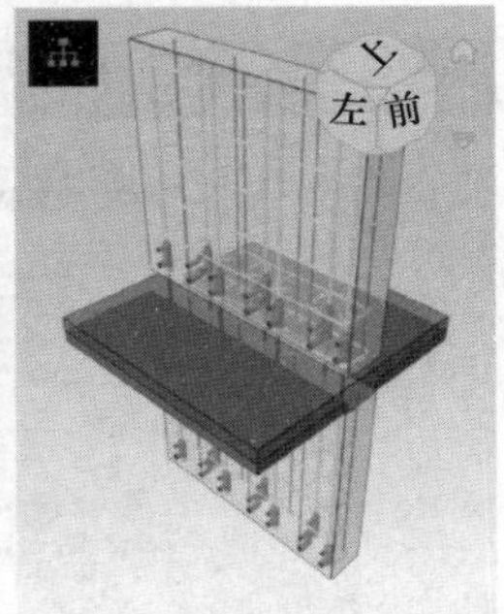

图 13-8　三一筑工 SPCS 结构技术国标设计文件

13.5　建谊集团建筑产业工业互联网平台

在国家自主可控政策的指引下，建谊集团充分利用互联网、云计算、大数据等新型技术，为中国广大企业用户和个人用户提供云到端的智能化产品、建筑信息化技术解决方案及服务，打造中国最大的建筑领域新生态。建谊集团在产业化过程中坚持“简约、快捷、优质、价廉”的方针，设计思路产业化、部品生产工业化、现场施工装配化、土建装修一体化、维护管理数据化，首创“大后台、小前台、虚拟建造”模式，实现后台多项目异地协同管理，后台成为技术指挥中心，可以大大减少现场管理的工作人员。北京建谊集团董事长、中国房地产业协会智能建造委员会执行主任张鸣在2021年6月的“房地产专业议题业务高端研讨会”上，以“智能建造的未来与实践——保持成本不涨的钢结构项目运作”为主题作了深度分享，认为：“十四五”期间，国家将着力推进建筑产业工业化、数字化、智能化改造，这也是建筑业和房地产业未来发展方向。他就建筑产业如何向数字化转型，如何利用互联网赋能建筑产业建造低成本运作，高品质产品重塑方面进行了经验探讨，并强调，要充分利用产业互联网赋能，通过构建虚拟数字模型产品、全信息模型体系，结合集约式供应链等产业互联网优势，实现房地产业的简约、优质、低碳发展，有效实现降本增效。（图13-9）

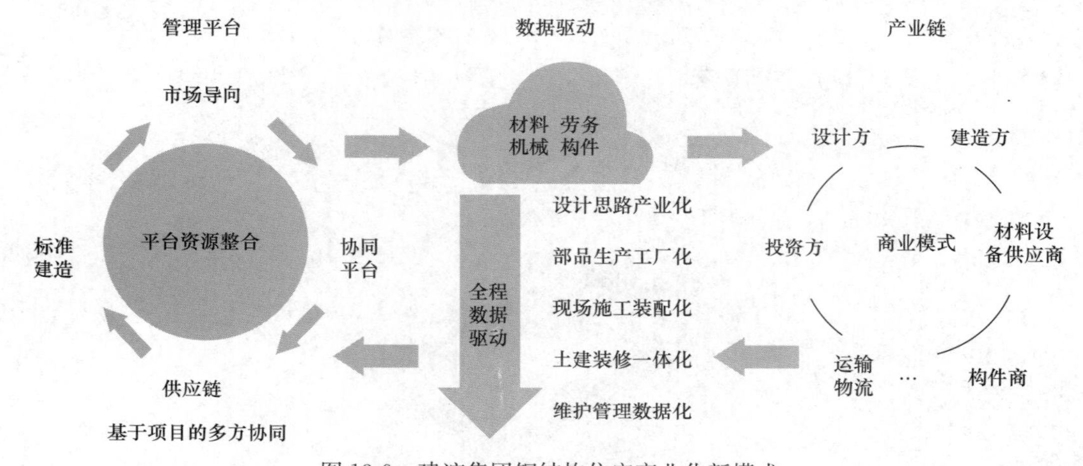

图13-9　建谊集团钢结构住宅产业化新模式

【工程案例】北京丰台区成寿寺B5地块定向安置房项目(图13-10)

北京市首个装配式钢结构住宅项目示范工程、全国装配式建筑科技示范项目。项目采用装配化全钢结构，所有钢柱、钢梁及钢筋桁架楼承板均为工厂化生产，现场装配化安装，比传统现浇混凝土结构缩短工期50%以上。在确保施工质量的前提下，绝对建造时间仅用60天。

图13-10　北京市首个装配式钢结构住宅项目示范工程

【工程案例】白俄科研楼项目（图13-11）

项目位于“一带一路”上最大的工业园区——中白工业园，地下一层，地上四层，采用纯钢构框架结构体系。该项目对响应国家“一带一路”政策具有重要意义。

效果图

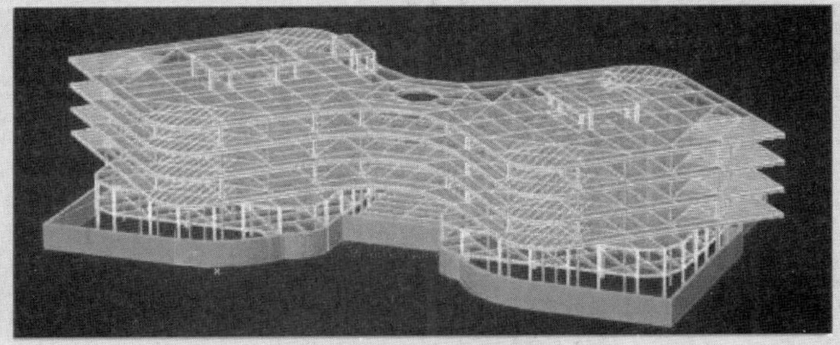

结构计算模型

图 13-11 纯钢构框架白俄科研楼项目

13.6 中联电科智慧电力和建筑光伏系统

中联电科率先在国内成功研发出配电室值班机器人 DD-robot 和电力远程智能监控系统 DD-POWER，已广泛应用到几十个大型建筑和能源项目中。该产品将城市配电网终端用户集中到平台中来，用科技手段保障配电网安全平稳运行，彻底改变了存在半个多世纪的配电室运维管理模式。通过配电室值班机器人、电力远程智能监控平台、网络传输三大模块联合打造了智慧电力生态系统，实现了“线上”＋“线下”的闭合服务。（图 13-12 和图 13-13）

基于以上平台和系统，企业开展了以下特色运维服务项目。

新能源汽车直流充电桩及配套服务。新能源汽车充电桩建设运维服务，可以有效满足用户单位内部和外部电动汽车充电需求，促进新能源发展，为新能源电动车提供便利服务。充电桩（站）建设运营的收益，既包含了与充电直接相关的电费、服务费等，也会带来车位费、停车服务、4S 服务、租车、修车等相关增值运营收入。直接为单位带来充电桩服务费用收益，平均每度电可带来 0.6～0.8 元服务费收益，用户单位无需投资，享受服务费分成。（图 13-14）

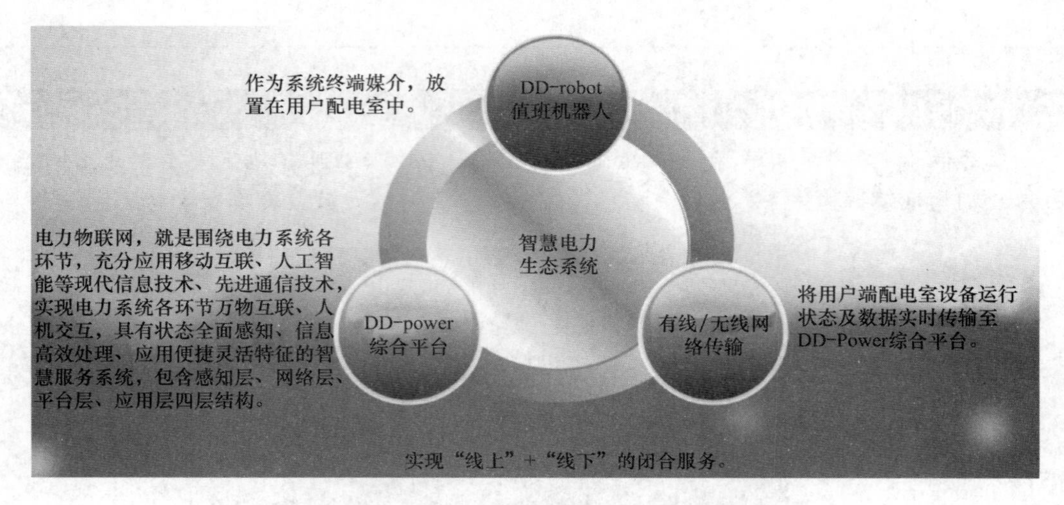

作为系统终端媒介，放置在用户配电室中。
DD-robot
值班机器人
智慧电力
生态系统
电力物联网，就是围绕电力系统各环节，充分应用移动互联、人工智能等现代信息技术、先进通信技术，实现电力系统各环节万物互联、人机交互，具有状态全面感知、信息高效处理、应用便捷灵活特征的智慧服务系统，包含感知层、网络层、平台层、应用层四层结构。
DD-power
综合平台
有线/无线网
络传输
将用户端配电室设备运行状态及数据实时传输至DD-Power综合平台。
实现"线上"+"线下"的闭合服务。

图 13-12　中联电科智慧电力生态系统

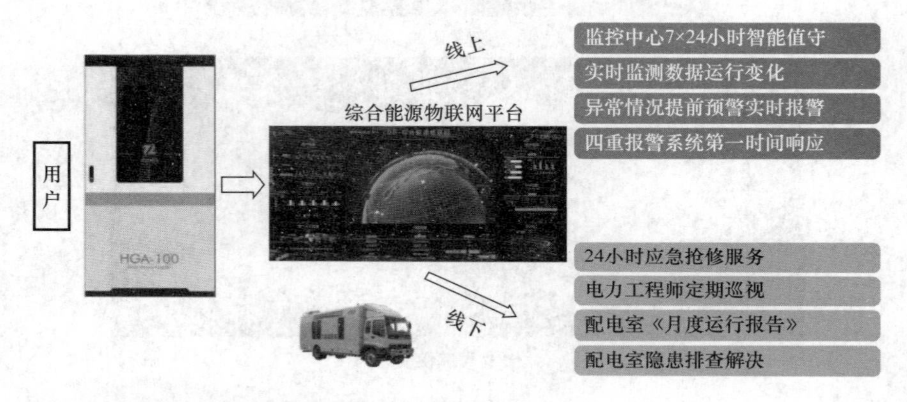

闭环式服务系统：硬件服务+软件服务、线上服务+线下服务

图 13-13　中联电科配电室智能机器人运维系统

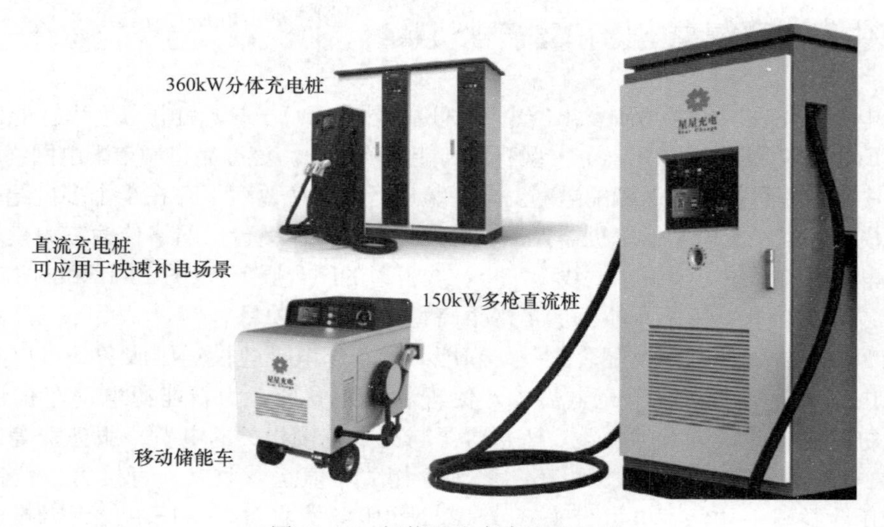

图 13-14　新能源汽车直流充电桩

光伏建筑和光伏发电。（图 13-16）符合政策：响应了国家和地方政府鼓励政策，企业承担相应社会责任。绿色用能：无噪声、无污染，不影响用户电压环境。安全用电：系统模块化设计，维护便捷，提升用电安全。降损增益：有效减少高阶点和峰点的用电开销，同时享受优惠电价。碳排放减排指标：计算按照 1kWh＝0.39kg 煤＝0.997kg 二氧化碳＝0.00936kg 二氧化硫＝0.00237kg 氮氧化物，下表以 1 万 m^2 屋顶为例，装机容量约 1MW。（图 13-15）

1MW光伏电站节能减排量测算

环保综合效益分析	年均节能减排量	寿命期减排量(25年)
预计年发电量(万kWh)	110	2750
标准煤(t)	396	9900
二氧化碳CO_2(tce)	1097	27418
年碳粉尘TSP(t)	299	7480
二氧化硫SO_2(t)	33	825
氮氧化合物NO_X(t)	17	413

图 13-15　碳排放减排指标测算

图 13-16　光伏建筑和光伏发电

【工程案例】雁栖会展中心场馆智慧能源工程（图13-17）

以下为产品和系统在北京市怀柔区雁栖会展中心场馆智慧能源工程中应用的实景。

图 13-17　北京市怀柔区雁栖会展中心场馆智慧能源工程（一）

图 13-17　北京市怀柔区雁栖会展中心场馆智慧能源工程（二）

13.7　上海城建基于数字孪生的杨浦大桥道运一网统管试点

上海市道路运输事业发展中心，成立于 2019 年 8 月，为上海市道路运输管理局所属的事业单位，承担本市路政、运政、交通设施养护管理等领域日常事务和相关技术支持保障服务等职责。在道运中心道路运输监管系统的基础上，选取已服役 28 年担负着多型种车辆跨越黄浦江重要通道的杨浦大桥作为数字孪生示范点，运用物联感知、人工智能、大数据、BIM 等新一代数字孪生技术，以实现“观、管、防”的立体融合管控为导向，创新赋能杨浦大桥，实现道路运输“一网统管”多种应用场景。（图 13-18）

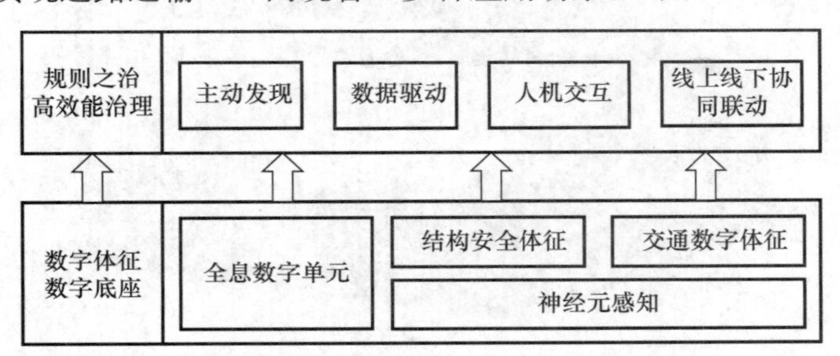

图 13-18　设计思路

设计理念上，首先通过对大桥管理对象的拆分和竣工资料的收集及编码，形成 5 万余个全息数字单元；然后结合大桥既有的结构健康监测系统、综合监控系统，补充增加交通增强感知相关的高清摄像机、毫米波雷达及边缘计算单元，建立物联感知体系，采集能代表结构安全和路面交通状况的体征数据，形成能支撑数字体征应用的孪生数字底座；基于底座的海量数据支撑，实现数据驱动的路政、运政高效能监管。

根据设计思路，搭建了六层技术架构，详见图 13-19。

感知层通过传感器实现综合监控、结构健康监测、交通增强感知与监测、视频 AI 分析等 7×24 小时实时自动感知体系，通过车载轻量化检测传感器，结合 AI 技术，实现对路面等设施的移动快速检测感知。数据层管理了杨浦大桥 5 万以上的全息数字单元、BIM 模型、交通增强感知数据、结构安全感知数据、病害感知数据、竣工资料和各类事件数据等。服务层为应用提供基础的服务支撑，包括 BIM 图形引擎提供高性能的动静态孪生效果服务，AI 模块提供了基于图像的事件智能识别，视频服务模块提供了视频转码服务，

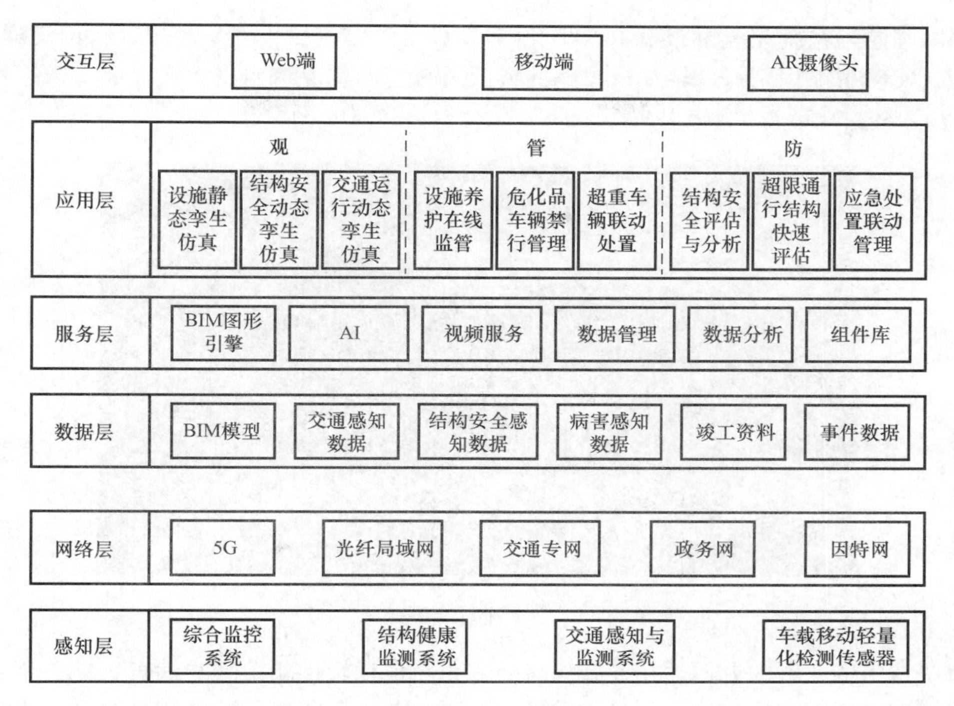

图 13-19　技术架构

数据管理模块提供了海量感知数据的存储、查询、利用功能，数据分析模块提供了海量感知数据的时空融合分析服务，组件库为业务系统快速开发提供支持。本项目应用功能通过浏览器端、移动端和客户端提供相应服务，浏览器端实现了观管防的完整应用，移动端利用 MR 技术支持现场的高效巡检和养护维修作业，客户端利用 AR 摄像头技术支持对高清监控视频的数字化赋能。

应用层实现了观管防三大领域共 9 个应用点，涉及设施静动态孪生的观、路政运政联动协同的管和数据驱动科学决策的防（图 13-20）。

图 13-20　工程实现效果 1

数字孪生的“观”方面，通过唯一编码，全桥 5 万余个设施设备单元，融合全生命周期的各种静态属性、技术档案及监测类动态数据、养护维修记录等，形成可通过模型随点随查的构件级履历库，以此作为精细化数字孪生应用的基础。结构健康监测系统在全桥布设 17 类 1100 多个结构安全数据感知点与 5 大类 120 多项结构安全指标，实时监测风速、温度、大地震动、应力应变、结构振动、索力、位移等结构健康指标数据；综合监控系统及交通增强感知系统在全桥布设10类200多套设备，监测桥址气象环境、桥面交通流量、车荷载，实时智能识别每一辆往来车辆的特征及轨迹，实现结构技术状况和交通运行的动态孪生。（图13-21）

图13-21 工程实现效果2

数字孪生的“管”方面，在设施病害处置中，依托轻量化检测与病害自动分析手段实现了对路面病害的“智能巡查、自动派单、及时处置、智能确认”的闭环管理，做到“即坏即修”，确保设施始终处于良好的运行状态。在危化品车辆违规闯入方面，通过边缘计算单元结合图像AI和行业监管数据，可秒级发现危化品车辆违规上桥事件，全程监测跟踪，2s内将违禁车辆车牌号、闯入时间和照片等数据，推送到道路运输监管系统的危运数字化监管平台，实时启动现场警示、非现场执法、企业信用追溯管理等相关处置流程。对超限车辆违规闯入实现线上线下联动处置，大桥动态称重系统实时监测每辆货车的车型、轴重、总重数据，并对超出大桥车辆限重55t的车辆进行实时报警，控制主桥两侧广播通知车辆违禁尽快驶离，控制情报板提示车辆超限；同时，自动向交警总队和委执法总队推送车辆违禁信息，开展非现场执法程序；并启动桥梁结构健康监测系统，快速评估本次超限通行对结构安全和路面技术状况的影响，为后续路损修复及索赔提供依据。（图13-22）

图13-22 工程实现效果3

数字孪生的“防”方面，数字孪生系统综合利用定期技术状况评定、结构健康监测和路面平整度等数据，实现对大桥设施状态的全生命周期性能分析，预测其发展趋势，实现数据驱动的全生命周期管养科学决策。在应急及突发事件处置方面，通过对大桥应急处置全程跟踪，辅助现场快速处置，预防影响交通及设施安全的重大事件的发生。

2022 年 1 月，杨浦大桥数字孪生 1.0 版成功上线，初步形成了“物联成网”“数联共享”“智联融通”的大桥神经元感知体系及交通基础设施全景、实时、精准的数字底座；初步实现了道路运输监管由人力密集型向人机交互型转变，由经验判断型向数据分析型转变，由被动处置型向主动发现型转变，实现了多业态、跨行业的线上线下联动。通过 8 个月的应用，养护巡查病害处置实现全覆盖，危化与超限违规闯入显著减少，提升了重大交通基础设施道路运输监管的成效。

展望未来，将继续从“观、管、防”加服务的角度做深、做广、做实，在杨浦大桥数字孪生应用基础上不断总结经验，形成可复制、可推广、可操作的孪生标准，为上海市重大交通基础设施群数字孪生建设提供技术支持。

第14章 “双碳”背景下的建筑业数字化转型

14.1 总体框架

建筑业数字化转型的切入点是将 IT 信息化与智能建造融合起来。自动化和物联网技术是基础，主要技术包括：短距离和长距离有线通信、无线通信，现场总线，自动控制系统（包括 PLC、DCS、HMI、SCADA 等），它们在实现 IT 技术与控制系统的融合、管控一体化方面会发挥重要作用，可以帮助实现智能经济阶段“高效、安全、节能、环保”的“管、控、营”一体化。工业物联网将具有感知、监控能力的各类采集、控制传感器或控制器，以及移动通信、智能分析等技术不断融入建筑工业生产建造过程的各个环节，从而大幅提高建造效率，改善产品质量，降低产品成本和资源消耗，最终将传统建筑业提升到智能建造的新阶段。

建筑业数字化转型的总体框架可以概括为：一体两翼，即以建筑行业为“一体”，以“一网”＋“一智”为“两翼”。如图 14-1 所示。

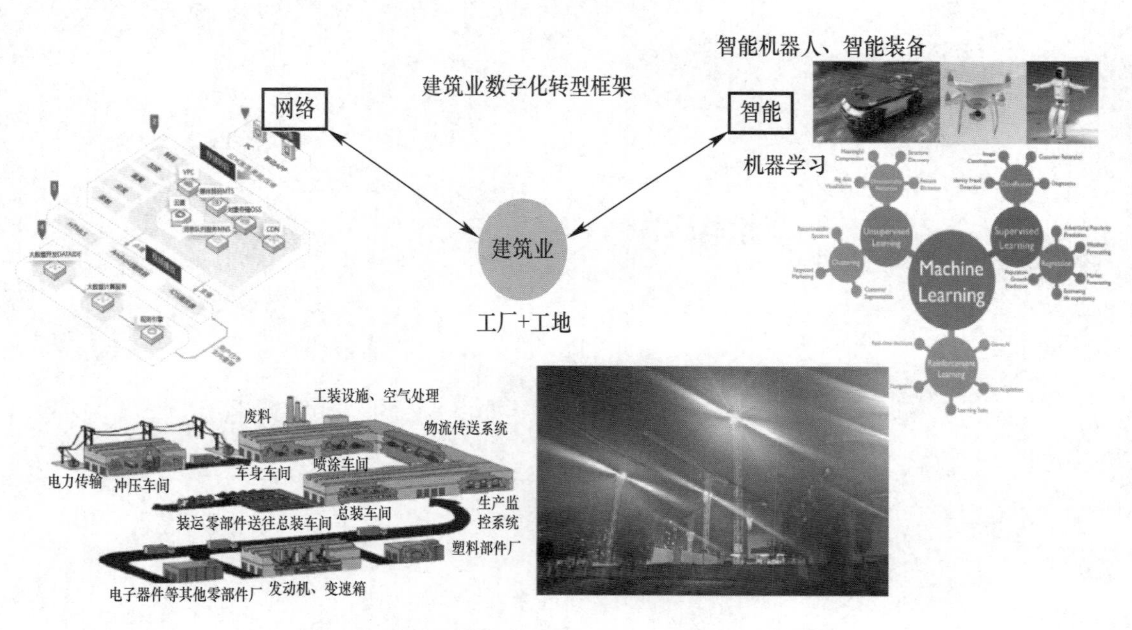

图 14-1 建筑业数字化转型的“一体两翼”总体框架

建筑业数字化转型的路径框架如图 14-2 所示。

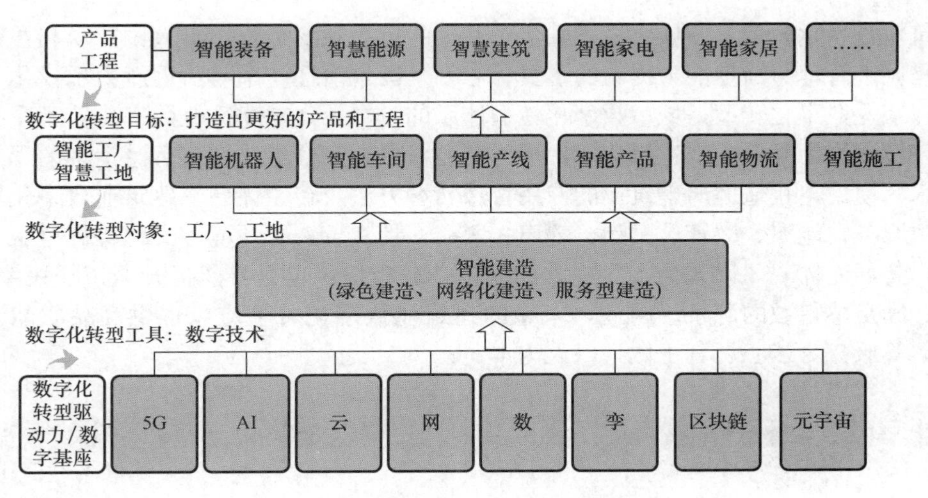

图 14-2　建筑业数字化转型的路径框架

14.2　逻辑架构

“双碳”背景下建筑业数字化转型实质上是建筑业探索新发展道路的一个革命性过程。在这个过程中，应首先深度思考并寻求可行性强的方法策略。建筑业数字化转型的逻辑架构是“一个主体加一个引擎加五个融合加一个保障”（简称：“1＋1＋5＋1”转型逻辑屋），“一个主体”是指以建筑业为主体，深挖建筑业自身潜能；“一个引擎”是指以数字技术为引擎，引发建筑业数字化变革；“五个融合”是指建筑与制造、水务、交通、能源、城市的融合与创新；“一个保障”是指标准保障，即以标准保障整个体系的专业性、安全性、可管性。如图 14-3 所示。

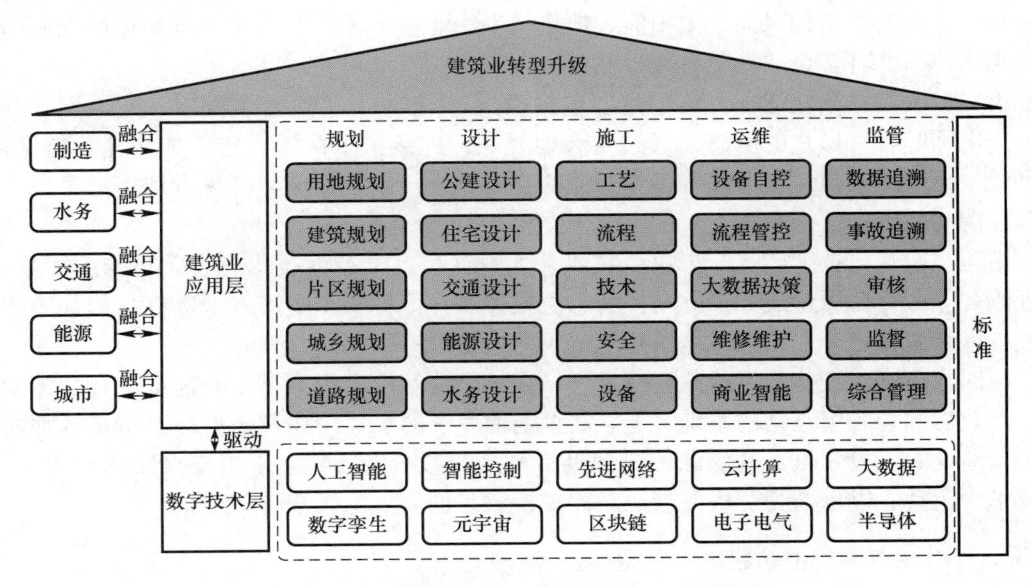

图 14-3　建筑业数字化转型逻辑架构（“逻辑屋”）

建筑业数字化转型是一项共建、共治、共享的重大系统工程，与人民群众利益密切相关，也是城市管理与治理能力提高的重要标志，是国家治理体系与治理能力现代化的重要支撑。建筑业数字化转型是城市数字化转型体系的一个子集。建筑业数字化转型系统的构建以数字技术层为基底，以建筑业应用层为转型对象，充分借鉴城市智慧治理的思想、方法、技术、模式，打造面向建筑业的专用智慧转型方法及转型体系。建筑业数字化转型宜更多关注服务，能源、教育、医疗、健康、食品、社交、人居环境、文化等都是服务的重要资源，是最能体现“以人为本”理念的城市业务板块，也是最能提升城市居民幸福感、获得感、满足感指数的源泉。因此，未来的建筑业数字化转型应以提供高品质能源、医疗、人居等服务为核心，真正做到以人为本。

14.3 转型策略

14.3.1 由绿色智慧建筑到绿色智慧城市路径

建筑业数字化转型的根本路径是：由绿色智慧建筑到绿色智慧城市。能源流和信息流是连接建筑和城市的纽带。提出 E2X（Energy to X）即“能连万物”的概念，具体应用时，“X”可以是城市。规划出由三个步骤组成的 E2X（X＝城市）实现路径：第一步是多种能源间互联，也就是 E2E（Energy to Energy）；第二步是能源与建筑互联，即 E2B（Energy to Building）；第三步是能源、建筑与城市互联，即 E2B2C（Energy and Building to City），最终，形成绿色智慧城市。绿色智慧城市可再进一步拓展至绿色智慧城乡建设领域，甚至全球智慧城市。综上，存在如下建筑业数字化转型方法：以 E2X 为手段，基于建筑能源节点，构建城市综合能源体系，实现建筑业绿色智慧化转型升级。

建筑业数字化转型的具体举措体现在以下四个方面：

第一，构建城乡综合建筑能源体系。城乡综合建筑能源体系是泛在智能能源物联网的落地载体，能够将诸如风能、太阳能、地热、生物能等多种能源突破地域和环境限制输送到各类用户，并将多余的能量有效地储存。

第二，发展空天地泛在网络。主要包括 5G、传感网、工业控制网络、空天网、互联网、广电网等各种形式的网络。通过空天地泛在网连接供求两端，实现能源流、能量流、信息流、物流、人流、资金流等多资源流的互联互通与高效协同，管理者和用户可以及时获取能源的供给和需求数据。

第三，研究数据智能与知识决策技术。大数据与人工智能技术融合，再与应用场景、管理流程等融合后可形成知识驱动型智慧决策体系（简称知识决策）。“数据智能加知识决策”技术是城乡综合建筑能源体系落地实现的关键。

第四，探索新型能源系统商业模式。城乡综合建筑能源体系是一个高度开放、深度融合、高效协同、频繁互动的系统。随着新型能源系统的加速构建及新型能源市场的加速成熟，以新能源为投资重点的能源产业会吸引更多的参与者，将逐步培育出以用户为中心、以技术为驱动、以创新为契机的能源新商业模式，创新能源经营管理理念。

14.3.2 以城市转型带动建筑业转型

建筑业数字化转型的效果依赖于城市经济系统发展的质量。推动城市经济系统发展的五大核心驱动力为：政策、技术、产业、服务、金融，它们共同构成驱动力体系。实现城市经济最佳运行状态的本质途径是：供给侧与需求侧的最佳匹配与快速平衡。一个优质的城市经济系统应是一个动态闭环系统，在这个闭环中供需双方可以自适应地实现敏捷互动。衡量供需双方最佳匹配的指标包括：资源匹配速度（即经济体系整体运转效率）；资源匹配广度（即高关联度资源的覆盖面大小）；资源匹配精度（即匹配的精准程度）；资源匹配深度（即匹配双方相互影响的程度）。城市经济闭环系统示意图如图 14-4 所示。

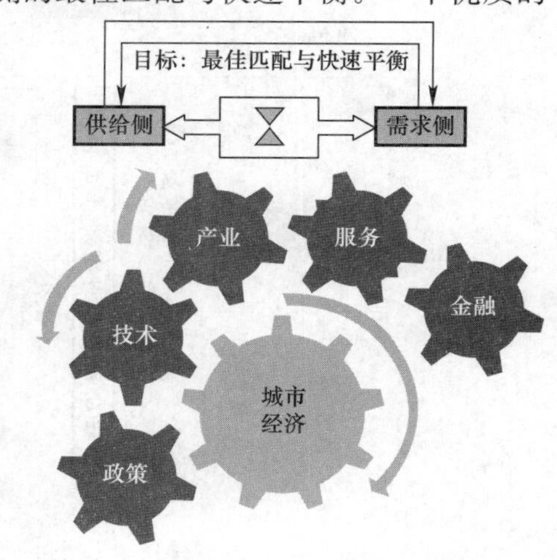

图 14-4　城市经济闭环系统

在动力体系中，技术特别是数字技术的驱动效果十分显著。新的历史时期，应以自主可控关键技术为原始动力，带动整个驱动体系的良性内循环和驱动力之间的良性互动，使技术成为城市经济自底向上发展的核心动能。

提出以城市数字化转型带动建筑行业数字化转型的转型策略。城市数字化转型一方面应从城市发展的宏观层面入手，另一方面应从产业发展、城市建设、政府管理、民生工程、社会治理、公共服务、基础创新等各个具体板块着力。城市更新是城市高质量发展的必然举措。基于城市信息模型（CIM）的城市数字化转型是我国城市发展的总体趋势，更是我国经济社会发展的内生需求。未来，CIM 的深度发展应从政策法规、标准规范、基建统筹、智能引擎、基础单元、人才培养等多角度进行全方位拓展和系统化建设，不断丰富 CIM 的内涵。

数字化转型需抓住关键环节，制定转型策略并分步骤实施。提出如图 14-5 所示的城市数字化转型策略。

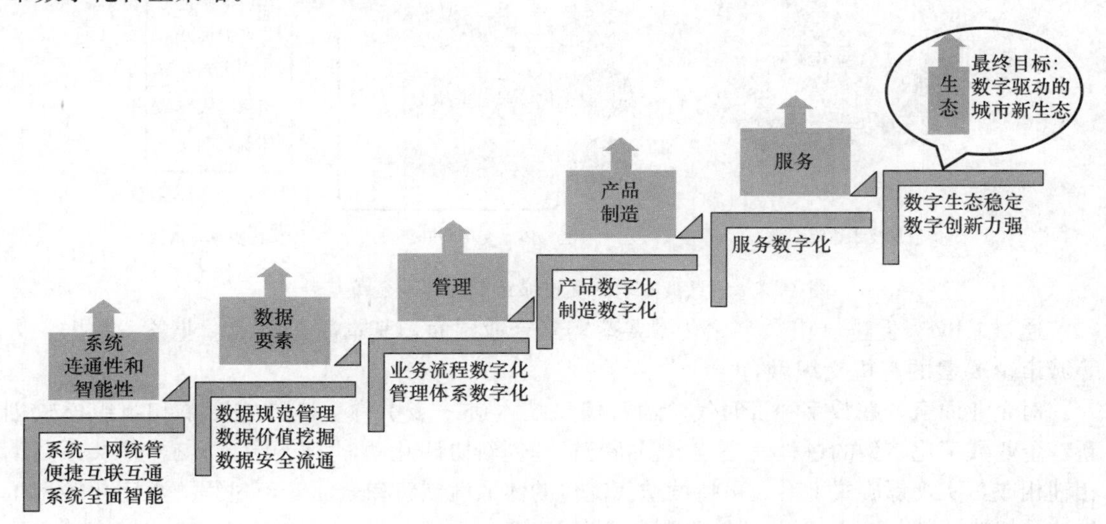

图 14-5　城市数字化转型策略

结合城市经济发展体系原理，提出通过城市更新实现城市数字化转型的方法，即 CIM+促进城市数字化转型的逻辑。通过城市更新实现城市数字化转型方法如图 14-6 所示。

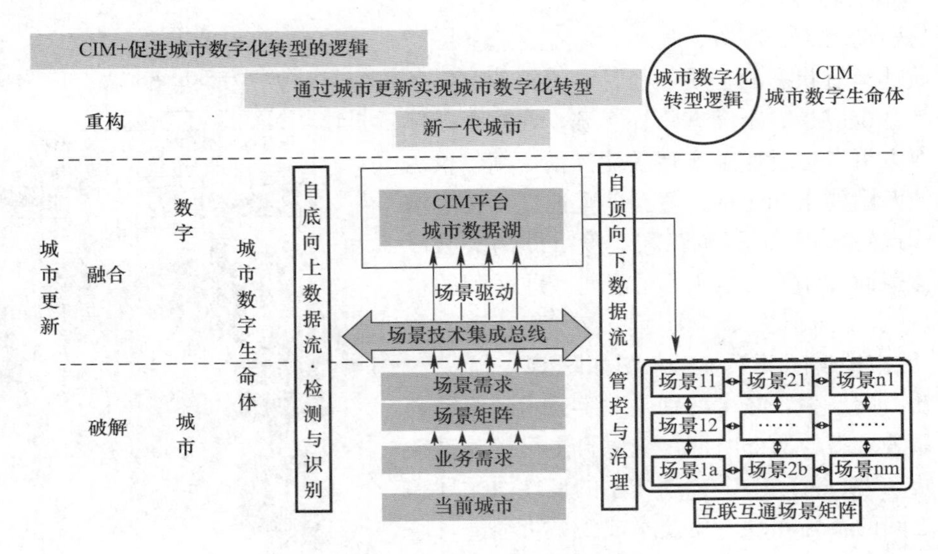

图 14-6　通过城市更新实现城市数字化转型方法

信息技术体系作为核心驱动力（转型引擎）引发能力体系产生系统性变革。信息技术作为通用使能技术，引发城市系统内创新体系、生活方式、生产方式、产业结构、管理模式等发生体系化变革与重构。信息技术引擎促进城市能力体系变革与升级方法如图 14-7 所示。

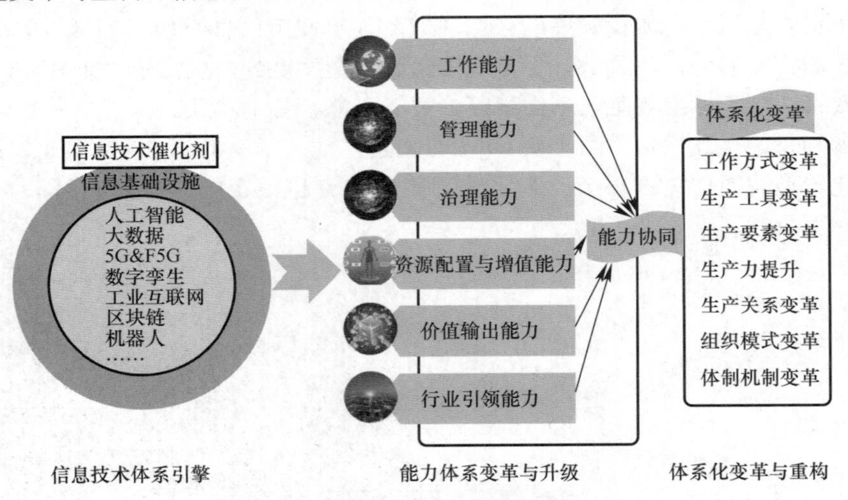

图 14-7　信息技术引擎促进城市能力体系变革与升级

通过 CIM+促进城市数字化转型要落实到企业层面，其本质是技术、业务、数据、人等城市全要素的有机交织融合。

对企业而言，在数字经济时代，随着信息技术进一步引领生产方式变革和组织模式创新，企业数字化转型的过程就是技术创新与管理创新协调互动，生产力变革与生产关系变革相辅相成，实现螺旋式上升、可持续迭代优化的体系性创新和全面变革过程。数字化转型工作涉及战略调整、能力建设、技术创新、管理变革、系统开发、组织变革、模式转变等一系列创新，是一项复杂系统工程。由企业转型升级促进行业转型升级思路如图 14-8 所示。

在城市信息模型这一数字生命体中，应始终关注促进这一“生命体”健康持续生长的一套潜在逻辑，即城市经济中的供给与需求匹配问题。推动城市现代经济系统发展的五大

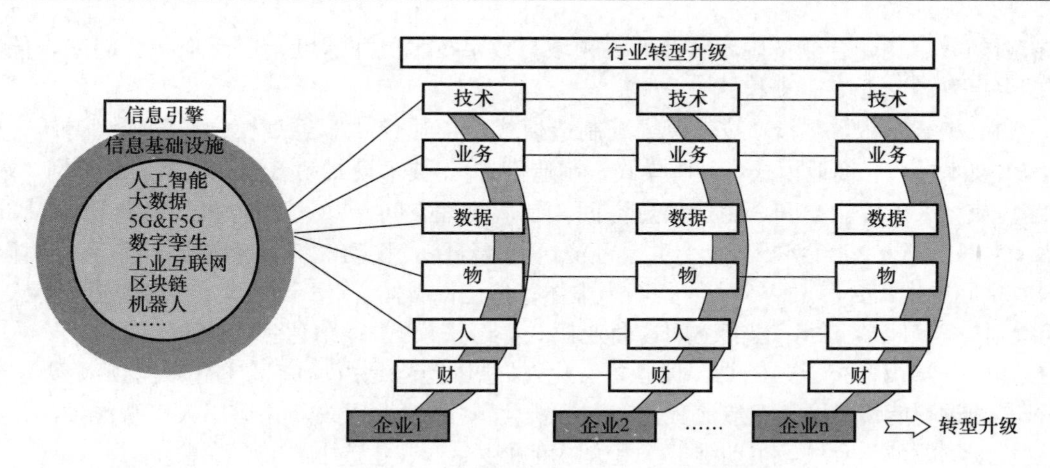

图 14-8 由企业转型升级促进行业转型升级

核心驱动力为：政策、技术、产业、服务、金融。实现城市现代经济最佳运行状态的本质途径是：供给侧与需求侧的最佳匹配与快速平衡。衡量这种最佳匹配的指标包括：资源匹配速度（即经济体系整体运转效率）；资源匹配广度（即高关联度资源的覆盖面大小）；资源匹配精度（即匹配的精准程度）；资源匹配深度（即匹配双方相互影响的程度）。信息技术体系作为核心驱动力（转型引擎）将引发城市能力体系产生系统性变革。信息技术作为通用使能技术，会引发城市系统内创新体系、生活方式、生产方式、产业结构、管理模式等发生体系化变革与重构，这也是能够实现城市更新的一条潜在路径。

14.3.3 “六维度”建筑业转型方法

具体实施层面，建筑业数字化转型应从六个维度入手，构建六维度驱动的建筑业数字化转型体系。“六维度转型”是指：技术转型，产品转型，业务转型，模式转型，企业转型，人员转型。如图 14-9 所示。

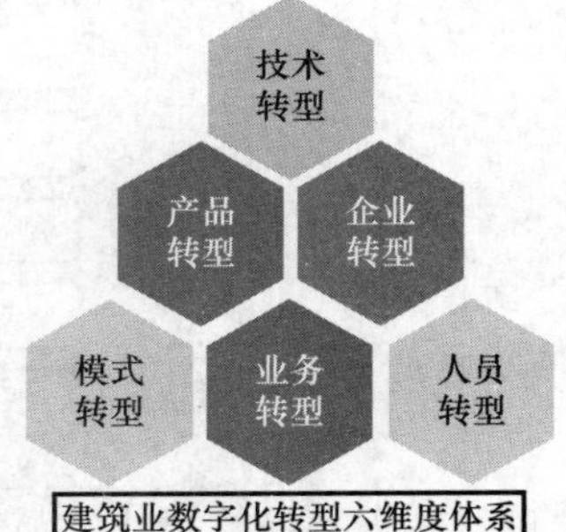

图 14-9 建筑业数字化转型六维度驱动体系

（1）技术转型：是指建筑技术与工业和信息技术融合，在交叉领域产生新的技术，实现技术创新。例如：工业控制技术和计算机技术融合产生的计算机控制系统；建筑材料技术与自动化生产技术融合产生建材自动化生产技术；汽车制造和自动驾驶技术车联网技术融合产生的智能网联汽车技术；能源装备制造和互联网技术、自动化技术融合产生的能源物联网技术、能源互联网技术。

（2）产品转型：是指电子、网络、智能、数据等数字化技术渗透到产品策划、设计、研发、制造、销售等环节中，增加产品的数字技术含量和附加值，提高产品的服务能力和市场竞争力。例如：某型号飞机增加了专用通信和控制芯片后就成了可虚拟设计、测试、仿真的虚拟孪生产品，运行阶段则成为可遥操、遥控、遥管的数字孪生飞机；某传统家电采用了智能数字人技术之后就变成了元宇宙智能家电；某工程机械增加了人工智能系统之后就变成了无人驾驶工程装备。

（3）业务转型：是指研发、市场、销售等核心业务环节以数据为纽带实现业务流程与业务内容的智能化、网络化及以人为本的人本化，并根据数字技术发展状况与态势，不断开拓新的数字化融合业务内容，使业务领域与数字技术更加深度、广泛地融合起来，催生出更多更好的新业态、新模式。

（4）模式转型：是指“技术模式＋制造模式＋商业模式＋经济模式”的转型升级。模式＝｛技术模式，商业模式，经济模式，制造模式｝。技术模式＝｛制造大脑，云，网，端，边缘｝或｛人工智能空间，制造信息空间，制造物理空间，人｝；商业模式＝｛B2C，B2B，C2C，O2O，F2C｝；经济模式＝｛共享经济，平台经济，移动经济，互联网＋经济，实体经济｝。空间要素集合＝｛两个实体；四个虚体；角色；载体｝。两个实体＝｛物理建筑，人｝；四个虚体＝｛信息空间，智能空间，商业模式，经济模式｝；角色＝｛政府，企业，个人｝；衔接体＝｛知识，技能，工具，理念，文化｝。总体趋势是由反应型建造转向预测型建造。特征是通过智能传感网将建造流程变得“透明化”，及时发现故障并运用人工智能预测设备和建设现场故障与事故，主动维护，最大限度减少生产、建造中的安全隐患。

（5）企业转型：建立数字化转型管理体系，开发运营建筑工业互联网或建筑工业元宇宙平台。企业围绕技术、产品、业务流程、数据、组织结构、人力资源六要素，建立数字化转型管理体系。推进精细化管理模式。以 RFID、区块链等数字技术应用为重点，提高企业包括产品设计、生产制造、采购、市场开拓、销售和服务支持等环节的智能化水平，从而极大提高管理精细化程度。建立数字化转型管理机制。通过明确管理职责、夯实基础保障、规范实施过程、加强评测与改进建立数字化转型管理机制，通过技术升级、生产改进、流程优化提升加工生产制造能力，实现管理和技术的全局转型与优化。最终，企业形成智能时代的新型能力，沉淀可持续竞争的核心优势，不断优化提升发展战略。通过信息物理系统（CPS）打造数字孪生建造智能工厂。数字孪生建造智能工厂要高度重视工业控制系统安全问题；要高度重视资源管理，打造以 MES 为核心的物理资产和数据资产管理系统。数字孪生建造智能工厂信息安全保障方法如图 14-10 所示。

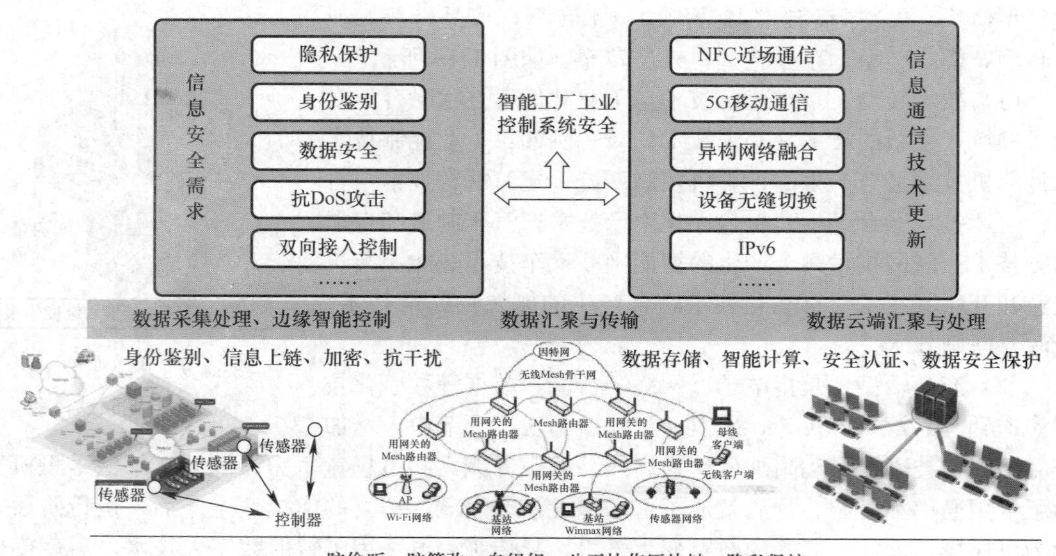

图 14-10　数字孪生建造智能工厂信息安全保障方法

以 MES 为核心的物理资产和数据资产管理系统如图 14-11 所示。

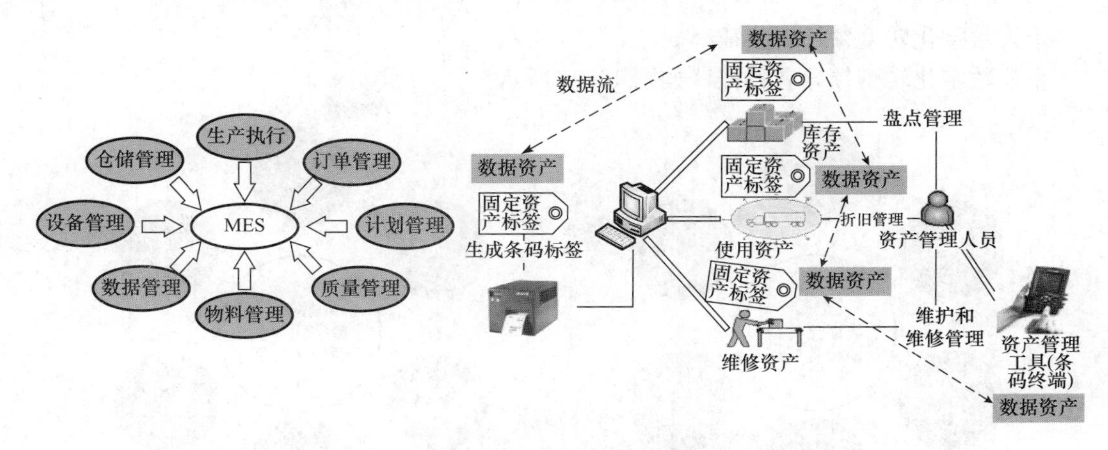

图 14-11 以 MES 为核心的物理资产和数据资产管理系统

（6）人员转型：是指提升建筑业人员的从业素质和岗位能力，通过教育、培训、工作锻炼等多种方式多措并举地推进人员转型工程，实现人的提升。

14.4 数字化转型领导者特征分析

《数字化转型参考架构》T/AIITRE 10001—2020 指出：数字化转型的核心要义是要将基于工业技术专业分工取得规模化效率的发展模式逐步转变为基于信息技术赋能作用获取多样化效率的发展模式。开展数字化转型，应系统把握以下四个方面：一是数字化转型是信息技术引发的系统性变革，二是数字化转型的根本任务是价值体系优化、创新和重构，三是数字化转型的核心路径是新型能力建设，四是数字化转型的关键驱动要素是数据。根据《数字化转型参考架构》T/AIITRE 10001—2020，数字化转型的总体框架如图 14-12 所示。

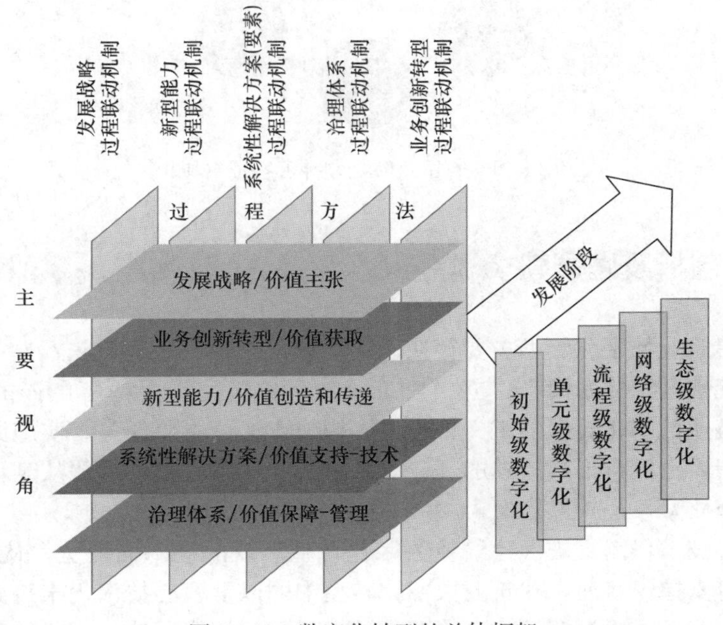

图 14-12 数字化转型的总体框架

个人数字化转型领导者特征，如图 14-13 所示。

企业数字化转型领导者特征，如图 14-14 所示。

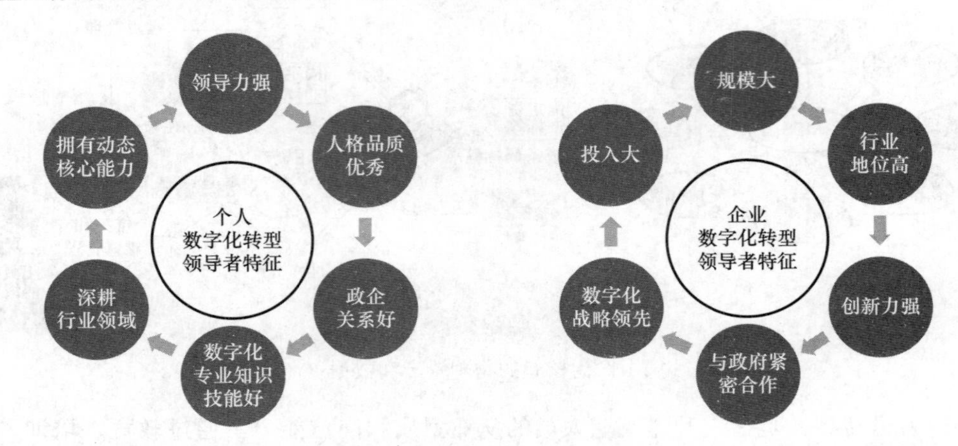

图 14-13　个人数字化转型领导者特征　　图 14-14　企业数字化转型领导者特征

城市数字化转型领导者特征如图 14-15 所示。

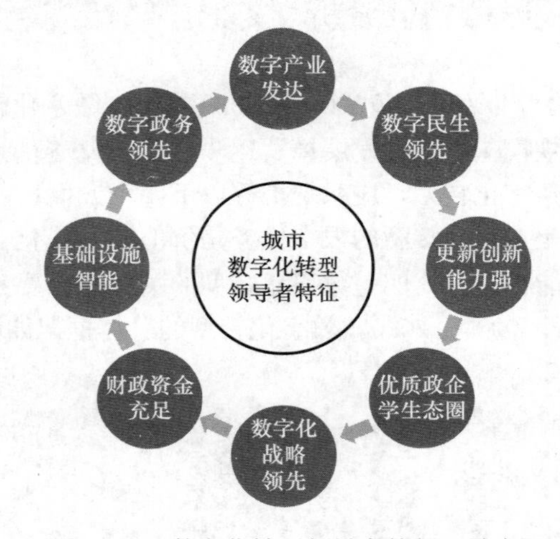

图 14-15　数字化转型领导者特征（城市）

14.5　问题剖析及发展建议

当前我国建筑业数字化转型主要存在以下问题：

第一，系统性理论体系尚未建立。建筑业数字化转型需要一套严谨的理论体系来支撑。目前对建筑业数字化转型的定义、边界、构建方法、主要任务、实施路径等关键问题并没有真正厘清，也没有形成成熟的理论体系成果和实施方案，因此从某种程度上制约了实际项目的实施质量。

第二，核心技术仍需突破。建筑业数字化转型涉及的技术面较宽，从学科支撑上看，也不是单一学科支撑。目前，建筑业数字化转型中的以下核心技术仍未得到很好解决：一体化城市级建筑能源大数据资源体系构建；城市智慧建筑能源统一网络体系构建；城市智慧建筑能源系统中的智能系统模型（包含机器学习算法）体系构建；城市智慧建筑能源细分业务领域建模。总之，还有很多技术与建筑能源应用系统相融合时出现的技术问题还需进一步突破。

第三，体制机制仍需健全。我国面向建筑业数字化转型方面的政策法规和标准仍是较为稀缺的状态，相关政府管理部门、企业及单位内部的组织架构、体制、制度能否满足建筑业数字化转型发展的实际需求，都有待调研分析及创新性改革。

针对我国建筑业数字化转型，提出以下四点建议：

（一）政策维度

政府应提供政策支持，保证政策供给的充分性和精准性，为建筑业数字化转型发展提供保障。从目前政策上看，还没有特别针对性地促进建筑业数字化转型的政策颁布，国家有关部门宜高度关注并支持建筑业数字化转型政策体系的构建与发展，加速出台建筑业数字化转型支持政策，加快推进建筑业数字化转型的落地实施。

（二）基础维度

建筑业数字化转型的研究发展应注重基础理论研究及理论支撑体系构建，注重理论与工程实践结合。建筑业数字化转型的基础理论体系包含以下关键理论板块：智慧建筑、综合能源、多能流、能源互联网、能源路由器、深度学习算法与模型、图像模式识别、无线物联网通信、5G、BIM、VR/AR、智慧城市等。应充分考虑我国建筑、能源、城市发展的现状与未来，构建适合我国国情的建筑业数字化转型基础理论体系。

（三）技术维度

构建以“城市数智网”为操作系统的建筑业数字化转型技术支撑体系。城市数智网是指在城市空间内，以数据流纵横联通编织神经网络，以“人工智能+”城市业务领域全时空优化形成大规模并行计算神经元触点群，打造出的高度智能、协同、自治的数字生命体。城市数智网是物理城市的虚拟镜像，它以新型信息基础设施超融合体作为引擎驱动城市域经济社会发展，是城市智慧治理体系的智慧支撑。

（四）标准维度

目前，我国建筑业数字化转型标准体系尚未形成，相关标准亟待制定。建议针对建筑业数字化转型体系建设，构建由国家标准、行业标准、团体标准共同组成的标准序列，制定由基础标准、通用标准、专业标准共同组成的标准体系。未来的建筑业数字化转型系统建设应坚持标准先行、规范引领原则，政府和投资方要积极引导各参与方采用统一标准，以提前避免重复投资建设、资源浪费、体系混乱等现象，高起点规划建设建筑业数字化转型体系。

名词解释

■ 数字孪生建造

数字孪生建造是以“建造”为目标，以MBSE方法论为指导，以“数字孪生”为技术和管理手段，以“建造产业链”为流程纽带的系统工程。数据驱动的数字孪生建造系统是指：以数据为智能建造系统全生命周期线索，通过应用数字孪生技术，建造系统实现材料、装备、环境、信息、能量、人、标准七大核心要素的数字化映射，建立建筑业多元异构模型，实现物理空间与信息空间的实时控制与系统集成，实现物理上分散、逻辑上协同的虚实互动统一智能建造体系。

■ 绿色数字孪生建造

绿色数字孪生建造则在数字孪生建造基础上叠加绿色建造（包含绿色建筑、绿色建材、绿色施工、生态环保、新能源等分支），并融入绿色、节能方法与技术。

■ 建筑机器人：应用于建筑行业的特种机器人，一般包括七个组成部分：机械本体、感知系统、驱动系统、运动控制系统、智能决策系统、导航定位系统、人机交互系统。可以是工业机器人类型，也可以是服务机器人类型。广义上看，可以有软件形态建筑机器人（偏重管理与决策、演示与展示、虚拟空间交互等功能，如数据智能决策机器人、虚拟数字人等）和硬件形态建筑机器人（软硬件一体）两大类。

■ 绿色智慧建筑机器人：是一类服务于绿色智慧建筑产业的特种机器人，其核心技术体系由机械本体、传感、驱动、控制、决策构成。“绿色智慧建筑”的内涵主要包括节能建筑、智能建筑、健康建筑、安全建筑、韧性建筑五个方面。所有面向以上类型绿色智慧建筑应用的机器人都可称为绿色智慧建筑机器人。

■ CAD，即 Computer Aided Design

是指计算机辅助设计。利用计算机及其图形设备帮助设计人员进行设计工作。通常以具有图形功能的交互计算机系统为基础，主要设备有计算机主机，图形显示终端，图形输入板，绘图仪，扫描仪，打印机，磁带机，以及各类软件。

■ CAE，即 Computer Aided Engineering

指工程设计中的计算机辅助工程。用计算机辅助求解分析复杂工程和产品的结构力学性能，以及优化结构性能等，把工程（生产）的各个环节有机地组织起来。其关键就是将有关的信息集成，使其产生并存在于工程（产品）的整个生命周期。

■ CAM，即 Computer Aided Manufacturing

指计算机辅助制造。利用计算机辅助完成从生产准备到产品制造整个过程的活动，用计算机系统进行制造过程的计划、管理以及对生产设备的控制与操作的运行，处理产品制造过程中所需的数据等。

■ 智能制造

智能制造定义为基于新一代信息技术，贯穿设计、生产、管理、服务等制造活动各个环节，具有信息深度自感知、智慧优化自决策、精准控制自执行等功能的先进制造过程、系统与模式的总称。具有以智能工厂为载体，以关键制造环节智能化为核心，以端到端数据流为基础、以网络互联为支撑等特征，实现该智能制造可以缩短产品研制周期、降低资源能源消耗、降低运营成本、提高生产效率、提升产品质量。根据工业 4.0 战略的描述，智能制造的理想状态是一种高度自动化、高度信息化、高度网络化的生产模式，在这种生产模式下，工厂内的人、机、料三者相互协作、相互组织、协同工作。在工厂之间，通过端到端的整合和横向的整合，价值链可以共享、协同和有效。费率、成本、质量、个性化都有了质的飞跃。

■ 智能工厂

由网络空间的虚拟数字工厂和物理系统中的物理工厂组成。其中，实体工厂部署了大量的车间、生产线、加工设备等，为制造过程提供硬件基础设施和制造资源，也是实际制造过程的最终载体；虚拟数字工厂是基于这些制造资源和制造过程的数字化模型，对整个制造过程进行了全面的建模和验证。为了实现物理工厂与虚拟数字工厂的通信与集成，物理工厂的制造单元还配备了大量的智能部件，用于状态传感和制造数据采集。在虚拟制造过程中，智能决策与管理系统对制造过程进行迭代优化，从而优化制造过程。在实际制造中，智能决策管理系统实时监控和调整制造过程，使制造过程体现出自适应、自优化的智能性。德国工业 4.0 中“智能工厂”的定义，重点研究智能化生产系统和过程，以及网络化分布式生产设施的实现。“智能生产系统与过程”是指除了智能机床、机器人等生产设施外，还包括对生产过程的智能控制。从信息技术的角度来看，它是一个智能化的 MES 制造执行系统。“实现网络化分布式生产设施”是指生产设施的互联和智能化管理，实现深度集成。

■ 工业互联网

工业互联网是新一代信息技术与工业系统全方位深度融合所形成的产业和应用生态，是工业数字化、网络化、智能化发展的关键综合信息基础设施。其本质是以人、机、物之间的网络互联为基础，通过对工业数据的全面深度感知、实时传输交换、快速计算处理和高级建模分析，实现智能控制、运营优化和生产组织方式变革。

■ ISM（Industrial Scientific Medical）频段

即工业、科学和医用频段，由美国联邦通信委员会（FCC）分配，无需许可证，只需要遵守一定的发射功率（一般低于 1W），并且不要对其他频段造成干扰即可。ISM 是由 ITU-R（国际通信联盟无线电通信局）定义，其频段在各国的规定并不统一。如在美国，分为工业（902～928MHz）、科学研究（2.42～2.4835GHz）和医疗（5.725～5.850GHz）；在欧洲，900MHz 的频段则有部分用于 GSM 通信，用于 ISM 的低频段为 868MHz 和 433MHz。

■ 碳达峰

是指某个地区或行业年度 CO_2 排放量达到历史最高值，然后进入持续下降的过程，是 CO_2 排放量由增转降的历史拐点。碳达峰（PEAK CO_2 EMISSIONS）包括达峰年份和峰值。

■ 碳中和

是指由人类活动造成的 CO_2 排放量，与 CO_2 去除技术（如植树造林）应用实现的吸收量达到平衡。

参考文献

[1] 百度研究院，2022十大科技趋势预测，2022年1月.

[2] 毛志兵等，建筑工程新型建造方式，北京：中国建筑工业出版社，2018.

[3] 郑新华，曲晓东，钱学森系统工程思想发展历程 [J]，科技导报，2018年第20期.

[4] 七部门：到2025年，绿色低碳循环发展的消费体系初步形成 [J]. 中国能源报，2022-01-21.

[5] 刘检华，孙清超. 产品装配技术的研究现状、技术内涵及发展趋势 [J]. 机械工程学报，2018，54(11)：2-28.

[6] 舒印彪. 实现碳达峰碳中和，能源是主战场，电力是主力军!. 第十三届陆家嘴论坛 (2021).

[7] 徐守珩，庄惟敏. 儿童健康发展导向的家庭空间环境模型与指标体系 [J]. 西部人居环境学刊，2021，36 (2)：61-68.

[8] 肖建荣. 工业控制系统信息安全 [M]. 北京：电子工业出版社，2015.

[9] 肖建荣. 工业控制系统信息安全技术分析与探讨 [J]. 自动化博览，2015，(6).

[10] 从黑客视野看工业控制系统安全. http：//toutiao. secjia. com/pwc-ics-security-0616/

[11] 加密技术和认证技术. https：//blog. csdn. net/luoting2017/article/details/89018264

[12] 迈克尔·波特著，李明轩，邱如美 译. 国家竞争优势 [M]. 北京：华夏出版社，2002.

[13] 朱法华，中国电力行业碳达峰、碳中和路径研究. 碳达峰中和.

[14] Andreas Froemelt，René Buffat，Stefanie Hellweg. Machine learning based modeling of households：A regionalized bottom-up approach to investigate consumption-induced environmental impacts [J]. Journal of Industrial Ecology，2020，31247：41-730.

[15] 冯谦，马天骄. 结构健康监测——为房屋建筑“健康体检、把脉会诊”，中国地震局网站.

[16] 王清勤，孟冲，张寅平等编著，《健康建筑：从理念到实践》[M]，北京：中国建筑工业出版社，2019.

[17] 丁仲礼院士：中国碳中和框架路线图研究，丁仲礼院士在中科院学部第七届学术年会上的报告.

[18] 丁烈云. 数字建造导论 [M]. 上海：同济大学出版社，2015.

[19] 丁烈云. BIM应用施工 [M]. 北京：中国建筑工业出版社，2020.

[20] 丁烈云，徐捷，覃亚伟. 建筑3D打印数字建造技术研究应用综述 [J]. 土木工程与管理学报，2015，32 (3)：10.

[21] 杜明芳. 中国智能建造新技术新业态发展研究 [J]. 施工技术，2021.

[22] 杜明芳. 数字孪生建筑：实现建筑一体化管控 [J]. 中国建设信息化，2020 (20)：4.

[23] Ding L，Fang W，Luo H，et al. A deep hybrid learning model to detect unsafe behavior：Integrating convolution neural networks and long short-term memory [J]. Automation in construction，2018，86：124.

[24] 杜明芳. 基于数字孪生建筑构建数字孪生城市与城市信息模型 [J]. 智能建筑，2021 (8)：4.

[25] 杜明芳. 智能建筑系统集成（第二版）[M]. 北京：中国建筑工业出版社，2021.

[26] 杜明芳. 数字孪生城市：新基建时代城市智慧治理研究 [M]. 北京：中国建筑工业出版社，2021.

[27] 廖玉平. 加快建筑业转型推动高质量发展——解读《关于推动智能建造与建筑工业化协同发展的指导意见》[J]. 中国勘察设计，2020 (9)：2.

[28] Honeywell公司网站.

[29] 西门子公司网站，西门子公司产品手册.

[30] 李静，王军政. 图像检测与目标跟踪技术 [M]. 北京：北京理工大学出版社，2014-04.

[31] 邹恒光，史大威，杨凌轩，王军政. 事件驱动的通信卫星姿轨控制 [M]. 北京：北京理工大学出版社，2021-07.

[32] 杜明芳. AI+新型智慧城市理论、技术及实践 [M]. 北京：中国建筑工业出版社，2019-12.

[33] Du Mingfang，Wang Junzheng，Li Jing. （2013）. Robot robust object recognition based on fast SURF feature matching. Chinese Automation Congress. IEEE.

书中原创精彩插图

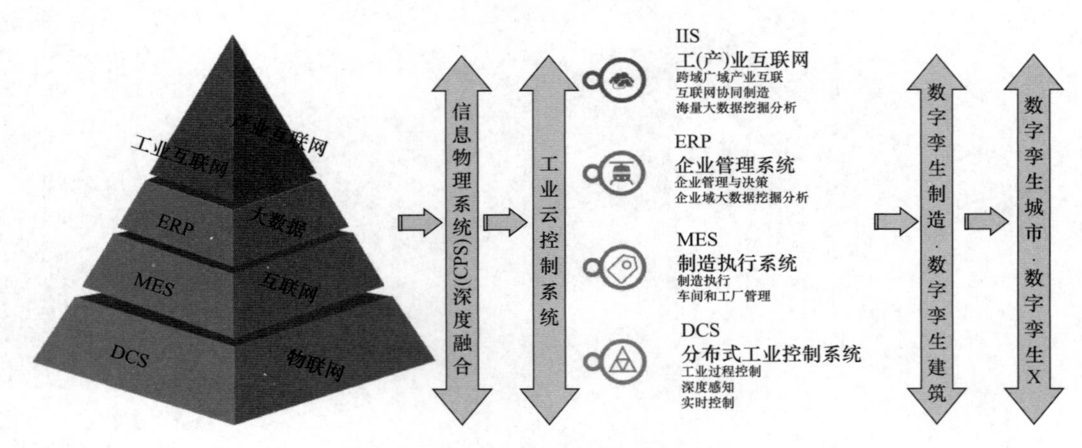

工（产）业数字孪生金字塔

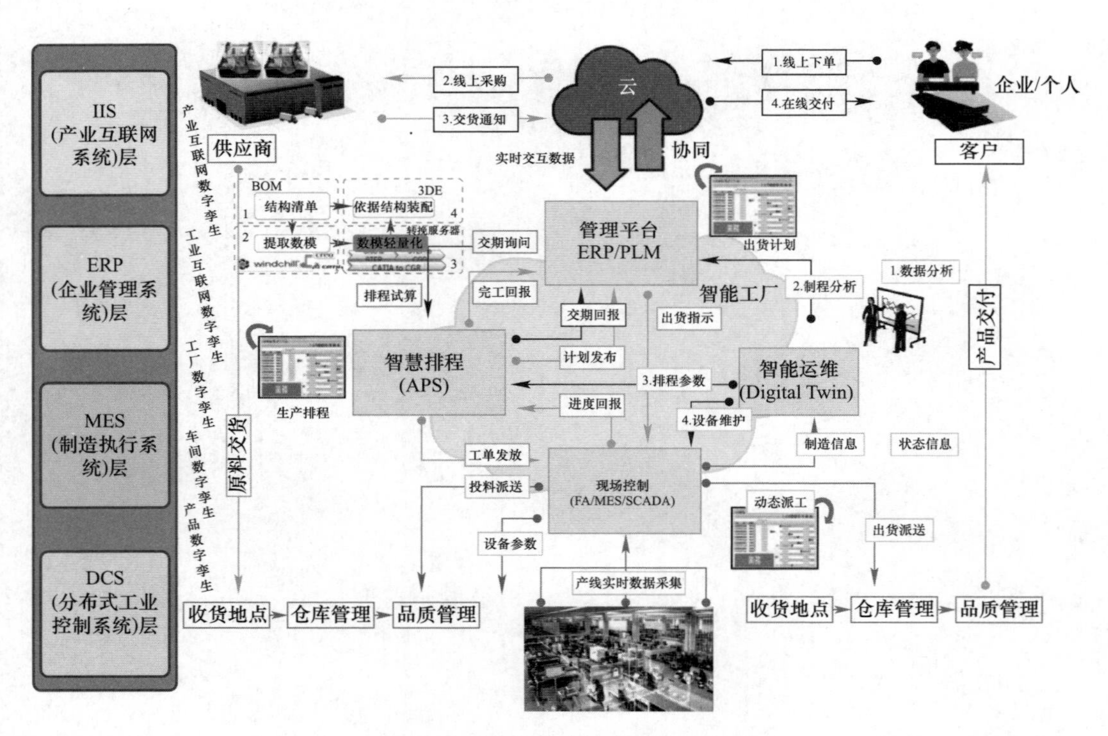

工业数字孪生具体实现方法

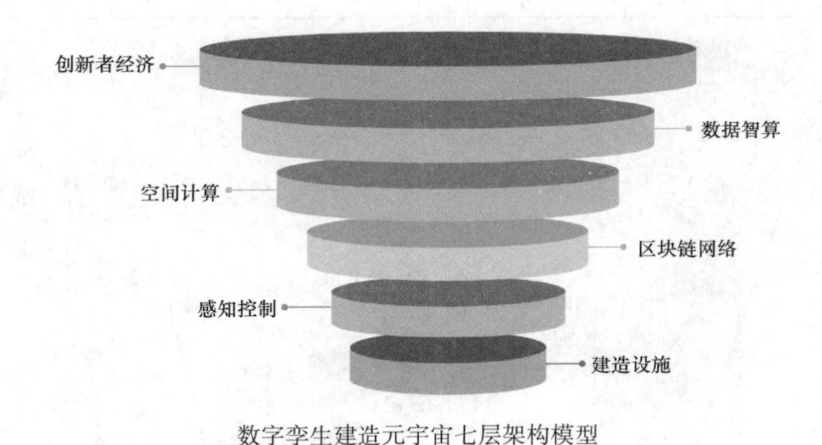

数字孪生建造元宇宙七层架构模型

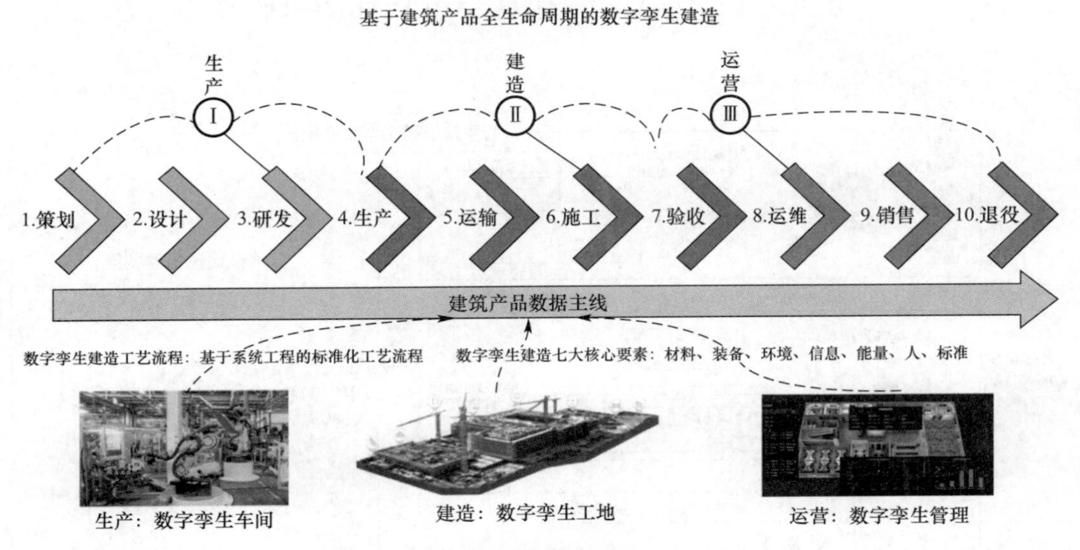

基于产品全生命周期的数字孪生建造系统工程

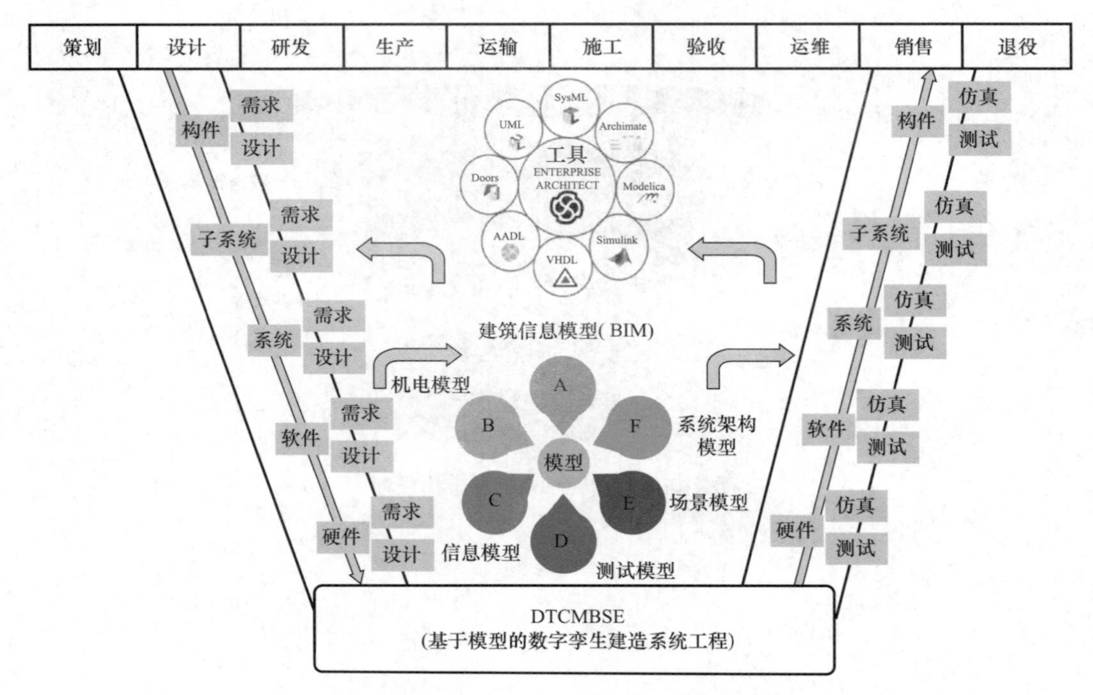

基于模型的数字孪生建造系统工程（DTCMBSE）总体框架

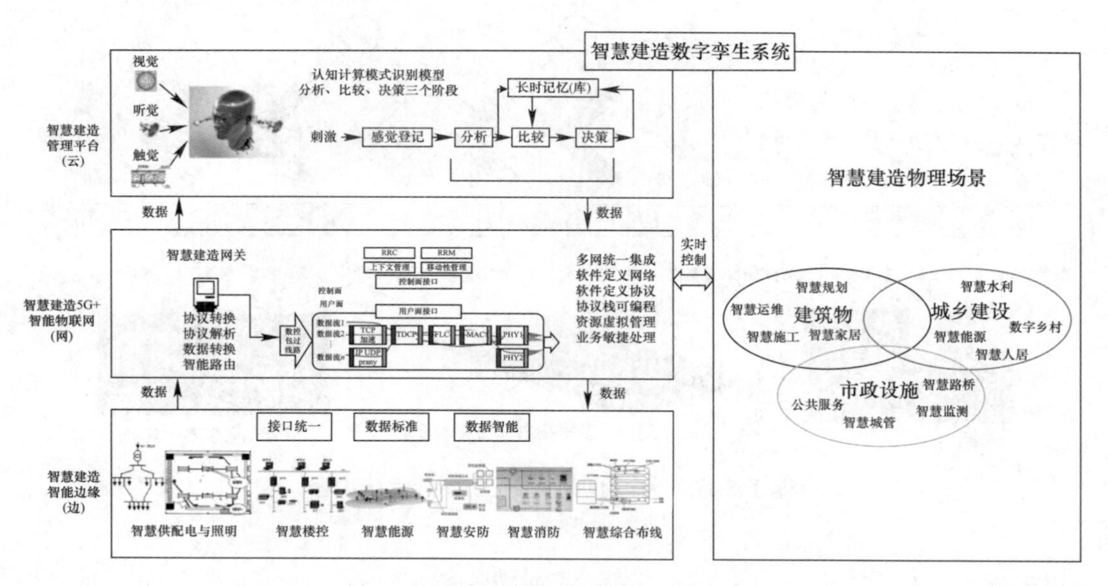

数字孪生建造系统工程应用架构

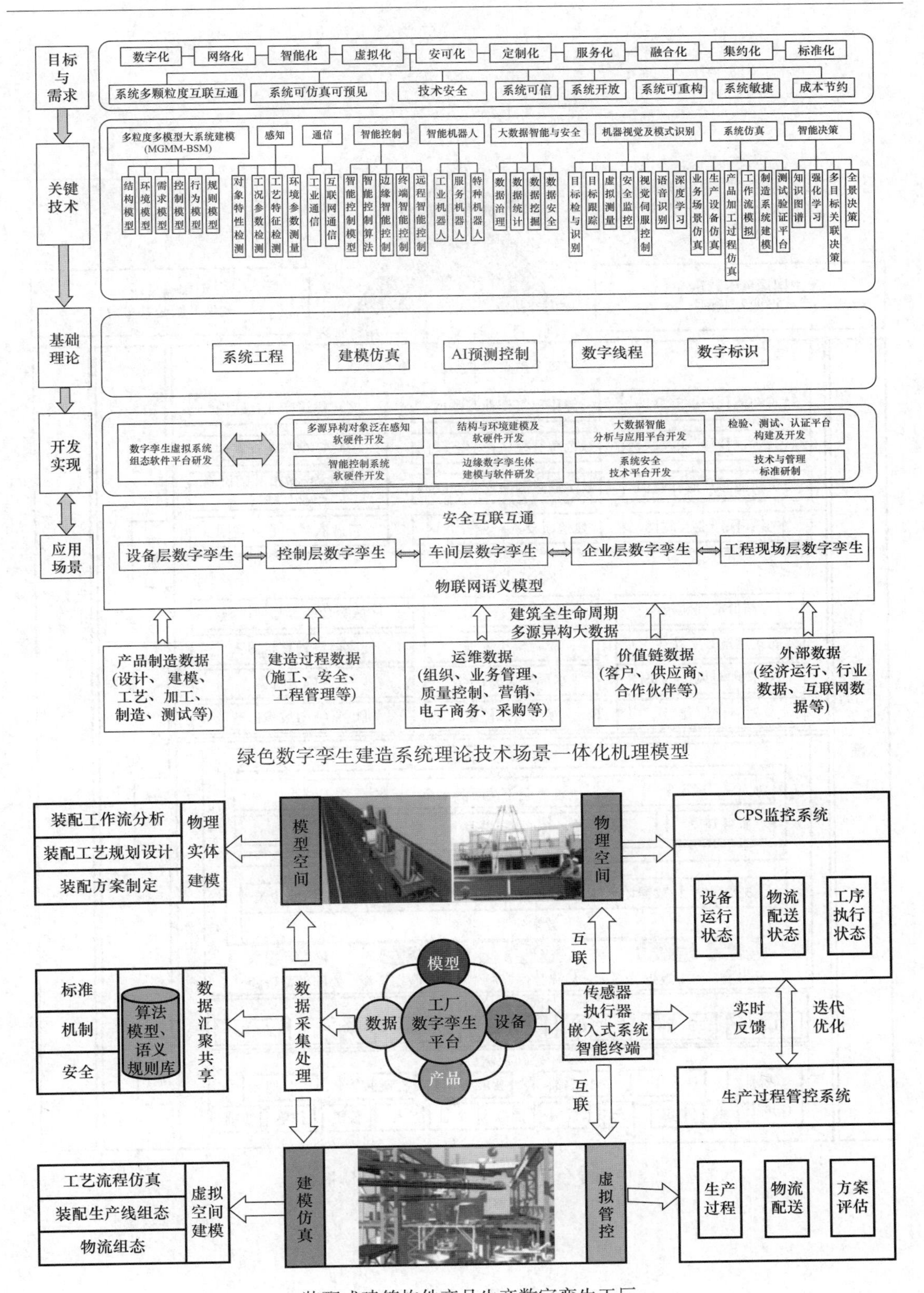

绿色数字孪生建造系统理论技术场景一体化机理模型

装配式建筑构件产品生产数字孪生工厂

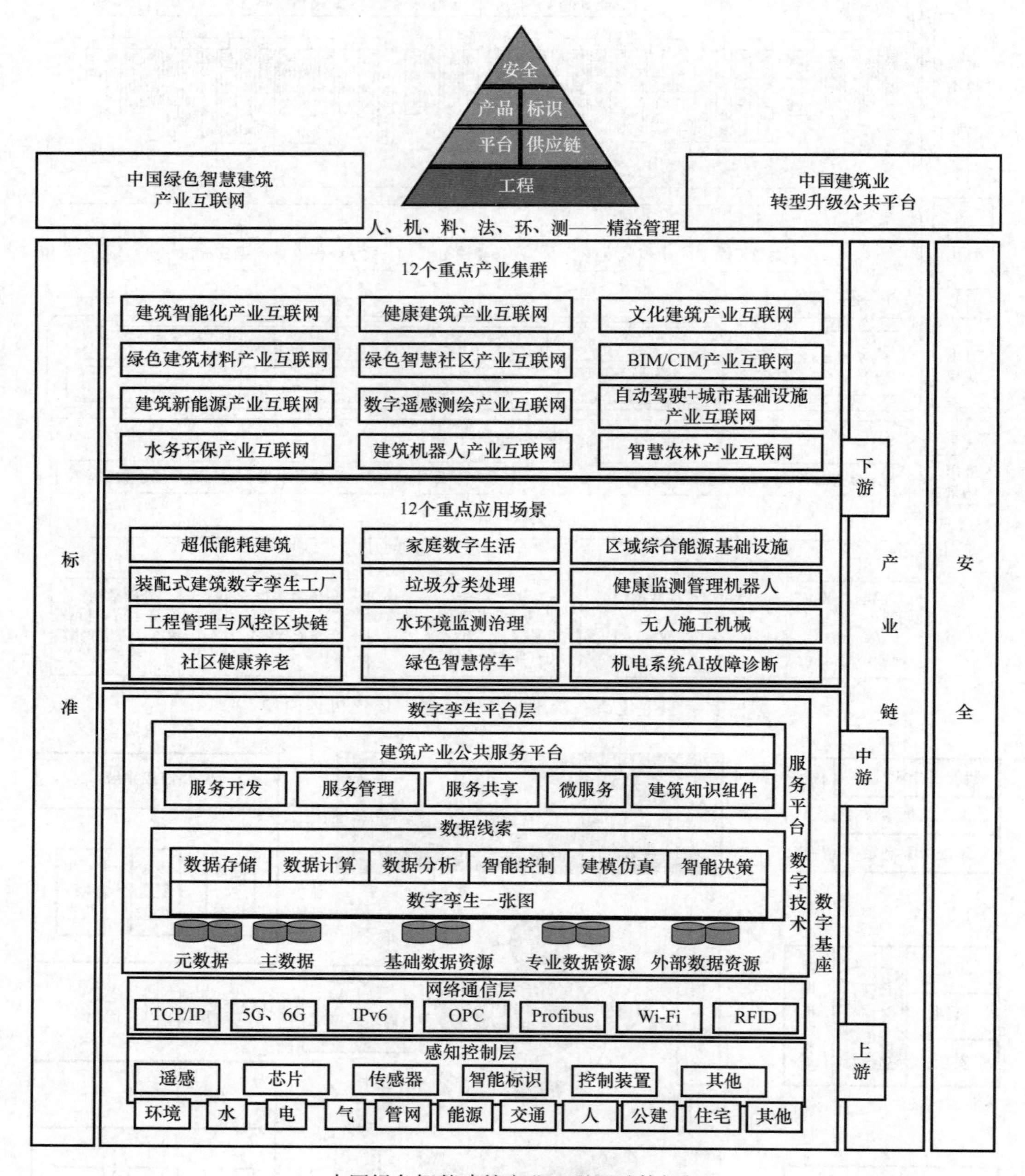

中国绿色智慧建筑产业互联网总体框架

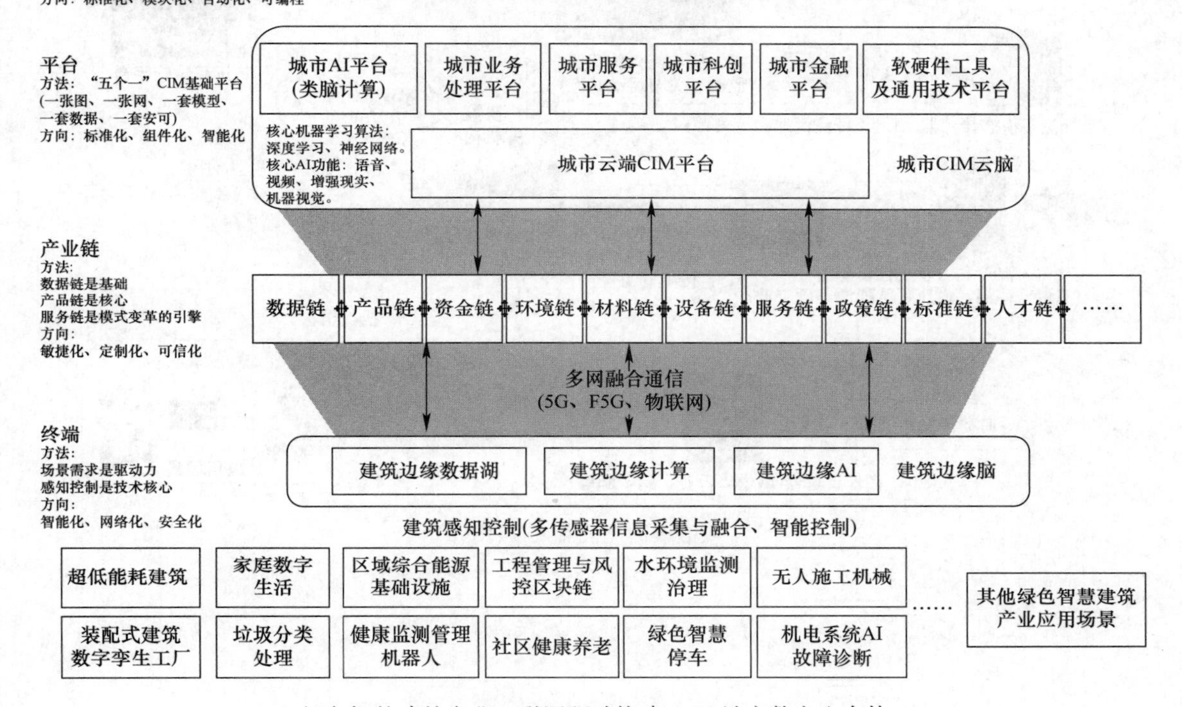

绿色智慧建筑产业互联网驱动构建 CIM 城市数字生命体

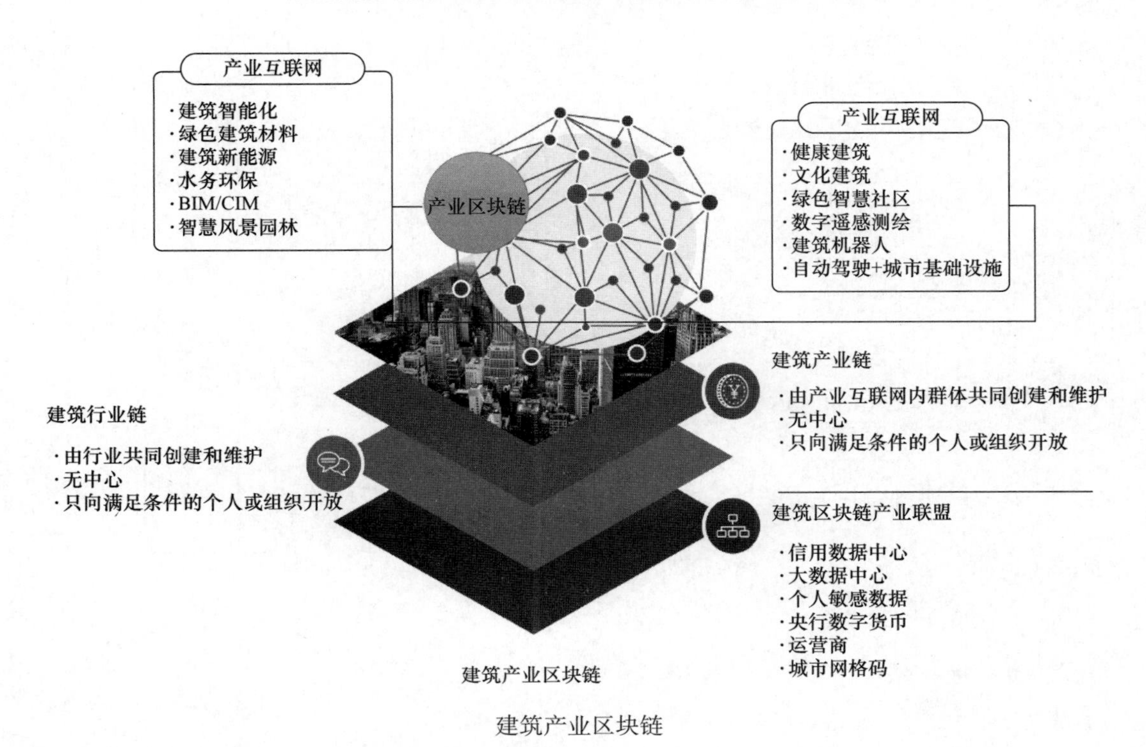

建筑产业区块链

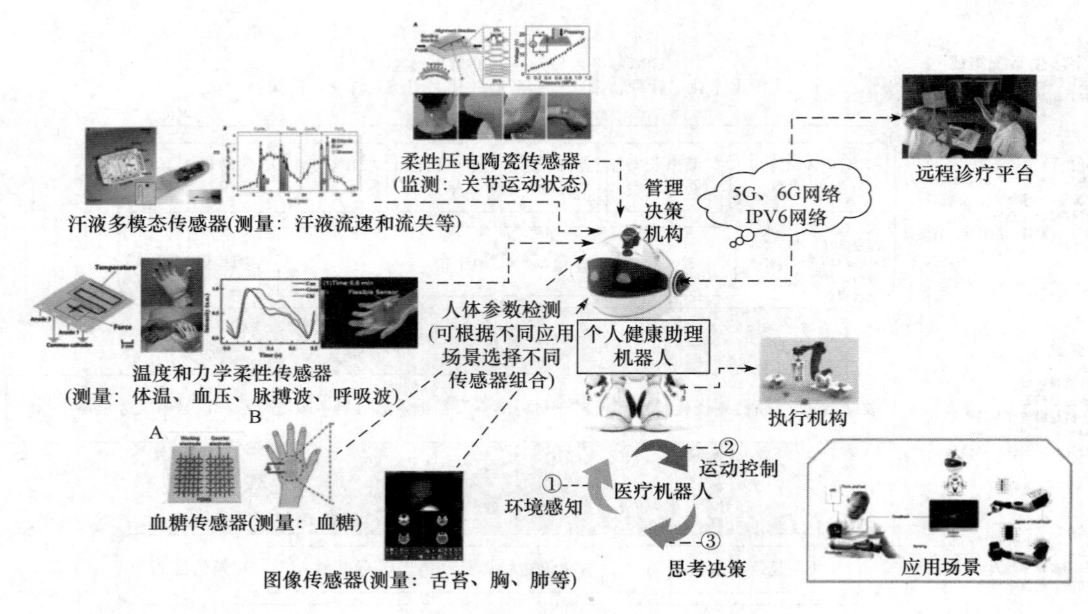
柔性压电陶瓷传感器
(监测：关节运动状态)
汗液多模态传感器(测量：汗液流速和流失等)
管理
决策
机构
5G、6G网络
IPV6网络
远程诊疗平台
温度和力学柔性传感器
(测量：体温、血压、脉搏波、呼吸波)
人体参数检测
(可根据不同应用
场景选择不同
传感器组合)
个人健康助理
机器人
执行机构
A
B
血糖传感器(测量：血糖)
①
环境感知
医疗机器人
②
运动控制
③
思考决策
图像传感器(测量：舌苔、胸、肺等)
应用场景

个人健康助理机器人 THROB

本书特色与贡献：本书是住房和城乡建设部科技课题“5G绿色智慧建筑产业互联网关键技术研发及示范应用”（项目编号：K2019775）的结题成果，是业界第一本系统性创新性论述绿色数字孪生建造的专著，整体内容脉络是由工业数字孪生到建造数字孪生再到绿色数字孪生建造产业应用，体现了理论与实践紧密结合的特点。提出了双碳战略背景下对绿色数字孪生建造的理解，构建了绿色数字孪生建造理论体系，论述了绿色数字孪生建造关键技术，探索了建筑业数字化转型方法。本书构建了技术管理融合的绿色数字孪生建造体系框架，并在此框架中深入细致的论述各部分内容，兼顾宏观与微观，既可作为管理者的战略参考书，也可作为工程技术人员的工具书。书中的创新性观点或技术有：从数字孪生理论技术本源出发，探索数字孪生在建造领域的深度应用；有机融合数字孪生技术与建造工程应用场景；基于数据线索和模型工程构建绿色智慧建造数字孪生工程；提出并系统性论述绿色智慧建筑产业互联网；基于产品全生命周期打造绿色数字孪生建造新业态；人工智能专业视角创新开发绿色智慧建筑机器人；提出人、物、数泛在智联的智慧建造元宇宙；探索城市信息模型CIM+绿色智慧建造系统。